Essence 이론과 공법

토목시공기술사
합격 바이블 2권

서진우 저

씨
아이
알

머리말

현장에 계시는 선배, 동료, 후배 토목기술자 여러분께 이 책을 드립니다. 이 책은 필자의 시공현장 및 감리현장에서의 오랜 경험과 국내 유명 교수님들의 논문 및 각 분야별 전문 참고문헌을 참고하여 토목시공기술사 준비 수험서로 재구성하여 편집한 내용입니다.

◎ 이 책의 구성 및 특징

1. 토목시공기술사 공부를 하기 위해 꼭 필요한 기초적인 토목공학 이론과 공법 위주로 구성하였다.
2. 토목공학에 대한 이론적인 무장을 한 후 타 기술사 교재를 공부하면 이해가 빠르고, 단순암기 방식의 학습을 탈피할 수 있다.
3. 이 책으로 공부한 후 답안 작성 시 한 단계 업그레이드된 답안을 작성할 수 있다.
4. 기출문제에서 변형된 출제 지문, 응용 문제, 처음 보는 문제 등이 출제되었을 때, 답안 작성의 탄력(시원하게 답을 적을 수 있음)을 높일 수 있다.
5. 따라서 처음 공부하는 분들에게는 기술사 공부 기초 학습을 위해 꼭 필요한 필수 수험서이다.
6. 또한 2% 부족으로 58점대에 머무는 수험생들에게 2%의 부족분을 채울 수 있는 기회가 된다.
7. 단, 기술사 공부를 너무 쉽게 하려고 하는 분들은 이 책으로 공부하는 것을 신중히 고려할 필요가 있다. 기존의 기술사 수험서적보다는 어렵기 때문에 입문자에게는 다소 어려움이 따른다.

지금까지 출제된 모든 기출문제를 수록하지 못함이 아쉽습니다. 이 책에 소개되지 않은 기출문제들의 추가 학습과 기술사 공부에 대한 조언과 상담이 필요하신 분들은 필자의 강의 장소인 인터넷 동영상 사이트 '올리고(WWW.iolligo.com)'를 찾아주시면 성심껏 도움을 드리겠습니다.

◎ 기술사 자격을 준비해야 하는 이유

1. 자격시험을 준비하는 동안 그동안 미처 돌아보지 못했던 기술자로서의 자신의 능력을 다시 한 번 돌아볼 수 있다.
2. 기술사 준비 과정 동안 해당 분야의 전체를 조감해볼 수 있다.
3. 현장에서 꼭 필요한 자격기준이다.
   1) 특히 감리회사(건설관리회사)에 근무하기 위해서 필수적 구비요건이다.
      (1) 현장에서 감리를 하기 위해서는 이론적 무장과 경험적 사고가 필요하다.
      (2) 합리적이고, 융통성 있는 감리업무 수행이 가능하다.

2) 시공회사에 근무하시는 분들

   (1) 현장 시공, 공사 관리 업무에 자신감이 붙는다.

   (2) 본인이 시공하고 있는 분야에 대해 이론적으로 알고 있으므로 불안감이 없어진다.

   (3) 관리감독자, 건설관리자(감리) 및 발주처와 원활한 대화가 이루어지고, 업무협의가 부드럽게 진행되고, 인간적으로 대우받는 방법이다(실력을 갖춤으로써 서로를 존중하게 된다).

3) 공직에 계시는 분들

   (1) 시공현장에서 시공자와 공감대 형성이 가능하다.

   (2) 합리적인 감독업무 수행이 가능하다.

   (3) 시공자에게 기술적 지도가 가능하다.

   (4) Project(공사) 관리 능력이 향상된다.

   (5) 우수한 품질의 공사 감독이 가능하다.

4. 가장 중요한 것은 기술자로서 자기 분야의 지식 함양은 물론, 자기완성과 성취감을 가질 수 있게 된다.

5. 이와 같이 기술사는 자격 자체에도 의미가 있지만 또 다른 의미가 있다.

◎ 기술사 준비 요령

논술식인 기술사는 단순 암기식의 수험준비로는 모범답안 작성이 곤란하며, 토목공학적 원리, 공법의 개념 파악, 현장 경험을 바탕으로 하여 답안이 전개되고 논술되어야 한다.

◎ 토목시공기술사 준비 요령

첫째, 공학적 원리와 개념을 확실하게 이해하지 않으면 암기가 되지 않는다.

둘째, 한 번 공부한 것을 죽을 때까지 간직하는 방법

① 참고서적을 많이 읽고 개념을 이해한다.

② 개념 이해 → 서브노트(쓰기) → 암기(약자 만들기)

③ 시험장에서 답안은 손끝에서 출력되어 답안지에 프린트된다.

④ 개념 이해 후 많은 훈련이 필요하다(손끝에 굳은살이 생길 만큼).

이 책을 보는 모든 분들에게 합격의 영광이 있기를 진심으로 바랍니다. 또한 먼저 합격한 선배, 동료 기술사 여러분과 건설기술 발전과 후진 양성을 위해 노심초사하시는 각 분야의 교수님들께 감사드립니다. 이 책이 나오기까지 도와주신 (주) 진명 엔지니어링 건축사 사무소 서정학 회장님과 동료 직원 여러분께 깊은 감사드리며, 출판의 기회를 주신 도서출판 씨아이알의 대표님 및 임직원 여러분께도 감사를 드립니다.

2016년

서진우

목차

Chapter 08 도 로

Chapter 09 댐

Chapter 10 하천 및 상하수도

Chapter 11 교량공

Chapter 12 항만 및 어항

Chapter 13 **콘크리트**

Chapter 14   총론[공정 관리, 공사 관리, 계약]

Chapter 03　토압 및 옹벽

Chapter 04　사면안정

Chapter 06 기 초

Chapter 07 토류벽(흙막이) 및 가물막이

Chapter 08

도 로

8-1. CBR(California Bearing Ratio)

- 설계 CBR과 수정 CBR의 정의 및 시험방법에 대해 설명 [106회, 2015년 5월]

1. CBR 정의

California 도로국에서 가요성 포장설계 목적으로 개발, **California 지지력비**라고 하며, 반 경험적인 지수임

1) 흙의 전단강도를 **간접적**으로 측정. 즉, 노상토의 **지지력비**를 구함

2) 도로포장 설계 시 **포장두께** 결정(설계 CBR)

3) 현장에서 기대할 수 있는 노반(노상, 보조기층, 기층) 재료 강도 확인(결정)(수정 CBR)

2. CBR 시험법

1) 캘리포니아 **다짐 쇄석**을 100%로 할 때 **현장의 다짐 정도**를 상대적으로 평가하는 지수

2) Mold 또는 불교란 상태로 채취한 시료에 지름 5cm 강봉을 일정깊이(2.5mm, 5mm) 관입 시 캘리포니아 쇄석에 가한 표준하중에 대한 현장 흙의 하중의 비를 CBR이라 함

3) CBR 시험의 개념(방법)

① 표준단위 하중   ② 시험단위 하중

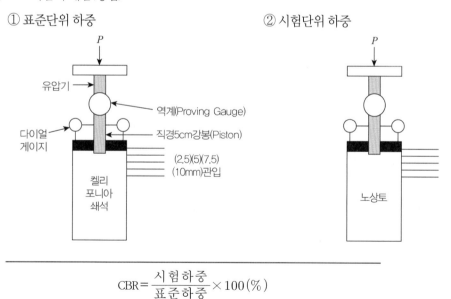

$$CBR = \frac{시험하중}{표준하중} \times 100(\%)$$

③ 표준하중(일정깊이 관입 시)

관입깊이 하중	2.5mm	5.0mm	7.5mm	10mm	12.5mm
표준하중(kg)	1370	2030	2630	3180	3600
표준단위하중(kg/cm²)	70	105	134	162	183

3. CBR의 용도, 이용, 목적

1) 노상토의 **지지력** 평가(지지력비)

[노상토의 지지력 평가 방법의 종류]

(1) 전단시험 : 1축, 3축, 직접전단시험

(2) PBT

(3) SPT(관입)

2) 성토재료의 **규격**(수정 CBR)

: 현장에서 기대할 수 있는 노반재료(노상, 보조 기층)의 강도 결정

3) **장비주행성**(Trafficability) 판단

4) **다짐도** 관리

5) **포장두께** 결정(설계 CBR)

(1) O.J.Porter의 CBR 설계곡선

(2) TA 설계법

(3) AASHTO 설계법 : SN값 결정에 사용

4. CBR의 종류

1) 설계 CBR : 포장 설계, 두께 결정

2) 수정 CBR : 노반(노상, 보조기층, 기층) 재료의 강도(규격)

3) 현장 CBR : 현장 원 지반에 구멍을 파서 직접 24시간 물로 포화시킨 후 시험

트럭에 하중계와 잭이 붙은 현장 CBR 시험 기구를 장치하여 트럭에 짐을 싣고 하중으로 이용하고, 실내와 같은 요령으로 시험

5. 설계 CBR

1) 정의

(1) 여러 개의 수정 CBR 중 **포장설계**에 적용할 CBR을 말함

(2) 포장두께 설계법은 Poter의 CBR 설계곡선, T_A 설계법(일본 도로협회 아스팔트포장 요강), AASHTO 설계법이 있음

2) Poter의 **CBR 설계곡선** : 전체 포장두께 결정

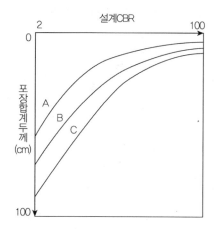

- A교통 : 2천대/2차선
- B교통 : 2천~7천5백대/2차선
- C교통 : 7천5백대/2차선

3) T_A **설계법**(일본도로협회 포장요강)

(1) 설계 CBR= 각 지점의 평균 $CBR - \dfrac{최대\ CBR - 최소\ CBR}{d_2}$

여기서, d_2 : 설계 CBR 계산용 계수(표에서 찾음)

(2) T_A 계산 : $\quad T_A = \dfrac{3.84 N^{0.16}}{CBR^{0.3}}$

N : 공용 예정 기간(10년) 통과 전윤하중을 5ton 윤하중으로 환산

(3) 포장두께 계산

$$T_A = a_1 T_1 + a_2 T_2 + a_3 T_3 + \ldots + a_n T_n$$

- a : 등치환산계수
- T : 구성 각층의 두께

4) **AASHTO 설계법**

(1) AASHTO 법에 의한 설계 CBR 구하는 방법

① CBR을 작은 값에서 큰 값 순으로 나열

② 그 값과 같거나 큰 값을 갖는 누적빈도 구함

③ 누적백분율－CBR 곡선에서 90%에 대응하는 CBR이 설계 CBR

※ AASHTO(American Association of High way and Transportation officals : 미국 주도로 및 교통기술자협회 72, 81, 86 AASHTO 등이 있음)

[계산 예]

* 측정 CBR 값 : 6, 8, 8, 7, 9%(측정수 N=5) 누적 백분율 계산 및 설계 CBR 결정 예

측정 CBR 소 → 대	누적빈도	누적백분율 =누적빈도/N
6	5	5/5 = 100%
7	4	4/5 = 80%
8	3	3/5 = 60%
8	3	3/5 = 60%
9	1	1/5 = 20%

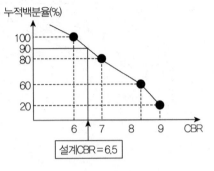

(2) SN(Structural Number) : 포장두께 지수(포장층의 구조적 성능, 강도 나타내는 지수)

    ① SSV(노상의 지지력 계수 : Soil Support Value) : CBR, GI(군지수), R값, 동탄성 계수(M_R)로 구함

    ② $W_{8.2}$: 8.2ton 등가 단축 하중의 일평균 통과 횟수

    ③ $\overline{SN}$ 결정

    ④ Rf(지역계수) : 기후조건 반영

    ⑤ 설계 SN 결정

(3) 포장각층의 두께

$$SN = \sum a_i Di$$
$$= a_1 D_1 + a_2 D_2 + \dots + a_n D_n$$

- a : 상대강도계수(도표 이용)
- D : 각층의 두께

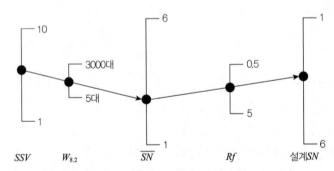

[그림] 아스팔트 포장 구조 설계 도표(Design Chart)

6. 수정 CBR

1) 정의

  : 현장에서 기대할 수 있는 **노반재료의 강도**

  현장 변동요인(토질, 함수비, 다짐 에너지)을 고려하여 공시체 제작 후 다짐에너지를 변화(55, 25, 10

회)시키면서 OMC 조건으로 다짐하여 **시방목표 다짐도(RC)**에 해당하는 CBR 값

2) 다짐방법 : D, E 방법

No	구분	D 다짐	E 다짐
1	재료 최대 치수	19mm	37.5mm
2	몰드직경	15cm	15cm
3	다짐 횟수	5층, 55, 25, 10회	3층, 92, 42, 17회

3) 수정 CBR 결정방법(개념)

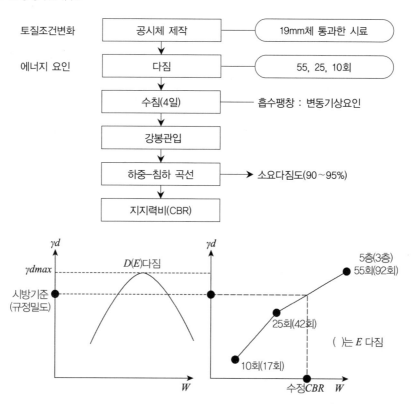

4) 수정CBR 적용 예 : 도로 노반(노체, 노상, 보조기층, 기층), 뒤채움 **재료의 강도, 규격**

NO	재료	수정 CBR
1	노체	CBR > 2.5
2	노상	CBR > 10
3	보조기층(입상재료)	CBR > 20
4	입도조정 쇄석 기층	CBR > 80
5	뒤채움 재료	CBR > 10

■ 참고문헌 ■

1. 박영태(2013), 토목기사실기, 건기원, pp.593~594.
2. 최계식(1996), 토목재료 시험법과 해설 및 응용, 형설출판사, pp.479~501.
3. 도로포장시공 및 설계지침(1991), 건설부, p.50.
4. 이춘석, 토질 및 기초공학, 예문사.
5. 김상규(1997), 토질역학 이론과 응용, 청문각, pp.166~167.
6. 서진수, 도로설계기준(2014), 국토해양부.
7. 서진수(2006), Powerful 토목시공기술사(1, 2권), 엔지니어즈.

8-2. 가요성 포장(Flexible Pavement)과 강성포장(Rigid Pavement)

- Asphalt Concrete 포장과 Cement Concrete 포장 비교
- 역학적 개념, 구조적 특성, 포장 형식의 특성비교
- Cement Concrete 포장과 Asphalt Concrete 포장 차이점(21, 59회)
- 시멘트 콘크리트 포장과 아스팔트 콘크리트 포장의 구조적 특성 및 포장 형식의 특성과 선정 시 고려사항에 대하여 기술(74회 2교시)
- 포장 종류(아스팔트 포장 및 콘크리트 포장)에 따른 하중 전달형식 및 각 구조의 기능 설명(83회 3교시)

1. 포장 설계 기본 개념(포장 구조의 기본 개념)

1) 가요성 포장(Asphalt Concrete) 설계 기본 개념

   (1) 이질(서로 다른) 재료로 구성된 포장층이 다층 구조를 형성하여

   (2) 하중에 대해 **합성 응력**으로 작용하고

   (3) **교통하중**의 크기를 **점차적**으로 **감소시켜, 노상면에 분산시키는 구조**

   (4) 외부하중에 저항하는 **포장층의 내하력**

     : 역청 재료의 **점착력**과 골재 입자 간의 **맞물림**(Interlocking) 작용에 의해 형성됨

2) 강성포장(Concrete 포장)의 설계 기본 개념

   (1) **Slab 자체**가 교통하중에 의한 **전단, 휨을 저항**하여

   (2) Slab 아래에 **균일한 응력**이 분포됨

2. 교통하중 전달 비교

1) 아스팔트 콘크리트 포장

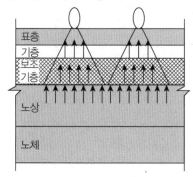

2) 시멘트 콘크리트 포장

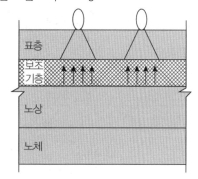

3. 구조적 특성비교

구분	Ashapalt Concrete(Flexible Pavement)	Cement Concrete(Rigid Pavement)
하중전달 (교통 하중 지지)	하중을 표층→ 기층→ 보조기층→ 노상으로 확산 분 포시켜→ 하중을 경감하는 형식	Slab가 교통하중을 직접 지지하는 형식
표층	① 교통하중을 일부 지지 ② 교통하중을 하부층으로 전달 ③ 표면수의 침입 방지, 하부층 보호	① Slab가 Beam 작용 ② 교통하중에 의해 발생되는 응력을 휨 저항으로 지지
기층	① 입도조정 처리 ② A/P 혼합물 ③ 표층과 일체 구조 : 교통하중에 의한 전단에 저항 ④ 하중을 분산시켜 보조기층으로 전달	표층에 포함
보조기층	① 입상 재료 ② 토사 안정처리 재료 ③ 상부층에서 전달된 교통하중을 지지 　　→ 노상으로 전달 ④ 포장층 내 배수 기능 담당 ⑤ 노상토사가 기층부로 침투하는 것 방지 ⑥ 동결작용의 손상효과 최소화(동결방지)	① 빈배합 Con'c 재료 ② 시멘트 및 A/S 안정처리로 구성 ③ Con'c Slab에 대한 균일한 지지력 확보 기능 ④ 줄눈부 및 균열 부근의 우수 　　침투방지 및 Piping, 단차, Blow Up 방지 ⑤ 균등하고, 안정적, 영구적인 지지력 확보 ⑥ 노상 반력 계수(K) 증대

4. 포장형식 선정 시 고려사항(검토사항)

NO	평가항목	Ashapalt Concrete (Flexible Pavement)	Cement Concrete (Rigid Pavement)
1	수명	10~20년	30~40년
2	구조 특성	연약지반에 사용	노상강도 강하면 유리
3	유지보수 (경제성)	① 불리 : 유지관리비 고가 ② 유지 보수 빈번 : 교통소통 지장 ③ 약 5년 후 덧씌우기 포장 실시 : 교통 지체 ④ 국부적 파손 시 보수유리	① 유지관리비 저렴 ② 국부적 파손 시 보수 어려움
4	시공성	단계시공 가능	시공 기계 대형화
5	시공 기간	즉시 교통 개방	양생 기간 필요
6	미끄럼 저항성	강우 시 불리(수막현상)	유리 : Groving 처리
7	적용 범위	넓음	신설도로
8	사용성	① 주행성 양호 ② 중 차량에 의한 소성변형 발생 : 바퀴자국(Rutting)	① 소음 ② 승차감 저하 ③ 적설시 결빙시간 빠름, 녹는 시간 느림 ④ 회색 : 초기에 반사도 높으나, 시간 경과 후 낮 　아짐

5. 맺음말

1) Asphalt Concrete 포장과 Cement Concrete 포장은 **구조적 특성** 및 **적용성**이 서로 다름

2) **교통 특성, 토질 및 환경 특성, 시공성, 경제성, 유지관리** 등 **기술적 사항**과 **정책적 사항**을 동시에 신중히 고려하여 설계, 시공되어야 함

■ 참고문헌 ■

1. 도로공사표준시방서(2009), 국토해양부.
2. 도로포장설계시공지침(1991), 건설교통부.
3. 도로설계기준(2012), 국토해양부.
4. 서진수(2006), Powerful 토목시공기술사(1, 2권), 엔지니어즈.
5. 이석홍, 도로포장 현장품질관리방안, 건설기술교육원.
6. 한국도로공사(1990), 고속도로공사 시공 및 품질 관리지침서(II) − 구조물공, 포장공.

8-3. 가열 혼합식 Asphalt 혼합물(HMA)의 배합 설계

1. 개요

가열 혼합식 아스팔트 혼합물(Hot-mix Asphalt concrete)의 배합 설계 주안점

1) 소요 품질의 재료 사용하여

2) 안정성

3) 내구성

4) 미끄럼 저항성

5) 내유동성(소성변형방지)

6) 박리 방지가 잘되는 혼합물로 하여야 한다.

2. 혼합물의 설계 아스팔트 함량 결정법(설계 AP)

1) 경험에 의한 방법

2) 골재의 입도에 의해 추정하는 방법

3) Hubbard-Field 방법

4) Modified Hubbard Field 방법

5) Hveem 방법

6) Smith Triaxial 방법

7) Marshall 방법＝COE(Corps of Engineers)의 비행장 포장 : 우리나라 채택방법

3. Marshall 방법에 의한 배합설계 순서

제1안

1) 가열 아스팔트 **혼합물의 종류** 선정

   밀입도 아스팔트, 밀입도 갭 아스팔트, 세립도 아스팔트, 세립도 갭 아스팔트, 개립도 아스팔트

   : 밀입도(19mm, 13mm), 세립도(13mm)

2) 사용 **재료** 선정 : 선정 시험

3) 골재의 **배합비** 결정 : 혼합비 결정 후, 합성 입도 계산(Rothfuch-Faury 방법)

4) **혼합온도** 결정 : 아스팔트 동점도 : 180± 20c St(세이볼트 퓨롤 85± 10초)

5) **다짐온도** 결정 : 아스팔트 동점도 : 300± 30c St(세이볼트 퓨롤 140± 15초)

   ※ 동점도(Kinematic Viscosity)

   ─ 정의 : 점도를 동일상태(온도, 압력)의 밀도로 나눈 값

   ─ 단위 : cSt(센티스토크)

   ─ 측정온도 : 40℃, 100℃

6) **Marshall 시험** 실시

   (1) 공시체 제작 : AP함량 범위＋5% 간격으로 제작

   (2) 설계 AP량 결정

   (3) 실제 AP 플랜트에서 혼합 후 최종 현장 배합 결정

① Plant에서 Cold Bin, Hot Bin 배합비 설정 ⇒ 합성 입도 결정
② Cold Bin Gate 조정
③ 시험 혼합 실시
④ 마아샬 시험 기준치와 대조
⑤ 실내 배합 수정 : 현장 배합 설정

제2안

[밀입도 아스팔트(19mm) 경우(예)]

1) 시방 입도 결정

2) 마아샬 기준치 [소성변형 방지 기준]

   (1) 안정도 : 750kg 이상

   (2) 흐름도(Flow) : 20~40(1/100cm)

   (3) 공극률 : 3~5%

   (4) 포화도 : 70~85%

   (5) 밀도 : 2.3ton/m^3

   (6) 다짐 횟수 : 양면 75회

3) 골재 품질시험

   (1) 입도 시험

   (2) 평균 비중 구함

4) 합성 입도 계산

   (1) 혼합비 결정 : Rothfuchs-Faury 방법

   (2) 합성 입도 계산 예

5) 마아샬 시험 : 안정도, 흐름도, 공극률, 포화도, 밀도

6) 공시체 제작

7) 마아샬 결과로 **설계 아스팔트 함량** 결정 : AP량 결정 방법

   (1) 경험에 의한 방법 : 동일 재료. 동일 배합의 시공에 적용

   (2) 골재입도에 의한 경우 : 입도와 관계된 경험식 사용, 소규모 포장 공사에 적용

   (3) 마아샬 시험에 의한 방법(현재 주로 사용 중인 방법)

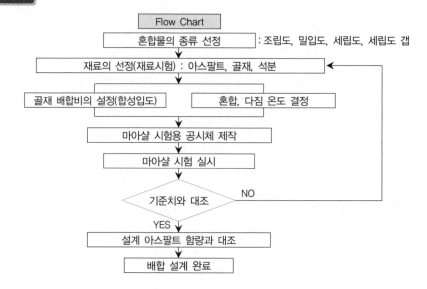

4. Mashall 시험에 의한 Asphalt 배합 설계 예

[Asphalt 배합 설계상의 소성변형 방지 대책]

1) AP 함량 결정 방법(소성변형 방지 대책)

  : 밀립도 Asphalt의 Marshall 기준과 소성변형 방지 대책상의 기준 비교

2) 소성변형 방지 대책(소성변형 적게 하기 위한 배합 설계) : 밀립도 예

NO	Marshall 시험 항목	밀립도 기준	소성변형 방지 대책 기준
1	안정도(kg)(최대하중 kg)	500 이상	750 이상
2	흐름도(1/100cm)	20~40	
3	공극률(%)	3~6	6% 이상
4	포화도(%)	70~85	
5	밀도(t/m³)	2.3 이상	
6	공시체 다짐	양면 50회	양면 75회

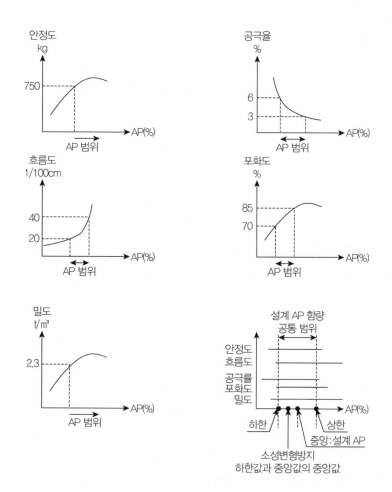

■ **참고문헌** ■

1. 도로공사표준시방서(2009), 국토해양부.
2. 도로포장설계시공지침(1991), 건설교통부.
3. 도로설계기준(2012), 국토해양부.
4. 서진수(2006), Powerful 토목시공기술사(1, 2권), 엔지니어즈.
5. 이석홍, 도로포장 현장품질관리방안, 건설기술교육원.
6. 한국도로공사(1990), 고속도로공사 시공 및 품질 관리지침서(II) – 구조물공, 포장공.

8-4. 마아샬 시험

1. 개요(정의)

1) Marshall 시험기를 사용한 역청 혼합물의 소성흐름에 대한 저항력 시험방법

2) Mold의 크기

   (1) 지름(내경) : 101.6mm

   (2) 높이 : 76.2mm

3) 다짐용 해머

   (1) 무게 : 4536g

   (2) 낙하높이 : 457.2mm

   (3) 다짐 횟수 : 양면 각각 50회

2. Mashall 시험에 의한 Asphalt 혼합물의 품질기준 측정항목 및 결과 보고

1) 안정도(Kg)

2) 흐름도(1/100cm)

3) 공극률(%)

4) 포화도(%)

5) 밀도

> **건조 공시체의 공기 중 밀도**
>
> = 건조 공시체의 공기 중중량/(공시체 표면건조 중량−수중중량) × 상온의 물의 밀도

3. 가열 아스팔트 안정처리 혼합물의 품질기준(밀립도 아스팔트의 예)

NO	Marshall 시험 항목	밀립도 기준	소성변형 방지 대책 기준
1	안정도(kg)(최대하중 kg)	500 이상	750 이상
2	흐름도(1/100cm)	20~40	
3	공극률(%)	3~6	6% 이상
4	포화도(%)	70~85	
5	밀도(t/m³)	2.3 이상	
6	공시체 다짐	양면 50회	양면 75회

4. Mashall 시험에 의한 Asphalt 배합설계 예 : 밀립도 예를 설명하면 됨(그래프 그릴 것)

[8-3강 참고]

5. 마아샬 시험법

1) 적용 범위(정의, 개요)

   (1) 이 시험은 마아샬 시험기에 의한 포장용 아스팔트 혼합물의 소성유동에 대한 **저항치를 측정**하는 데 적용함

   (2) 원칙적으로, 입경 25mm 이하의 골재를 가진 **가열혼합식 아스팔트 혼합물**에 대해 적용함

2) 공시체 제작용 기구

   (1) 몰드 : ① 공시체 개수 : 3조, ② 내경 : 101.6mm, ③ 높이 : 63.5mm, ④ 밑판＋컬러

   (2) 공시체 추출기

   (3) 다짐대 : 30×30×2.5cm의 강판을 올려둘 수 있는 단단한 작업대

   (4) 다짐해머 : ① 높이 : 45.7cm, ② 중량 : 4.5kg의 원형 단면 추, ③ 자유낙하

   (5) 가열장치 : 골재, 역청재료, 몰드, 다짐해머, 기타 기구를 소요 온도로 가열

   (6) 혼합기 : ① 용량 3~5L의 팬, ② 손으로 혼합

   (7) 항온수조 : 수온 $60°±1°C$ 유지

   (8) 기타 기구

      ① 아스팔트 가열용 금속제 용기

      ② 혼합용 기구

      ③ 온도계 : $200°C$(3~5개)

      ④ 저울 : 용량 5kg 이상, 감량 1.0g 이하

      ⑤ 장갑, 고무장갑, 바켓, 소형 삽

3) 안정도 시험 기구

   (1) 재하판

   (2) 재하장치

      ① 재하 시 : 매분 50mm의 일정한 변위속도로 공시체 하중을 건다.

      ② 용량 : 3t

   (3) 프르브 링

      ① 용량 : 250kg

      ② 소요의 정밀도(500kg까지 : 5kg, 500~2500kg까지 : 11kg)

   (4) 플로우계 : 가이드 슬리브＋게이지

4) 공시체 제작

   (1) 개수 : 3개 이상의 공시체 준비

   (2) 골재 준비

      ① $110±5°C$로 일정 중량될 때까지 건조

      ② 굵은 골재 체가름 : 19mm, 13mm, No.4체

      ③ 잔골재 체가름 : No.8체

      ④ 석분 : 체가름하지 않아도 좋다.

   (3) 혼합온도 및 다짐온도의 결정

      아스팔트 **동점도가 180±20센티 스토크스**(세이볼트 흐름점도 140±15초)될 때의 온도

   (4) 혼합

      ① 다짐 후 공시체 높이 : 63.5±1.27mm 정도 되게

      ② 각 골재를 소요의 배합비율에 따라 계량

③ 1배치분(약 1200g)으로 한다.

④ 계량 골재의 가열 : 혼합온도보다 10~30℃ 높게

⑤ 혼합

    : 가열골재 → 혼합 팬 → 비비고 → 아스팔트 계량 → 투입

    → 골재, 아스팔트가 소요 온도 내에 들게 하고 비빈다.

    → 골재가 충분히 피막되게 비빈다.

(5) 다짐

① 소요 횟수로 다진다.(양면 50회)

② 밑판, 컬러 제거 → 냉각 → 공시체 빼어낸다.

③ 실온에서 12시간 이상 정치 → 밀도, 두께 측정

5) 안정도 시험

(1) 공시체

    온도 : 60°±1℃의 수조 중 30~40분 유지

(2) 매분 50±5mm의 일정한 변위속도로 공시체 하중을 건다.

(3) 최대하중(kg), Flow치(1/100cm) 측정

6) 보고 사항(결과 보고)

(1) 공시체 두께(mm)

(2) 안정도(최대하중kg)

(3) 흐름치(1/100cm)

(4) 혼합온도

(5) 다짐온도

(6) 다짐 횟수

(7) 시험온도

■ 참고문헌 ■

1. 도로공사표준시방서(2009), 국토해양부.

2. 도로포장설계시공지침(1991), 건설교통부.

3. 도로설계기준(2012), 국토해양부.

4. 고속도로공사 전문시방서(총칙, 토목편)(2012)

5. 서진수(2006), Powerful 토목시공기술사(1, 2권), 엔지니어즈.

6. 이석홍, 도로포장 현장품질관리방안, 건설기술교육원.

7. 한국도로공사(1990), 고속도로공사 시공 및 품질 관리지침서(II)-구조물공, 포장공.

8. 토목시공 고등기술강좌 시리즈 1~14, 대한토목학회.

8-5. 아스팔트 콘크리트 포장 파손원인과 대책(시공관리)

1. 개요

1) Asphalt 포장의 파손원인

   (1) **시공 시 결함**에 의한 원인과

   (2) 포장 후 강우, 강설로 인한 우수의 침투, 계속되는 **교통하중**에 의한 파손(공용 후의 파손)이 있다.

2) 시공 결함을 방지하기 위해서는 혼합물의 **생산, 운반, 포설, 다지기**의 전 과정에 걸쳐 정밀 시공해야 함

2. 아스팔트 포장의 구성

3. 포장 파손원인(시공상의 결함원인) 및 형태

NO	포장 전의 원인 (토공취약공종)(노상)		혼합 시 원인(혼합물)		시공상 원인 (운반, 포설, 다짐)	
	원인	파손 형태	원인	파손 형태	원인	파손 형태
1	절성토부 경계부 부등침하	선상 균열	혼합물 품질 불량	미세균열 Rutting Polishing	다짐 온도 부적당	미세균열
2	구조물과 토공 접속부 단차 요철	단차	혼합물의 혼합 불량	종단방향요철 Flush Scaling	다짐 불량	시공이음균열 Scaling Pot hole
3	토공 다짐 부족	단차	Asphalt의 열화	Aging(노화)	Prime Coating, Tack Coating 불량	파상요철 Bump(혹) Flush
4	지지력 부족	단차	골재의 Asphalt 친화력 부족	박리 (Stripping)		
5	지하수 유출 (지하수 처리, 배수 처리 미비)	거북등 균열				

4. Asphalt 포장 시공관리(파손원인과 대책)

NO	시공 단계		장비	온도	유의사항
1	혼합(생산)		Plant	185℃ 이하	① 혼합시간 : 60초 이내 ② 관리 : 계량 장치의 Calibration
2	운반		D/T		① 적재함 청소, 디젤유 사용 금지 ② 재료분리 방지 : 평균적 적재 ③ 운반 중 보온 : Sheet로 덮음, 온도차에 의한 Pot hole 방지

3	포설	① 포설 준비	① Sprayer
			② Distributor
					① Final 검측
					② 이물질 제거
					③ 종 횡단 검측
					④ 지지력 확인 : Proof Rolling, PBT, 현장 CBR
					⑤ 시험포설 : 포설두께, 다짐장비, 다짐 횟수
					⑥ Coating : 시험 포설 후 살포
					  ㉠ Prime Coating
					    ⓐ 유제 : RSC-3 사용
					    ⓑ 살포량 : 1ℓ/m²
					  ㉡ Tack Coating
					    ⓐ 유제 : RSC-4 사용
					    ⓑ 살포량 : 0.6ℓ/m²
					⑦ 기준선 설치 : Long Ski

		② 반입물 확인		170℃ 이하	피복률 확인
		③ 포설	Finisher	Screed 예열	연속적으로 실시하여 횡방향 조인트 줄인다.
4	다짐	① 1차 전압	Macadam(10 ton)	144℃	장비무게, 다짐 횟수 준수
		② 2차 전압	Tire Roller	120℃	장비무게, 다짐 횟수 준수
		③ 3차 전압	Tandem Roller	60℃	① 평탄성에 중점 ② 장비무게, 다짐 횟수 준수
5	특히 유의사항				① 다짐도 : 마샬기준 96% 이상 ② 한랭 시 : 5℃ 이하 작업 중단 ③ 비, 습기, 안개 : 작업 중단

■ 참고문헌 ■

1. 도로공사표준시방서(2009), 국토해양부.
2. 도로포장설계시공지침(1991), 건설교통부.
3. 도로설계기준(2012), 국토해양부.
4. 고속도로공사 전문시방서(총칙, 토목편)(2012)
5. 서진수(2006), Powerful 토목시공기술사(1, 2권), 엔지니어즈.
6. 이석홍, 도로포장 현장품질관리방안, 건설기술교육원.
7. 한국도로공사(1990), 고속도로공사 시공 및 품질 관리지침서(II)-구조물공, 포장공.
8. 토목시공 고등기술강좌 시리즈 1~14, 대한토목학회.

8-6. Asphalt 포장 시공관리(상세 설명 내용)

1. 장비 점검 항목

1) 교육

   (1) 시험포장 전, 본 포장 전 : **장비 기사 교육** 유무 확인

   (2) 시공 전 반드시 2회 이상 **안전, 작업 지시** 등에 관한 교육 실시

2) 운반 장비

   (1) **보온 덮개**의 장착 유무

      ① 운반 중 혼합물 **상부와 내부의 온도차** 발생 ⇒ **포장 조기 파손** 유발 가능

      ② 토공 재료 운반용 자동 덮개의 경우

         ⇒ 아스팔트 혼합물과 밀착되지 않아 보온 기능 낮음

         ⇒ 보온 효과를 높이기 위한 **내부 덮개** 필요

         : 혼합물의 전면에 밀착된 **내부 덮개** 덮은 후, 그 위에 **자동 덮개** 사용

      ③ 보온 덮개 : 파손 없고 방수와 내열성 우수한 것

   (2) 사용된 **부착 방지제**의 종류

      ① 혼합물의 부착방지를 위한 사용재료 적정 여부 확인

      ② **경유와 등유** 등의 석유계 연료 : **사용금지**

   (3) 운반 사이클 소요 시간 산정 : 적정 운반장비 대수 사용

3) 아스팔트 페이버

   (1) 장비의 제원

      ① **시험포장**으로 적정 장비 제원 결정

      ② 포설량의 자동 조절 장치장착 유무, 포설에 필요한 센서 부착 확인

   (2) 스크리드 : 포장 전에 적절하게 **가열**

   (3) 진동 장치 : 포설 중에 진동 장치 적정 가동 확인

   (4) 장비의 조합 : 콜드 조인트 발생 최소화 ⇒ **2대 동시 포설** 검토

4) 머캐덤 롤러

   (1) 장비 제원 : 시험포장으로 적정 장비 제원 결정

   (2) 운행 속도 : 시험포장으로 결정

   (3) 부착 방지용 **물의 사용** : 최소량 사용

     [바퀴에 아스팔트 혼합물이 부착되지 않을 정도]

   (4) 장비의 사전 점검 : 다짐 전 장비에 물을 가득 채운다.

5) 타이어 롤러

   (1) 장비의 제원 : 시험포장으로 적정 장비 제원 결정

   (2) 운행 속도 : 시험포장으로 결정

(3) **부착 방지제 사용**

　① 아스팔트 혼합물의 부착방지를 위한 사용재료로 적정한지 확인

　② **경유와 등유 등 석유계 연료 사용 절대 금지**

　③ **식물성 오일(oil)류** 또는 전용의 **부착 방지제(release agent) 사용**

　④ **최소량 사용** [바퀴에 아스팔트 혼합물이 부착되지 않을 정도]

6) 탄뎀 롤러

　(1) 장비의 제원 : 시험포장으로 적정 장비 제원 결정

　(2) 운행 속도 : 시험포장으로 결정

　(3) 부착방지용 물의 사용 ; 최소량 사용

　　[바퀴에 아스팔트 혼합물이 부착되지 않을 정도]

　(4) 진동 탄뎀의 주의사항

　　① 1차 다짐 또는 높은 초기 전압이 필요할 경우 진동 탄뎀 사용 가능

　　② 진동 탄뎀을 사용할 경우 장비의 작동 상태를 확인

　　③ 다짐 중 포장 위에서 잠시 멈출 경우, 또는 속도가 감속되었을 경우에는 진동을 멈출 것

2. 시공 점검 항목(시공 시 유의사항)

1) 아스팔트 혼합물의 **수송(Mix Delivery)**

　(1) 아스팔트 혼합물의 적재 상태

　　① 골재 분리 최소화되도록 적재

　　② 운전석 방향을 기준으로 상부, 하부, 중앙 순

　　③ 아스팔트 **혼합물의 적재 방법** : 아래의 그림

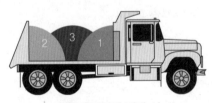 

대형 운반장비 적재 시　　　　　　　소형 운반장비 적재 시

　(2) 아스팔트 **혼합물의 온도**

　　① 시공 지점에 도착 시 상차된 혼합물의 온도를 반드시 측정

　　② 온도 측정 깊이 : 표면에서 약 2cm 하부의 온도와 내부의 온도 등을 측정, 상차 상태에서 **적외선 카메라** 사용 ⇒ 온도 분리 확인 가능

　　③ 표면의 아스팔트 혼합물 온도저하가 클 경우 **온도분리로 인한 아스팔트 포장의 조기 파손**이 발생 가능 : Pot **홀** 등

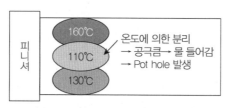

[그림] 포설 직후의 온도차 영향 예

(3) 아스팔트 혼합물의 하차

① 아스팔트 혼합물 하차 시 아스팔트 페이버 전면에서 중앙을 일치시킨 상태에서 후진으로 접근하되, 일정 거리 앞에서 멈춘다.

② 페이버 전진하여 운반장비 후미에 천천히 붙여서 충격을 최소화

③ 하차 시 운반 장비의 적재함을 올릴 때 까지 적재함 뒤에 있는 문을 열지 않고, 아스팔트 혼합물이 자동으로 약간 흘러서 후미에 모이도록 조치

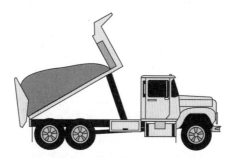

아스팔트 혼합물의 하차 방법

④ 아스팔트 페이버의 호퍼에 아스팔트 혼합물을 부드럽게 투입하여 투입 과정에서의 아스팔트 혼합물의 재료 분리를 최대한 방지

  * MTV [Material Transfer Vehicle] 사용 : 트럭과 Hopper 사이에 MTV 설치하여 포설 중 보온 및 ReMix 작업하여 온도유지 및 골재분리 방지

(4) 하차 후 운반장비 점검

① 아스팔트 페이버에 하차 후 운반 장비의 바닥상태 점검

② 운반 장비의 바닥과 적재함에 바르는 **부착방지제**

  ─ **경유와 등유** 등의 **석유계 연료 사용 금지**

  ─ 반드시 **식물성 오일(oil)류, 부착 방지제(release agent)** 사용

③ 바닥에 남은 잔여 아스팔트 혼합물

  ─ 아스팔트 포장면 위에 털기 금지

  ─ 반드시 아스팔트 플랜트나 지정된 장소에 버릴 것

2) 포설

(1) 페이버의 운행 속도

① 아스팔트 혼합물의 양, 포설 두께, 포장 폭을 고려하여 결정

② 포설 중 운행속도의 변화 금지

③ 운반 사이클을 고려하여 아스팔트 혼합물이 끊이지 않고 연속 포설 가능한 속도

(2) 포설 두께 : **시험포장**으로 결정한 포설 두께로 포설

(3) 아스팔트 혼합물의 포설량 : 포장 시공되는 전 구간에 걸쳐 균일하게 포설

(4) 시공 이음부 : 시공 이음부의 수가 최소화 되도록 연속적인 포설

(5) 이음부의 포설 : 페이버 스크리드가 기존 포장에 5cm 정도 겹치도록 포설

3) 다짐

(1) 다짐 장비의 속도

① **시험포장**으로 결정된 기준에 맞게 적용

② 속도 변화가 크지 않고 균일한 속도

(2) 다짐 장비의 통과 횟수

시험포장 시 결정된 다짐 장비의 통과 횟수 준수 → 과다짐, 목표 밀도 이하 시공되지 않게 할 것

(3) 다짐 장비의 다짐 구간

① 다짐 장비와 페이버와의 간격은 15m 내외

② 단위 다짐 구역은 75m 정도에서 다짐 장비가 운행되도록 관리

(4) 다짐 방법

① 1차 다짐, 2차 다짐, 3차 다짐 방법 : **시험포장**을 통하여 결정된 기준 적용

② 다짐 롤러는 반드시 구동륜을 앞으로 향하게 할 것

[안내륜을 앞으로 하면 수직하중이 작고, 아스팔트 혼합물을 앞으로 밀어내는 경향이 있음]

(5) 다짐 온도

① 시험포장으로 결정된 다짐 온도 적용

② 아스팔트 혼합물의 종류, 대기 온도, 포장 장비의 종류 등에 따라 결정

③ 일반적인 아스팔트 혼합물의 **적정 다짐 온도**

구분	다짐 온도
1차 다짐	140°C~110°C
2차 다짐	110°C~85°C
3차 다짐	80°C~60°C

(6) 다짐 중복 방법

① 낮은 쪽에서 높은 쪽으로 차츰 폭을 옮기며 중복하여 다진다.

② 다차로 구간의 횡단경사가 있는 경우 : 크라운 부분을 중심으로 낮은 쪽인 바깥 차로부터 안쪽 차로로 다짐

(7) 이음부의 다짐

① 다짐밀도가 확보되도록 **종방향 콜드조인트**에 잔입도의 혼합물을 레이크 등으로 많이 쌓아서 다진다.

② 횡방향 조인트 발생 부분 : 각목이나 종이 등으로 쐐기모양 부분을 절취할 수 있도록 하거나, 이음 전에 커팅

③ 횡방향 조인트는 포장장비를 종방향의 90°로 다진다.

(8) 구조물과의 접속 부분

① 아스팔트 혼합물의 온도가 높을 때 탬퍼 등으로 단차가 발생되지 않도록 시공

② 표층의 경우 구조물보다 높게 다진다.

(9) 현장 **다짐밀도 측정 장비**의 사용

① 현장 다짐밀도 등을 파악하여 시공할 수 있도록 현장 다짐밀도 측정 장비 사용

② 장비 사용 시 장비의 보정 유무 점검

③ 장비의 보정은 시험포장을 통해 구하여진 다짐 밀도값을 기준으로 보정

④ 보정 후 본 포장에서 적용

⑤ 반드시 시험포장에서 1차 다짐, 2차 다짐, 3차 다짐에 따라 측정된 밀도값과 코어 밀도값을 통한 보정이 이뤄지는지 확인

(10) 다짐밀도 및 포장두께 조사

① 코어 시료의 채취 : 'KS A 3151의 랜덤 샘플링 방법'에 따라 단위 포장면을 가상의 격자로 나누고 번호를 붙인 후 난수표에서 번호를 정하여 시료를 채취

랜덤 샘플링 방법에 의한 시료 채취 장소의 선정

② 시료의 채취는 단위 포장 구간당 **최소 3개 이상**을 채취한다.

■ 참고문헌 ■

1. 아스팔트포장의 현장 시공 품질관리 매뉴얼(2007), 건설교통부.
2. 도로포장설계시공지침(1991), 건설교통부.
3. 도로설계기준(2012), 국토해양부.
4. 고속도로공사 전문 시방서(총칙, 토목편)(2012), 한국도로공사.
5. 서진수(2006), Powerful 토목시공기술사(1, 2권), 엔지니어즈.
6. 이석홍, 도로포장 현장품질관리방안, 건설기술교육원.
7. 한국도로공사(1990), 고속도로공사 시공 및 품질 관리지침서(II)-구조물공, 포장공.
8. 토목시공 고등기술강좌 시리즈 1~14, 대한토목학회.

8-7. 아스팔트 포장을 위한 워크플로우 예를 작성하고, 시험시공을 통한 포장품질 확보 방안을 설명(87회)

- 연장 20km인 2차선도로(폭 7.2m, 표층 6.3cm)의 아스팔트 포장 공사를 위한 시공계획 중 장비조합과 시험포장에 대하여 설명(96회)

1. 개요

1) 아스팔트 포장 시공은 아스팔트 혼합물의 **운반, 포설, 다짐**의 각 시공 공정에 따른 적정한 장비 및 방법을 적용하여 관리해야 함

2) **본 포장** 시공 전 ⇒ 반드시 **시험포장**실시 ⇒ 적정 **장비 선정, 포설 두께, 다짐 방법, 다짐 횟수, 다짐 밀도** 등을 확인 ⇒ 본 포장에 적용

3) 현장시험결과 아스팔트 혼합물의 골재입도, 아스팔트 함량 등이 **시험포장** 시의 아스팔트 혼합물기준에 비 적합 시 ⇒ 골재 유출량 시험부터 재실시 한다.

4) 국토해양부 도로공사표준시방서, 아스팔트 포장설계·시공 요령, 아스팔트 포장의 현장 다짐관리 매뉴얼 등을 적용한다.

2. Work Flow

NO	시공 단계		장비	온도	유의사항
1	혼합(생산)		Plant	185℃	① 혼합시간 : 60초 이내 ② 관리 : 계량 장치의 Calibration
2	운반		D/T		① 적재함 청소 ② 재료분리 방지 : 평균적 적재 ③ 운반 중 보온 : Sheet
3	포설	포설 준비	Sprayer Distributor		① Final 검측 ② 이물질 제거 ③ 종 횡단 검측 ④ 지지력 확인 : Proof Rolling, PBT, 현장 CBR ⑤ 시험포설 : 포설두께, 다짐장비, 다짐 횟수 ⑥ Coating : 시험 포설 후 살포 ㉠ Prime Coating ⓐ 유제 : RSC-3 사용, ⓑ 살포량 : $1\ell/m^2$ ㉡ Tack Coating ⓐ 유제 : RSC-4 사용, ⓑ 살포량 : $0.6\ell/m^2$ ⑦ 기준선 설치 : Long Ski
		반입물 확인		170℃	
		포설	Finisher	Screed 예열	연속적으로 실시하여 횡방향 조인트 줄인다.
4	다짐	1차 전압	Macadam	144℃	장비 무게, 다짐 횟수 준수
		2차 전압	Tire Roller	120℃	장비 무게, 다짐 횟수 준수
		3차 전압	Tandem Roller	60℃	① 평탄성에 중점 ② 장비 무게, 다짐 횟수 준수
5	특히 유의사항				① 다짐도 : 마샬 기준 96% 이상 ② 한랭 시 : 5℃ 이하 작업 중단 ③ 비, 습기, 안개 : 작업 중단

3. 시험시공을 통한 포장 품질 확보방안 : 시험포장 점검 항목

1) 개요

본 포장 시공 전 ⇒ 반드시 **시험포장** 실시 ⇒ 적정 장비 선정, 포설 두께, 다짐 방법, 다짐 횟수, 다짐 밀도 등을 확인 ⇒ 본 포장 품질관리에 적용

2) 품질관리의 목적

골재생산, 아스팔트 혼합물 생산, 포장 시공 등의 품질관리를 철저히 하여 아스팔트 포장의 **내구성** 및 **공용 수명 증진**, 도로 이용자에게 **쾌적한 도로 환경** 제공

3) 품질관리 점검 방법

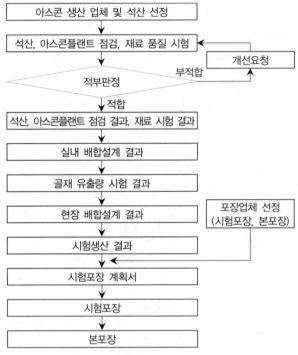

[품질관리 점검 방법]

4) 품질관리 일정 : 아스팔트 포장 품질관리 일정

품질관리점검 사항	결과 보고(시험포장일 기준)
포장업체 선정(시험포장, 본 포장)	30일 이전
석산 및 아스콘플랜트 점검결과, 재료 시험 결과	110일 이전
실내 배합설계 결과	80일 이전
골재 유출량 시험 결과	70일 이전
현장 배합설계 결과	40일 이전
시험생산 결과	20일 이전
시험포장 계획서	15일 이전
시험포장 교육 및 설명회	1일 이전
시험포장 및 시공 점검	
시험포장 결과 보고서	시험포장 후 15일 이내
본 포장	시험포장 결과 보고 후 90일 이내

5) 점검사항 결과보고

(1) 시험포장 시공일 기준에 따른 상기 「품질관리 일정표」의 기간에 맞게 발주처 등에 보고

(2) 본 포장 시공

① 시험포장 결과 보고 후 90일 내에 실시

② 90일 초과 시 시험생산을 재실시 ⇒ 품질 변동 여부 파악

③ 시험결과 시험포장 시의 아스팔트 혼합물 기준에 부적합 시 시험 재실시

[아스팔트 혼합물의 골재입도, 아스팔트 함량 등이 시험포장 시의 아스팔트 혼합물 기준에 적합하지 않을 경우에는 골재 유출량 시험부터 재실시]

6) **시험포장 전 점검 항목**

(1) 시험포장 계획의 사전 협의

① 시험포장 일정, 구간 선정, 포장 업체 선정, 장비 선정, 다짐 공정 등을 시공사와 감리, 감독관의 협의 후 결정

② **시험포장의 구간**

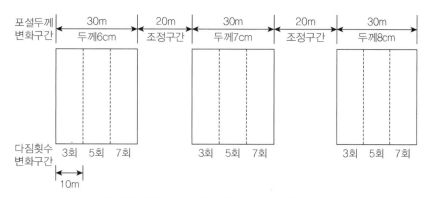

[그림] 시험포장 구간(다짐두께 5cm 표층인 예)

– 포장 폭, 변화 구간, 조정 구간에 표식(푯말) 설치

– 직선 구간으로 선정

– [3종 이상의 포설 두께 변화 구간 × 3종 이상 다짐 횟수 변화 구간]

　= 각층(표층, 기층)당 9구간 필요

– 시험 구간 연장 : 각 구간 10m 이상, 조정 구간 : 20m 이상

– 다짐 횟수의 변화 : 1종의 다짐장비

③ 운반장비 대수 결정 : 시간당 혼합물 생산량 및 소요량 미리 파악

④ 다짐 패턴 및 다짐 중복 방법 : 사전에 결정

(2) 장비 기사의 교육

① 페이버 기사, 다짐 장비 기사 : 시험포장 계획 설명

② 다짐 장비 운행, 안전, 시공 시 주의 사항 등 교육

(3) 기존 층에 대한 준비

① Coating 살포량 시험 확인 : 살포 전 현장 시험으로 정확한 살포량 결정

$-$ **프라임 코트** 사용량 $=1{\sim}2\ell/\mathrm{m}^2$

$-$ **택 코드** 사용량 $=0.3{\sim}0.6\ell/\mathrm{m}^2$

② 프라임 코팅 또는 택 코팅 적정 여부 및 파손 여부 확인

③ 포장 폭 및 변화 구간, 조정 구간에 대한 표식 확인

7) 시험포장 시 점검 항목

  (1) 시험포장 시작 전 **장비 기사의 교육**

    ① 페이버 기사 : 포설 두께 변화 구간

    ② 다짐장비 기사 : 다짐 방법 및 다짐 횟수 변화 구간

    ③ 운반장비 기사 : 남은 아스팔트 혼합물 포장면 위 폐기금지 및 폐기장소 인지 여부

  (2) **장비의 제원**

    ① 선정된 장비의 운행으로 문제 발생 시 장비 교체 지시

    ② 예) 다짐밀도 충분치 않을 때 : 더 높은 중량의 장비 대체 확인

  (3) **장비의 사전 점검**

    ① 다짐 장비에 물을 가득 채울 것

    ② 특히, 1차 다짐 작업의 머캐덤 롤러 ⇒ 반드시 감독자가 확인

  (4) **아스팔트 혼합물**

    ① 피복 상태 확인

    ② 온도 측정 : 목표 온도에 적합한지 확인

  (5) **다짐 장비의 운행 속도**

    ① 운행 속도 적정 여부 확인

    ② 일반적인 다짐 장비의 운행 속도

다짐장비별 다짐속도(km/hr)

롤러의 종류 / 다짐 순서	1차 다짐	2차 다짐	마무리 다짐
머캐덤 롤러 / 탄뎀 롤러	3.2~5.6	4.0~6.4	4.8~8.0
타이어 롤러	3.2~5.6	4.0~10.2	6.4~11.2
진동 탄뎀 롤러	3.2~4.8	4.0~5.6	−

    ③ 운행 속도 변동 시 : 감독자의 판단에 의한 지시 여부 확인, 기록

  (6) 1차 다짐 방법

    ① 다짐 온도

      $-$ 혼합물의 변위/미세균열(Hair crack) 발생치 않는 한도에서 가능한 한 높은 온도로 실시

      $-$ 개질 아스팔트, 특수 아스팔트 포장 : 다짐온도 상향 가능

    ② 한 개 차로 시공 시 : 포장 시점의 바깥부 분부터 다짐 작업 시작

    ③ 기존 포장면의 옆에 붙여서 포장하는 경우

      : 세로 이음부 먼저 다지고, 신규 포장부는 포장 시점부터 다져서 올라온다.

(7) 2차 다짐 방법

 ① 1차 다짐 완료 즉시 소정의 다짐도 얻도록 연속해서 다지며

 ② 다짐방법은 1차 다짐과 동일

 ③ 타이어 롤러 사용 시 : 타이어의 온도를 뜨겁게 유지 ⇒ 다짐 초기에 혼합물이 달라붙지 않게 한다.

(8) 3차 다짐 방법

 ① 포장면의 요철이나 롤러 자국 등을 없애기 위해 실시

 ② 탄뎀 롤러를 진동 없이 사용

 ③ 정해진 다짐 횟수를 다지기보다는 전체적인 포장체의 평탄성 확보

(9) 현장 다짐밀도 측정 장비의 사용 방법

 ① 장비 명 : PQI(Pavement Quality Indicator)

 ② 보정 후 밀도 측정

 ③ 장비의 측정된 밀도값과 현장 코어 밀도값 반드시 비교

 ④ 측정 밀도값에 대한 최종 보정값 : 현장 코어의 밀도값 기준

8) 시험포장 후 점검 항목

(1) 코어 시료의 채취

 ① 다짐 후 **5일 이내**에 변화 구간당(포설 두께 및 다짐 횟수 변화) **최소 3개 이상** 채취

 ② 시험포장 분석의 정확성을 높이기 위하여 각 구간에 대하여 50cm 안쪽에서 채취

 ③ 직경이 150± 5mm 또는 100± 5mm인지 확인

(2) 현장 다짐도 및 공극률의 계산

 ① 현장 다짐도 : 이론 최대 밀도를 기준 밀도로 하여 계산한 포장의 밀도

$$현장 \, 다짐도(\%) = \frac{코어 \, 시료 \, 밀도 \, (g/cm^3)}{이론 \, 최대 \, 밀도 \, (g/cm^3)} \times 100$$

 ② 다짐밀도 : 포장 당일 채취한 혼합물을 시험한 이론 최대 밀도와 현장에서 채취한 코어의 밀도 시험결과를 이용한 공극률로 평가

$$공극률(\%) = 100 - 현장다짐도$$

[기준]

구분	현장 다짐도(%)	공극률(%)
표층용 아스팔트 혼합물(WC-1~WC-5)	94± 2.0	6± 2%
기층용 아스팔트 혼합물(BB-1~BB-4)	93± 2.0	7± 2%

 ③ 이론 최대 밀도로 현장 다짐도를 구하기 어려울 경우

  - 시험실 제작 마샬 공시체 기준 밀도로 사용 가능

  - 그러나 이 방법은 비권장, 적용 시 적용기준은 96% 이상

(3) 포설 두께 및 다짐 횟수 결정

    각 구간에 대한 다짐 두께 및 공극률을 도시하여, 포설 두께 및 다짐 횟수를 결정

■ 참고문헌 ■

1. 김수삼 외 27인(2007), 건설시공학, 구미서관, pp.429~434.
2. 아스팔트포장의 현장 시공 품질관리 매뉴얼(2007), 건설교통부.
3. 도로공사표준시방서(2009), 국토교통부.
4. 도로포장설계시공지침(1991), 건설교통부.
5. 고속도로공사 전문 시방서(총칙, 토목편)(2012), 한국도로공사.
6. 서진수(2006), Powerful 토목시공기술사(1, 2권), 엔지니어즈.
7. 이석홍, 도로포장 현장품질관리방안, 건설기술교육원.
8. 한국도로공사(1990), 고속도로공사 시공 및 품질 관리지침서(II)-구조물공, 포장공.
9. 토목시공 고등기술강좌 시리즈 1~14, 대한토목학회.

8-8. 아스팔트콘크리트 포장공사 시공순서, 다짐장비 선정(다짐방법), 다짐 시 내구성에 미치는 영향(다짐작업 시 고려사항과 다짐방법 = 다짐 시에 유의할 사항), 다짐장비의 특성, 평탄성 판단기준, 평탄성 관리방법

1. 개요

다짐은 아스팔트 포장 시공에 있어서 **시방기준**에 맞는 밀도를 얻고, **평탄한 포장면**을 만드는 중요한 공정이며, 다짐 성능이 포장의 **공용성**과 **내구성**을 좌우한다.

2. 내구성 확보를 위한 아스팔트 포장 장비(시공순서별 장비)

NO	시공 단계		장비	온도	유의사항
1	혼합(생산)		Plant	185℃ 이하	① 혼합시간 : 60초 이내 ② 관리 : 계량 장치의 Calibration
2	운반		D/T		① 적재함 청소 ② 재료분리 방지 : 평균적 적재 ③ 운반 중 보온 : Sheet
3	포설	포설 준비	Sprayer Distributor		① Final 검측 ② 이물질 제거 ③ 종 횡단 검측 ④ 지지력 확인 : Proof Rolling, PBT, 현장 CBR ⑤ 시험포설 : 포설 두께, 다짐 장비, 다짐 횟수 ⑥ Coating : 시험 포설 후 살포 ㉠ Prime Coating ⓐ 유제 : RSC-3 사용 ⓑ 살포량 : 1ℓ/m² ㉡ Tack Coating ⓐ 유제 : RSC-4 사용 ⓑ 살포량 : 0.6ℓ/m² ⑦ 기준선 설치 or Long Sky
		반입물 확인		170℃ 이하	
		포설	Finisher	Screed 예열	연속적으로 실시하여 횡방향 조인트 줄인다.
4	다짐	1차 전압	Macadam	144℃	장비 무게, 다짐 횟수 준수
		2차 전압	Tire Roller	120℃	장비 무게, 다짐 횟수 준수
		3차 전압	Tandem Roller	60℃	① 평탄성에 중점 ② 장비 무게, 다짐 횟수 준수
5	특히 유의사항				① 다짐도 : 마샬 기준 96% 이상 ② 작업 중단 ㉠ 한랭 시 : 5℃ 이하 ㉡ 비, 습기, 안개

3. 내구성 확보를 위한 다짐작업별 다짐장비 선정(다짐방법)

1) 다짐장비

작업 단계	선정 장비	효과
1. 초 전압(1차 전압)(압착 : Break Down)	머캐덤롤러(10~12ton)	1. 소요밀도 얻음
2. 중간 전압(2차 전압)(Intermediate)	타이어롤러(8~20ton) or 탠덤롤러	2. 압착으로 소요밀도 얻을 수 있으면 중간 롤러 사용하지 않아도 됨
3. 마무리 전압	탠덤롤러(6~8ton)	롤러 자국 제거, 진동 가능, 항상 필요

2) 다짐장비와 다짐방법은 **시험포장**을 실시하여 결정

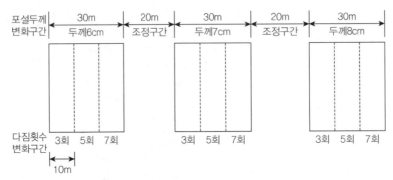

[그림] 시험포장 구간(다짐두께 5cm 표층인 예)

4. 다짐 시 내구성에 미치는 영향(다짐작업 시 고려사항과 다짐방법)

1) 다짐 작업 시 고려사항[다짐 시에 특히 유의할 사항]

  (1) 포설 및 다짐작업 중단 조건 : 비, 안개, 기온5℃ 이하일 때

  (2) **장비선정** : 주요 도로 포장일 때 **시험포장**(500m²) 실시 후 선정

  (3) **온도관리** : 개질 아스팔트 혼합물인 경우 규정온도 이하 시 소요 다짐밀도 확보 곤란

  (4) **공극률 관리** 유의 : 3~7%

   ① 다짐 후 **공극률 3% 이하** : 소성 변형 발생 가능

   ② **7% 이상**에서 1% 증가마다 포장 수명 10% 감소

2) 다짐방법 적용(작업) 시 유의사항

  (1) 다짐 **장비의 속도**

   ① **시험포장**으로 결정된 속도 준수

   ② 속도 변화 크지 않고 균일하게

  (2) 다짐장비의 **통과 횟수**

   ① **시험포장**으로 결정된 통과 횟수 준수

   ② 다짐장비의 통과 횟수 미 준수 시 : 과다짐 or 목표 밀도 이하 ∴ 시공에 유의

  (3) 다짐 장비의 **다짐 구간**

   ① 다짐 장비와 페이버와의 간격은 15m 내외

   ② 단위 다짐 구역은 75m 정도에서 다짐 장비 운행되도록 관리

(4) 다짐 방법

　①1차 다짐, 2차 다짐, 3차 다짐 방법 : **시험포장**으로 기준 결정

　② 다짐롤러는 반드시 **구동륜을 앞으로 향하게 할** 것

　　: 안내륜(조향륜)을 앞으로 하면 수직하중 작고, **혼합물의 유동**(혼합물을 앞으로 밀어내는 경향)과 **평탄성 저하** 원인

　③ **오르막길**의 전압 : **구동륜을 위쪽**으로 하고 급발진, 급제동 금지

(5) 다짐 중복 방법(다짐순서)

　① 도로의 편구배, 횡단 구배 고려, **낮은 쪽에서 높은 쪽으로** 차츰 폭을 옮기며 중복하여 다진다.

　　: 다차로 구간의 횡단경사가 있는 경우 : 크라운 부분을 중심으로 낮은 쪽인 **바깥 차로부터** 안**쪽 차로**로 다짐

　② 매 전진 시마다 **15cm 정도 겹치도록** 다진다.

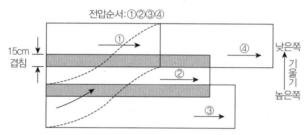

[그림] 일정한 횡단구배를 갖는 포장의 전압방식

(6) 이음부의 다짐 : Cold Joint 최소화

　① 종방향 콜드조인트(기존 포장면) : 잔입도의 혼합물을 레이크 등으로 많이 쌓아서 다져 다짐밀도 확보

　② 횡방향 조인트 발생 부분

　　㉠ 각목, 종이 등으로 쐐기모양 부분을 절취할 수 있게 or 이음 전에 커팅

　　㉡ 종방향의 90°로 다진다.

　③ 이음부 포설 : 기존 포장면에 **5cm 정도 겹치게**

(7) 구조물과의 접속 부분

　① 혼합물 온도가 높을 때 탬퍼 사용, 단차가 발생되지 않도록 시공

　② 표층의 경우 구조물보다 높게 다진다.

(8) 평면 곡률 반경 작은 곳 : 인력으로 부설하고 다진다.

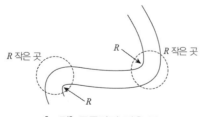

[그림] 곡률반경 작은 곳

(9) 외연부(노견, 조인트) 다짐철저 : 인력 다짐

(10) 한랭 시의 다짐

① 포설 후 즉시 다짐 : 온도저하 방지(45분 이내)

② 무거운 Roller 사용, 사용 장비 대수를 늘린다.

(11) Roller에 아스팔트 부착 방지용으로 **경유 사용 절대 금지**

① 표층 박리원인

② **부착 방지제(release agent) 또는 식용유** 사용

(12) 다짐 온도

① **시험포장**을 통하여 결정된 다짐 온도 적용

② 아스팔트 혼합물의 종류, 대기온도, 포장 장비의 종류 등에 따라 결정

③ 일반적인 **적정 다짐 온도**

구분	다짐 온도
1차 다짐	140°C~110°C
2차 다짐	110°C~85°C
3차 다짐	80°C~60°C

(13) 다짐도와 공극률 : Marshall 실내 다짐기준(96% 이상)

① **현장 다짐밀도 측정 장비 사용** : PQI(Pavement Quality Indicator)

포설 및 다짐 중에 현장에서 포장체의 밀도, 온도, 습도 측정

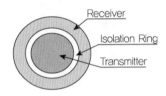

[그림] Sensing Plate Plan

② 다짐밀도 및 포장두께 조사

㉠ 다짐도$=\dfrac{현장밀도}{기준밀도}\times 100 \geq 96\%$

㉡ 코어 시료의 채취 방법 : **랜덤 샘플링** 방법(난수표 이용)

③ 시료의 채취는 단위 포장 구간당 **최소 3개 이상 채취**

자동차 운행방향

1	2	3	4	5	6
7	8	9	10	11	12
13	14	15	16	17	18
19	20	21	22	23	24
25	26	27	28	29	30
31	32	33	34	35	36
37	38	39	40	41	42
43	44	45	46	47	48
49	50	51	52	53	54
55	56	57	58	59	60
61	62	63	64	65	66
67	68	69	70	71	72
73	74	75	76	77	78
79	80	81	82	83	84
85	86	87	88	89	90
91	92	93	94	95	96

△

자동차 운행방향

1	2	3	4	5	6
7	8	9	10	11	12
13	14	15	16	17	18
19	20	21	**22**	23	24
25	26	27	28	29	30
31	32	33	34	35	36
37	38	39	40	41	42
43	**44**	45	46	47	48
49	50	51	52	53	54
55	56	57	58	59	60
61	62	63	64	65	66
67	68	69	70	71	72
73	74	75	76	77	78
79	80	81	82	83	84
85	86	87	88	**89**	90
91	92	93	94	95	96

랜덤 샘플링 방법에 의한 시료 채취 장소의 선정(난수표)

5. 다짐 장비의 특성 및 다짐 시 유의사항

1) 머캐덤 롤러

　(1) 장비 제원 : **시험포장**으로 적정 장비 제원 결정

　(2) 운행 속도 : **시험포장**으로 결정

　(3) 부착방지를 위한 물의 사용 : 롤러 바퀴에 아스팔트 혼합물이 부착되지 않을 정도의 최소량 사용

　(4) 장비의 사전 점검 : 다짐 전 장비에 물을 가득 채운다.

2) 타이어 롤러

　(1) 장비의 제원 : **시험포장**으로 적정 장비 제원 결정

　(2) 운행 속도 : **시험포장**으로 결정

　(3) 부착 방지제의 종류

　　① 아스팔트 혼합물의 부착방지를 위한 사용재료로 적정한지 확인

　　② **경유와 등유** 등의 **석유계 연료** 절대 **사용 금지**

　　③ 반드시 **식물성 오일**(oil)류 또는 전용의 **부착 방지제**(release agent) 사용

　　④ 부착 방지제는 롤러 바퀴에 아스팔트 혼합물 부착되지 않을 것

3) 탄뎀 롤러

   (1) 장비의 제원 : **시험포장**으로 적정 장비 제원 결정

   (2) 운행 속도 : **시험포장**으로 결정

   (3) 부착 방지를 위한 물의 사용

     : 롤러 바퀴에 아스팔트 혼합물이 부착되지 않을 정도의 최소량 사용

   (4) 진동 탄뎀의 주의사항

     ① 1차 다짐 또는 높은 초기 전압이 필요할 경우 진동 탄뎀 사용 가능

     ② 진동 탄뎀을 사용할 경우 장비의 작동 상태를 확인

     ③ 다짐 중 포장 위에서 잠시 멈출 경우, 또는 속도가 감속되었을 경우에는 진동을 멈출 것

6. 평탄성 판단기준

1) 평탄성의 정의

   도로주행의 쾌적성과 주행성 확보를 위해 제한하는 **표면요철의 최대치**

2) 평탄성 평가(관리) 방법

   (1) **종방향** : PrI(**평탄성 지수**)

   (2) **횡방향** : 3m **직선자**

3) 종방향 평탄성 평가(관리)

   (1) **평탄성 지수의 종류**와 관계식

평탄성 지수	단위	관계식
PrI(Profile Index)(국내 신설포장도로의 평가 지수)	cm/km	$PrI = 12.456 + 3.28(IRI) + 4.78 \times (IRI)^2$
QI(Quarter Index)(국내 국도 포장의 평가 지수)	m/km	$QI = 14 \times IRI - 10$
IRI(International Ropughness Index)(국제 평탄성 지수)	m/km	$IRI = (QI + 10)/14$

   (2) PrI(평탄성 지수)

$$PrI(평탄성\ 지수) = \frac{\sum (h_1 + h_2 + h_3 + \cdots + h_n)}{총\ 측정\ 거리}$$

• $h_1, h_2, \ldots h_n$: 규정치를 벗어난 궤적의 높이

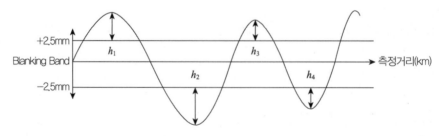

4) 평탄성 평가 기준 및 시정 조치

   (1) **종방향(PrI) 평가** 기준치

     ① Asphalt 포장 → PrI = 10cm/km

② Cement Con'c 포장 → P,I=16cm/km

　　㉠ 현장 여건에 따라 P,I=24cm/km 이하로 관리 가능(중부고속도로)

　　㉡ 현장 여건 : 대형 장비 투입 불가능, 곡선 반경 600m 이하, 종단구배 5% 이상 경우

③ 보통 P,I가 16cm/km 이하이면 바람직하다.

(2) 횡방향 평가 기준

　　① Asphalt Concrete 포장 표층 : 요철 3mm(2.4mm) 이내

　　② Cement Concrete 포장 : 요철 5mm 이내

(3) 평탄성 불량 시 시정 조치

　　① Asphalt Con'c → 노면 절삭 및 Patching 재시공

　　② Cement Con'c 포장 → Grinding(면갈기)

　　　콘크리트 상태 불량, 크랙 : 제거 후 재시공

　　③ 기준치 이하라도 기준선(Band)에서 5mm 이상 높은 지점은 시정

7. 아스팔트 포장 평탄성 시공관리(확보방법)

1) 개요

아스팔트 포장의 평탄성 확보를 위해서는 **페이버의 선정**과 **혼합물의 포설** 및 **다짐**이 중요

2) 페이버의 선정

(1) 선다짐(Tamping) 충분한 장비 선정 ; 우수한 장비

(2) 페이버의 자체 다짐능력(선다짐률)과 평탄성 효과

장비 성능 구분	선다짐률(Tamping)	다짐두께 5cm 확보 위한 포설두께	평탄성 효과
낙후된 성능, 기종	65~75%	6.5~7.5cm	1. 선다짐 효과 불충분 2. 포설두께 두꺼우면 밀림현상으로 마무리 다짐 후에도 약간의 요철로 평탄성 저하
우수한 성능의 장비	90%	5.6cm	1. 선다짐 효과 충분 2. 포설 후 발자국(작업원 발자국) 남지 않음

3) Line Sensor 설치

(1) **평탄한 마무리면** 형성방법 : 페이버의 String Line 인식 센서 사용

(2) Sensor Line의 고정 : 처짐방지

　　① 시멘트콘크리트 포장 : 150~200m마다

　　② 아스팔트포장 : 500m마다

(3) 지지대(보조 Stick) 설치

　　① 직선 구간 : 7.5~10m

　　② 곡선 구간 : 3~5m

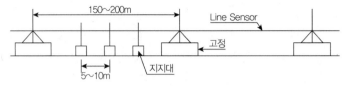

[그림] Line Sensor 설치 예

4) 포설 및 다짐

  (1) 기층시공

    ① 기층두께에 따라 몇 단으로 포설할 것인지 결정

    ② 포설 전 보조기층면 마무리 점검

    ③ 기층 1단 포설 : Line Sensor 설치, 보조기층에서의 작은 요철 제거

    ④ 기층 2단 포설 : Line Sensor 설치하지 않고 Long Sky Sensor 사용해도 무방

    ⑤ 기층 1단의 PrI = 30cm/km인 경우 Long Sky Sensor 사용하여 기층 2단 포설하면 PrI = 15cm/km로 개선됨

    ⑥ 기층 마지막 단 : Line Sensor 설치하여 기층과 표층의 두께 확보

  (2) 표층 시공

    ① 표층 두께에 따라 1, 2단으로 구분 포설

    ② 1단 포설 시 2차선 이상 경우 **Paver 2대 사용**하여 Cold joint 없앤다.

      ㉠ 1차선에 Line Sensor 설치하고 Paver1대가 먼저 포설 전진

      ㉡ 혼합물 다짐 전 포설된 아스콘 위에 다른 1대가 Sky Sensor를 띄워 포설

      ㉢ Sky Sensor는 작고 가벼운 것 : 혼합물면에 패임, 자국 방지

8. 맺음말

아스팔트 포장의 내구성 및 평탄성을 확보하기 위해서는 **혼합**, **생산**, **운반**, **포설**, 다짐 각 단계별 품질에 대해서 **시험포장**으로 **혼합물의 품질**, **적정 장비 선정**, **다짐 횟수** 등을 결정 후 그 결과에 준하여 시공 관리를 철저히 해야 한다.

■ 참고문헌 ■

1. 김수삼 외 27인(2007), 건설시공학, 구미서관, pp.429~434.

2. 아스팔트포장의 현장 시공 품질관리 매뉴얼(2007), 건설교통부.

3. 도로공사표준시방서(2009), 국토교통부.

4. 도로포장설계시공지침(1991), 건설교통부.

5. 고속도로공사 전문 시방서(총칙, 토목편)(2012), 한국도로공사.

6. 서진수(2006), Powerful 토목시공기술사(1, 2권), 엔지니어즈.

7. 이석홍, 도로포장 현장품질관리방안, 건설기술교육원.

8. 한국도로공사(1990), 고속도로공사 시공 및 품질 관리지침서(II) – 구조물공, 포장공.

9. 토목시공 고등기술강좌 시리즈 1~14, 대한토목학회.

8-9. 아스팔트콘크리트 포장공사에서 포장의 내구성 확보를 위한 다짐작업별 다짐장비 선정과 다짐 시 내구성에 미치는 영향 및 마무리 평탄성 판단기준에 대하여 설명(94회)

- 도로, 교량의 평탄성 관리 및 평탄성 지수(PrI : Profile Index)

1. 개요
다짐은 아스팔트 포장 시공에 있어서 **시방기준에 맞는 밀도**를 얻고, **평탄한 포장면을 만드는 중요한 공정**이며, **다짐 성능이 포장의 공용성과 내구성**을 좌우한다.

2. 내구성 확보를 위한 다짐작업별 다짐장비 선정(다짐방법)
1) 다짐장비 : **시험포장**으로 다짐 횟수 기준 결정

작업 단계	선정 장비	효과
1. 초 전압(1차 전압)(압착 : Break Down)	머캐덤롤러(10~12ton)	1. 소요밀도 얻음 2. 압착으로 소요밀도 얻을 수 있으면 중간 롤러 사용하지 않아도 됨
2. 중간 전압(2차 전압)(Intermediate)	타이어롤러(8~20ton) or 탠덤롤러	
3. 마무리 전압	탠덤롤러(6~8ton)	롤러 자국 제거, 진동 가능, 항상 필요

2) 다짐장비와 다짐방법은 **시험포장**을 실시하여 결정

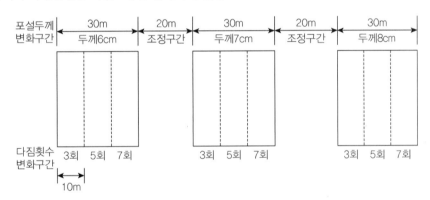

[그림] 시험포장 구간(다짐두께 5cm 표층인 예)

3. 다짐 시 내구성에 미치는 영향(다짐 작업 시 고려사항 = 다짐 시에 특히 유의할 사항)
1) 포설 및 다짐 **작업 중단 조건** : 비, 안개, 기온 5℃ 이하일 때
2) 장비선정 : 주요 도로 포장일 때 시험포장(500m²) 실시 후 선정
3) 온도관리 : 개질 아스팔트 혼합물인 경우 규정온도 이하 시 소요 다짐밀도 확보 곤란

[일반적인 적정 다짐 온도]

구분	다짐 온도
1차 다짐	140℃~110℃
2차 다짐	110℃~85℃
3차 다짐	80℃~60℃

4) **공극률** 관리 유의 : **3~7%**

   (1) 다짐 후 **공극률 3% 이하** : **소성변형 발생** 가능

   (2) **7% 이상**에서 1% 증가마다 포장 수명 10% 감소

5) 다짐 방법

   다짐 롤러는 반드시 **구동륜을 앞으로 향하게** 할 것 : 평탄성 저하방지

   [안내륜(조향륜)을 앞으로 하면, 혼합물의 유동(혼합물을 앞으로 밀어내는 경향)과 평탄성 저하 원인]

   [오르막길의 전압 : 구동륜을 위쪽으로 하고 급발진, 급제동 금지]

6) 다짐 중복 방법(다짐순서)

   매 전진 시마다 **15cm 정도 겹치도록** 다진다.

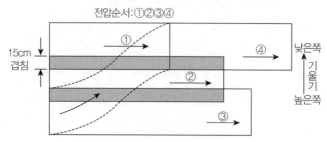

[그림] 일정한 횡단구배를 갖는 포장의 전압방식

7) 이음부의 다짐 : Cold Joint 최소화

   (1) 종방향 콜드조인트(기존 포장면) : 레이크 등으로 많이 쌓아서 다져 다짐밀도 확보

   (2) 횡방향 조인트 발생 부분

     ① 각목, 종이 등으로 쐐기모양 부분을 절취할 수 있게 or 이음 전에 커팅

     ② 종방향의 90°로 다진다.

   (3) 이음부 포설 : 기존 포장면에 5cm **정도 겹치게**

8) 구조물과의 접속 부분 : 혼합물 온도가 높을 때 탬퍼 사용

9) 평면 곡률 반경 작은 곳 : 인력으로 부설하고 다진다.

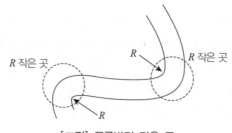

[그림] 곡률반경 작은 곳

10) 외연부(노견, 조인트) 다짐철저 : 인력 다짐

11) 한랭 시의 다짐

   (1) 포설 후 즉시 다짐 : 온도저하 방지(45분 이내)

(2) 무거운 Roller 사용, 사용 장비 대수 늘린다.

12) Roller에 아스팔트 부착방지용으로 **경유 사용 절대 금지**

   (1) 표층 박리원인

   (2) **부착 방지제(release agent) 또는 식용유** 사용

13) 다짐도와 공극률 : Marshall 실내 다짐기준(96% 이상)

   (1) **현장 다짐밀도 측정 장비** 사용 : PQI(Pavement Quality Indicator)

     포설 및 다짐 중에 현장에서 포장체의 밀도, 온도, 습도 측정

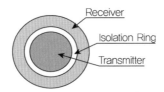

[그림] Sensing Plate Plan

   (2) 다짐밀도 및 포장두께 조사 : Core 채취

$$① \quad 다짐도 = \frac{현장밀도}{기준밀도} \times 100 \geq 96\%$$

     ② 코어 시료의 채취 방법 : **랜덤 샘플링** 방법(난수표 이용)

     ③ 시료의 채취는 단위 포장 구간당 **최소 3개 이상** 채취

4. 평탄성 판단기준

1) 평탄성의 정의(평탄성 관리의 정의)

   도로 주행의 쾌적성과 주행성 확보를 위해 제한하는 **표면요철의 최대치**

2) 도로 및 교면 포장 완료 후 평탄성 관리 : 측량 실시 및 평탄성 확인

   (1) 수준 측량

     : 최종 마무리 표층이 설계 다짐 두께 이상으로 되는 구간은 로드커터를 이용하여 절삭

   (2) **종방향 평탄성** 측정

     전차로 전 구간에 캘리포니아 형식의 7.6m Profile Meter을 이용

   (3) 절삭 및 면 고르기 : 수량을 파악하고 노면바닥 및 측정 기록지에 표시

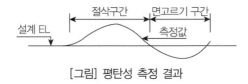

[그림] 평탄성 측정 결과

3) 평탄성 관리 방법

   (1) **횡방향** : 3m 직선자

   (2) **종방향**

     ① PrI(**평탄성 지수**)로 관리

② 측정 방법 : 7.6M Profile Meter(수동) 및 APL기(자동도로 종단분석기)

4) **횡방향** 평탄성 관리

(1) 측정 위치 : 지정된 위치에서 중심선에 직각 방향으로 측정

(2) 측정 빈도

시공 이음부 위치를 기준으로 시공 진행 방향으로 50m마다 종방향 평탄성이 불량하여 수정한 부위마다 측정

(3) 측정 방법 : 1.5m **간격**으로 중복하여 측정

(4) 측정 단위 : 각 횡단면마다 측정

5) 종방향 평탄성 평가(관리)

(1) **평탄성 지수**의 종류와 관계식

평탄성 지수	단위	관계식
PrI(Profile Index)(국내 신설포장도로의 평가 지수)	cm/km	$PrI = 12.456 + 3.28 \times (IRI) + 4.78 \times (IRI)^2$
QI(Quarter Index)(국내 국도 포장의 평가 지수)	m/km	$QI = 14 \times IRI - 10$
IRI(International Ropughness Index)(국제 평탄성 지수)	m/km	$IRI = (QI + 10)/14$

(2) PrI(평탄성 지수)

: Con'c 포장, Asphalt 포장의 평탄성을 평가하기 위해 사용하는 지수로써

$$PrI(평탄성 지수) = \frac{\sum (h_1 + h_{2} + h_3 + \dots + h_n)}{총\ 측정\ 거리}$$

• $h_1, h_2, \dots h_n$: 규정치를 벗어난 궤적의 높이

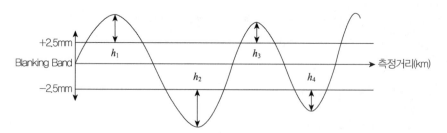

① 측정 위치

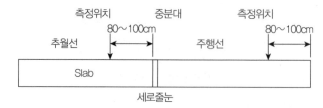

② 측정 빈도 : **평탄성 측정기(7.6m Profil-meter) 이용, 1차선마다 1회 이상** 시점부터 종점까지 측정한다.

③ 측정 단위 : **1일 시공 연장을 기준, 시공 이음 전후 중 1개소** 포함

④ 측정 방법
- 전체 기록치의 파형에서 대략 중간치를 잡아 **기준선 설정**
- 기준선에서 **규정치(Blanking Band)**를 상하에 잡는다. (보통 ± 2.5mm)
- 상, 하로 벗어난 형적의 높이 기록한다.

6) 평탄성 평가 기준 및 시정 조치

(1) **종방향(PrI) 평가 기준치**

① Asphalt 포장 → $P_rI = 10cm/km$

② Cement Con'c 포장 → $P_rI = 16cm/km$

㉠ 현장 여건에 따라 $P_rI = 24cm/km$ 이하로 관리 가능(중부고속도로)

㉡ 현장 여건 : 대형 장비 투입 불가능, 곡선 반경 600m 이하, 종단구배 5% 이상 경우

③ 보통 P_rI가 16cm/km 이하이면 바람직하다.

(2) **횡방향 평가 기준**

① Asphalt Concrete 포장 표층 : **요철 3mm**(2.4mm) 이내

② Cement Concrete 포장 : **요철 5mm** 이내

(3) 평탄성 불량 시 시정 조치

① Asphalt Con'c → 노면 절삭 및 Patching 재시공

② Cement Con'c 포장 → Grinding(면갈기)

콘크리트 상태 불량, 크랙 : 제거 후 재시공

③ 기준치 이하라도 기준선(Band)에서 5mm 이상 높은 지점은 시정

5. 맺음말

아스팔트 포장의 **내구성** 및 **평탄성**을 확보하기 위해서는 **혼합, 생산, 운반, 포설, 다짐** 각 단계별 품질에 대해서 **시험포장**으로 혼합물의 **품질, 적정 장비 선정, 다짐 횟수** 등을 결정 후 그 결과에 준하여 시공관리를 철저히 해야 한다.

■ **참고문헌** ■

1. 아스팔트포장의 현장 시공 품질관리 매뉴얼(2007), 건설교통부.

3. 도로공사표준시방서(2009), 국토교통부.

4. 도로포장설계시공지침(1991), 건설교통부.

5. 고속도로공사 전문 시방서(총칙, 토목편)(2012), 한국도로공사.

6. 서진수(2006), Powerful 토목시공기술사(1, 2권), 엔지니어즈.

7. 이석홍, 도로포장 현장품질관리방안, 건설기술교육원.

8. 한국도로공사(1990), 고속도로공사 시공 및 품질 관리지침서(II)-구조물공, 포장공.

9. 토목시공 고등기술강좌 시리즈 1~14, 대한토목학회.

8-10. 아스팔트(asphalt)의 소성변형(95회 용어)

- 중교통 도로 내유동 대책
- 아스팔트 포장의 피로 균열(fatigue cracking) = 저온균열
- 아스팔트 포장의 소성변형 발생원인 및 대책 설명 [82회, 107회, 2015년 8월]

1. Plastic Deformation [소성 변형, 塑性變形] 정의
고체에 작용하는 응력이 **탄성 한계**를 넘으면 응력을 제거해도 원래로 돌아가지 않는 변형

2. 아스팔트 포장의 소성변형(Rutting, Plastic Deformation) 정의
1) 가요성 포장(아스팔트) 또는 합성포장의 **바큇자국(Rutting)**으로 일어나는 **종방향 침하**[횡방향 요철],
   표층 7cm 아래에서 발생
2) Rutting(차바퀴 패임) 정의
   - 차바퀴에 의해 하중이 집중적으로 통과하는 부위의 **표층재료** 마모와 소
     성변형에 의해 유동이 생기는 현상으로
   - 밀림(Shoving), 차바퀴 눌림(Corrugation), 패임(Pot hole)과 함께 주로 공
     용 후 1~3년 이내(초기)에 주로 발생

[그림] Rutting
(차바퀴 패임 = 소성변형)

3. 시기별 포장 파손 형태

No	초기(시공 후 1~3년)	후기(시공 후 3년~)
1	소성변형(Rutting)	피로균열(Fatigue cracking)
2	밀림(Shoving)	저온균열(LowTemp. cracking)
3	차바퀴 눌림(Corrugation)	마모(Polishing)
4	패임(Pot hole)	라벨링(Raveling)
5	기층, 보조기층 침하에 의한 균열, 변형	

4. 포장 파손원인 중 소성변형과 피로균열 비교

소성변형원인(Rutting, Permanent Deformating)	저온 피로균열(Cracking) 원인
여름철 교통하중 고려하지 않은 저품질 아스팔트 사용	겨울철 저온탄성 및 유연성 부족한 아스팔트 사용(저온 피로균열)
초기(공용 후 1~3년)에 발생	후기(공용 후 3년 이후)에 발생
골재 입도의 세골재 과다	굵은 골재의 과다 사용
혼합물의 다짐 불량 및 부적절한 공극률	아스팔트 함량 부족
차량 하중 과다	

5. 소성변형으로 인한 문제점
1) 포장의 **조기 파손**
2) **수막현상** 발생
3) **차량 조향성** 불량 : 교통사고 유발
4) **절삭**에 의한 공사비 증가, 폐아스콘 처리의 환경 문제

6. 소성변형 발생 형태(종류)

1) 표면 소성변형

2) 구조적 소성변형

3) 불안정성 소성변형

7. 소성변형 발생 메커니즘

하중재하 ⇒ 공극 감소(3% 이상) ⇒ 골재이동 ⇒ Asphlt에 하중 작용

8. 소성변형 원인 및 방지 대책(1안)

항목	원인	대책(해결방안)
아스팔트	① 교통량, 재하하중, 기후조건이 고려되지 않은 아스팔트	㉠ 개질 아스팔트 사용 ㉡ 현재 사용 중인 AP-3를 AP-5로 대체(단기적 대응)
	② 도로의 환경 조건과 직접 관련이없는 아스팔트 관리 규격 : 침입도 규격의 부적합	• 규격 개정 : 침입도 → 공용성 등급(PG)
혼합물 (배합설계)	① 낮은 공극률	• 최종(공용 2~3년 후) 공극률 : 4% 유지할 수 있는 배합 설계
	② 부적절한 골재입도	㉠ 세골재(자연모래) 사용량 제한 : 굵은 골재 사용량 증대 ㉡ 편장석 사용 규제
	③ 겉보기 비중 적용으로 아스팔트 함량 과다	• 실측을 통한 이론 최대 밀도값 적용 : 적정 아스팔트 함량 결정
	④ 골재의 간극률(VMA) 기준 미비	• 일정한 골재 간극률 유지 : 과다한 아스팔트 피복두께 방지
시공, 품질관리	① 다짐불량	㉠ 피니셔 포설 속도 제한 : (6m/분 이하 유지) ㉡ 다짐순서 및 회수준수(시험포장)
	② 양생시간 부족(덧씌우기 시)	㉠ 교통 개방 온도 : 포장체 표면 온도 40℃ 이하 ㉡ 여름철(7월, 8월) 포장 제한 및 야간 작업 실시
	③ 아스콘 품질불량	㉠ QC 강화 : 배합 설계대로 생산되는지 수시 점검 ㉡ 배합 설계 확인 : 현장에서 직접 확인(서류 심사등 형식적인 것 배제)
	④ 형식적인 배합 설계	• 공급업체 승인 시 : 시험실장의 배합설계능력 평가

[원인 및 방지 대책(2안)]

원인	대책
1) Asphalt의 물성 2) 골재 최대 입경 3) 배합설계 : 아스팔트함량 과다(배합불량), 공극비 부적정 4) 시공, 포장상태 : 다짐 관리불량, 온도 관리불량 5) 교통하중 : 설계 시 포장 단면 부족 6) 지형	1) 입경이 큰 골재, 쇄석 사용 2) 시공 철저 : 다짐철저 3) 과적 차량 통행 제한

9. 평가(맺음말)

소성변형 방지 대책은

1) **재료적인 대책**(PMA, SMA, LMA 등의 개질 아스팔트 사용)

2) **시공적인 대책** : 생산, 운반, 포설, 다짐(1차, 2차, 마무리 다짐) 관리

3) **배합상의 대책** : 안정도 750kg, AP 함량 : 하한치와 중앙값의 중앙값

4) **소성변형**과 **저온 피로균열** 원인 및 대책은 **서로 상반**되므로 **두 가지 성능**을 **동시에 고려** 요함

5) 최근 **한국형 포장설계법**의 연구 개발로 이러한 포장파손을 최대한 감소시키는 설계법이 개발되었음

■ 참고문헌 ■

1. 서진수(2006), Powerful 토목시공기술사(1, 2권), 엔지니어즈.
2. 한국도로공사(1990), 고속도로공사 시공 및 품질 관리지침서(II)-구조물공, 포장공.
3. 토목시공 고등기술강좌 시리즈 1~14, 대한토목학회.

8-11. 공용 중의 아스팔트 포장 균열(97회 용어)

1. 아스팔트 포장의 주요 파손 형태

1) 소성변형

2) 균열

3) 박리

4) 마모

2. 국내 아스팔트 포장 도로의 주요 파손원인 : 소성변형, 피로균열(저온균열 : fatigue cracking)

No	소성변형 원인(Rutting, Permanent Deformating)	균열(Cracking) 원인
1	여름철 교통하중 고려하지 않은 저품질 아스팔트 사용	겨울철 저온탄성 및 유연성 부족한 아스팔트 사용
2	골재 입도의 세골재 과다	굵은 골재의 과다 사용
3	혼합물의 다짐 불량 및 부적절한 공극률	아스팔트 함량 부족
4	차량 하중 과다	

3. 공용 중의 아스팔트 포장 균열(파손) : 시기별 파손 형태

No	초기(시공 후 1~3년)	후기(시공 후 3년~)
1	소성변형(Rutting)	피로균열(Fatigue cracking)
2	밀림(Shoving)	저온균열(LowTemp. cracking)
3	차바퀴 눌림(Corrugation)	마모(Polishing)
4	패임(Pot hole)	라벨링(Raveling)
5	기층, 보조기층 침하에 의한 균열, 변형	

4. 대책

1) 개질 아스팔트 시공

   PMA, SMA, LMA(Latex Modified Asphalt), Super Pave(슈퍼팔트 : 소성변형, 저온균열 2가지의 상반된 특성을 모두 개선하고자 하는 개질재)

2) 한국형 포장 설계법 적용

   (1) **종래 적용 우리나라의 포장 설계법**

   ① AASHTO 설계법 : 설계 SN 구하여 설계

   ② Ta 설계법

   ③ 두 설계법은 설계과정이 상충되고 우리나라 지역 여건을 반영하지 못함

   (2) **한국형 포장 설계법**

   ① 한국도로공사 : **중부내륙고속도로 여주~충주 구간 하행선 시험 도로 설치**(1997년)

   역학적－경험적(M-E) 한국형 포장 설계법 연구

   ② 콘크리트 포장 구간 : 계측기 매설

   : 총 25개의 포장 단면(이중 22개는 줄눈콘크리트 포장, 3개는 연속 철근 콘크리트 포장)

   ③ 아스팔트 포장 구간 : 계측기 매설, 총 15개의 포장 단면

④ 3개의 시험교량과 3개의 시험 지중구조물

⑤ **포장 가속 시험기**(실내 모사 시험기) : 실제 교통량을 모사

■ 참고문헌 ■

1. 서진수(2006), Powerful 토목시공기술사(1, 2권), 엔지니어즈.
2. 한국도로공사(1990), 고속도로공사 시공 및 품질 관리지침서(II)-구조물공, 포장공.
3. 토목시공 고등기술강좌 시리즈 1~14, 대한토목학회.

8-12. 반사균열(Reflection Crack = 균열전달현상)(95회 용어)(109회 용어, 2016년 5월)

1. 정의
1) 콘크리트 포장 위에 아스팔트 콘크리트를 덧씌우기를 실시한 경우
2) Slab의 줄눈 및 균열이 아스팔트콘크리트 포장 표면에 나타나는 현상

2. 반사균열의 문제점
1) 덧씌우기의 숙명적인 결함
2) 줄눈, 균열 사이 물 침입 ⇒ 노상, 보조기층을 연약화(니토화) ⇒ Pumping 작용 ⇒ 포장 파괴

3. 반사균열의 발생형태
1) 덧씌우기 두께 얇을 때(T=5cm) : 쉽게 발생, 1본
2) 덧씌우기 두께 두꺼울 때 : 잘 생기지 않음, 2본 이상

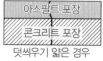

덧씌우기 얇은 경우

4. 반사균열의 원인
1) Slab의 줄눈, 균열부에 하중 ⇒ 줄눈 균열부의 수직변위 발생
2) Slab가 기온에 따라 팽창 수축 ⇒ 줄눈 균열부의 수평변위 발생

덧씌우기 두꺼운 경우

5. 균열방지 대책
1) 완전히 방지 불가능, 감소 가능
2) Reflection crack 방지재로 절연
  (1) 줄눈부의 콘크리트 포장면과 아스팔트 포장 사이
  (2) 절연재 종류
    ① 철망, 비닐론망
    ② 비닐론 범포
    ③ 나일론 필름
    ④ 알미늄박과 역청가공 캔버스 첨부
    ⑤ 알미늄박과 아스팔트 펠트 첨부
    ⑥ 동박(얇은 동막)과 루핑 첨부
3) 주입공법 : 슬래브의 수직변위 적게 함, 줄눈 및 균열부 충전
  (1) 표면수 침투방지 : 노상, 보조기층 부위
    ① 연약화 방지
    ② Pumping 방지
    ③ 동상 방지
  (2) 이물질 방지 : 줄눈, 균열 틈
    줄눈, 균열부 속의 이물질 → 포장 Slab의 팽창 작용 방해 → Blow Up 발생 → 포장 파손
4) 줄눈, 균열부 유지관리
  (1) 충전 작업을 연 1회 정기적으로 실시 : 10, 11, 12월에 실시하는 것이 좋음

(2) 수시 점검 : 이상 시 즉시 보수

6. 평가

콘크리트 포장 위에 아스팔트 콘크리트로 덧씌우기 할 경우 반사균열은 어쩔 수 없이 나타나므로 균열로 인한 포장 파손을 최소화하기 위한 노력을 해야 함. 특히 **줄눈부의 시공과 유지관리가 반사균열방지**에 중요함

■ 참고문헌 ■

1. 서진수(2006), Powerful 토목시공기술사(1, 2권), 엔지니어즈.
2. 토목시공 고등기술강좌 시리즈 1~14, 대한토목학회.

8-13. 포장 파손 보수방법(덧씌우기 전의 보수방법)
=PSI 평가(공용성 지수)와 MCI평가(유지관리 지수)

1. 개요
1) 포장의 파손과 결함은 주행성, 안전성, 쾌적성이 저하, 유지 보수비 증대
2) 포장의 유지 보수는 포장의 구조 기능과 내구성을 향상, 도로의 공용수명 연장

2. 아스팔트 포장의 파손유형, 원인 보수공법(덧씌우기 전 보수 방법)

파손 구분	파손 종류별 원인		보수공법
	파손 종류	원인	
1. 균열	피로 균열	① 반복차량 하중 피로 누적 ② 혼합물 불량	씰링, 팻칭 표면 처리 덧씌우기 (Over Lay) 재시공
	거북등 균열	① 두께, 지지력 부족 ② 지하수 영향	
	블록 균열	① 혼합물 경화 ② 온도 변화로 수축	
	종방향 균열	① 봄에 중교통 하중으로 과도한 처짐 ② 두께 부족	
	횡방향 균열	① 온도 수축 ② 지하수 수압	
	반사 균열	• 줄눈부 불량	
2. 노면 변형	차바퀴 패임	① 아스팔트량 과다 ② 연질, 입도 불량(세립분 과다) ③ 다짐불량(공극과소) ④ 기층이하 침하 ⑤ 과적차량 ⑥ 교통정체	요철부 절삭 절삭 덧씌우기 표면처리
	밀림(Shoving)	① 표층과 기층의 접착 불량(텍코팅 불량) ② 아스팔트 과다 ③ 정지 및 출발 ④ 안정률 낮은 혼합물	
	소성변형	① 혼합물 품질 불량 ② 중교통내 유동성 부족	
	종방향 요철	① 혼합물 품질 불량 ② 중교통내 유동성 부족	
3. 노면 결함	블리딩	① 표층 아래층 역청재의 상향 이동 ② 아스팔트 함량 과다 ③ 혼합물 입도 불량 ④ 연질, 텍코팅 과잉	부분 팻칭 표면 처리 얇은 덧씌우기
	폴리싱	① 품질 불량 ② 교통 하중	
	라벨링	① 접착력 부족 ② 다짐 불량 ③ 타이어체인 ④ 아스팔트 함량 적음 ⑤ 혼합시 과도한 가열	
	포트홀	① 국부적 점토 함유 ② 아스팔트양 부족 ③ 지나친 가열 ④ 물의 침투, 다짐 불량	
4. 기타 손상	단차	① 노상 부등 침하 ② 노견과 주행선의 포장 재료 이질	덧씌우기
	물의 블리딩	① 아스팔트 층의 균열 ② 보조기층 배수기능 저하 ③ 다짐 불량	씰링 표면처리 배수개량

3. 아스팔트 포장의 파손 형태

1) 피로 균열

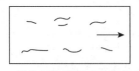

차량 진행 방향 〈평면도〉

2) 거북등 균열

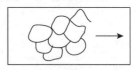

진행 방향 〈평면도〉

3) 블록 균열

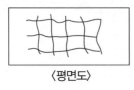

〈평면도〉

4) 종방향 균열

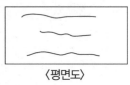

〈평면도〉

5) 횡방향 균열

〈평면도〉

6) 밀림(Shoving)

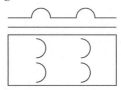

7) 소성변형(바큇자국＝rutting)

〈단면도〉

8) 종방향 요철

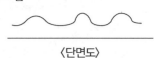

〈단면도〉

9) Pot Hole

10) 단차 : 주행로 노견

4. 포장의 보수 전 준비사항

1) 노면의 조사

  (1) 노면의 상태, 포장 파손 모양, 파손 원인 파악

  (2) 노면 조사의 종류

    ① 노면 상황 조사 : ㉠ 순찰 등으로 노면의 상황을 대강 파악, ㉡ 정기조사, 수시조사

    ② 상세조사 : ㉠ 유지보수 공법을 정하기 위한 조사, ㉡ 파손의 상황을 수치로 조사

2) 노면의 평가

  (1) **PSI 평가**(공용성 지수)

    미국 AASHTO 도로시험 결과에 의한 **서비스 지수**(PSI : Present Serviceability Index) 이용한 서비스

지수와 대응 공법의 선정

① AASHTO 도로시험결과에 따라 PSI 적용

② 균열을 중요시하며 균열률, 요철, 소성변형의 함수

③ PSI ≤ 1.0 : 재포장

④ PSI = 1.1~2.0 : Overlay

⑤ PSI = 2.1~3.0 : 표면처리

(2) MCI 평가(유지관리 지수)

① **일본** 건설성에서 개발된 모형 : 포장의 공용성을 노상 특정층에 의해 수치로 표시

② 소성변형을 중요시

③ MCI ≤ 3 : 재포장

④ MCI ≤ 4 : 보수요

⑤ MCI ≤ 5 : 이상적인 관리 상태

[그림] 보수공법 선정의 Diagram

3) 보수공법의 선정 : 포장 파손 형태의 대부분인 **요철량**과 **균열률**에 의한 공법 선정

5. 덧씌우기 전의 보수방법(일반적인 방법)

1) **덧씌우기**의 적용 구간

(1) PSI가 2~1.1인 구간

(2) 종방향 요철 : 1.5mm 이상

(3) 바큇자국 패임 : 3.5cm 이상

(4) 소성변형이 심하여 노면 절삭만으로는 구조능력이 현저히 저하되는 구간

2) **덧씌우기 전** 포장 보수공법

(1) Patching

(2) 표면처리

(3) 실링(Sealing)

(4) 노면절삭(Miling) 후 Tack Coating 후 Over Lay

6. 포장의 보수공법

1) Patching : 혼합식 패칭 방법, 침투식 패칭 방법

(1) 혼합식인 경우 시공 모식도

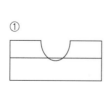

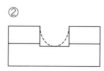

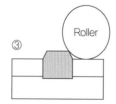

(2) 시공순서

    ① 파손부위 파쇄 절취 : Breaker, Road Cutter

    ② 파쇄 찌꺼기, 먼지, 불순물 제거

    ③ 적은 곳은 버너로 건조

    ④ 옆면과 밑면에 Tack Coating 실시 : RS(C)-4 사용

    ⑤ 롤러, 템퍼로 다짐

    ⑥ 온도가 손을 댈 수 있을 정도에서 석분, 가는 모래 포설 후 교통 개방

2) 표면 처리

  (1) Seal coat 및 아마코트(Amor coat)

  (2) 카펫 코트

  (3) Fog Seal

  (4) slurry seal

  (5) 수지계 표면 처리

3) Sealing

  (1) 균열에 특정 채움재를 충전시키는 공법

  (2) 균열폭 3mm 이하 : 완전 채움 효과 기대 힘듦

  (3) 균열폭 3~19mm : 탄성중합체＋아스팔트 주입 후 모래 뿌려 교통 개방

4) 노면절삭(Miling)

  (1) 노면 절삭기의 종류

    ① 차륜식

    ② 캐터필라식

  (2) 노면 절삭 시 유의사항

    ① 20℃ 이하에서는 절삭 저항이 큼

    ② 기온이 낮을 때 포장용 히터로 가열 후 절삭 : 효과적

5) 아스팔트 Bleeding의 보수

  (1) 노면에 직경 5mm, 13mm의 쇄석을 뿌려 롤러로 전압하여 골재를 압입

  (2) 미끄럼 저항성 증대

6) 재포장

  (1) PSI가 1 이하면 재포장

  (2) 표층만 재포장

  (3) 기층까지 재포장

  (4) 노상부가지 재시공 등을 검토

  (5) 시공법은 포장 공법과 동일

■ 참고문헌 ■

1. 서진수(2006), Powerful 토목시공기술사(1, 2권), 엔지니어즈.

2. 토목시공 고등기술강좌 시리즈 1~14, 대한토목학회.

3. 한국도로공사(1990), 고속도로공사 시공 및 품질 관리지침서(II) – 구조물공, 포장공.

8-14. 포장 보수방법 중 표면 처리

1. 개요
표면 처리는 덧씌우기 전 포장 보수공법의 일종임

2. Seal coat 및 아마코트(Amor coat)
1) 적용 범위

: 마모 심한 곳, 초기 거북등 균열, 마찰저항 향상(미끄럼 방지), 균열로 우수 침투 예상 지역

2) 시공방법

(1) Seal coat : 표면에 역청재 살포 후 모래, 부순 돌 살포하여 부착

(2) 아마코트(Amor coat) : 씰 코트를 2회 이상 반복

3) 시공 시 유의사항

(1) 기후조건 고려 : 10℃ 이상 맑은 날 실시, 강우 시 중단

(2) 역청재료

① 유화 아스팔트 : RS(C)

② 컷백 아스팔트 : MC

③ 아스팔트시멘트 : AC

(3) 역청재의 살포 : 디스트리뷰터, 스프레이어

3. Carpet Coat
1) 적용 범위

(1) 부분적 균열 발생 구간

(2) 종방향 요철

(3) 노면마모 심한 곳

(4) 마찰저항 향상

(5) 바퀫자국 패임

2) 시공법

(1) 기존 포장 위에 아스팔트 혼합물을 1.5~2.5cm의 얇은 층으로 포설, 덧씌우기와 같은 개념

(2) 부분적 파손 부위 보수

(3) 노면 청소

(4) Tack coat 실시

(5) 혼합물 포설

(6) 롤러 다짐

3) 시공 시 유의사항

얇은 층이므로 골재의 최대 치수(포장두께의 1/2 이하＝5mm, 13mm 사용)

4. Fog Seal

1) 적용 범위

    (1) 교통량이 적은 균열 발생 구간

    (2) 교통량이 적은 라벨링 구간

    (3) 노면의 공극이 두드러진 구간

2) 시공법

    (1) **유화 아스팔트를 물로 희석시켜** 포장 노면에 $0.5 \sim 0.8 \ell/m^2$ **살포** 작은 균열, 표면의 공극을 채움

    (2) 노면 청소

    (3) 유화 아스팔트 살포

    (4) 시공 후 $1 \sim 2$ 시간 후 교통개방

3) 시공 시 유의사항

    (1) 유화 아스팔트 살포량 조절

    (2) 교통 개방이 급할 경우 표면에 모래 살포

5. slurry seal

1) 적용 범위

    (1) 전면적 균열 발생 구간

    (2) 방수처리 요하는 구간

    (3) 표층의 산화, 노화 심한 곳

    (4) 미끄럼 방지 구간

    (5) 신속한 교통 개방

2) 시공법

    (1) **상온**에서 **유화 아스팔트＋잔골재＋석분＋물 혼합한 Slurry**를 $6 \sim 12mm$ 정도 포장면에 포설

    (2) 노면 청소

    (3) 노면과 균열부에 물 살포

    (4) 균열부에 Slurry 혼합물을 인력 또는 장비로 포설, 고르기

6. 수지계 표면 처리

1) 적용 범위

    (1) 미끄럼 방지

    (2) 급구배 구간

    (3) 교면포장 구간

    (4) 방수처리 구간

2) 시공법

    (1) **Epoxy 수지계를 살포, 도포**하고 그 위에 **경질골재 살포**하여 미끄럼 방지

(2) 노면 청소

(3) Epoxy 수지 살포

(4) 경질골재 살포

3) 시공 시 유의사항 : 경질 골재(1.2~3.2mm 사용)

■ 참고문헌 ■

1. 서진수(2006), Powerful 토목시공기술사(1, 2권), 엔지니어즈.

2. 토목시공 고등기술강좌 시리즈 1~14, 대한토목학회.

3. 한국도로공사(1990), 고속도로공사 시공 및 품질 관리지침서(Ⅱ) – 구조물공, 포장공.

8-15. Asphalt Con'c 포장에서 Filler(석분, 광물성 채움재)

1. 석분의 성분별 종류

1) Cement

2) 석회암 분말

3) 화성암류 분쇄한 것

2. 기능 : 석분을 넣는 이유(효과, 기능)

1) Cement양 감소 : 굵은 골재의 틈을 제거, Asphalt Cement(결합재)양 감소시킴

2) 내구성 향상, 혼합물의 내마모성, 내노화성, 안정성 개선

3) Interlocking(맞물림) 효과 증대

4) 고밀도 Asphalt Con'c 포장이 되게 함 : 공극률 감소, 밀도 증대

3. AP(Asphalt) 함량과 석분, 마샬 안정도의 관계

〈석분의 기능〉(그림은 시험 예임)

1) 석분의 양이 증가할수록

  → 최대 안정도값 증가

2) 석분의 양이 증가할수록

  → Ap 함량 감소(수자는 예임)

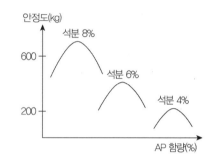

4. 구비 조건 : 석분의 품질 규정(시험)

NO	구분	품질규정	비고
1	수분	1% 이하	
2	비중	2.6 이상	
3	NO.200체 통과량(0.075m/m)	70~100%	
4	소성지수 PI	PI < 6 이하	이하 화성암류 석분의 경우 규정
5	흐름시험	50% 이하	
6	침수팽창	3% 이하	
7	박리시험	합격	
8	가열변질	없음	

5. 시공 시 유의사항

1) 석분은 굵은 골재의 틈을 채워 Asphalt Cement의 소요량 감소시키고

2) Asphalt Con'c의 내구성을 향상시키므로

3) 품질 시험을 하여 우수한 재료를 사용해야 한다.

6. 석분 저장 취급 시 유의사항

1) 비중이 적은 것은 비산하기 쉬워 취급이 곤란하므로 주의

2) 석분 속에 먼지, 흙, 유기물, 덩어리진 것을 함유하지 않아야 한다.

■ 참고문헌 ■

1. 서진수(2006), Powerful 토목시공기술사(1, 2권), 엔지니어즈.
2. 토목시공 고등기술강좌 시리즈 1~14, 대한토목학회.
3. 한국도로공사(1990), 고속도로공사 시공 및 품질 관리지침서(II) – 구조물공, 포장공.

8-16. 콘크리트 포장의 종류별 특징, 시공법

1. 콘크리트 포장 구성 요소(단면도) : Slab＋보조기층＋동상 방지층＋노상

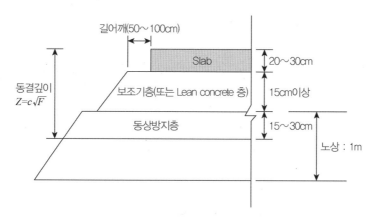

2. 콘크리트 포장의 종류

1) JCP(무근콘크리트 포장 : Jointed Concrete Pavement)

2) JRCP(줄눈 철근콘크리트 포장 : Jointed Reinforced Concrete)

3) CRCP(연속 철근콘크리트 포장 : Continuously Reinforced Concrete Pavement)

4) PCP(Prestressed Concrete Pavement)

5) RCCP(Roller Compacted Concrete Pavement)

3. 종류별 특징

NO	종류	특징
1	JCP(무근콘크리트 포장) (Jointed Concrete Pavement)	① 줄눈 : 균열방지, 균열유도 ② 분리막 설치(무근에만 설치) : 마찰력 감소, 구속력 감소로 2차 응력 　(온도응력, 건조수축 응력) 해소
2	JRCP(줄눈 철근콘크리트 포장) (Jointed Reinforced Concrete Pavement)	① 줄눈 개수 줄임 ② 균열방지 : 종방향 철근, 철근은 줄눈으로 끊김 ③ 분리막 설치함
3	CRCP(연속 철근콘크리트 포장) (Continuously Reinforced Concrete Pavement)	① 횡방향 줄눈 없음 : 승차감 우수, 수명 길다, 종방향 줄눈 시공 ② 균열방지 : 종방향 철근(콘크리트 단면적의 0.5~0.7% 사용) ③ 분리막 사용 않음 : 보조기층이 Slab 구속
4	PCP＝PTCP (Prestressed Concrete Pavement) (Post-Tensioned Concrete Pavement)(94회 용어)	① 슬래브에 종, 횡방향으로 PS강연선으로 프리스트레싱 ⇒ 압축력을 가함 ⇒ 차량하중에 의한 콘크리트 포장 슬래브 내의 인장응력 상쇄 ② 공용 수명 40년 : 파손과 유지보수 없음 ③ 포장두께 절반 ⇒ 시멘트 사용량 최소화 ⇒ 저탄소 녹색공법(환경친환적＝Eco) ④ 기존 콘크리트 포장 문제점 해결 : 줄눈 감소, 균열방지 ⇒ 내구성, 경제성, 주행성 및 심미성 향상
5	RCCP(Roller Compacted Concrete Pavement)	Slump zero(0)인 콘크리트 사용

4. 종류별 시공도

1) JCP(무근콘크리트 포장)

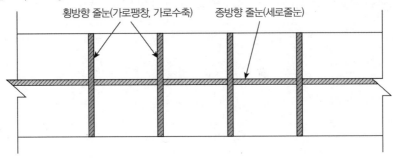

2) JRCP(줄눈 철근콘크리트 포장)

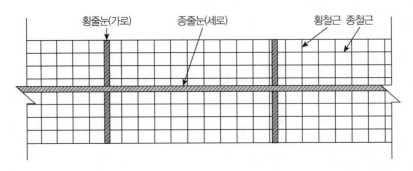

3) CRCP(연속 철근콘크리트 포장)

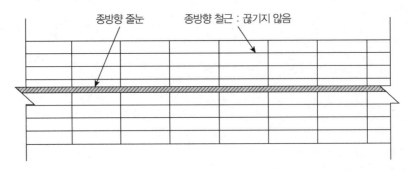

■ 참고문헌 ■

1. 서진수(2006), Powerful 토목시공기술사(1, 2권), 엔지니어즈.
2. 토목시공 고등기술강좌 시리즈 1~14, 대한토목학회.
3. 한국도로공사(1990), 고속도로공사 시공 및 품질 관리지침서(II) − 구조물공, 포장공.

8-17. 콘크리트 포장 설계 시 고려사항, 종류별 특징

1. 콘크리트 포장 설계 시 고려사항

1) 아스팔트 콘크리트 포장의 개념

  (1) 가요성 포장

  (2) 표층이 받는 하중을 기층, 보조기층을 통해 넓게 분산시켜 노상층이 받는 하중을 줄여주는 포장

2) **콘크리트 포장의 개념**

  (1) **강성 포장**

  (2) 콘크리트 Slab**의 휨 저항**에 의해 대부분의 **교통 하중을 지지하는** 구조

3) Slab의 두께

  하중에 충분히 저항할 수 있을 정도로 하여야 한다.

4) 줄눈

  (1) 콘크리트 포장에서 균열은 필연적임

  (2) **줄눈**의 설치로 **균열발생 위치를 인위적으로 조절함**

  (3) 줄눈 부위에는 Dowel bar(다우월바), Tie Bar로 보강

    ① Dowel bar(다우월바)

      ㉠ 주로 **횡방향 줄눈**(가로줄눈)에 설치

      ㉡ 줄눈부에서의 하중 전달을 원활히 하여 승차감 좋게 하는 목적

      ㉢ 하중에 의한 **처짐량 감소시켜** Pumping **현상 억제**

      ㉣ 콘크리트의 **응력 저감**

    ② Tie Bar

      ㉠ 주로 **종방향 줄눈**(세로줄눈)에 설치

      ㉡ 종방향 줄눈부에 발생한 **균열이 과도하게 벌어지는 것을 방지**

5) Slab 내의 **보강철근**(JRCP, CRCP)

  (1) JRCP, CRCP에는 보강철근 사용

  (2) 보강철근의 역할

    균열 발생 자체를 막는 것이 아니라 **발생한 균열이 과도하게 벌어지는 것을 막음**

2. 콘크리트 포장 종류별 특징 [도표로 해도 좋음]

1) JCP(Jointed concrete Pavement)

  (1) Dowel bar(다우월바), Tie Bar를 제외하고는 일체의 철근 보강이 없는 포장 형태

  (2) 줄눈에 의해 균열발생 위치를 인위적으로 조절

  (3) 줄눈부(횡방향)에 Dowel bar 사용하여 하중전달을 돕는다.

  (4) JCP는 **줄눈 이외의 부분에서의 균열발생을 허용하지 않는다.**

    철근 보강이 없으므로 줄눈부 이외에 발생한 균열이 과도하게 벌어지는 것을 막을 수가 없기 때문

(5) 분리막 사용 : Slab와 보조기층 사이

   ① 마찰력 감소

   ② 온도변화 건조 수축에 의한 콘크리트 Slab의 움직임을 억제하는 구속력을 줄임

   ③ 구속력이 적어지면 콘크리트에 발생하는 응력이 줄어들고 균열발생을 줄일 수 있음

2) JRCP(Jointed Reinforced Concrete Pavement)

   (1) JCP(무근)는 시간이 경과함에 따라 줄눈 부위의 파손[단차, 우각부 균열, Pumping, 스폴링(조각 파손)]으로 승차감 저하 초래 가능

   (2) JCP는 필연적으로 많은 줄눈 사용

   (3) JCP의 줄눈에 의한 문제점을 감소시키기 위한 포장 형태가 JRCP임

   (4) JRCP는 줄눈의 개수 감소, 줄눈과 줄눈의 간격 증가

   (5) 줄눈 이외의 부분에 발생하는 균열을 어느 정도 허용

   (6) 균열이 과도하게 벌어지는 것을 방지하기 위해 일정량의 종방향 철근 사용

   (7) 줄눈의 수는 줄었으나 줄눈부의 문제점은 여전히 존재함

   (8) 분리막 사용

3) CRCP(Continuously Reinforced Concrete Pavement)

   (1) 횡방향 줄눈을 완전히 제거

   (2) 균열의 발생을 허용

   (3) 콘크리트 단면적의 0.5~0.7%의 종방향 철근 사용 : 균열 틈의 벌어짐을 억제

   (4) 분리막 사용 여부

   가능한 한 온도변화 및 건조 수축에 의한 콘크리트 Slab의 움직임을 막아야 하므로 분리막 사용하지 않음

   (5) 승차감이 좋고 포장 수명이 길다.

4) PTCP공법(Post-Tensioned Concrete Pavement)

   (1) 슬래브에 종, 횡 방향 PS강연선 배치 ⇒ 프리스트레싱 ⇒ 슬래브에 압축력 가함 ⇒ 차량하중으로 발생하는 슬래브 내의 인장응력을 상쇄시키는 공법

   (2) 파손과 유지보수 없이(Zero-maintenance) 공용수명 40년 동안 서비스가 가능

   (3) 기존 콘크리트 포장공법에 대한 새로운 대안(단점 보완)

   (4) 콘크리트 포장두께를 절반으로 줄여 시멘트 사용량을 최소화 ⇒ 저탄소 녹색공법(환경친환적=Eco)

   (5) 기존 콘크리트 포장의 가장 큰 문제점 해결 : 줄눈 감소, 균열방지 ⇒ 내구성, 경제성, 주행성 및 심미성 향상

3. 포장 형태(종류)별 특징 비교

구분	JCP	JRCP	CRCP	비고
가로줄눈	많음	적음	없음	• 가로팽창 줄눈 간격 : 60~480m(Slab 두께, 시공시기 : 계절에 따라 다름) • 가로수축 줄눈 간격 : 6~10m(철근망 설치, 다우월바 설치 여부에 따라 다름)
세로줄눈	있음	있음	있음	종방향 줄눈
다우월바	설치	설치	미설치	횡방향(가로) 줄눈에 설치. 다월바(Dowel bar) + 철재 Cap
타이바	설치	설치	설치	종방향(세로) 줄눈에 설치
종방향 철근	없음	있음	있음	
횡방향 철근	없음	있음	있음	
분리막	있음	있음	없음	
균열의 허용	않음	허용	허용	

분리막 사용 여부

1. JCP는 콘크리트의 수축팽창을 허용하고 줄눈에서 흡수하도록 설계된 포장이고, JRCP는 철근을 보강하지만 JCP보다는 적지만 줄눈이 있어 콘크리트 포장이 수축팽창할 수 있도록 콘크리트포장의 구속을 방지하기 위하여 분리막을 설치를 하고,
2. CRCP는 콘크리트의 수축팽창을 철근을 배근하여 철근에서 흡수하도록 설계된 포장으로 분리막을 설치하지 않는 포장

■ 참고문헌 ■

1. 서진수(2006), Powerful 토목시공기술사(1, 2권), 엔지니어즈.
2. 토목시공 고등기술강좌 시리즈 1~14, 대한토목학회.
3. 한국도로공사(1990), 고속도로공사 시공 및 품질 관리지침서(II) − 구조물공, 포장공.

8-18. 무근콘크리트 포장 시공관리(시공 시 유의사항) [시공계획]

- 장비조합 계획
- 기계에 의한 평탄, 거친 마무리와 평탄성 관리(PrI)(46, 61회)

1. 시공 계획 항목(순서) : 시공관리 항목

1) 공정 계획

2) 장비사용 계획

3) 장비조합 계획

4) B/P 계획 : 위치, 골재 야적장, Silo, B/P 대수, 운반거리, 시간, 물 공급, 환경(폐수처리), 생산 계획

5) 시공 순서별 시공 관리(계획) 항목(시공 시 유의사항＝세부 공종별 시공 관리)

   (1) 재료

   (2) 배합

   (3) 설계

   (4) 운반

   (5) 포설

   (6) 마무리

   (7) 줄눈

   (8) 양생

   (9) 평탄성 확인(PrI) 및 관리 대책

2. Cement(무근) 콘크리트 포장의 재료와 배합

1) 재료

재료 구분	재료 선정 유의사항, 구비 조건
Cement	① 봄, 늦가을 : 보통 Portland Cement ② 여름(서중) : 중용열 Portland Cement
굵은 골재	① 콘크리트 부피의 60~80% ② 양입도 : 강도, 내구성, 수밀성 증대 ③ 석산 골재 : 휨강도 증가, Inter locking에 의한 하중전달, 미끄럼 저항성 증대
잔골재	① 양입도 : 강도, 내구성, 수밀성 증대 ② 이물질 없는 깨끗한 골재 ③ Cl^- 이온 없는 골재 ④ 조립률(FM) : 2.3~3.1
물	• 기름, 산, 유기 불순물, 유해물 없는 것

2) 배합설계

   : 일반 콘크리트와 동일하므로 일반 콘크리트에서 공부한 배합 설계 방법 응용

   (1) Workability 확보 가능 범위 내에서 W/C 최소, 경제적 설계 배합 비율 정함

   (2) 설계기준 휨 강도(fbk) : 4.5MPa(45kg/cm^2)

   (3) 배합강도(fcr)＝1.15fbk＝5.2MPa(52 kg/cm^2)

(4) 굵은 골재 최대치수 : 40mm

(5) Slump : 2.5cm

(6) W/C : 45~50%

(7) 단위 Cement : 280~340kg/m³

(8) 공기량 : 4%

(9) Cement 종류 : 1종, 2종(중용열)

3. 장비 조합

1) **생산** : B/P

2) **운반** : D/T

3) **포설** 장비

    (1) **1차** 포설 : Spreader

    (2) **2차** 포설 : Slip Form Paver

    (3) 표면 **마무리** : Saper Smooth

    (4) 표면 처리 및 **피막양생**(Membrane Curing) : 양생제 살포(Curing Machine)

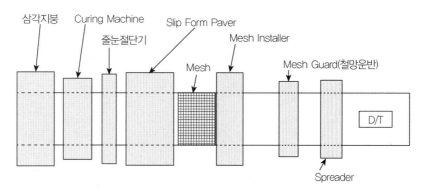

4. 무근콘크리트 포장의 운반, 포설, 마무리

1) 운반(D/T)

    (1) 운반시간 : **1시간** 이내(운반, 포설까지)

    (2) 재료분리 방지대책 : D/T 전후 이동, 평균적 적재

    (3) 적재함 수분 유실방지 : 고무 Packing, 덮개 설치(Sheet)

    (4) 사용 후 적재함 청소

2) 포설

    (1) 1차 포설 : **Spreader**(4~5cm 더 높게)

    (2) 2차 포설

      ① **Slip Form Paver**

      ② Paver 속도 : 0.8~1.2m/분 유지

      ③ Dowel Bar에 주의

④ 모서리, 모따기

3) 마무리

  (1) 평탄 마무리 : 평탄 마무리기 사용, 살수 금지(표면 Hair Crack 방지)

  (2) 거친면 마무리

    ① 마대 마무리(1차)

    ② Grooving, Tining(2차) : 솔, 빗자루

    ③ 시공시기 : 표면에 물 비침 없을 때 즉시 실시

  (3) 마무리 유의사항

    ① 살수금지 : 강도, 내구 마모 저항, 소성 수축 균열방지

    ② 줄눈 절단 예정 부위 양측 : 3cm, Tining하지 않음

    ③ Track 지난 자리 마무리 철저

5. 줄눈 및 양생 관리

1) 줄눈 기능 : **2차 응력**(온도, 습도, 건조수축)에 의한 **균열방지**(균열유도), **단차**, **Blow Up** 방지

2) 양생의 종류

  (1) **초기 양생** : **삼각지붕** 양생, **피막** 양생

  (2) **후기 양생** : **습윤** 양생, **피막** 양생, 휨강도(fbk) 35kg/cm^2 이상이 될 때까지 양생

6. 평탄성 관리

1) 보조기층 면에서부터 관리 : 평탄한 마무리

2) 측면 거푸집 설치 정확

3) 유도선 높이, 선형

4) 줄눈 시공 정밀

5) 양생 철저

6) 평탄성 기준 : **PrI = 16cm/km**(중부고속도로 : 24cm/km)

7. 교통개방 시기

1) 실측 휨강도 : 3.5MPa(35kg/cm^2)

2) 타설 후 21일 경과 후

3) 5ton 이상의 차륜 : 28일 이후

■ 참고문헌 ■

1. 서진수(2006), Powerful 토목시공기술사(1, 2권), 엔지니어즈.

2. 토목시공 고등기술강좌 시리즈 1~14, 대한토목학회.

3. 한국도로공사(1990), 고속도로공사 시공 및 품질 관리지침서(II) – 구조물공, 포장공.

8-19. 무근콘크리트 포장의 파손 원인과 대책을 줄눈과 양생으로 구분 기술

1. 개요
무근콘크리트 포장의 균열을 방지하고, 양질의 포장 구조물을 얻기 위해서는 **줄눈**의 시공과 유지관리, **양생, 분리막** 시공이 중요함

2. 무근콘크리트 포장 각층의 구성 〈Cement Concrete 포장 단면도〉

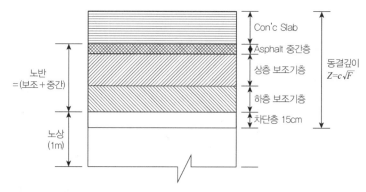

* 상부(상층) 보조기층, 중간층 : 아스팔트 또는 빈배합콘크리트

* 하부보조기층 : 입상 재료

3. 줄눈의 종류와 설치목적

NO	종류	설치 목적, 기능	시공법, 간격
1	세로줄눈(수축)	세로방향 균열방지	Saw Cutting, 4.5m 간격
2	가로팽창 줄눈(신축줄눈)	온도상승에 의한 Blow Up 방지	완전 절연, 60~480m 간격
3	가로수축 줄눈(수축) (균열유발 줄눈)	2차 응력(온도, 습도, 건조수축)에 의한 균열방지(균열유도)	Saw Cutting, 6m 이하
4	시공줄눈	① 일일시공 마무리 지점 ② 가로팽창 줄눈과 일치하는 위치	완전 절연, 가로팽창 줄눈 위치

4. 줄눈의 시공 방법

1) 세로줄눈

   (1) 2차선인 경우(맹줄눈) : Saw Cutting

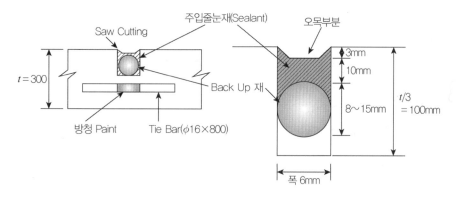

(2) 1차선씩 시공(맞댐 줄눈)

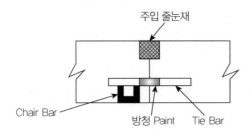

2) 가로팽창 줄눈 : 완전 절연

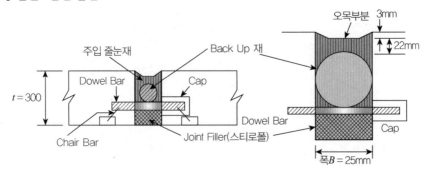

3) 가로수축 줄눈 : Saw Cutting

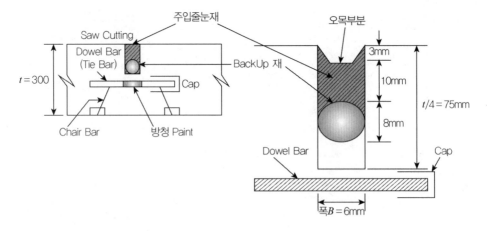

5. 줄눈의 주요 기능

1) **수축 팽창**을 등에 의한 균열방지

2) 단차, Blow Up 방지

3) **온도변화, 건조수축** 등 2차 응력에 의한 균열을 줄눈으로 유도

6. 줄눈의 기능저하에 의한 포장 파손

1) Pumping → 2) 함몰(공동), 연약화 → 3) 단차 → 4) Blow Up

7. 양생의 목적

1) **온도 응력**이 Slab 생기지 않도록 온도 변화를 줄이기 위한 목적

2) **초기 균열**(소성 수축 균열, 침하 균열) 방지

3) **2차 응력**(건조수축, 온도응력)에 의한 균열방지

4) 콘크리트 slab를 보온하고, 습도 조절하고, 기상조건 및 외력(중장비등)으로부터 보호

8. 양생의 종류별 특징

1) **초기 양생**

   초기 양생에 유의해서 시공 : 온도가 가장 높은 시기(타설 후 1~5일 정도)

   (1) **삼각 지붕** 양생

   ① 일사, 직사광선 피함 : 소성 수축 균열방지

   ② 바람을 막아 : 소성 수축 균열방지

   ③ 수분증발 최소화 : 소성 수축 균열방지

   ④ 강우에 대비

   (2) **피막** 양생(Membrane Curing)

   ① 초기에서 후기까지 양생

   ② 삼각 지붕과 병행

   ③ 살포 시기 : 물기가 없고, Tining(거친 면 마무리) 끝난 후 살포

   ④ 소성수축, 건조수축 균열방지

   ⑤ 피막 양생 시 유의사항

   　㉠ 살포량

   　　ⓐ 비닐 유제인 경우 : $1\ell/m^2$

   　　ⓑ 원액농도 : $0.07kg/m^2$

   　㉡ 살포 시 특히 주의사항

   　　ⓐ 포장면의 양측면까지 살포

   　　ⓑ Slab cutting 부 추가 살포 시 주입 줄눈재 부착면에 양생제 묻지 않도록 유의

   　　ⓒ 줄눈부 피막 양생제 살포 방법 : Back Up 재설치 → 피막제 살포 → Back Up재 제거 → 청소 → Back Up재 다시 설치 → Sealant(주입 줄눈재)

   　　ⓓ 노즐 막힘에 유의

2) **후기 양생**

   (1) **습윤** 양생 : 마대＋양생포＋모래 등을 깔고 살수(건조수축 균열방지)

   (2) **피막** 양생

   (3) 후기 양생 기간

   　: 휨강도(fbk) 3.5MPa(35kg/cm²) 이상이 될 때까지, 즉 교통개방 시기까지

9. 양생방법 예시

1) 삼각지붕 양생

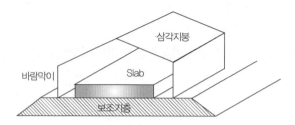

2) 포장 설비와 피막 양생, 삼각지붕 양생 배치도

〈표면처리 및 피막 양생(Membrane Curing)〉: 양생제 살포(Curing Machine)

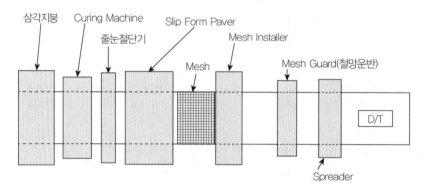

10. 맺음말

1) 무근콘크리트 포장은 시공과정(콘크리트 생산, 운반, 포설 다짐, 마무리, 평탄, 거친 마무리, 양생)에 걸쳐 정밀 시공해야 하고

2) 특히 줄눈과 양생, 분리막 시공을 잘하여 초기 균열방지에 유의해야 함

[참고] 일반 콘크리트 및 포장의 줄눈

구분	종류	설치목적, 기능	시공법, 간격
일반 콘크리트	시공줄눈 (Construction Joint)	일일시공의 마무리	• 완전 절연 • 일일시공 마무리 지점 • 신축이음 위치와 일치시키면 좋다.
	신축줄눈 (Expansion Joint)	온도, 건조수축에 의한 신축을 자유롭게 하여 부등침 하방지	완전 절연
	수축줄눈 (Contraction Joint)	• 균열유발줄눈 • 온도균열 제어 목적	• 단면결손부를 6m 간격 • 사다리꼴의 면목 설치
포장 콘크리트 (무근)	세로줄눈(수축)	세로방향 균열방지	Saw Cutting, 4.5m 간격
	가로팽창줄눈 (신축줄눈)	온도상승에 의한 Blow Up 방지	완전 절연, 60~480m 간격
	가로수축줄눈 (균열유발줄눈)(수축)	2차 응력(온도, 습도, 건조수축) 균열방지(균열유도)	Saw Cutting, 6m 이하
	시공줄눈	• 일일시공 마무리 지점 • 가로팽창 줄눈과 일치하는 위치	완전 절연, 가로팽창줄눈 위치

■ 참고문헌 ■

1. 서진수(2006), Powerful 토목시공기술사(1, 2권), 엔지니어즈.
2. 한국도로공사(1990), 고속도로공사 시공 및 품질 관리지침서(II) – 구조물공, 포장공.

8-20. 콘크리트 포장의 시공 조인트(83회 용어)

1. 줄눈의 정의
1) 줄눈의 시공목적 : **온도변화**, **건조수축**, **Creep** 등의 2차 응력에 의한 균열방지 목적
2) 줄눈의 정의 : 줄눈 목적에 부합하기 위해 **의도적으로 이음**을 두는 것

2. 줄눈의 기능(목적)
1) 구조물의 수축 팽창에 의한 유해 **균열방지**
2) 균열을 유도하고
3) 구조물의 수축·팽창에 여유 공간을 확보하여 무근콘크리트 포장의 균열을 방지하고, 양질의 포장 구조물 확보
4) 구조물의 내구성 증진
5) 도로 포장의 단차, Blow Up 방지

3. 줄눈의 기능 저하 시 발생하는 문제점
1) 수축 팽창을 등에 의한 균열 구조물의 균열
2) 포장파손(도로)
   (1) Pumping → (2) 함몰(공동), 연약화 → (3) Pumping → (4) 단차 → (5) Blow Up

4. 줄눈의 종류와 설치목적 및 시공법(시공 시 유의사항)

구분	종류	설치목적, 기능	시공법, 간격
일반 콘크리트	시공줄눈 (Construction Joint)	일일시공의 마무리	• 완전 절연 • 일일시공 마무리 지점 • 신축이음 위치와 일치시키면 좋다.
	신축줄눈 (Expansion Joint)	온도, 건조수축에 의한 신축을 자유롭게 하여 부등침하방지	완전 절연
	수축줄눈 (Contraction Joint)	• 균열유발줄눈 • 온도균열 제어 목적	• 단면결손부를 6m 간격 • 사다리꼴의 면목 설치
포장 콘크리트 (무근)	세로줄눈(수축)	세로방향 균열방지	Saw Cutting, 4.5m 간격
	가로팽창줄눈 (신축줄눈)	온도상승에 의한 Blow Up 방지	완전 절연, 60~480m 간격
	가로수축줄눈 (균열유발줄눈)(수축)	2차 응력(온도, 습도, 건조수축) 균열방지(균열유도)	Saw Cutting, 6m 이하
	시공줄눈	• 일일시공 마무리 지점 • 가로팽창 줄눈과 일치하는 위치	완전 절연, 가로팽창줄눈 위치

5. 무근콘크리트 포장줄눈 예

(1) 세로줄눈

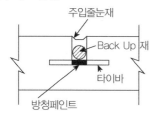

(2) 가로팽창줄눈

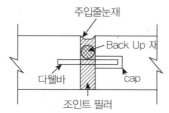

(3) 가로수축줄눈

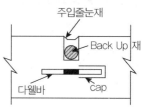

* 주) 가로수축줄눈 : 고속도로 경우 가동단에 Cap 없이 방청 페인트만 시공함

6. 평가

1) 무근콘크리트 포장은 시공과정(콘크리트 생산, 운반, 포설 다짐, 평탄 마무리, 거친 마무리, 양생)에
   걸쳐 정밀 시공해야 하고
2) 특히 **줄눈**과 **양생**, **분리막** 시공을 잘하여 초기 균열방지에 유의해야 함
3) 줄눈은 줄눈의 간격, 위치, 수직도, 형상, 치수, 선형, 수밀성 확보에 유의해서 설계, 시공해야 함
4) 줄눈의 간격은 시방규정에 너무 의존하지 말고 가능한 한 짧게 하여 균열방지함이 좋음
5) 도로 무근콘크리트 포장의 줄눈은
   (1) 줄눈은 무근콘크리트 포장의 균열을 방지하는 주요 기능을 갖고 있으므로
   (2) 줄눈의 선형과 수직도 및 주입 줄눈재의 정밀 시공이 중요함

■ 참고문헌 ■

1. 서진수(2006), Powerful 토목시공기술사(1, 2권), 엔지니어즈.
2. 한국도로공사(1990), 고속도로공사 시공 및 품질 관리지침서(II) - 구조물공, 포장공.

8-21. 콘크리트 포장의 보조기층의 역할

1. 콘크리트 포장의 구성 요소

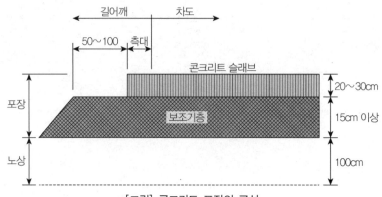

[그림] 콘크리트 포장의 구성

2. 콘크리트 포장의 보조기층의 역할(기능)

1) 콘크리트 Slab 지지

2) 배수 기능〈중점적으로 논문에 부각시킬 것〉

   (1) 균열부에서 Pumping 현상, 단차, Blow Up 현상을 막아주는 역할

   (2) 배수 불량이 되면 포장판 하부의 **연약화**로 Pumping **현상** 발생하여 **줄눈의 기능이 저하되어 단차,**
      Blow Up 현상 발생

   (3) **동절기에 줄눈이나 균열부 하부의 배수 불량부가 동해에 의한 동상으로 단차, Blow Up 발생**

   (4) 동상된 흙(보조기층)이 녹을 때 하부의 **연약화**로 Pumping **현상** 발생하여 **줄눈의 기능이 저하되어**
      단차, Blow Up 현상 발생

3. 콘크리트 포장 보조기층의 구비 조건

1) **입도**가 **양호**하고, **균등**하고 충분한 **지지력**을 가질 것

2) **내구성**이 풍부한 재료일 것

3) 필요한 두께로 **잘다져 시공**할 것 : 다짐이 잘되는 재료

4) Pumping 방지 보조기층 재료로 좋은 것

   (1) 아스팔트로 처리된 재료 : 역청 안정 처리

   (2) 시멘트로 처리된 재료 : 시멘트 안정 처리

콘크리트 포장의 보조기층 기능과 구비조건[용어 정의 문제인 경우]

1. 기능

Slab 지지, 균열부(줄눈부)의 Pumping 현상 방지, 배수 기능

2. 구비조건

1) 입도가 양호하고, 충분한 지지력을 가진 것, 내구성이 큰 것, 다짐이 좋은 것

2) Pumping 방지 : 아스팔트, 시멘트 처리된 재료 사용

3) Pumping 현상

   (1) 콘크리트 Slab 균열 틈으로 새어 들어간 물이 중차량 통과 시 노상토와 섞여서 균열 틈으로 솟아 나오는 현상

   (2) 물＋노상토의 세립분이 빠져나오고 균열 하부에 공동(Void)이 발생하여 지지력 저하 : 단차 발생

   (3) 줄눈 기능 저하시킴 → Blow Up 발생

4. 보조기층 시공 시 줄눈 시공, 보조기층 시공, 배수처리 잘못되었을 때 문제점

1) 포장의 **파손**

2) 동상에 의한 Blow Up

3) 줄눈, 균열부 하단의 **연약화**

4) Pumping

5) **단차** 발생

5. 콘크리트 보조기층 재료의 종류

1) 입도 조정 **쇄석**

2) 입도 조정 **슬래그**

3) **수경성** 입도 조정 슬래그

4) **시멘트** 안정처리 재료

5) **역청** 안정처리 재료

6. 보조기층 재료의 품질기준(아스팔트 포장, 콘크리트 포장)

: 도로표준시방서, 고속도로전문시방서, 토목공사표준일반시방서

구분	최대 치수	수정 CBR	PI(%)	LL(%)	마모 감량(%)	모래 당량	다짐도, 강도	비고
① 입상재료	SB-1(75mm) SB-2(50mm)	30 이상, 콘크리트 포장 : 80 이상	6 이하	50 이하	50 이하	25 이상	다짐도 95	막자갈, 자갈 모래
② Cement 안정처리	－	10 이상	PI < 9				일축압축강도 $q_u = 10kg/cm^2$	7일 강도
③ 석회 안정처리	－	10 이상	PI = 6 ~ 18				$q_u = 7kg/cm^2$	10일 강도

1) SB-1 치수 표기

　　① 75mm : 도로표준시방서, 고속도로전문시방서

　　② 80mm : 토목공사표준일반시방서

2) SB-2 치수 표기

　　① 50mm : 고속도로전문시방서, 토목공사표준일반시방서

　　② 53mm : 도로표준시방서

3) 최대 치수(도로표준시방서)

　　: 현장 여건상 승인을 받을 경우 1층 두께의 1/2 이하로 100mm까지 허용

7. 시멘트 안정처리 품질 규격

1) 첨가재료 : 보통 포틀랜드 시멘트, 고로 시멘트, 플라이 애쉬 시멘트, 실리카 시멘트

2) 배합강도 : 6일 양생, 1일 수침 후의 일축 압축 강도($20kg/cm^2$)

8. 입도 조정 쇄석, 입도 조정 슬래그

1) 최대입경 : 40mm 이하

2) 수정CBR : 80 이상

3) NO.40체(0.425mm) 통과분의 PI값 : 4 이하

9. 철강 슬래그 보조기층〈고속도로전문시방서〉: 아스팔트 포장, 콘크리트 포장

1) 슬래그의 종류 및 적용 기준

종류	호칭	적용기준
수경성 입도조정 고로 슬래그	HMS-25	기층
입도조정 철강 슬래그	MS-40(40mm)	기층 및 보조기층
	MS-25(25mm)	
크랏샤런 철강 슬래그	CS-40	보조기층
	CS-30	
	CS-20	

2) Slag 재료의 품질 기준 : 기층 및 보조 기층용 철강 슬래그의 수정 CBR 및 일축압축강도

종류	수정 CBR(%)	일축압축강도
수경성 입도조정 고로 슬래그	80 이상	$12kg/cm^2$ 이상
입도조정 철강 슬래그	80 이상	−
크랏샤런 철강 슬래그	30 이상	−

3) 기층 및 보조 기층용 철강 슬래그의 단위 용적 중량

종류	단위용적중량(kg/m^3)
수경성 입도조정 고로 슬래그	1,500 이상
입도조정 철강 슬래그	1,500 이상
크랏샤런 철강 슬래그	−

10. 가열 아스팔트 안정처리 기층(보조기층)

아스팔트 혼합물의 마샬 시험 기준(아스팔트 포장, 콘크리트 포장)

구분	단위	기준값
안정도	kg	500 이상
흐름값	1/100cm	10~40
공극률	%	4~6
포화도	%	65~75

11. 빈배합 콘크리트(Lean Concrete) 기층(보조기층) [아스팔트 포장, 콘크리트 포장]

빈배합 콘크리트의 강도

구분	건식	비고
f_7의 압축강도(kgf/cm^2)	50	습윤 상태로 6일 양생, 최종 1일 수침 최소 단위 시멘트양 : 150kg/m^3

12. 보조기층 시공관리

1) 보조기층의 평판 재하시험기준(K30): K30＝20kg/cm^2

2) 보조기층의 두께 : 15cm 이상

3) 보조기층의 상부에 아스팔트 중간층을 두는 경우도 있음

4) 국내 콘크리트 포장 단면

　(1) 상부(상층)보조기층, 중간층 : 아스팔트 또는 빈배합콘크리트

　(2) 하부보조기층 : 입상재료

13. 콘크리트 포장에서 노견부의 보조기층 마무리 [중요한 내용]

보조기층의 마무리 폭을 50~100cm 넓게 하는 이유

1) 포장단부, 측면 거푸집, 슬립폼 페이버 지지

2) 팽창성 흙이나 동상 현상에 의한 포장단부에 발생하는 불균일 팽창을 방지

3) 길어깨 포장에 대한 보조기층 역할을 함

14. 맺음말

보조기층의 평판재하 시험기준(K30)은 K30＝20kg/cm^{2}으로 하며, 보조기층의 두께는 15cm 이상으로 하고 보조기층의 상부에 아스팔트 중간층을 두는 경우도 있음

■ 참고문헌 ■

1. 서진수(2006), Powerful 토목시공기술사(1, 2권), 엔지니어즈.
2. 한국도로공사(1990), 고속도로공사 시공 및 품질 관리지침서(Ⅱ) - 구조물공, 포장공.

8-22. 무근콘크리트 포장의 분리막(34, 61, 71, 82회 용어)

1. 분리막의 기능(사용 목적)

1) 무근콘크리트 포장에서 **보조기층과 콘크리트 Slab**를 **절연**하여, **마찰계수를 감소**시켜 구속을 해소시켜 **2차 응력**(온도, 건조 수축 응력)에 의한 Slab의 신축 작용을 자유롭게 (원활하게) 하여 **건조수축 균열 발생방지**

2) 콘크리트 Slab의 온도변화, 습도변화에 의한 **Slab의 팽창 작용**을 원활히 하도록 슬래브 바닥과 보조기층 면과의 **마찰력(마찰저항) 감소**, Slab가 경화 중인 시공 직후에 특히 필요

3) Concrete 중의 **수분이 보조기층에 흡수**되는 것 방지

4) 콘크리트 중의 모르터가 공극이 많은 보조기층으로 손실되는 것 방지

5) 보조기층 표면의 **이물질이 콘크리트에 혼입**되는 것 방지

6) 모관수 상승 방지 : 동상방지

2. 분리막의 적용

보조기층과 Slab 면과의 마찰저항이 구조적으로 필요한 연속 철근콘크리트 포장(CRCP) 공법을 제외하고 JCP, JRCP 등은 사용한다.

> **분리막 사용 여부**
>
> 1. JCP는 콘크리트의 수축팽창을 허용하고 줄눈에서 흡수하도록 설계된 포장이고, JRCP는 철근을 보강하지만 JCP보다는 적지만 줄눈이 있어 콘크리트포장이 수축팽창할 수 있도록 콘크리트포장의 구속을 방지하기 위하여 분리막을 설치하고,
> 2. CRCP는 콘크리트의 수축팽창을 철근을 배근하여 철근에서 흡수하도록 설계된 포장으로 **분리막을 설치하지 않는 포장**

3. 분리막의 재료 및 시공

1) 재료

   (1) PE film(폴리에틸렌 쉬트) : 무근 콘크리트 포장의 경우

      두께 $120\mu m(0.120mm)$ 이상

   (2) 석회, 석분

   (3) 유화 아스팔트

   (4) Craft Paper(크래프트지)

2) 시공 시 유의사항

   (1) 겹이음 처리 : 세로방향 10cm 이상, 가로방향 30 cm 이상

   (2) 분리막(Sheet) 손상에 유의

   (3) 분리막의 저장 : 창고, 천막(Sheet)으로 덮어 저장

4. 분리막 시공 단면도

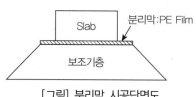

[그림] 분리막 시공단면도

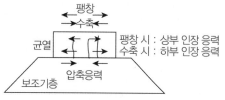

[그림] 건조 수축 균열 발생 예시
분리막 없을 때 보조기층에 의한 외부속 시

5. 분리막 구비 조건

1) 부설하기 쉽고
2) 방수성이 좋고
3) 취급 용이
4) 콘크리트 타설, 다지기 시 **찢어지지 않을 것**

■ 참고문헌 ■

1. 서진수(2006), Powerful 토목시공기술사(1, 2권), 엔지니어즈.
2. 한국도로공사(1990), 고속도로공사 시공 및 품질 관리지침서(II) – 구조물공, 포장공.

8-23. 무근콘크리트 포장의 손상 원인, 형태와 보수 보강 대책
시멘트콘크리트포장 파손 및 보수공법 설명 [105회, 2015년 2월]

- 콘크리트 포장의 파손종류별 발생원인, 대책, 보수공법 설명(110회, 2016년 7월)

1. 무근콘크리트 포장 손상(균열) 원인

1) 노상, 보조기층에 기인한 손상(균열) : 배수 불량, 동상

2) Slab 판에 기인한 균열

    (1) Slab concrete의 재료, 배합, 설계, 시공 잘못, 양생 잘못

    (2) 줄눈의 설계, 시공, 유지관리 잘못

    (3) 교통 작용

    (4) 기상 작용

2. 무근콘크리트 포장의 손상 형태

NO	구분(손상의 구분)	손상형태
1	균열현상	① 가로방향 균열 ② 세로방향 균열 ③ 우각부 균열 ④ 가로줄눈 연단부 균열 : 라벨링, 스폴링 포함 ⑤ 횡단 구조물 부근 균열 : 구조물과 토공 접속부 단차 ⑥ 경화 시 발생 균열 : 소성 수축, 건조 수축 균열 등 ⑦ 구상 균열 ⑧ 구속 균열 ⑨ D 균열
2	Slab의 파괴	① Blow Up ② 압축 피양(Pumping)
3	줄눈	줄눈부의 단차
4	Slab 표면의 손상	① 마모 ② 미끄럼 저항의 감소 ③ 스켈링

3. 손상 형태 예시

1) 가로 균열, 세로 균열

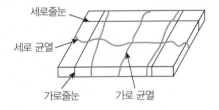

2) 우각부 균열

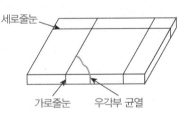

3) 가로줄눈 연단부(선단부) 균열 : 라벨링

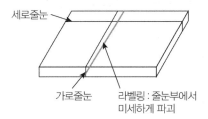

세로줄눈

가로줄눈
라벨링 : 줄눈부에서 미세하게 파괴

4) 가로줄눈 연단부(선단부) 균열 : 스폴링

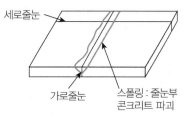

세로줄눈

가로줄눈
스폴링 : 줄눈부 콘크리트 파괴

5) 구속 균열

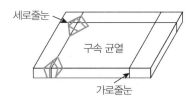

세로줄눈

구속 균열

가로줄눈

6) D 균열

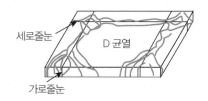

세로줄눈

D 균열

가로줄눈

7) 압축 파괴

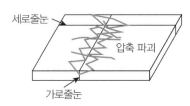

세로줄눈

압축 파괴

가로줄눈

8) 마모에 의한 바퀴자국

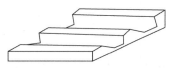

9) Blow Up

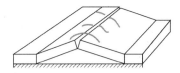

10) 줄눈부 단차

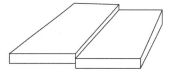

11) 스켈링

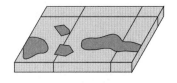

4. 콘크리트 Slab의 구조적인 손상원인(형태별)

상기 그림을 설명하는 내용임. 길지만 읽어보고 요약 요함(각각 용어 정의 문제 출제 가능)

1) **노상 보조기층**에 기인한 균열

  (1) 손상원인

    ① **지지력 저하**(지지력 변화)

      ㉠ 부등침하 : 노상이 압축, 압밀을 받을 경우

      ㉡ 침투수에 의한 노상, 보조기층의 세굴, 유실

    ② **노상, 보조기층의 체적 변화**

      점성토 → 수분 흡수 → 팽창 → 콘크리트 Slab에 응력 발생

    ③ **노상재료의 품질변화**

      ㉠ 경암 → 풍화 → 연암으로 변화

      ㉡ 동결융해 반복 → 지지력 저하

    ④ 상기 원인에 의해 노상, 보조기층의 변화는 콘크리트 Slab 표면에 치명적인 손상 입힘

2) 가로 균열

  (1) **Slab 중앙**의 균열

    ① **하중**에 의한 파괴

    ② **온도 응력**에 의한 경우

  (2) 가로줄눈에서 조금 떨어진 위치에 있는 균열 : 줄눈 부근의 보조기층의 지지력 부족

  (3) 가로줄눈 위 근접한 곳의 균열 : Cuter 줄눈의 Cutting이 늦은 경우

3) 세로 균열

  (1) **세로줄눈의 간격**이 부적당한 경우

  (2) 성토의 **부등침하**

4) 우각부 균열 : Slab에 발생하는 **하중응력**(우각부가 최대이며, 균열 발생)

5) Ravelling

  (1) 줄눈부에서 콘크리트가 미세하게 파괴

  (2) **줄눈의 성형 시기**가 빠를 경우

  (3) **Cutting 시기**가 빠를 경우

  (4) 굵은 골재가 일어난 듯한 현상

6) Spalling(스폴링)

  (1) 줄눈부의 콘크리트 파손

  (2) 비압축성의 **단단한 입자가 줄눈 중심**에 침입하여

  (3) 콘크리트 Slab가 열팽창할 때 국부적으로 **압축 파괴**

  (4) 발생 시기 : Ravelling 다 늦음

(5) Slab의 길이는 스폴링의 손상 정도에 영향미침

7) 경화 시 발생 균열

    (1) **침하균열**(초기 균열) : 철근, 철망의 매설깊이 부적당 → 망상(그물 모양) 균열

    (2) **소성수축 균열**(플라스틱 균열 : 초기 균열)

        ① 표면의 직사광선

        ② 온도의 급격한 저하

        ③ 강풍으로 수분의 급격한 증발 : 양생 불량

8) 구속 균열

    (1) 가로줄눈과 세로줄눈의 교점에 발생

    (2) **이물질**의 침입

    (3) **비늘 모양**의 균열

9) Blow Up

    (1) **줄눈, 균열부**에서 발생

    (2) Slab의 온도, 습도 상승에 의한 팽창 시 발생

    (3) 비압축성의 **이물질** 침입

    (4) 줄눈이나 균열이 팽창량을 흡수하지 못하여

    (5) **압축응력** 발생

    (6) 응력의 편심에 의해 좌굴 현상 발생

    (7) 공용 개시 후 수년을 경과한 Slab에서 고온, 다습한 날이 계속될 때 발생

    (8) 보조기층, 노상의 **동상**

10) 압축 파괴(Shattering)

    (1) **Blow Up**과 같은 원인이나

    (2) 콘크리트의 압축강도가 국부적으로 작을 때 발생

11) Pumping(압축피양)

    (1) 보조기층, 노상의 흙이 우수의 침입, 교통 하중의 반복으로 **니토화(연약화)**하여

    (2) 줄눈이나 균열부로 뿜어내어

    (3) 반복되면 보조기층 재료 유실, **연약화**

    (4) **단차**의 원인

12) 줄눈부의 단차(Faulting)

    (1) 원인 : Pumping

    (2) 단차 2mm : 타이어 충격소음 발생

    (3) 단차 3mm 이상 : 주행성에 장해

13) 교통의 마모작용에 의한 원인

   (1) 마모작용

   (2) 스켈링(Scaling)

      ① 콘크리트 표면이 인편상, 익상으로 **얇게 박리**

      ② **동결 방지재(염화칼슘)**에 의한 콘크리트 침식

      ③ **동결 융해의 반복** 작용

      ④ **타이어**에 의한 마모 작용

5. 연속 철근콘크리트 포장(CRCP)의 손상(93회)

1) 임의로 세로방향으로 다수의 균열을 발생시켜 무근콘크리트 포장의 가로줄눈에 발생하는 손상을 해
   소시키는 포장공법

2) 손상의 원인

   (1) **스폴링**

   (2) **철근의 부식** : 수분, 염화물 침입

   (3) **철근의 파단**

      ① 철근의 부식

      ② 포장체의 박리(펀치 아웃)

   (4) **Punch Out** : 포장체에서 작은 부분이 발락(들고 일어나 떨어짐)하는 현상

6. 콘크리트 포장의 유지보수 공법의 종류

1안

1) 줄눈, 균열부의 주입(Sealing)

2) Patching

3) 표면처리

4) Over Lay

5) 재포장

6) 절삭

7) Recycling(아스콘 포장인 경우)

8) 충전 공법

NO	파손종류	보수공법			
1	Slab 저면에 도달하지 않은 균열	① 주입(합성고무, 수지, 유화 아스팔트에 의한 실링)			
		② Patching	③ Over Lay		④ 부분 재포장
2	구조물 부근의 요철 및 단차	① 주입(합성고무, 수지, 유화 아스팔트에 의한 실링)			
		② Patching	③ Over Lay		④ 부분 재포장
3	종단 방향의 요철	① 주입(합성고무, 수지, 유화 아스팔트에 의한 실링)			
		② Patching	③ Over Lay		④ 부분 재포장
4	Ravelling	① 표면처리	② Patching	③ Over Lay	
5	폴리싱 (Polishing)	① 기계조면 마무리	② Over Lay		
6	Scaling	① 표면처리	② Patching	③ Over Lay	
7	줄눈단부의 파손	• 시멘트 모르터, 콘크리트로 Patching			
8	줄눈재의 파손	• 줄눈재 절단하고 재주입			
9	공동	① 시멘트 모르터, 콘크리트 패칭 ② 아스팔트 혼합물 체움			
10	슬래브 저면에 도달한 균열	• 전층 주입공법			
11	Blow Up	• 재포장			
12	크러싱	① Patchin	② 재포장		

■ 참고문헌 ■

1. 서진수(2006), Powerful 토목시공기술사(1, 2권), 엔지니어즈.

2. 한국도로공사(1990), 고속도로공사 시공 및 품질 관리지침서(II) – 구조물공, 포장공.

8-24. 연속 철근콘크리트 포장의 공용성에 영향을 미치는 파괴 유형과 그 원인 및 보수공법을 설명(93회)

1. 연속 철근콘크리트 포장(CRCP = Continuously Reinforced Concrete Pavement)의 정의

1) 횡방향 줄눈이 없는 포장형태로서

2) 일정한 간격(1~1.25m)의 균열발생을 허용하고 종방향 철근(콘크리트 환산 단면적의 0.5~0.85%)을 이용, 균열 틈이 벌어지는 것을 억제하는 포장 형태

3) 줄눈 및 철근콘크리트 포장보다 지름이 큰 철근 사용, 온도, 함수비 증가 등의 환경하중에 대한 저항력을 증가시킬 목적의 포장

4) 장단점

장점	1. 줄눈이 없어 승차감 우수 2. 포장수명 길다.
단점	1. 해석기술의 미비 2. 콘크리트 품질관리 까다롭다, 3. 초기 건설 비용 고가 4. 고도의 시공기술 필요

5) 국내 적용 사례 : 중부내륙 고속도로 시험도로

6) 개념도

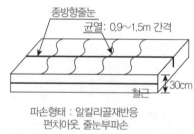

파손형태 : 알칼리골재반응
펀치아웃, 줄눈부파손

[그림] CRCP

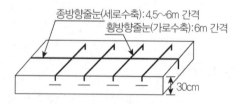

파손형태 : 알칼리골재반응,
펀치아웃, 줄눈부파손 D 균열

[그림] JCP

2. 연속 철근콘크리트 포장(CRCP)의 손상형태

1) 임의로 세로방향으로 다수의 균열을 발생시켜 무근콘크리트 포장의 가로줄눈에 발생하는 손상을 해소시키는 포장공법

2) 손상의 원인

  (1) 스폴링(Spalling)

    ① 무근 또는 연속 철근콘크리트 포장의 줄눈부 연단에 발생하는 파손

    ② 발생원인

      ㉠ 줄눈부의 콘크리트 파손

      ㉡ 비압축성의 단단한 입자가 줄눈 중심에 침입하여

      ㉢ 콘크리트 Slab가 열팽창할 때 국부적으로 압축 파괴

      ㉣ 발생시기 : Ravelling보다 늦음

　　　　㉫ Slab의 길이는 스폴링의 손상 정도에 영향미침

　(2) **철근의 부식** : 수분, 염화물 침입

　(3) **철근의 파단**

　　① 철근의 부식

　　② 포장체의 박리(펀치 아웃)

　(4) **Punch Out**

　　① 포장체에서 작은 부분이 발락(들고 일어나 떨어짐)하는 현상

　　② 2개의 횡방향 균열 사이에서 종방향으로 발생

3) **파손형태** 예시(라벨링과 비교)

　(1) 가로줄눈 연단부(선단부) 균열 : **라벨링**　　(2) 가로줄눈 연단부(선단부) 균열 : **스폴링**

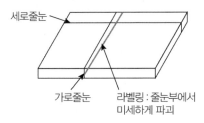

세로줄눈

가로줄눈　　라벨링 : 줄눈부에서
　　　　　　　미세하게 파괴

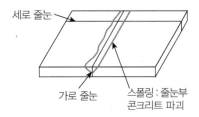

세로 줄눈

가로 줄눈　　스폴링 : 줄눈부
　　　　　　　콘크리트 파괴

3. 대책

1) Slab concrete의 재료, 배합, 설계, 시공관리 철저

2) 줄눈의 설계, 시공, 유지관리 철저

3) Pumping(압축 피양) 방지

4) 줄눈부의 시공 및 유지관리 철저

4. 보수 보강 대책

1) 시멘트 모르터, 콘크리트로 Patching

2) 줄눈재 절단하고 재주입

5. 콘크리트 포장의 유지보수 공법의 종류

NO	파손종류	보수공법		
1	Slab 저면에 도달하지 않은 균열	① 주입(합성고무, 수지, 유화 아스팔트에 의한 실링) ② Patching　③ Over Lay		④ 부분 재포장
2	구조물 부근의 요철 및 단차	① 주입(합성고무, 수지, 유화 아스팔트에 의한 실링) ② Patching　③ Over Lay		④ 부분 재포장
3	종단 방향의 요철	① 주입(합성고무, 수지, 유화 아스팔트에 의한 실링) ② Patching　③ Over Lay		④ 부분 재포장
4	Ravelling	① 표면처리	② Patching	③ Over Lay
5	폴리싱(Polishing)	① 기계조면 마무리	② Over Lay	
6	Scaling	① 표면처리	② Patching	③ Over Lay
7	줄눈 단부의 파손	• 시멘트 모르터, 콘크리트로 Patching		
8	줄눈재의 파손	• 줄눈재 절단하고 재주입		
9	공동	① 시멘트 모르터, 콘크리트 패칭 ② 아스팔트 혼합물 채움		
10	슬래브 저면에 도달한 균열	• 전층 주입공법		
11	Blow Up	• 재포장		
12	크러싱	① Patching	② 재포장	

■ 참고문헌 ■

김수삼 외 27인(2007), 건설시공학, 구미서관, pp.445~446.

8-25. 포스트텐션 도로 포장(PTCP 공법)(94회 용어)

1. 포스트텐션 콘크리트 포장(PTCP : Post-Tensioned Concrete Pavement) 정의

1) 프리스트레스트 콘크리트 포장은 포장판(Base panet)을 미리 제작 후 또는 현장 타설 후 포스트텐션 방식으로 프리스트레스를 도입하여 **강성(Stiffness)을 높인 포장형태**로서 **공항 활주로** 포장 등에 많이 사용

2) 원리 : 콘크리트 포장 Slab에 발생되는 **인장응력**을 PS 강연선을 설치하여 **프리스트레스(압축력)**를 도입하여 **상쇄**시킨 공법

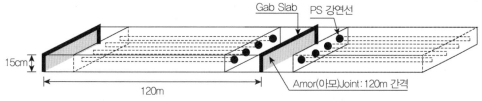

[그림] PTCP 포장

2. PTCP 공법 개요와 특성(정의)

구분	기존 공법	PTCP 공법
개념도	교통하중 $\sigma = A$ 30cm	교통하중 $\sigma = B$ 15cm 두께 최소화 + $\sigma = P$ 프리스트레싱 = PTCP
응력도	압축(−A) 인장(+A)	압축(−B) 인장(+B) (+) 압축(−P) = −(B+P) (B−P) (인장응력상쇄)
구조적 내구성	포장두께 30cm	포장두께 15cm + 프리스트레스 도입

3. 시공순서(시공법)

Case 1 : 아스팔트 박층 시공 ⇒ 분리막(비닐막) 설치 ⇒ 프리스트레스 패널 설치 ⇒ 강선 삽입 ⇒ 포스트 텐션(긴장) ⇒ 그라우팅 ⇒ Joint Panel 설치 ⇒ 완성

Case 2 : 분리막(비닐막) 설치 ⇒ PS강연선 및 철근 배근 ⇒ 콘크리트 포설 ⇒ 인장 작업 ⇒ Gab Slab 타설 ⇒ 완료

4. 적용 범위

1) 공항활주로
2) 스마트 하이웨이
3) 도로포장

4) 항만포장

5) 과적차량 단속 구간 포장

6) 영업소 포장

5. 장단점(특징)

장점	단점
1. Slab 두께 감소 　30cm → 15cm ⟹ ∴ 포장 재료 절감, Eco 포장(CO_2 감소) 2. 줄눈 수 감소 　1) 횡방향 : 6m → 120m ⟹ 스폴링, 평탄성 저하 방지 　2) 종방향 없음 ⟹ 스폴링, 줄눈재 파손 방지 3. 균열 발생 확률 낮음 ⟹ 내구성, 공용성 증진 4. 고내구성 콘크리트 사용(40MPa) 　⟹ 알칼리 골재 반응 방지, 동결 융해 저항성 증대 5. 품질관리 용이 6. 교통개방시간 단축	1. 직선 구간에 한정 사용 2. 전기 및 상하수도 공사 등이 많은 도심부 적용 불가능

6. 특징(특성) 및 효과

구분	특징	효과
1. 재료적 특성	고내 구성 콘크리트(40MPa) ⟹ 조기 강도, 장기내구성 발현(설계수명 40년)	장수명
2. 구조적 특성	1. 프리스트레스 도입 ⟹ 균열 감소 2. 포장두께 감소(30cm → 15cm) ⟹ 재료(시멘트, 골재) 감소 : CO_2 감소	친환경
3. 기능적 특성	횡방향 줄눈 감소(6m → 120m), 종방향 줄눈 불필요 ⟹ 소음 감소, 미관향상, 평탄성 향상, Spalling, D 균열, Punch out, 줄눈재 파손 방지	저소음
4. 공용적 특성	유지보수 최소 ⟹ 예산 감소, 이용자 편의 향상, 내구수명 증대	경제적

7. 타 공법(기존 공법)과 비교

구분	PTCP (포스트텐션 포장)	CRCP (연속 철근콘크리트 포장)	JCP (줄눈콘크리트 포장)
개요	Slab에 프리스트레스를 도입 인장응력 상쇄, 균열 발생 방지	Slab에 철근을 배근하여, 균열의 폭과 간격을 제어	Slab에 줄눈을 설치하여 균열을 유도
구조 형식	프리스트레스트 콘크리트	철근콘크리트	무근콘크리트
슬래브 두께	15cm	30cm	30cm
슬래브 길이	120m	연속	6m
줄눈 형식	Amor Joint(120m 간격)	종방향 줄눈 : 연속, 타이바	1. 횡방향 줄눈 : 6m 간격, 다웰바 2. 종방향 줄눈 : 연속, 타이바
설계 수명	40년	30년	20년
균열 발생	미발생	발생	발생

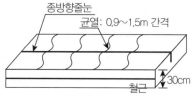

파손형태 : 알칼리골재반응
펀치아웃, 줄눈부파손

[그림] CRCP

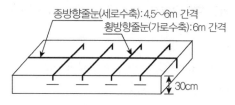

파손형태 : 알칼리골재반응,
펀치아웃, 줄눈부파손 D 균열

[그림] JCP

■ 참고문헌 ■

1. (주)삼우아이엠씨.

2. 김수삼 외 27인(2007), 건설시공학, 구미서관, p.446.

8-26. RCCP(Roller Compacted Concrete Pavement)(88회 용어)

1. 정의

Slump zero(0)인 Concrete를 Asphalt Paver로 포설 후 **진동롤러로 다져 포장하는 공법, 평탄성**을 크게 요구하지 않는 곳에 적당함

2. 특징

장점	• 거푸집 없이 시공 • 시공속도 빠름 • 교통개방 시기 빠름 • 포장두께 자유로움
단점	• 평탄성이 좋지 않을 수 있음에 유의

3. 적용성

1) 농로, 이설도로
2) 주차장
3) 공항
4) 하역장
5) 인터체인지 램프

4. 시공관리

1) 배합

   (1) Slump : Zero(0)

   (2) 강도 : 일반 콘크리트 포장과 같음

   (3) 단위수량 : 흙과 같이 최대건조밀도인 때의 OMC(최적함수비) 적용

   (4) W/C비 : 30~35%

2) 시공방법

   (1) 재료 : 일반 콘크리트와 동일

   (2) 포설 : 아스팔트 포장 페이버로 함

   (3) 다짐 : 초기 무진동, 그 다음은 진동다짐

   (4) 면처리 : 일반 포장과 동일함

   (5) 줄눈 : 다짐 시공이므로 **Dowel Bar, Tie Bar는 사용하지 않음**

   (6) 양생 : 습윤, 피막 양생

3) 시공 시 유의사항

   (1) 보조기층 : **분리막** 사용 또는 적당한 습윤 상태 유지

   (2) 재료 분리 방지 : 비빈 후 치기 완료 **1시간 이내**

   (3) Line Sensor 부착된 **아스팔트 페이버** 사용하여 포설

   (4) 다짐 : **탠덤, 머캐덤, 타이어롤러** 조합

(5) 마무리 전압 : 평활하게 할 것, **철륜롤러** 사용

(6) 무근 포장 : 6m 간격의 **수축 줄눈** 설치 : Saw Cutting

(7) 양생 철저 : 수분 증발 방지, 건조수축균열방지

■ 참고문헌 ■

서진수(2006), Powerful 토목시공기술사(1, 2권), 엔지니어즈.

Chapter 09

댐

09 댐

토목시공기술사 합격바이블_Essence 이론과 공법

9-1. 댐 유수 전환(Coffer Dam = 가체절 공사 = 댐 공사 가물막이) = 전류공

- 댐 공사에서 하천상류 지역 가물막이 공사의 시공계획과 시공 시 주의사항 설명 [106회, 2015년 5월]

1. 개요

Dam 공사에서 Dam Site의 유수 전환 공사는 Main Dam 공사의 전체 공정을 좌우하는 중요한 공종이며, 가설비(가설) 공사이나 대단히 중요하며, **최소의 공사비**로 **최대의 효과**를 얻도록 시공 계획함

2. 유수 전환 공사의 종류(가물막이의 시공 계획)

1) 반체절

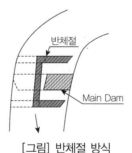

[그림] 반체절 방식

2) 전체절

   (1) 가배수 **터널식**(Diversion Tunnel) + 상류 및 하류 가체절 댐(Coffer Dam)

   (2) 가배수 **수로 방식** + 상류 및 하류 가체절 댐(Coffer Dam) : 개거식, 암거식

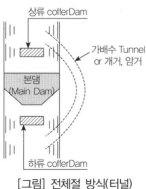

[그림] 전체절 방식(터널)

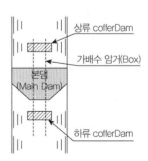

[그림] 전체절 방식-암거(Box)

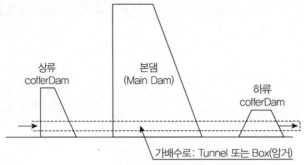

[그림] 전체절방식 : 단면도

3) 가 체절댐의 형식

① concrete 중력식
: 충주댐, 합천댐

② 토사축제+JSP
: 평화댐

③ 토사 축제+Sheet Pile
: 반체절 방식에 주로 적용

  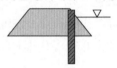

[그림] Coffer Dam의 형식

4) 가배수 터널 형식

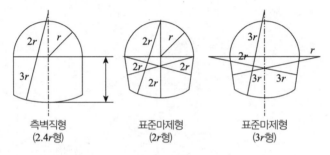

측벽직형
(2.4r형)

표준마제형
(2r형)

표준마제형
(3r형)

3. 유수 전환공 종류별 특징(가물막이 시공 계획 시 고려사항)

1) 반체절 방식

　(1) 적용성

　　① **하천 폭 넓을 경우**

　　② 가배수 Tunnel 시공 곤란한 경우

　　③ 유량이 적은 곳

　(2) 특징

　　① 홍수량이 큰 하천에서는 **Fill Dam에 적용 곤란** : 월류로 본댐의 피해(유실)

　　② 시공 중인 본댐 제체에 월류해도 피해가 없는 경우 시공

2) **전체절 방식**

(1) 적용성

① 하천 **폭이 좁은 계곡형** 지형

② 하천이 만곡되어 Short Cut할 수 있는 곳

③ 국내 적용 사례 : 합천댐, 충주댐

(2) 특징

NO	장점	단점
1	기초 굴착에 제약 없다.	공사비 고가
2	제체 축조 공사 제약 없다.	공기 길다.
3	Coffer Dam 내의 물을 공사 용수로 사용 가능 : Pipe Cooling용	본 공사 완료 후 Plug Concrete를 타설하여 폐쇄, Grouting 실시 : 공사비 증가

4. 대상 홍수량

1) Fill Dam : 10~25년 빈도 홍수량

Coffer Dam이 월류할 경우 시공 중인 Main Dam이 유실되는 등 피해가 크므로 **대상 홍수량**을 크게 할 것

2) Concrete Dam

(1) 연 1~3년 빈도 홍수량

(2) 국내 충주댐, 합천댐의 콘크리트 댐 : 25년 빈도 적용

5. 가배수 Tunnel(Diversion Tunnel) 시공 시 유의사항(가물막이의 시공 시 유의사항)

1) 입구

(1) 수리적 유입 조건 양호

(2) 지반 붕괴가 없는 곳

(3) 홍수 시 유목 등으로 폐쇄되지 않는 구조

2) Tunnel 굴착에 적합한 지질 구조 : 조사 시험 실시

3) 통과 위치: 상부 댐 기초처리(Curtain) 실시 고려, 영향 없게 선정

4) 터널 폐쇄(유수전환공 폐쇄)

(1) Plug Concrete, Grouting 실시

(2) 시기 : 갈수기, 하류의 하천 유지 용수 공급 대책 수립

5) 가배수 터널의 활용

(1) 발전용 도수로

(2) 방수로

(3) 완전 폐쇄

6. 평가(맺음말)

1) Dam 공사 시 가배수로는 본 공사의 전체 공정을 좌우하는 **중요한 가설 공사**이므로

2) 구조적 **안정성, 경제성, 시공성**을 고려하여 **조사, 계획, 설계, 시공, 유지관리**함

■ 참고문헌 ■

1. 댐설계기준(2011).
2. 댐 및 상하수도 전문시방서(2008).
3. 서진수(2006), Powerful 토목시공기술사(1, 2권), 엔지니어즈.
4. 댐 기초처리 기술, 한국수자원공사 품질관리실.

9-2. 유수전환 시설의 폐쇄공 = 플러그 콘크리트(Plug Concrete = 폐쇄공)

1. 개요
제체 내의 **가배수로**, 기타 공사의 편의상 설치하는 제체 내의 **일시적 개구**는 모두 적절한 시기에 **콘크리트**로 완전히 채워야 한다.

2. 유수전환 시설의 종류
1) 가 물막이댐(Coffer Dam)의 종류
   (1) 상류 가물막이
   (2) 하류 가물막이

2) 가물막이의 형식
   (1) 콘크리트 구조체에 의한 가물막이(중력식)
   (2) 흙댐이나 사력댐 형식 : 지수(止水) 형식으로 중앙 콘크리트 지수벽, 점토 코어형 지수벽, 강판 지수벽, chemical grouting(JSP 등)

3) 가배수로
   (1) 가배수 터널 : 단면형은 원형, 표준마제형(2r형), 표준마제형(3r형), 측벽직형(側壁直型)
   (2) 제체 내 가배수로
   (3) 가배수거

3. 댐 준공 후 유수전환 시설의 처리
1) 시설의 **전면 폐쇄** 방법
2) 방수로로 이용 : Gate 설치로 **방수로(여수로)**로 사용, **발전용 도수로로 사용**

4. 가배수 터널의 폐쇄공

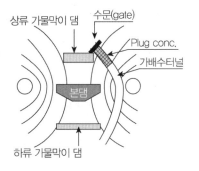

1) 상류 측 **가물막이**의 일부를 붕괴시킴
2) 상류 가물막이에 **스톱로그**가 설치되어 있는 경우 **개방**하여 유수를 **제내 가배수로**로 전환
3) 가배수 터널 유입구의 **스톱로그** 또는 **수문**을 내려서 **유수를 차단**
4) 플러그(plug) 방식 2가지
   (1) **라이닝 제거**방식
      가배수 터널의 폐쇄에 필요한 부분의 콘크리트 라이닝을 제거 ⇒ 신선한 암반까지 굴착한 후 플러그 콘크리트를 충전
   (2) **라이닝 비제거**
      폐쇄 구간을 미리 정해두고 ⇒ 그 부분의 **폐쇄를 고려**하여 라이닝 실시 ⇒ 폐쇄 시 **라이닝 제거하지 않고 플러그 콘크리트 충전**
5) 폐쇄 플러그의 소요 길이
   (1) 타설면의 **전단응력**, **활동**, **폐쇄 주변장의 고정** 등을 고려하여 결정함

(2) 국내 시공사례 : 일반적으로 15~25m 정도임

6) 플러그 콘크리트 시공

 (1) 운반 및 치기 방법 : 책임 기술자의 승인

 (2) 소요의 품질을 가지며, 또한 작업에 알맞은 워커빌리티를 가져야 한다.

 (3) 콘크리트를 타설할 때 물막이에서 누수가 있을 경우 : 적절한 방법으로 조치

 (4) 콘크리트의 온도가 너무 높지 않도록 적절한 조치

7) 그라우팅

 제체 내의 가배수로, 기타 개구의 플러그 **콘크리트가 충분히 냉각한 후** 주위의 콘크리트와 플러그 콘크리트와의 틈 사이에 그라우팅 실시

5. 댐의 담수개시와 유수전환공 폐쇄시기 선정 시 유의사항

1) 폐쇄 공사 자체의 안전성을 위해 **갈수기**에 행함

2) 폐쇄공으로 유수를 차단으로 **하류의 수리권자**에 피해를 미칠 경우

 (1) 댐 지점 하류의 **잔유량**이 많은 시기 또는 **비관개기**를 이용

 (2) **제체 내 가배수로**를 다단(多段)으로 설치하여 유수의 차단기간을 짧게 함

 (3) 가배수 터널 내에 **밸브** 설치

 (4) 유수 차단 기간 중에 **임시 방류관** 매설에 의한 용수 공급, **펌프양수**로 하류의 유황 유지

6. 평가

가배수 터널의 **폐쇄**와 동시 **댐의 담수**가 개시되므로 그 **시기 선정이 중요**하고, 주로 갈수기에 시행되므로 하류의 **몽리민**, **수리권자**의 물 **부족**에 의한 **피해**로 인한 **민원 발생방지**에 유의함

■ 참고문헌 ■

1. 댐설계기준(2011).
2. 댐 및 상하수도 전문시방서(2008).
3. 서진수(2006), Powerful 토목시공기술사(1, 2권), 엔지니어즈.
4. 댐 기초처리 기술, 한국수자원공사 품질관리실.
5. 한국시설안전기술공단(2006), 시설물 안전취약 요소발굴 및 대책방안(댐, 하천, 수도시설), 건설교통부.
6. 한국시설안전기술공단(2006), 시설물의 손상 및 보수·보강사례(댐, 하천, 수도시설), 건설교통부.

9-3. 그라우팅의 종류

1. 개요
그라우팅의 종류는 그 목적에 따라 일반적으로 Curtain Grouting, Blanket Grouting, 기타 **특수** Grouting 등으로 나눈다.

2. Curtain Grouting
차수벽의 연장으로 기초지반 내의 균열, 공극 등에 **시멘트, 점토, 약액** 등을 주입하여 **차수막**을 형성, 지**수효과**를 기대하는 것이다. 즉, 저수지 물이 기초암반내의 공극을 통하여 하류로 유출되는 **침투수**를 제어, 누수되는 것을 억제하여 침투수에 의한 **양압력, 파이핑** 현상 등으로부터 **댐체의 안전성을 확보**하는 것으로 설치위치는 Fill Dam의 경우 코어중심부, 콘크리트 댐의 경우 댐 중심부 또는 상류 Fillet에 설치

3. Blanket Grouting
커튼 그라우팅에 앞서 시공되며, 커튼 그라우팅의 양측에 비교적 얕은 그라우팅을 실시하여 **표층 가까이의 지반을 불투수**로 함으로써 침투로의 길이를 늘이고 커튼 그라우팅의 주입 시 **누수 방지** 및 **주입압**을 높이기 위한 **보강을 목적**으로 시행한다. 주로 Fill Dam에서 실시한다.

4. Consolidation Grouting
발파, 굴착 등으로 **느슨해진 불량암반** 부분의 **침수성**을 개량하여 **누수를 방지**할 목적으로 시행하며 Blanket Grouting과 거의 유사하다. 주로 콘크리트 중력식 댐에서 실시한다.

5. Rim Grouting(Limb Grouting)
댐의 Abutment 또는 저수지 주변에 **차수대**를 연장하기 위해서 실시하는 것으로 차수 그라우팅에 준하여 실시한다.

6. Contact Grouting
암반 위에 **콘크리트** 타설 후 **콘크리트와 암반부의 사이의 공극**을 충전하기 위하여 실시한다. 주로 콘크리트 중력식 댐에서 실시한다.

7. 특수 Grouting
필요하다고 생각되는 부분에 **임시로 시공**하는 것으로 **지지력이 부족**한 부분, **용수, 누수** 부분의 처리, **단층, 파쇄대**의 처리 등 기초지반으로 부적당한 부분의 **개량 목적**으로 실시하는 그라우팅을 말한다.

■ **참고문헌** ■

댐 기초처리 기술, 한국수자원공사 품질관리실.

9-4. Dam 기초처리(기초 암반보강 공법)

1. 개요

1) 댐 기초처리의 목적 및 효과

  (1) Consolidation Grouting은 **지반개량 : 투수성, 변형성, 안정성** 측면

  (2) Curtain Grouting은 **차수** 목적

  (3) Concrete 중력식 댐 : **양압력 방지** 대책

  (4) Rock Fill Dam : **Piping 방지** 대책

2) 기초처리 대책 공법

  (1) **기초 암반 표면부** 처리(기초 굴착면)

  (2) **Grouting**

  (3) **Cut Off Wall**(차수벽)

  (4) **Anchoring** : 균열, 절리 부

  (5) **Blanket** : Rock fill Dam에 주로 적용

  (6) **Draining** : Rock fill Dam에 주로 적용

2. 암반보강 공법(기초처리) 및 보강 이유, 기능, 효과

댐 종류	암반보강 공법	효과
Fill Dam	① 착암부(기초암반 접착부) 면처리(암반청소) ② Consolidation & Blanket routing ③ Curtain Grouting	① 제체의 균열방지(부등 침하, 응력 집중 방지) ② Piping 방지, 누수 방지
콘크리트댐	① 착암부(기초암반 접착부) 면처리(암반청소) ② Consolidation Grouting ③ Curtain Grouting	① 콘크리트 접착 양호, 균열방지 ② 양압력 방지

3. 댐 기초 암반보강(기초처리) 흐름도(Flow Chart)

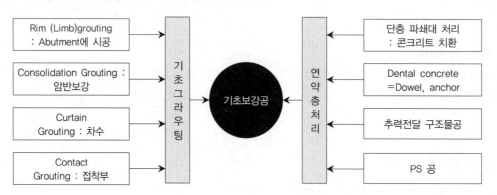

4. 기초 굴착면 처리(댐 착암부 표면처리) : 댐 기초면의 마무리 정리

1) 연암 암반부 처리 : 요철부, 돌기부(돌출부), 급경사, 균열, 단층, 파쇄대, 절리, 뜬돌 처리

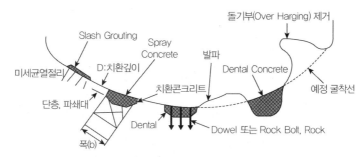

[댐 착암부(접착부, 암반 표면) 처리 : 요철부 면처리(평활 처리)]

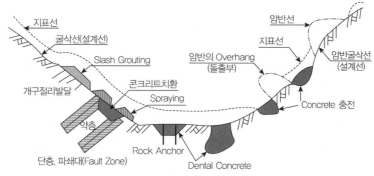

※ 상기 2개의 그림은 동일한 그림이며, 참고자료별 약간의 차이가 있음

[그림] 차수벽 착암부 굴삭 및 표면처리

2) 단층 파쇄대 등의 **연약층 처리**공법

(1) **돌기부**(Over Hanging) 제거

(2) **Dental Concrete**(Dowelling 공＝Anchor 공)

　　Dowel 또는 Rock Bolt, Rock Anchor＋Dental Concret으로 연약부를 국부적으로 치환

(3) 단층 파쇄대 : 콘크리트 치환 후 Spray Concrete

(4) 미세균열, 개구절리 : Slash Grouting

(5) **암반 PS 공**

3) 단층 파쇄대의 **치환 깊이**(D) [주 : 타 교재에 공식이 틀린 경우가 많음에 주의할 것]

(1) Dam 높이에 따라 다름

(2) **댐 설계 기준** 공식

　　① H ≥ 46m인 경우 : D＝0.006H＋1.5(m) [H＝댐 높이]

　　② H ≤ 46m인 경우 : D＝0.276b＋1.5(m)

　　　여기서, D : 단층대의 치환심도(m)

　　　　　　 b : 단층대의 폭

　　　　　　 H : 댐 높이

> **미개척국(USBR) 공식(근삿값)**
> ① H ≥ 45m인 경우 : D = 0.002bH + 1.5(m)
> ② H ≤ 45m인 경우 : D = 0.3b + 1.5(m)

4) 단층 파쇄대(연약층) 기초처리 대책공법별 특징

구분	콘크리트 치환공	Dowelling 공	암반 PS 공	추력(Thrust) 전달 구조물공
원리	기초지반 내 연약층 제거 치환	연약부를 국부적으로 Dental 콘크리트로 치환 + Dowel 시공	암반 천공 후 강봉, 강선 삽입하여 암반에 정착하여 동적하중에 대한 안정성 증대	Concrete Plate(판)을 기초 암반 내에 설치
목적	강도 증대, 변형 억제, 수밀성 확보	마찰저항력 개선	변형 구속	댐 추력을 단층을 관통하여 심부 견고한 지반에 전달

* 추력 : 물질을 움직이거나 가속할 때 물질은 그 반대 방향으로 같은 힘을 작용시키는데 이때의 힘. 추진력이라고도 함.

5) 대책 공법 예

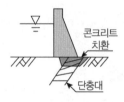

[그림] 콘크리트 치환공

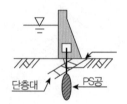

[그림] PS공

5. 댐 기초처리 시공 방법(댐 기초 암반 처리 방법)의 특징

콘크리트 중력식 및 Fill Dam

NO	종류	적용성(효과, 기능)	시공심도	주입압력	개량목표
1	표면처리	① 요철, 돌기부, 급경사, 단층 파쇄대, 절리, 균열부의 처리 ② 댐의 응력 집중 방지로 하자 방지 ③ 암반보강			평활처리
2	Curtain Grouting	① 차수 ② Fill Dam ③ 콘크리트 댐 ④ 양압력, Piping 대책	① 25~45m ② D = H/3 + C H : 댐 높이	① P = 5~30kg/cm² ② P = 0.5Hd ③ P = 0.5D + 5 Hd : 수두 D : 심도	1Lu 이하
3	Consolidation Grouting	① 암반 개량, 보강 ② Fill Dam ③ 콘크리트 댐	5~15m	5kg/cm² 이하	2~5Lu
4	Blanket & Consolidation Grouting	① 차수 Grouting의 효과 보강 ② 차수 Grouting의 누출 방지 (Leak 방지) ③ Fill Dam	5m	1~2kg/cm²	2~5Lu
5	Contact Grouting	콘크리트 댐에서 암반과 콘크리트 사이의 공극 충전			
6	Rim(Limb) Grouting	① Dam Abutment 강도 증진 ② 댐 침하, 처짐 방지 ③ Abut 누수 방지	15~20m	5~20kg/cm²	1Lu 이하

6. 댐 기초처리 시공 개요도(시공 특징, 시공관리, 시공 시 유의사항)

1) Rock Fill Dam 기초처리 시공 단면도(누수 방지＝Piping 방지＝양압력 방지 대책)

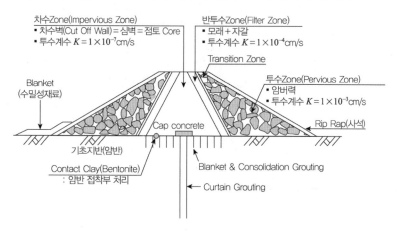

2) 콘크리트 중력식 댐 기초처리(암반보강) : 양압력 방지 대책

(1) 댐 기초처리(Grouting)의 종류

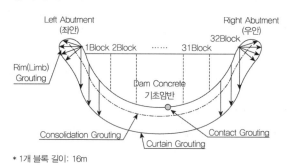

[종단면도 : 상류에서 본 종단도]

(2) 횡단면도〈입체도〉

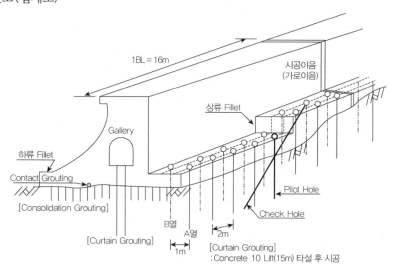

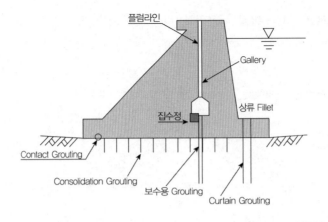

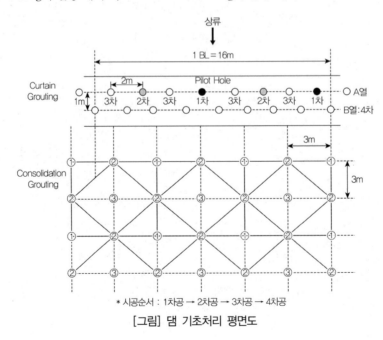

플럼라인

Gallery

상류 Fillet

집수정

Contact Grouting

Consolidation Grouting

보수용 Grouting

Curtain Grouting

Gallery의 목적 : 기능= 계측 및 댐 유지관리

계측기 종류
1. 양압력계
3. 온도계
5. 변형률계(Strain Meter)
7. 플럼라인 (Plumb Line) : 댐 수직축 변위
9. 수위계

2. 수위계
4. 누수량 측정기(삼각위어)
6. 응력계(Stress Meter)
8. 지진계

댐 유지관리
1. 내부 균열검사
3. 보수용 Grouting

2. 수축량 검사
4. 배수 : 집수정＋외부로 Pumping

---

(3) 댐 기초처리 주입공 배치 평면도

　　Curtain Grouting 주입공 배치도, Consolidation Grouting 주입공 배치도

상류

1 BL = 16m

Curtain
Grouting

2m

Pilot Hole

1m

3차 2차 3차 1차 3차 2차 3차 1차

○ A열

B열:4차

3m

Consolidation
Grouting

3m

① ② ① ② ① ② ①

② ③ ② ③ ② ③ ②

① ② ① ② ① ② ①

② ③ ② ③ ② ③ ②

* 시공순서 : 1차공 → 2차공 → 3차공 → 4차공

[그림] 댐 기초처리 평면도

(4) Consolidation과 Contact Grouting 상세(종단) : Concrete 1Lift 타설 후 시공

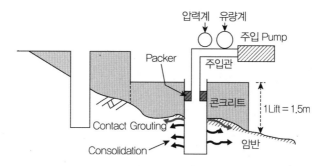

7. 댐 기초처리 시공 순서(콘크리트 중력식 댐 경우)

1) Pilot Hole 천공(BX-Bit 사용) : Lu Test, Lugeon Map 작성, Core 채취, RQD 측정

2) Grout Hole 천공 : Lu Test

3) Cement Milk 주입

4) 개량 효과 분석 및 판정

   (1) 시공 자료 정리 : Lu 값, Cement 주입량

   (2) Check hole 천공 후 Lu Test 실시 : 각 Block마다

   (3) Lugeon Map 작성, 단위 Cement 주입량 Map 작성

5) 초과 확률도 작성 : Lu 값 초과 확률도, 단위 Cement 주입량 초과 확률도 작성

6) 차수별 체감도 작성(초과 확률 50% 때의 Lu 값)

■ 참고문헌 ■

1. 댐설계기준(2011).

2. 댐 및 상하수도 전문시방서(2008).

3. 서진수(2006), Powerful 토목시공기술사(1, 2권), 엔지니어즈.

4. 댐 기초처리 기술, 한국수자원공사 품질관리실.

5. 한국시설안전기술공단(2006), 시설물 안전취약 요소발굴 및 대책방안(댐, 하천, 수도시설), 건설교통부.

6. 한국시설안전기술공단(2006), 시설물의 손상 및 보수·보강사례(댐, 하천, 수도시설), 건설교통부.

7. 합천댐, 충주댐 공사지, 한국수자원공사.

9-5. 차수 Zone의 기초굴착 및 표면처리

1. 개요

표면처리 방법에는 주로 Dental Concrete, Slash Grouting, Concrete Spraying, 차수재에 의한 공극 충전, 개구부의 충전 등이 있다.

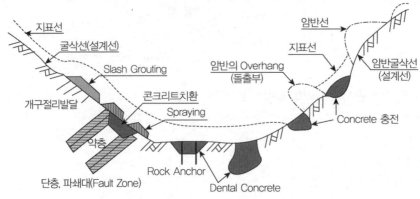

[그림] 차수벽 착암부 굴삭 및 표면처리

2. Mat Concrete

1) 굴착을 마친 암반에서 **요철의 범위가 넓은 경우**
2) 연질암에서 **크랙**이 발달한 경우
3) **풍화**되기 쉬운 암반의 경우
4) 상당한 두께의 Concrete를 타설하는 것

3. 콘크리트에 의한 충전

굴착 후 암반에 요철이 매우 **많을 경우** Abutment의 형상을 미끄럽게 정형하고 차수재와의 접착면 **구배를 평균화**하기 위해 Over Hang부 등을 콘크리트로 충전

4. Dental Concrete

1) 기초 암반부의 **불량부 제거**, 국부적으로 **패인 곳, 계단상태의 암반** 등은 콘크리트나 몰탈로 채움
2) 콘크리트의 암반 부착을 기대할 수 없는 암반에는 Anchor 설치

5. Slash Grouting

1) **개구 절리**가 발달한 **크랙이 많은 암반**에 대하여 실시
2) **작은 요철**을 매끄럽게 하고 내구성이 있는 재료로 **개구부를 폐쇄**하여 **침투류의 침식작용**에 대한 저항력을 증가시킴
3) Blanket Grouting 전에 침투수로 인한 **세립자의 유출 방지** 목적으로 비교적 **작은 수많은 균열**에 대하여 그 크기에 따라 **몰탈**, Cement Paste 등을 사용하여 주입 또는 도포하여 처리

6. Spraying

1) **풍화**되기 쉬운 암, **표면**이 떨어져 나가는 등의 위험성이 있는 암반에 대하여 실시

2) **풍화방지, 안전대책**의 일환으로 실시되는 경우가 많고 차수존의 축조 직전에 제거되는 수가 많음

■ **참고문헌** ■

댐 기초처리 기술, 한국수자원공사 품질관리실.

9-6. 블랭킷 그라우팅(Blanket Grouting)(95회 용어)

1. Blanket Grouting 정의

커튼(차수) 그라우팅에 앞서 시공되며, 커튼 그라우팅의 양측(상, 하류 측)에 공 간격 1.5~3m, 공 배열은 상하류 각각 **2열~3열**, 심도는 5~10m(차수와 압밀의 중간 정도)로 **차수그라우팅 심도의 1/2 이하**로 비교적 얕은 그라우팅을 실시하여 표층 가까이의 **지반의 공극**을 메워 **불투수**로 함으로써 **침투로의 길이**를 늘이고 커튼그라우팅의 주입 시 **누수 방지**(Leak 방지), **Grouting Lift 방지** 및 **주입압**을 높이기 위한(주입 압력유지) **보강**을 목적으로 시행한다. 즉, Rock fill Dam의 Consolidation grouting를 말함

2. 모식도

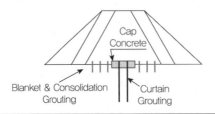

```
Rock Fill Dam에서는 Blanket & Consolidation Grouting 실시 후 암반을
강하게 한 후 고압의 Curtain Grouting 실시 시 Grout Lifting 방지함
```

3. Grout Lifting 정의

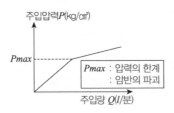

1) 암반에 Grouting 시 **과도한 압력**을 가하면 **암 강도의 탄성한계**를 넘어서 **암반이 들리거나**, 이미 타설한 Concrete도 그 중량을 넘는 압력으로 **콘크리트가 들리는 경우**가 발생함
2) Grouting 작업 중 Cement Milk의 Leak(누출) 현상 심할 수 있음

4. Slash Grouting

차수 Zone의 기초굴착 및 표면처리 방법 중 한 가지로써 Blanket Grouting 전에 침투수로 인한 **세립자의 유출 방지 목적**으로 비교적 작은 수많은 균열에 대하여 그 크기에 따라 **몰탈**, Cement Paste 등을 사용하여 **주입** 또는 **도포**하여 처리

■ 참고문헌 ■

1. 댐 기초처리 기술, 한국수자원공사 품질관리실.
2. 김수삼 외 27인(2007), 건설시공학, 구미서관, p.666.

9-7. Grout Lifting

1. Grout Lifting 정의

1) 암반에 Grouting 시 **과도한 압력**을 가하면 **암 강도의 탄성한계**를 넘어서 **암반이 들리거나**, 이미 타설한 Concrete도 그 중량을 넘는 압력으로 **콘크리트가 들리는 경우**가 발생함

2) Grouting 작업 중 Cement Milk의 Leak(누출) 현상 심할 수 있음

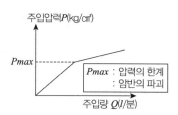

2. 기초처리 종류별 시공심도와 주입압력 예

종류	시공심도	주입압력
표면처리		
Curtain Grouting	① 25~45m ② D=H/3+C 　H : 댐 높이	① 5~30kg/cm² ② P=0.5Hd ③ P=0.5D+5 　Hd : 수두, D : 심도
Consolidation Grouting	5~15m	5kg/cm² 이하
Blanket & Consolidation Grouting	5m~10m	1~2kg/cm²
Contact Grouting		
Rim(Limb) Grouting	15~20m	5~20kg/cm²

3. Grout Lifting에 대한 대책

1) 콘크리트 중력식 댐

  (1) Curtain Grouting 실시 시기

    10Lift(10×1.5m=15m) 콘크리트 타설 후, **상류 Fillet**에서 실시

  (2) Consolidation Grouting 실시

    1Lift 타설 후 콘크리트 면에서 천공 후 Grouting 실시

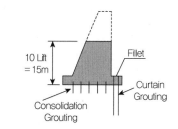

2) Rock Fill Dam

  (1) **Blanket & Consolidation Grouting** 실시 후 암반을 강하게 한 후 **고압의 Curtain Grouting** 실시 시 Grout Lifting 방지함

  (2) Curtain Grouting은 **Cap Concrete** 타설 후 실시

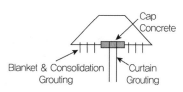

■ 참고문헌 ■

1. 서진수(2006), Powerful 토목시공기술사(1, 2권), 엔지니어즈.
2. 댐 기초처리 기술, 한국수자원공사 품질관리실.

9-8. Dam 기초처리 [Grouting] 효과 판정 = 기초처리 품질 관리 = Lugeon-Test(수압시험 = 암반 투수 시험)

- 중력식 콘크리트 댐에서 Check Hole의 역할 설명 [106회, 2015년 5월]

1. 개요
Grouting(기초처리) 공사는 Dam 공사에서 가장 중요한 기초 공사이므로 조사, 계획, 설계, 시공, 전 과정에서 정밀 시공관리해야 함

2. 댐 기초처리효과 판정(품질 관리)
1) 개량 목표치(댐 규모, 시방 기준에 따라 다름)
  (1) Concrete 댐
    ① Curtain Grouting : 1Lu 이하
    ② Consolidation grouting : 2Lu 이하
  (2) Fill Dam
    ① Curtain Grouting : 2Lu 이하
    ② Consolidation grouting : 5Lu 이하

2) 효과 판정(개량 목표치) 방법
  (1) **Check Hole(검사공) 천공**
    Core 채취, 육안 확인(페놀프탈레인 시약 : 보라색), RQD 측정, Lugeon Test
  (2) 주입 전 Pilot hole 및 주입 전 수압 시험(Lu 값)과 Check Hole에서의 시험결과 비교
  (3) **Lugeon Map** 또는 **단위 Cement 주입량 Map** 작성 : 주입 전, 주입 후 작성 후 비교

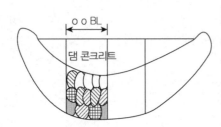

범례	Lu
☐	2Lu 이하
▨	2~5Lu
▧	6~9Lu
▦	10~14Lu
▧	15Lu 이상

  (4) **초과 확률도** 작성 후 **체감도 작성**(Excessive probability)

$$초과\ 확률\ W_S = \frac{2i-1}{2N} \times 100(\%)$$

여기서, W_S : i번째 Lu값의 초과 확률
     N : Data 수
     i : Lu값의 큰 순서부터 나열했을 때, i번째

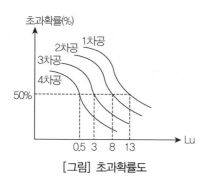

[그림] 초과확률도

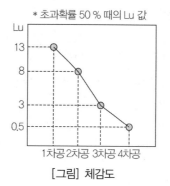

* 초과확률 50 % 때의 Lu 값

[그림] 체감도

(5) P-Q 곡선에 의한 Flow Pattern 유형별 Lugeon 특성에 의한 효과 판정

Houlbsy의 해석법

* Pattern별 주입 특성 : Grout 효과 판정, P=5~7단계

Pattern	P–Q Curve [P = 5~7단계]	Lugeon Curve [P = 5~7단계]	특성/Lu 값 결정	효과 판정
1. 층류 (Laminar Flow)	P 승압 감압 Q(주입량, 투수량)	승압 비례 P_{max} 감압 Lu Lu 결정	1. P, Q 비례 2. Lu = 평균값	매우 양호
2. 난류 (Turbulent Flow)	P 승압 감압 Q(주입량, 투수량)	승압 P_{max} 최소 감압 Lu Lu 결정	1. P 증가 ⇒ Q(투수량) 감소 2. P_{max} ⇒ Lu_{min} 최소 3. Lu값 = P_{max} 때의 값, 　낮은 값의 대푯값	양호
3. 팽창 (Dilation Flow)	P 승압 감압 Q(주입량, 투수량)	승압 P_{max} 최대 감압 Lu Lu 결정	1. P 증가 ⇒ Q 증가 2. P_{max} ⇒ Lu_{max} 최대 3. Lu = P_{min} 최소 때의 값 　= 중앙값 제외한 평균	양호
4. 공극 충전 (Void Filling Flow)	P 감압 승압 Q(주입량, 투수량)	승압 P_{max} 감압 Lu Lu 결정	1. P 무관 ⇒ Q 감소 2. Lu = 최후 단계의 최소 투수계수	불량
5. 유실 (Wash Out Flow)	P 승압 감압 Q(주입량, 투수량)	승압 P_{max} 감압 Lu Lu 결정	1. P 무관 ⇒ Q 증가 2. Lu = 최후 단계의 최대 투수계수	매우 불량

3. 맺음말

1) Grouting(기초처리) 공사는 단순한 것 같으나 시각적 확인이 어렵고, 정량적 판단보다는 **주입 실적 자료 분석**에 의한 **정성적 판단**이 중요하고, **자료 Data의 통계적 관리가 중요함**

2) Grouting(기초처리) **주입 실적 자료로 효과를 판정**하고, **Lu Test 결과** 등을 **다음 Block 시공과 설계에 반영**해야 함

3) Grouting 효과의 판정 방법 : 전술한 바와 같이 효과 판정은 각종 **시공 실적 자료**로 한다.

   (1) 주입 전후 Lu Test

   (2) Lugeon Map

   (3) 초과 확률도(Excessive Propability) 작성

   (4) 체감도 작성

■ 참고문헌 ■

1. 댐설계기준(2011).
2. 댐 및 상하수도 전문시방서(2008).
3. 서진수(2006), Powerful 토목시공기술사(1, 2권), 엔지니어즈.
4. 댐 기초처리 기술, 한국수자원공사 품질관리실.
5. 한국시설안전기술공단(2006), 시설물 안전취약 요소발굴 및 대책방안(댐, 하천, 수도시설), 건설교통부.
6. 한국시설안전기술공단(2006), 시설물의 손상 및 보수·보강사례(댐, 하천, 수도시설), 건설교통부.

9-9. Lugeon-Test(수압 시험＝Water Pressure Test＝암반현장 투수 시험)

1. Lugeon Test(수압 시험＝암반 투수 시험) 개요

1) 암반의 투수도 시험임

   시추조사와 병행하여 **지하수 유동 특성을 정량적**으로 규명

2) 공경에 대한 특별한 규격이 없는 것이 문제 : 보통 **NX 규격** 사용

3) 지반침하 보강공사, Dam 기초처리 공사 시, 암반, 터널 공사의 약액주입 공사 시 간편하게 Lugeon Test(수압 시험＝암반 투수 시험)로 **투수도** 측정함

4) 댐 기초처리 시 **주입 전 Pilot Hole** 및 주입공, **주입 후 Check Hole**에서 Lugeon Test **결과를 비교**하여 개**량(보강) 효과 판정함**

5) Grouting 시험, 기초처리 품질 관리, 개량효과 효과 판정법임

6) 투수 시험의 종류

   (1) Lugeon Test : 입상 매질 지반에 적합, 등방성 암반(불규칙한 발달)

   (2) Darcy 법칙에 의한 시험 : 이방성 암반에 적합

2. 1Lu의 정의

1) $1Lu = 1\ell/min/m/10kg/cm^2$

   • 압력 **10kg/cm²로**, 투수 구간 **1m당**, $1\ell/min$의 주입량일 때의 값

   • 5~10분간 주입해서 측정

2) $$Lu = \frac{10Q}{PL} = \frac{10Q_0}{P}$$

   여기서, $Q = \ell/min$, $Q_0 = \ell/min/m$

   [P는 가변적임, 적용 압력 10kg/m²를 정확히 가할 수 없으므로 환산]

3) Darcy의 수리전도도와의 관계 : 시험 공경 40~80mm 경우 [암반을 균질, 등방투수로 가정]

   $$1Lu = 1.3 \times 10^{-5} cm/sec = \frac{1}{100} Darcy$$

3. Lu의 용도 : Lugeon 시험의 용도는 시추공에 대하여 실시하여

1) 절리를 포함한 암반의 **투수도(수리전도도)** 확인

2) **투수 pattern** 파악 ⇒ 지반의 안정성 판단

3) 암반보강공법 설계, 시공 시 **시공방법** 결정, 시공 중 **품질관리**

4) 암반보강 후 **효과 판정** : **시공품질 판정**

5) 댐 기초처리 **시공관리** 및 **효과 판정**

   (1) **주입 전 Pilot Hole**에서 Lugeon Test 실시 : 지질상태 파악, 기초처리 품질관리

   ① 대상 암반의 투수도 판정

   ② Grouting 시공 방법 결정 : 주입 속도, 초기 배합비, 주입 배합비(c/w)결정

Lu	Lu ≤ 10	Lu > 10
속도	4ℓ/min/m	6ℓ/min/m

[초기 배합 농도(합천댐)] (배합비 : C/W)

Lu	Lu ≤ 10	10 < Lu ≤ 30	Lu > 30
C/W	1 : 8	1 : 6	1 : 4

    ③ 주입 전의 Lu-map 작성

(2) **주입 후 Check Hole**에서 Lugeon Test

    ① 기초처리 개량 효과 판정

    ② **Lu-map** 그려 전체적 개량 효과 판정 : 주입 전, 주입 후 Lugeon Test 비교

4. Lu의 측정 방법

1) 댐 기초처리 시의 **수압 시험**

Grout재의 주입 전 **초기 주입 배합비를 결정**하기 위한 **수압시험**은 천공 Hole에 대하여 최소한 **20분간** 압력(처음 **5분은 상승**, **최고 압력 10분은 수압 시험**, 마지막 **5분은 하강**)을 가하여 물을 주입하면서 주입된 물의 양을 측정한 후 Lu치를 계산한다.

2) 측정 방법

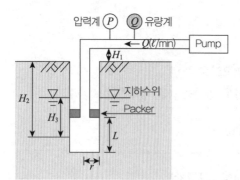

1) 시험방법 : 시험구간(L) = 5~10m, 1~3m로 하면 신뢰성 높음
2) Single Packer : Down stage
3) Double Packer : Up stage
4) 압력 조절 : 승압, 감압 5~7단계

(1) $Lu = \dfrac{10Q}{PL} = \dfrac{10Q_0}{P}$ $[Q = ℓ/min,\ Q_0 = ℓ/min/m]$

(2) Datcy 법칙의 **투수 계수 K값** : 암반을 균질, 등방 투수로 가정

    ① 전수두 : $H = H_P(압력수두) + H_1 + H_2 - H_3(지하수위) - H_4(관저항손실수두)$

② 수리전도도 : Thiem의 수리 평형식

　㉠ $L \geq 10r$

$$K = \frac{2.3 \cdot Q}{2\pi LH} \times \log\frac{L}{r} = \frac{Q}{2\pi LH} \times \ln\frac{L}{r}$$

　㉡ $r \leq L < 10r$

$$K = \frac{Q}{2\pi LH}\sinh^{-1} \cdot \frac{L}{r} \qquad [Q = cm^3/sec \text{ 단위}]$$

5. 수압시험 해석 방법

: P-Q 곡선에 의한 Lu 값 결정

1) 유효주입압력

　Lugeon Test 시 유효 주입압력

　= Gauge 압력(P_0) + 시험 구간의 중앙에서 압력계까지의 정수압 − 지하수위 − 관내 저항에 의한 손실수두

$$P = P_0 + \gamma_w(H_1 + H_2 - H_3 - H_4)(kg/cm^2)$$

　P : 유효 주입압력(kg/cm^2)

　P_0 : Gauge 압력(kg/cm^2)

　$H_1 + H_2$: 압력계에서 시험관 중앙까지의 거리(m)

　H_3 : 지하수위에서 시험관 중앙부까지의 수두(m), 피압인 경우 피압수두

　H_4 : 관내의 저항에 의한 손실수두(m)

　γ_w : 물의 단위 체적중량($0.1kg/cm^2/m$)

2) 주입압력-주입량 곡선(P-Q Curve)

　(1) 유효 주입압력(P)(kg/cm^2)을 종축에 주입량(Q)(ℓ/min/m)을 횡축

　(2) 주입량 : 시험구간 **길이를 1m당**, 1분간의 주입량을 Litter로 표시 [$Q_0 = \ell$/min/m]

　(3) P-Q 곡선은 **Lugeon**과 **한계압력**, **암반의 투수성**, **시험의 신뢰성** 등을 파악하는 중요한 자료가 됨

　(4) P-Q Curve 작성법(P-Q 커브에 의한 Lu 결정법)

　　① **압력 4단계** : 보통 5단계, 7단계

　　② 지반, 수리지질 특성에 따라 다양함

　　③ 단위주입량 결정 [$Q_0 = \ell$/min/m] : 환산 Lugeon치의 계산

　　　한계압력이 10kg/cm² 또는 그 이하일 때에는 P, Q가 **직선관계(비례)**에 있음을 확인해서, P가 10kg/cm²일 때의 Q_0를 Lugeon치로 한다.

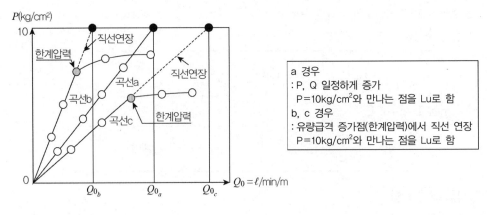

a 경우
: P, Q 일정하게 증가
 P=10kg/cm²와 만나는 점을 Lu로 함
b, c 경우
: 유량급격 증가점(한계압력)에서 직선 연장
 P=10kg/cm²와 만나는 점을 Lu로 함

④ 한계압력
- **주입압력**을 **단계적으로 상승**시키면서 시험하면 어떤 주입압력에서 주입량이 증가할 때가 있다.
- 이는 압력수에 의해 **암반 틈**에 충전된 **세립분의 유출, 암반 틈의 확대**로 인해 일어나는 현상
- 이때의 주입압을 **한계압력**이라 한다.
- **한계압력**의 결정은 **암반의 투수성**을 파악하고 Grouting의 주입압력을 결정하는 데 중요한 자료가 된다.

6. Lu 시험결과의 정리

수압시험을 시행한 후 다음과 같은 사항을 기록

1) 시험공의 표고, 평면위치, 경사방향, 각도, 주입압력 Pattern, 사용기기
2) Boring 주상도, 지하수위 측정 기록
3) P-Q 곡선도 : P-Q Curve, Lugeon Curve
4) Lugeon Test Record Sheet

7. 해석방법 : Grout 효과의 판정＝P-Q Curve, Lugeon Curve, 주입량, 주입속도 관계

1) 수압시험이 시행된 후 결과 해석 시
   (1) **과거 : 일본 건설성** 하천국의 "수압시험 지침"사용
   (2) **최근** : 보다 합리적인 **Houlbsy의 해석법** 사용
      ① 지반, 수리 지질 특성 고려한 Lugeon 해석 방법
         ⇒ P-Q 곡선에 의한 **Flow Pattern** 유형별 Lugeon 특성
      ② 실제 시행된 수압시험의 결과를 분석하여 **5가지 Flow Type**으로 분류

2) Pattern별 주입 특성 : Grout 효과 판정, P = 5~7단계

Pattern	P-Q Curve [P=5~7단계]	Lugeon Curve [P=5~7단계]	특성/Lu 값 결정	효과 판정
1. 층류 (Laminar Flow)	P / 승압 / 감압 / Q(주입량, 투수량)	승압 / P_{max} / 감압 / 비례 / Lu / Lu 결정	1. P, Q 비례 2. Lu = 평균값	매우 양호
2. 난류 (Turbulent Flow)	P / 승압 / 감압 / Q(주입량, 투수량)	승압 / P_{max} / 감압 / 최소 / Lu / Lu 결정	1. P 증가 ⇒ Q(투수량) 감소 2. P_{max} ⇒ Lu_{min} 최소 3. Lu값 = P_{max} 때의 값, 낮은 값의 대푯값	양호
3. 팽창 (Dilation Flow)	P / 승압 / 감압 / Q(주입량, 투수량)	승압 / P_{max} / 감압 / 최대 / Lu / Lu 결정	1. P 증가 ⇒ Q 증가 2. P_{max} ⇒ Lu_{max} 최대 3. Lu = P_{min} 최소 때의 값 = 중앙값 제외한 평균	양호
4. 공극 충전 (Void Filling Flow)	P / 감압 / 승압 / Q(주입량, 투수량)	승압 / P_{max} / 감압 / Lu / Lu 결정	1. P 무관 ⇒ Q 감소 2. Lu = 최후 단계의 최소 투수계수	불량
5. 유실 (Wash Out Flow)	P / 승압 / 감압 / Q(주입량, 투수량)	승압 / P_{max} / 감압 / Lu / Lu 결정	1. P 무관 ⇒ Q 증가 2. Lu = 최후 단계의 최대 투수계수	매우 불량

(1) Laminar Flow (층류)

- 층류 Type
- 압력과 투수량이 **비례**
- Lu치는 **평균치**를 적용
- 그라우트 주입효과는 **매우 양호**

(2) Turbulent Flow(난류)

- 균열의 열림이 가압에 비례하는 Type
- 가압의 증가에 대하여 투수량의 증가가 보다 작은 비율로 되는 Type
- **최대압력**에서 **가장 작은 Lugeon**
- Lu치는 **최대압력의 Lu치** 적용
- 그라우트 주입효과는 **양호**

(3) Dilation Flow(팽창)
- 균열의 열림이 가압에 비례하는 Type
- 가압의 증가에 대하여 투수량의 증가가 보다 큰 비율로 증가하는 Type
- **최대압력**에서 **가장 큰 Lu치**
- Lu치는 **최소(또는 중간) 압력의 Lu치**를 적용
- 그라우트 주입효과는 **양호**

(4) Void Filling Flow(공극 충전)
- 균열의 열림이 가압에 비례하지 않는 Type
- 같은 압력에 대하여 승압 시보다 감압 시의 투수량이 작은 Type
- Lu치는 시험이 진행되는 동안 **압력의 변화에 관계없이 감소**
- Lu치는 **최후 단계 Lu치**를 적용
- 지반 내의 균열은 연결성이 없는 공극을 채우는 것과 동일한 효과
- 그라우트 주입효과는 **양호하지 못함**

(5) Wash Out Flow(유실)
- 균열의 열림이 가압에 비례하지 않는 Type
- 같은 압력에 대하여 승압 시보다 감압 시의 투수량이 큰 Type
- Lu치는 시험이 진행되는 동안 **압력의 변화에 관계없이 점증**
- Lu치는 **최대 Lu치**를 적용
- 지반의 변화를 야기시킴
- 균열의 틈새에 협재되어 있던 이물질이 이동하므로 인해 Lu치는 점증
- 그라우트 주입효과는 **가장 불량**

8. 최종 성과 분석

1) **Lugeon Map** 작성 및 **단위 Cement 주입량도(Map)** 작성
   (1) 일반적으로 1/500 또는 1/1000의 Scale로 Lugeon Map 작성
   (2) **지반조사 시** 작성한 Lugeon Map은 댐의 위치 선정, 제체의 기초굴착의 심도, Grouting의 시공 계획에 필요한 기본 자료로 활용

2) **지하수위 분포도**
   (1) 지하수위 파악은 암반의 **투수성** 및 **Curtain Grouting**의 위치 선정 및 범위를 결정하는 중요한 자료
   (2) 지하수위 분포도는 각 Boring공의 자연 상태에서 최종 안정된 지하수위를 표기한 것이며, 피압지하수가 발견되면 이도 함께 기재한다.
   (3) 지하수위 분포도는 **Lugeon Map, 지질단면도** 등과 중복하여 표시

9. 맺음말

Lugeon 시험의 용도는 시추공에 대하여 실시하여

1) 절리를 포함한 **암반의 투수도(수리전도도)** 확인
2) **투수 pattern** 파악 ⇒ **지반의 안정성** 판단

3) 암반보강 공법 설계, 시공 시 시공방법 결정, 시공 중 품질관리

4) 암반보강 후 **효과 판정** : 시공품질 판정

[참고] 공경에 따른 시추공 분류

구분	케이싱 외경	케이싱 내경	시추공 직경	코어 직경	비고
EX	36.5mm	30.2mm	37.4mm	20.6mm	
AX	46.0mm	38.1mm	47.5mm	30.2mm	
BX	57.2mm	48.4mm	59.5mm	41.3mm	
NX	73.0mm	60.3mm	75.4mm	54.0mm	

■ 참고문헌 ■

1. 댐설계기준(2011).

2. 댐 및 상하수도 전문시방서(2008).

3. 서진수(2006), Powerful 토목시공기술사(1, 2권), 엔지니어즈.

4. 댐 기초처리 기술, 한국수자원공사 품질관리실.

5. 합천댐, 충주댐 공사지 – 한국수자원공사.

9-10. 특수 콘크리트(댐, Mass 등) 시공관리

1. 특수 콘크리트 정의(특징), 개요

NO	종류	개요, 문제점, 특징
1	서중	1) 일평균 기온 25℃ 이상(치기 시 콘크리트 온도 30℃ 이상) 2) 급속응결 3) Cold Joint 4) 수화열, 온도응력, 온도 균열 : 냉각법 양생(Pre, Pipe)
2	Mass (댐)	1) 부재치수 : Slab = 80cm~1m, 하단 구속벽 = 50cm, 부배합의 PSC(고강도 40MPa = 400kg/cm^2) 2) 수화열, 온도응력(열응력), 온도 균열 검토하여 시공해야 할 구조물 3) 온도 제어 양생 : 냉각법(Pipe, Precooling)
3	한중	1) 치기 시 콘크리트 온도 5℃ 이하, 일평균 기온 4℃ 이하 2) 응결지연 3) 초기동해 4) 배합 : 혼합수(물) 가열 : 40℃ 이하, 골재가열 : 60℃ 이하 5) 거푸집 해체 시 외기온도차(온도응력, 온도균열) 6) 보온양생
4	수중, 수밀	1) 누수, 균열, 재료분리, Cold Joint 2) Slurry Wall + 현장타설 콘크리트 말뚝
5	해양	1) 염해　　　　　　　　　2) 철근부식
6	Prepacked	1) 주입압력　　　　　　　2) 해양콘크리트에 유리

2. 특수 콘크리트 문제점(모든 콘크리트의 문제점)

1) 열화, 내구성 저하

2) 균열에 의한 강도, 내구성, 수밀성, 강재 보호 성능 저하로

3) 사용성, 안전성 저하

3. 특수 콘크리트 열화방지 대책(모든 콘크리트의 대책)

1) 원인 방지

2) 시공관리 철저 = 콘크리트 재료(시멘트, 골재, 혼화재료, 물), 배합, 설계, 운반, 타설(치기), 다지기, 마무리, 양생 관리

4. 특수 콘크리트 균열(열화)의 원인(모든 콘크리트의 균열원인)

1) 설계조건

2) 재료조건

3) 시공조건(부주의)

4) 사용환경(화학, 기상, 물리)

5) 구조, 외력

5. 특수 콘크리트 균열의 형태(원인)

1) 초기균열(경화 전 = 시공 중)

　(1) 소성수축

(2) **침하균열**(콘크리트 침하)

(3) **거푸집** 침하, 진동

(4) 경미한 **재하**

2) **후기균열**(경화 후)

   (1) **건조수축**

   (2) **온도** 균열

   (3) **화학적** 작용 : **염해, 중성화, 알칼리** 골재 반응, **산, 염류**

   (4) **자연기상** 작용 : **건습반복, 온도, 염해, 중성화**(CO_2), **동결융해**

   (5) **철근부식** : **염해, 중성화** 알칼리 골재 반응, **산소, 습도**

   (6) **시공불량**

   (7) **시공 시 초과 하중**

   (8) **설계 외 하중**

6. Mass concrete 수화열에 의한 균열 발생 기구

[수화열에 의한 온도 균열 발생 유형 : 모든 콘크리트의 온도 균열 발생 메커니즘]

[2003년 시방서에 소개된 그림]

1) **수화 발열 과정 [내부 구속]**

   : 단면 치수가 큰 부재에 타설한 콘크리트(Mass concrete)에는

   (1) 경화 중에 시멘트의 수화열이 축적되어 콘크리트 **내부 온도 상승**

   (2) 부재 표면과 내부와의 온도차에 따른 **온도 응력에 의한 균열 발생**

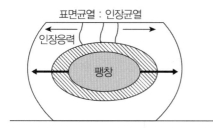

> **[수화 발열 과정] : 내부 구속**
> 1. 콘크리트 내부 : 온도 높아져 팽창
> 2. 표면 : 외기온에 의해 냉각
> 3. 중앙부와 표면부의 변형률이 달라 내부구속 응력 발생
> 4. 표면에 균열 발생 : 인장균열

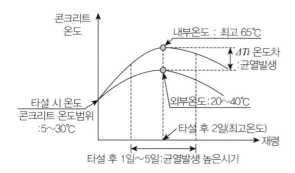

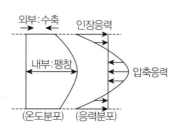

2) 냉각과정 [외부 구속]

부재 전체의 온도강하할 때의 **수축변형 구속**에 의한 **응력**발생

[냉각과정] : 외부 구속
: 타설 후 1~2일 후
1. 콘크리트 체적은 수축하지만
2. 기초(암반, 먼저 친 콘크리트, 보조 기층 등)에 구속되어
3. 콘크리트 하부가 응력(외부 구속응력)을 받아 관통균열 발생
4. 구조물을 관통하므로 구조물에 구조적인 문제를 일으키므로 시공 시 온도 균열에 유의

7. 특수 콘크리트 균열방지대책(모든 콘크리트의 균열방지 대책)

1) 열화방지

시공관리, 시공 시 유의사항, 품질 관리, 시공 계획

2) 배합, 재료 상의 대책

W/C↓(혼화제 : 감수제, 유동화제, AE제) → 초기균열, 건조수축균열, 재료분리방지 → 온도 균열방지

3) 시공 단계별 대책 [시공계획 = 시공관리 = 품질관리 대책]

: **재료, 배합, 설계, 운반, 치기, 다지기, 마무리, 양생 관리 철저**

4) 철근 부식 방지

5) 온도제어 : 인공 냉각법 [선행냉각(Precooling), 관로냉각(Pipe cooling)]

■ 참고문헌 ■

1. 콘크리트 표준시방서.
2. 서진수(2006), Powerful 토목시공기술사(1, 2권), 엔지니어즈.
3. 합천댐, 충주댐 공사지 - 한국수자원공사.

9-11. 온도 균열 지수와 Dam, Mass Concrete

1. 온도 균열 발생 검토 방법의 종류

1) 실적에 의한 평가

  (1) 기왕의 시공 실적으로 유해 균열 문제가 없는 구조물

  (2) **중요도 낮은 옹벽** 등은 실적으로 검토

2) 온도 균열 지수에 의한 평가

  (1) 균열 발생 방지, 발생 위치, 균열제어 필요한 구조물에서

  (2) 재료, 시공방법, 환경 조건에 기인한 **온도 변화**, **온도 응력** 계산 실시, **균열지수로** 균열 발생 가능성 평가

2. 온도 균열 지수 구하는 방법

1) 콘크리트 **강도와 응력의 비로** 구하는 방법

  (1) 임의의 재령에서 콘크리트 **인장 강도**와 수화열에 의한 **온도 응력**의 비(재령과 양생온도, 수화열 고려)

  (2) 온도 균열 지수는 원칙적으로 콘크리트 **강도와 응력의 비로** 구한다.

온도 균열 지수

$$I_{cr}(t) = \frac{f_{SP}(t)}{f_t(t)} = \frac{콘크리트의인장강도}{온도응력(인장응력)}$$

- $f_{SP}(t)$: 재령 t일에서의 콘크리트 인장강도(재령, 양생 온도를 고려하여 구함)
- $f_t(t)$: 재령 t일에서의 수화열에 의해 생긴 부재 내부의 온도응력(인장응력)의 최댓값(MPa)

---

2) **온도 해석만으로 구하는 경우(간이적 방법)**

  임의의 재령에서의 온도응력 해석은 **유한요소법**과 같은 **정밀 해석 방법**이 좋으나 **균열 발생 우려가 크지 않다고** 판단되는 구조물의 경우, **온도 해석만 실시하는 간이적인 방법**으로 온도 균열 지수 구함

  (1) **내부 구속 응력이 큰 경우** : 연질 지반 위 평판구조(Slab)

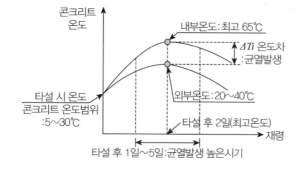
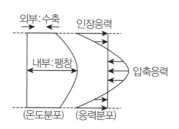

- 온도 균열 지수 : $I_{cr}(t) = \dfrac{15}{\Delta T_i}$

ΔTi : 내부 온도 최고 시 내부와 표면(외부)과의 온도차

(2) **외부 구속 응력이 큰 경우** : 암반, Massive한 콘크리트 위 타설된 평판구조(Slab)

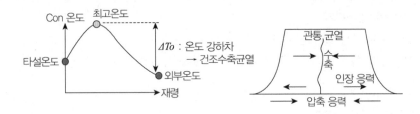

- 온도 균열 지수 : $I_{cr}(t) = \dfrac{10}{(R\Delta T_o)}$

  − ΔT_o : 부재 평균 최고 온도와 외부(외기) 온도와의 균형 시의 온도 차이
  − R : 외부 구속 정도 표시계수(0.5~0.8)
  　㉠ 비교적 연한 암반 위 타설 : 0.5
  　㉡ 중간 정도의 단단한 암반 위 타설 : 0.65
  　㉢ 경암 위 타설 : 0.80
  　㉣ 이미 경화된 콘크리트 위 타설 : 0.6

3. 균열 제한에 따른 온도 균열 지수

1) **균열방지** : 1.5 이상　[Icr(t) ≥ 1.5]

온도 균열 지수=콘크리트의 인장 강도/콘크리트의 온도에 의한 인장 응력 > 1.5~2

2) **균열 발생 제한** : 1.2 이상 1.5 미만　[1.2 ≤ Icr(t) < 1.5]
3) **유해한 균열 발생제한** : 0.7 이상 1.2 미만　[0.7 ≤Icr(t) < 1.2] : 옹벽
4) 온도 균열 발생 확률

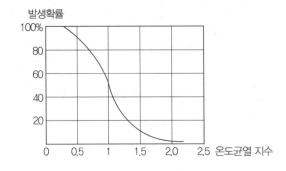

4. 온도 제어 방법(온도 : 수화열 낮추는 방법) : 매스콘크리트 균열방지 대책

1) **재료**적인 대책 : 혼화재료, 유동화제, Precooling

2) **배합**대책 : W/C비 적게, 단위 C 적게

3) **시공**대책 : 인공 냉각법(Precooling, Pipe cooling), 양생

■ 참고문헌 ■

1. 콘크리트 표준시방서.

2. 서진수(2006), Powerful 토목시공기술사(1, 2권), 엔지니어즈.

3. 합천댐, 충주댐 공사지 – 한국수자원공사.

9-12. 콘크리트 중력식 댐 공사의 시공 설비 계획(가설비 계획) = 댐 착공 전 준비사항

1. 댐 시공 설비(가설비)의 종류

1) 공사용 도로, 부속 암거, 교량 및 부대설비

2) 부지 조성, 품질 시험실, 발주자 사무소, 식당, 숙소 및 수위실, 작업장, 창고 및 계약 상대자 사무소, 계약 상대자의 고용원을 위한 숙박 시설, 식당 및 편의 시설

3) 하수 처리, 위생 및 화재 예방 시설을 포함하는 부대시설, 급수, 급기 및 전력 공급 시설

4) 골재 선별 설비 및 콘크리트 혼합 설비, 골재 및 시멘트 저장 설비

5) 댐 콘크리트 타설 설비 및 냉각 설비

6) 기타 : 환경 보호 설비, 기타 공사수행 및 작업장 운영상 필요 시설물

7) 유수전환공 : 가체절 댐 및 가배수로

2. 시공 설비의 용량 결정 기준

1) 개요

   (1) 설비능력 과대 or 과소하지 않고

   (2) 정도 높은 세밀한 시설 사용해도 반드시 좋은 결과를 얻지는 못한다는 점 유의

2) 시공 설비 **용량 결정 기준**

   (1) **최대 타설 규모 : 1일 타설 평균량+30% 증가 양**

   (2) **각 설비의 1일 능력 : 1일의 실제 작업 시간, 실제 가동률로 결정**

      ① 실제 가동률 : 기계의 공칭(公稱) 능력에 대한 %, 케이블 기중기는 80% 정도임

      ② 1일 실제 작업 시간 : 기계의 종류, 위치 등에 따라 많이 변화함. 대략 16~20시간 정도, 트럭, 삽(shovel) ⇒ 8시간 정도

   (3) 시공 설비의 능력 : 운전 유지 용이(평형 이룰 것), 안전 관리 적합, 공사비가 싼 것

3. 시공 설비 계획(가설비 계획) 유의사항

1) 시공 설비 계획 시 고려사항

   댐 지점의 지형, 지질, 기상 조건, 댐의 규모, 공기, 공사비 고려, 경제적, 능률적 계획

2) 골재 원석의 채취와 운반설비

   (1) 채취장 : 댐 지점에서 가깝고 운반에 편리한 곳

   (2) 채취장의 선택 : 충분한 조사와 시험, 골재의 입도, 암질, 원석의 분포 현황, 채취 가능량, 파쇄에 대한 적부 상세히 검토

3) 골재 생산 설비

   : Crusher(크러샤), Stock Pile(생산된 골재 야적장)

4) 시멘트의 수송 및 저장

   (1) 시멘트 수송 : 수송 능력, 배차 등 ⇒ 사전에 충분한 조사 및 검토

   (2) 저장량 : 7~10일 정도의 **사용량** 기준 ⇒ 콘크리트 치기에 지장 주지 않게

5) 콘크리트 혼합

   (1) 배치 플랜트 가동을 위한 **재료 저장량** : **2~4시간** 동안 사용 가능량

   (2) 시멘트 저장 빈(bin) : 수분 침투방지, 빈 밑바닥에서 시멘트가 막히지 않게

   (3) 믹서 용량과 대수 : 케이블 기중기의 용량 등과 균형

6) 콘크리트 **혼합설비** 유의사항(B/P)

   (1) 규격, 규모 : m³/hr급으로 표시, 시방기준, 공사 규모에 적합한 용량

   (2) 시멘트 싸이로의 저장 용량, 시방기준, 공사 규모에 적합한 용량

7) **냉각 설비** : Cooling Plant(Chiller Plant)

   (1) 냉동기의 용량 : RT(냉동 ton)으로 표시

   (2) 냉각 설비 : 콘크리트공 및 댐 콘크리트공 시방서 관련 규정에 적합

      ① **Precooling(선행 냉각)** : 냉각수를 콘크리트 혼합 설비(B/P)에 공급

      ② **Pipe cooling(관로식 냉각)** : 댐 본체에 냉각관 매설 ⇒ 인공 냉각

      ③ 저장 운반 중에 얼음덩어리 되지 않게 할 것

8) 콘크리트 **운반 및 치기(타설)**

   (1) 콘크리트 **운반선로(bunker line)**의 높이

      ① 크레인의 싸이클 타임과 콘크리트 치기 공정에 가장 유리한 위치에 정함

      ② 운반선의 높이 : 댐 계획고보다 약간 낮게 설치

   (2) 콘크리트 치기의 장비 : **케이블 크레인, Jib Crane(지브 크레인)**

   [합천댐 사례 : Jib Crane + Tower Crane + Transport Car(궤도차), 벙커라인(Bunker Line)]

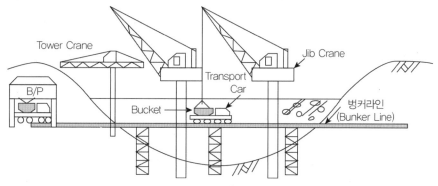

[콘크리트 타설 설비 : 합천댐]

[충주댐 사례 : Cable Crane]

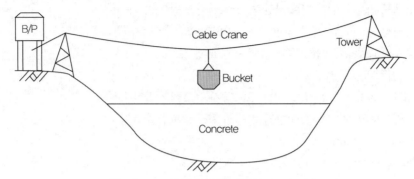

[콘크리트 타설 설비 : 충주댐] Cable Crane

■ 참고문헌 ■

1. 콘크리트 표준시방서.
2. 서진수(2006), Powerful 토목시공기술사(1, 2권), 엔지니어즈.
3. 합천댐, 충주댐 공사지 – 한국수자원공사.
4. 댐 시설 기준, 댐 시방서 – 국토해양부.

9-13. 중력식 Concrete Dam 시공 관리 = 시공 대책 = Dam Concrete 생산, 운반, 타설 및 양생방법

1. 댐 콘크리트 설비(가설비)
   1) 골재장
   2) 콘크리트 생산 설비
      B/P, Crusher(크러샤), Stock Pile(생산된 골재 야적장)
   3) 타설 장비(타설 운반 장비) : Jib Crane + Tower Crane + Transport Car(궤도차) 벙커라인(Bunker Line = 석탄 궤)
   4) 냉각설비 : 냉각법 양생용 Cooling Plant(Chiller Plant)
2. 댐 콘크리트 타설 원칙(시공 관리)(시공 시 유의사항)
3. 온도 제어 방법(온도 : 수화열 낮추는 방법) : 매스콘크리트 균열방지 대책
4. 양생
5. 이음(줄눈)

1. 댐 콘크리트 시공 주요 설비 : 전술한 내용

2. 댐 콘크리트 생산 : 9-12강 내용

1) 골재 원석의 채취와 운반 설비

2) 시멘트의 수송 및 저장

3) 콘크리트 혼합 설비 유의사항

4) 냉각 설비

5) 콘크리트 혼합(생산)

3. 콘크리트 운반 및 타설 : 9-12강 내용

4. 댐 콘크리트 타설 원칙(시공 관리)(시공 시 유의사항)

1) Mass Concrete 시공 원칙 준수

2) Block 분할 및 Lift 타설

　• 1Block : 16m(합천댐)

　　: 잔류응력 처리, 번호 붙여 타설 순서 스케줄 작성

　• 1Lift : 1.5m(3층 타설)

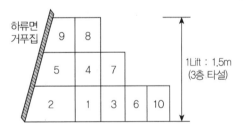

3) 빈배합, 부배합 경계면 타설

　: 경사층을 두어 서로 혼입되지 않게

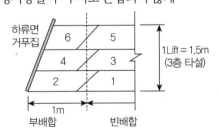

4) 완경사 암반부

　: 거푸집, 잘라 내기, 침하 균열방지

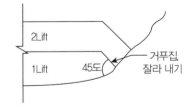

■ 참고문헌 ■

1. 콘크리트 표준시방서.
2. 서진수(2006), Powerful 토목시공기술사(1, 2권), 엔지니어즈.
3. 합천댐, 충주댐 공사지 – 한국수자원공사.
4. 댐 시설 기준, 댐 시방서 – 국토해양부.

9-14. 댐 콘크리트 양생 = 인공 냉각법(Precooling, Pipe cooling)

1. 댐(Mass) 콘크리트 온도 제어에 의한 수화열 관리방법 및 온도 균열방지 방법

1) 재료적인 대책

   (1) Cement : 저발열 시멘트, 중용열 포틀랜드 시멘트

   (2) 혼화재료 사용 : 유동화제, 고성능 감수제 사용, W/C 감소, 수화열 감소(Fly ash 사용)

   (3) 물 : Precooling(냉각수 사용)

2) 시공적인 대책

   (1) 온도제어 양생(냉각법) = 인공 냉각법(Cooling Method)

     ① Precooling(선행냉각)

     ② Pipe Cooling(관로냉각)

   (2) 균열제어 철근 배치

3) 온도상승 억제, 수화열 적게 콘크리트 타설 : 균열방지

4) 온도저하, 수화열 감소대책

   (1) W/C비 적게, W, C 적게 : 유동화제, 감수제 사용

   (2) 굵은 골재 직사광선 노출 피하고 : 천막, 지붕

   (3) 수화열 낮은 중용열시멘트(2종) 사용 : 저발열 시멘트

   (4) 지연형 AE제, AE 감수제, Fly Ash, 유동화제 사용

5) 외부 구속도 적게

6) 1Lift 타설 높이 제한 : 1.5m(댐)

7) Block 분할로 잔류응력 제거

2. 인공 냉각법

1) Precooling(선행냉각) 정의, 방법

   (1) 콘크리트 재료를 미리 냉각

   (2) 냉각 혼합수 사용

   (3) 골재 냉각 : 냉각수로 살수, 천막, 지붕 덮어 직사광선 방지

   (4) 혼합수에 얼음 조각 사용

   (5) 수조에 얼음을 넣어 골재 냉각

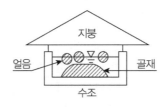

2) Pipe Cooling(관로식 냉각)의 정의, 방법

   (1) 콘크리트 타설 시 Pipe 매설 후 냉각수, 하천수, 질소 가스 등을 순환시킴

(2) 최근 국내 중력식 댐 시공 현장에서는 **저발열 시멘트** 사용하여 **관로식 냉각법 생략**하여 시공성, 경제성 확보

[Precooling과 Pipe Cooling 계통도 예시]

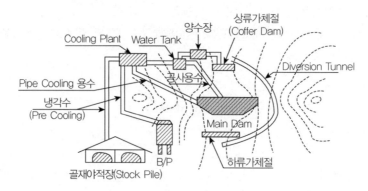

[중력식 댐의 Pipe Cooling 평면도]

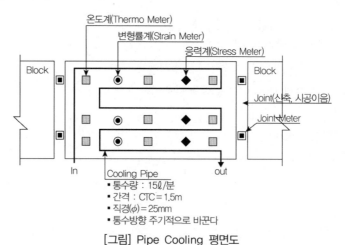

[그림] Pipe Cooling 평면도

[중력식 댐의 Pipe Cooling 단면도]

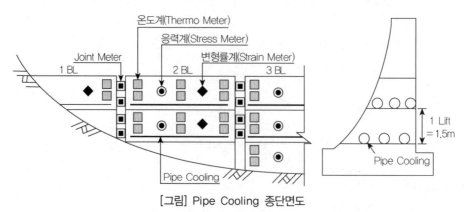

[그림] Pipe Cooling 종단면도

3. 댐의 계측(매설계기) : Piping Cooling 시 계측, 댐 유지관리, 양압력 방지대책

시공 시 계측에 활용하고, 시공완료 후 댐 유지관리,
안정성 검토 시의 계측으로 활용

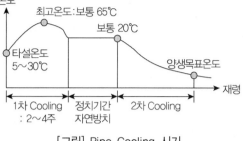

[그림] Pipe Cooling 시기

1) Joint Meter

　① Joint 면에 설치

　② Joint Grouting용 Pipe 매설

　③ Pipe Cooling(2차)

　　완료 후 Joint 간격이 충분히 벌어졌을 때 Joint
　　Grouting 실시

2) Thermometer

3) Strain Meter

4) Stress Meter

5) 양압력계

6) 누수량 측정기

7) 수위계

8) 피에조미터(필댐인 경우)

9) 지진계

10) 플럼라인(Plumb Line)

4. 맺음말

1) 냉각법 시공 시 특히 유의사항

　(1) **계측** 실시하여 냉각법 시방서에 따라

　(2) 냉각수의 **유량**, **속도(ℓ/mim)**, **통수 방향**, **냉각 기간** 등을 고려

　(3) 내부 **온도 분포** 고르게 하여 **온도구배** 급하지 않게 해야 함

2) 최근 한국수자원공사에서 시공한 중력식 댐에서는 **저발열 시멘트**를 사용하여 Pipe Cooling을 하지 않
고 시공한 사례가 있음

　[저발열 콘크리트]

　시멘트＋**Fly Ash**＋슬래그 미 분말 등을 이용한 **저발열 혼합시멘트**를 사용하여 **수화열을 최소화시키**
고 **온도 균열을 최소화시킨** 콘크리트

■ 참고문헌 ■

1. 콘크리트 표준시방서.

2. 서진수(2006), Powerful 토목시공기술사(1, 2권), 엔지니어즈.

3. 합천댐, 충주댐 공사지－한국수자원공사.

4. 댐 시설 기준, 댐 시방서－국토해양부.

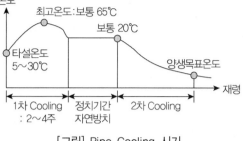

9-15. 댐 콘크리트 이음(줄눈)

1. 댐 이음(줄눈)의 목적 효과

1) 수축, 신축에 자유롭게 하여 2차 응력(Creep, 건조수축, 온도응력)에 의한 **균열방지**

2) 누수 및 양압력 상승 방지

2. 댐 이음 평면도

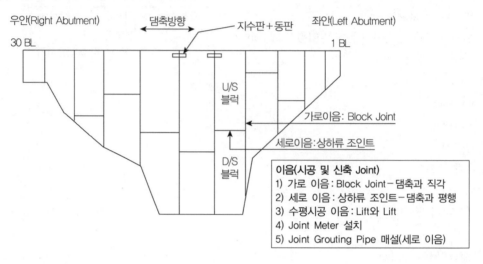

이음(시공 및 신축 Joint)
1) 가로 이음 : Block Joint – 댐축과 직각
2) 세로 이음 : 상하류 조인트 – 댐축과 평행
3) 수평시공 이음 : Lift와 Lift
4) Joint Meter 설치
5) Joint Grouting Pipe 매설(세로 이음)

3. 댐 이음 단면도

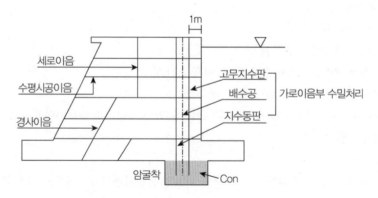

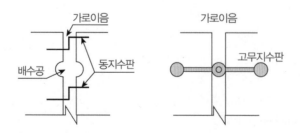

4. 시공 이음

1) 시공 이음의 기능(정의)

시공 이음은 댐 콘크리트 치기에 따른 **시공 계획 및 시공 조건**에 따라서 발생하는 이음으로 **수평 시공 이음**(Lift Joint)과 **연직 시공 이음**(cold joint)이 있다.

2) 수평 시공 이음 (Lift joint)

  (1) 1회 콘크리트 치기 높이(Lift) 경계에 수평 방향으로 설치하는 이음

  (2) 수평시공 이음 상부 이어치기 시기(재령)(수평시공 이음 상부 새 콘크리트 타설) 및 **수평 이음의 간격(높이＝1Lift)** 결정

    ① 콘크리트의 품질과 온도 조절에 관계

    ② 공사용 플랜트의 능력과 거푸집의 문제를 포함한 댐 콘크리트 시공에 관한 종합적인 경제성을 검토해서 **리프트 높이** 결정

    ③ 균열방지 대책이 강구 시(인공 냉각법, 온도 조절상 유리한 현장 조건)

      균열 발생 방지 범위 내에서 리프트 높이를 크게 해도 좋다.

    ④ 장시일 동안 중지 → 기 타설 콘크리트와 새로 칠 콘크리트의 온도차가 커져 → 균열발생 우려 → 콘크리트의 성질 차이 발생 → 장기간 치기 중지는 피한다.

  (3) **이어치기 간격과 시기(재령)**

    ① **1Lift＝1.5m** 표준

    ② 1Lift＝0.75～1.0m : 재령 3일

    ③ 1Lift＝1.5～2.0m : 재령 5일

    ④ 암반면 : 1Lift＝0.75m

    ⑤ 콘크리트 친 후 장기간 방치한 면 : 0.75m

      장시일 동안 치기를 중단했던 콘크리트를 이어서 칠 때, **0.75～1.0m의 리프트**를 여러 층 둔다.

3) 연직 시공 이음(수직 방향＝cold joint)

  (1) 상류 블록(Up stream Block)과 하류 블록(Down Stream Block)의 경계

  (2) 연직 시공 이음과 수축 이음은 겸용

  세로 수축 및 가로 수축 이음이 시공 이음의 역할도 한다.

  (3) 경사이음 : 연직 시공 이음을 경사지게 둔 것

5. 수축 이음 : 연직 시공 이음

1) 수축 이음의 기능

  (1) 댐 콘크리트의 경화 시 발생하는 온도차에 의하여 수축균열(crack)이 발생

  (2) 균열의 발생 방지 : **블록(block) 사이**에 이음을 두어 균열 발생을 흡수

  (3) **연직 시공 이음과 수축 이음은 겸용**

2) 세로 수축 이음(Longitudinal contraction joint)

  (1) 세로 수축 이음의 정의, 목적, 기능

① 댐 콘크리트 경화(硬化)시 콘크리트의 온도 변화에 따른 수축 균열을 방지

② **댐 축과 평행**(댐 축 방향으로 설치), **상 하류 Block 구분**

(2) 세로 수축 이음 종류

① **연직** 세로 수축 이음 : 횡단면에 연직

댐축 방향의 균열방지를 위해서 높은 댐에 설치되는 이음

Joint(이음) Grouting 실시 원칙(이음이 벌어진 상태로 두어서는 안 된다)

② **경사수축 이음** : 경사방향의 세로 수축 이음

㉠ 그라우팅하지 않음

㉡ 이음을 주응력 방향으로 경사시켜 이음면에 생기는 **전단 응력을 최소**

㉢ 단면의 도중에서 그치므로 그 끝에서 일어날 균열에 대한 처리를 고려

③ 연직방향으로 **지그재그(zigzag＝치형)** 설치하는 세로 수축 이음

경사 이음과 같이 단면의 도중에서 그치므로 균열방지 대책 반드시 준비

(3) 세로 수축 이음의 간격

① 일반적으로 **15~20m 정도**

② 균열방지 대책이 완벽할 경우 : 간격 크게 가능

공사용 플랜트의 능력 증가, 댐 콘크리트의 품질 개선, 온도 조절

3) 가로 수축 이음(transverse contraction joint)

(1) 가로 수축 이음의 정의, 목적, 기능

① 댐 콘크리트 경화(硬化)시 콘크리트의 온도 변화에 따른 수축 균열을 방지

② **댐축 방향에 직각** 방향으로 설치

Block Joint, 지수판, 동판, 배수공 시공

(2) 가로 수축 이음 위치와 간격 결정 시 검토사항

① 직접 균열방지에 관계되는 요소

댐 지점의 기온, 높이, 콘크리트의 온도 조절과 품질의 정도

② 시공과 구조상의 여러 가지 사항에 관계되는 것

공사용 플랜트의 능력, 기초의 지형, 지질, 수문의 경간

③ 최근 가로 수축 이음을 두지 않는 경우도 있음

㉠ 인위적인 냉각 방식

㉡ 콘크리트 치기의 발전

㉢ **RCC 댐 : 빈배합 콘크리트, 층(layer) 콘크리트** 치기 공법 적용 → 세로 수축 이음만으로 설계

(3) 가로 수축 이음의 간격

① 일반적으로 **10~15m 정도 : 합천댐 경우 16m**

② 균열방지 대책이 완벽할 경우 : 25m까지 크게

공사용 플랜트의 능력 증가, 댐 콘크리트의 품질 개선, 온도 조절

6. 치형 이음(Key = 지그재그 모양)

1) 정의 : **연직 시공(수축)** 이음에 **지그재그 형태**로 설치

2) 연직 시공 이음(연직 수축 이음)의 치형의 목적

   (1) **투수 거리**를 길게 해서 이음을 통한 **누수**를 방지

   (2) 이음면에 **전단 저항**을 생기게 함으로써 **안정**을 주기 위해서 설치

   (3) 작은 댐에서는 주로 **누수 방지**에 더 큰 목적이 있다.

3) 치형의 형상과 간격 결정 시 고려사항

   (1) 소요 전단력을 전달할 수 있는 것

   (2) 이음 그라우트공을 실시하는 경우 그라우트 주입액의 흐름을 방해하지 않는 것

   (3) 극단적인 응력 집중 및 표면의 온도 변화에 의한 균열이 생기지 않는 것

   (4) 형틀의 취급 등 시공할 때에 파손되지 않는 것

[가로 수축 이음(댐축 직각)에 설치하는 치형 이음]

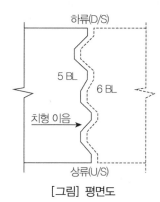

[그림] 평면도

[세로 수축 이음에 설치하는 치형]

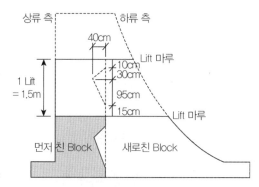

[그림] 상류 측 먼저 타설, 하류 측 새로 타설

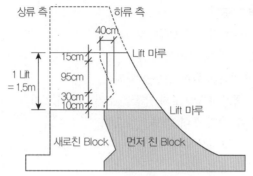

[그림] 하류 측 먼저 상류 측 새로 타설

7. 개방 이음

1) 댐 건설 지점의 계곡 형상, 기초 지반의 결함 또는 콘크리트의 온도 조절 등을 위하여 필요할 경우 **비틀림 이음, 전단 이음, 온도 조절 이음** 등을 설치해야 한다.

2) 비틀림 이음

높은 댐이 수평 하중을 받고 **비틀림 작용**에 의하여 **댐의 양안 끝에 생기는 인장 응력을 감소시키기** 위해서 **댐의 받침부(abutment) 부근에 설치하는 개방 이음**

3) 전단 이음

댐이 **단층**에 얹혀 있는 경우나 장래 **기초의 이동을 예상**할 수 있을 때, 댐에 **전단력**이 작용하지 않도록 단면을 통해서 설치한 개방 이음이다. 이 경우 상류면에는 특수한 **치형 이음과 수밀 장치**를 설치하여 **누수를 방지**

4) 온도 조절 이음

콘크리트 내부의 온도를 빨리 하강시켜서 콘크리트의 수축을 빠르게 하고 완성한 댐에서 일어나는 **응력을 분산** 처리할 수 있도록 공사 중 **블록 사이**에 0.5~1.50cm 정도의 **개방 이음**을 설치하는 것이며, 이것은 완성 후에 반드시 **충전**해야 한다.

8. 댐 이음 종류별 시공 시 유의사항

1) 이음부에는 Key 설치

2) 수평 시공 이음(lift joint)

   (1) Lift면 : 다음 Lift 타설 시 Water Jet로 청소하여 **Bleeding, Laitance 제거**

   (2) Green cut : 완전 경화되기 전 **부착력 약한 골재 제거**(Chipping 개념)

3) 세로 이음 : 2차 Pipe Cooling 후, **Joint meter 계측결과**를 참고하여 충분히 이음부가 벌어졌을 때 **Joint grouting** 실시, **양압력 방지**

4) 가로 이음 : **지수동판＋지수판＋배수공** 설치, **수밀성 차수성 확보**

5) 가로 이음과 세로 이음 시공이 완벽하다 해도 댐 내부에는 **누수**와 **양압력**에 의한 물이 존재 : Gallery 내에 모인 물 들은 집수정에서 **대형의 Pump 시설로 외부로 배출**

9. 지수판 및 배수공

1) 가로 수축 이음의 **수밀장치** : 지수판＋배수공

　(1) **가로 수축 이음**에는 **지수판**과 **이음 배수공**을 설치

　(2) 지수판

　　　콘크리트의 부착력을 충분히 고려하여 수밀성과 내구성이 좋은 재료 사용, 신축 작용에 적응할

　　　수 있는 형상

　(3) 이음 배수공

　　　지수판과 이음 배수공을 댐 상류면 가까운 곳에 기능을 충분히 발휘할 수 있는 구조로 설치

2) 수밀 장치(지수판)의 재료

　(1) **동, 스테인리스** 등의 **금속판, 인조 고무, 염화 비닐** 등의 화학성 재료

　(2) 동판이 보통 널리 쓰임

　　　① 두께 1∼2mm

　　　② 형식 : U형 또는 Z형

　　　③ 설치 장소 : 가로 수축 이음의 **상류면** 가까이에 연직 방향

　　　　상류면에 너무 가까우면 온도 변화의 영향을 받아서 부착력을 해칠 염려가 있으므로 **1.0m 정**

　　　　도 이상 내부에 설치

3) 동판 수밀 장치(동 지수판)

　(1) 〈그림〉과 같이 두 개의 동판 수밀 장치 사이에 배수공 설치

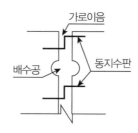

　(2) 배수공은 후에 아스팔트나 시멘트 모르타르를 투입하여 채울 수 있다.

　(3) 지수 동판형식은 기초 지반의 변형이 없다고 확실히 믿을 수 있는 경우에만 사용할 수 있으며, 그

　　　렇지 않은 경우는 파괴될 것이다.

4) Rubber Seal(고무 수밀 장치) : 고무지수판

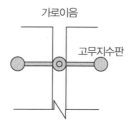

(1) 많은 댐에 사용되고 있다.

(2) 항상 습기가 있는 경우에 좋다.

■ 참고문헌 ■

1. 콘크리트 표준시방서.

2. 서진수(2006), Powerful 토목시공기술사(1, 2권), 엔지니어즈.

3. 합천댐, 충주댐 공사지 – 한국수자원공사.

4. 댐 시설 기준, 댐 시방서 – 국토해양부.

5. 댐설계기준(2011).

6. 댐 및 상하수도 전문시방서(2008).

9-16. RCD(RCCD)(Roller Compacted Concrete Dam)(69회)

1. RCC(Roller Compacted Concrete)의 정의
Dam이나 도로 포장에서 Slump 0인 빈배합 콘크리트를 진동 Roller로 다져 만든 콘크리트

2. RCC (롤러다짐 콘크리트)의 용도
1) RCCD(Roller Compacted Concrete Dam)

2) RCCP(Roller Compacted Concrete Pavement)

3. RCCD의 특징
1) Slump가 작다 : Zero Slump

2) 빈배합 : 단위 Cement＝120kg/m³

3) 수축 이음 두지 않는다.

4) Concrete 치기는 전면 Layer(층별) 치기 방식 : 어느 높이의 수평단면 전체를 연속타설

5) Dump Truck으로 운반

6) Bulldozer로 포설

7) 진동 Roller로 다진다.

8) 1Lift 높이 : 수화열 고려 35cm 2층 70cm

9) Dam의 세로 이음(댐축과 평행) 두지 않음

10) Dam의 가로 이음은 Cutting한다.

11) Precooling, Pipe Cooling하지 않는다.

4. RCCD의 시공순서(시공계획)
1) 생산 : Batch Plant

2) 운반 : Cable Crane＋Bucket

3) 이동식 Hopper : 콘크리트 예치

4) 소운반 : Dump Truck

5) 포설 : Bulldozer

6) 다지기 : 진동 Roller

7) 치기 : 전단면 Layer 방식

8) Green Cut : Motor Sheeper

9) 압력수 세척 : Water Jet, High Washer

10) 양생 : 살수 양생

11) 가로줄눈(댐축과 직각) : Cutting

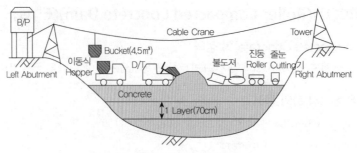

[그림] RCCD 시공 개요도

5. RCCD 시공관리 주안점(시공 시 유의사항)

1) 운반 부설 시 재료분리방지

2) Slump Zero인 콘크리트의 Consistency에 영향 미치는 **골재표면수량** 관리에 유의

3) **1리프트**의 높이는 1m을 넘는 것은 곤란하고 **50~70cm 정도**가 표준

6. 평가(맺음말)

최근 국내에는 ECLM 공법으로 한탄강 홍수조절용댐,영천 보현산 다목적댐(한국수자원 공사) 시공사례가 있음

롤러다짐 콘크리트댐

※ 댐설계기준 및 댐 및 상하수도 전문시방서발췌

1. 일반사항

1) 설계 일반 기준

롤러다짐 콘크리트댐(roller compacted concrete dam, RCCD)은 기본적으로 콘크리트 중력댐으로 설계 기준을 따른다.

2) 특징

(1) 콘크리트댐의 장점을 살리고, 필댐의 단점을 보완, 콘크리트댐의 시공상 문제점을 개선하여 공기단축, 경제성 향상

(2) 콘크리트댐의 축조가 적합한 지점에서 댐건설을 쉽게 하고 댐 지점의 지형, 지질 등의 폭넓은 조건변화에도 대응

3) 롤러다짐에 의한 콘크리트댐을 축조하는 방법이 종류

(1) RCC공법

(2) RCD공법

국내에서 많이 적용하고 있으며, 종래의 주상블록식 타설공법과 동일한 수밀성을 갖는 공법

2. RCD공법

1) 개요

슬럼프가 '0'인 콘크리트를 진동롤러에 의해 다짐하는 콘크리트 중력댐의 시공법으로, 종래 공법(주상블록식 타설공법)에 의한 댐과 동일한 수밀성을 가지고, 예상 하중에 대하여 안전한 구조여야 한다.

2) 사용콘크리트

   (1) 내부 콘크리트 : RCD용 콘크리트를 사용

   (2) 외부 콘크리트나 암착부, 댐 내부 구조물의 주변 : 종래 공법과 동일 콘크리트 사용

3) 시공법

   (1) 운반 : 덤프트럭

   (2) 시공

      콘크리트를 불도저로 3층 정도의 소정의 리프트 높이로 펴고른 후 적정한 위치에 가로이음을 설치하고 진동롤러로 다짐하는 공법으로서, 운반, 펴고르기, 다짐 등에 범용장비를 사용하여 연속적으로 대량 시공이 가능

3. RCD공법의 특징

1) RCD용 콘크리트

   진동롤러로 다짐하므로 단위수량이 적고, 수화열을 저감을 위해 단위시멘트량을 적게한 상당히 된 비빔의 콘크리트

2) 콘크리트의 타설

   전면 레이어 타설방법을 기본

3) 1 리프트 높이

   표면에서의 다짐효과 등을 고려하여 50~75cm를 표준, 다짐 성능이 우수한 장비 사용 시에는 그 이상도 가능

4) 콘크리트의 운반

   (1) 범용기계를 사용

   (2) 배치플랜트(batcher plant)에서 제체까지 : 덤프트럭, 케이블크레인, 타워크레인,인클라인

   (3) 제체내 : 덤프트럭에 의한 운반을 표준

5) 콘크리트 펴고르기

   불도저를 이용하여 박층으로 한다.

6) 이음

   (1) 가로이음

      콘크리트를 펴고른 후 진동줄눈절단기로 설치

   (2) 세로이음 : 일반적으로 설치하지 않는다.

   (3) 수평시공이음면의 처리(그린컷)

      모터 스위퍼 등에 의해 효율적으로 청소하고 다음 리프트 타설전 모르타르를 부설하는 것을 표준

7) 파이프쿨링

   일반적으로 실시하지 않는다.

4. RCD 설계

1) 설계조건

   콘크리트 중력댐 편을 준용

2) 재료

(1) 시멘트

댐 콘크리트 사용에 적합한 것, 소요강도를 얻는 범위내에서 수화열의 발생이 적은 것

(2) 잔골재

① 댐 콘크리트의 사용에 적합

② 유기불순물 등을 함유하지 않고 깨끗한것

③ 다짐이 쉽도록 적절한 입도를 가진 골재, 입도는 안정된 것

(3) 굵은 골재

① 댐 콘크리트의 사용에 적합, 유기물을 함유하지 않고 깨끗, 다짐이 쉽게 되도록 적절한 최대치수와 입도를 가진 것

② 재료분리가 일어나지 않는 것

(∵ RCD용 콘크리트는 매우 된 반죽이며, 운반 시 덤프트럭 사용)

(4) 혼화재료

① 댐 콘크리트의 사용에 적합한 것, 혼화재료의 선정과 사용방법은 반드시 시험에 의한다.

② 일반적으로 사용되는 혼화재는 플라이애쉬 등, 혼화제는 AE감수제를 많이 사용

3) 배합

(1) 일반사항

배합은 소정의 강도, 단위중량, 내구성, 수밀성을 가지며 경화할 때 온도상승이 작으면서 작업에 적정한 워커빌리티를 갖는 범위내에서 단위수량을 적게 한다.

(2) 배합의 종류

RCD공법의 콘크리트 배합 구분은 기본적으로 종래 공법과 동일하며, 일반적으로 다음과 같이 구분

① 내부 콘크리트 : RCD용 콘크리트, 내부 진동기로 다짐하는 콘크리트

② 외부 콘크리트

③ 암착 콘크리트

④ 끝마무리 거푸집용 콘크리트

⑤ 구조물용 콘크리트

콘크리트(Type)	설계기준강도(MPa)	굵은 골재 최대치수 Gmax(mm)	슬럼프(mm)	구조물 구분
A	12	80~150	0	본 댐 내부 롤러다짐용 콘크리트
B	18	80~150	20~50	본댐 상하류면 콘크리트
C	18	40~80	10~30	암착부 콘크리트

(3) 굵은 골재 최대치수

재료분리 및 시공의 용이성을 고려하여 보통 80mm를 사용

(∵ RCD용 콘크리트는 대단히 된비빔이므로 제조, 운반, 타설 공정에서 재료분리가 일어나지 않아야 함)

(4) 반죽질기(컨시스턴시)

① 측정 : 진동대식 반죽질기 시험기(VC 시험기)로 측정, VC값으로 관리

② 배합시험에서는 대형용기를 사용하나 현장관리시험에는 표준용기(소형 VC시험)를 사용

(5) 공기량

표준시방배합에 의해 시험을 실시하여 정하며, 종래의 내부 콘크리트의 공기량보다 조금 적게 설정

(6) 단위수량

단위수량은 VC값과 밀접한 관계가 있으므로 골재의 입도, 입형에 따라 다짐이 용이하게 되는 범위 내에서 최소가 되도록 시험을 실시하여 정한다.

(7) 단위시멘트량

① 소요 워커빌리티, 강도, 내구성 및 단위중량이 얻어지는 범위내에서 최소로 한다.

② 외부 콘크리트의 단위시멘트량은 단위수량과 강도, 내구성 및 수밀성 등을 고려하여 물-시멘트비를 결정

(8) 잔골재율(S/a)

소요 워커빌리티가 얻어지는 범위내에서 VC값이 최소가 되도록 시험을 실시하여 정한다.

(9) 배합설계(시방배합결정)의 순서

① 시방배합을 정하는 배합설계는 사용하는 시멘트의 종류, 골재의 입도, 콘크리트의 물-시멘트비 및 시험에서 목표로 하는 반죽질기 등의 모든 조건을 정한다.

② 배합설계의 순서

㉠ 단위수량을 정한다.

㉡ 단위시멘트량은 ㉠에서 정한 단위수량과 소요의 물-시멘트비를 고려하여 정한다.

㉢ 잔골재율(S/a)을 정한다.

㉣ 필요시 시험을 실시하여 소요의 워커빌리티 및 강도를 확인한다.

㉤ 이상의 결과에서 시방배합을 정하며, 현장 플랜트의 비빔결과에서 시방배합을 결정한다. 또한 펴고르기, 진동다짐의 결과로 필요에 따라 수정하여 시방배합을 결정한다.

③ 시방배합은 배합설계로 하는 것을 전제조건으로 하며, 중요한 변화가 있을 경우에는 신속히 수정한다.

④ 기타 배합설계 순서는 일반 콘크리트의 배합설계 기준에 따른다.

4) 이음 및 지수

(1) 가로이음

① 기능 : 댐의 제체 내에 불규칙적인 온도균열을 방지하기 위한 것

② 설치 : 진동줄눈절단기 등으로 정해진 위치에 확실히 설치

③ 가로이음의 지수 처리방법

㉠ 지수판에 의한 방법이 일반적

㉡ 지수판의 배치

종래 공법의 경우와 동일, 상류 고정 가로이음부에 지수판과 배수공을 고정하여 매립

(2) 수평시공이음

① 시공이음의 처리

㉠ 구조적으로 약점이 없도록 각 리프트 표면의 레이턴스 및 뜬돌 등은 적절한 시기에 모터 스

위퍼 또는 고압 세정기 등으로 제거

ⓛ 그린컷 개시 시기는 보통 여름철에는 24~36시간, 겨울철에는 36~48시간 정도

ⓐ 모르타르 펴고르기

㉠ 콘크리트의 확실한 부착을 위해 타설 전에 암착부 및 콘크리트 수평시공이음면의 표면을 충분히 습윤상태로 유지하고 물을 제거

ⓛ 타설직전에 모르타르를 바르고 펴고르기를 한다.

모르타르의 두께 : 암반면은 2cm, 시공이음면은 1.5cm를 표준

5) 계측설비 : 롤러다짐 콘크리트댐의 계측설비는 콘크리트 중력댐 편을 준용한다.

5. RCD 공법의 시공관련 설계 검토 [시공관리]

1) 콘크리트 비비기 및 치기시 유의사항

RCD용 콘크리트는 매우 된비빔이고 시멘트풀이 적으므로 재료분리가 일어나지 않도록 콘크리트의 혼합에서 치기까지 다음 사항을 준수한다.

(1) 적은 양의 시멘트풀이 일부분에 편중되지 않도록 균등하게 비빈다.

(2) 믹서에서 버킷이나 덤프트럭, 버킷에서 덤프트럭이나 다른 운반기계로 옮길 경우에는 토출구와 받침대의 거리를 짧게 하여 가능한 한 한꺼번에 토출하는 장로 한다.

(3) 가능한 한 불도저 등으로 균질의 얇은 층으로 펴서 고른다.

(4) 정해진 횟수로 균등하게 진동롤러다짐을 실시한다.

2) 시험시공

(1) 목적 : 본공사 전에 시공기술의 연습과 RCD용 콘크리트의 배합의 확인

(2) 시험항목은 각각의 현장에 필요한 항목으로 정하며, 다음 항목을 실시한다.

① RCD용 콘크리트의 운반, 부리기, 펴고르기, 다짐의 방법

② 줄눈절단기에 의한 가로이음의 시공방법

③ 시공이음의 처리방법

④ 거푸집 사이, 이종 콘크리트 사이의 RCD용 콘크리트의 타설방법

⑤ 단위수량의 변화에 의한 RCD용 콘크리트의 반죽질기, 다짐 특성의 변화

⑥ 콜드조인트의 처리방법

⑦ RCD용 콘크리트의 배합이 특수한 경우에는 그 품질의 확인 등

3) 콘크리트 비비기

(1) 단위시멘트량 및 단위수량이 적으므로, 균질한 콘크리트를 얻기 위하여 충분한 비비기를 한다.

(2) 가경식 믹서 또는 강제 비빔형 믹서 이용

4) 콘크리트 운반

단위시멘트량과 단위수량이 적은 콘크리트이므로, 비벼진 콘크리트는 치는 장소로 신속히 운반하고 운반 중의 옮겨 싣기 횟수를 적게 하여 재료분리가 일어나지 않고 품질이 변화하지 않도록 한다.

5) 콘크리트 펴고르기

(1) 두께 : 다짐을 충분히 할 수 있는 두께로 하며, 운반 중에 분리된 콘크리트는 거듭 비비기를 하여 균질한 상태가 되도록 한다.

(2) 펴고르기의 범위 : 펴고른 후의 다짐을 소정의 시간내에 마칠 수 있는 범위로 하며, 펴고르기 방법은 댐축 방향을 원칙으로 한다.

6) 콘크리트 다지기

(1) 진동롤러에 의해 소정의 품질이 얻도록 가능한 한 신속하게 충분한 다짐을 한다.

(2) 다짐방법

① 방향 : 펴고르기 방향과 동일하며 댐축 방향을 원칙으로한다.

② 다짐폭 : 일반적으로 2m를 표준으로 하며 인접 Lane의 경계 부분에 다짐부족이 생기지 않도록 겹침다짐을 하고 겹침폭은 20cm가 일반적

(3) RCD용 콘크리트를 비빈 후부터 다짐 개시까지 시간이 많이 걸리면 충분한 다짐이 곤란하므로 가능한 한 빨리 다짐을 실시

7) 양생

(1) 습윤양생을 표준 : 콘크리트는 타설 후 경화에 필요한 온도 및 습도조건을 확보하여 충분히 양생

(2) 살수양생 : 시공기계의 가동 등을 고려하여 보통 스프링쿨러 사용

(3) 한중콘크리트를 양생 : 콘크리트가 동결되지 않도록 다짐한 콘크리트의 표면을 방수매트 등으로 덮어 보온양생하고, 온도균열이 생기지 않도록 한다.

8) 거푸집

(1) 가로이음용 끝막이 거푸집 : 종래 공법과 달리 1 리프트에서 설치하는 것으로 거치,제거 및 이동이 용이하도록 한다.

(2) 상류 및 하류 거푸집 : 종래 공법과 같이 대형 거푸집이 사용되며, 형상 및 위치를 정확히 유지하여 필요한 강도를 갖고 이동이 용이하도록 한다.

(3) 끝마무리 거푸집 : 여름에는 콘크리트 타설후 12시간, 겨울에는 24시간 정도 경과한 후 콘크리트의 경화 정도를 확인하고 철거를 시작

6. 콘크리트의 온도규제

RCD공법의 댐 콘크리트를 설계 시에는 온도규제 계획을 수립하여 콘크리트의 수화열에 기인하는 온도균열이 발생하지 않도록 한다.

1) 시멘트의 수화열 억제

단위시멘트양은 댐 콘크리트의 요구 강도, 수밀성 등의 조건을 만족하는 범위내에서 가급적 적게 사용

2) 댐 콘크리트 타설 중 온도균열방지

(1) 타설하는 콘크리트의 온도를 규제하여 관리

(2) 콘크리트 타설온도는 25℃ 이상에서는 치기를 금지

(3) 콘크리트 타설 시 온도 억제 방법

여름철에는 가급적 야간에 타설하고 살수하며, 특히 레이어가 최대가 되는 하상부에서의 콘크리트 타설은 기온이 낮아지는 시기에 실시하는 등 온도규제를 중복적으로 실시

(4) 댐 콘크리트 축조시 최고온도(max)를 규정하여 온도응력에 의한 온도균열이 발생하지 않도록 관리

7.품질관리

1) RCD 용 콘크리트 품질관리

재료의 품질, 배합, 굳지않은 때의 성상,표준공시체의 강도, 현장에서의 다짐상황 등으로 관리해야 한다.

[표] RCD용 콘크리트 실내시험 예

시험	항목	기술내용
VC 시험	시험방법	표준 VC 시험기 사용
	시험빈도	① 1회/1시간
		② 1회/2시간
	관리방법	X-R관리도 및 수도표
	시료재취개소	① 콘크리트 제조설비에서 채취가 원칙
		② 지시에 의해 타설현장
	시험방법	대형 VC 시험기 사용
	시험빈도	① 1회/1주일
		② 1회/월
		③ 공시체 제작 시
	시료채취개소	① 콘크리트 제조설비에 채취가 원칙
		② 지시에 의해 타설현상
공기량 시험	시험방법	JIS A 1128
	시험빈도	① 1회/2시간
		② 3회/일 또는 공시체 제작 시
		③ 공시체 제작 시
압축강도시험	시험방법	JIS A 1108
	시험빈도	① 2회/1일
		② 일타설량 500m^3 당 1회
		③ 1 Block, 1 Lift 당 1회
	공시체	① σ_7, σ_{28}, σ_{91} 각 3개
		② σ_{365}
	관리방법	X-Rs-Rm 관리도 및 도수표
압축강도시험에 대한 공시체 제작 방법	치수	① ϕ150mm × H 300mm
		② ϕ300mm × H 600mm
	다짐기계	① VC 시험기
		② 탬퍼
	다짐층수	① 3층
		② 2층
단위용적 질량시험	시험빈도	① 1회/2시간
		② 3회/일 또는 공시체 제작 시
		③ 공시체 제작 시
	시험방법	① JIS A 1116(40mm 이하)
		② JIS A 1132(Full Size)

시험	항목	기술내용
단위용적 질량시험	다짐방법(40mm이하)	① 압축강도시험의 다짐 방법에 준해서
		② 표준 VC 시험기
	다짐방법(Full Size)	① 압축강도시험의 다짐 방법에 준해서
		② 표준 VC 시험기
	공시체(40mm 이하)	① 압축강도시험의 다짐 방법에 준해서
		② 표준 VC 시험기
	공시체(Full Size)	① 대형 VC 시험공시체
		② 모르타르 치수 $\phi200 \times 400$
	시험빈도(40mm이하)	① 1회/2시간
		② 2회/일
		③ 1회/일
	시험빈도(Full Size)	① 1회/주
		② 2회/월
		③ 1회/월
씻기 시험	시험빈도	① 1회/주
		② 1회/월
		③ 이상시
콘크리트 온도측정	측정빈도	① 1회/1시간
		② 1회/2시간
		③ 2회/1일
		④ 공시체 제작 시
		⑤ 1회/일, 공시체제작 시
		⑥ 콘시스턴시 시험 시, 공시체 제작 시, 타설개시 전
		⑦ 연속계측
인장강도시험	다짐방법	압축강도시험 다짐방법에 준하여
	시험빈도	① 1회/일
		② 2회/월
		③ 1회/월
굵은 골재의 시험 및 모르타르의 시험	시험빈도	① 당초 또는 품질에 이상이 확인된 경우
		② 1회/년 초, 1회/년도 중
		③ 믹서 혼합 성능시험 시
		④ 1회/100,000m²

2) 다짐관리

    (1) 롤러 다짐용 콘크리트는 필요한 다짐 밀도를 얻기 위해 다짐관리를 실시

    (2) 다짐상태 관리방법

        ① 진동롤러의 전압횟수에 의한 방법 : 사전 시공시험에 의한 정압횟수와 다짐밀도와의 관계를 조사하고, 전압횟수에 의해 다짐상태를 관리, 일반적인 사용방법

② RI 밀도계에 의한 방법 : 콘크리트 안에 RI 밀도계의 선원봉을 투입시켜 다짐밀도 측정

③ 다짐시 침하량 측정에 의한 방법 : 다짐 전후의 Lift 표면의 높이를 레벨측량으로 구하고, 콘크리트의 다짐밀도를 산출

[표] RCD용 콘크리트 타설현장시험 예

시험	항목	기술내용
현장밀도시험	시험방법	RI(Radio Isotope)
	시험빈도	① 5회/일
		② 1회/일
		③ 1회/yard
		④ 2회/500m³
		⑤ 1회/500m³
		⑥ 감독원의 지시에 따라
		⑦ 각 Lane 당
		⑧ 1회/500m³
콘크리트 온도측정	측정방법	① 온도계
		② Strain Gauge식 온도계
		③ 저항선형 온도계
		④ 열전대
	측정위치	① 2개소/1Lift
		② 설계도에 의해 지시
침하량 측정	측정방법	전압전후의 침하량을 측정
	측정빈도	① 1회/1시간
		② 2회/일
		③ 1회/일
		④ 각 Lane

8. 확장레이어공법(ELCM)

1) 설계일반

(1) 확장레이어공법(extended layer construction method, ELCM)은 3cm 내외의 슬럼프치를 갖는 콘크리트를 사용하여 세로이음을 설치하지 않고 연속하여 복수의 블록을 한 번에 타설하고, 가로이음을 매설 거푸집과 진동줄눈절단기 등에의해 조성하는 일종의 면상공법으로 통상 콘크리트 중력댐에 적용된다.

(2) ELCM은 종래 주상블록공법에 의해 축조하는 콘크리트댐과 크게 구별되지 않고 동일한 설계 요건으로 한다.

2) 온도규제

(1) ELCM은 면상공법으로 가로이음을 설치하지만 주상블록공법에 비해 타설 구획이 넓어 일반적으로 온도규제가 불리하다.

(2) 따라서 사용되는 콘크리트 배합, 타설속도, 시공기간, 댐 지점의 연간 기온변화 등 계획 댐의 여건

을 고려하여 온도규제 계획을 검토하고 적절한 대응책을 강구한다.

3) 콘크리트

   (1) ELCM에 사용되는 콘크리트는 설계에 지장이 없는 범위 내에서 수화열에 의한 온도 응력이 저감되고 시공성이 용이하도록 한다.

   (2) 댐 콘크리트와 공통되는 기타 사항에 대해서는 콘크리트 중력댐에 준한다.

4) 콘크리트의 시공

   (1) ELCM에 의한 댐 시공은 설계의 기본방침에 근거하고, 소요의 품질이 확실히 얻어질 수 있도록 한다.

   (2) ELCM의 콘크리트 시공은 RCD의 시공방법과 동일하게 가로이음을 매설 거푸 집과 줄눈절단기로 설치하나, RCD와 달리 줄눈절단기에 의한 가로이음은 바이백(Vibro -Backhoe)에 의한 다짐을 완료한 후에 시공한다.

■ 참고문헌 ■

1. 서진수, 2006 , Powerful 토목시공기술사(1, 2권), 엔지니어즈
2. 댐설계기준(2011), 국토교통부
3. 댐 및 상하수도 전문시방서 토목편(2008), 한국수자원공사

9-17. 확장 레이어 공법(98회) [107회, 2015년 8월]

1. ELCM의 정의

RCD 보다 중간, 작은 규모의 댐에 널리 적용된다.

2. 콘크리트댐 축조(건설)방법

1) Block Type

    (1) Block별 타설(Placing by block)

    (2) 일반적인(기존의, 재래의) 댐 축조방법

    (3) **보통콘크리트** 사용

    (4) 다짐 : **침수식 다짐**(Immersion vibrator)

2) Layer Type

    (1) ELCM(확장 레이어 방법 : Extended Layer Construction Method)

        ① **보통콘크리트** 사용

        ② 다짐 : **침수식 다짐**(Immersion vibrator)

    (2) RCC(Roller compacted concrete)

        ① 포설 : **얇은 층**(Thin Layer)으로 포설 후 다짐

        ② 콘크리트 : **Dry & Lean(빈배합)** Concrete

        ③ 다짐 : **진동 롤러**(vibratory Rollers)

    (3) RCD(Roller compacted Dam concrete)

        ① 포설 : **얇은 층**(Thin Layer), **높은** Lift 포설 후 다짐

        ② 콘크리트 : **Dry & Lean(빈배합)** Concrete

        ③ 다짐 : **진동 롤러**(vibratory Rollers)

3. RCD 축조 Cycle

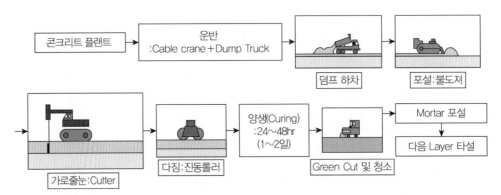

4. RCD Dam concrete 특성

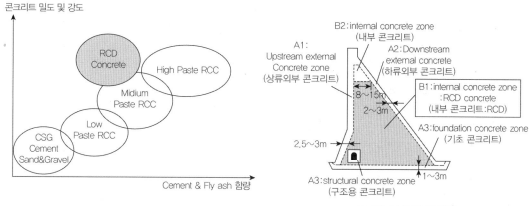

[그림] RCD댐 단면도

5. ELCM, RCD, RCC 콘크리트 비교

구분	ELCM	RCD	High Paste RCC
콘크리트 특성	Dry Lean concrete	Extremely Dry Lean	High Paste concrete
단위수량(W)	$W = 105{\sim}115kg/m^3$	$W = 80{\sim}105kg/m^3$	$W = 150kg/m^3$
단위 시멘트＋플라이애쉬(C＋F)	$C+F = 130{\sim}160kg/m^3$	$C+F = 110{\sim}130kg/m^3$	$C+F = 150{\sim}300kg/m^3$
F/(C＋F) 비	20~40%	20~40%	50%
굵은 골재 최대 치수	80~150mm	80~150mm	40~65mm
S/a	25~30%	28~34%	RCD보다 큼
컨시스턴시	Slump 2~4cm	VC = 10~25sec	VC = 10~17sec
공기량	3~4%±1%	1.5%±1%	RCD보다 낮음
다짐기계	침수식 진동기 ＝바이백(Vibro-Backhoe)	진동롤러	진동롤러
Lift 두께	1~1.5m	0.75~1m	0.3~0.4m
가로 줄눈(가로 Joint)	15m Span당 1Block	15m마다 Cutter로 절단	15~60m마다 Cutter로 절단
Lift Joint 처리	Green cut ＋청소＋모르타르포설	Green cut ＋청소＋모르타르포설	아무것도 하지 않음
외부 콘크리트 구역	보통 댐 콘크리트	보통 댐 콘크리트	High Paste Concrete

6. 맺음말

ECLM 공법은 국내 한탄강 홍수조절용댐, 영천 보현산 다목적댐(한국수자원 공사) 시공사례가 있음

■ 참고문헌 ■

1. 콘크리트 표준시방서
2. 댐 설계기준(2011), 국토교통부
3. 댐 및 상하수도 전문시방서 토목편(2008), 한국수자원공사, pp. 967~968 수정

9-18. 필댐의 형식

1. 필댐의 형식

1) 사력댐(Rock fill Dam = 석괴댐) : 절반 이상이 돌로 구성

2) Earth Dam : 절반 이상이 흙으로 구성

2. 필댐의 형식별 정의(특징)

명칭	약도	정의
1. 균일형	 투수성 존 / 불투수성 존 / 물 / 드레인	제방의 최대 단면에 대해서 균일한 재료가 차지하는 비율이 60% 이상의 댐
2. 내부 차수벽형(경사 차수벽형, 중앙차수벽)		
1) 존형	 투수성 존 / 불투수성 존 / 물 / 반투수성 존	토질 재료의 불투수성 존을 포함한 여러 층의 존이 있는 댐 (1) 중심 Core형 (2) 경사 Core형
2) 코어형	 투수성 존 / 트렌지션 존 / 물 / 코아	토질 재료 이외(아스팔트, 콘크리트 등)의 차수벽이 있는 댐
3. 표면 차수벽형 석괴댐	 포장 / 투수성 존 / 물	상류경사면을 토질 재료 이외의 차수재료로서 포장한 댐 (1) 콘크리트 표면 차수벽형(CFRD) (2) 아스팔트 표면 차수벽형 (3) Steel 표면 차수벽형

3. 댐 형식의 결정 및 형식 선정 요소(고려 요소)

요소 \ 댐형식	균일형	존형	표면차수벽형
댐 높이	재료의 전단강도, 시공 시 간극수압 문제로 50m 이하가 일반적임	특별한 제한 없음	제체의 침하문제로 100m 이하가 일반적임
재료의 질과 양	토질 재료가 풍부하고 사력, 암재료의 재취가 어려운 경우	모든 재료가 이용 가능한 경우	토질 재료 채취가 어려운 경우
댐 지점의 지형	특별한 제한 없음	특별한 제한 없음	양안이 급경사인 경우 부등침하 우려로 선정 곤란
댐 지점의 지질	토질기초나 사력기초의 경우 많이 채택함	사력기초나 암반기초의 경우 많이 채택함	암반기초의 경우 많이 채택함
기상조건	한랭지나 다우지역은 시공성면에서 불리	코어의 시공성에 제약받음	특별한 제한 없음
시공조건	급속시공 불가	코어의 시공성에 좌우됨	
댐의 용도	상수도, 관개용이 많음	모든 목적에 적합하나 경사코어형의 단기간에 수위변동이 큰 댐에는 불리	특별한 제한 없으나 단기간에 수위변동이 큰 댐에 적합

■ 참고문헌 ■

서진수(2006), Powerful 토목시공기술사(1, 2권), 엔지니어즈.

9-19. 록필 댐(rockfill dam)의 시공계획 수립 시 고려할 사항을 각 계획 단계별로 설명(97회)
[Fill Dam 점토 Core 시공 시 토취장에서 시공완성까지 순서와 고려사항]

1. 록필 댐(rockfill dam) 시공순서 [점토코어 시공]

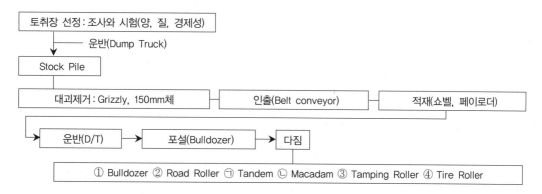

2. 시공계획 수립 시 고려사항 [점토코어 관점에서](시공순서별 시공 시 고려사항)

시공순서	고려사항
채취(토취)장 선정	• 조사와 시험 실시 : 양, 질, 경제성 • Core 재료의 조건 : 통일분류법상 SC, CL, 투수계수 $k = 1 \times 10^{-7}$ cm/sec
토취장 준비	• 벌개, 제근, 표토굴착 • 배수구 설치로 복류수, 우수 유입에 의한 함수비 증가 방지
채취	• 재료 성질, 분포상황 고려하여 균질한 재료 채취 • 함수비 관리(OMC) • 입도가 조립 또는 세립일 경우 단독으로 사용하지 못할 경우 입도조정
운반	• 운반 시 환경 문제 발생치 않도록 Sheet로 덮고, 세륜장 설치, 운반로 살수
다짐	• 시험성토 실시 : 다짐의 정도, 다짐장비의 규격, 횟수 등의 다짐에너지 결정

3. 재료선정 계획 시 고려할 축제재료와 기능
1) 댐의 구성요소
    (1) 물을 막을 **불투수성부**(점토 Core)
    (2) 댐체의 안정을 유지할 **투수성부**(암버력)
    (3) 양자의 경계에 **반투수성부**(Fillter) : 재료급변에 의한 사고 방지
2) 상기 재료는 서로 **상대적인 성질**이므로 각각의 안정성, 불투수성, 댐 전체의 기능을 잘 발휘되게 설치하는 것이 중요함
3) **기초암반과 접하는 차수존**의 토질재료는 함수비 및 최대입경이 일반 차수재료와는 달라야 하므로 특별한 고려가 필요
4) 현장의 **투수도, 전단강도**와 **실내 시험**의 값 비교

4. 재료 구비조건(재료 선정)

1) 암석 재료

   암석 재료 요구조건은 **안정성**, 견고하고 균열이 적고 물이나 기상작용에 대한 **내구성**이 큰 것

   (1) **형상** : **크고 모난 것**, 얇은 조각으로 깨지지 않는 것, 화성암, 변성암

   (2) **무게** : 250~500kg 이상

   (3) **입경** : 45~60cm 이상, 10cm 이하의 입경을 5% 이내

   (4) **비중** : 2.5 이상

   (5) **압축강도** : 700kgf/cm^2 이상, 부릴 때에 파쇄되지 않는 견고한 것

   (6) **전단강도**

   ① 경암

   ■ 2~10cm의 큰 자갈(D_{50}) : $\phi = 40°$

   ■ 15cm의 큰 돌(D_{50} 이내) : $\phi = 45°$가 기준

   ② 압축강도가 작은 암(岩) : $\phi = 35°$까지 허용

2) 연암재료

   연암을 제체 재료로 사용하는 세 가지 방법

   (1) 공기나 물의 변화에 접촉하지 않는 **랜덤층**(예를 들면 상류 측 저수위 이하의 부분)에 사용

   (2) 비교적 **흙처럼 사용**하는 방법

   (3) **다른 토취장의 흙과 혼합**하여 사용하는 방법

   (4) 어느 것이나 파쇄하여 중요하지 않은 랜덤존(재료를 따로 선택하지 않는 존)에 사용하는 것이 좋다.

3) 랜덤(random) 재료

   (1) 재료의 성질이 엉성하고 고르지 못하여 장래 풍화에 의하여 변질될지도 모르는 재료를 일괄해서 랜덤재료라 한다.

   (2) 반투수층, 투수층에 쓸 경우도 있으나 신뢰성이 없는 재료이므로 **댐의 중요 부분에는 사용금지**

4) 이행부(移行部, transition zone) 재료

   (1) **불투수성부와 투수성부의 중간**에 설치되는 재료

   (2) 흙, 모래, 자갈 상태의 것

   (3) 중량 500kg 이상, 길이가 폭의 2~3배의 모난 직사각형 암석

5) Filter 재료

6) 차수재료(점토 Core＝심벽 재료＝차수벽＝불투수 Zone＝Impervious Zone)의 구비조건

   (1) 차수성이 큰 흙

   (2) 전단강도 큰 흙

   (3) 밀도가 큰 흙

   (4) 시공성 좋은 흙

   (5) 변형성(압축, 팽창, 수축, 연화) 적은 흙

   (6) 간극수압 발생 적은 흙

   (7) Piping 저항성 큰 흙 : 통일 분류법상 SC, CL

① SC : 점토 함유한 조립토, 성토 및 기초용

② CL : 저소성의 점토 : LL < 50%, 압축성 적어, 성토 재료 양호, 차수 효과

③ 건조밀도(γ_d) : SC > CL

(8) 투수계수 k = 1×10^{-7}cm/sec

5. 축제재료의 선정을 위한 시험 계획

1) 필댐은 **불투수성재, 반투수성재** 및 **투수성재**가 상호작용하여 제체의 안정을 이루고 있는 구조물임

2) ∴ 설계 시 반드시 시험실시

3) 필터와 록필재료[조립재료]의 강도 및 응력−변형 특성

  대형 삼축압축시험, 대형 암전단 시험으로 결정

4) 시험 성토

  (1) 포설, 다지기의 가장 좋은 방법 발견 목적

  (2) **포설두께, 함수비, 다짐기계, 다짐횟수** 등 결정

  (3) 특수한 문제점 해결 : 재료와 혼합법, 큰 자갈의 분리법, 토량환산계수 결정

[심벽재료 선정, 시험, 시공계획]

6. 석괴댐 심벽재료(점토)의 시험방법

1) 토취장에서의 시험 : 재료 선정을 위한 구비조건 시험 : 토질시험

2) 다짐도 시험

  (1) 다짐 시험 : 실내다짐시험 : OMC 결정

  (2) 들밀도 시험 : 현장 시험

  (3) 상대 다짐도(RC): 95% 이상

3) 투수계수의 측정

  (1) 불교란 시료 실내 시험 : ① 정수위법, ② 변수위법

  (2) 현장 시험 : 관측정 시험(양수 시험)

4) 수압할렬 시험 : Piping 검토

7. 차수 재료(점토Core) 품질 관리(시험 및 관리) 규정

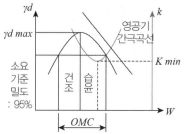

1) 함수비 및 다짐 시공 관리

  OMC의 습윤 측에서 다짐 → 투수계수 최소

2) 시공 중 강우 시 배수 처리

3) 한랭기 시공 관리에 유의

4) 다짐도 관리 : RC 95%

8. 차수재료(점토 Core = 석괴댐 심벽재료) 시공 방법(시공 계획 = 시공 시 유의사항)

1) 포설 장비 : 불도저, 탬핑 롤러(Sheeps Foot Roller)

2) 포설 두께 : 다짐 완료 후 20cm 층 다짐

3) 시험 성토 : 포설 두께, 다짐 장비 기종, 회수 선정

4) 한랭기(0℃ 이하) : 시공 금지

5) 과 다짐에 유의

6) 재료 포설

    (1) 구배 + 배수 처리

    (2) 장비 주행성, 함수비 관리

    (3) 포설 순서

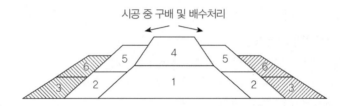

7) 구조물, 암반과의 접속부 처리 : 인력, 소형 다짐, 세립분으로 정밀 다짐, Contact clay 사용(수밀 효과)

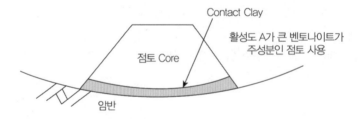

[Filter 재료 선정, 시험, 시공계획]

9. 필터의 설계 [Filter 재료의 구비조건, Filter 재료의 선정, 시험, 시공계획]

1) **입도가 크게 다른 두 재료**를 서로 인접시켜 놓을 때 그 경계에 일정한 조건을 만족시키는 입도의 **필터를 넣어 세립분의 유출**이 없고 **침투수가 안전하게 투과**하도록 해야 한다.

2) 필터의 중요성

    (1) 입도가 크게 다른 두 재료(토사와 암괴)를 인접시킬 때 이곳에 물이 흐르게 되면 **세립자가 굵은 입자 사이로 유실**된다.

    (2) 경계에 일정한 **입도조건을 만족**시키는 **필터**를 두어 **물만이 투과**되어서 **세립자의 유실이 방지**되고 재료가 섞이지 않도록 해야 한다.

10. 상하류 필터의 기능과 Filter 재료의 구비조건

1) 상하류 Filter의 입도 기준과 기능 [댐설계기준, 2005] [NAVFAC 기준]

구분	입도 기준	기능
상류 Filter 기능	$4(또는\ 5) < \dfrac{(D_{15})_f}{(D_{15})_s}$	**Piping 방지** 1) 과잉간극수압 발생방지 ⇒ 간극이 충분히 커서 배수기능을 해서, Filter로 들어온 물이 빨리 빠져나가야 한다. 2) 상류 수위 변동 시 잔류수압 발생방지
하류 Filter 기능	① $\dfrac{(D_{15})_f}{(D_{85})_s} < 5$ ② $\dfrac{(D_{15})_f}{(D_{15})_s} < 20$ ③ $\dfrac{(D_{50})_f}{(D_{50})_s} < 25$	**투수성 확보** 간극의 크기가 충분히 작아 물만 통과시켜, 인접해 있는 흙(세립자)의 유실방지(보호받는 재료＝점토코어 보호 기능) ※ f : Filter 재료 　 s : 점토(세립분＝보호받을 재료)

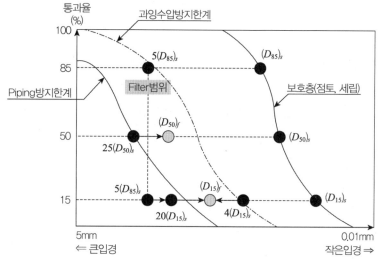

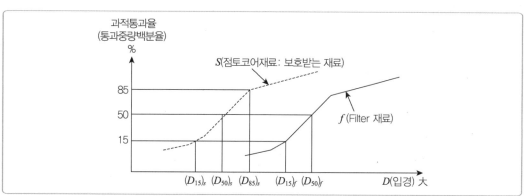

2) 필터 재료 투수성 : 보호되는 재료보다 10~100배 이상

(1) $K_{(F)} \geq (10 \sim 100)$배 $\times K_{(s)}$

(2) Filter 재료의 투수계수 : $K = 1 \times 10^{-4}\,cm/sec$

    (3) 점토코어의 투수계수 : $K=1\times10^{-7}$cm/sec

    (4) 암버력의 투수계수 : $K=1\times10^{-3}$cm/sec

3) 입도 기준

    (1) 입자 분리 방지 : 점착성이 없는 것, 최대 치수 75mm 이하

    (2) 가는 입자가 내부에서 이동되는 것 방지 : No.200체(0.074mm) 통과량이 5% 이하

    (3) Filter와 보호받는 재료(점토)의 입경 가적곡선은 서로 평행한 것이 좋다.

11. 인공적인 필터 제조 방법 : 자연 상태로 입도 조건 만족하지 못할 때

1) 콘크리트 골재 제조 방법 사용 : 씻기 또는 크러셔로 깨뜨린 것을 체가름

2) 자연재료와 인공재료를 혼합하는 방법

3) 지오텍스타일(geotextile)을 이용하는 방법

12. 필터의 두께

1) 이론적으로는 얇은 것이 좋지만

2) 시공조건과 지진에 대한 안전성을 고려 : 최소 두께는 2.0~4.0m 정도

13. 평가(맺음말)

Fill Dam에서는 점토 Core(토사)와 필터, 암버력을 구분해서 다지고 특히 점토는 습윤 측의 함수비 관리가 중요함. 그 이유는

    (1) Piping 방지

    (2) 누수 방지(차수효과)

    (3) 제체의 파괴방지임

■ 참고문헌 ■

1. 댐설계기준(2011).

2. 댐 및 상하수도 전문시방서(2008).

3. 서진수(2006), Powerful 토목시공기술사(1, 2권), 엔지니어즈.

9-20. Fill Dam 축제재료 = 필댐 재료의 구비 조건 = Piping 방지를 위한 Filter 재료의 구비 조건

1. 필댐 시공단면도 [Zone형 Rock fill Dam 중 중심 Core형]

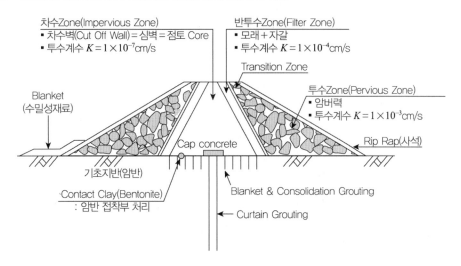

차수Zone(Impervious Zone)
- 차수벽(Cut Off Wall) = 심벽 = 점토 Core
- 투수계수 $K = 1 \times 10^{-7}$cm/s

반투수Zone(Filter Zone)
- 모래 + 자갈
- 투수계수 $K = 1 \times 10^{-4}$cm/s

Transition Zone

투수Zone(Pervious Zone)
- 암버력
- 투수계수 $K = 1 \times 10^{-3}$cm/s

Rip Rap(사석)

Blanket (수밀성재료)

Cap concrete

기초지반(암반)

·Contact Clay(Bentonite)
: 암반 접착부 처리

Blanket & Consolidation Grouting

Curtain Grouting

2. 축제재료와 기능

1) 댐의 구성요소

　(1) 물을 막을 **불투수성부**(차수 Zone) : 점토 Core

　(2) 댐체의 안정을 유지할 **투수성부** : 암버력

　(3) 양자의 경계에 **반투수성부** : 필터 재료 + 트랜지션 재료 사용 → 재료 급변에 의한 사고 방지

2) 상기 재료는 서로 **상대적인 성질**이므로 각각의 안정성, 불투수성, 댐 전체의 기능을 잘 발휘되게 설치하는 것이 중요함

3) Contact Clay : Bentonite

　기초암반과 접하는 차수존의 토질재료는 함수비 및 최대 입경이 일반 차수재료와는 달라야 하므로 특별한 고려가 필요

3. 축제재료의 선정을 위한 시험

1) 필댐은 **불투수성재, 반투수성재** 및 **투수성재**가 상호작용하여 제체의 안정을 이루고 있는 구조물임

2) ∴ 설계 시 반드시 시험실시

3) 필터와 록필(Rock fill) 재료[조립재료]의 강도 및 응력 – 변형 특성

　: 대형 삼축압축시험, 대형 암전단시험으로 결정

4) 시험 성토

　(1) 포설, 다지기의 가장 좋은 방법 발견 목적

　(2) 포설두께, 함수비, 다짐기계, 다짐횟수 등 결정

　(3) 특수한 문제점 해결 : 재료와 혼합법, 큰 자갈의 분리법, 토량환산계수 결정

(4) 현장의 투수도, 전단강도와 실내시험의 값 비교

4. 차수재료 [점토 Core 심벽 재료＝차수벽＝불투수 Zone(Impervious Zone)]의 구비조건

1) 차수성이 큰 흙

2) 전단강도 큰 흙

3) 밀도가 큰 흙

4) 변형성(압축, 팽창, 수축, 연화) 적은 흙

5) 시공성 좋은 흙

6) 간극 수압 발생 적은 흙

7) Piping 저항성 큰 흙

8) 투수계수 $k = 1 \times 10^{-7} \text{cm/sec} \ [k = 1 \times 10^{-5} \text{cm/sec}]$

5. 반투수성(Filter) 재료 구비조건

1) Filter의 정의 : 필터의 중요성, 필터의 설계

   (1) 물 ⇒ 굵은 입자(암버력층＝투수층) ⇒ 가는 입자(점토)로 통과 시

      ① 간극수압 유발(필댐 상류 측)

      ② 잔류수압 발생

   (2) 물 ⇒ 가는 입자(점토) ⇒ 굵은 입자(암버력층＝투수층)로 통과 시

      작은 입자 유실(필댐 하류 측)

> 입도가 크게 다른 두 재료(토사와 암괴)를 인접시킬 때 물이 흐르면 세립자가 굵은 입자 사이로 유실된다.

   (3) 대책

      점토 Core와 암버력 사이에 적절한 입경의 배수층(Filter) 설치(모래와 자갈)

> • 경계에 일정한 입도조건을 만족시키는 필터를 두어 물만이 투과되어서 세립자의 유실이 방지되고 재료가 섞이지 않도록 한다.
> • 침투수로 인한 흙의 유실을 방지, 빨리 배수시킬 목적의 배수층
> • 입도가 크게 다른 인접한 두 재료 사이의 경계에 일정한 조건을 만족하는 입도의 필터를 넣어 세립분의 유출 방지, 침투수가 안전하게 투과하도록 한다.

2) 입도 기준 : 입경가적곡선

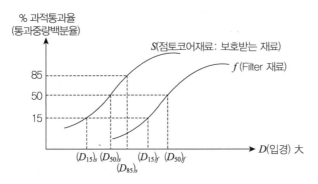

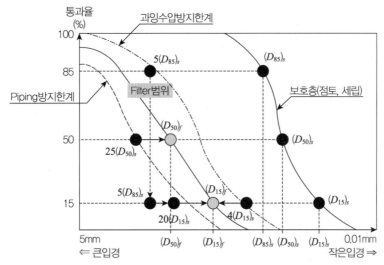

※ f : Filter 재료, s : 점토(세립분＝보호받을 재료)

(1) Filter와 보호받는 재료(점토)의 입경 가적곡선은 서로 평행할 것
(2) 상하류 Filter의 기능과 입도 기준 [댐설계기준, 2005] [NAVFAC 기준]
　　① 기능별 구분

기능	입도 기준	비고
1. Piping 방지기준	$4 < \dfrac{(D_{15})_f}{(D_{15})_s} < 20$	상, 하류 필터 동시 만족기준
2. 필터의 투수성 확보	$\dfrac{(D_{15})_f}{(D_{85})_s} < 5$ $\dfrac{(D_{50})_f}{(D_{50})_s} < 25$	하류 측 필터 만족 조건

② 상, 하류 필터의 기능과 입도 기준

구분	기능	입도 기준
상류 Filter 기능	Piping 방지 1) 과잉간극수압 발생방지 ⇒ 간극이 충분히 커서 배수기능을 해서, Filter로 들어온 물이 빨리 빠져나가야 한다. 2) 상류 수위 변동 시 잔류수압 발생 방지	$4(또는 5) < \dfrac{(D_{15})_f}{(D_{15})_s}$
하류 Filter 기능	1. Piping 방지	① $\dfrac{(D_{15})_f}{(D_{15})_s} < 20$
	2. 투수성 확보 간극의 크기가 충분히 작아 물만 통과시켜 인접해 있는 흙(세립자)의 유실방지(보호받는 재료= 점토코어 보호 기능)	② $\dfrac{(D_{15})_f}{(D_{85})_s} < 5$
		③ $\dfrac{(D_{50})_f}{(D_{50})_s} < 25$

상, 하류 Filter 재료의 기능

1. 상류 측 Filter의 구비 조건(기능)
   1) 간극이 충분히 커서 ⇒ Filter로 들어온 물 ⇒ 빨리 통과(빨리 빠져나가야 함)
   2) 간극수압 발생방지 (과잉수압 방지 한계=상류 수위 변동 시 잔류 수압 방지)
   침투압이나 수압이 발생하지 않도록 투수성이 좋아야 함
2. 하류 측 Filter의 구비 조건(기능)
   1) 간극의 크기 충분히 작아 ⇒ 인접 흙의 유실 방지
   2) 점토 코어 보호 기능, Piping 방지

---

(3) 입자분리방지(NAVFAC 기준)(Naval Facilities Engineering Command)

　① 최대 치수 75mm : 필터는 75mm 이상을 포함해서는 안 된다.

　② 점착성이 없는 것

(4) 가는 입자가 내부에서 이동되는 것 방지 : No.200체(0.074mm) 통과량이 5% 이하

3) 투수계수

　(1) 투수계수 : $K = 1 \times 10^{-4}$ cm/sec [$K = 1 \times 10^{-3}$ cm/sec]

　(2) 필터재료 투수성 : $K_{(F)} \geq (10 \sim 100)$배 $\times K_{(s)}$

　　보호되는 재료보다 10~100배 이상의 투수성을 가질 것

4) 인공적인 필터 제조방법 : 자연 상태로 입도조건 만족하지 못할 때

　(1) 콘크리트 골재 제조 방법 사용 : 씻기 또는 크러셔로 깨뜨린 것을 체가름

　(2) 자연재료와 인공재료를 혼합하는 방법

　(3) 지오텍스타일(geotextile)을 이용하는 방법

5) 필터의 두께

　(1) 이론적으로는 얇은 것이 좋지만

　(2) 시공조건과 지진에 대한 안전성을 고려 : 최소 두께는 2.0~4.0m 정도

6) 필터 입도 불량할 때 생기는 예상되는 문제점과 대책

(1) 문제점

① Piping

② 누수 및 댐 붕괴

(2) 대책

① 다짐 시공 : 상대 밀도 D_r $60 \sim 80$(조밀＝Dense)

② 재료 구비 조건 잘 만족시킴

7) Filter의 적용성(필터 시공 대책)

(1) 흙댐(Zone형 Rock Fill Dam)의 심벽(점토 코어 : 차수벽)의 양쪽

(2) 흙댐, 제방 제체의 하류 경사면(배수 Drain)

(3) 옹벽의 물구멍(배수공) 주위

(4) 도로 암버력 성토 시 중간층(마무리 층)

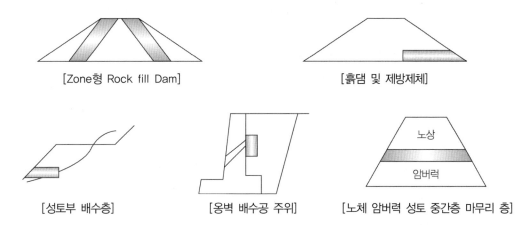

[Zone형 Rock fill Dam] [흙댐 및 제방제체]

[성토부 배수층] [옹벽 배수공 주위] [노체 암버력 성토 중간층 마무리 층]

6. 이행부(移行部, Transition zone) 재료

1) 불투수성부와 투수성부의 중간에 설치되는 재료

2) 흙, 모래, 자갈 상태의 것

3) 중량 500kg 이상, 길이가 폭의 2~3배의 모난 직사각형 암석

7. 랜덤(random) 재료

1) 재료의 성질이 엉성하고 고르지 못하여 장래 풍화로 변질될지도 모르는 재료

2) 댐의 중요 부분에 사용금지 : 반투수층, 투수층에 쓸 수도 있으나 신뢰성 없는 재료

8. 투수성 재료(암버력) : 투수 Zone(Pervious Zone)

1) 투수계수 $\mathrm{K} = 1 \times 10^{-3} \mathrm{cm/s}$

2) 암석재료

암석재료 요구조건은 **안정성**, 견고하고 균열이 적고 물이나 기상작용에 대한 **내구성**이 큰 것

(1) 형상 : 크고 모난 것, 얇은 조각으로 깨지지 않는 것, 화성암, 변성암

(2) 무게 : 250~500kg 이상

(3) 입경 : 45~60cm 이상, 10cm 이하의 입경을 5% 이내

(4) 비중 : 2.5 이상

(5) 압축강도 : 700kgf/cm^2 이상, 부릴 때에 파쇄되지 않는 견고한 것

(6) 전단강도

① 경암

- 2~10cm의 큰 자갈(D_{50}) : $\phi = 40°$

- 15cm의 큰 돌(D_{50} 이내) : $\phi = 45°$가 기준

② 압축강도가 작은 암(岩) : $\phi = 35°$까지 허용

3) 연암재료

연암을 제체 재료로 사용하는 세 가지 방법

(1) 공기나 물의 변화에 접촉하지 않는 **랜덤층**(예를 들면 상류 측 저수위 이하의 부분)에 사용

(2) 비교적 **흙처럼 사용**하는 방법

(3) **다른 토취장의 흙과 혼합**하여 사용하는 방법

(4) 어느 것이나 파쇄하여 중요하지 않은 랜덤존(재료를 따로 선택하지 않는 존)에 사용하는 것이 좋다.

■ **참고문헌** ■

1. 댐설계기준(2005).
2. 김상규, 토질역학 이론과 실제, 청문각.
3. 서진수(2006), Powerful 토목시공기술사(1, 2권), 엔지니어즈.

9-21. Fill Dam의 차수 Zone(점토 Core = 심벽) 재료 조건, 시공방법, 품질관리

1. 개요

1) Zone형 Rock Fill Dam은 천연의 재료로 **차수벽**(점토 Core)과 **필터 Zone**(층), Transition Zone, 암버럭 층으로 구성

2) **점토 Core**는 상류로부터 침투되는 침투수를 막아주는 **차수벽** 역할을 함

3) 성토 재료의 일반적인 구비 조건

    (1) 시공 기계의 Trafficability가 좋은 흙

    (2) 전단 강도가 큰 흙 : 성토 비탈면의 안정

    (3) 압축성이 적은 흙(변형이 없는 흙) : 비압축성의 흙

    (4) 다짐도가 높은 흙

    (5) 교통 하중에 대한 지지력이 클 것(도로)

    (6) 투수성이 좋은 재료(배수가 좋은 흙, 구조물 뒤채움)

    (7) 투수성이 낮은 재료(제방, Fill Dam의 Core 재)

2. Rock Fill Dam 시공 단면도(구조도) : 시공 대책 도면 그릴 것

3. 차수재료 [점토 Core 심벽 재료 = 차수벽 = 불투수 Zone(Impervious Zone)]의 구비조건

1) 차수성이 큰 흙

2) 전단강도 큰 흙

3) 밀도가 큰 흙

4) 변형성(압축, 팽창, 수축, 연화) 적은 흙

5) 시공성 좋은 흙

6) 간극 수압 발생 적은 흙

7) Piping 저항성 큰 흙

8) 투수계수 $k = 1 \times 10^{-7} \text{cm}/\text{sec}$

4. Fill Dam 점토 Core 시공 시 토취장에서 시공완성까지 시공순서

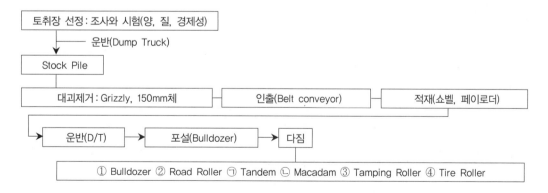

5. 시공순서별 고려사항

시공순서	고려사항
채취(토취) 장 선정	• 조사와 시험 실시 : 양, 질, 경제성 • Core 재료의 조건 : 통일분류법상 SC, CL, 투수계수 $k = 1 \times 10^{-7} \text{cm/sec}$
토취장 준비	• 벌개, 제근, 표토굴착 • 배수구 설치로 복류수, 우수유입에 의한 함수비 증가 방지
채취	• 재료 성질, 분포상황 고려하여 균질한 재료 채취 • 함수비 관리(OMC) • 입도가 조립 또는 세립일 경우 단독으로 사용하지 못할 경우 입도 조정
운반	• 운반 시 환경 문제 발생치 않도록 Sheet로 덮고, 세륜장 설치, 운반로 살수
다짐	• 시험성토 실시 : 다짐의 정도, 다짐장비의 규격, 횟수 등의 다짐에너지 결정

6. 차수재료(점토 Core) 시공 방법(시공 시 유의사항)

1) 포설 장비 : 불도저, 탬핑 롤러(Sheeps Foot Roller)

2) 포설 두께 : 다짐 완료 후 20cm 층 다짐

3) 시험 성토 : 포설두께, 다짐장비 기종, 회수 선정

4) 한랭기(0℃ 이하) : 시공 금지

5) 과 다짐에 유의

6) 재료 포설

   (1) 구배＋배수 처리

   (2) 장비 주행성, 함수비 관리

   (3) 포설 순서

7) 구조물, 암반과의 접속부 처리

   인력, 소형 다짐, 세립분으로 정밀 다짐, Contact clay 사용(수밀 효과)

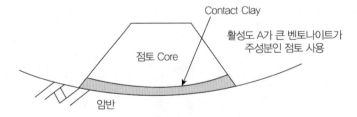

7. 차수재료(점토 Core) 품질 관리(시험 및 관리) 규정

1) 함수비 및 다짐 시공 관리 : OMC의 습윤 측에서 다짐 → 투수계수 최소

2) 시공 중 강우 시 배수 처리

3) 한랭기 시공 관리에 유의

4) OMC와 투수도(K) 관계

5) 다짐도 관리

   (1) 점토 Core : RC 95%

   (2) 필터 : 상대 밀도로 관리

   (3) 암버력 : 시험 시공

8. 맺음말

Fill Dam에서는 토사와 필터, 암버력을 구분해서 다진다. 그 이유는

1) Piping 방지

2) 누수 방지

3) 제체의 파괴 방지임

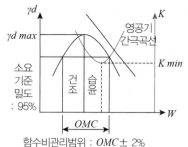

함수비관리범위 : $OMC \pm 2\%$

- 건조 측 : 점토립자 엉성, 공극커서 투수성 큼
- 습윤 측 : K값 최소, 댐 점토 Core

[$W - \gamma_d$ 관계 곡선]

■ 참고문헌 ■

1. 댐설계기준(2005).

2. 김상규, 토질역학 이론과 실제, 청문각.

3. 서진수(2006), Powerful 토목시공기술사(1, 2권), 엔지니어즈.

9-22. Fill Dam 및 제방의 누수원인과 방지 대책(96회)

1. 누수원인

1) Quick Sand ⇒ Boiling ⇒ Piping 이 원인임

2) **성토 재료의 구비 조건** 미비가 원인임(특히 Filter 재료)

3) **수압할렬** : 응력전이에 의한 Arching Effect

2. 대책

1) Piping 방지

2) 즉, 양압력 방지 대책

3) Filter 재료의 구비 조건 만족 : 간극수압 저하, 점토 재료 보호, 침윤선 저하

4) 성토 다짐, 품질 관리(점토 코어 시공 철저) : 침윤선 저하

5) 댐 기초처리(하부 침투로 길이 길게 해줌)

[Fill Dam 및 제방의 누수원인과 방지 대책]

NO	Fill Dam 원인		Fill Dam 대책			하천제방 원인		하천제방 대책		
1	누	누수, Piping	차	차수벽	점토 Core = 차수벽 = 심벽	누	누수, Piping	차블	차수벽	Sheet pile
					Sheetpile				Blanket	
					Slurry Wall			기	기초처리	
					Curtain Grouting			침제배	침윤선 저하 제방 단면 확대 배수 우물 배수 드레인	
			블	Blanket						
			기	기초처리						
			침	침윤선 저하	Filter 재료구비 조건					
					점토 재료구비 조건					
2	세	세굴				세	세굴			
3	사	사면붕괴	비	비탈면 보호		사	사면붕괴	호	호안공	
4	다	다짐불량				다	다짐 불량			
5	균	균열(단층, 파쇄대, 부등 침하)				균	균열			
6	재	재료 불량				재	재료 불량			
7	단	제방 단면 부족	압	압성토		단	제방 단면 부족	압제	압성토 제방 단면 확대 : 소단	
8	구	구멍				구	구멍			

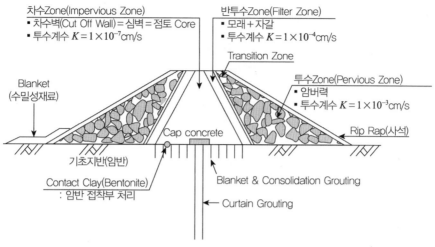

[그림] 중심 Core형 Rock Fill Dam

3. Fill Dam 기초처리

누수 방지＝침투압(양압력)에 의한 Piping 방지

4. Piping 방지를 위한 Filter 재료의 구비 조건 만족

5. 차수벽의 설치 : 침윤선 저하

1) 중심 차수벽

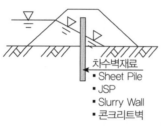

차수벽재료
- Sheet Pile
- JSP
- Slurry Wall
- 콘크리트벽

[그림] 중심 차수벽

2) 표면 차수벽＋Blanket

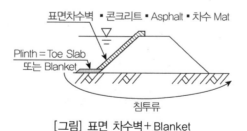

표면차수벽 ▪ 콘크리트 ▪ Asphalt ▪ 차수 Mat

Plinth＝Toe Slab
또는 Blanket

침투류

[그림] 표면 차수벽＋Blanket

3) Sheet Pile(널말뚝) 사용한 차수벽

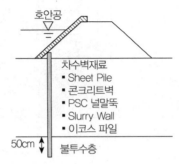

[그림] 차수벽 : sheet Pile 사용

6. 침윤선 저하시키는 방법

1) 중심 Core형

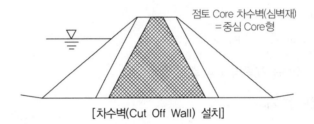

[차수벽(Cut Off Wall) 설치]

2) Cut Off Wall(차수벽) 설치

　　Curtain Grouting, JSP, 기타 약액 주입, Slurry Wall, Sheet Pile, 콘크리트 벽

3) Drain 설치(배수도랑＝Filter＝모래＋자갈)

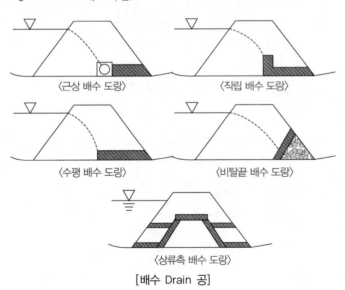

[배수 Drain 공]

7. 제방 부지 확폭(침윤선의 길이 확보 개념임)

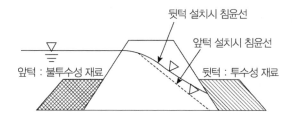

8. 맺음말

1) Fill Dam 파괴의 주원인은 **누수에 의한** Piping이며

2) 누수 및 Piping 방지를 위해서는

   (1) **점토** Core **재료와** Core를 보호하는 Fillter **재료의 구비 조건**이 중요하고

   (2) Dam **기초처리** 또한 중요하다.

■ 참고문헌 ■

1. 댐설계기준(2005).

2. 김상규, 토질역학 이론과 실제, 청문각.

3. 서진수(2006), Powerful 토목시공기술사(1, 2권), 엔지니어즈.

4. 토목시공 고등기술강좌, 대한토목학회.

9-23. Fill Dam의 Piping 원인과 Piping 검토방법, 방지 대책

1. Fill Dam의 파이핑(파괴) 원인

1) 재료의 불량

2) 다짐 불량

3) 수압할렬등에 의한 제체의 균열

4) 제방 단면이 작은 경우

5) 구멍

6) 누수

7) 기초 세굴

8) 사면붕괴

2. Piping 안전율(F_s) 검토방법(해석방법)

1) 한계동수 경사법 : 굴착(토류벽)에 적용

- 한계동수경사 : $i_{cr} = \dfrac{\gamma_{sub}}{\gamma_w} = \dfrac{G_s - 1}{1 + e} \fallingdotseq 1$

  [∵ 자연퇴적된 모래의 γ_{sub}=0.95~1.1≒1, 물의 γ_w =1]

- 동수경사 : $i = \dfrac{\Delta h}{Z}$

- 안전율 Fs=$\dfrac{i_{cr}}{i}$

  $i > i_{cr}$ 이면 보일링 발생

2) **침투압**에 의한 방법 : 댐, 제방, 굴착(토류벽)에 적용

   (1) Terzaghi 방법

   상향의 침투력(U) > 하향의 흙의 무게(W)

$$F_s = \frac{W}{U}$$

   (2) 유선망

   댐, 제방, 굴착(토류벽)에 적용

$$F_s = \frac{i_c(한계동수경사)}{i_{exit}(하류출구동수경사)}$$

3) Creep 비에 의한 방법

(1) Bligh의 방법

$$C_c < \frac{L_c}{h}$$

- C_c : Cleep 비   - h : 댐 상하류 수위차   - L_c : 기초 접촉면의 길이

(2) Lane(1915)의 제안(방법)

Creep 비(Creep Ratio)를 기준으로 Piping에 대한 안전율 검토하는 경험적 방법 [제체의 안정성 평가 도구]

가중 크리프비(Safe Weighted Creep Ratio) : $CR = \dfrac{\text{가중 크리프 거리}}{\text{수두차(유효수두)}}$

- 가중 크리프 : 댐 단면의 수평거리와 시트파일의 근입 심도의 함수

① 차수벽 설치 콘크리트 댐

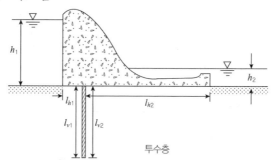

[그림] 최소유선거리 계산방법(차수벽 있는 콘크리트댐)

크리프비(가중 크리프비) : $CR = \dfrac{l_w}{h_1 - h_2} = \dfrac{l_w}{\Delta H}$

- $\Delta H = h_1 - h_2$: 상하류 수두차
- l_w : 유선이 구조물 아래 지반을 흐르는 최소거리(Weighted creep Distance) = 가중 크리프 거리

$$l_w = \frac{1}{3}\sum l_{h1} + \sum l_v$$

- 계산에 의해 구한 가중 크리프비가 다음 표의 토질별 크리프비의 안전율보다 크면 파이핑에 대해 안전함

[표] 흙의 종류별 크리프비의 안전치

흙의 종류	크리프비의 안전치
아주 잔 모래 또는 실트	8.5
잔 모래	7.0
중간 모래	6.0
굵은 모래	5.0
잔 자갈	4.0
굵은 자갈	3.0
연약 또는 중간 점토	2.0-3.0
단단한 점토	1.8
견고한 지반	1.6

(3) 차수벽 설치 필댐, 제방

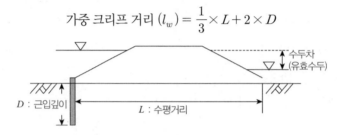

$$가중\ 크리프\ 거리\ (l_w) = \frac{1}{3} \times L + 2 \times D$$

4) Justin의 방법

$$V = \sqrt{\frac{W \cdot g}{A \cdot \gamma_w}}$$

- V : 한계유속(cm/sec)
- W : 토립자의 수중 중량(g)
- g : 중력가속도(cm/s^2)
- γ_w : 물의 단위체적 중량(g/cm^3)

3. Piping 방지 대책

1) **기초 지반 상부** Piping 방지 대책 : 재료의 구비 조건 만족

   (1) 점토 Core : CL, SC, 투수계수 $K = 1 \times 10^{-7} cm/sec$

   (2) Filter 재료 조건

   ① 투수 계수 : $K = 1 \times 10^{-4} cm/sec$

   ② Filter 재료의 입도 기준(구비 조건)

   $$4 < \frac{(D_{15})_f}{(D_{15})_s} < 20 \qquad \frac{(D_{15})_f}{(D_{85})_s} < 5 \qquad \frac{(D_{50})_f}{(D_{50})_s} < 25$$

   ③ 필터재료는 보호되는 재료보다 10~100배의 투수성을 가지는 것이 좋다.

   (3) 암버력 재료 조건 : 투수 계수 $K = 1 \times 10^{-3} cm/sec$

2) **기초지반 하부**의 Piping 대책 공법

  (1) 댐 기초 굴착면 처리

    ① 단층파쇄대 치환(댐설계기준 공식)

치환깊이(D)

| $H \geq 46m$일 때 | $D = 0.006H + 1.5\text{m}$ |
| $H \leq 46m$일 때 | $D = 0.276b + 1.5\text{m}$ |

  • b : 단층대의 폭(m),   • H : 댐 높이(m)

---

  (2) Fill Dam 기초처리

    ① 기초 지반 하부의 Piping 방지 대책임

    ② Curtain Grouting, Consolidation Grouting

  (3) 차수벽의 설치

    • 중심 차수벽 : ① Sheet Pile, ② JSP, ③ Slurry Wall, ④ 콘크리트 벽

    • Blanket, 표면 차수벽

    • Sheet Pile 사용한 차수벽

  (4) 제방 부지 확폭(침윤선의 길이 확보 개념임)

  (5) 침윤선 저하시키는 방법

    • 중심 Core형

    • Cut Off Wall 설치 : Curtain Grouting, JSP, 기타 약액 주입, Slurry Wall, Sheet Pile, 콘크리트 벽

    • Drain 설치(배수도랑＝Filter＝모래＋자갈)

4. 평가

1) Fill Dam 파괴의 주원인은 **누수에 의한 Piping**이며

2) 누수 및 Piping 방지를 위해서는

  (1) **점토 Core 재료**와 Core를 보호하는 Fillter **재료의 구비 조건이 중요**하고

  (2) **Dam 기초처리** 또한 중요하다.

■ **참고문헌** ■

1. 댐설계기준(2005).
2. 김상규, 토질역학 이론과 실제, 청문각.
3. 서진수(2006), Powerful 토목시공기술사(1, 2권), 엔지니어즈.
4. 토목시공 고등기술강좌, 대한토목학회, pp.107~108
5. 박영태(2013), 토목기사 실기, 건기원, p.647.

9-24. 수압파쇄＝수압할렬＝사력댐(Fill Dam) 심벽의 응력전이(Stress Transfer)에 의한 Arching 현상

1. 개요

Fill Dam의 Piping 현상(파괴)의 원인은

1) 누수

2) 기초 세굴

3) 사면붕괴

4) 다짐 불량

5) 재료의 불량

6) 수압할렬등에 의한 제체의 균열

7) 제방 단면이 작은 경우

8) 구멍

2. Arching의 정의

1) 토류벽, 앵커된 널말뚝 등에서 일부 지반이 변형하면 ⇒ 변형하려는 부분과 안정된 지반의 접촉면 사이 ⇒ 전단저항 발생

2) 전단저항 ⇒ 파괴되려는 부분의 변형 억제 ⇒ 파괴되려는 부분의 토압 감소 ⇒ 인접한 지반은 토압 증가

3) Arching 현상

  (1) 파괴되려는 지반의 **토압** ⇒ 인접부의 흙으로 전달되는 **압력(응력)의 전이현상**

  (2) 즉, 상대 변위 시 ⇒ **이동하는 것이 이동하지 않는 구조물에 하중(응력)을 전이하는 것**

  (3) 아칭의 형태(응력전이 형태)

    : 하향 볼록(Concave) 또는 상향으로 볼록(Convex)하여 응력을 전이

3. Arching 현상이 큰 경우의 문제점

수압 > 수평응력(σ_h) ⇒ 수압파쇄현상(Hydraulic Fracturing) 발생 ⇒ 댐 제체가 수평면을 따라 찢어지게 되어(수압할렬) **댐 파괴의 원인이 됨**

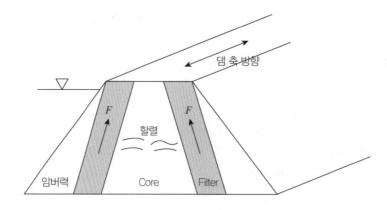

4. Fill Dam 심벽의 Arching과 수압 파쇄(Hydraulic Fracturing = 수압할렬) 발생 메커니즘

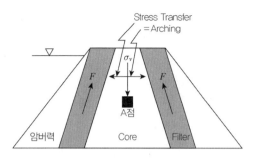

[그림] 응력전이에 의한 Arching Effect

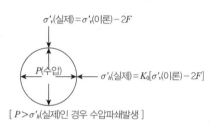

[그림] 수압파쇄현상

1) 응력전이(Stress Transfer)에 의한 **Arching Effect**와 **수압파쇄**의 정의

Zone형 Rock Fill Dam, 제방에서

(1) 강성이 서로 다른 심벽(점토 Core)과 Filter층(모래)의 **침하량 차이**(압축성 차이)와 계곡부의 철형 지형 상태 때문에 ⟹ 점토**심벽 무게의 일부가 Filter층으로 옮겨짐**(전이)

(2) 부등침하 발생 상태에서 수위상승, 심벽(Core)의 간극수압소산 ⟹ 압밀침하 및 2차 압밀침하 ⟹ 사력(filter)과 심벽 사이에 **응력전이**(Stress Transfer) 발생 ⟹ **Arching Effect**로 최소주응력(σ_3) 감소

(3) A점의 실제 연직응력이 이론 연직응력 $[\sigma_v = \gamma_t \cdot z]$보다 작아짐

① A점의 이론 유효 연직 응력 : $\sigma_v{}'(\text{이론})$

② A점의 실제 유효 연직 응력 : $\sigma_v{}'(\text{실제})$

③ $\sigma_v{}'(\text{실제}) = \sigma_v{}'(\text{이론}) - 2F$

➡ 즉, 실제는 이론적 유효연직응력보다 2F만큼 감소됨

④ 실제 수평응력 : $\sigma_h{}'(\text{실제}) = K_0 \cdot \sigma_v{}'(\text{실제}) = K_0 \, [\sigma_v{}'(\text{이론}) - 2F]$

(4) 수압 파쇄 발생원인

$P(\text{정수압}) > \sigma_h{}'(\text{실제})$일 때 발생

$P(\text{정수압}) > K_0 \, [\sigma_v{}'(\text{이론}) - 2F]$

즉, **정수압 > 유효응력**   [유효연직, 유효수평응력 $= \sigma_3 =$ 최소 주응력]

⟹ Core 부분에 **댐축에 수직**으로 **균열**이 발생하는 현상을 **수압파쇄**라 함

2) 수압파쇄(할렬) 발생 위치

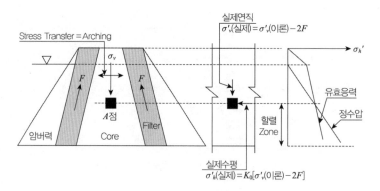

5. 수압 파쇄 거동

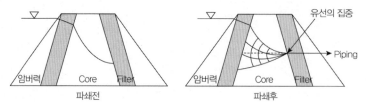

- 유선이 집중할 경우
① 유속은 동수경사에 비례
② 동수경사는 유선망 폭에 반비례
③ Piping 발생

6. 수압파쇄의 문제점(영향)

1) 압축성 차가 클수록 ⇒ 수압 파쇄 크고

2) 파쇄 부분에 유선이 집중, 유속이 증가⇒Piping 현상 발생, 누수 및 파괴 원인임

3) 수압할렬 발생 위험 부위에서는

   ① 댐축에 수직한 균열, Wet Seam(틈, 금) 발생

   ② 침투압으로 인한 균열 확공

   ③ 침식을 동반한 누수(Piping) 발생 ⇒ 흙을 침식시켜 댐을 붕괴시킨다.

7. 수압파쇄 대책

1) 필터 선정 유의 : 필터 재료의 구비 조건 만족

2) 점토 Core를 압축성이 적은 것 사용

3) 점토 Core 다짐 철저

■ 참고문헌 ■

1. 서진수(2006), Powerful 토목시공기술사(1, 2권), 엔지니어즈.

2. 이춘석, 토질 및 기초 공학 이론과 실무, 예문사, p.392.

9-25. Fill Dam 제체 및 기초의 안정성 검토

1. 활동에 대한 안전율

재료시험과 안정계산의 정밀도가 불충분, 연약지반 위의 댐인 경우 : 1.5를 표준

제체조건	저수상태	지진	안전율		비고
			상류	하류	
완성 직후	바닥 상태	없음	1.3	1.3	(1) 상류 측 비탈면 하부 존이 암석으로 되어 있어, 간극수압 발생치 않는 경우 (2) 수위는 댐 높이의 45~50% 취하여 계산
	일부 저수 (간극압 최대)(1)	없음	1.3	−	
	수위 급강하	없음	1.2	1.2	
평상시	만수	없음	−	−	
	일부 저수(2)	없음	1.15	−	

2. 활동의 원인과 대책

1) **시공 중** 상, 하류 방향에서의 활동

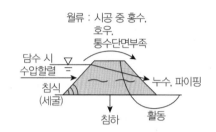

월류 : 시공 중 홍수,
호우,
통수단면부족

[그림] Fill Dam의 파괴원인

  (1) **완속활동**

    ① **1~2주간**에 걸쳐 활동되나 안정됨

    ② 기초가 연약 균일질, 비예민성 점토 경우

    ③ 전단되어도 쉽게 강도를 잃지 않는 경우가 많음

    ④ 활동량 : 수평, 수직 모두 댐 높이의 5~15%

  (2) **급속활동**

    ① **2~3분간**에 주 활동이 끝나고 수 시간 동안 활동이 계속됨

    ② 기초 점토 중에 있는 렌즈모양과 실트 미사 층을 따라 공극수압이 외측의 연약한 층에 전달되어 생김

  (3) **시공 중 활동의 대책**

    ① 공극수압 빨리 소산시키고, 흙쌓기 중단

    ② 급속활동의 경우는 간극수압이 이미 소산되었으므로 흙쌓기 하여도 안전함

2) **저수중**의 **하류** 방향에의 활동

  (1) **깊은 활동**

    ① 댐체, 기초지반을 통한 침투수가 원인

    ② 기초점토까지 활동

    ③ 댐마루 상면까지 미쳐 댐 여유고를 깎아 버리는 경우 있음

    ④ 저수가 하류로 쏟아져 나오므로 큰 재해 발생

    ⑤ 활동속도 : 시공 중의 완속활동보다 같거나 조금 빠름

  (2) **얕은 활동**

    ① 큰비로 인한 하류 측 경사면에 발생

    ② 하류 측 비탈면에 배수불량 재료 사용, 경사면의 다짐 불충분

3) **저수위가 급히 저하**할 때 **상류** 방향으로의 활동

  (1) 상류 측 비탈면의 대부분 활동의 원인은 수위 급강하임

(2) 활동속도 : 완속도

3. 설계하중

활동파괴에 대한 안정성 검토에 고려되는 하중으로 **자중, 정수압, 간극수압, 지진관성력**

1) 제체의 자중 계산 시 단위체적 중량 취하는 법

    (1) 축제 중 : 습윤 단위 체적 중량(γ_t) 사용

    (2) 완성 후 저수하지 않았을 때(빈 저수지)(축제 중 간극수압 잔류) : γ_t

    (3) 정상침투 상태(저수 후 몇 년 후)

        침윤선 윗부분 γ_t, 침윤선 아랫부분은 포화 단위체적 중량(γ_{sat})

    (4) 수위 급강하 시

        침윤선 윗부분 γ_t, 침윤선 아랫부분은 포화 단위체적 중량(γ_{sat})

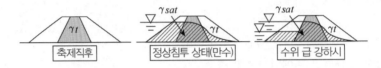

2) 정수압(외수압 처리) : 정수압의 활동모멘트 기여분 고려 방법

    (1) 외수압이 있는 경우 전응력 또는 유효응력 모두 사면안정에 기여함

    (2) 외수 가정 : $\gamma_t = \gamma_w$, $C = 0$, $\phi = 0$인 **흙으로 가정** [즉, 압성토 개념]

    (3) 고려법

        ① 수압이 비탈면(사면)에 **수직저항**으로 작용 : 사면에 작용하는 정수압

        ② **물까지 활동원** 고려(활동원이 외수까지 작용 가정)

            활동원을 수중까지 연장시키는 방법

        ③ **물(수압)을 수동저항**으로 가정(삼각형 수압작용)

            수평방향의 정수압과 사면상의 수괴를 고찰하는 방법

        ④ 저수지 내의 물과 제체 내의 물이 모멘트에 대해서 균형되어 있는 것으로 고려하는 방법

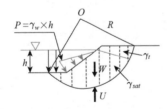
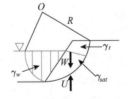
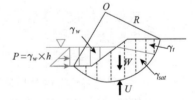

[그림] 사면에 작용하는 정수압   [그림] 물까지 활동원 고려   [그림] 물(수압)을 수동저항으로 가정
                                  (활동원이 외수까지 작용 가정)

3) 지진관성력

    (1) 제체의 **지진관성력**

        = 침윤선 윗부분 습윤단위중량× 설계진도 + 침윤선 아랫부분 포화단위중량× 설계진도

(2) 작용위치 : 절편의 활동면상

(3) 작용방향 : 수평

(4) 설계진도 : 지진력의 가속도와 중력가속도의 비

4) 간극수압

유효응력 표시에 의한 안정계산에서 고려되는 간극수압

(1) 시공 중 및 완성 직후의 흙 속의 응력변화로 발생하는 간극수압

(2) 저수시의 정상 침투류에 위한 간극수압

(3) 수위 급강하 시의 간극수압

4. 사면활동 안정해석 시 전단 시험값의 적용(강도정수 C, ϕ) 및 시험법

1) 댐 완성 직후

(1) 완성 직후 **간극수압을 결정할 수 없는 경우** : 전응력 해석 **비압밀 비배수(UU) 시험**에 의한 C, ϕ 적용

(2) **간극수압을 추정할 수 있는 경우** : 유효응력 해석
   압밀비배수시험(CU), 압밀배수시험(CD)에 의한 유효응력을 나타내는 C', ϕ' 적용

2) 댐 완성 후 충분한 시간 경과 후 대부분의 **간극수압이 소산된 경우** : 유효응력 해석

(1) **압밀비배수시험(CU), 압밀배수시험(CD)**에 의한 유효응력을 나타내는 C', ϕ' 적용

(2) 투수성 재료(필터)의 압밀배수시험 : 시간이 짧게 걸림

(3) 불투수성 재료(점토) 압밀배수시험 : 압밀에 시간이 많이 걸림
   C', ϕ' 만 구할 목적인 경우 : 일축전단시험 적용해도 좋음

3) **저수위가 급강하는 경우** : 유효응력 해석

(1) 투수성 재료
   압밀배수전단시험에 의한 유효응력을 나타내는 C', ϕ' 적용

(2) 불투수성 재료 : **압밀배수전단시험, 압밀비배수시험**에 의한 C', ϕ' 적용

5. 필댐의 안정계산 방법

1) 댐의 안정계산은 임계원에 의한 **원호 활동면법** 사용

2) 단, 댐체안 또는 기초지반 중의 가장 연약한 지반을 통하는 활동 추정선이 원형이 아닌 경우
   : 복합 활동면법 사용

3) 수치 해석에 의한 안정검토(유한 요소법 FEM)

(1) 원호 활동면법, 복합 활동면법은 가상 활동면에 관한 모멘트의 평형으로 계산하므로 제체의 국부
   적 응력이나 변형에 대한 안정성 검토는 불가함

(2) 국부적인 안정성 검토, 기초에 연약층 존재, 기초암반에 설치하는 검사랑 설계 시 적용

■ 참고문헌 ■

댐설계기준(2005).

9-26. 흙댐 축조의 안전율 변화 = 성토댐의 축조 기간 중에 발생되는 댐의 거동 설명

1. 개요
1) 흙댐이나 제방은 축조 기간 중(성토 중), 성토 직후 담수 시, 정상침투 시, 수위 급강하 시에 따라 거동이 달라짐
2) 시공 중에는 **단계성토**를 하게 되고 안정성 검토는 **전응력 해석**이 유효함

2. 흙댐 및 제방 축조의 안전율 변화
: 시공 중 및 시공 후 담수, 만수, 수위 급강하 시, 공수 시 안전율 변화(사면안정)

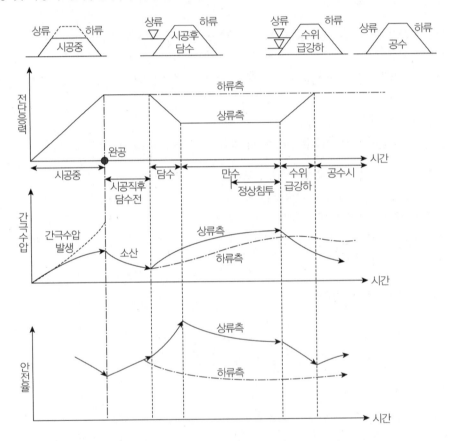

1) 시공 기간 중
   - (1) **하중이 계속 증가함**
   - (2) ∴ 활동면상의 **전단응력과 간극수압** : 댐 완공 시까지 **계속 증가**, F_s(안전율) 계속 감소
2) 시공 직후(완공) : **상류 측 제체 사면 가장 위험**, τ(전단응력) 최대, F_s(안전율) 최소
3) 댐 완공 후 담수 직전 : 배수에 의해 **과잉간극수압 소산**
4) 담수 시작
   - (1) 수압에 의해 **간극수압 다시 증가**
   - (2) 상류 측 제체 : 부력의 작용으로 **전단응력 감소하지만**(간극수압 약간 증가), **안전율은 증가**, ∵ 상

류 외수압이 수동 토압으로 작용, 활동에 저항

　(3) 하류 측 제체 : 물이 없어 간극수압의 영향을 받지 않아 평균 **전단응력은 일정** or 약간 증가할 뿐임

5) 담수 후 정상 침투상태 : **안전율 감소** 시작, 변화 크게 없음

3. 상류 측 제체 사면이 가장 위험한 시기

1) 시공 직후

　: 전단응력과 간극수압이 커서 안전율 낮아 **가장 위험**

[그림] 댐 시공 직후(초기), 담수 상태

2) 만수 시, 수위 급강하 시

　(1) 간극수압 감소로 흙의 수중단위중량이 포화단위중량으로 바뀌어 활동토괴의 중량이 증가하여,
　　전단응력이 증가, 안전율 감소[$\because \gamma_{sub} = \gamma_{sat} - \gamma_w$이므로]

　(2) ∴ 상류 측 제체 사면 가장 위험

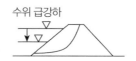

[그림] 흙댐 수위급강하 시 상류부

　① 잔류수압 ⇒ 사면안전율 감소 ⇒ 상류 사면붕괴

　② 대책 : 상류 측 필터 구비 조건 만족

4. 하류 측 제체 사면이 가장 위험한 시기

1) 시공 직후 : 전단응력과 간극수압이 커서 안전율 낮아 **가장 위험**

[그림] 댐 시공 직후(초기), 담수 상태

2) 정상침투 시

　하류 측이 포화단위중량이 되고 정상침투로 **간극수압 증가로 안전율 감소**

[그림] 정상침투 시 흙댐의 사면안정

　(1) Arching Effect ⇒ 수압할렬 ⇒ Piping ⇒ 사면붕괴

　(2) 침투압(양압력) 증가 ⇒ Boiling ⇒ Piping ⇒ 사면붕괴

　(3) 대책 : Filter 구비조건 만족, 침투압(양압력) 감소 ⇒ 댐기초처리

5. 흙댐(제방)의 안전율(안정성 검토) 검토방법 [강도정수 및 적용 강도 시험]

시공단계		시험법	강도정수	해석
시공 중		UU-Test	C_u, ϕ_u	전응력
시공 직후	투수성 낮음	UU-Test	C_u, ϕ_u	전응력
	투수성 높음	$\overline{CU}$-Test	$\overline{C}, \overline{\phi}$	유효응력
정상침투 시		$\overline{CU}$-Test	$\overline{C}, \overline{\phi}$	유효응력
수위급강하 시		$\overline{CU}$-Test	$\overline{C}, \overline{\phi}$	유효응력

1) 시공 전 기초 지반 및 시공 중(완속 성토)

: 포화된 점토지반에 제방, 기초 등을 설치 시

(1) 시험법 : UU-Test($C_u, \phi_u = 0$)(비압밀 비배수) : 간극수압(U) 비 측정

(2) 안정해석 : **전응력**(단기안정해석)

(3) 강도정수 : $C_u, \phi_u = 0$

2) 시공 직후 초기(담수상태) 상류사면이 위험한 때 안정성 검토

(1) 투수성이 낮은 경우 : **비배수 강도시험(UU)**에 의한 C_u, ϕ_u 적용, **전응력** 해석

(2) 투수성 높은 경우 : 간극수압 고려한 $\overline{CU}$-Test에 의한 $\overline{C}, \overline{\phi}$ 적용한 유효응력 해석함

시공 중 및 시공 직후(완공)

(1) 시험법 : UU-Test($C_u, \phi_u = 0$) : 비압밀 비배수

압밀진행이 시공속도보다 대단히 느려서 ⇒ 간극수의 배수를 무시 ⇒ 압밀에 의한 전단강도 증가는 없다고 볼 때

(2) 안정해석 : 전응력 해석(단기 안정 해석)

(3) 전단강도와 강도정수

* 사용강도정수 ⇒ 현장상태(배수조건)에 따라 변함

- $S = S_u$ 또는 C_u [포화점토]
- $S = C_u + \sigma \tan\phi_u$ [불포화점토]

① 불포화 : C_u, ϕ_u

② 포화 : $\phi = 0$

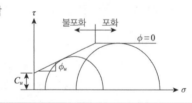

---

3) 수위 급강하 시(댐, 제방 상류면이 위험한 때) 안정검토

(1) 흙댐의 수위급강하로 core 내의 간극수압 발생 및 비배수시 ⇒ 댐사면의 불안정 ⇒ 안정검토 필요

(2) 간극수압 고려한 $\overline{CU}$-Test에 의한 $\overline{C}$, $\overline{\phi}$ 적용한 유효응력 해석함

---

(1) 시험법 : $\overline{CU}$-Test = CD-Test

(2) 안정해석 : 유효응력 해석(장기 안정 해석)

: 시공 후 장기간에 걸쳐 전단강도가 감소되어 ⇒ 오랜 시간 지난 뒤 파괴 예상 시의 장기안정문제 해석에 적용

---

4) 정상침투 시(댐, 제방 하류면이 위험한 때) 사면안정검토

   (1) 배수조건이므로 간극수압 고려한 CD-Test에 의한 c_d, ϕ_d 적용한 해석이 원칙이나

   (2) $\overline{CU}$-Test에 의한 $\overline{C}$, $\overline{\phi}$ 적용한 유효응력 해석함

---

(1) 시험법 : $\overline{CU}$–Test = CD–Test
(2) 안정해석 : 유효응력 해석(장기 안정 해석)
   : 시공 후 장기간에 걸쳐 전단강도가 감소되어 ⇒ 오랜 시간 지난 뒤 파괴 예상 시의 장기안정문제 해석에 적용

■ 참고문헌 ■

1. 서진수(2006), Powerful 토목시공기술사(1, 2권), 엔지니어즈.
2. 이춘석, 토질 및 기초 공학 이론과 실무, 예문사, p.392, pp.641.

9-27. 침투수력(seepage force)(96회 용어)

1. 침투수압 = 침투압(Seepage Pressure) 정의

1) 흙속의 임의 두 점에 물이 흐를때 수두차에 의한 **침투수**로 인하여 유효응력은 흐름 방향에 따라 수두차($\Delta h \cdot \gamma_w$) 만큼 변화가 발생하며, $\Delta h \cdot \gamma_w$를 **침투압**(Seepage Pressure)이라함

   즉, 침투압의 크기는 침투수의 진행방향(하향 또는 상향)으로 $\Delta h \cdot \gamma_w$ 이다.

2) 침투압은 흐르는 물이 토립자에 가하는 마찰력임

3) **전수두의 손실에 해당하는 압력이 간극수압에서 유효응력으로 이전**되는 것임

2. 침투수력

1) 단위 부피당(체적당) 침투수압 $= \gamma_w \cdot \dfrac{\Delta h}{Z} = i \cdot \gamma_w$

2) 전침투수압 $= i \cdot \gamma_w \cdot V = i \cdot \gamma_w \cdot A \cdot Z$

3) 단위면적당 침투수압(침투수력) [A = 1일 때]

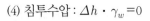

$$F = i \cdot \gamma_w \cdot Z$$

3. 침투 수압에 따른 유효응력의 변화

1) 유효응력

   (1) 전응력 = 유효응력 + 간극수압

   (2) 유효응력 : 토립자가 부담하는 응력, 지반의 전단과 변형에 관계됨

   (3) 간극수압 : 간극수가 부담하는 응력

2) **정수압상태(정지상태)**

   (1) 전응력

   $\sigma = \gamma_w \cdot h_w + \gamma_{sat} \cdot Z$

   (2) 간극수압

   $u = \gamma_w (h_w + Z)$

   (3) 유효응력

   $\sigma' = \sigma - u$

   $= \gamma_w \cdot h_w + \gamma_{sat} \cdot Z - \gamma_w \cdot h_w - \gamma_w \cdot Z$

   $= (\gamma_{sat} - \gamma_w) \cdot Z$

   $= \gamma_{sub} \cdot Z$

   (4) 침투수압 : $\Delta h \cdot \gamma_w = 0$

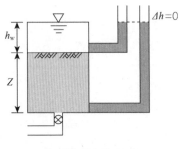

[그림] 정수압 상태

3) **하향침투 시 유효응력**

 (1) 전응력

$$\sigma = \gamma_w \cdot h_w + \gamma_{sat} \cdot Z$$

 (2) 간극수압

$$u = \gamma_w(h_w + Z - \Delta h)$$

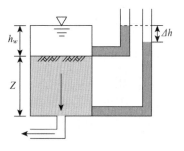

[그림] 하향침투 상태

 (3) 유효응력

$$\sigma^{'} = \sigma - u$$
$$= \gamma_w \cdot h_w + \gamma_{sat} \cdot Z - \gamma_w(h_w + Z - \Delta h)$$
$$= (\gamma_{sat} - \gamma_w) \cdot Z + \gamma_w \cdot \Delta h$$
$$= \gamma_{sub} \cdot Z + \gamma_w \cdot \Delta h$$

  ※ 정수압 시 유효응력($\gamma_{sub} \cdot Z$)보다 $\gamma_w \cdot \Delta h$만큼 큼

 (4) 침투수압 : 하향의 $\Delta h \cdot \gamma_w$

4) **상향침투 시 유효응력**

 (1) 전응력

$$\sigma = \gamma_w \cdot h_w + \gamma_{sat} \cdot Z$$

 (2) 간극수압

$$u = \gamma_w(h_w + Z + \Delta h)$$

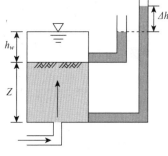

[그림] 상향침투 상태

 (3) 유효응력

$$\sigma^{'} = \sigma - u$$
$$= \gamma_w \cdot h_w + \gamma_{sat} \cdot Z - \gamma_w(h_w + Z + \Delta h)$$
$$= (\gamma_{sat} - \gamma_w) \cdot Z - \gamma_w \cdot \Delta h$$
$$= \gamma_{sub} \cdot Z - \gamma_w \cdot \Delta h$$

  ※ 정수압 시 유효응력($\gamma_{sub} \cdot Z$)보다 $\gamma_w \cdot \Delta h$만큼 적음

 (4) 침투수압 : 상향의 $\Delta h \cdot \gamma_w$

4. 평가(맺음말)

1) 침투압과 Piping

 (1) 상향의 침투압은 분사현상(Quick sand) 및 Piping의 원인이 되며

 (2) 상향 침투는 분사현상(Quick sand) 발생과 관계되며 수두차가 커져 한계동수구배에 도달하면
  Boiling 현상 발생

  ■ 한계동수경사 : $i_{cr} = \dfrac{\gamma_{sub}}{\gamma_w} = \dfrac{G_s - 1}{1 + e} \fallingdotseq 1$

   [∵ 자연퇴적된 모래의 $\gamma_{sub} = 0.95 \sim 1.1 \fallingdotseq 1$, 물의 $\gamma_w = 1$]

  ■ 동수경사 : $i = \dfrac{\Delta h}{Z}$

■ 안전율 $Fs = \dfrac{i_{cr}}{i}$

$i > i_{cr}$ 이면 보일링 발생

(3) Piping 발생조건

상향의 침투압 > 하향의 흙의 무게

2) 하향침투는 침투압밀공법(Hydraulic Consolidation method)의 원리에 적용됨

참고 **지하수위가 지중에 있을때 실제지반에서의 유효응력의 변화**

■ **정수압 상태의 유효응력** [흙속에 간극수압존재 시]

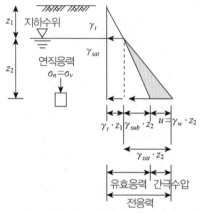

- 전응력 : $\sigma_n = \gamma_t \cdot z_1 + \gamma_{sat} \cdot z_2$
- 간극수압 : $u = \gamma_w \cdot z_2$
- 유효(연직)응력

$: \sigma_n' = 전응력(\sigma_n) - 간극수압(u)$

$\quad = [\gamma_t \cdot z_1 + \gamma_{sat} \cdot z_2] - u$

$\quad = [\gamma_t \cdot z_1 + \gamma_{sat} \cdot z_2] - [\gamma_w \cdot z_2]$

$\quad = \gamma_t \cdot z_1 + \gamma_{sub} \cdot z_2$

$\quad [\because \gamma_{sub} = \gamma_{sat} - \gamma_w]$

∴ 압밀침하 (연약지반개량) ⇨ 간극수압을 소산시킴 ⇨ 연직응력 증가 ⇨ 강도증가

■ **상방향 침투 시** 유효응력

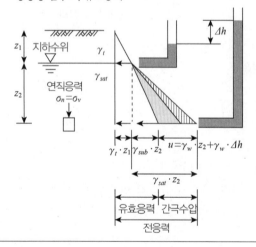

- 전응력 : $\sigma_n = \gamma_t \cdot z_1 + \gamma_{sat} \cdot z_2$
- 간극수압 : $u = \gamma_w \cdot z_2 + \Delta_u$

$\qquad\qquad = \gamma_w \cdot z_2 + \gamma_w \cdot \Delta h$

- 유효(연직)응력

$: \sigma_n' = 전응력(\sigma_n) - 간극수압(u)$

$\quad = [\gamma_t \cdot z_1 + \gamma_{sat} \cdot z_2] - u$

$\quad = [\gamma_t \cdot z_1 + \gamma_{sat} \cdot z_2] - [\gamma_w \cdot z_2 + \gamma_w \cdot \Delta h]$

$\quad = \gamma_t \cdot z_1 + \gamma_{sub} \cdot z_2 - \gamma_w \cdot \Delta h$

■ 참고문헌 ■

1. 이춘석(2002), 토질 및 기초공학 이론과 실무, 예문사, pp.121~124, 640.
2. 김영수, 사면안정해석, 토목시공고등기술강좌, Series9, pp.629~635.

9-28. Fill Dam과 콘크리트 댐의 안전 점검 방법(댐의 검사, 유지관리 및 운영 = 댐 계측)

1. 개요

1) 댐이 준공되면 **댐의 적절한 유지 및 운영**을 위해 **댐의 검사 및 점검 계획**을 수립하여 실시해야 한다.

2) 댐 유지관리 및 운영 지침의 작성

   (1) 댐의 검사 및 점검의 빈도

   (2) 댐의 검사 및 점검의 범위

   (3) 댐의 검사 및 점검의 내용

2. 흙댐, 제방의 거동

흙댐이나 제방은 **축조 기간 중(성토 중), 성토 직후 담수 시, 정상침투 시, 수위급강하 시**에 따라 거동이 달라짐

1) 시공 중에는 단계성토를 하게 되고 안정성 검토는 전응력 해석이 유효함

2) 흙댐, 제방 **상류사면이 가장 위험한 때**는

   (1) 시공 직후

   (2) 수위급강하 시임

     ① 잔류수압 ⇒ 사면안전율 감소 ⇒ 상류 사면붕괴

     ② 대책 : 상류 측 필터 구비 조건 만족

3) **하류사면이 가장 위험한 때**는

   (1) 시공 직후

   (2) 정상침투 시임

     ① Arching Effect ⇒ 수압할렬 ⇒ Piping ⇒ 사면붕괴

     ② 침투압(양압력) 증가 ⇒ Boiling ⇒ Piping ⇒ 사면붕괴

     ③ 대책 : Filter 구비조건 만족, 침투압(양압력) 감소 ⇒ 댐기초처리

3. 흙댐의 안전점검(흙댐의 검사 및 유지관리)

1) 댐 축제부, 양안부(Abutment), 댐 밑면의 가시(눈에 보이는 부분) 기초부 검사 : 정기적으로 실시

2) 저수지를 **급격히 담수할 경우(홍수기)** 검사 주안점

   (1) 댐 하류 측 비탈면 및 기초부 검사 횟수를 늘린다.

   (2) 축제부 균열, 활동, 누수, 침하, 누수로 인한 비탈면 보호공 손상, 용출부, 누수부 발생 여부 검사

3) 저수지 **수위 낮게 유지되는 경우(갈수기)** 검사 주안점

   노출된 양안부, 저수지 바닥의 함몰부, 균열, 침투공 발생 여부

4) 저수지 **수위 높게 유지되는 경우(담수기)** 검사 주안점

   댐 상류 측 비탈면, 하류 측 비탈면, 댐 마루부, 댐 하류 지역의 지반 이상 유무 점검(월례 점검 실시)

4. 콘크리트 댐의 안전 점검(검사 및 유지관리)

1) 콘크리트 **구조물**과 하류의 연결 **하천 수로**를 주기적으로 점검

2) 구조물의 안전도, 기능 유지, 노후화 정도 판단

3) 검사 주안점(검사 시 유의사항)

　(1) 구조물과 관련 시설물의 안전 확인

　(2) 댐 운영 조작에 지장을 줄 상태의 사전 감지

　(3) 구조물과 관련 시설 본래의 목적에 부합되게 운영되고 있는지 확인

　(4) 개보수의 기초 자료로서 훼손 정도의 파악

4) 콘크리트 구조물의 검사

　(1) 연례 검사 : 댐 운영 요원이 매년 실시

　(2) 전문가 검사 : 최소 6년에 1번, 댐 안전 관련 전문가단 구성하여 검사

　(3) 검사 항목

　　① 비정상적인 **침하, 융기, 변위, 횡적 이동**

　　② **콘크리트**의 파쇄, 함몰, 이음부의 벌어짐

　　③ **누수** : 콘크리트 표면, 이음부로부터의 비정상적인 누수

　　④ **노후화, 침식, 공동(캐비테이션) 현상**

　　⑤ 댐 하류 말단부의 **침식 파괴** 및 **기초부의 파괴** 가능성

　　⑥ 저수지의 비정상적 운영 거동

5) 하류 연결 **하천수로**와 주변 지역의 검사

　(1) 하천 수로의 사면, 바닥의 침식, 파괴

　(2) 사석호안부의 상태

　(3) 하천 수로의 사면, 바닥의 수중식물의 성장을 위한 하류 수위의 상승효과

　(4) 구조물의 수리학적 운영 조작에 영향을 미칠 하상의 상승, 저하 정도

　(5) 하천 수로의 뒤채움, 축제부의 과다 침하

5. 기계 장비의 안전점검 및 유지보수

1) 여수로 수문

2) 방수로의 취수구

3) 방류구의 수문

4) Trashrack

6. 댐의 관리 및 운영(안전점검 방법)

1) 댐의 유지관리 및 조작

　(1) 댐 구조물의 거동 계측 시설

　　: 댐 구조물의 안정성 향상 및 댐의 안전을 위한 댐 제체의 거동 및 감시

　(2) 댐 유역의 수문 관측 시설

　(3) 통신 및 경보 시설

(4) 동력 설비

(5) 관리 사무소

2) 댐의 안전을 위한 필수 계측 항목

NO	댐의 종류	기초 지반에서 댐 마루까지 높이	필수 계측 사항
1	중력식 콘크리트 댐	50m 미만	누수량, 양압력계
		50m 이상	누수량, 변형계, 양압력계
2	아치식 콘크리트 댐	30m 미만	누수량, 변형계
		30m 이상	누수량, 변형계, 양압력계
3	Fill Dam		누수량, 변형계, 침윤선

3) 필댐의 계측 시설

(1) 누수량 측정기

(2) 변형량 측정기

(3) 침윤선 측정 장치

(4) 간극수압계(피에조 미터)

(5) 토압계

4) 콘크리트 댐의 **계측 시설**(댐 안전 점검 필수 사항)

(1) Joint meter(이음계) : 시공이음의 신축 검사

(2) 변형계(Stress meter) : 제체 내부 응력의 크기 및 방향 분포 상태 파악

(3) 응력계(Stress meter)

(4) 온도계(Thermometer)

(5) 양압력계(간극수압계)

(6) 누수량 측정 장치(삼각위어)

(7) 지진계

(8) 수위계

(9) Plumb Line : 댐 수직 축 변위 측정

(10) 댐 외부 변형 측정 : 광파 측정기

5) 댐 유지관리 : Gallery 내에서 실시

(1) 내부 균열검사

(2) 수축량 검사

(3) 보수용 Grouting

(4) 배수 : 집수정 + 외부로 Pumping

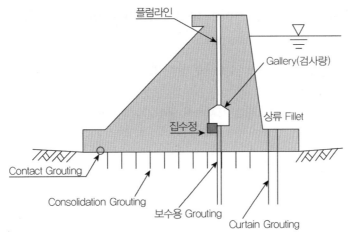

[Gallery의 목적 : 기능= 계측 및 댐 유지관리]

■ 참고문헌 ■

1. 댐설계기준(2011).
2. 댐 및 상하수도 전문시방서(2008).
3. 서진수(2006), Powerful 토목시공기술사(1, 2권), 엔지니어즈.

9-29. 검사랑(檢査廊, check hole, inspection gallery)(99회 용어)

1. 검사랑의 정의

1) 대규모의 댐(댐 높이 70m 이상)에서 댐체 **내부 상부** 및 **하부**에 만든 **통로(회랑)**로서 댐시공 후 **유지관리 및 보수**를 위한 시설임

2) 갤러리 내부에서 각종 계측, 배수 등을 실시하여 댐을 유지관리함

2. 검사랑의 규모

1) 상, 하부에 각각 갤러리를 설치함

2) 폭 1.2~2.0m, 높이 1.8~2.5m

3. 검사랑 단면도

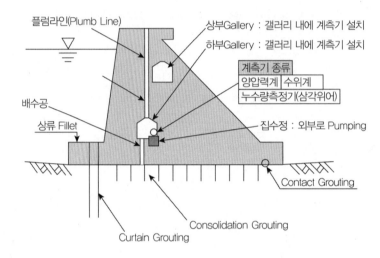

4. 검사랑 종단면도

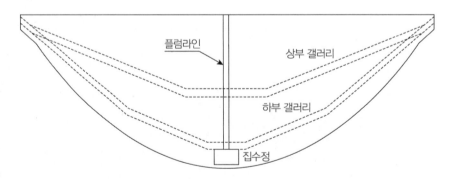

5. 검사랑의 용도

1) 계측

양압력계, 누수량 측정계, 온도계(Thermometer), 변형률계(Strain Meter), 응력계(Stress Meter), 양압력계, 누수량 측정기, 수위계, 피에조미터(필댐인 경우), 지진계, 플럼라인(Plumb Line : 댐 수직축 변위

측정)

2) **댐 점검** : 균열, 누수 등

3) **유지보수** : 갤러리 내에서 보링 후 차수 그라우팅

4) **배수 기능**

  (1) 집수정 : 갤러리 내 가장 얕은 심도인 최하단에 집수정 설치 후 외부로 배출

  (2) 배수공 : 기초바닥에서 배수공 설치하여 양압력 감소

  (3) 배수 Ditch : 검사랑 바닥 측면에 설치하여 누수된 물을 집수정으로 유도 후 배수

6. 검사랑 설계 시공 시 고려사항

1) 조명장치 고려

2) 방습장치 고려

3) 설치간격 : 높이 30m 간격마다

7. 평가

댐 시공 완료 후 가동 중에 댐의 거동파악 및 안전을 위한 유지관리, 보수 등을 위해서 갤러리는 필수적인 시설임

참고

1. Dam의 양압력 분포

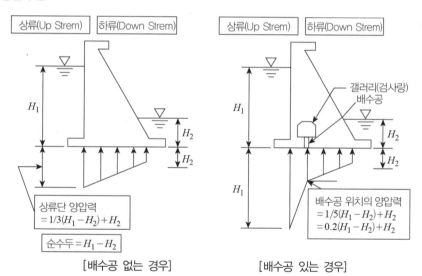

[배수공 없는 경우]   [배수공 있는 경우]

2. 댐 유지관리

1) Concrete 중력식 댐 : 갤러리 내에 배수공 설치 → 집수정 → Pumping → 배수

2) 계측(매설 계기) : 시공 중 매설된 계측기로 유지관리 시 사용

  양압력계, 누수량 측정계, Thermometer, Strain Meter, Stress Meter, 양압력계, 누수량 측정기, 수위계, 피에조미터(필 댐인 경우), 지진계, 플럼라인(Plumb Line : 댐 수직축 변위 측정)

댐의 안전을 위한 필수 계측 항목

NO	댐의 종류	기초 지반에서 댐 마루까지 높이	필수 계측 사항
1	중력식 콘크리트 댐	50m 미만	누수량, 양압력계
		50m 이상	누수량, 변형계, 양압력계
2	아치식 콘크리트 댐	30m 미만	누수량, 변형계
		30m 이상	누수량, 변형계, 양압력계
3	Fill Dam		누수량, 변형계, 침윤선

3) 누수량 심할 경우 : 갤러리 내 차수(Curtain) 보강

■ 참고문헌 ■

1. 댐설계기준(2011).
2. 댐 및 상하수도 전문시방서(2008).
3. 서진수(2006), Powerful 토목시공기술사(1, 2권), 엔지니어즈.

9-30. CFRD(Concrete Faced Rock fill Dam) [콘크리트 표면 차수벽형 석괴 댐]

- CFRD와 존형 Rock Fill Dam 비교

1. 개요

1) 최근 국내에서는 석괴 댐 시공에 있어 과거의 Zone형 Rock Fill 댐보다는 CFRD가 시공되는 추세임

2) 이유는 3가지의 다른 재료, 즉 암버력(사석), Filter(모래＋자갈), 점토를 사용하는 중심 Core형 댐이 재료 구득이 곤란한 점에 비해 CFRD는 하천상류 현지에서 재료 구득 가능하기 때문임

2. CFRD의 단면 구성

1) 콘크리트 차수벽과 차수벽을 지지하는 차수벽 지지층 및 석괴층으로 구성

2) 현대(근대 댐) CFRD 시공 개요도

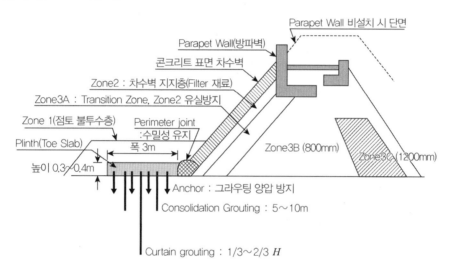

3. 각 구성요소의 특징 및 규격

1) Parapet Wall(방파벽) : 차수벽, 댐 단면 감소, 체적 감소

2) 콘크리트 표면 차수벽 : 구배 ⇒ 1:1.3

3) Perimeter joint : 수밀성 유지

4) Plinth(Toe Slab＝가대) : 차수벽과 댐 기초의 수밀 상태 연결, 폭 3m, 높이 0.3∼0.4m

5) 댐 기초처리

   (1) Anchor : 그라우팅양압력(Grouting Lift) 방지

   (2) Consolidation Grouting : 5∼10m

   (3) Curtain grouting : 1/3∼2/3H

4. 축조재료의 특성

1) Zone 1 : 불투수성층(점토)

   Perimeter 및 차수벽 변형, 균열에 의한 누수 보강

2) **Zone 2(차수벽 지지존)** : 차수벽 지지층(Filter 재료)

    (1) 최대 치수 75~38mm

    (2) $K = 1 \times 10^{-4} cm/sec$

3) **Zone 3A(선택 존** : Transition zone)

    (1) Zone 2의 유실 방지

    (2) 쇄석, 사력

4) **Zone 3B(암석 존)**

    (1) 최대치수 800mm

    (2) 투수성 큼, 안정성, 전단 강도 큼

5) **Zone 3C(암석 존)**

    (1) 최대 치수 1200mm

    (2) 투수성 큼, 안정성, 전단 강도

5. Toe Slab(Plinth)(가대) [용어기출문제 : 석괴댐의 Plinth]

1) 정의

    콘크리트 차수벽과 댐 기초를 **수밀 상태**로 연결 : **연결장치**＝Perimeter Joint

2) 플린스의 역할 : Grout Cap 역할

3) 플린스의 제원

    (1) Plinth의 **폭원**

        ① 기초 지반 양호한 경우 : 수심의 1/20~1/25

        ② 기초 지반 불량한 경우 : 수심의 1/6

        ③ 최소 폭 : 3m 유지

    (2) Plinth의 **높이(두께)** : 0.3~0.4m

6. 존별 기초 설계일반(고려사항) : 기초처리기준

1) 존별 기초의 설계

    프린스 기초, 트랜지션(transition)존 기초 및 암석 존 기초 설계로 구분

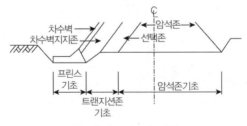

[그림] 존 기초의 설정

2) 기초설계 목적

    기초의 요철 ⇒ 제체 부등침하 ⇒ 제체의 변위 및 차수벽 균열발생 ⇒ 방지

3) 프린스의 위치 결정 : 시추조사 ⇒ 기초상태 확인 후

4) 댐 기초지반 형상

  (1) **프린스 기초 암반부의 굴곡**

    ① 급하지 않는 것

    ② 양안부 프린스 사면경사 ⇒ 1 : 0.25 이하

  (2) **댐저폭**

    ① **댐 높이의 2.6배 이상**

    ② 모든 수압 ⇒ 댐축 상류부 기초부에 작용 가정

    ③ 총활동 안전율(제체하중/수평수하중)=7.5 정도인 CFRD 경우

      : 제체 하류부 기초굴착 처리 기준 ⇒ 중심 코어형 필댐보다 엄격성 낮음

5) **기초처리의 기준**

  (1) 기초부의 침투수 ⇒ **파이핑, 침식 가능성** ⇒ **제거**

  (2) 기초암반 : **견고한 암반**(반드시 경암 요구하지는 않음)

6) **기초의 압축성**

  (1) 차수벽 변형에 영향 미치는 위치의 기초 압축성은 중요

  (2) 정확한 **시추 주상도** 이용 ⇒ 기초의 **압축성 평가**

7. 기초지반의 평가요소 = 제체 기초의 허용성을 평가하는 주요 요소

1) **강도**

  (1) 기초 일부분의 충적층, 풍화암 ⇒ 비제거 ⇒ 경제적

  (2) 투수에 불리한 방향의 심(seam) 포함 ⇒ 안정성 검토 필요

  (3) 기초의 안정성 확보 대책 : **기초보강 공법 수립, 제체 사면경사 완화**

2) **압축성**

  (1) 지지력 크고, 침식, 풍화에 강한 **신선한 지반** 선택

  (2) 제체, 차수벽 지지존 기초 압축성 ⇒ 부등침하 ⇒ 차수벽 균열 ⇒ 방지

  (3) **프린스 하류** 0.3H~0.5H(H = 댐 높이) 내의 기초 구간

    ① **가장 높은 수하중** 받음

    ② 기초 변형 ⇒ 차수벽 변형에 큰 영향 ⇒ **압축성 적고, 균등하게 유지**

  (4) 기초지반의 **압축성 허용치**

    ① 축조암의 탄성계수보다 큰 기초재료는 허용

    ② **기초의 압축성 ≥ 축조 암석 존(rockfill zone) 압축성**일 때

      ⇒ 차수벽의 변형에 미치는 **기초침하 영향 고려**

  (5) 기초의 압축성에 의한 **차수벽의 변형의 정도 평가**

    ⇒ 유한요소해석(수치해석) 실시

3) **침식성**

  (1) 프린스 기초의 **높은 동수경사(hydraulic gradient)** ⇒ 침식 방지 중요

  (2) 침식성 재료 제거 불가 시 ⇒ **동수경사 줄여** ⇒ 침식에 의한 재료의 이동과 누수 방지

(3) 트랜지션 존 기초의 폭

　① **암질**(특히 균열의 빈도, 방향성, 충진물의 특성)과 **동수경사**에 의존

　② 특별한 기초지반 ⟹ 침식성 방지 ⟹ 폭을 최대 댐 높이의 1배까지 연장

4) **투수성**

　(1) **프린스 기초** : **낮은 투수성** 가질 것

　(2) 투수성 감소 대책 ⟹ **그라우팅** 실시 ⟹ Consolidation, Curtain

8. 프린스 및 트랜지션 존의 기초(처리 기준)

1) 담수 수하 중 ⟹ 주변이음의 벌어짐에 작용 ⟹ **큰 전단변형** ⟹ 주변이음 감당

2) 프린스의 기초

　(1) **그라우팅**이 가능한 **견고**하고 **침식되지 않은 신선한 암반**

　(2) 기초지반의 **풍화 상태 확인** : 암의 상태에 따라 지반 분류

　　다나까(田中, 일본)의 암반분류 기준 **CM급 이상** ⟹ 기초처리 후 기초지반으로 사용 가능

3) 신선하지 않은 기초암반 : 국부적인 결함 처리 ⟹ 트렌치 굴착 시행 ⟹ 보강방안 강구

4) 프린스 하류 측 끝단~하류 쪽 트랜지션 존 기초 구간 or 최소 10m의 수평거리 내

　: 프린스 지지층 정도의 암반 요구(프린스의 기초 처리 기준 준수)

5) 프린스의 기초부와 댐 축 사이 구간

　: 응력집중 발생방지 ⟹ 돌출부분 제거, 고르게 처리

6) 프린스 기초와 제체 기초 표고 불일치 시 ⟹ 차수벽 지지력의 급격한 변화방지 ⟹ 경사 구간이 필요

　(1) 프린스 기초 표고 < 제체기초의 표고

　　⟹ 차수벽의 경사보다 트랜지션 존 구간 기초지반 사면경사를 완만하게

　(2) 프린스 기초 표고 > 제체기초의 표고

　　⟹ 차수벽의 지지력 및 주변이음의 변위의 크기 고려

　　⟹ 트랜지션 존 구간의 기초지반 사면경사는 1:1 이하(완만하게)

9. 암석 존의 기초

1) 암석 존의 기초

　(1) 제체의 대부분의 하중을 부담

　(2) 암반분류 : 다나까 암반분류기준 **CL급(풍화암급)** 정도

2) 암반의 수밀성 증대보다 제체의 부등침하 방지, 지지력 부족에 대처

3) 돌출암 : 댐체의 거동분석 ⟹ 부등침하가 발생방지 ⟹ 제거

4) 자갈 이외의 토질(퇴적층등) : 제체 자중에 의한 압축으로 부등침하의 우려 ⟹ 제거, 안정대책 강구

10. 댐의 기초처리(프린스 기초암반 처리) [용어기출문제]

1) 기초상태에 따른 기초설계의 원칙

　(1) **침투장 연장** 처리

　(2) **콘크리트 채우기** 처리(Dental concrete), 그라우팅 처리로 대별

개별적 적용, 상호 연계하여 처리방법 채택

(3) 지반 침하, 기초 지반의 누수에 의한 세굴 및 파이핑 현상 발생방지 설계

(4) 풍화암, 단층대, 균열대(비신선한 암반)

세부 지질조사 ⇒ 지층, 반의 구성상태 확인 후 ⇒ 적절한 대응공법 강구

(5) 풍화된 사암, 이암층

프린스 접촉면에 침투수 발생우려 부위 ⇒ 트렌치 굴착 ⇒ 콘크리트 채워 침투수 발생방지

2) 기초처리 종류

(1) Curtain Grout : 수심의 1/3~2/3

(2) Consolidation Grout : 5~10m

(3) Anchor Bar 시공 : Grouting 작업 시 양압력(Grout Lift)에 저항

3) 그라우팅(기초처리)

프린스 위에서 수행 ⇒ 댐 축조 및 차수벽의 타설 공종과 별개로 수행 가능

커튼그라우팅을 중심으로 **압밀 그라우팅**을 상호 보완연계 되게 시행

(1) 그라우팅의 목적

① 프린스 기초부 지반의 **지질학적 결함 개량**

② **침윤선을 연장시켜 누수량 감소**

③ **세굴방지 및 기초의 지지력 증대**

(2) 그라우팅의 설계 시 고려사항

댐의 수심, 지층상태, 지질도와 시공사례(국내의 댐)를 고려

① 지반 개량 범위

② 주입재 종류

③ 대략 심도

④ 공 간격

(3) 그라우팅 시 주의 사항

주입재료 선정 시 **수질환경** 등 환경유해 여부 반드시 검토

(4) 그라우팅 최대 주입압

① 투수시험 결과 ⇒ 반의 균열상태, 물시멘트 농도비, 주입 깊이 등에 따라 다름

② W/C(물시멘트) 농도비 1:10을 기준 시 만수 시 수압의 3배 정도

4) 커튼 그라우팅

(1) 커튼 그라우팅의 목적

① 암반 내의 절리면을 따라 하류로 유출되는 침투수 억제

② 침투수에 의한 양압력, 파이핑 현상 방지 ⇒ 댐체의 안정성 확보

(2) 공심도, 공 간격, 열 간격

① 기초 지반의 상태, 댐 높이, 최대 수심 등에 따라 결정

② 일반적인 기준 : 필댐의 기준 준수

  (3) 그라우팅 작업

    ① 저수위(貯水位), 지질상태, 주입 영향권 등에 따라 결정

    ② 통상 1열~2열 배치

    ③ 일반적으로 1.5~2.5m 기준 2열 이상 배치 시

       지그재그 배치⇒ 암반의 변형성, 기존 암반의 강도, 압밀성, 수밀성 등을 개량

    ④ 2열시 열 간격

      ㉠ 1.0~2.0m 정도

      ㉡ 프린스의 폭등을 고려, 시험 그라우팅 후 결정

      ㉢ 지층이 극히 좋지 않는 곳

        : 저수위(低水位) 이상과 이하로 나누어 지반여건에 따라 상·하류로 보조 그라우팅 실시

  (4) 단층 구간의 그라우팅공 배치

    : 수직공＋경사공 배치 ⇒ 단층대와 교차 ⇒ 차수효과 높이는 상호 보완적인 그라우팅

  (5) 양안 접합부 그라우팅공 배치

    지질 상태에 따라 수직공＋경사공 배치 ⇒ 암반의 절리면과 교차 ⇒ 주입효과 증대

  (6) 그라우팅에 의한 투수성 처리 기준

    : 필댐의 처리 기준 준수 : 일반적으로 3Lu(루존) 이하

  (7) 그라우팅 후 투수성에 대한 확인

    : 20~30m 간격의 검사공(Check hole) 천공, 수압시험 시행 결과로 판단

5) 압밀 그라우팅

  (1) 압밀 그라우팅의 목적

    ① 표면부 기초암반의 상태(변형성, 강도, 압밀성, 수밀성) 개량

    ② CFRD 압밀 그라우팅: 짧은 침윤선이 프린스 아래 암반층을 직접 통과하므로 ⇒ 다른 형식의 필

      댐보다 특히 중요

  (2) 공 간격

    ① 일반적 : 1.5~2.5m

    ② 커튼 그라우팅을 중심으로 상·하류부에 1열~2열로 배치

  (3) 공심도

    ① 일반적 : 5~10m 기준 : 필댐 기준 준수

    ② 기초의 폭, 균열대의 폭등 기초지반의 상태에 따라 결정

6) 단층대등 결함부의 처리

  (1) 단층대의 특성 조사 ⇒ 기초 요구 조건 확보

  (2) 프린스 기초부위의 단층, 파쇄대 및 충전 절리

    ① 충분한 깊이까지 굴착 ⇒ 깨끗이 청소 ⇒ 콘크리트 충전(콘크리트 치환)

    ② 프린스 기초~차수벽 지지존 구간 내 확장된 절리, 침식성 심(seam)

: 최소 단층파쇄대 폭과 동일한 깊이까지 굴착 ⇒ 보강대책 강구

③ **단층대 치환심도**

: USBR(미)식과 경험적인 방법을 단층대의 특성에 따라 탄력적 적용 보완

㉠ **경험적인 방법**

: 공 내 수압시험 ⇒ D급 정도의 탄성계수 구간에 대해 치환

㉡ **USBR 경험식(댐 설계기준공식)** : 수심 고려

$$H \geq 46\mathrm{m} \qquad D = 0.006H + 1.5\mathrm{m}$$
$$H \leq 46\mathrm{m} \qquad D = 0.276b + 1.5\mathrm{m}$$

여기서, D : 단층대 치환심도(m)

b : 단층대의 폭(m)

H : 댐 높이(m)

(3) 선택 존 및 암석 존 기초 부위의 단층대

① 단층대의 지질 분류 ⇒ 압축성에 의한 침하량 계산 OR

② 현장재하시험 실시 ⇒ 부등침하 여부 검토

11. 국내 CFRD 시공 사례 및 기초처리 현황

1) 시공사례

평화댐, 남강댐, 부안댐, 밀양댐, 용담댐, 산청양수, 청송양수, 양양양수, 탐진댐, 영월댐, 대곡댐

2) 댐기초처리

(1) 댐 높이 : 34~98m

(2) 차수 그라우팅

① 심도 : 11~70m

② 공 간격 : 1.5~2m

③ 배치 : 1열~2열

(3) 압밀 그라우팅

① 심도 5~10m

② 공간격:1.5~3m

③ 배치 : 상하류 2~3열

■ **참고문헌** ■

1. 댐설계기준(2005).

2. 서진수(2006), Powerful 토목시공기술사(1, 2권), 엔지니어즈.

9-31. 댐의 프린스(plinth)(101회 용어)

1. 개요
최근 국내에서는 석괴댐시공에 있어 과거의 Zone형 Rock Fill 댐보다는 CFRD가 시공되는 추세임

2. CFRD의 단면 구성
1) 콘크리트 차수벽과 차수벽을 지지하는 차수벽 지지층 및 석괴층으로 구성
2) 현대(근대 댐) CFRD 시공 개요도

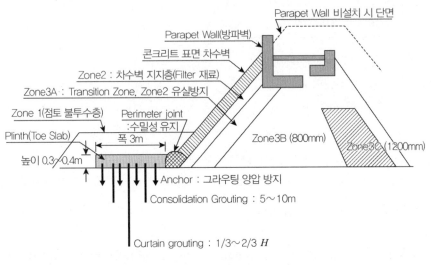

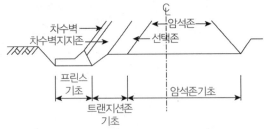

3. Plinth = Toe Slab(가대)
1) 정의

콘크리트 차수벽과 댐 기초를 수밀 상태로 연결 : 연결장치 = Perimeter Joint
2) 플린스의 역할 : Grout Cap 역할
3) 플린스의 제원
   (1) Plinth의 폭원
      ① 기초 지반 양호한 경우 : 수심의 1/20~1/25
      ② 기초 지반 불량한 경우 : 수심의 1/6
      ③ 최소 폭 : 3m 유지
   (2) Plinth의 높이(두께) : 0.3~0.4m

■ 참고문헌 ■

1. 댐설계기준(2005).
2. 서진수(2006), Powerful 토목시공기술사(1, 2권), 엔지니어즈.

Chapter 10

하천 및 상하수도

10-1. 하천제방의 누수 원인과 방지대책

- 하천제방의 누수 원인을 기술하고 누수 방지대책 설명 [105회, 2015년 2월]

1. Fill Dam 및 하천제방의 누수 원인과 방지대책

1) 누수 원인

    (1) Quick Sand ⇒ Boiling ⇒ Piping이 원인임

    (2) 성토 재료의 구비조건 미비가 원인임

    (3) 호안공 시공 잘못

2) 대책

    (1) Piping 방지 : 기초처리

    (2) 성토 다짐, 품질 관리(점토 코어 시공 철저) : 침윤선 저하

    (3) 성토 재료의 구비조건 만족 : 간극수압 저하, 침윤선 저하

NO	Fill Dam 원인		Fill Dam 대책			하천제방 원인		하천제방 대책		
1	누	누수, Piping	차	차수벽	점토 Core =차수벽= 심벽	누	누수, Piping	차 블 기	차수벽	Sheet pile
					Sheetpile				Blanket	
					Slurry Wall				기초처리	
					Curtain Grouting			침 제 배	침윤선 저하 제방 단면 확대 배수 우물 배수 드레인	
			블		Blanket					
			기		기초처리					
			침	침윤선 저하	Filter 재료구비조건					
					점토재료구비조건					
2	세	세굴				세	세굴			
3	사	사면붕괴	비	비탈면 보호		사	사면붕괴	호	호안공	
4	다	다짐불량				다	다짐 불량			
5	균	균열(단층, 파쇄대, 부등 침하)				균	균열			
6	재	재료 불량				재	재료 불량			
7	단	제방 단면 부족	압	압성토		단	제방 단면 부족	압 제	압성토 제방 단면 확대 : 소단	
8	구	구멍				구	구멍			

2. 대책 공법

1) 호안공

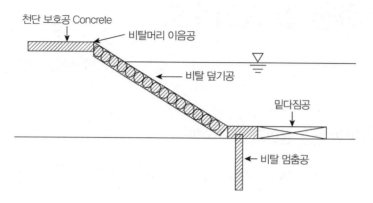

2) 차수벽의 설치

(1) 중심 차수벽

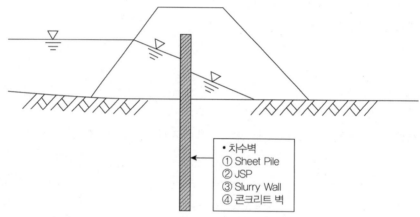

(2) Blanket, 표면 차수벽

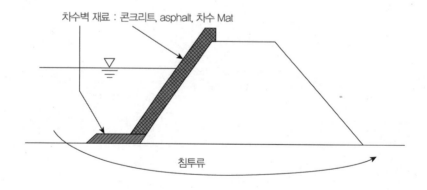

(3) Sheet Pile 사용한 차수벽

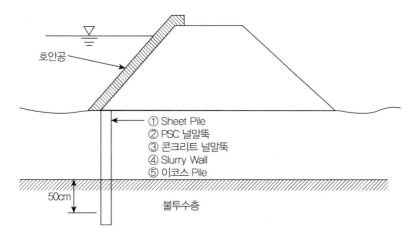

① Sheet Pile
② PSC 널말뚝
③ 콘크리트 널말뚝
④ Slurry Wall
⑤ 이코스 Pile

50cm

불투수층

호안공

3) 제방 부지 확폭(침윤선의 길이 확보 개념임)

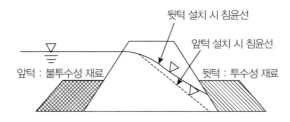

뒷턱 설치 시 침윤선

앞턱 설치 시 침윤선

앞턱 : 불투수성 재료

뒷턱 : 투수성 재료

4) 침윤선 저하시키는 방법

(1) 중심 Core형

(2) Cut Off Wall 설치 : Curtain Grouting, JSP, 기타 약액 주입, Slurry Wall, Sheet Pile, 콘크리트 벽

(3) Drain 설치(배수도랑＝Filter＝모래＋자갈)

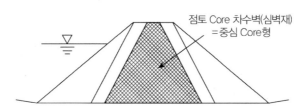

점토 Core 차수벽(심벽재)
＝중심 Core형

>> 배수 Drain 공

〈근상 배수 도랑〉 〈직립 배수 도랑〉

〈수평 배수 도랑〉 〈비탈끝 배수 도랑〉

〈상류측 배수 도랑〉

■ 참고문헌 ■

1. 서진수(2006), Powerful 토목시공기술사(1, 2권), 엔지니어즈.
2. 서진수(2009), Powerful 토목시공기술사 단원별 핵심기출문제, 엔지니어즈.
3. 하천공사 표준시방서(2007).
4. 하천설계기준(2009).
5. 토목고등기술강좌, 대한토목학회.

10-2. 제방의 측단(101회 용어)

1. 측단의 정의

측단은 **제방의 안정**, 뒷비탈의 유지보수, 제방 둑 마루의 **차량 통행**에 의한 **인위적 훼손 방지**, 경작용 장비 등의 통행, **비상용 토사의 비축**, 생태 등을 위해 필요한 경우에는 **제방 뒷기슭**에 설치한다.

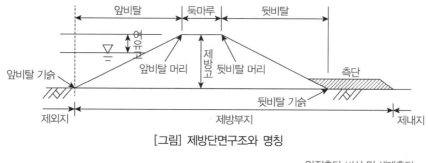

[그림] 제방단면구조와 명칭

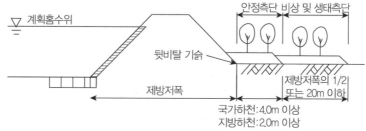

[그림] 측단의 설치 예

2. 종류

1) 안정측단

2) 비상측단

3) 생태측단

4) 현장 여건을 감안하여 포괄적인 기능을 갖는 측단으로 설치할 수 있다.

3. 측단의 규격

1) 안정측단

   (1) 생태측단의 역할도 할 수 있다.

   (2) 폭

      ① 국가하천 : 4.0m 이상

      ② 지방하천 : 2.0m 이상

2) 비상측단의 폭

   제방부지(측단 제외) 폭의 1/2 이하(20m 이상되는 곳은 20m)

3) 생태측단

   (1) 하천의 환경보전기능을 유지하기 위해 필요한 제방의 한 요소

   (2) 폭 : 제방부지(측단 제외) 폭의 1/2 이하(20m 이상되는 곳은 20m)

4. 측단의 설치

1) 안정측단

    (1) 옛 **하천부지**나 **기초지반**이 **매우 불량한** 곳에 축조한 제방 및 **제체재료가 불량한 제방** 등에서는 **제방의 안정**을 위해서 특별한 조치 필요

    (2) 기초지반의 누수방지

       ① 물막이벽 공법, 고수부 피복공법 등의 **누수대책공법**을 사용할 수도 있지만

       ② 제체누수에 대한 효과나 연약지반에서 **압밀성토의 효과** 등도 함께 고려하며

       ③ **안정측단**을 설치하여 **제방단면을 확대**하는 것이 더 **효과적**일 수도 있다.

2) 비상측단

    (1) 제방 파괴 시에 필요한 **비상용 토사의 비축**을 위한 비상측단이므로

    (2) 하도특성, 수리적 영향 등을 검토하여 **제방붕괴가 예측되는 부분**에 대하여는 **원상복구에 대비**하여 비상측단을 설치하도록 하여야 한다.

3) 생태측단

    (1) **제방상의 식수** : 제방의 보호 위해 **원칙적으로 금지**, 치수상 지장이 없는 범위에서는 가능

    (2) 하천과 주변 지역 녹지축 연계, 자연의 연속성 등 **녹지생태 네트워크 형성**을 위한 생태측단을 설치 : **쾌적한 환경**에 대한 **사회적 요구**와 **치수목적상 제방의 기능**을 유지해야 하는 두 가지 목적을 조화시킬 필요 있다.

    (3) 제방 둑마루 또는 비탈에 식수를 하면 제방 구조상 위험을 초래 : **치수상 배려로 뒷비탈 기슭**에 단을 만들어 **식수 및 조경** 가능

    (4) 생태측단은 **하천의 환경보전기능**을 유지하기 위해 필요한 제방의 한 요소

    (5) 안정측단 폭원과는 별도로 비상 및 생태측단 부분에 국가하천의 경우 4m 이상, 지방하천의 경우 2m 이상의 측단을 만들어 하천환경 보전기능을 위한 수변역의 녹지축을 만든다.

    (6) 주변지역에 **구 하도**나 **습지** 등이 있는 경우 : **생태완충구간**을 두어 **생태계보전** 및 **생물 서식거점**과 **기초지반누수** 등에 대한 제방의 안정에 기여

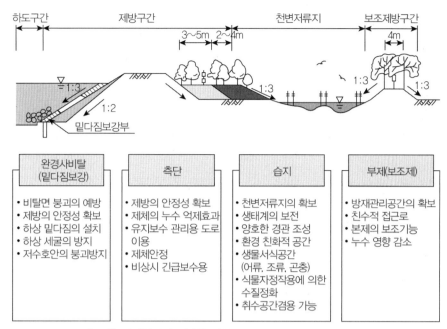

[그림] 자연친화적 제방축조(천변저류지와 보조제방) 예시도

■ 참고문헌 ■

하천설계기준 해설(2005), 국토해양부.

10-3. 하천제방에서 제체재료의 다짐기준을 설명(83회)

- 제체 축조재료의 구비조건과 제체의 누수원인 및 방지대책 설명(109회, 2016년 5월)

1. 다짐의 정의(원리)

다짐이란 흙에 인위적인 압력(롤러 등)을 가하여 **흙의 공극(공기)**을 제거시켜 **흙의 밀도(단위중량)**를 증가시킴으로써 전단 저항각(ϕ) 증가로 전단강도를 크게 하는 것

1) 정규압밀토를 과압밀화시킴
2) 선행압밀하중을 가함
3) 불포화토를 포화토(OMC 상태)
4) 간극비(e) 축소
5) 밀도를 증진시키는 행위

2. 다짐의 목적 및 효과

1) 전단강도↑(ϕ 증가, 지지력 증대) : 사면안정
2) 변형량↓ : 동상과 연화방지, 수축팽창 적게 함
3) 압축성↓ : 성토 시 압축침하 방지
4) 공극량↓ : 지반의 지지력 증가
5) 투수계수↓ : 흙의 안정화

3. 제방 제체재료의 품질 및 다짐 기준 [하천공사 표준시방서]

구분	토사	비고
입도분포	GM, GC, SC, SM, ML, CL	통일분류법
최대치수	100mm 이하	
수정CBR	2.5 이상	
다짐도	90% 이상	A, B, C, D 다짐
시공함수비	습윤 측	투수계수 K가 적음
시공두께(다짐 두께)	다짐완료 후 30cm 이하	
간극률(n)	No.200 통과량 20~50% : 15% 이하 No.200 통과량 50% 이상 : 10% 이하	

4. 제방 사석(석재) 품질기준

구분	품질기준
비중	2.5 이상
흡수율	5% 이하
압축강도	500kg/cm^2 이상

5. 제체재료의 선정

1) 조사목적

  (1) 재료의 양 측량

    (2) 성토재료의 구비조건 조사

    (3) 경제성 조사 : 운반거리

2) 성토재료의 조사항목

실내 시험	흙 분류	입도시험	C_u, C_c(Cg)
		Atterberg 한계	PI, PL, SL, LL
	토성시험	w, G_s, γ_d, γ_{dmax}	
	강도시험	일축압축, 삼축압축, 직접전단	

6. 다짐도 평가방법(다짐도 판정방법 = 다짐의 품질관리규정)

판정방법	공식, 시험법	판정기준	적용성
상대 다짐도 (건조밀도)	• RC $= \dfrac{\text{현장}\,\gamma_d}{\text{실내}\,\gamma_{dmax}} \times 100(\%)$	① 노체 : 90% ② 노상 : 95%	① 도로성토 ② Fill Dam core ③ 토량 환산계수
상대 밀도	• $D_r = \dfrac{e_{\max} - e}{e_{\max} - e_{\min}}$	① 70% 이상 ② Dense : 60~80%	① 사질토 ② 조립토 ③ Filter ④ 액상화 : $D_r < 50\%$
공기 함유율	• $V_a = [100 - \gamma_d/\gamma_w\,(100/G_s + w)]$	① 1~10 ② 2~20 ③ 10~20	• 포화도와 동일
변형량	① Proof Rolling ② Benkelman Beam	① 시방값 이내 ② 노체 : 5mm ③ 노상, 보조기층 : 2~3mm	• 도로, 보조기층, 뒤채움
시험 시공 : 다짐 공법, 횟수	• 시험성토	• 다짐 장비 종류, 회수, 에너지	① 암괴, 호박돌, 암버력 ② RC적용 불가능한 곳
공기 함유율	• $V_a = 100 - \dfrac{\gamma_d}{\gamma_w}\left(\dfrac{100}{G_s} + W\right)$	① 1~10 ② 2~20 ③ 10~20	• 포화도와동일
포화도	• $S_r = \dfrac{wG_s}{e}$	• $S_r = 85 \sim 95\%$	① RC 적용 곤란한 흙(화산 회질 점토) ② 자연함수비 >시공함수비 : 다짐이 되는 경우

7. 다짐효과를 높이기 위한 다짐공법(장비)의 효과적 선정

1) 다짐에너지↑ ⇒ γ_{dmax}↑ ⇒ OMC↓

2) 시험 성토 후 결정 : 장비종류, 회수, 살수량, 다짐두께 선정

   하천제방은 대부분 원지반의 재료를 **불도저로 성토**하는 사례가 많으며 토질은 주로 **사질토**이므로 **사질토에 적합한 장비** 선정함

    (1) 다짐공법 : 충격식 다짐

① 진동 Roller

② 진동 Compactor

③ 진동 Tire Roller

(2) 공법의 적용성, 선정 이유

① **입자** 크고 ② **투수성** 크고 ③ **공극**이 크므로 ④ **진동**을 주어 ⑤ **상대밀도** 크게 하여 ⑥ **전단강도** 크게 하기 위해

8. 맺음말

제방은 누수와 파괴의 원인이 **Piping**이며 누수와 Piping을 방지하기 위해서는 제방 **제체재료의 선정.** 다짐기준에 적합하도록 **다짐시공의 품질관리가 중요함**

■ 참고문헌 ■

1. 서진수(2006), Powerful 토목시공기술사(1, 2권), 엔지니어즈.

2. 서진수(2009), Powerful 토목시공기술사 단원별 핵심기출문제, 엔지니어즈.

3. 하천공사 표준시방서(2007).

4. 하천설계기준(2009).

5. 토목고등기술강좌, 대한토목학회.

10-4. 홍수에 대비한 유역 종합 치수 계획

1. 개요
최근 기상이변 등으로 **계획 시설 규모(홍수 빈도) 이상의 홍수 발생** 등으로 인명과 재산 피해발생

2. 국내 홍수 방어 대책(홍수 대비 방법)의 문제점 및 대책
1) 문제점

```
① 유역 홍수량의 대부분을 하천제방에만 부담
            ↓
② 유역의 다양한 홍수 방어 시설 부족 : 농경지 저류, 도시 내 우수 저류 시설
            ↓
③ 제내지의 홍수량 처리에 문제
            ↓
④ 상류 홍수량 처리를 위해 하천에 제방 축조
            ↓
⑤ 상류 지역의 홍수 저류 능력을 제방으로 인해 차단
            ↓
⑥ 하류 지역의 홍수량 증대
            ↓
⑦ 하류 하천제방에 과도한 홍수량 부담
            ↓
⑧ 하류 하천의 제방 단면, 규모 과대
            ↓
⑨ 따라서, 모든 지역의 홍수 방어 능력 저하
            ↓
⑩ 현행 홍수 방어 대책의 한계임 : 최근 4대강 정비로 홍수방어능력 증대
```

2) 대책
   (1) 비구조물적인 대책
   　　① 홍수 보험
   　　② 홍수 예경보 시설
   (2) **구조물적인 대책**
   　　① 홍수 조절용 댐 : 4대강 정비로 하천 통수 단면적 증대, 다목적보(홍수조절, 저류, 용수, 발전, 경
   　　　관, 휴양, 레저시설)
   　　② 하천 개수
   (3) 유역 종합 치수 대책 수립
   　　① 부분적인 대책 지양
   　　② 유역 전체 홍수 방어를 위한 종합 대책(마스터플랜)
   　　　: 유역 종합 치수 대책수립(유역 전체의 특성 고려하여, 적절하고 다양한 방법으로, **홍수 분담,
   　　　홍수 분배, 농경지 저류, 도시 내 우수 저류 시설 활용**, 증설)

3. 홍수 대비 유역 종합 치수 대책

1) 유역 종합 치수 대책의 필요성

  (1) 홍수 피해 증대의 원인

    ① 기상이변

    ② **제방 효과**(Levee Effect)

      ㉠ 경제 발전과 더불어 토지이용 고도화로 하천 주위에 대도시, 사회 시설 집중으로 홍수 피해 액 증가

      ㉡ 계획 규모(설계 홍수 빈도) 이상 홍수 발생 시 제방 월류, 내수 배제용 펌프 시설의 고장으로 침수 지속 시간 길어짐

  (2) **각국의 유역 종합 치수 대책** 예

    ① **미국**

      ㉠ 미시시피 강 유역 예

      ㉡ 주요 도시 지역 : 제방, 저수지, 토지 관리, 상습 침수 지역 주민 고지대로 이주

      ㉢ 상하수 처리 시설, 도로, 철도 시설을 높임

      ㉣ 도시 기반 시설 홍수 보험 가입

    ② **국내**

      ㉠ 제방만에 의한 부분적인 대책 시행

      ㉡ 인구 분포, 주요 시설 입지, 사회 경제적인 요소 고려한 탄력적 계획 미흡

      ㉢ 상류 지역의 강우를 하류 지역으로 배출하여 하류 지역 피해 가중

      ㉣ **유역 전체를 고려한 다양**하고 **적절한 홍수 분담 대책** 마련 필요

         : 4대강 정비로 해결됨

2) 유역 종합 치수 계획의 기본 방향

  (1) 유역 단위의 치수 계획 수립

    ① 하천에서만 분담하는 홍수량을 유역 전체가 분담

    ② 국토 개발, 도시 계획, 철도, 교량, 도로등 사회 기반 시설과 연계

  (2) 소하천과 대하천을 연계한 일관된 하천 관리 계획 수립

  (3) 다양한 대책을 종합적으로 연계한 홍수 방어 계획 수립

    ① 지역 특성에 적합한 구조적, 비구조적 홍수 방어 계획 수립

    ② 유역 계획 홍수량을 하천별, 홍수 방어별로 배분

    ③ 댐, 제방, 배수 펌프장 등 홍수 방어 시설의 최적 연계 운영 계획 수립

3) 유역 종합 치수 계획의 내용

NO	내용	세부추진사항	
1	유역 기초 자료 조사	① 유역 특성 조사 ③ 유역 자원 조사 ⑤ 수계, 배수 특성 조사	② 인문, 사회 경제 조사 ④ 지형, 지질, 지리, 토양 조사 ⑥ 지형 자료, GIS 현황 조사
2	치수 특성 기초 조사 및 분석	① 수문 조사 ③ 홍수 피해 현황 및 취약 지역 조사 ⑤ 수문 분석	② 치수 현황 조사 ④ 관련 계획 조사 ⑥ 유역 내 치수 계획 현황 분석
3	유역 종합 치수 계획의 기본 방향 설정	① 유역 단위 치수 계획의 방향 설정 ② 수계를 일관한 하천 관리 계획의 방향 설정 ③ 유역의 종합적 대책을 연계한 홍수 방어 계획의 방향 설정	
4	유역 계획의 수립	① 현재 및 목표 연도의 홍수량 산정 ② 단위 유역별 중요도 분석 및 치수 안전도 설정 ③ 홍수량 배분 계획의 수립	
5	유역 최적 홍수 방어 계획의 수립	① 구조적 홍수 방어 대안의 도출 ② 비구조적 홍수 방어 대안의 도출 ③ 홍수 방어 대안의 평가 ④ 홍수 방어 대안별 치수 경제성 분석 ⑤ 최적 홍수 방어 계획 수립	
6	유역 관리 계획 수립	① 홍수 방어 시설별 운영 계획 수립 ② 홍수터 이용 및 관리 계획 수립 ③ 수변역 설정 계획 수립 ④ 도심지 및 농경지 침수 시 배수 계획 수립	
7	관련 계획과의 연계 방안 분석	① 도시 개발 및 토지이용 계획과의 연계 방안 제시 ② 기타 유사 계획과의 연계 방안 제시	
8	유역 종합 치수 계획 시행 계획의 수립	① 연차별 사업 계획의 수립 ② 유역 협의회 구성 계획 수립	

4. 맺음말

홍수 방어는 획일된 한 가지 방법에만 의존해서는 안 되며, 해당 유역의 특성을 고려한 적용 가능한 대안을 개발하여 대안들의 조합으로 최적의 홍수 방어 대책 수립이 중요함

최근 4대강 정비 및 개발로 하천 통수단면적 증대(준설), 다목적 보의 건설로 홍수조절 기능이 증대되어 유역의 홍수피해 방지됨

■ 참고문헌 ■

1. 서진수(2006), Powerful 토목시공기술사(1, 2권), 엔지니어즈.
2. 서진수(2009), Powerful 토목시공기술사 단원별 핵심기출문제, 엔지니어즈.

10-5. 홍수 피해 방지대책(하천제방의 파괴원인과 방지대책)

1. 개요
하천제방의 누수 원인 또는 제방 붕괴 원인은 제방 단면 자체 문제뿐만 아니라 하천의 **상류**에서 **하류**까지 하천 전체에 대한 종합적인 원인에 기인하므로 **종합 치수 대책**이 필요함

2. 하천의 붕괴(에 따른 홍수 피해) 대책의 종류
1) **상류** 산간 지역
  (1) 산사태 방지대책 : 사면붕괴 대책
  (2) 상류 계곡부 : **사방댐, 저류용 보, 낙차공 시공, 토사 유출 방지**
2) **중류** 지역
  (1) 하천변에 유수지 시설
  (2) 침수 피해 예상 지역
    ① 홍수 피해 후에도 **쉽게 복구 가능한 시설 집중**(청소 정도로 복구 가능한 시설)
    ② 민가보다는 **경기장, 주차장** 등의 시설
3) **도시** 등 대규모 시설 지역
  (1) **슈퍼 제방** 설치(일본)
  (2) **지하 저류조**(터널)(일본)
  (3) **2차 제방**

3. 홍수 피해 대책 예시
1) 사방댐, 저류용 보, 낙차공
  (1) 200~300m 간격으로 작은 댐 설치
  (2) 하류로 토사 유입 방지
  (3) 하천 붕괴에 따른 복구비 절감
  (4) 다목적보 : 4대강 정비로 다목적보 설치 ⇒ 홍수조절
    [낙동강 예 : 상주보 → 낙단보 → 구미보 → 칠곡보
    → 감정고령보 → 달성보 → 창녕합천보 → 함안창녕보]
2) 콘크리트 파일 낙차공
  (1) 강바닥에 콘크리트 파일을 박아 낙차공 설치
  (2) 하상 세굴 방지
    : 토사 하류 유출 방지
3) 2차 제방

[사방댐, 저류용 보, 낙차공]

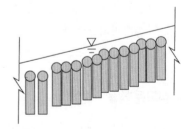

[콘크리트 파일]

4) 하천변에 유수지 시설
  (1) 자연 하천을 직선화로 개수 시 기존의 **저지대를 유수지**로 활용
  (2) 제방 중간에 유입구 설치

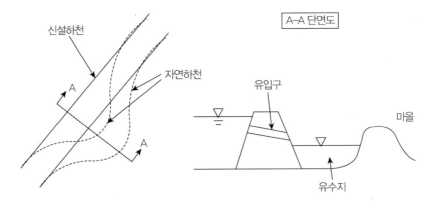

5) 슈퍼 제방(Super) 설치, 지하 저류조 터널
  (1) 제방 높이만큼 도시 전체를 높여 조성
  (2) 홍수 시 대피 시설로 활용
  (3) 공사비 고가

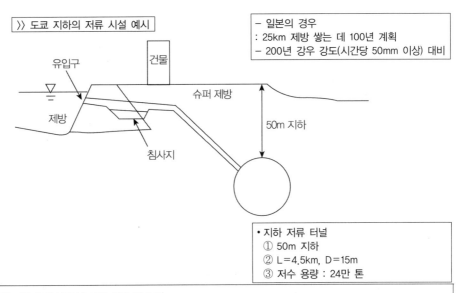

• 일본 도쿄 외곽 지하에 건설된 '수도권 외곽 방수로'
  ① 도쿄 인근의 치바현과 사이타마현을 흐르는 나카천(中川) 쿠라마츠천(倉松川) 등의 작은 하천이 태풍 등으로 인해 수량
     이 늘어 홍수 위험이 있을 때 재빨리 이 물을 웬만한 수량도 견딜 수 있는 에도천(江戸川)으로 빼내기 위한 것
     사이타마현 북동부를 흐르는 나카천 유역은 최근 주택지가 급속도로 확대된 구역으로 매년 침수 피해가 잇따른 지역
  ② 방수로는 길이 6300m. 나카천, 쿠라마츠천, 18호 수로 등에서 물을 모아 5개의 관과 지하수로, 최종적으로 물을
     에도천으로 빼내기 위한 배수시설 등으로 구성
  ③ 2006년 완공

6) 호안공 : 테트라 포드(Tetra Pod : 다리 4개)

7) Levee Effect 방지 : 제방 높이지 않고, 하천 폭 넓게, 제방경사 완만히 하여 침식 세굴 방지

■ 참고문헌 ■

1. 서진수(2006), Powerful 토목시공기술사(1, 2권), 엔지니어즈.
2. 서진수(2009), Powerful 토목시공기술사 단원별 핵심기출문제, 엔지니어즈.
3. 하천공사 표준시방서(2007).
4. 하천설계기준(2009).
5. 토목고등기술강좌, 대한토목학회.

10-6. 대규격 제방(대제방, 슈퍼제방 super levee)

1. 개요

계획홍수량을 초과하는 홍수에 대해서 제방이 파괴되는 피해를 피하기 위한 목적으로 **대도시 지역 대하천**의 특정 구간에 대해서는 **제방의 폭이 상당히 넓은 대규격 제방**을 설치함

2. 대규격 제방 정의

주로 도시권 하천의 특정 구간에서 폭이 매우 넓은 특별한 제방을 말한다.

1) 제방 높이만큼 **도시 전체**를 높여 조성

2) 홍수 시 **대피 시설**로 활용

3) 공사비 고가

3. 대규격 제방의 구조

하천관리시설인 제방부지 중 **뒷비탈 머리**에서부터 **제내 측 끝단**까지 대부분의 토지가 특정한 목적으로 이용되도록 **계획 홍수량**을 초과하는 규모의 유량에 대해서도 견딜 수 있는 안전한 구조로 함

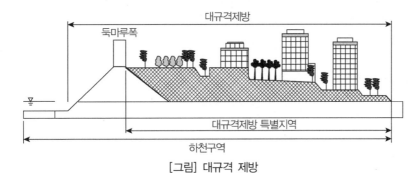

[그림] 대규격 제방

4. 일반적 형태 및 특징(일본 사례)

1) 대규격 제방은 제방단면을 키워 제방 부지를 타 용도로 토지이용이 가능하도록 하는 것

2) 토지이용을 엄격히 제한함과 동시에 허가 범위 내에서는 규제를 완화하여야 함

3) **토제**에 의한 **성토구조**를 원칙으로 한함

4) **계획 홍수량**을 넘는 홍수 규모에 대해서도 제방이 붕괴되지 않도록 **월류, 침투, 사면붕괴, 세굴파괴** 등 **수리공학적인 모든 검토사항**들과 지진에 대해서도 **충분히 안전**하도록 검토함

5) 일반적으로 대규격 제방의 **제내 측 비탈경사는 1/30 이내**로 하며, 각종 안전조건들을 만족하는 범위에서 결정함

[일본 도쿄의 슈퍼제방 및 외곽 지하에 건설된 '수도권 외곽 방수로']

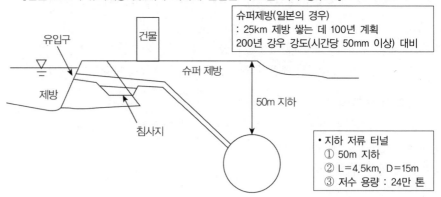

■ **참고문헌** ■

1. 서진수(2006), Powerful 토목시공기술사(1, 2권), 엔지니어즈.

2. 서진수(2009), Powerful 토목시공기술사 단원별 핵심기출문제, 엔지니어즈.

3. 하천공사 표준시방서(2007).

4. 하천설계기준(2009).

5. 토목고등기술강좌, 대한토목학회.

10-7. Leeve Effect(제방 효과)

1. 정의

1) 경제 발전과 더불어 토지이용을 고도화하기 위해

2) 하천에 **제방**을 쌓고, 하천을 **직선화**시켜

3) 하천 유역의 토지를 대도시, 사회시설, 농경지 등으로 활용함에 따라

4) 기상이변 등에 의한 **홍수 시 피해가 증가**되는 현상

2. 제방 효과(Leeve Effect)의 문제점

1) 하천 주변의 도시 개발 등으로 우수가 지하로 **침투하지 못하고**, 일시(빠른 시간)에 하천으로 유입

2) 하천의 제방이 높고, 하폭이 줄어들 경우

   (1) 제방고 증대에 의해 **하천 폭이 1/2로 줄어든다고 가정하면**

   (2) **유속은 2배**로 증가하고, **파괴력은 4배**로 증가하여

   (3) 홍수 시 **제방이 파괴, 붕괴**되어 피해 증가

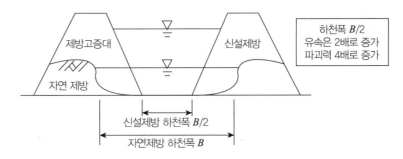

3. 제방 효과에 대한 대책

1) 대홍수 시 하천의 물길은 원래대로 돌아가려는 자연의 이치대로, 제방 자체는 무용지물이 된다.

2) 최근 2002년 여름철 강원도 동부 해안(강릉 주변), 남대천과 2006년 강원도 평창 등지에서 하천이 원래의 물길로 가려는 성질에 의해 **제방이 유실되어 농경지, 주택** 등의 피해가 컸다.

3) **자연 하천의 형상을 살려 하천의 정비를 다시 고려**해야 함

4) 홍수 대비 유역 종합 치수 계획 수립

   상류 측 **홍수조절용 댐 건설**, 대규모 보설치(단, 환경문제 고려한 적절한 보 건설 요함), **사방 댐 건설**

■ 참고문헌 ■

1. 서진수(2006), Powerful 토목시공기술사(1, 2권), 엔지니어즈.

2. 서진수(2009), Powerful 토목시공기술사 단원별 핵심기출문제, 엔지니어즈.

10-8. 호안 및 제방 파괴원인, 대책(홍수 피해 방지대책)의 시공적 측면과 치수대책 측면

1. 개요
1) 호안공의 파괴는 **제방의 붕괴를 유발**시키고, 홍수 피해를 가중시키는 요인이 됨
2) 호안의 파괴원인은 적게는 호안자체의 **토목 시공적인 측면**에서 시공 잘못도 있지만
3) 근본적으로 하천의 상류부터 중류, 하류의 **유역전체의 종합 치수 계획**에 의한 문제도 있음

2. 호안의 파괴원인과 대책(제방의 시공대책)
1) 제방기초 연약지반 처리 및 기초지반 처리(Grouting)
2) 제체성토 재료의 구비조건 만족
3) 다짐시공 철저
4) 호안공 시공 철저
5) 제방의 구배와 소단
6) Quick Sand, Boiling, Piping 방지로 제방누수 및 붕괴방지

3. 유역 전체에 대한 근본적인 제방(호안) 붕괴방지대책(종합치수대책)
1) 상류산악지역 **계곡부의 방지대책**
 (1) 원인 및 문제점 : 토사 하류 유출로 **하상고** 높아지면 유속 빨라지고 파괴력 커짐
 (2) 대책
  ① 산사태 방지 : 상류 계곡부의 사면안정 대책 및 **산사태 방지**로 토사의 하류 유출 방지
  ② 사방댐, 월류보, 침사지 : 토사의 하류 유출 방지
  ③ 하상의 세굴방지 : 말뚝 박기
2) **중류 지역**의 방지대책
 (1) 원인 및 문제점
  중류 지역에서 하천의 제방단면을 크게 하고, 제방고를 높이고 **배수 Pump 장**을 가동하다 보면 **하류 지역의 하천 붕괴와 홍수 피해**가 커지게 됨
 (2) 대책
  ① **Levee Effect 방지**
   하상의 폭이 1/2로 줄면 유속이 2배 증가, 파괴력 4배 증가 호안(제방)이 파괴됨
  ② 하천폭을 가능하면 **자연제방의 폭**으로 유지
  ③ 제방 단면의 경사 완화
  ④ 배수 Pump 장 증설 자제 : 주변에 **유수지 확보**(보존용 습지), 주민 이주 및 보상, 도시지역 우수 저류시설
3) 하류 지역 방지대책
 (1) 원인 및 문제점
  ① 상류 지역의 제방 단면 증설, 제방고 높임 등에 의해 하류지역 홍수 피해 증가

② 우리나라는 집중호우(일명 : 게릴라성 호우)가 많아 중, 상류 지역의 홍수가 일시에 하류 지역으로 전달되어 피해가 커짐

(2) 대책

① 2차 제방 설치

② 충분한 유수지 확보

③ 상설 침수 지역에는 홍수 피행에 크게 영향이 없는 시설 설치 : 경기장등

④ 슈퍼제방(일본의 예)

⑤ 호안공으로 이형블럭(Tetra Pod) 시공(일본의 예)

⑥ 도시지하에 저류용 대형 Tunnel 건설(일본 도쿄 만 지하 예)

⑦ 도시지역 우수저류시설(국내)

4. 평가

1) 호안, 제방의 붕괴는 토목기술적인 측면의 제방단면의 시공도 대단히 중요하지만

2) 근본적으로 하천의 상류부터 중류, 하류 유역 전체의 종합 치수 계획에 의한 대책 수립 중요

3) 하천의 Levee Effect에 의한 제방붕괴도 고려, 하천 유역 전반에 걸쳐 홍수 지도 작성 필요

■ 참고문헌 ■

1. 서진수(2006), Powerful 토목시공기술사(1, 2권), 엔지니어즈.

2. 서진수(2009), Powerful 토목시공기술사 단원별 핵심기출문제, 엔지니어즈.

3. 하천공사 표준시방서(2007).

4. 하천설계기준(2009).

5. 토목고등기술강좌, 대한토목학회.

10-9. 호안의 종류 및 호안공법(구조)의 종류와 호안파괴 원인 및 대책, 고려사항

1. 개요
호안은 주로 **기초의 세굴**에 의해 파괴되지만, 그 외 여러 가지 원인이 있으므로 파괴원인을 정확히 파악하여 설계 시공해야 한다.

2. 호안의 정의
호안은 제방 또는 하안을 유수로부터의 **침식과 파괴를 방지**하기 위해 **제외지 제방 앞비탈**에 설치하는 구조물

3. 호안의 종류

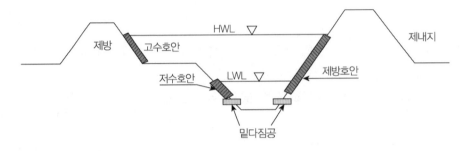

1) 고수호안 : 홍수 시 앞비탈 보호
2) 저수호안 : 저수로에 발생하는 난류 방지, 고수부지의 세굴방지, 저수로 하안에 설치
   홍수 시 수중에서의 세굴방지대책 필요함
3) 제방호안 : **고수호안 중 제방에 설치**하는 호안, **제방을 직접 보호**하기 위해 설치, 저수로가 제방에 접해 있는 곳, 홍수 시 수충부로 되는 凹안부, 과거에 파괴되었던 부분, 급류하천, 고수부지 없는 부분에 설치

4. 호안공(법)의 종류

1) 천단 보호공
2) 비탈머리 이음공
3) 비탈 덮기공(호안공) + 비탈 멈춤공(기초)
   (1) 호박 돌붙임 + 사다리 기초
   (2) 호박돌 붙임 + 콘크리트 기초
   (3) 깬 돌 붙임 + 판바자
   (4) 콘크리트 붙임 + 콘크리트 널말뚝기초
   (5) Block 붙임 + 통소나무 기초
   (6) 콘크리트 방틀 + 콘크리트 널말뚝기초

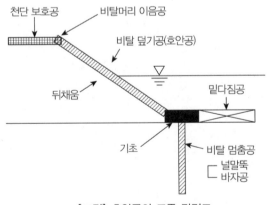

[그림] 호안공의 표준 단면도

4) 밑다짐공
   (1) 목공행상
   (2) 십자(＋자) Block
   (3) 섶침상
   (4) 사석
   (5) 돌망태

5. 호안공 종류별 특징

1) 콘크리트블록 붙임 ; 현장 부근 석재 없을 때, 돌붙임공에 준한 시공

2) 콘크리트기초 : 돌붙임공, 돌쌓기공 시공 시 채택하는 기초

3) 사석공 : 가장 간단한 공법, 하상재료보다 크고 무거운 것 사용하여 내구성 확보

6. 호안의 파괴원인 및 대책

호안공 시공 시 호안은 주로 **기초의 세굴**에 의해 파괴되지만, 그 외 여러 가지 원인이 있으므로 파괴원인을 정확히 파악하여 설계 시공해야 함

1) **기초 세굴**에 대한 안정 대책

2) **뒤채움 토사**의 흡출에 대한 안정

3) 배후 **토압**, **수압**에 의한 붕괴에 대한 안정

4) **비탈 덮기** 파괴(유수 작용)에 대한 안정

5) 호안 **비탈 머리** 부근의 세굴

6) 상하류 **마감부 세굴**에 대한 안정

7) 호안 구조의 **변화점**(급격한 비탈 경사)에 대한 안정 : 밑다짐공 실시

7. 호안 공법 선정 시 고려사항

1) 안전성

2) 경제성

3) 시공성

4) 공기, 공사비

5) 호안의 중요성

8. 호안공 시공 시 주의사항(시공 관리 주안점)

1) 호안공 시공 후 세굴 방지 : 밑다짐 시공에 중점을 둠

2) 다짐에 유의

3) Mortar 채움에 유의

4) 재료 선정 : 내구성, 유지관리, 하천환경 고려한 자연재료가 좋음

5) 유속, 시공 시기, 수심, 기상 조건 고려하여 조사, 계획, 설계, 시공 철저

■ 참고문헌 ■

1. 서진수(2006), Powerful 토목시공기술사(1, 2권), 엔지니어즈.

2. 서진수(2009), Powerful 토목시공기술사 단원별 핵심기출문제, 엔지니어즈.

3. 하천공사 표준시방서(2007).

4. 하천설계기준(2009).

5. 토목고등기술강좌, 대한토목학회.

10-10. 제방누수의 제체누수와 지반누수

1. 제체누수 원인

1) 성토 재료의 구비조건 미비

2) 다짐불량

3) 호안공 시공 잘못으로

4) **제체의 침윤선이 제방을 뚫고 나오는 Piping**이 원인임

2. 지반누수 원인

제체, fill dam의 **기초처리 잘못**

3. 대책

1) Quick Sand $\Rightarrow$ Boiling $\Rightarrow$ Piping 방지

2) 호안공

3) 성토 다짐, 품질관리(점토 코어 시공 철저) : 침윤선 저하

4) 성토 재료의 구비조건 : 간극수압 저하, 침윤선 저하

5) 기초처리

4. 하천제방의 붕괴(누수)원인과 방지대책

원인	대책
누수, Piping	차수벽 : Sheet pile
	Blanket
	기초처리
	침윤선 저하 : 제방단면 확대, 배수우물, 배수드레인
세굴	호안공, 밑다짐공
사면붕괴	호안공
다짐 불량	다짐기준 준수
균열	다짐철저, 수압할렬 방지
재료 불량	재료구비조건, 양질의 재료
제방 단면 부족	압성토 제방 단면확대 : 소단
구멍	점검 및 보수

5. 방지대책 공법

제방, 필댐의 Piping 방지대책 공법을 그림으로 표현할 것

■ 참고문헌 ■

1. 서진수(2006), Powerful 토목시공기술사(1, 2권), 엔지니어즈.

2. 서진수(2009), Powerful 토목시공기술사 단원별 핵심기출문제, 엔지니어즈.

3. 하천공사 표준시방서(2007).

4. 하천설계기준(2009).

5. 토목고등기술강좌, 대한토목학회.

10-11. 침윤세굴(seepage Erosion)(101회 용어)

1. 정의
내부세굴(Piping)이라고도 하며, 침투수에 의해 **흙 입자가 분출**하여 지반 내에 **파이프** 모양의 수로가 형성되는 현상

2. 하천제방의 피해(붕괴)원인 및 과정
1) **월류**에 의한 붕괴

설계수위(HWL)를 넘으면 월류하여 안정성 저하로 붕괴

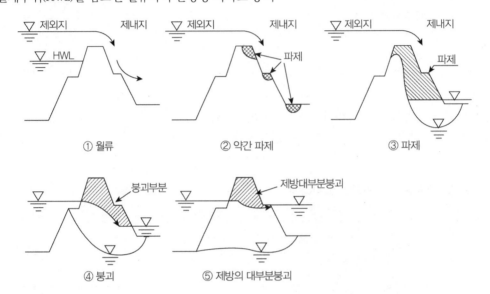

2) 세굴에 의한 붕괴
   (1) 제방 법면의 흙이 노출된 부분 : 유수에 의해 유실이 용이하여 붕괴
   (2) 빠른 유속에 동반되는 **소류력**에 의해 **호안기초부분 유실**되어 **호안 전체가** 유실되어 전체 제방의 붕괴로 진행

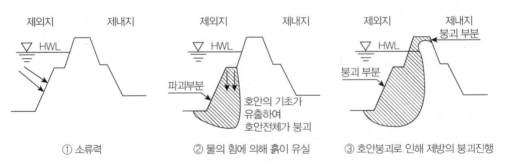

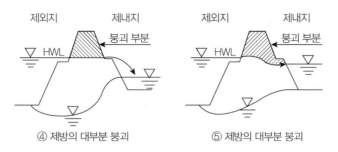

④ 제방의 대부분 붕괴   ⑤ 제방의 대부분 붕괴

3) 침투(침윤세굴)로 인한 제방 붕괴원인

   (1) **하천수위가 상승**하면서 제방부에 **물이 침투**하여 **제방 뒷비탈**에 **누수** 발생

   (2) 누수의 양이 커지면 물과 함께 제방 **흙 입자가 유실**되어 제방 붕괴

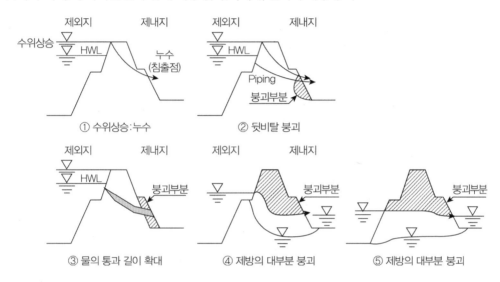

① 수위상승 : 누수   ② 뒷비탈 붕괴

③ 물의 통과 길이 확대   ④ 제방의 대부분 붕괴   ⑤ 제방의 대부분 붕괴

3. 평가(맺음말)

1) 제방 및 Fill Dam 붕괴(파괴)의 주요 원인은 **누수에 의한 Piping**이며

2) 누수 및 Piping 방지를 위해서는

   (1) 점토 Core 재료와 Core를 보호하는 Fillter 재료의 구비조건이 중요하고

   (2) 제방 및 Dam 기초처리 또한 중요하다.

[제2안]

* 댐 및 제방 Piping에 대해서 기술하면 됨

1. 제방 및 Fill Dam의 파이핑(파괴) 원인

(1안)

1) 제방 및 댐 재료 구비조건 불비

2) 점토 Core 시공(다짐) 불량 : 수압할렬 발생

3) 제방 및 댐 기초처리 잘못

(2안)

1) 누수

2) 기초 세굴

3) 사면붕괴

4) 다짐 불량

5) 재료의 불량

6) 수압할렬 등에 의한 제체의 균열

7) 제방 단면이 작은 경우

8) 구멍

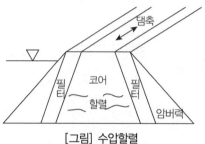

[그림] 수압할렬

2. Piping 안전율(F_s) 검토방법(해석방법) : 7 – 26장 내용 참고

1) 한계동수 경사법 : 굴착(토류벽)에 적용

- 한계동수경사 : $i_{cr} = \dfrac{\gamma_{sub}}{\gamma_w} = \dfrac{G_s - 1}{1 + e} ≒ 1$

  [∵ 자연퇴적된 모래의 $\gamma_{sub} = 0.95\text{~}1.1 ≒ 1$, 물의 $\gamma_w = 1$]

- 동수경사 : $i = \dfrac{\Delta h}{Z}$

- 안전율 $Fs = \dfrac{i_{cr}}{i}$

  $i > i_{cr}$ 이면 보일링 발생

2) 침투압에 의한 방법 : 댐, 제방, 굴착(토류벽)에 적용

  (1) Terzaghi 방법

  상향의 침투력(U) > 하향의 흙의 무게(W)

$$F_s = \frac{W}{U}$$

  (2) 유선망

  댐, 제방, 굴착(토류벽)에 적용

$$F_s = \frac{i_c(\text{한계동수경사})}{i_{exit}(\text{하류출구동수경사})}$$

3) Creep 비에 의한 방법

(1) Bligh의 방법

$$C_c < \frac{L_c}{h}$$

- C_c : Cleep 비
- L_c : 기초 접촉면의 길이
- h : 댐 상하류 수위차

(2) Lane(1915)의 제안(방법)

Creep 비(Creep Ratio)를 기준으로 Piping에 대한 안전율 검토하는 경험적 방법[제체의 안정성 평가 도구]

$$\text{가중 크리프비(Safe Weighted Creep Ratio)} : CR = \frac{\text{가중 크리프 거리}}{\text{수두차(유효수두)}}$$

- 가중 크리프 : 댐 단면의 수평거리와 시트파일의 근입 심도의 함수

① 차수벽 설치 콘크리트 댐

$$\text{크리프비(가중 크리프비)} : CR = \frac{l_w}{h_1 - h_2} = \frac{l_w}{\Delta H}$$

- $\Delta H = h_1 - h_2$: 상하류 수두차
- l_w : 유선이 구조물 아래 지반을 흐르는 최소거리(Weighted creep Distance)
  = 가중 크리프 거리

$$l_w = \frac{1}{3}\sum l_{h1} + \sum l_v$$

② 차수벽 설치 필댐, 제방

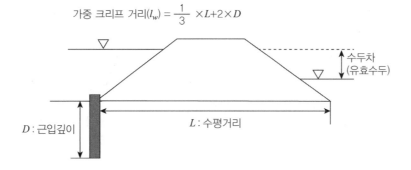

가중 크리프 거리$(l_w) = \frac{1}{3} \times L + 2 \times D$

D : 근입깊이 L : 수평거리   수두차(유효수두)

4) Jutin의 방법

$$V = \sqrt{\frac{W \cdot g}{A \cdot \gamma_w}}$$

- V : 한계유속(cm/sec)
- g : 중력가속도(cm/s^2)
- W : 토립자의 수중 중량(g)
- γ_w : 물의 단위체적 중량(g/cm^3)

3. Piping 방지대책

1) 재료의 구비조건 만족 : 기초 지반 상부 Piping 방지대책

(1) 점토 Core : CL, SC, 투수계수 K $= 1 \times 10^{-7}$ cm/sec

(2) Filter 재료 조건

① 투수계수 : K $= 1 \times 10^{-4}$ cm/sec

② Filter 재료의 입도기준(구비조건)

$$4 < \frac{(D_{15})_f}{(D_{15})_s} < 20 \qquad \frac{(D_{15})_f}{(D_{85})_s} < 5 \qquad \frac{(D_{50})_f}{(D_{50})_s} < 25$$

③ 필터 재료는 보호되는 재료보다 10~100배의 투수성을 가지는 것이 좋다.

(3) 암버력 재료 조건

암버력의 투수계수 : K $= 1 \times 10^{-3}$ cm/sec

2) Piping 대책공법

(1) 댐 기초 굴착면 처리

: 단층파쇄대 치환(댐설계기준 공식)

치환깊이(D)

$H \geq$ 46m : $D = 0.006H + 1.5$m

$H \leq$ 46m : $D = 0.276b + 1.5$m

- b : 단층대의 폭(m), ㆍ H : 댐 높이(m)

(2) Fill Dam 기초처리

① 기초 지반 하부의 Piping 방지대책임

② Curtain Grouting, consolidation Grouting

(3) 차수벽의 설치

① 중심 차수벽 : Sheet Pile, JSP, Slurry Wall, 콘크리트 벽

② Blanket, 표면 차수벽

③ Sheet Pile 사용한 차수벽

(4) 제방 부지 확폭(침윤선의 길이 확보 개념임)

(5) 침윤선 저하시키는 방법

　　① 중심 Core형

　　② Cut Off Wall 설치 : Curtain Grouting, JSP, 기타 약액 주입, Slurry Wall, Sheet Pile, 콘크리트 벽

　　③ Drain 설치(배수도랑＝Filter＝모래＋자갈)

4. 평가

1) Fill Dam 파괴의 주원인은 누수에 의한 Piping이며

2) 누수 및 Piping 방지를 위해서는

　　(1) 점토 Core 재료와 Core를 보호하는 Fillter 재료의 구비조건이 중요하고

　　(2) Dam 기초처리 또한 중요하다.

■ 참고문헌 ■

김수삼 외 27인(2007), 건설시공학, 구미서관.

10-12. 호안구조의 종류 및 특징(101회 용어)

1. 개요
호안은 주로 **기초의 세굴**에 의해 파괴되지만, 그 외 여러 가지 원인이 있으므로 파괴원인을 정확히 파악하여 설계 시공해야 한다.

2. 호안의 정의
제방 또는 하안을 유수에 의한 파괴와 침식으로부터 직접 보호하기 위해 **제방 앞비탈**에 설치하는 구조물

3. 호안구조 모식도(표준단면도) : 2개 중 한 개를 선택하여 그릴 것

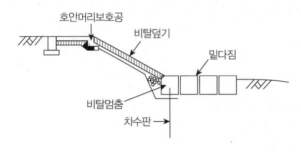

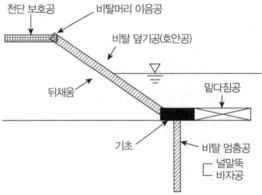

4. 호안공 종류별 설치 목적(역할, 기능), 특징

1) 호안머리 보호공(천단 보호공)
   (1) 저수호안의 상단부와 고수부지의 접합을 확실하게 하고 **저수호안이 유수에 의해** 이면에서 **파괴하지 않도록 보호**하는 것
   (2) 하안의 토질, 높이, 유황 등에 따라 다르지만 일반적으로 **망태공, 연결콘크리트 블록, 콘크리트 깔기, 잡석** 등을 1.5~2.0m 정도의 폭으로 설치

2) 비탈머리 이음공

3) 비탈덮기
   (1) 역할
      ① **제방 및 하안의 비탈면을 보호**하는 구조물로, **호안구조의 주요 부분**을 차지함

② 유수, 유목 등에 대해 **제방** 또는 **호안의 비탈면을 보호**하기 위하여 설치하는 것

③ 하상의 수리조건, 설치장소, 비탈면 경사 등에 의해 공법을 선정한다.

④ 구조는 유수의 소류력 ,내구성, 수위변화, 토압에 안전, 생태계와 경관을 고려한 구조

(2) 비탈덮기의 종류

① 식생공

② 돌채움 비탈방틀공

③ 콘크리트 붙임공 및 콘크리트 블록공

④ 파일공

⑤ 어소 콘크리트 블록공 : **어류의 서식처 제공**을 위해 설치하는 호안

⑥ 콘크리트 셀 블록공

⑦ 돌붙임공, 돌쌓기공

⑧ 사석공

⑨ 돌망태공

⑩ 지오셀 호안

⑪ 자연형 호안

4) 비탈멈춤

(1) **비탈덮기의 움직임**을 막고 **토사유출**을 방지하기 위해 시공하는 것

(2) **비탈덮기의 활동**과 비탈덮기 이면의 **토사 유출을 방지**하기 위해 설치하며 **기초와 겸하는 경우**도 있다.

5) 기초 : 비탈 덮기의 밑 부분을 지지하기 위해 설치하는 것

6) 밑다짐

(1) 역할

비탈멈춤 앞쪽 하상에 설치하여 **하상세굴을 방지**하고 **기초와 비탈덮기를 보호**

(2) 종류

① 콘크리트 블록공 : 십자(＋자) Block

② 사석공

③ 침상공 : 섶침상, 목공침상, 개량침상

④ 돌망태공

⑤ 목공행상

7) 수충부 : **단면의 축소부** 또는 만곡부의 바깥 **제방**과 같이 흐름에 의해 충격을 받는 지역

8) 비탈 덮기공(호안공)＋비탈 멈춤공(기초)의 조합

(1) 호박 돌붙임＋사다리 기초

(2) 호박돌 붙임＋콘크리트 기초

(3) 깬돌 붙임＋판바자

(4) 콘크리트 붙임＋콘크리트 널말뚝기초

(5) Block 붙임＋통소나무 기초

(6) 콘크리트 방틀＋콘크리트 널말뚝기초

5. 호안공 종류별 특징

1) 콘크리트블록 붙임 : 현장부근 석재 없을 때, 돌붙임공에 준한 시공

2) 콘크리트기초 : 돌붙임공, 돌쌓기공 시공 시 채택하는 기초

3) 사석공 : 가장 간단한 공법, 하상 재료보다 크고 무거운 것 사용하여 내구성 확보

■ 참고문헌 ■

1. 서진수(2006), Powerful 토목시공기술사(1, 2권), 엔지니어즈.

2. 서진수(2009), Powerful 토목시공기술사 단원별 핵심기출문제, 엔지니어즈.

3. 하천공사 표준시방서(2007).

4. 하천설계기준(2009).

5. 토목고등기술강좌, 대한토목학회.

10-13. 하천생태 환경호안(환경친화적인 하천공법)(86회 용어)

1. 환경호안의 정의

1) 호안의 역할

   유수에 의한 파괴와 침식으로부터 제방을 보호하기 위해 제외지 제방 비탈면에 설치함

2) 환경호안

   치수뿐만 아니라 **환경적인 요건**도 고려한 호안이며, 자연형 하상보호공 및 고수부지 보호공, 여울과 소(웅덩이)등과 함께 친수적, 친환경적인 공법이 최근 하천환경과 관련하여 관심이 높아져 있음

2. 환경호안의 목적(필요성)

1) 생태계 보전

2) 경관 보전

3) 친수성 향상

4) 하천부지 이용의 편리성

3. 환경호안의 종류와 특징

종류	특징(개요, 정의, 설치 시 고려사항)
친수, 하천 이용 호안	• 물놀이용 물가 접근 쉽게 • 고수부지 등의 하천 공간 이용편리 • 종류 : 완구배 호안, 계단식 호안, 자연석 호안, 어소블록 호안
생태계 보전 호안	• 수중생물의 산란, 생육, 홍수 시 대피 장소 제공 • 어류와 수중생물 서식 공간 제공 • 물의 흐름에 따른 수중생물의 이동 및 먹이 유입 • 채광 및 수중생물의 산란장소 확보
경관 보존 호안	• 주변 환경과의 조화, 외관상 아름다움 고려한 호안

4. 환경친화적인 하천 공법

1) 고수부지 보호공법

   (1) 고수부지를 보호하고 하안 식생대의 조성

      ① 하천의 관리통행로, 산책로 : 가능한 한 **생명재료만** 조성 – **다년생 초본류**를 파종

      ② 통행로가 없는 구간 : 유지관리비 절감, 자연에 가까운 하천 식생대 조성 : **수목류식재**

   (2) 고수부지에 적절한 수목 : 관목 70%, 교목 30%의 비율이 적절

   (3) 소하천 중 저수로 폭이 4m 미만인 경우

      유속저해의 영향력이 크므로 가급적 수목류의 식재는 피하고 **다년생 초본류만**으로 보호

   (4) 그 밖의 하천의 고수부지 : 지역적 특성에 맞는 수목류로 고수부지 보호, 하천의 경관성 고려

2) 자연형 하상보호공 시설

   (1) **생명 재료와 무생명 재료**를 혼합한 공법 적용 : **섶단과 돌 놓기**

   (2) **무 생명 재료**만을 이용한 공법 : **돌망태**(Gabion)

3) 여울과 소

   (1) 하상경사 완화, 하상을 유지, 하천환경을 개선하여

   (2) 하천에 수생생물이 생존할 수 있는 환경을 만들어 주는 가장 간편하고 효과적인 방법

   (3) 여울의 형태 및 구조

     • 여울과 소(웅덩이)의 종단 및 평면구조

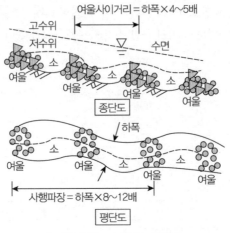

[그림] 여울, 소의 종, 평면도

     • V형 여울

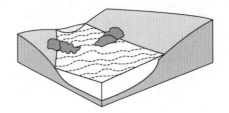

     • 징검다리형 여울

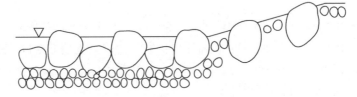

4) **하수종말 처리장의 처리수를 하천 상류로 관로 이용 Pumping : 대구시 신천 사례**

   (1) 하천 유지수

   (2) 낙차공 설치 : 폭기로 하천정화

   (3) 분수대 설치 : 산소 공급, 하천정화

■ 참고문헌 ■

1. 서진수(2006), Powerful 토목시공기술사(1, 2권), 엔지니어즈.
2. 서진수(2009), Powerful 토목시공기술사 단원별 핵심기출문제, 엔지니어즈.
3. 하천공사 표준시방서(2007).
4. 하천설계기준(2009).
5. 토목고등기술강좌, 대한토목학회.

10-14. 자연형 하상보호시설

1. 정의
자연형 하상보호시설은 하상보호공인 **돌 붓기**와 **부직포** 깔기, 하안기초공인 **섶단과 돌 놓기**, 돌망태, 고수부지 보호공 등이 있음

2. 하상보호공법

1) 하상보호가 필요한 경우
   대상 하천의 소류력이 최대 한계 소류력보다 클 때와 누수가 발생하는 하천에서 실시함
2) 재료의 사용
   (1) 물속 미생물의 서식에 불리 : 사용하지 않음
   (2) 부득이한 하상보호 시 : 돌 붓기와 부직포 깔기(쇄석, 부직포)를 국부적으로 설치함

[그림] 돌 붓기와 부직포 깔기

3. 정수역 및 하안 기초의 보호공법

1) 수륙 구역 정의 : 물과 육지가 만나는 곳으로 호소와는 달리 물의 유동과 수심의 변화에 따라 연중 물리적, 생태적 변화가 심한 하천의 횡단 구역임
2) 정수역을 보호하지 않을 경우 : 하안의 침식 진전, 정수역 보호는 하안 밑 보호와 병행함
3) 정수역 보호 공법의 종류
   (1) 추수역 : 무생명 재료와 생명재료를 혼합한 공법 적용 [섶단과 돌 놓기(Fascines and poured stones)]와 무 생명 재료만을 이용한 공법 [돌망태(Gabion)]
   (2) 하안 밑 : 무생명 재료만 이용함
4) 공법 및 재료의 선택 시 고려(유의)사항
   (1) 하천의 특성, 즉 하천의 종류, 하도의 사행성, 또는 기대효과
   (2) 산지형 하천, 평지하천의 상류 등의 공법 선택
      : 시공 후 **빠른 효과**가 있는 무생명 재료의 비율이 높은 강력한 공법을 결정
   (3) 산지하천의 하류나 평지하천의 중·하류 : 생명재료의 비율이 높은 공법 선택

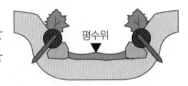

[그림] 섶단과 돌 놓기
(Fascinesand poured stones)

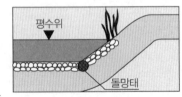

[그림] 돌망태(Gabion)

4. 고수부지 보호공법

1) 고수부지를 보호하고 하안 식생대의 조성을 위한 공법
   (1) 하천의 관리통행로, 산책로 : 가능한 한 생명재료만 조성 - **다년생 초본류**를 파종
   (2) 통행로가 없는 구간 : 유지관리비 절감, 자연에 가까운 하천 식생대의 조성 : **수목류식재**

2) 고수부지에 적절한 수목 : 관목 70%, 교목 30%의 비율이 적절

3) 소하천 중 저수로 폭이 4m 미만인 경우

　　: 유속저해의 영향력이 크므로 가급적 수목류의 식재는 피하고 다년생 초본류만으로 보호

4) 그 밖의 하천의 고수부지 : 지역적 특성에 맞는 수목류로 고수부지 보호, 하천의 경관성 고려

■ 참고문헌 ■

1. 서진수(2006), Powerful 토목시공기술사(1, 2권), 엔지니어즈.

2. 서진수(2009), Powerful 토목시공기술사 단원별 핵심기출문제, 엔지니어즈.

3. 하천공사 표준시방서(2007).

4. 하천설계기준(2009).

5. 토목고등기술강좌, 대한토목학회.

10-15. 하상유지시설의 설치 목적과 시공 시 고려사항을 설명(97회)

- 하천 하상유지공의 설치목적과 시공 시 유의사항 설명(109회, 2016년 5월)

1. 하상유지 시설의 정의
하상경사를 완화시켜 하상을 유지하고 하천의 종단과 횡단형상을 유지하기 위한 시설

2. 종류별 특징

구분	낙차공	경사낙차공	대공(帶工, 띠공)
목적	하상경사 완화	하상경사 완만	하상의 저하가 계획하상고 이하가 되지 않도록 함
규모(낙차)	낙차: 50cm~1.0m 이내	하상경사 완만 1:10~1:30	낙차가 없거나 매우 작음(보통 50cm 미만)
구조 및 재료	철근콘크리트	돌, 목재	콘크리트블록 등 굴요성(屈撓性) : 하상변동에 쉽게 대응

3. 하상유지시설 구조(낙차공)
1) 본체
2) 물받이(Apron)
3) 바닥보호공
4) 어도

4. 하상유지시설 목적
1) 하상세굴방지
2) **하상저하** 및 국부세굴 방지
3) **구조물의 보호** : 유속 감소, 교각 등의 하천구조물을 보호
4) 고수부지의 세굴을 방지

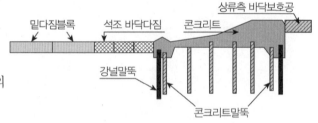

[그림] 콘크리트 하상유지공 및 상하류 보호공 단면

5. 하상유지시설의 계획 시 유의사항
1) 둑마루 높이 : 치수상 지장이 없는 범위 내에서 **계획하상고보다 높게 설치**하거나, **하천 폭을 확대함**으로써 하상유지시설 상류의 **소류력을 저하**시켜 **하상고를 유지**하도록 해야 함, 상류 측의 수위가 안전한 범위 내에 들어오도록 해야 함
2) 구조물의 기초를 보강하거나 하도계획 자체를 수정하는 등 하상유지시설 외의 다른 대책도 검토함
3) 하상유지시설의 종단배치계획
   : 하상의 세굴 방지, 유지하고자 하는 하상고를 확보할 수 있도록 배치

6. 설치위치의 결정 시 고려사항
1) 하천이 직선이고 **평상시와 홍수 시의 흐름 방향이 일치하는 위치에 설치**
2) **흐름 방향이 다소 변하는 곳에 설치** : 홍수 시의 중심선을 기준 위치를 정함, 만곡부는 피함

7. 하상유지시설 설계 시 고려사항

1) 물받이와 바닥보호공 높이 : **계획하상고**에 설치

2) 하상유지시설 본체 상, 하류에 바닥보호공 설치 : 세굴에 견디고 홍수 시 **구조물의 안전 확보**

3) **어도설치** : 상·하류 낙차, 본체위의 얕은 수심 흐름으로 연속성을 끊고 어류의 이동 방해됨

■ **참고문헌** ■

1. 서진수(2006), Powerful 토목시공기술사(1, 2권), 엔지니어즈.

2. 서진수(2009), Powerful 토목시공기술사 단원별 핵심기출문제, 엔지니어즈.

3. 하천공사 표준시방서(2007).

4. 하천설계기준(2009).

10-16. 낙차공

1. 낙차공의 정의
하상경사를 완화시켜 **하상을 유지**하고 하천의 종단과 횡단형상을 유지하기 위한 **하상유지시설**로서 구조는 철근콘크리트 구조, 보통 50cm 이상의 낙차를 둠, 경사낙차공, 대공 등이 있음

2. 낙차공의 구성요소
1) 본체
2) 물받이(Apron)
3) 바닥보호공
4) 감세공
5) 연결옹벽 및 밑다짐
6) 연결호안
7) 고수부지 보호공

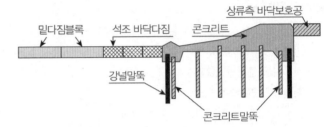

[그림] 콘크리트 하상유지공 및 상·하류 보호공 단면

3. 낙차공(본체) 설계 시 검토사항
1) 전도
2) 활동
3) 침하 안정

4. 낙차공의 구조
1) 철근콘크리트 구조
2) 낙차공의 낙차 : 1.0m 이내로 하는 것을 원칙
3) 다단 낙차공
   (1) 생태보전 등을 위하여 설치
   (2) 다단 낙차공의 1단의 낙차 : 치수 및 구조적 안정성과 생태보전, 수질개선 고려 결정
4) 어도 : 어류의 소상

5. 낙차공(하상유지시설)의 평면 형상

형상	장점	단점
직선형	• 하도형상 유지에 가장 효율적임 • 치수상 지장이 적고 공사비가 저렴함	• 낙차공 아랫부분 하안에 세굴 발생
경사형	• 하천의 만곡부에서 상류의 유향을 하류의 유향에 일치시키기 위해 사용	• 직선부에 사용하면 하류우안에 유수가 집중하여 하안이 침식되므로 주의
굴절형	• 유심을 하천 중앙부로 향하게 하여 낙차 바로 아래 양안의 세굴을 방지	• 하도 중앙으로 유수가 집중하여 하도 중앙부에 세굴 발생 • 하류 하상 및 바닥보호공의 유지 어려움 • 하류에 세굴된 토사 퇴적 : 하도 유지 곤란
원형	• 굴절형과 같이 하안의 세굴 방지 위해 설치	• 낙차공 하류에 유수 집중하여 세굴 발생 • 바닥보호공의 유지 곤란 • 하류하도 단면 유지 곤란

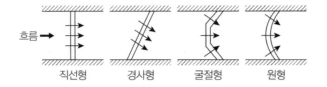

직선형　　경사형　　굴절형　　원형

6. 낙차공(하상유지시설) 횡단 형상

1) 하천 흐름의 방향을 기준 낙차공의 **횡단형상은 수평**으로 하는 것을 원칙

2) 폭 : 본체 둑마루 폭은 콘크리트 구조나 석조일 경우에는 최소한 1m

3) 하류 측 비탈면 경사(본체의 비탈면경사)

　　(1) 1 : 0.5보다 **완만하게** 함

　　(2) 물의 낙하 등에 의해 생길 수 있는 **소음을 방지**할 목적 : 1 : 1보다 **완만**한 경사

　　(3) 낙차가 크면 하상세굴을 증대시킬 수 있으므로 주의

4) 상류 측 비탈면 경사 : 1 : 0~1 : 0.5

7. 낙차공(하상유지시설) 종단 형상

1) 차수벽 설치

　　낙차공 본체 하부의 **파이핑을 방지**하기 위해 설치

2) 차수벽의 깊이

　　(1) 차수벽 간격의 1/2 이내

　　(2) 1/2 이상의 길이가 되는 경우 : 물받이 길이를 늘임

　　(3) 강널말뚝 사용 경우 : 최저 2m

8. 바닥멈춤공(床止工 : 상지공＝Ground Sill)

1) 정의

하도 내에서 **하상의 세굴방지**, 하도 경사안정, 하천 종횡단형상 유지 목적으로 하도를 횡단하여 설치하는 시설

2) 바닥멈춤공 목적

　　(1) 산지부 하천

　　　　① 난류 방지

　　　　② 하천경사 완화

　　(2) 급류부 하천 : 계단상으로 설치함. 낙차공을 말함

　　(3) 평지부 하천

　　　　① 하상저하방지, 국소세굴 방지

　　　　② 고수부지 유지

　　　　③ 난류 방지

■ 참고문헌 ■

1. 서진수(2006), Powerful 토목시공기술사(1, 2권), 엔지니어즈.
2. 서진수(2009), Powerful 토목시공기술사 단원별 핵심기출문제, 엔지니어즈.
3. 하천공사 표준시방서(2007).
4. 하천설계기준(2009).

10-17. 하천에서 보를 설치하여야 할 경우를 열거하고 시공 시 유의사항 기술(74회) =하천의 고정보 및 가동보(88회 용어)

1. 하천에서 보를 설치하여야 할 경우(보의 설치 목적)

1) 하천수위를 높여 수심 유지 : 주운(운하)

2) **조수의 역류 방지** ⇒ 하천을 횡단하여 설치

3) 각종 **용수(농업, 상수도)**의 취수

4) 제방의 기능을 갖지 않는 시설

2. 유사수리시설과의 구분(보와 댐, 보와 낙차공)

1) 보 : **하천의 수위를 조절**하는 경우는 많지만, 유량을 조절하는 경우는 적다.

2) 최근 유량 조절하여 유수의 정상적인 기능을 유지하기 위한 보 설치 ⇒ 댐과 구별 불명확

3) 다음과 같은 조건을 만족하는 경우는 보

   : 댐과 보의 차이점

   (1) 기초 지반에서 고정보 마루까지의 **높이 15m 이하**

   (2) 유수 저류에 의한 **유량 조절을 목적으로 하지 않는 경우**

   (3) 양끝 부분을 **제방이나 하안에 고정**시키는 경우

4) 고정보와 낙차공의 구분

   (1) 형태가 비슷함 ⇒ 쉽게 구별 곤란

   (2) **낙차공** : 하상 안정을 위해 설치되는 **하상유지 시설**, 고정보보다 낮게 설치

5) 가동보와 수문의 구분

   (1) 제방의 기능 보유 여부에 따라 결정

   (2) **수문** : 제방의 기능을 가진 것

   (3) **가동보** : 제방의 기능 없음

3. 보의 종류

1) **설치 목적에 따른 분류**

   (1) **취수보** : 하천의 **수위조절** ⇒ 생활용수, 공업용수, 발전용수 등을 취수

   (2) **분류보** : 하천의 **홍수를 조절**, 저수를 유지 ⇒ 하천의 분류점 부근에 설치 ⇒ 유량을 조절 또는 분류
      ⇒ 수위를 조절하는 보

   (3) **방조보**

     하구 or 감조 구간에 설치 ⇒ **조수의 역류 방지** ⇒ 유수의 정상적인 기능 유지 ⇒ 하굿둑

   (4) 기타 : 하천의 수위 및 유량(유황)을 조절하기 위한 보

2) **구조와 기능에 따른 분류**

   (1) **가동보**(용어기출문제)

     수문에 의해 **수위의 조절이 가능한 보**로 크게 배사구와 배수구로 구성 대하천(4대강) 살리기에 적용

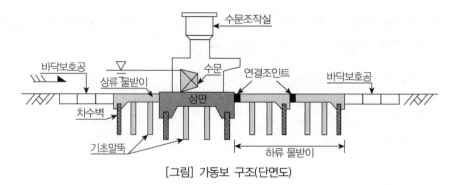

[그림] 가동보 구조(단면도)

(2) 고정보

: **수문 비설치** ⇒ 보 본체와 부대시설로 구성, 소하천에 많이 설치

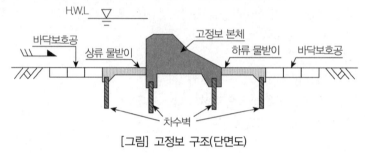

[그림] 고정보 구조(단면도)

3) **평면 형상**에 따른 분류

(1) **직선형**

- **유수 방향에 직각**으로 설치
- 보 하류를 변화시키지 않아서 하도유지상 적당, 공사비 저렴함
  ⇒ 일반적으로 많이 채택하는 형식

(2) **경사형**

- 평면 형상은 일직선, **유수 방향과 경사**지게 설치
- 하류에서 유수 방향과 월류의 방향을 일치시키고자 할 때를 제외하고 원칙적으로 비사용

(3) **굴절형**

- 절선 형식으로 **월류하는 유수를 유심부로 모으는 형태**
- 보 하류에 세굴이 많으나, 제방 보호에는 효과적인 평면형상

(4) **원호형** : 아치 형식, 보 자체의 강도는 크지만 굴절형과 같은 단점 보유

4. 보의 설계 및 시공 시 유의사항

1) 보의 형식 선정

(1) 기초 형식

① 보의 기초 형식

: 기초 암반의 위치, 완전 차수의 필요 여부, 세굴 상태 등을 고려

ⓐ **고정형**(fixed type)

　기초 암반이 하상에서 얕아, 직접 암반 위에 보를 설치

ⓑ **부상형**(floating type)

　암반이 너무 깊거나 없어서 모래, 자갈 등의 하상 위에 직접 설치

② 보의 기초 형식은 역학적 안정성, 공사비의 경제적 타당성, 완전 차수의 필요 여부 및 세굴 상태 등을 충분히 검토한 다음 최적의 형식을 선정

(2) 구조 형식

① 하천의 전 하폭을 **고정보**로 하는 형식

ⓐ 고정보 위로 유수가 월류하는 형태로 보통 소하천에서 많이 채택

ⓑ 유지관리비가 적다.

ⓒ 홍수 시 수위 상승으로 인해 하천 상류부에 지장이 없거나 제방고에 여유가 있는 경우에 채택

ⓓ 치수상의 배려, 보의 상류에 퇴적된 토사나 저니질(底泥質)의 배제를 위한 배사구를 반드시 설치

② 하천의 전 하폭을 **가동보**로 하는 형식

ⓐ 보를 설치하는 단면이 홍수 소통에 여유가 없을 때 채택

ⓑ **충분한 취수 수심**을 얻을 수는 있지만 **건설 공사비와 유지관리비** 많이 든다.

ⓒ 홍수 시 가동보의 조작이 불완전하면 상류 하천 유역에 큰 피해

③ 복합 형식 : **일부를 고정보**로 하고 **일부를 가동보**로 하는

ⓐ 고정보와 가동보의 설치 비율은 계획 홍수 시에 보로 인해 발생하는 배수 현상이 허용되는 범위 내에서 고정보의 비율을 크게 한다.

ⓑ 전부를 고정보로 만들더라도 계획 홍수에 대하여 지장이 없을 경우

　: 배사구로 필요한 너비만큼 가동보로 하며

ⓒ 고정보만 설치하여 홍수 때 수위상승으로 상류에 나쁜 영향을 줄 경우

　: 가동보를 설치하여 수위상승이 적어지도록 한다.

ⓓ 가동보의 위치는 취수구에 접하는 곳이 좋다

2) 보의 설치 위치

(1) 보의 위치 선정 시 고려사항

경제성, 시공성, 유지관리 등에 가장 유리한 지점을 선정

① 용수 공급지에 도수하는 데 필요한 취수위가 확보되고, 유수의 주된 흐름이 취수구에 가까워야 하며, 하안이 안정되어 있고, 하천 수로가 직선 상태로 유속의 변화가 적어 유수에 의한 하상 변화가 작은 지점

② 상·하류의 영향이 적은 지점

③ 기초 지반이 양호한 지점

④ 구조상 안전하고 공사비가 적은 지점

⑤ 계획 홍수량을 유하시키는 데 필요한 하폭을 가진 지점

(2) 보를 설치할 경우에는 보로 인해 상류 측 수위가 상승하여 하상에 여러 가지 역효과가 발생될 수 있으므로 그 영향을 검토해야 하며, 만곡부에는 가급적 보를 설치하지 않아야 하되, 부득이 설치할 경우에는 만곡부 하류에 보를 설치하는 것이 유리

3) 보 마루 표고의 결정

(1) 보 마루 표고는 하천의 계획 단면적을 충분히 확보하고 각종 소요 용수량을 지장 없이 취수할 수 있도록 **취수구 수위** 또는 **보의 목적에 따른 수위**를 근거로 결정

(2) 보 마루 표고는 홍수 시 홍수 소통에 지장이 없고, 하천의 계획 단면적이 확보되도록 설치해야 하며 다음 식에 의해 결정

$$보마루 표고 = 계획취수위 - (갈수량 \cdot 취수량)의 월류 수심 + 여유고$$

① 농업용수 공급을 목적으로 할 경우

　　하천유량이 적으므로 위의 식에서 월류 수심을 무시하여도 상관없음

② 여유고는 보통 10~15cm 정도

(3) 복합형 보

① 가동보와 고정보의 마루 표고를 동일하게 하는 것이 원칙

② 경우에 따라서는 고정보의 마루 표고를 높게 할 수 있다.

(4) 가동보의 바닥 표고(sill 표고)

① 원칙적으로 계획 하상고와 일치시킨다.

② 배사구

　　㉠ 취수구 앞부분에 퇴적한 토사를 배제하고 수로를 유지하여 취수를 용이하게 하기 위해 배수구보다 일반적으로 0.5~1.0m 정도 낮게 하는 것이 바람직함

　　㉡ 배사구는 평수 시에도 토사를 배제하기 때문에 배사구의 수로부에는 어느 정도 경사를 줄 필요가 있다.

■ **참고문헌** ■

1. 서진수(2006), Powerful 토목시공기술사(1, 2권), 엔지니어즈.
2. 서진수(2009), Powerful 토목시공기술사 단원별 핵심기출문제, 엔지니어즈.
3. 하천공사 표준시방서(2007).
4. 하천설계기준(2009).

10-18. 하천의 하상을 굴착하는 이유와 하상 굴착 시 유의사항

- 장마철 호우를 대비하여 하상을 정비하고자 한다. 하상굴착 방법 및 시공 시 유의사항에 대하여 설명(110회, 2016년 7월)

1. 개요
하상 굴착 시에는 유수의 흐름과 하상의 변화 등에 유의해서 시행하여야 한다.

2. 하상 굴착의 목적(이유)
1) 유량의 통과가 원활하도록 하적의 증대(통수 단면적)

2) 수로의 선형 정리

3) 축제용 토사 채취

4) 골재 채취

3. 하상 굴착의 순서 및 대책(유의사항)
1) 하류에서 상류 방향으로 굴착

2) 중심부부터 굴착하고, 하류에서 상류로 굴착

  : 하천폭, 굴착폭이 넓은 경우

3) 제방 끝부분은 피해서 굴착

4) 함수비가 높은 흙은 배수도랑 파고 함수비 저하시킨다.

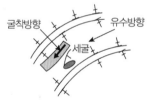

[상류에서 하류로 굴착 시 문제점]

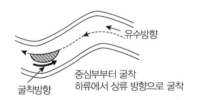

[하천 폭이 넓은 경우 적절한 굴착 공법]

5) 과다한 굴착으로 요철이 생기지 않게 한다. : 물의 흐름이 흐트러지지 않게 한다.

[잘못된 굴착 예시]

■ 참고문헌 ■

1. 서진수(2006), Powerful 토목시공기술사(1, 2권), 엔지니어즈.
2. 서진수(2009), Powerful 토목시공기술사 단원별 핵심기출문제, 엔지니어즈.
3. 하천공사 표준시방서(2007).
4. 하천설계기준(2009).
5. 토목고등기술강좌, 대한토목학회.

10-19. 홍수량 추정과 유출계수

1. 설계 홍수량 결정 방법

1) **실측값**에 의한 방법 : (1) 실측 유량 (2) 실측 수위 또는 홍수 흔적

2) **유량 공식**에 의한 방법 : (1) 합리식 (2) 가지야마식

3) **실측한 강우량과 유출량 해석**을 통하여 구하는 방법

   (1) 홍수 도수법

   (2) 비 유량법

   (3) 단위도 법

   (4) Tank Model법

4) **이론식**에 의한 방법

   (1) 유출 함수법

   (2) 저류 함수법

   (3) 특성 곡선법

   (4) 혼성 특수 곡선법

2. 도시 지역 소규모 배수 구역에 대한 설계 홍수량을 산정하는 방법

1) 합리식 또는 수정 합리식

   • 합리식 적용 유역 면적의 크기 : **대략 $10km^2$ 이하, 가급적 작은 유역이 신뢰도가 높음**

2) 영국 도로 연구소(BRRL) 방법

3) SWMM

4) ILLUDAS 모형(ILLinois Urban Drainage Simulator)

3. 중소규모 자연하천 유역의 설계 홍수량 결정

1) 단위 유량도법 사용

2) 종합(합성) 단위 유량도법

   (1) Snyder 방법

   (2) SCS 방법＝미국 토양 보전국 방법(US/SCS 합성 단위 유량도법)

     ① 일본의 나까야스(中安) 합성(종합) 단위도법

     ② 우리나라 한강, 금강 및 낙동강 유역에 대하여 Snyder형의 합성 단위도법 연구 수행

4. 대규모 하천 유역의 설계 홍수량 결정 순서

1) 하천 유역을 적절히 분할,

2) 분할된 소 유역별로 설계 홍수 수문 곡선을 계산

3) 홍수 추적에 의해 설계 기준 지점의 설계 홍수 수문 곡선을 합성하는 절차 수행

5. 합리식에 의한 해당 유역의 설계 홍수량을 산정 방법(순서)

1) 강우 강도 - 지속 기간 - 빈도 공식 또는 곡선에서 설계 강우 강도 결정

2) 유역 유출계수(C)의 선정

3) 유역 면적과 유역 도달 시간 결정

4) 설계 홍수량의 산정과 도시 배수 시설(주로 우수 관거)의 설계에 대해서 표준적인 값 결정

6. 합리식에 의한 첨두 홍수량의 계산

$$Q_p = \frac{1}{3.6} CIA\,(\text{m}^3/\text{sec})$$

또는

$$Q_p = \frac{1}{360} CIA^*\,(\text{ha})$$

여기서, Q_p : 첨두 홍수량(m^3/sec)

C : 무차원의 유출계수

I : 홍수 도달 시간을 강우 지속 시간으로 하는 특정 발생 빈도의 강우 강도(mm/hr)

A : 유역 면적(km^2)

A^* : 유역 면적(ha)

■ 참고문헌 ■

1. 서진수(2006), Powerful 토목시공기술사(1, 2권), 엔지니어즈.

2. 서진수(2009), Powerful 토목시공기술사 단원별 핵심기출문제, 엔지니어즈.

3. 하천설계기준(2009).

10-20. 설계 강우 강도(도로 표면 배수 시설 설계)(93회 용어)

1. 설계 강우 강도 정의

1) 도로의 표면 배수 시설 설계를 위한 **표면 배수 용량 결정 인자**임

   (1) 배수 면적(집수 면적)

   (2) 강우 도달 시간＝강우 지속 시간

   (3) 강우 강도

   (4) 유출률

2) 설계 강우 강도 정의(도로 배수 경우)

   도로 기능의 안전성, 도로 구조물의 안정성 및 배수 시설의 중요성, 경제성에 의해 결정되는 **확률년(빈도년)의 확률별, 강우 지속 시간별**(강우 도달 시간별) **강우량의 크기**를 의미

2. 설계 강우 강도 산정 순서 및 방법

1) **강우 도달 시간**(강우 지속 시간)의 산정

2) **확률년**(빈도년)의 결정 : 배수 구조물의 중요도에 따라 결정

3) **설계 강우(확률 강우 강도) 강도** 산정(I치)

   전국의 중요 지점별 강우 도표 이용(횡축 : 지속 시간, 종축 : 강우 강도)

3. 합리식의 강우 강도(I)–대표적인 공식형

이원환(1993), 허준행(1999) 및 최계운(2000, 인천 지방)의 확률 강우 강도식 적용

1) Talbot형 $I = \dfrac{b}{t+a}$

2) Sherman형 $I = \dfrac{C}{t^n}$

3) Japanese형 $I = \dfrac{e}{\sqrt{t+d}}$

- I : 강우 강도(mm/hr)
- t : 강우 지속 기간(min)
- a, b, c, d, e : 지점별로 확률 강우량을 최소 자승법 등으로 분석하여 결정되는 상수
- Japanese형(石黑형)으로 표시할 경우의 상수 d, e의 값
  : 하천 설계 기준의 표 적용(서울 지방의 설계 강우 강도식의 상수값)

4) 강우 강도－지속 기간－재현 기간(Rainfall Intensity-Duration-Frequency, IDF) 관계

   2000년 건설교통부가 발표한 〈한국 확률 강우량도의 작성〉이라는 연구의 "전국에 걸친 확률 강우량도"가 실무에서 활용되고 있음

4. 배수 구조물의 단면 결정

1) 유출량(설계 유량＝계획 홍수량) 산정

   (1) **합리식** : 유역 면적이 4km² 이하일 때

$$Q = 0.278 \times C \times I \times A$$

- I : 강우 강도
- C : 유출계수
- A : 유역 면적

(2) **표준 유출법** : $4\text{km}^2 <$ **유역 면적** $< 40\text{km}^2$

(3) **수문 곡선 추적법** : 유역 면적이 40km^2 이상

2) 수로 내의 평균 유속 및 경사

$$\text{Manning 식} : V = \frac{1}{n}R^{2/3}I^{1/2}$$

3) 소요 통수 단면(통수량)

(1) 통수량 $Q = AV$

(2) 통수 단면의 결정 : 최대 통수 단면의 80%만 흐른다고 보고 결정

| 모범 답안 서브노트 작성 예 |

문		설계강우강도(93회 용어)
답		1. 설계강우강도 정의(도로 배수경우)
		도로기능의 안전성, 도로 구조물의 안정성 및
		배수시설의 중요성, 경제성에 의해 결정되는 확률년의 확률별
		강우, 강우 지속 시간별 강우량의 크기를 의미
		2. 적용성
		도로배수구조물, 댐, 하천 등의 수리구조물
		설계시(단면결정등) 유출량 산정.
		3. 유출량(설계 유량=계획 홍수량) 산정
		1) 합리식 : Q = 0.278× C× I× A
		2) 설계(확률) 강우강도(I)산정 순서 및 방법
		(1) 강우 도달 시간(강우 지속 시간) 산정
		(2) 확률년(빈도년)의 결정 : 배수 구조물의 중요도 고려
		(3) 설계(확률) 강우강도(I)산정 방법
		① 전국의 중요 지점별 강우 도표 이용
		② 이원환, 허준행, 최계운의 식 이용
		③ Talbot형 : $I = \dfrac{b}{t+a}$
		④ Sherman형 : $I = \dfrac{C}{t^n}$
		⑤ Japanese 형 : $I = \dfrac{e}{\sqrt{t+d}}$
		끝.

■ 참고문헌 ■

1. 서진수(2006), Powerful 토목시공기술사(1, 2권), 엔지니어즈.
2. 서진수(2009), Powerful 토목시공기술사 단원별 핵심기출문제, 엔지니어즈.
3. 토목고등기술강좌, 대한토목학회.

10-21. 유출계수(설계 강우 강도 관련)

1. 유출계수(C) 정의

1) 하천, 도로 배수 구조물 설계를 위한 홍수량 추정 및 합리식으로 설계 홍수량(유출량)을 구하기 위한 상수

2) 하천, 도로의 배수 시설 설계를 위한 배수 용량(홍수량=유출량) 결정 인자

    (1) 배수 면적(집수 면적)

    (2) 강우 도달 시간=강우 지속 시간

    (3) 강우 강도

    (4) 유출률(유출량)

2. 하천 및 도로 배수 구조물의 단면 결정

실용적으로 고속도로 공사에서 사용하는 기준

1) 유출량(설계 유량=계획 홍수량) 산정

    (1) 합리식 : 유역 면적이 4km² 이하일 때

$$Q = 0.278 \times C \times I \times A$$

    • I : 강우 강도

    • C : 유출계수

    • A : 유역 면적

    (2) 표준 유출법 : 4km² < 유역 면적 < 40km²

    (3) 수문 곡선 추적법 : 유역 면적이 40km² 이상

2) 수로 내의 평균 유속 및 경사

$$V = \frac{1}{n} \times R^{2/3} \times I^{1/2}$$

  I : 동수경사를 말함(강우 강도 I가 아님)

3) 배수 구조물의 소요 통수 단면(통수량)

    (1) 통수량 $Q = AV$

    (2) 통수 단면의 결정 : 최대 통수 단면의 80%만 흐른다고 보고 결정

3. 합리식에 사용되는 유출계수(C)

1) 유출계수는 유역의 형상, 지표면 피복 상태, 식생 피복 상태, 개발 상황을 감안하여 결정

    (1) 유출계수 < 1보다 적고

    (2) 토지이용에 따른 유출계수 범위 : 하천 설계기준의 표 적용

    (3) 유출계수의 크기

      개략적으로 도로 > 상업, 주거, 산업 지역 > 급경사 산지 > 농경지

2) 유출계수는 **재현 기간 5~10년**에 적용되므로 재현 기간이 이보다 길 경우

    : Ponce(1989, Engineering hydrology)등의 보정 그래프를 활용

3) 산지의 경우 유출계수 추정 시 현장 조건을 감안한 판단이 필요하며

   (1) 유역 면적이 **좁은 지역**에서는 비교적 **큰 유출계수**를 사용하고

   (2) 유역 면적이 **넓은 지역**에서는 비교적 **적은 유출계수**를 사용하여

   (3) 홍수량이 **과소** 또는 **과다 추정**되지 않도록 유의

4) 유출계수의 값에 대해서는 특히 **유역의 개발**로 인하여 **큰 변화**를 받는 일이 많다.

    : 계획치로 채용하는 유출계수는 개수 시점에서 **예상되는 개발 계획** 등을 **충분히 고려**함

5) **합리식 유출계수는 지형**과 **지질**에 따른 **보정**해야 함(하천설계 기준 표 이용)

■ 참고문헌 ■

1. 서진수(2006), Powerful 토목시공기술사(1, 2권), 엔지니어즈.

2. 서진수(2009), Powerful 토목시공기술사 단원별 핵심기출문제, 엔지니어즈.

3. 토목고등기술강좌, 대한토목학회.

10-22. 합리식

1. 합리식의 정의
도로 배수 구조물, 하천 등의 설계 시 **설계 홍수량**[유출량＝설계 유량＝계획 홍수량] 산정 방법

2. 합리식의 강우 강도
1) 대표적인 공식형

재현 기간을 포함시켜 이원환(1993), 허준행(1999) 및 최계운(2000, 인천지방)에 의해서 얻어진 확률 강우 강도식을 적용할 수 있음

(1) Talbot형 $I = \dfrac{b}{t+a}$

(2) Sherman형 $I = \dfrac{C}{t^n}$

(3) Japanese형 $I = \dfrac{e}{\sqrt{t+d}}$

- I : 강우 강도(mm/hr)
- t : 강우 지속 기간(min)
- a, b, c, d, e : 지점별로 확률 강우량을 최소 자승법 등으로 분석하여 결정되는 상수
- Japanese형(石黑형)으로 표시할 경우의 상수 d, e 의 값
  : 하천 설계 기준의 표적용(서울 지방의 설계 강우 강도식의 상수값)

2) 강우 강도 – 지속 기간 – 재현 기간(Rainfall Intensity-Duration-Frequency, IDF) 관계

2000년 건설교통부가 발표한 〈한국 확률 강우량도의 작성〉이라는 연구의 "전국에 걸쳐 확률 강우량도"가 실무에서 활용되고 있음

3. 합리식에 의한 해당 유역의 설계 홍수량을 산정 방법(순서)
1) 강우 강도 – 지속 기간 – 빈도 공식 또는 곡선에서 설계 강우 강도 결정
2) 유역 유출계수(C)의 선정
3) 유역 면적과 유역 도달 시간 결정
4) 설계 홍수량의 산정과 도시 배수 시설(주로 우수 관거)의 설계에 대해서 표준적인 값 결정

4. 합리식에 의한 첨두 홍수량의 계산

$$Q_p = \frac{1}{3.6} CIA \, (\mathrm{m^3/sec})$$

또는

$$Q_p = \frac{1}{360} CIA^* \, (\mathrm{ha})$$

여기서)
- Q_p : 첨두 홍수량(m³/sec)
- C : 무차원의 유출계수
- I : 홍수 도달 시간을 강우 지속 시간으로 하는 특정 발생 빈도의 강우 강도(mm/hr)
- A : 유역 면적(km²)
- A^* : 유역 면적(ha)

5. 합리식의 전제 조건

1) 첨두 홍수량의 발생 확률은 주어진 도달 시간에 대응하는 강우 강도의 발생 확률과 동일

2) 유출계수 C : 어떤 유역에 내리는 모든 강우에 대하여 동일

3) 강우의 침투 및 요지 저류 효과가 적은 도시화된 유역 및 수원부 계류의 소유역에 잘 맞음

4) 합리식을 적용할 수 있는 유역 면적의 크기 : 대략 $10km^2$ 이하, 가급적 작은 유역에 적용해야 신뢰도가 높다.

■ 참고문헌 ■

1. 서진수(2006), Powerful 토목시공기술사(1, 2권), 엔지니어즈.
2. 서진수(2009), Powerful 토목시공기술사 단원별 핵심기출문제, 엔지니어즈.
3. 토목고등기술강좌, 대한토목학회.

10-23. 하수처리장과 공정

1. 하수처리의 정의

자연 스스로 정화될 수 없는 **오염된 하수**를 하천으로 내 보내면 **생태계 파괴** 등 **환경문제**를 유발시키므로 **인위적**으로 **오염된 하수**를 **정화**하여 **재사용** 및 **자연 그대로 회복**시키기 위한 처리

2. 하수처리장 정의

가정이나 상가 기타 장소에서 사용된 물을 하천이나 해양에 흘러가기 전 오염물질을 제거하여 최대한 깨끗하게 만든 다음 배출하는 곳, **수질환경**에 있어 아주 **중추적인 역할**을 하는 곳. 처리하는 수질의 상태나 특성에 따라 미생물을 이용하는 생물학적 처리법등을 이용함

3. 하수처리과정

1) 처리장 관리

(1) 중앙제어실 : 하수처리 전 공정을 화면 및 그래픽으로 24시간 감시 통제

(2) 실험실

① 하수처리 전 과정의 수질 및 운영계통 분석을 통한 공정 운영

② 분석항목 : BOD, COD, SS, TN, TP, 대장균군, 중금속 등 수질분석, TS, VS 등 슬러지 분석

2) 1차 처리(1차 수처리 시설)

(1) **유입침사지(Gift Chamber)** 및 유입펌프장

유입된 하수의 침사(토사제거)/협잡물이 제거된 유입하수를 최초 침전지(처리시설)로 펌핑하여 이송, 후속 공정의 기계손상 등 시설물 고장 예방

(2) **최초 침전지(Primary Sedimentation Tank)** : 1차 처리 시설

유입침사지에서 제거되지 않은 생슬러지를 중력 침강시켜 상등액과 분리 농축조로 이송 유입펌프장에서 보내진 하수를 약 2~4시간 정도 체류, 침전시키면서 하수 중에 들어 있는 오염물질 중 비교적 무거운 물질을 약 30~35% 제거하여 1차 처리 및 생물학적 처리를 위한 예비처리의 역할을 수행하며 발생되는 생슬러지는 슬러지 처리공정으로 보내 제거

3) 2차 처리(표준활성 슬러지법)

(1) **포기조(Aeration Tank)** : 1차 처리된 하수를 호기성 미생물(박테리아등, 산소를 공급)을 이용, 흡착, 산화, 동화 작용 등 생화학적 반응을 유도하여 유기물을 합성 분해시켜 슬러지 덩어리(floc)로 만들어 미세한 오염원을 제거하는 생물학적공정으로 표준 활성 슬러지 공법에서 가장 중요한 공정임. 장방형/체류시간 6시간

(2) **송풍기** : 포기조의 용존산소농도를 일정하게 유지시켜 호기성 미생물이 유기물을 분해할 수 있도록 산소 공급

4) 고도처리시설(3차 처리)

(1) **표준 활성슬러지법(2차 처리)**으로 처리가 어려운 영양염류인 **질소, 인, 색도, 냄새** 등을 **제거**할 수 있는 **3차 처리 시설**

(2) 공정 : 혐기조 → 무산소조 → 호기가변 공정

(3) 탈질조 : 질산균, 질산환원세균을 이용하여 **하수중의 질소를 제거**하는 시설

(4) 약품침전지 : 처리수에 응집약품을 투입하여 **인과 부유물질을 응집침전 제거**하는 시설

(5) 효과

① 유입수 내의 **영양염류(T-N, T-P) 저감**으로 방류하천의 **부영양화 방지**

② 방류수질 개선

③ 하수처리 안정화 도모

5) 오니(슬러지) 처리시설

(1) **최종 침전지**(Final Sedimentation Tank)

① 미생물에 의해 처리된 하수(포기조에서 생성된 **활성슬러지의 혼합액**)를 일정 시간 체류시켜 **슬러지 침전**(덩어리＝floc) 제거 및 **상등수**(깨끗해진 물) 방류

② 가라앉은 슬러지는 포기조에 다시 미생물 공급을 위해 보내지며 잉여슬러지는 슬러지 처리공정으로 보냄

③ 형식 : 중력식 원형(장방형) 침전지/체류시간 약 3~5시간

(2) **농축조 : 가압부상농축조**(Air Flotation Thickener)

① 최초·최종 침전지에서 발생된 슬러지를 중력에 의해 물과 고형물로 분리

② 최종 침전지에서 이송된 **잉여슬러지를 가압부상농축**시켜 **고형물을 분해**한 후 혼합슬러지 저류조로 보내 최초침전지의 생슬러지와 혼합된다.

(3) **소화조**(Sludge Digester)

① 농축한 슬러지 속의 유기물을 산소가 필요 없는 **유기산균**, **메탄균** 등을 이용하여 **분해, 안정화, 가스화**시킴

② 혼합된 생슬러지와 잉여슬러지를 소화조에서 약 20일 정도 35℃로 가온시켜 슬러지 내의 유기물을 혐기상태에서 분해시켜 슬러지를 감량 및 안정화시킴

(4) **소화 슬러지 농축조**(Digested Sludge Thickener)

소화조에서 소화된 **슬러지를 세정, 농축**시켜 **탈수**를 용이하게 함

(5) **슬러지 탈수기**(Sludge Dehyddrator)

소화 슬러지 농축조에서 **농축된 슬러지를 탈수기**를 이용 **함수율 80% 이하**의 슬러지 케이크로 만들어 **매립지**에 매립 또는 해양처리

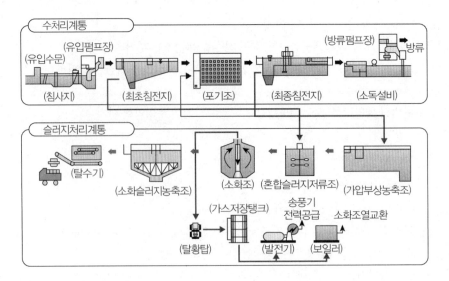

※ 혐기성 소화 공정

하수슬러지, 음식물쓰레기, 가축분뇨와 같은 유기성폐기물이 혐기소화조에서 가수분해, 산생성, 메탄생성의 과정을 거쳐 생산되는 메탄가스는 회수하여 연료로 이용한다. 남은 발효폐액은 전부 액비로 재활용한다.

바이오가스의 에너지 자원화공정은 건식 탈황탑에서 정재되어 황성분이 제거된 가스는 저장조에 저장되고, 가스보일러나 발전기에 사용된다.

가스보일러는 열회수에 의한 소화조 가온 및 온수를 공급한다.

4. 법정 처리기준(처리수질)

구분	생물학적 산소요구량 (BOD)	화학적 산소요구량 (COD)	부유물질 (SS)	총질소 (T-N)	총인 (T-P)
법정처리기준	20.0	40.0	20.0	60.0	8.0

■ 참고문헌 ■

서울시 탄천 하수처리장, 대구광역시 하수처리장, 대전광역시 하수처리장.

10-24. 용존 공기 부상(DAF : Dissolved Air Flotation) [용존 공기 부상법] (95회 용어)

1. 용존 공기 부상법(DAF)의 정의

물속에 높은 압력의 공기를 충분히 용해시켜 처리 원수에 주입 ⇒ 수중에서 다시 감압된 물 ⇒ 과포화된 만큼의 공기가 미세한 기포로 형성되어 처리수 중의 플럭(Flock)과 결합 ⇒ 기포-플럭 결합체 ⇒ 빠르게 수중에서 수표면으로 상승 ⇒ 고액분리가 달성되는 수처리 공정

2. 공정모식도(가압오존 산화공정)

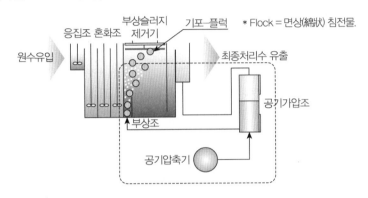

3. 장점

1) **짧은 응집시간** 소요 ⇒ 응집시설 **부지면적 축소**
2) 처리 시간이 매우 짧고 설치면적 적음
3) 짧은 시간에 양호한 수질 얻을 수 있어 **신속한 정상운전** 가능
4) **조류** 등 저 비중 입자 제거 효율 우수
5) **합성세제, 오일, 중금속** 등의 제거에 효과적
6) **냄새, 휘발성 유기오염** 물질의 효율적인 처리
7) **조류와 박테리아**를 제거함으로써 **THMFP**(Trihalomethane Formation Potential) 감소
8) 슬러지 **처리효율 향상**

부상슬러지의 고형물 농도가 침전슬러지보다 높고, 탈수성 우수

4. 적용 분야

1) 정수 처리 공정의 **중력식 침전지 대체**
   : 기존 중력식 침전지 개량에 의한 처리효율 향상
2) 하천/호소수의 **조류 처리** 공정
3) 고농도 폐수의 **고액분리**를 위한 **생물학적 전처리** 공정
4) 하폐수의 **슬러지 농축** 공정
5) 세제류 및 오일 등의 **유수분리** 공정
6) 신설 정수장의 **고액분리** 공정

7) 조류 등 저비중 물질들의 처리 목적
8) 적은 부지에 효율적인 정수처리 공정 도입 필요 시설

■ 참고문헌 ■

김성혁, 미시간기술, 울산광역시 남구 무거2동 583-18.

10-25. 하천변 열차운행이 빈번한 철도 하부를 통과하는 지하차도를 건설코자 한다. 열차 운행에 지장을 주지 않는 경제적인 굴착공법을 설명(65회)

- 기존 철도 또는 고속도로 하부를 통과하는 지하차도를 시공하고자 한다. 상부차량 통행에 지장을 주지 않고 안전하게 시공할 수 있는 공법의 종류를 열거하고 그중 귀하가 생각할 때 가장 경제적이고 합리적인 공법을 선정하여 기술(78회)
- 도심지 주택가에서 직경 1500mm의 콘크리트 하수관을 Pipe Jacking 공법으로 시공하고자 한다. 이 공법을 설명하고 시공상 유의사항기술(81회)
- 주요 간선도로를 횡단하는 송수관로(직경 2m, 2열) 시공 시 교통장애를 유발하지 않는 시공법을 제시하고 시공 시 유의사항을 설명하시오.(지반은 사질토이고 지하수위가 높음)(86회)

[문제해결의 Key]

1. 공법의 종류
   1) Front Jacking 공법(Pipe Roofing)
   2) TRM(Tubular Roof Construction Method) 공법
   3) Messer Shield
   4) JES(Jointed Element Structure) 공법
2. 지하수가 높은 경우 Well Point나, Deep Well 등의 지하수 배수공 병행함
3. 풀이는 답안 분량만큼이므로 내용이 간단함
   상기공법에 대해 조금 더 이해가 필요하므로 인터넷(네이버 등)에서 검색하여 추가 학습 요함 : 국회도서관 등 기타 사이트에 많은 자료가 있음

1. 개요
철도, 도로 등을 횡단하여 도로, 송수관로(상하수도), 차집관로 등을 설치하기 위한 공법으로는

1) 우회도로 축조 후 본 도로를 개착하는 방법

2) 본 도로에 토류벽 가시설을 하고 상부에 복공판을 덮어 차량을 통과시킨 후 시공하는 방법

3) 상부 도로를 개착하지 않고 차량을 통행시키면서 도로 하부를 특수 공법으로 횡단하는 방법으로 분류할 수 있음

공법의 선정 시에는 교통량, 시공성, 경제성 등을 고려하여 선정함

2. 종류
※ 도심지 하수관 및 철도, 고속도로 등의 하부 횡단 공법의 종류

※ 교통장해를 유발하지 않는 간선도로 및 철도 하부 횡단 공법의 종류

1) Front Jacking 공법(Pipe Roofing)

2) TRM(Tubular Roof Construction Method) 공법

3) Messer Shield

4) JES(Jointed Element Structure) 공법

3. Front Jacking 공법
1) 공법의 개요

- 소구경강관 압입 : 강관으로 Pipe roof 설치
- 굴착 후 송수관로를 견인하여 소정의 지중위치에 축조 : Front Jacking으로 거치

2) 시공종단도(강관 압입 : Pipe roof)

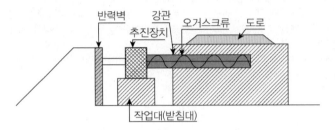

3) 시공단면도

시공단면도 : Front Jacking 방법

- 지중에 **기성 콘크리트를 견인**하여 축조 : 송수관로를 노출 상태로 유지

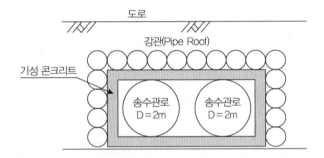

- 지중에 **송수관로를 견인**하여 거치 후 보호 콘크리트 타설

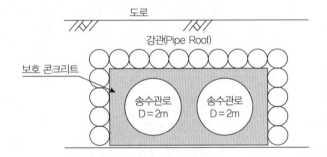

4. TRM 공법

1) 강관을 유압 Jack으로 압입한 후
2) 지중에 구조물 축조

5. JES 공법

1) Joint가 있는 **사각 강관**을 굴착 견인 삽입 후 콘크리트를 채워 본체 구조로 이용하고 그 속에 **송수로** 설치하는 방법

2) 시공종단도 : 사각 강관 Element 설치

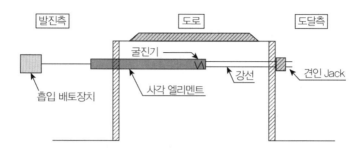

3) 시공 횡단도 : 구조체 축조(콘크리트 Box 형태) 후 송수관로 거치

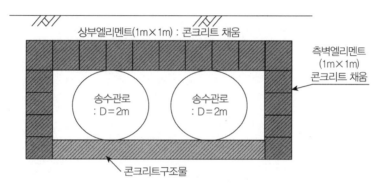

6 . 가장 경제적이고 합리적 공법의 선정 및 시공 시 고려사항

1) 공법 선정 시에는 **현장의 제반 여건**을 고려하여 선정하여야 함
2) 기존 도로의 지반 상태, 교통량 등을 파악하여 설계에 반영해야 함
3) 하부 통과 **지하구조물(차도 및 하수도)의 규모**(차선수) 등에 따라 공법 선정이 달라져야 함
4) 특히 Front Jacking 등을 실시할 경우 **반력벽 설치**를 위한 터파기용 추가 **토공, 토류벽** 등의 공사가 필요하며
5) 사질토지반, **지하수가 높은 경우** Well Point나, Deep Well 등의 **지하수 배수공**도 이루어져야 함
6) 따라서 가장 경제적이고 합리적인 시공방법은 **시공성, 안전성, 경제성** 등의 사전조사와 현장 여건에 대한 사전조사가 이루어진 후 적절한 공법이 선정되어야 함

7. 공법들의 장단점

1) 강관 압입공법인 Front Jacking
   (1) 전방에 전석이나 사력을 만나면 수평방향의 정밀도가 떨어지는 경향이 있음
   (2) 반력벽등의 추가 공사 필요
   (3) 공법이 간단하고 쉬움

(4) 프리캐스트 제품을 사용 : 공기 단축

2) JES 공법

굴진 시 사용된 사각의 Element를 본체 구조로 사용하므로 추가 콘크리트 타설작업의 감소로 공기단축이 되고 경제성이 있는 것으로 판단됨

8. 맺음말

도로 하부 횡단 송수관로 공사 시의 가장 경제적이고 합리적인 시공방법을 선정하기 위해서는 **시공성, 안전성, 경제성** 등의 사전조사와 현장 여건에 대한 사전조사가 이루어진 후 적절한 공법이 선정되어야 함

■ 참고문헌 ■

1. 서진수(2006), Powerful 토목시공기술사(1, 2권), 엔지니어즈.
2. 서진수(2009), Powerful 토목시공기술사 단원별 핵심기출문제, 엔지니어즈.
3. 토목고등기술강좌, 대한토목학회.

10-26. 도시지역의 물 부족에 따른 우수저류 방법과 활용 방안에 대하여 설명(95회)

1. 개요

최근 **택지개발**, 도시개발 등의 도시화로 우수 유출량 증가로 인한 도시침수 피해 저감 등의 **재해예방**, 하천의 **수질오염 개선** 등의 **수환경 보전**, 빗물의 재활용 등의 수자원을 확보할 목적으로 지방자치단체 등에서 '**우수저류시설**'을 설치 운영하고 있다.

2. 우수저류시설 정의

1) 우수가 유수지 및 하천 유입 전에 일시적 저류 후 바깥수위가 낮아진 후 방류하여 **유출량 감소, 최소화**시키는 시설로 **유입시설, 저류지, 방류시설** 등
2) 우수유출량을 일괄적으로 처리 ⇒ ∴ 저류량 많고, 기술적, 배수계획상의 신뢰성, 안전도 높은 유출 저감 방법임
3) 유출우수를 유역말단에 **집수, 저류** 및 **유출**을 억제하는 것
   ⇒ 다목적 유수지, 치수녹지 및 방재조절지 등
4) 장소별 : **지역 외(Off Site)** 저류와 **지역 내(On Site)** 저류로 구분
5) 사용용도별 : **침수형 저류시설**과 **전용 저류시설**로 구분

3. 우수유출 저감시설의 종류(우수저류 방법)

저류시설	침투시설
1. 쇄석공극 저류시설 2. 운동장 저류 3. 공원 저류 4. 주차장 저류 5. 단지 내 저류 6. 건축물 저류 7. 공사장 임시저류지 8. 유지·습지 등 자연형 저류 시설 9. 지하철, 건물 등 지하시설물의 배수 저장시설	1. 침투통 2. 침투측구 3. 침투트렌치 4. 투수성 포장 5. 투수성 보도블록

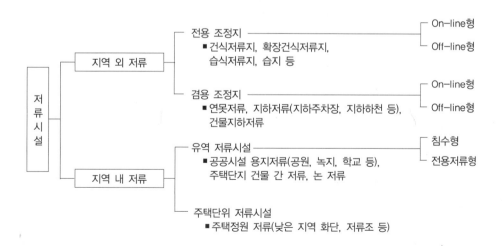

1) 지역 외 저류시설

(1) 지역 외 저류시설 형식별 고려사항

구분	On Line 저류방식	Off Line 저류방식
특성	1. 관거 또는 하도 내 저류시설 설치 2. 모든 빈도에 대해 유출저감 가능 3. 첨두홍수량 감소 및 첨두 발생 시간 지체 4. Off Line에 비해 상대적으로 큰 설치 규모	1. 하도외 저류시설 설치 2. 저빈도의 홍수에 저감효과 미흡 3. 첨두홍수량 감소 4. On Line에 비해 상대적으로 적은 설치규모
모식도		
유출 저감 효과 그래프		

(2) 지역 외 저류시설의 구조형식에 따른 분류와 특성

형식	구조의 개념	특성
댐식 (제고 15m 미만)		1. 주로 구릉지를 이용해 설치하는 방법 2. 방재조절지나 유말조절지에서 댐식을 많이 이용
굴착식		1. 평탄한 지역을 굴착하여 우수를 저류하는 형식 2. 계획수위고(HWL)는 주위 지반고 이하
지하식		1. 지하저류조, 매설관 등에 우수를 저류시키는 것 2. 연립주택의 지하에 설치

(3) 다용도 건식 저류지

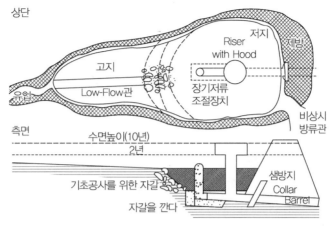

[그림] 다용도 건식 저류지 개념도

(4) 습지

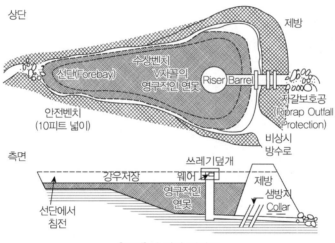

[그림] 습지의 개념도

2) 지역 내 저류시설

(1) 침수형 저류시설 : 단지 내 저류(건물 간 저류)

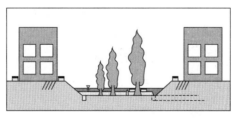

[그림] 침수형 저류시설 사례(건물 사이 저류형태)

(2) 전용 저류시설

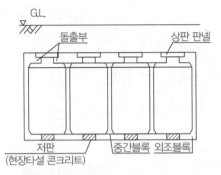

[그림] 전용 저류시설 시공 및 단면(예)

(3) 건축물 저류(주택단위 저류시설) 중

① 저류시설(저류탱크)

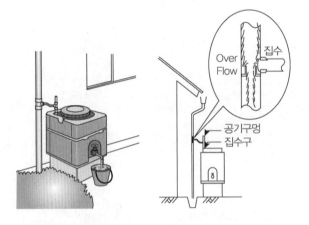

② 지붕저류

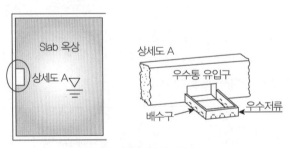

[그림] 지붕저류의 개념도

③ 지붕녹화

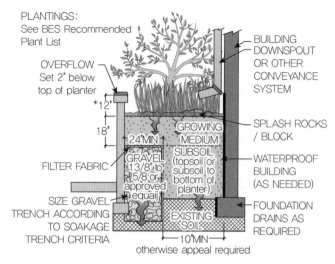

[그림] 지붕녹화 개념도(Stormwater management manual, Portland State, 2004)

3) 물데 시스템

기존 배수측구

물데 시스템

[그림] 물데 시스템 개념도(Stormwater management manual, Portland State, 2004)

4. 우수저류시설의 활용방안(효과/목적)

1) **재해예방** : 집중호우 시 첨두유량 감소로 유역 및 도시침수 피해방지

2) 하수관거 **통수능 부족 해소** : 집중호우 시 첨두유량(유출량) 감소

3) 집중호우 시 **하천수위 감소** : 하천 유입 우수제어로 홍수 피행방지

4) **수환경보전**(물환경개선) : 하천수질 오염개선

5) **토지의 효율적 이용** : 시설상부 및 주변에 공원, 휴식공간확보

6) **수자원 확보**

　　(1) 도시물순환 시스템 : 물 순환 기능 회복

　　(2) 갈수기 수자원(용수) 부족 해결

　　　　- 하천유량 확보로 생태계 보전

　　　　- 기온 상승방지(열섬화 현상방지)

　　　　- **여름철 살수로 도로온도 상승**으로 인한 **포장 파손 방지**

　　　　　　대구지하철 2호선 터널 유도배수된 지하 집수정 물 이용하여 도로 살수 시스템 가동 중

　　　　- 조경용수

　　　　- 물이용의 효율성을 확보 : 중수도 시스템 설치하여 재활용

5. 하수관거 통수능 부족 해소를 위한 우수저류시설 설치 절차

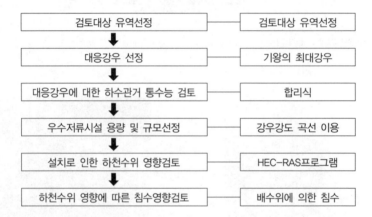

검토대상 유역선정	검토대상 유역선정
대응강우 선정	기왕의 최대강우
대응강우에 대한 하수관거 통수능 검토	합리식
우수저류시설 용량 및 규모선정	강우강도 곡선 이용
설치로 인한 하천수위 영향검토	HEC-RAS프로그램
하천수위 영향에 따른 침수영향검토	배수위에 의한 침수

6. 저류시설 용량 산정

기왕의 강우량에 대하여 하수관거 통수능 이상의 우수량 처리

$$V_i(\mathrm{m}^3) = \frac{1}{360}\left(I_i - \frac{1}{2}I_c\right) \cdot 60 \cdot t_i \cdot C \cdot A$$

여기서, I_i = 강우강도 곡선성 임의 지속 시간에 대한 강도(mm/Hr)

　　　　I_c = 관거 허용방류량(Q_c)에 대한 강우강도

　　　　t_i = 강우 지속 시간(분), C = 유출계수, A = 집수면적(ha)

7. 맺음말

저류시설의 다목적 이용계획 측면을 살펴보면

1) 지하저류지의 기능

　　(1) 홍수 발생 시 : **증가 유출량을 조절**하는 기능

　　(2) 평상시 : 다양한 기능의 **다목적 시설**로 활용할 수 있으므로

2) 지하 저류조에 저류된 물을 **소방용수·정원용수** 등으로 활용하면 ⇒ 투자효과를 높일 수 있으며

3) 지하저류조 설치 시에는 이해관계자의 충분한 동의, 공감대 형성 필요

4) **홍수방어 효과**, **시설의 안전성**, **다목적 용도의 기능**, **경제성** 등을 고려한 **저류조 설치 계획 수립** 필요

■ 참고문헌 ■

1. 우수유출 저감시설의 종류·구조·설치 및 유지관리기준(2009) 소방방재청.
2. 김영란, 우수저류시설설치에 의한 서울시하수관거 통수능 부족해소 효과.
3. 서진수(2006), Powerful 토목시공기술사(1, 2권), 엔지니어즈.
4. 서진수(2009), Powerful 토목시공기술사 단원별 핵심기출문제, 엔지니어즈.

10-27. 비점오염원의 발생원인 및 저감시설의 종류 설명(105회, 2015년 2월)

1. 오염물질이 배출되는 형태

1) 점원오염(point source pollution)

공장폐수와 같이 오염물질이 **특정한 지점**이나 **장소**에서 배출되어 오염을 일으키는 것

2) 비점원오염(nonpoint sourcepollution)

: **광범위한 지역**에 걸쳐 오염을 일으키는 것

(1) 농경지에서 강우에 따른 유출수와 함께 배출되는 토사, 질소, 인과 같은 영양염류 등으로 인한 수계오염

(2) 도시지역의 표면에 쌓인 각종 분진, 오물 등이 강우 시 지표수와 함께 씻겨 하천 등으로 유입

(3) 비점원오염은 수문현상과 밀접한 관련을 맺고 있다.

2. 비점원오염과 수문현상

1) 비점원 오염물질의 배출

: **강우강도, 지속시간**과 같은 강우의 특성과 지표수의 **수리·수문학적 특성, 수문현상**과 밀접한 관련

2) 수문과정

: 강수(precipitation), 차단(interception), 증발(evaporation), 증산(transpiration), 침투(infiltration), 지표유거(runoff) ⇒ 하천 형성

3) 비점원 오염물질의 이동 : 지표수와 지하수

(1) 대체로 **지표수** 따라 이동

(2) 유기물 등 오염물질은 **토양층 통과 시 여과·분해되어 별 문제없음**

단, 질산성 질소는 토양에 잘 흡착되지 않고 토양수와 더불어 쉽게 이동하기 때문에 지하수중에 높은 농도로 존재

3. 비점원오염과 점원오염의 비교

구분	점오염원	비점오염원
유량기준(유량변화)	없다	크다
지역		넓은 지역
오염물질	단순(한두 가지)	다양
오염물질 농도 변화	일정	크다 : 강우초 높고, 시간경과 후 낮아짐

4. 지역 외(Off Site) 저류시설 [저감시설]

1) 개요

(1) 배수 구역으로부터 유입된 우수를 조절할 목적으로 설치

(2) 해당 지역 및 해당 지역 외부에서 발생한 우수유출량을 해당 지역에서 저류

(3) 강우 시 유출되는 우수를 배수구역 내 임의지점에 집수, 저류, 억제 시설

2) 지역 외 저류시설 단계별 고려사항

단계	고려사항
계획수립 시	1. 적절한 홍수조절로 하류부 침수방지 2. 방류하천의 홍수량 저감효과 3. 주변환경과 조화로운 계획수립 4. 경제적인 계획수립 5. 저류조 다목적 활용방안 검토(우수이용등)
시설계획 시	1. 수문개폐 등 인위적인 조작을 최소화 2. 연속되는 호우에 대처하기 위한 신속한 저류수의 배제 3. 상시 우오수의 처리 4. 설계빈도 이상의 홍수에 대한 대처

3) 분류

  (1) 용도별 : ① **전용**조정지, ② **겸용**조정지 등

  (2) 관거와의 연결 형식별 : ① **관거 내**(On Line) 저류시설, ② **관거 외**(Off Line) 저류시설

  (3) 구조형식별 : ① **댐식**(제고 15m 미만), ② **굴착식**, ③ **지하식**

4) 전용조정지(지역 외 저류시설)의 사용용도별 분류

  (1) **건식저류지**(Dry Pond)

    ① 홍수발생방지 : 설계빈도로부터 발생되는 최대유량을 감소목적 설계

    ② **비점원 오염원 제거에 비효과적**

      − 저류시간 짧다. ⇒ ∴ 미립자의 오염물 유출, 가라앉을 시간 불충분

    ③ 오염물 제거효과 : 오염물질의 약 0~20% 정도

  (2) **확장된 건식저류지**(Extended Dry Pond)

    ① 지체방류방식 : 건식저류지의 방류구조를 바꾼 형식

    ② **도시우수유출 제어**를 위한 **최적 관리 수단** : 1년 빈도(작은 빈도), 빈번한 우수를 대상으로 설계

    ③ 오염물 제거효과

      − 유물질과 같은 미립자의 오염물 : 40~70% 정도 높은 효과

      − 영양물질 등과 같은 용존 오염물질 : 효과 아주 낮다.

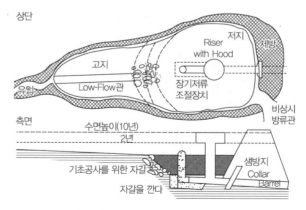

[그림] 다용도 건식저류지 개념도

(3) 습지(Wet Pond)

① 물을 영구적으로 보유, 미립자의 오염물질 가라앉음

② 용존 오염물질 등을 생물학적 제거 및 감소

③ 홍수 시

　－초과 홍수량 축적, 저수지 역할

　－식물들이 물의 흐름 지연, 하천유량의 극심한 변화방지, 홍수발생 완화

④ 자연습지 : 생활용수, 농업용수, 공업용수로 이용 가능

⑤ 수질개선

　－**부영양화 억제**

　－질소와 인 축적 : 수질 개선

　－소규모 생활 폐수의 처리에 이용

⑥ 오염물질 제거 효과

　－부유물질 : 50%~90%

　－영양물질 : 40%~60%

　－아연(중금속) : 40%~45%

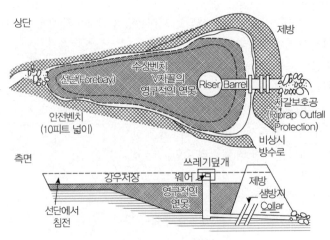

[그림] 습지의 개념도

5) 물데 시스템

　: **도로와 보행자통로 사이에 물데 시스템 설치, 우수관거와 연결**

　－우수의 침투 및 저류 효과로 홍수유출 지연

　－초기 노면수 **비점오염원 제거 가능**

기존 배수측구

물데 시스템

[그림] 물데 시스템 개념도(Stormwater management manual, Portland State, 2004)

■ 참고문헌 ■

1. 우수유출 저감시설의 종류·구조·설치 및 유지관리기준(2009) 소방방재청.
2. 김영란, 우수저류시설설치에 의한 서울시하수관거 통수능 부족해소 효과.
3. 서진수(2006), Powerful 토목시공기술사(1, 2권), 엔지니어즈.
4. 서진수(2009), Powerful 토목시공기술사 단원별 핵심기출문제, 엔지니어즈.

10-28. 상하수도 시설물의 누수방지를 할 수 있는 방안과 시공 시 유의사항을 설명 (87회)

1. 상수도 시설 계통

1) 저수 및 취수 시설 : 댐, 하천

2) 도수시설 : 취수장에서 정수장까지의 관로 : 강관, 타일 주철관, PHC관

3) 정수시설 : 수밀 콘크리트 구조물

  (1) 착수정(침사지)

  (2) 약품 투입실

  (3) 혼화지

  (4) 응집지

  (5) 침전지

  (6) 여과지 → 정수지 → 염소 투입실 → 송수관 → 배수지 → 급수

4) 도수관, 송수관의 종류

  (1) 중간에 **급수 분기 등이 없음**

  (2) 강관, 닥타일 주철관, PS 콘크리트관, PHC관, 원심력 철근콘크리트관

5) 배수관 : **콘크리트관 사용 불가**

2. 하수도 시설

1) 수처리 계통

  (1) 유입수관로

  (2) 유입침사지(Gift Chamber)

  (3) 최초침전지(Primary Sedimentation Tank)

  (4) 포기조(Aeration Tank)

  (5) 최종 침전지(Final Sedimentation Tank)

2) 슬러지 처리 계통

  (1) 소화슬러지 농축조(Digested Sludge Thickener)

  (2) 소화조(Sludge Digester)

  (3) 슬러지 탈수기(Sludge Dehyddrator)

3. 상·하수도 시설의 누수원인

구분	시설물 종류	누수원인
상수도	시설물 : 착수정(침사지)/혼화지/응집지/침전지/여과지 등의 콘크리트 구조물	1. 지진, 진동에 의한 기초지반 액상화 ⇒ 콘크리트 균열 2. 수밀 콘크리트의 균열 ⇒ 누수 3. 시공 이음부의 파손
	관로 : 도수관, 송수관, 배수관	관로 매설 시공 불량/부등침하/강관부식 ⇒ 누수
하수도	시설물 : 침사지(Gift Chamber)/침전지/ 포기조	1. 지진, 진동에 의한 기초지반 액상화 2. 수밀 콘크리트의 균열 3. 시공 이음부의 파손
	관로 : 차집관거등	관로 매설 시공불량/부등침하 ⇒ 누수

4. 상·하수도 관로의 파괴원인 및 파괴 시 문제점

1) 기초 지반의 부등 침하, 지지력 부족(연약지반)으로

2) 관에 응력 집중

3) 관의 침하 발생, 연결부의 파손

4) 누수 등으로 무수율 증가 및 수질오염(상수관)

5) 특히 하수관거의 경우 ⇒ 누수 발생 ⇒ 토양오염/지하수오염 유발

5. 상·하수도 관로누수 방지대책

1) 상·하수도관 선정에 유의 : (1) 시공성, (2) 경제성, (3) 관종류별 특성

2) 시공 시 유의사항

  (1) 관의 취급 : ① 운반, 하역시 파손, ② 관의 보관에 유의

  (2) 터파기 유의사항

    ① 사면안정

    ② 암반 기초의 관보호용 Beding 처리 ⇒ 관 파손 방지

    ③ 기존 매설물과의 이격 거리 준수

    ④ 암거, 철도, 하천 횡단 시 인,허가 및 적절한 시공법 선정

  (3) 관 부설 시 유의

    ① 관의 균열 상태 및 도복장(상수도관인 경우)의 손상 및 결함 확인

    ② 관의 손상 방지 : 운반 및 거치 시 고무로 보호한 와이어 벨트 사용

    ③ 부설 전 관내면 및 이음부의 이물질 제거 및 청소

    ④ 기초에 밀착 부설

    ⑤ 시공 후 검사 철저(상·하수도)

      ㉠ 관 내부 육안 검사

      ㉡ CCTV 촬영

      ㉢ 수압 시험

      ㉣ 용접 검사

      ㉤ 용접부의 도복 상태 검사

  (4) 시공 완료 후 검사, 시험 중 수압 시험

    ① Test Band 수압 시험

      ㉠ $5kgf/cm^2$ 이상에서 5분간 유지하여 $4kgf/cm^2$ 이하로 내려가지 않아야 함

      ㉡ 수압이 내려가면 다시 접합하고 수압 시험 재실시

    ② 일반적인 수압 시험 방법

      ㉠ 200m 간격으로 시행

      ㉡ 규정수압으로 1시간 동안 유지 시 압력강하 : $0.2kgf/cm^2$ 이하

      ㉢ 규정수압을 계속 유지하도록 물을 보충 시 : 1시간 동안 구경 10mm당 1ℓ 이하

(5) 되메우기 시공 시 유의사항

　① 곡관, 이형관, 도로 횡단부 ⟹ 보호콘크리트(Surrounding Concrete) 시공

　② 양질의 되메움토 사용 : 큰 돌이 섞이지 않은 부드러운 흙

　③ 다짐 철저(20cm층 다짐 실시)

6. 시공 완료 후(시운전시) 검사, 유의사항(통수 개시 시 유의사항)

1) 통수 및 시운전 계획서 작성

2) 관로 청소, 변실 내의 문제점 조사, 미비점 조치(상수도)

3) 맨홀, 집수정 등의 청소, 문제점 조치(하수도)

4) 밸브류 개폐 조작, 펌프류의 조작상태 확인(상수도)

5) 각 시설물에 대한 종합 점검 및 보완

6) 유지관리 지침서 작성

7) 시운전 요원 선정(상수도)

8) Spare Part 확인

9) 고장, 사고 시 대비 장비 장구류 준비

10) 시 운전 결과 종합 Check List 작성 확인, 검토

7. 관로 기초의 시공 대책

1) 관로 기초의 **연약지반 처리 공법**

　(1) 연약토 치환

　(2) Pile 기초

　(3) Bedding의 강성 증가

　(4) Surrounding Concrete(보강 콘크리트)

　(5) 약액 주입

2) **누수방지**를 위한 관로기초 시공대책 예

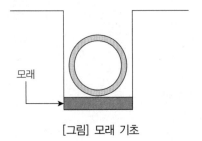

[그림] 모래 기초

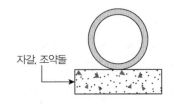

[그림] 자갈(쇄석) 기초

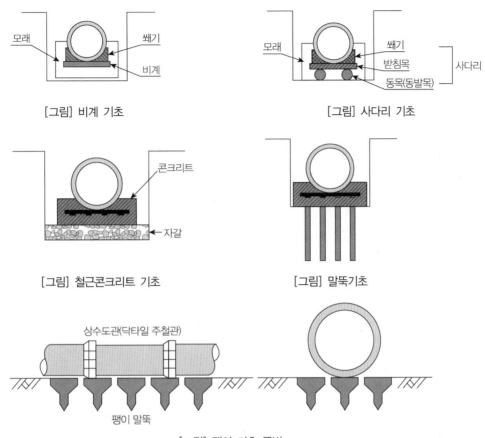

[그림] 비계 기초

[그림] 사다리 기초

[그림] 철근콘크리트 기초

[그림] 말뚝기초

[그림] 팽이 기초 공법

3) 도심지를 통과하는 대형 관로 매설 시 대책 공법 예시

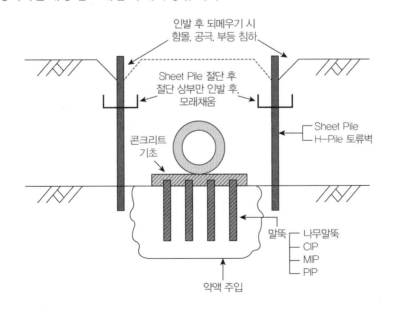

8. 하수관거 검사 항목

1) 설계 사항

   (1) 계획 하수량의 검토, 단면 검토

   (2) 수리 검토 및 단면 검토

   (3) 설계된 단면과 재질이 현장 여건과 부합하는지 검토

   (4) 하중과 토압의 검토 : ① 사하중/활하중에 의한 연직 토압, ② 작용 휨모멘트 모멘트

2) 하수관거 시공 시 검사, 검토 항목(시공 시 유의사항)

   (1) 관거의 이음 연결 검사

   (2) 이음의 검사

3) 관거 부설(매설) 시 검사 항목

   (1) 기초 지반의 검사 : ① 다짐 상태, ② 연약지반 처리 상태

   (2) 관로의 선형, 구배 검사

4) 되메우기 상태 검사

   (1) 1층 다짐 완료 후 두께 : 20cm

   (2) 되메움 재료 : 부드럽고, 배수 잘되는 흙

   (3) 관 주변에 굵은 골재 : 관로에 펀칭파괴 유발

5) 관로의 Surround(관보호공) 시공 상태 검사

   ⇒ Surround의 재료 : ① 모래, ② 콘크리트, ③ 지질 섬유, Soil Cement

9. 맺음말

1) 상하수도 시설물의 누수는 **상수도 수질의 오염**, 주변지반의 **토양/지하수 오염**을 유발시키고, **수처리 비용의 증가** 등 **경제적 손실**을 초래하므로

2) 시설의 설계/시공/유지관리 전반에 걸친 누수방지 방안이 수립 시행되어야 함

■ 참고문헌 ■

1. 서진수(2006), Powerful 토목시공기술사(1, 2권), 엔지니어즈.
2. 서진수(2009), Powerful 토목시공기술사 단원별 핵심기출문제, 엔지니어즈.

10-29. 하수관거 정비공사

1. 하수관거 정비의 개념

1) 관거가 훼손되어 수리적, 구조적으로 기능을 발휘하지 못하는 관거를 원래의 기능으로 회복시키기 위해 보수, 보강하는 것

2) 관거의 신설, 교체, 갱생, 개량, 개축, 보수, 수선 등을 총칭한 포괄적인 관거의 **유지관리** 개념

2. 하수관거 정비목적

1) 불량 관거를 보수 보강하여 기존 **관거의 구조적, 수리적 안정** 도모

2) **수리능력의 회복** 및 향상으로 관거의 **수명 연장** 도모

3) **지하수와 토양의 오염 방지, 하천, 방류수역 수질개선**

3. 국내 하수관거의 일반적인 문제점

1) 합류식 관거가 대부분임(90%) : 하수처리장 운영 효율 저하(특히 우기 시)

2) 경사 완만하여 최소 유속에 미치지 못하는 관거가 많음 : 유하능력 감소

3) 관망도 신뢰도 떨어짐 : 관망도와 실제 차이 발생

4) 굴곡 부위가 많고 칼라(링접합)식 접합부 관로가 많아 누수 발생으로 토양오염 발생

4. 하수관거 정비의 목적, 방법과 효과

목적	관거 정비 방법(내용)	효과
오염 물질의 안정적 이송 시스템 구축	ㅁ차집 지역 　• 기존 관거 개량 및 보수 　• 오수관거 신설 보급 ㅁ미차집 지역 　• 우, 오수 관거 신설 보급 ㅁ유지관리 모니터링 시스템 구축 　• 하수관거의 체계적 유지관리	• 하수관거 유지관리 체계 구축 • 하수처리장 운영효율 증대 　(특히 분류식인 경우) • 하천(방류수역) 수질개선 • 쾌적한 생활환경 제공

5. 하수관거의 종류와 특징

특징	흄관	PVC 이중 벽관	PVC 내충격관	닥타일주철관
접합방식	소켓+ 수밀 고무링	소켓+ 수밀 고무링	소켓+ 수밀 고무링	KP 메카니칼
용도 (매설 부위)	오수관거	연결관, 취락지구 지선 및 간선	배수관로	압송 관로 시가지도로, 하천

6. 하수관거 정비관리 유의사항(항목)

1) 하수관거 정비순서

현장조사 및 분석 : CCTV 조사 ➡ 세정 ➡ 이물질 제거 ➡ 보수 ➡ 관내 검사

2) 맨홀본체 균열, 파손, 뚜껑 불량, 인버트 점검

3) 관로 및 연결관 부위

4) 오수받이의 구조적 안정성, 파손, 인버트, 악취

5) 토양 및 지하수 오염 여부

6) 정화조 연결부위

7. 하수관거 정비 시 검사항목(하수관거 점검항목)

1) 오접 방지 시험 : Smoke Test(연막시험)

2) 수밀, 수압 시험

   (1) 자연 유하식 경우 : 되메우기 전 **누수시험**

   (2) 압력식 : **수압시험**

3) 관거 내부 검사

   (1) 800mm 미만 : CCTV

   (2) 800mm 이상 : **육안검사**

8. 맺음말

1) 상하수도 시설물의 누수는 상수도 수질의 오염,주 변지반의 토양/지하수 오염을 유발시키고, 수처리 비용의 증가등 경제적 손실을 초래하므로

2) 시설의 설계/시공/유지관리 전반에 걸친 누수방지 방안이 수립 시행되어야 하고

3) 사용 및 유지관리단계에서는 관거를 정비하여 누수에 따른 문제점을 해결해야 한다.

■ 참고문헌 ■

1. 서진수(2006), Powerful 토목시공기술사(1, 2권), 엔지니어즈.
2. 서진수(2009), Powerful 토목시공기술사 단원별 핵심기출문제, 엔지니어즈.

10-30. 하수처리시설 운영 시 하수관을 통하여 번번이 불명수(不明水)가 많이 유입되고 있다. 이에 대한 문제점과 대책 및 침입수 경로 조사시험 방법에 대하여 설명(95회)

1. 개요
1) 불명수의 원인을 조기에 발견, 차단시킴으로써 효율적 하수처리 운영 가능
2) 국내 대전시 최근 "하수도정비기본계획 변경안"에 따르면 대전하수처리장으로 유입되는 1일 평균 하수량 64만 톤 가운데 30%가 넘는 20만 톤이 불명수인 것으로 조사됨

2. 불명수(不明水) 정의
1) 불명수는 하수관거에 유입되는 오수 이외의 예정되지 않은 유입수를 말하며, 지하수, 우수, 계곡수, 하천 유입수, 무허가 배출수 등을 포함한 물
2) 침입수(유입수)의 종류로는
   (1) 지하수 침입수
   (2) 우수 침입수
   (3) 용수 침입수
   (4) 해수 침입수 등이며
3) 불명수를 적절한 방법으로 처리하지 못하면 유입유량이 증가하여, 관거, 펌프장, 하수처리장의 용량이 부족해지거나 유입수질의 저하로 하수처리효율이 감소하는 등의 문제점이 발생한다.

3. 불명수의 종류 및 원인
1) 지하수 유입 원인
   (1) 관로 오접
   (2) 관거 접합부 불량(오접합) : 본관과 연결관 소켓부의 수밀성 불량
   (3) 맨홀, 우수받이의 수밀성 부족
   (4) 관거 시설의 파손
   (5) 구도심 지역의 합류식 관거 : 시설이 낡고 시공 상태가 불량 ∴ 지하수, 계곡수 쉽게 침투
   (6) 대부분이 하천에 매설된 차집관로 : 이음새 부분의 하수관의 이탈 및 타 공사로 인한 관로의 충격으로 파손, 불명수 유입
2) 우수 유입 원인
   (1) 맨홀, 우수받이 뚜껑이 지면보다 낮게 설치된 경우
   (2) 오수맨홀에 우수맨홀 뚜껑(유공 뚜껑) 설치경우 노면우수가 유입
   (3) 오수관에 우수관 오접합
3) 기타(우수 및 지하수 외의 불명수)
   (1) 우천 시 공장등의 무허가 폐수 유입
   (2) 논이나 하수에 물을 댔을 때만 관로에 침입수가 발생되는 현상
   (3) 섬, 해양 주변의 조석 간만 차에 의해 폐수의 수위 증가 시

: 관로 속에 들어오는 침입수의 양이 증가

    (4) **융설** : 눈이 많이 내리는 지역에 눈 녹는 봄 시기에 침입수 증가

    사람에 의해서 인위적 유입 : 맨홀 뚜껑을 열고 치운 눈을 쓸어 담는 현상

4. 불명수 유입의 문제점

1) 유입유량 증가

    (1) 관거의 유하능력 부족, 펌프장, 하수처리장 용량 부족

    (2) 만성적인 하수처리장에 유입유하량이 많아져 운영경비 증대

2) 유입수질 저하

    (1) 하수처리 효율 감소

    (2) 집중호우 및 홍수 시 처리장에 순간적으로 과부화가 발생하여 방류수질이 악화되는 현상 발생

    (3) 1차 처리 후 방류유량 증가로 방류수역의 수질 오염 가중 우려

3) 토사유입

    (1) 관내의 토사퇴적으로 유하능력 부족

    (2) 관 주변 토사 유실로 **지반공동화**에 의한 **관의 부등침하, 도로 및 보도 침하**(함몰), 지하매설물에 **악영향** 우려

> **[일본 사례]**
> 1) 관로 건설 후 약 10년 정도 : 10㎞당 약 10개소의 도로 함몰 발생
> 2) 25년이 지나면 2배 이상, 30년 후에는 약 5배 정도가 증가, 50년 후에는 약 10배까지 증가

4) 하천수의 역류

    (1) 우천 시 하천수 역류

    (2) 주택개발단지에서는 맨홀 및 처리장 자체가 침수되는 현상 발생

5) 불명수로 인해 계획유량과 실유량의 차이 발생

    ∴ 하수처리장, 관로 계획 시 계획과 실제의 차이 발생 문제

6) 불명수 문제 차단 공법 및 공사를 도입 시 관로시설 유지관리비에 침입수 문제 차지 비율이 점점 증가

5. 대책

1) 불명수 유입을 저감, 방지할 수 있는 신중한 하수도 계획, 설계 및 시공

2) 충분한 강도를 가진 관종 선정

3) 관거 접합부에 수밀성 제품 사용하여 정밀시공

4) 과다 상재하중구간은 관 보호공 설치

5) 맨홀 및 우수받이 적정 시공

6) 관거 정비 실시

7) 신설관이나 갱생관에 대한 수밀성 검사 명확하게 한다.

8) 관로 유하능력 확보 중요

9) 관로 보수시 부분 보수보다는 관 전체 보수하는'스팬보수'

맨홀과 맨홀 사이 전체를 보수

10) 기존 합류식 관거를 분류식으로 변경 계획 및 시공

6. 침입수 경로 조사방법

1) 관로 검사의 종류

(1) 불명수 검사 : **육안·CCTV** 검사

(2) 배수설비 접속 검사(음향, 살수법) : 우수침입수 대책

(3) **연막시험(Smoke Test)**=송연조사 : 본관접속 검사

(4) 유하능력 검사 : 침수대책

(5) 주수(수밀성) 검사 : 기존 관의 수밀성 검사

(6) 압기·진공관 검사 : 신설관 및 갱생관 검사

2) CCTV 검사

하수관로 내부를 이동하면서 정밀촬영, 관로 파손 여부, 이음새 누수, 맨홀 부분의 불명수 유입 부분 조사

3) 연막시험(Smoke Test)

(1) 하수관거를 밀폐시키고 연기를 관거에 주입하는 방법

(2) 시험 시 연기가 하수관거를 타고 주택지로 유입

∴ 화재로 오해하지 않도록 안내문 발송 및 홍보 철저

4) 유량조사

플륨식, 수위유수식(초음파식) 유량계 사용

5) 위상기하학 모델에 대한 우수침입지역의 추정 및 유출해석모델 사용한 유수침입지역 추정의 방법 사용(최근 일본등)

기존 관로 자체에 대한 유량조사, CCTV 조사 등을 통한 유수유입수 및 침입수에 대한 해석에서 벗어남

7. 관로 개축(하수관거 정비)을 위한 "정량적 관로 진단의 개념도" [최근 일본]

노후관로 정비를 위한 종합적인 진단 방법

1) 물리진단

(1) 노화진단 : 파손·크랙·관 두께의 감소를 정량 진단

(2) 성형진단 : 내경·변형·갱생관의 두께를 정량 진단

2) 기능진단

: 유하능력, 수밀성 접속검사, 종합검사로 일수 및 불명수 조사

3) 경제진단 : 에셋 매니지먼트와 라이프사이클 코스트 고려

8. 일본의 '침입수저감공법'(불명수 대책) 사례

1) 대책 필요지역 선정

    (1) 기존의 데이터 및 모니터링 데이터에 의한 위상기하학 모델 사용

    (2) 유출해석모델 사용

    (3) 즉, 기존의 데이터를 이용하여 원하는 모델지구를 추측(선정) 하고 조금씩 조여 나가는 것

2) 개선 모델지구 선정

    (1) 동시 다측점 조사를 통해 개선 단위의 규모를 평가, 개선판정 및 순위평가에 의해 개선 모델지구를 선정

    (2) 동시 다측점 조사방법

        1~2회 강우에 대해 20~30개소의 유량측정개소를 정하고 10~20m 이상의 강우 시, 100~200호에 대해 동시에 유량조사를 실시

3) 모델지구에 전수 검사를 실시 : 개소 계수와 개선방법 검토

4) 모델지구의 단계 보수 정량을 통해 부위별 사업효과 평가

    보수를 통한 개선공사 후 다시 한 번 유량을 측정, 개선에 대한 조사비·검사비·공사비 대비 개선효과를 분석·평가

5) 모델지구의 사업효과에 근거해 전체 계획을 책정·실시

9. 하수관거(관로) 정비 시 중점 사항

1) 합류개선

2) 침수개선

3) 갱생관의 품질확보

10. 하수관거 정비관리 유의사항(항목)

1) 하수관거 정비순서

현장조사 및 분석 : CCTV 조사 ➡ 세정 ➡ 이물질 제거 ➡ 보수 ➡ 관내 검사

2) 맨홀본체 균열, 파손, 뚜껑 불량, 인버트 점검

3) 관로 및 연결관 부위 점검

4) 오수받이의 구조적 안정성, 파손, 인버트, 악취점검

5) 토양 및 지하수 오염 여부 점검

6) 정화조 연결부위 점검

11. 하수관거 정비 시 검사항목(하수관거 점검항목)

1) 오접 방지 시험 : Smoke Test(연막시험)

2) 수밀, 수압 시험

    (1) 자연 유하식 경우 : 되메우기 전 누수시험

    (2) 압력식 : 수압시험

3) 관거 내부 검사

   (1) 800mm 미만 : CCTV

   (2) 800mm 이상 : 육안검사

12. 맺음말

[불명수 차단 효과]

1) 하수처리장 운영비용을 절감

2) 집중호우 시 발생하는 하수 역류에 의한 주택 침수를 방지하고 하수처리장으로 과다 유입되는 하수량을 감소시켜 효율적인 하수처리운영

■ 참고문헌 ■

최계운 외(2008), 하수관내 불명수 직접 측정과 기존방법의 비교분석, 한국수자원학회 2008년도 학술발표회 논문집.

Chapter **11**

교량공

11-1. 단순교, 연속교, 게르버교

1. 단순교, 연속교, 게르버교의 개념

2. 단순교

1) 정의 : Hinge(고정)와 Roller(가동) 지점인 2개의 지점으로 설계

2) 구조(구조 시스템) : **정정 구조임**, N＝R-3-h＝3-3-0＝0(정정)

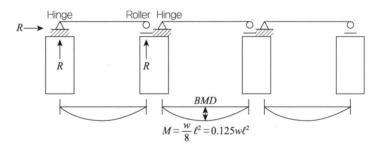

$$M = \frac{w}{8}\ell^2 = 0.125w\ell^2$$

3) 단순교의 특징

적용 경간	• 경간 짧은 교량 : 15~30m • PSC-Beam, I형강의 단순보
장점	• 지점(교각) 부등 침하에 유리함 • 시공속도 빠름 • Precast 제품이므로 제작 시공 시 품질우수 : 변형 적음
단점	• 정정구조물 : 형고 높아짐 • 경간마다 EXP.Joint 설치로 주행성(승차감) 저하 • 보수 많음

3. 연속교

1) 정의 : 교량 상부공이 2경간 이상으로 연속된 구조의 교량으로 FCM, ILM 등의 PSC Box Girder 교량은 주로 연속교량임

2) 연속교의 구조(구조 시스템)

   (1) 부정정 구조물 : 미지수 3개 이상, 힘의 평형 방정식으로 풀 수 없음

   (2) 3경간 연속 교량인 경우 **부정정 차수**

      N＝R-3-h(**내부힌지**)＝5-3-0＝2차 부정정

      N＝n-2＝지점수-2＝4-2＝2차

      N＝경간수-1＝3-1＝2차

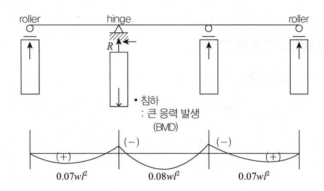

3) 연속교량(부정정 구조물)의 특징

장점	• 재료 절감, 처짐 감소, 아름다운 외관, 안전성 • 휨 모멘트 감소(1.5~1.8배 감소)(정정＝부정정의 1.5에서 1.8배), 단면 적고, 재료 절감, 경제적 • 정정 구조보다 큰 하중 부담할 수 있다. • 이동 하중, 큰 하중받을 때 과대 응력을 재분배, 안전성 증대 • 지간 길게 할 수 있다. • 교각수 적고 • 외관(미관) 좋다. • 지진 시 낙교 적음 • EXP.Joint(신축장치) 적어 주행성 좋음

단점	• 연약지반에서 지진, 지점 부등 침하 시, 온도 변화 시, 제작 오차 등에 의해 큰 응력 발생 : 교각이 없는 것과 같음,
	  대책 : 게르버교로 하여 정정 구조로 변경
	• 해석과 설계 복잡
	• 응력 교체(교변응력)가 많이 일어나므로 부가적인 부재 필요
	  ① 지점의 부등 침하로 응력이 추가 발생 : 설계 시 고려해야 함
	  ② 해석과 설계의 곤란
	  ③ 응력 교체

4) 조형미 고려한 연속교의 경간 분할

   (1) 3경간 : (3:5:3)

   (2) 4경간 : (3:4:4:3)

   (3) 5경간 : 등간격

4. 게르버교(Gerber)

1) 정의 : 연속교의 **부정정 차수**만큼 **내부에 힌지**를 둔 것

2) 구조(구조 시스템) : **내민보＋단순보＋내민보**로 구성된 **정정구조물**

3경간의 경우 : N=R-3-h(내부힌지)=5-3-2=0(정정)

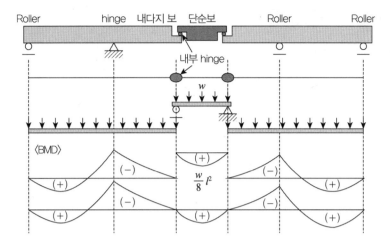

3) 게르버교의 특징

장점	지점이 불량한 개소에 효과적(부등침하 영향 적음) 휨모멘트가 연속교량과 유사하게 작용 : 단순교에 비해 경제적 단면
단점	힌지의 **구조적 문제**로 근래에는 기피(단점)**(성수대교 붕괴)** 진동 큼

■ 참고문헌 ■

1. 서진수(2006), Powerful 토목시공기술사(1, 2권), 엔지니어즈.
2. 서진수(2009), Powerful 토목시공기술사 단원별 핵심기출문제, 엔지니어즈.

11-2. 3경간 연속 철근콘크리트교의 콘크리트 타설 순서 및 시공 시 유의사항 설명 [106회, 2015년 5월]

1. 3경간 연속교의 구조 시스템

1) 정모멘트＝단순교의 $\dfrac{1}{1.78}$ [0.56], $\dfrac{1}{1.6}$ [0.625]

2) 처짐량 : 1/2.5배 감소, 단면 적게 할 수 있다.

3) 부모멘트 : **정모멘트보다** 1.78, 1.25배 크게 작용, 교량 완성 시 **상부 바닥판**에 **인장응력** 발생

2. 3경간 연속교량의 콘크리트 타설 순서

[제1안]

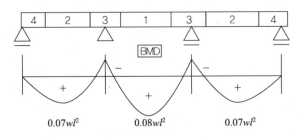

1) ⊕ 휨모멘트 작용 부분 타설 : 처짐이 가장 큰 곳

2) ⊖ 휨모멘트 작용 부분 타설 : 지점부

3) 양지점의 단부

[제2안]

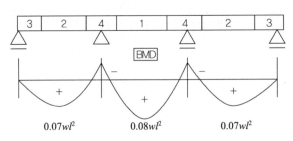

1) ⊕ 휨모멘트 작용 부분 타설 : 처짐이 가장 큰 곳(1)(2)

2) 양지점의 단부(3번)

3) ⊖ 휨모멘트 작용 부분 타설 : 지점부(4번)

비교

1. 일반적으로 제1안이 소개되고 있음

2. 제2안도 구조 역학적으로 맞는 방법임

3. 지점부 : (－모멘트)

4. 단부 : 모멘트 Zero(0)

5. 지점부와 단부는 응력 측면에서 그다지 큰 영향을 미치지 못하기 때문에, 즉 서로 관련이 크게 없으

므로 순서가 바뀌어도 큰 문제는 없으리라 생각됨

6. 단부 : 모멘트가 0이기 때문에 철근(주철근)과는 무관하고 단지 콘크리트 처짐에만 관계가 있다. 외측 경간 자체에서만 보면 제일 나중에 타설하는 것이 처짐 측면에서 유리할 것임

3. 타설 순서를 달리하는 이유

1) 처짐량이 큰 지간 중앙부터 타설 : **주철근의 부착력 저하 방지**

2) 충분히 처진 후 지점부 타설 : 순서가 바뀌면 지점부 Slab 상부에 작용하는 인장응력에 의해 균열 발생함

4. 최근 Slab 타설 방법

1) Deck finisher 진행방향 시공이 많음

2) 유의사항 : **전단력이 적은 곳에 시공이음부 설치**

5. 평가(맺음말)

연속교량의 Slab 타설 시는 휨모멘트에 의한 인장응력을 고려하여 타설 순서를 준수하여야 하고, 또한 콘크리트 시방서의 이어치기 시간도 준수해야 하므로 양자를 적절히 잘 고려해야 함

[콜드 조인트 방지 이어치기 시간]

25°C 초과	2시간 이내
25°C 미만	2.5시간 이내

■ 참고문헌 ■

1. 서진수(2006), Powerful 토목시공기술사(1, 2권), 엔지니어즈.

2. 서진수(2009), Powerful 토목시공기술사 단원별 핵심기출문제, 엔지니어즈.

11-3. 철근콘크리트 휨부재의 대표적인 2가지 파괴 유형 [106회, 2015년 5월]

- 정철근과 부철근(65회 용어)
- 주철근과 전단철근(68회 용어)

1. 개요
3경간 연속보(교량)의 경우 부정정 구조물로써 지간부 하부(Bottom)에는 정의 모멘트에 의한 **휨 인장응력**으로 휨파괴가 발생하고, 지점부 상부(Top)에는 부의 모멘트에 의한 **휨인장 응력**으로 **휨파괴**가 발생하며 지점부에서는 약 45° 방향의 전단응력(사인장 응력)에 의한 **사인장 균열(전단균열)**이 발생함

2. 보(Beam : 휨부재)에 일어나는 균열
1) 휨균열(인장균열)
   (1) 보에 직각으로 발생
   (2) 지간부 하부 및 지점부 상부에 발생
2) 사인장 균열(전단균열)
   (1) 사인장 응력(전단응력)의 정의
       보에서 **경사 방향의 균열**을 일으키는 주인장 응력을 사인장 응력이라 하고
   (2) 보에 경사 방향으로 발생(전단응력＝사인장 응력에 의한 균열)
   (3) 보의 갑작스러운 파괴 유발

3. 균열방지 대책

구분	대책
휨균열방지	주철근 배근 : 정철근, 부철근
전단(사인장)균열방지	전단(사인장) 철근 배근 ; 수직 스터럽(Stirrup), 경사 스터럽, 굽힘철근(절곡철근＝bentup bar)

4. 보의 주철근 및 전단철근 배근도
1) 3경간 연속보의 주철근 및 전단철근 배근도
   (1) 주철근 배근도

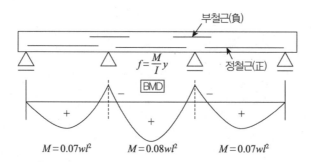

지간부 하부는 정철근(정의 주철근), 지점부 상부에는 부철근(부의 주철근)을 배근

(2) 주철근 및 전단철근 배근도

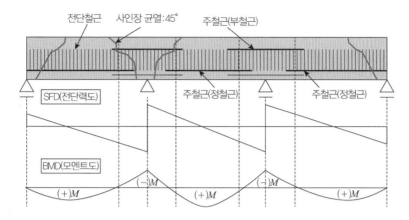

2) 단순보의 주철근 및 전단철근 배치 예

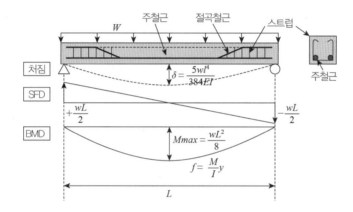

5. 주철근

1) 주철근 정의

　철근콘크리트 구조물에서 **설계하중에 의해 계산**하여 그 **단면적이 정해지는 철근**

　압축 주철근, **인장 주철근(정철근, 부철근)**이 있음

2) 주철근의 분류

　(1) **압축 주철근**

　　부정정 구조물인 연속 콘크리트 교량 또는 슬래브의 **지점 인접 부근 하단**은 인장응력이 점차 적
　　어지면서 **압축 응력**을 받게 됨. 이때 **하단에 배치**하는 철근은 **압축 주철근**임

　(2) **정철근**

　　부정정 구조물인 연속 콘크리트 교량의 보 또는 Slab의 지간, Box, 옹벽 등에서 **정(+)의 휨모멘트**
　　에 의해 일어나는 **인장응력**을 받도록 배치한 주철근

　(3) **부철근**

　　부정정 구조물인 연속 콘크리트 교량의 보 또는 Slab의 지점부, Box 등에서 **부(−)의 휨모멘트**에
　　의해 일어나는 **인장응력**을 받도록 배치한 주철근

6. 전단철근(Shear reinforcement)

1) 전단(보강)철근의 정의

사인장 균열 규제 : **사인장 균열(전단력)**에 의한 보의 갑작스러운 파괴 유발 방지 철근

사인장 철근(Diagonal tension bar)이라고도 함

보에 배치한 전단철근을 **복부철근**(Web reinforcement)이라 함

2) 전단철근의 종류

(1) 스트럽(stirrup)

① 수직 스트럽(veritical stirrup) : 주철근에 직각 배치한 전단철근

② 경사 스터럽(inclined stirrup) : 주철근에 대해 45° 이상 배치(응력상 유리하나, 시공이 번거롭다)

③ U형 스터럽

④ 복 U형 스터럽＝W형 스트럽

⑤ 폐쇄 스트럽＝폐합 스트럽(closed stirrup) : 부(-) 모멘트 받는 곳, 비틀림받는 곳에 사용

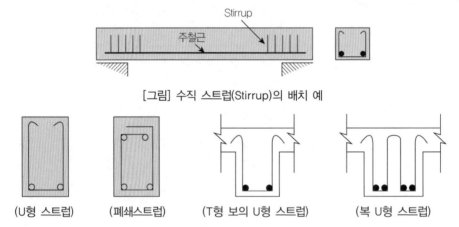

[그림] 수직 스트럽(Stirrup)의 배치 예

(U형 스트럽)　　(폐쇄스트럽)　　(T형 보의 U형 스트럽)　　(복 U형 스트럽)

(2) 절곡철근(Bent up bar : 굽힘철근)

① 정의 : 휨모멘트에 대해 필요 없는 철근(주철근의 일부)을 끊지 않고 30° 이상(30°~45°) 구부려 올린 사인장(전단) 철근이며, **휨모멘트가 Zero(0)**이 되는 **보의 길이 1/4되는 지점**에서 **절곡시킴**

② 굽힘(절곡)철근의 기능

- 전단균열(사인장 균열) 방지

- 주철근의 간격 유지(조립근 역할)

- Stirrup 고정

- 정, 부 모멘트에 의해 발생하는 휨응력에 대처

③ 절곡철근의 가공(구부리기)

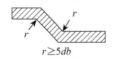

$r \geq 5db$

④ 굽힘철근의 배치

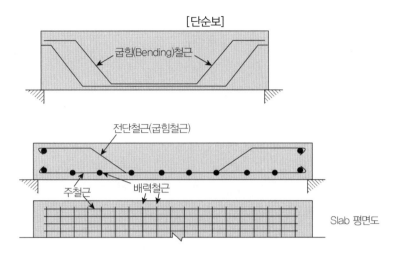

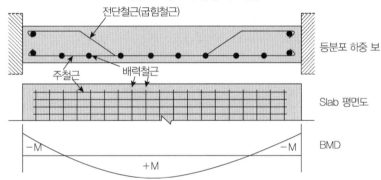

(3) 스터럽과 **절곡철근**을 **병용**하는 경우

7. 전단철근이 배치된 보의 거동
1) 사인장 균열 발생 전 : 전단철근은 거의 힘을 받지 않음
2) 사인장 균열 발생 후
  (1) 복부철근
    ① 전단력의 일부를 받음
    ② 균열의 진행 억제
  (2) 스트럽
    ① 균열폭의 증대 억제
    ② 축 방향 철근을 결속시킴
3) 균열 발생 후의 복부철근의 거동
  (1) 아주 복잡
  (2) 사인장 균열의 위치, 길이, 기울기 등에 따라 거동이 달라짐

(3) 균열의 위치, 길이, 기울기 등이 일정하지 않으므로 이론적으로 해석하기 힘듦

8. 복부철근의 트러스 작용(truss action)

1) 복부철근 : 트러스의 인장을 받는 사재, 수직재 역할

2) 굽힘철근, 스트럽 : 인장작용

3) 파선방향 : 압축작용

4) 복부철근의 설계 : 트러스 작용(truss analogy) 이론을 따른다.

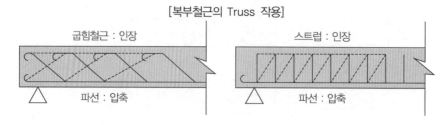

[복부철근의 Truss 작용]

9. 평가(맺음말)

1) 주철근은 철근콘크리트 구조물에서 설계하중을 분담하는 중요한 철근임, 철근의 간격, 덮개(피복두께), 이음, 정착길이, 표준갈고리, 구부리기 등의 설계기준을 준수하여 구조물의 요구 성능을 확보하여야 하며, 시공 시에는 정밀 시공하여 구조물의 열화를 방지하는 것이 대단히 중요함

2) 굽힘철근은 지점단부의 사인장 균열을 방지하는 중요한 전단철근이며 구부리기 등의 설계기준을 준수하여 구조물의 요구 성능을 확보하여야 하며, 시공 시에는 정밀 시공하여 구조물의 열화를 방지하는 것이 대단히 중요함. 철근의 구부리기는 콘크리트 구조물 기준에 맞도록 시행하고 도면에 누락되었을 경우 시공 상세도를 작성하여 책임기술자의 승인 후 시행해야 함. 철근 가공(구부리기) 시에는 산소절단 금지하고 철근 절단기, 가공기를 사용해야 함

■ 참고문헌 ■

1. 서진수(2006), Powerful 토목시공기술사(1, 2권), 엔지니어즈.
2. 서진수(2009), Powerful 토목시공기술사 단원별 핵심기출문제, 엔지니어즈.
3. 도로교 표준시방서(2012).
4. 도로교 설계기준(2012).

11-4. 교량 설계 방법 및 안전율(도로교 시공 시 필요한 안정조건)

- 교량의 한계상태(Limit State) 설명 [106회, 2015년 5월]
- 교량의 설계차량 활하중(KL-510) [109회 용어, 2016년 5월]

1. 설계법의 종류

1) 허용응력 설계법(Allowable Stress Design)＝탄성설계법(Elastic Design)＝사용하중 설계법(WSD)

2) 강도설계법(Strength Design)＝USD(극한강 설계법)

3) 한계상태 설계법(LSDM＝Limit State Design Method)＝하중저항 계수 설계법(Load & Resistence Factor Design)

2. 교량 설계 방법(안전율) 원칙

1) 강교와 강재 교각 : **허용응력 설계법**을 따름

2) 콘크리트교(상부구조)와 콘크리트 교대, 교각(하부구조) : 원칙적으로 **강도설계법** 따르되 허용응력 설계법도 사용

3. 사용성과 안전성 관련 설계법의 특징(차이점, 비교)

구분	사용성	안전성(내구성)
개념	사용에 불편, 심리적 불안 없을 것	1) 내구성이 안전하도록 규정 : Stress에 안전, 변형(Strain)에 안전 2) 붕괴염려 없을 것
설계법	1) 허용응력 설계법(W.S.D) 　= Working Stress Design Method 2) 한계상태 설계법(LSDM) 　= Limit State Design Method	1) 강도설계법(USD) 　= Untimate Strength Design Methel 2) 한계상태 설계법(LSDM) 　= Limit State Design Method
설계하중	1) 실제하중(Real Load)＝실하중 　= 기준하중(Specified Load) 　= 작용하중(Working Load) 　= 사용하중(Service Load) 2) U＝D＋L	1) 극한하중(Ultimate Load) 　= 하중계수하중(Factored Load) 　= 사용하중× 하중 증가계수 2) U＝1.4D＋1.7L
내용	1) 균열, 처짐, 진동이 적을 것 2) 균열은 허용폭 내	<내구성(Durability)> 1) 내화성 2) 내마모성 3) 내부식성 4) 내화학성 5) 내하성(하중에 잘 견딤) 6) 내동결 용해
비고	한계상태 설계법(LSDM) : 사용성＋안전성 동시에 고려 1) 사용성 → 사용한계상태(SLS)를 검토하여 확보 2) 안정성 → 극한한계상태(ULS)를 검토하여 확보	

4. 교량을 설계 시 고려해야 할 하중

1) 교량을 구성하고 있는 각 부재에 응력이나 변형을 발생하게 하는 모든 외력과 내력

2) 시공 중에 작용하는 하중과 완성 후에 작용하는 모든 하중

3) 구조물 설계에서 부재의 응력을 정확하게 계산해야 함은 물론이지만 이에 못지않게 중요한 것은 정

확한 하중의 산정임

4) 관련 설계기준은 설계를 위한 일반적인 지침만을 제공할 뿐이며 올바른 설계를 위한 하중의 산정은 설계자의 올바른 판단과 경험이 필요함

5. 맺음말

안정조건이 불충분한 경우 조치해야 할 사항

: 하중 조합 재검토 후 정확한 하중을 산정하여 설계단면력 재계산함

참고 상세 설명

[허용응력 설계법의 개념]

1. 원리

1) 탄성이론적용 : 부재를 탄성체로 봄

2) 설계하중하 부재료에 작용하는 응력(f) 〈 재료의 허용응력(F_a)

2. 설계적용

1) 허용응력＝재료의 한계응력/안전율

2) 재료의 한계응력 : 항복응력, 좌굴응력, 피로응력 등으로 사용함

3) 안전율 : 구조물의 안전 확보를 위해 안전율을 이용하여 재료의 사용강도를 낮추어서 평가하는 방법임

3. 허용응력법의 특징

1) 콘크리트 등에서는 사용성 개념의 검토 방법이며

2) 강도설계법에 대하여 구조물의 파괴에 대한 안전율 정의가 어려움

4. 허용응력법의 적용

1) 강교량에 적용

2) PSC 교량에 적용

3) **콘크리트 교량**은 원칙적으로 **강도설계법**을 적용하고 **허용응력 설계법**을 적용할 수도 있음

5. 교량의 허용응력 설계법 규정 [도로교 설계기준 2005년]

1) 강교의 허용응력

　(1) 주하중 및 주하중에 해당하는 특수하중에 대한 허용응력 : 도로교 설계기준 규정값 따름

　(2) 부하중 및 부하중에 해당하는 특수하중에 대한 허용응력

　　 : 규정하중× 증가계수(1.15~1.70)

2) 콘크리트교에서의 허용응력 규정

　(1) 철근콘크리트 부재 허용휨응력

　　① 허용휨 압축응력 $f_{ca} = 0.40 f_{ck}$

　　② 허용휨 인장응력(무근확대기초와 벽체에서) $f_{ta} = 0.13 \sqrt{f_{ck}}$

　(2) 허용압축응력(무근확대기초와 벽체에서) $f_{ca} = 0.25 f_{ck}$

　(3) 허용전단응력, 허용지압응력 : 도로교 설계기준 규정 공식 적용

[강도설계법의 개념]

1. 강도설계법의 개념

콘크리트 파괴, 철근의 항복 등의 구조물이 파괴 상태에 이르는 극한하중과 극한하중하에서 **구조물의 파괴 형태**를 예측함. 강도설계법의 요소는 **하중계수, 강도감소계수, 사용성**임

2. 하중계수(γ) : 구조물의 예측 정도를 표현하는 계수

1) 사용하는 하중 : 고정하중, 활하중, 토압, 풍압, 특수하중 등
2) 하중계수의 결정 : 사용하중의 크기를 예측할 수 있는 정확도에 따라 정함
   (1) 교량인 경우 설계단면력 : $U = 1.3D + 2.15(L+I) + 1.3CF + 1.7H + 1.3Q$
   (2) 사용하중종류
       D : 고정하중과 단면력, L : 활하중, I : 충격하중, H : 토압, CF : 원심하중, Q : 부력, 양압력, 수압, 파압
3) 각 기준별 하중계수

하중	도로교 설계기준('05)	철도교 설계기준	콘크리트 구조 설계기준
고정하중(D) 하중계수	1.3	1.4	1.4
활하중(L) 하중계수	2.15	2.0	1.7
횡토압(H) 하중계수	1.7	1.7	1.8

3. 강도감소계수(ϕ)

1) 부재내력의 안전을 추가로 확보하기 위해 적용하는 계수
2) 부재내력의 부득이한 손실, 부재의 연성, 부재강도를 예측할 수 있는 정확도, 전체 구조강도에 대한 그 부재의 중요성을 고려한 값
3) 콘크리트 구조 설계기준상의 강도감소계수
   (1) 휨부재 : 휨모멘트 0.85, 전단 0.80
   (2) 기둥 부재 : 나선철근 0.75, 띠철근 0.70

4. 콘크리트 구조물의 부재나 단면 설계

설계하중조합과 강도감소계수에 의해 계산되는 설계단면력 이상의 설계강도를 갖도록 설계함

5. 설계하중조합

1) 설계단면력 계산 시 규정된 하중조합 중에 가장 불리한 외력을 일으키는 조합을 사용하여 계산함
2) 부재나 단면의 소요강도 : 설계기준에 규정한 하중계수를 사용한 하중조합에 따라 계산
3) 교량설계 시 주요 하중 조합의 하중(단면력) 종류(교량에 작용하는 설계하중의 종류)
   ① 고정하중, ② 활하중, ③ 충격하중, ④ 토압, ⑤ 풍하중, ⑥ 차량 활하중에 작용하는 풍하중, ⑦ 지진의 영향, ⑧ 원심하중, ⑨ 부등침하, ⑩ Creep, ⑪ 건조수축, ⑫ 양압력, ⑬ 부력, ⑭ 수압, ⑮ 파압

[한계상태 설계법(LSDM : Limit State Design Method)]
=[하중저항계수 설계법(LRFD : Load & Resistence Factor Design)]

1. LRFD의 개념

부재나 상세 요소의 한계 내력(극한강도내력)을 기초로 하여, 한계하중에 의한 부재력이 한계내력(극한내력강도)을 초과하지 않도록 설계하는 방법, 사용성 한계상태(SLS)와 강도한계상태(ULS)를 고려하는 설계법

2. LFRD 설계법 적용 시 고려사항

1) 구조물에 발생 가능한 모든 한계상태(SLS와 ULS) 관련 파괴 모드 검토
2) 각 한계 상태에서 적정한 안전수준 결정
3) 주요하고 지배적인 한계상태를 고려하여 구조 단면을 설계함

3. LRFD의 특징

장점	• 콘크리트 구조물의 강도설계법, 소성설계법과 설계기준 및 형식면에서 유사함 • 계수 안전율의 결정 : 확률에 기초하여 구조 신뢰성 인론에 의거 보정함, 일관성 있는 안전율을 갖는 합리적인 설계법임 • 신뢰도 좋음 • 안전율 조정성 • 거동에 대한 깊은 이해를 바탕으로 함
단점	이론적인 기초에 너무 치중 : 실무설계의 구체적 적용방법 불충분

[한계상태 설계법 교량 설계기준]
[교량의 설계 차량 활하중(KL-510)](109회 용어, 2016년 5월)

1. 개요
기존 허용응력 강도설계법의 문제점을 '효과적 보완'한 도로설계기준으로 신뢰성 이론에 기반을 둔 설계법, 2015년부터 시행

2. 신뢰도 기반의 한계상태 설계법
1) 기존의 설계법
   (1) 강교에 적용 : 허용응력설계법
   (2) 콘크리트교에 적용 : 강도설계법
2) 한계상태 설계법
   (1) 신뢰도 기반의 설계법
   (2) 국내의 실측된 통계자료에 기반한 차량 활하중 모형(KL-510)으로 한계상태 설계 관련 연구 성과를 검토, 반영
   (3) 한계상태에 따른 하중 조합과 하중계수를 적용
   (4) 한계상태 설계법은 기존 허용응력설계법, 강도설계법 등에서 발생하는 문제점들을 효과적으로 보완

3. 기존설계법과 비교
1) 허용응력설계법
   (1) 설계법 개요
     사용하중에 의해 유발되는 부재의 내력이 탄성범위 이내가 되도록 단면 상세를 결정하는 설계법
   (2) 문제점
     ① 재료 성능의 비효율적인 활용
     ② 부재의 파괴 강도를 파악하기 어렵다.
     ③ 하중 특성을 설계에 반영하기 어렵다.
2) 강도 설계법
   (1) 설계법 개요
     부재의 설계 강도가 계수하중에 의해 유발되는 소요강도보다 크도록 단면 상세를 결정하는 방법

(2) 문제점

　　① 하중계수와 강도감소계수의 결정이 주로 경험적 방법에 의존

　　② 파괴상태에 기초한 설계로서 처짐이나 균열 등 사용성 확보를 위한 별도의 검토가 필요

3) 한계상태 설계법

　(1) 설계법 개요

　　① 실측 통계자료와 구조신뢰성 이론을 이용, 정량적인 분석을 통해 구조물이 한계상태를 벗어날 가능성을 적정수준으로 제한할 수 있다.

　　② 하중과 재료의 변동성에 대한 확률적인 특성을 정확히 반영하는 설계 기준으로 부재의 하중과 강도를 정확히 규정한 후 확률적인 모형으로 해석

　(2) 장점

　　① 구조물 또는 부재가 본래의 목적을 달성하기에 부적합하거나 구조적 기능을 상실한 상황, 즉 강도·사용·피로 상태 등을 한계상태로 정의

　　② 안전성과 경제성 확보

　　③ 하중의 영향과 재료의 특성을 세밀하게 반영

　　④ 강도, 사용성, 지진 등 12개 부문에 대한 한계상태를 정의하고 있어 교량의 안정성 확보 가능

　(3) 시험설계 적용된 대표 교량형식

　　부산외곽순환고속도로의 교량 두 곳을 대상

　　① PSC I 거더교

　　② 강합성 오픈박스 거더교

■ 참고문헌 ■

1. 건설기술(2012).
2. 도로교 설계기준(2012).
3. 도로교 표준시방서(2012).

11-5. 교량 구조물에 작용하는 하중(교량설계에 적용하는 하중)

1. 개요
구조물 설계에 있어 **하중의 평가**는 매우 중요하다. 대부분의 경우는 규정화된 시방서를 이용하고 특별한 경우는 검사하도록 한다.

2. 교량을 설계 시 고려해야 할 하중
1) 교량을 구성하고 있는 각 부재에 **응력**이나 **변형**을 발생하게 하는 모든 **외력**과 **내력**
2) 시공 중에 작용하는 하중과 완성 후에 작용하는 **모든 하중**
3) 구조물 설계에서 부재의 응력을 정확하게 계산해야 함은 물론이지만 이에 못지않게 중요한 것은 **정확한 하중의 산정임**
4) 관련 설계기준은 설계를 위한 일반적인 지침만을 제공할 뿐이며 올바른 설계를 위한 하중의 산정은 **설계자의 올바른 판단과 경험이 필요함**

3. 구조물(교량)에 작용하는 하중 = 교량설계에 적용하는 하중
1) 하중의 종류 및 하중 조합 조건 결정 : 교량의 형식이나 교량 가설 지점의 조건에 따라 결정
2) 하중의 분류 : 하중의 특성, 작용 빈도, 교량에 미치는 영향 등에 따라 **주하중, 부하중, 특수하중** 등으로 분류

[하중의 종류]

주하중 (P)		부하중 (S)	10. 풍하중(W)
			11. 온도 변화의 영향(T)
			12. 지진의 영향(E)
	1. 고정하중(D)	주하중에 상당하는 특수하중 (PP)	13. 설하중(SW)
	2. 활하중(L)		14. 지반 변동의 영향(GD)
	3. 충격(I)		15. 지점 이동의 영향(SD)
	4. 프리스트레스(PS)		16. 파압(WP)
	5. 콘크리트 크리프의 영향(CR)		17. 원심하중(CF)
	6. 콘크리트 건조 수축의 영향(SH)	특수하중 (PA)	18. 제동하중(BK)
	7. 토압(H)		19. 가설 시 하중(ER)
	8. 수압(F)		20. 충돌하중(CO)
	9. 부력 또는 양압력(B)		21. 기타

(1) **주하중** : 교량의 주요 부분 설계 시 항상 작용하고 있는 하중 = 도로교의 **상부구조 설계 시** 고려되는 하중
　① **고정하중**(dead load) : 구조물 자체의 중량을 말하며
　② **활하중**(live load) : 구조물이 완공된 후 그 위에 작용하는 하중이나 작용력
　　㉠ 차량과 같이 스스로 움직이는 이동하중(moving load)과
　　㉡ 기구나 장비 같이 위치를 이동시킬 수 있는 가동하중(moveable load)으로 나누어 생각할 수 있고

ⓒ 물체의 이동에 의한 **충격하중**(impact load)

ⓔ 구조물에 작용하는 **풍하중**(wind load)

ⓜ **설하중**(snow load)

ⓗ **지진하중**(seismic load) 등도 활하중에 포함

(2) **부하중** : 항상 작용한다고 볼 수 없으나 때때로 작용한다고 볼 수 있으며 하중 조합 시에 반드시 고려해야 하는 하중

(3) **특수하중** : 교량 주요 부분을 설계할 때 교량의 종류, 구조 형식, 가설 지점의 상황 등의 조건에 따라 특별히 고려해야 할 하중

4. 교량의 설계 등급

1) 교량의 **설계 등급**에 관한 정의는 **활하중**에 의해 나타내어진다.

2) **도로교를 설계**할 때 쓰이는 **활하중**

: **표준트럭하중**(DB-하중) 또는 **차선하중**(DL-하중), 보도 등의 **등분포하중** 등

3) DB 및 DL-하중은 미국 도로교 설계기준(AASSHTO)에서 제시하고 있는 HS 및 HL 하중과 동일한 형식

(1) 단, **과거**에는 미국 기준의 1등급인 HS-20에 상당하는 총중량 32.4tonf의 DB-18을 1등급으로 사용

(2) **최근**에는 차량 중량화 추세를 반영하여 1등급에는 총중량 43.2tonf의 DB-24를 사용

4) 바닥판과 바닥 틀에 큰 응력을 발생시키는 하중과 주형에 큰 응력을 발생시키는 하중은 분포 범위에 따라 다르므로

(1) **바닥판과 바닥 틀의 설계** : 일반적으로 **DB-하중**을 사용

(2) **주형의 설계** : DB 또는 **DL-하중**을 사용

(3) DL 하중(차선하중) : 등분포하중과 집중하중으로 구성된 자동차군을 의미

■ 참고문헌 ■

1. 서진수(2006), Powerful 토목시공기술사(1, 2권), 엔지니어즈.
2. 서진수(2009), Powerful 토목시공기술사 단원별 핵심기출문제, 엔지니어즈.
3. 도로교 표준시방서(2012).
4. 도로교 설계기준(2012).

11-6. 교량 등급에 따른 DL, DB 하중(107회 용어, 2015년)

1. 개요

※ 교량을 설계할 때에 고려해야 할 하중의 종류

1) **주하중(P)**

고정하중(D), 활하중(L), 충격(I), 프리스트레스(PS), 콘크리트 크리프의 영향(CR), 콘크리트 건조수축의 영향(SH), 토압(H), 수압(F), 부력 또는 양압력(B)

2) **부하중(S)**

풍하중(W), 온도하중의 영향(T), 지진의 영향(E)

3) 주하중에 상당하는 **특수하중(PP)**

설하중(SW), 지반변동의 영향(T), 지점 이동의 영향(SD), 파압(WP), 원심하중(CF)

4) 부하중에 상당하는 **특수하중(PA)**

제동하중(BK), 가설시하중(ER), 충격하중(CO)

5) 기타 하중

2. DB와 DL의 정의

교량설계 시 활하중은 차량하중과 보도하중으로 구성하고, 차량하중은 DB(표준트럭하중)과 DL로 구분, 미국 도로교 설계기준(AASSHTO)의 HS 및 HL 하중과 동일한 형식

1) **DB 하중(표준트럭하중)**의 정의

세미 트레일러 형태의 가상의 **설계차량하중**(3축으로 구성된 자동차 1대의 하중)

2) **DL 하중(차선하중)**

(1) 등분포하중과 집중하중으로 구성된 **자동차군**을 의미

(2) 경간이 길어져서 여러 대의 차량이 교량의 경간 내에 재하될 경우를 고려한 가상의 설계분포하중

3. DB와 DL의 적용

1) **바닥판**과 **바닥 틀**의 설계 : 일반적으로 DB-하중을 사용

2) **주형(Girder)**의 설계 : DB 또는 DL-하중을 사용

(1) DB 하중과 DL 하중에 대해 모두 검토한 후 **더 불리한 하중**에 대해서 설계

(2) **지간 45m**를 기준으로 **짧은 쪽은 DB 하중**, **긴 지간은 DL 하중**을 설계하중으로 고려

4. 표준트럭하중(DB)(차량하중)

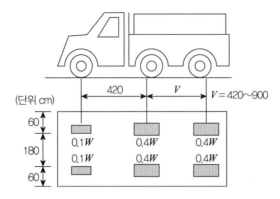

교량 등급	하중 W (tf)	총중량 1.8W(tf)	전륜하중 0.1W(kgf)	후륜하중 0.4W(kgf)
1등교	DB-24	43.2	2400	9600
2등교	DB-18	32.4	1800	7200
3등교	DB-13.5	24.3	1350	5400

※ DB-24=43.2ton의 계산 : 1.8W=1.8x24=43.2ton

5. 차선하중(DL 하중)

교량 등급	하중	집중하중 P(t/Lane)		등분포하중 W(t/m/Lane)
		휨모멘트 계산용	전단력 계산용	
1등교	DL-24	10.8	15.6	1.27
2등교	DL-18	8.1	11.7	0.95
3등교	DL-13.5	6.08	8.78	0.71

※ DL-24 : 미터당 1,270kg

■ 참고문헌 ■

1. 서진수(2006), Powerful 토목시공기술사(1, 2권), 엔지니어즈.

2. 서진수(2009), Powerful 토목시공기술사 단원별 핵심기출문제, 엔지니어즈.

3. 도로교 표준시방서(2012).

4. 도로교 설계기준(2012).

11-7. 콘크리트 교량 가설 공법의 분류

1. 철근콘크리트 교량의 종류

1) SLAB교

2) 중공 SLAB교

3) T형교

4) PS 콘크리트교

   (1) I형교(I-Girder Bridge)

   (2) 박스 거더교

5) 라멘교

2. PSC Box Girder 교량 가설 공법의 종류와 특징

1) 개요

   (1) PSC Box Girder교는 Post tension 방식에 의한 Prestress를 도입한 콘크리트로 장대지간의 교량 상부
     공을 시공하는 공법

   (2) Post tension 공법은 콘크리트 타설 후 긴장재를 긴장하여 정착시켜 Prestress를 도입하는 방법

2) 동바리를 사용하지 않는 공법

구분		공법의 종류
① 현상 타설 PSC Girder 가설 공법		• FSM(Full Staging Method) : 지보 공법
		• MSS(Movable Scaffolding System) : 이동식 지보 공법
		• FCM(Free Cantilever Method) : 캔틸레버 공법
		• ILM(Incremental Launching Method) : 연속 압출 공법
② Precast Segement PSC Box Girder 가설 공법(PSM)	• PSM(프리캐스트 세그먼트 공법)	• Launching Girder나 가설 Truss 이용(BCM : 평형 캔틸레버 공법)
		• 경간 가설 공법(SSM) : Assembly Truss 이용한 Span-By-Span Method
		• 전진 가설 공법(PPM = Progressive Placement Method)
	• PGM(프리캐스트 Girder 공법)	• Crane을 이용
		• Girder 설치기 이용

현장 타설 공법	① FCM(Free cantilever Method) = 디비닥 공법 = 외팔보 공법 ② MSS(Movable scaffold system) = 이동식 비계 ③ ILM(Incremental Launching Method) = 연속 압출 공법	

Precast 공법	PSM = Precast Segment Method	① SSM(Span by span Method)
		   : 가설 Truss = Assembly Truss
		② BCM(Balanced cantilever Method)
		   : 가 Bent, 가설 Truss, Launching Girder
		③ PPM(Progressive Placement Method) : 전진 가설 공법

	프리캐스트 거더 공법(PGM : Precast Girder Method)	• 상부 구조를 작업장에서 경간 길이로 제작하여 운반 가설 • PSM(Precast Span Method)이라고도 함 ① 크레인 이용 ② 거더 설치기 이용 ③ 기타 가설 공법

3) 동바리 사용하는 공법 FSM(Full Staging Method)

가설 방식		조립재	지형조건
전체 지지식		관지주, 틀조립지주	지반이 평탄하고 높이가 10m 이내일 경우
지주 지지식		관지주, 틀조립지주	지반이 불량, 지장물이 있을 경우
거더 지지식	경간 길이 10m까지	H형강 트러스 구조	지반조건이 나쁜 하천
	경간 길이 10m 이상	대형 트러스 구조	

3. 교량 공법 선정 시 고려사항

1) 안전성

2) 경제성

3) 시공성

4) 공기, 공사비

5) 교통 차단

6) 민원 : 진동, 소음, 환경, 용지 보상

7) 인접 구조물 : 인근 현장의 공사, 공종

8) 구조물의 형식, 구조

9) 지형, 지질

10) 하부 공간(형하 공간) 이용 여부 : 차량, 주운

11) 연약지반

■ 참고문헌 ■

1. 서진수(2006), Powerful 토목시공기술사(1, 2권), 엔지니어즈.

2. 서진수(2009), Powerful 토목시공기술사 단원별 핵심기출문제, 엔지니어즈.

3. 도로교 표준시방서(2012).

4. 도로교 설계기준(2012).

5. 토목시공 고등기술강좌, 대한토목학회.

11-8. FCM 가설 공법 = FCM(Free Cantilever Method = 외팔보 = Diwidag 공법)

문) FCM 시공 대책(52, 72회)
문) 교량가설에서 Cantilever 공법으로 시공하는 구조 형식의 예를 들고 공법에 대해 설명(FCM)(56회)
문) 교량의 상부 가로 FCM으로 시공케 되어 있다.
　　이 경우 현장에서 반복된 Segment 가설 작업에 따라 교량의 상부가 완성된다.
　　1개의 Segment 가설에 소요 되는 공종에 대해 기술(59회)
문) 장대교 가설 공법의 종류 특징 설명(FCM, ILM, PSM, MSS 등의 PSC 교량)(51회)
문) PSC Box Girder 교량(L = 1500m, 폭 20m, 경간장 50m 연속교)을 산악 지역에 건설시 상부공 건설법(FCM, ILM)(54회)
문) 험준한 산악지 등을 횡단하는 PSC Box 거더 교량 시공 시 가설 공법의 종류를 열거하고 각각의 특징에 대하여 서술(69회)
문) PSC Grout 재료의 품질 조건 및 주입 시 유의사항(54회 용어)
문) 프리스트레스트 콘크리트 박스 거더(PSC Box Girder) 캔틸레버 교량에서 콘크리트 타설 시 유의사항과 처짐 관리에 대하여 설명 - 76회 4교시
문) 현장타설 FCM 시공 시 발생되는 모멘트 변화에 대한 관리방안 설명(110회, 2016년 7월)

1. 개요(FCM의 정의)

1) 서독 Diwidag사가 개발

2) PSC Box Girder교의 현장 타설에 의한 가설 공법으로써 **교각에 주두부를** 설치하고 특수한 가설장비(작업차 : Form Traveller)를 이용하여 한 Segment씩 현장에서 콘크리트를 타설한 후 Prestress를 도입하면서 이어나가는 공법

　　[Form Traveller 이용 교각 중심부(주두부)부터 좌우로 1Segment(3~5m)씩 Concrete 타설 후 Prestress 도입, 일체화시키는 공법]

3) 장대 교량(지간장 200m)에 유효함

2. 공법의 분류와 특징(FCM 및 BCM)

1) 구조 형식별 분류 : 연속보, Hinge식, 라멘식

NO	구조 형식 구조 특성	연속보 (강동대교)	Hinge	Rahman(원효대교)
1	부의 Moment	작다	크다	–
2	주행감	양호	불량	–
3	Creep, 처짐	작다	크다	작다(중앙부 Pin 힌지)
4	응력 재분배	Key Seg. 강결 후 정정 → 부정정	–	–
5	Key Seg.	필요	Pin Hinge로 전단에 저항	–
6	전단 저항	Key Seg.로 처리	Pin Hinge로 처리	–
7	교좌 (Shoe = Bearing)	필요	필요	불필요

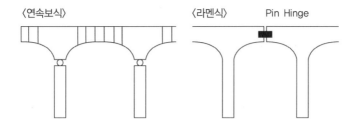

〈연속보식〉　〈라멘식〉　Pin Hinge

2) 시공방법별 분류

(1) 현장 타설 : Form Traveller

(2) 공장 제작 : PSM(가설 방법 : BCM)

구분	Form Traveller 공법 (이동식 작업차)	이동식 Truss 방식(P&Z)	PSM 공법 (Precast Segment Method) ＝BCM 공법
공법	교각상부에 주두부 설치 양측에 F/T 설치 후 모멘트 균형을 유지하면서 양측으로 시공	서독 P&Z사에서 개발, 교각 위 Pier Table 위에서 Truss Girder 설치, Truss Girder로 지지되는 거푸집 이동하여 시공	공장에서 Segment를 미리 제작, 운반하여 가설 크레인, Launching Girder 이용
콘크리트 타설 (세그먼트 제작)	현장 타설	현장 타설	공장 제작
특징	유의사항 • 주두부 시공 : Fixation Bar • 불균형 모멘트 처리 • 프리스트레싱 • 처짐관리(Camber) • Key seg. 접합	• Pier Table로 지보공 없이 시공 가능 • 반복 시공 : 품질관리 쉬움 • 시공속도 빠름 • 적용 경간 40~150m	• 공장 제작이므로 콘크리트 품질 관리 확실 • 운반 시 파손에 유의 • Segment 접합에 유의

3. 특징

장점	• 동바리를 필요로 하지 않음 : 깊은 계곡이나 하천, 해상, 교통량이 많은 위치 장대교량 유리 • Segment 제작에 필요한 모든 장비를 갖춘 이동식 작업차를 이용 : 가설장비 작음 • 거푸집 설치, 콘크리트 타설, Prestressing 작업 등 모든 공정이 동일하게 반복 　: 시공속도가 빠름, 작업인원도 적음, 작업원의 숙련도가 빨라 작업 능률 높음 • 3~5m씩 Segment로 나누어 시공 : 상부구조를 변단면으로 시공 가능 • 대부분의 작업이 이동식 작업차 내에서 실시 : 기후조건에 관계없이 품질, 공정 등의 시공관리를 확실 • 각 시공단계마다 오차의 수정이 가능 : 시공정밀도를 높음
단점	• 시공단계마다 구조계가 변하므로 타 공법의 교량설계에 비하여 많은 시간과 노력이 필요 • 불균형 모멘트 처리 : 가 Bent, Fixation Bar, Stay Cable 필요 • 교각 상부 고소 작업이므로 안전관리에 유의

* FCM의 특징(MSS, ILM, PSM 공통)

1) **장대 교량**에 유리(지간장 200m)

2) **형고 변화** 자유 : Segment 분할(2~5m 블록) 시공(FCM인 경우에 단면 변화 가능)

3) **품질 확보** : 고강도 콘크리트($f_{ck}＝40$MPa)

4) **전천후 시공** : Form Traveller에 양생 설비

5) **작업 능률** 양호 : 거푸집, 콘크리트, 거푸집 해체, PS 도입의 반복 작업(반복 작업)

6) 시공 정밀도 양호

7) 미관이 좋음

8) 연속 교량이므로 단순교에 비해 **단면을 적게** 할 수 있음

4. 적용성

1) **하천 교량** : 깊은 계곡, 수심 깊고, 유량 많은 곳

2) **장대 교량** : 지간 200m

3) **형하 공간 이용** : 선박, 차량 교통 많은 곳

5. FCM 시공 흐름도

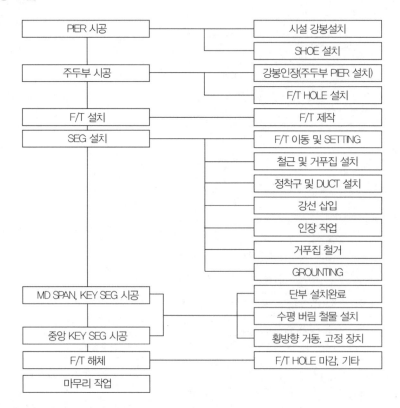

PIER 시공	시설 강봉설치
	SHOE 설치
주두부 시공	강봉인장(주두부 PIER 설치)
	F/T HOLE 설치
F/T 설치	F/T 제작
SEG 설치	F/T 이동 및 SETTING
	철근 및 거푸집 설치
	정착구 및 DUCT 설치
	강선 삽입
	인장 작업
	거푸집 철거
	GROUNTING
MD SPAN, KEY SEG 시공	단부 설치완료
	수평 버림 철물 설치
중앙 KEY SEG 시공	횡방향 거동. 고정 장치
F/T 해체	F/T HOLE 마감, 기타
마무리 작업	

6. FCM 시공법 및 시공순서, 공법의 원리

1) 시공법 및 순서 : 전술된 내용과 그림

2) 공법의 원리

   (1) **시공 중** : **정정(캔틸레버) – 지점부의 모멘트가 큼**

   (2) **시공 후** : Key Segment 연결 후 – **부정정, 지점부 모멘트 감소, 처짐 감소**

• 시공 중 : 정정

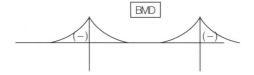

• 시공 후 : 부정정, 연속교

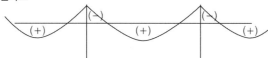

7. 시공 시 문제점 및 대책(시공 시 유의사항)

NO	문제점	대책
1	중앙 접속부 캔틸레버에 의한 부의 Moment	추가 Prestress 도입
2	지점부 불균형 모멘트	가 Bent 설치
3	Camber관리(처짐) Creep, 건조 수축, Relaxation	Camber 해석 방법 ① CEB-Model ② FIP-Model ③ ACI-Model
4	Camber에 문제 있을 때	기 설치된 Additional Sheath 이용, 추가 긴장

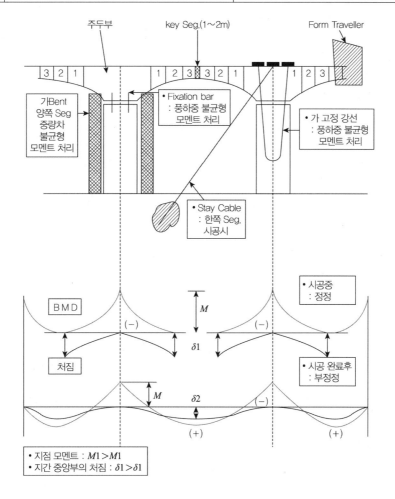

1) 불균형 모멘트 처리

   (1) 가 Bent : 양쪽 Segment 중량차

   (2) Stay Cable : 한쪽 Seg. 만 시공 시

   (3) Fixation bar : 풍하중

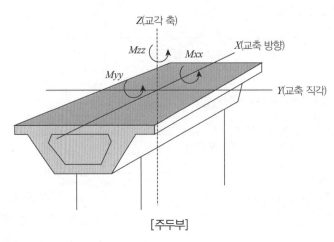

[주두부]

2) 처짐 관리(Camber 관리)

   (1) **처짐의 원인** : Creep, **건조수축**, Relaxation

   (2) 해석 프로그램 : Camber 조정

       ① **CEB** − Model

       ② **FIP** − Model

       ③ **ACI** − Model

   (3) Camber Curve(교량시공곡선)

       ① 캠버곡선＝처짐곡선의 반대치(역)

             ＋최종선형곡선치

       ② 시공 시 처짐값의 반대(상향)값으로 함

         거푸집 조립시 미리 조정

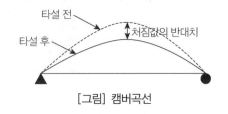

[그림] 캠버곡선

3) 응력 재분배

   (1) **Key Segment 연결 후**

       ① **정정**에서 **부정정**으로 변경

       ② 지점부 모멘트 감소, **처짐 감소(Camber 조정됨)**

   (2) Key Segment의 연결 상세도

       ① 길이 : L＝1~2m

       ② 전단력에 저항

Diagonal Bar

상연 버팀대

하연 버팀대

[Key Segmenmt]

4) **Prestress 도입 시** 시공 관리

   (1) PSC 시공 단계별 응력 변화 논술하면 됨(콘크리트편 PSC 참고)

(2) Duct 내 Grouting 관리

① 팽창률 : 10% 이하

② $f_{28} = 20MPa(200kg/cm^2)$ 이상〈40MPa(400kg/cm²)의 고강도〉

③ W/C 비 : 45% 이하

④ 팽창재 : Aluminum 분말 사용

⑤ PS 도입 시기 : $f_{ck} \times 85\%$

⑥ 주입 압력 : 7kg/cm²

⑦ 긴장 순서 : 대칭 긴장, 시방 기준대로

8. 국내 FCM 붕괴사례

■ 2016년 CS 대교 시공 중 붕괴

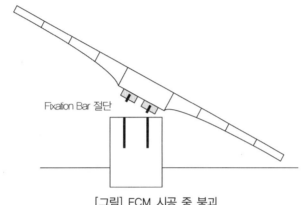

[그림] FCM 시공 중 붕괴

1) 원인(추정)

(1) 양쪽 Segment 중량차 또는 한쪽 Segment만 콘크리트 타설 시의 불균형 모멘트

① 교량 상부 Girder(상판)가 한쪽으로 기울어짐(전도)

② 반대측 Fixation Bar(강봉)에 과도한 인장력 작용으로 강봉 절단

(2) 풍하중

(3) Fixation Bar 설계·시공 오류

2) 문제점

(1) 공기지연

(2) 상판 슬래브 재사용 불가

철거(폭파) 후 폐기물 처리, 주변 환경오염

(3) 경제적 손실

3) 대책

(1) 설계상의 안정성 검토

(2) 시공 시 품질관리 여부 검토

(3) 철거방법검토

(4) 재시공 시 안정성 재검토 후 재시공시 안전한 시공방법 검토

9. 맺음말

1) 원효대교가 현장 타설 방식에 의한 FCM 시공

2) **FCM 시공 관리 주안점**

   (1) Camber 관리 : CEB, FIP, ACI Creep 해석

   (2) 응력 재분배 : Key Seg. 연결 후 정정에서 부정정

   (3) Key Seg. 의 접합 : Diagonal Bar 시공

   (4) 지점부의 불균형 Moment 처리 : 가 Bent

   (5) **측량시간 : 일정한 시간, 해뜨기 전 새벽이 좋음**

   (6) Key Seg. 타설 : 저녁에 타설, 새벽에 긴장

3) 향후 개선 방향

   (1) Form Traveller 설계법 연구

   (2) 주두부 Fixation 시 공법 및 계산 방법 연구

   (3) 불균형 Moment 처리 방법 연구

   (4) Key Seg. 결합 방법 연구

   (5) Camber 관리 방법 연구

   (6) 2차 응력 : Creep, 건조 수축, Relaxation, 온도 응력에 의한 처짐 최소화 방법 연구

■ 참고문헌 ■

1. 서진수(2006), Powerful 토목시공기술사(1, 2권), 엔지니어즈.

2. 서진수(2009), Powerful 토목시공기술사 단원별 핵심기출문제, 엔지니어즈.

3. 도로교 표준시방서(2012).

4. 도로교 설계기준(2012).

5. 토목시공 고등기술강좌, 대한토목학회.

6. 콘크리트교량 가설 특수공법 설계시공 유지관리지침(1994), 건설교통부.

7. FCM, 브이에스엘 코리아(주).

8. PC 교량 가설 공법 해설.

11-9. ILM(Incremental Launching Method, 압출 공법) 공법

- 연속압출공법(Incremental Launching Method : ILM)을 설명하고, 시공순서와 시공상 유의할 사항(81회)
- 골짜기가 깊어 동바리 설치가 곤란한 산악지역에서 ILM 공법 시공 시 특징과 유의사항 설명 [107회, 2015년 8월]

1. ILM 공법의 정의

교대 후면 제작장(Working Yard)에서 강재 거푸집을 이용 Mould(거푸집) 내에 Concrete를 타설하여 1-Segment(1Span 2~3등분)씩 제작, 증기 양생 후 소정의 강도에 도달하면, First Segment 전방에 추진코(Launching Nose)를 PS강선으로 연결하고, 상판(Top Flange)과 저판(Bototm Flange)의 PS Tendon(1차 연속 Tendon＝CentralTendon)을 긴장시켜 교량의 지간을 통과할 수 있는 평형 압축력을 도입, Teflon판(PTFE Sliding Pad)으로 된 Sliding Pad 위에서 Launching Jack(추진Jack : 압출장비)을 이용, 전방으로 압출하여 가설

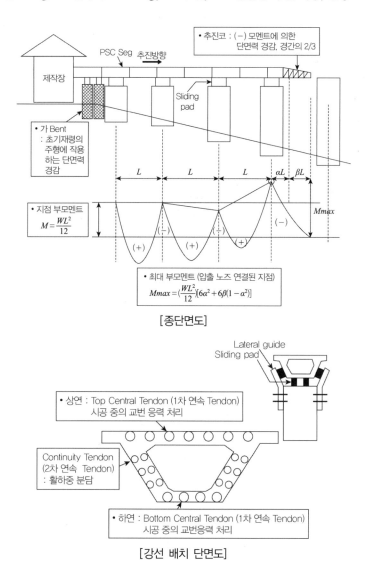

[종단면도]

[강선 배치 단면도]

2. ILM 공법 적용의 전제 조건

1) 직선교나 일정 곡률을 가진 교량(크로소이드 곡선, 종단 곡선은 피할 것)

2) 각 Segment의 **형고비**(형고비＝Box 높이/Span)가 **17 이하인** 교량

3) **교대 뒤편**에 하중을 지지할 수 있는 충분한 공간의 **작업장 설치**가 가능한 곳

3. ILM 공법 시공 흐름도 [시공순서 Flow Chart]

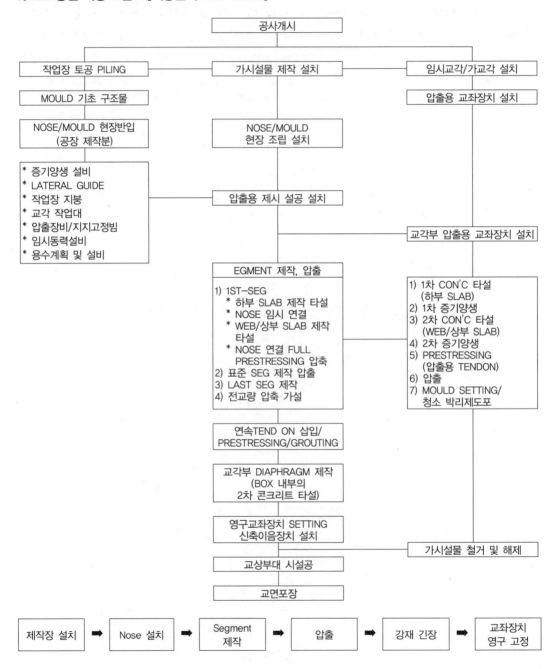

4. ILM 공법의 종류

1) 집중 가설 방식

2) 분산 가설 방식

5. ILM 특징(효과)

1) 교대후방 Segment를 제작하는 장소(제작장)가 일정하여 **시공관리**가 용이

2) 작업장에 보온장비가 설치되어 있어 **외부 기후조건**에 상관없이 공사를 진행

3) 1-cycle의 공정이 결정되며 **공사를 지연 없이 반복하여 진행**할 수 있어 **공정관리**가 용이

4) 전지간 **연속교**로 **주행성**이 **양호**

5) **외관**이 미려(연속교)

6) **공정 관리** 용이(제작장에서 Mould → Concrete 타설 → 중기양생 → 압출의 반복 작업)

7) **안전 시공** 기대

8) **품질 관리** 철저로 확실한 시공 가능

9) **자연 경관** 보존

6. 장단점

장점	• 거푸집이 기계화 : Form의 해체 신속, 단면치수의 정도가 높음 • 콘크리트 타설, Prestressing 작업 등 모든 공정이 일정한 장소 안에서 이루어지므로 자재의 운송이 편리하여 작업의 능률화를 실현
단점	• 교대 후방 또는 제1교각의 후방에 Segment를 제작하기 위한 **제작장의 용지** 확보 　: 제작장 설치의 제한 • 경간 길이가 길어지면 단면 높이, 자중이 증가하고 압출 노즈의 길이가 길어짐 　: 단면높이의 제한, 시공 시 응력 등의 설계상 제한 　　시공성, 경제성 등을 고려할 때 적용경간 범위 : 60m 정도까지 • 교장이 짧으면 압출 노즈, 제작장의 가설비 등 초기 투자비용이 큼 • 압출 시 **교변응력에 유의** : **1차 연속 Tendon : Central Tendon**으로 처리 • 압출 시 전방 아주 **큰 부(−) 모멘트** 발생 : **압출 Nose**로 처리함 • 변화 단면 시공 곤란

【ILM 공법의 장단점 2안】

1) 장점

　(1) 작업 장소가 교대 후방의 일정 범위에 한정

　　　① 현장 내 자재 소운반이 매우 적음

　　　② 소수의 기능공으로 작업

　　　③ 시공 관리 효율적

　(2) 공기 단축 가능

　　　① 철근의 Block화

　　　② 거푸집 작업의 기계화

　　　③ 실내 작업 : 동절기, 우기 가능

(3) 반복 작업

　① 기능공의 숙련도 빠름

　② 거푸집의 기계화로 정밀 시공

(4) 비계, 동바리 작업 없이 시공하므로 교대 밑의 장애물 지역(강, 바다, 계곡, 도로 횡단)에 적합

(5) 장대교일 경우 경제적(Segment의 반복생산으로 거푸집 비용 절감)

(6) 수송비용 절감(동바리 등의 가설 자재 운반비 절감)

(7) 대형 Crane등의 가설 장비 불필요

(8) 전천후 시공 가능, 품질 관리 용이(제작장에서 제작, 증기 양생)

(9) Camber의 조정 및 기타 기하학적 조정 용이

(10) 1segment 압출 완료시까지 공기 7~10일 정도, Segment 길이 15~25m 정도이므로 장대교에서 공기단축 가능(교량 연장이 긴 경우 경제적)

(11) 1Cycle의 표준 작업 일수

　① 단열 Box : 10~12일

　② 다열 Box(2련, 3련) : 11~14일

(12) 압출 가능 교량 길이 : 1000m까지

(13) 적용지간장 40~100m

2) 단점

(1) **교량 선형이 제한**됨(크로소이드는 피하고, 직선 및 단곡선 선형에 적합)

(2) 콘크리트 타설 시 품질 관리가 엄격해야 한다.

　: 고강도, $f_{ck} = 40MPa(400kg/cm^2)$

(3) 상부 구조물의 횡단면과 두께가 일정해야 한다.

　: Steel form 반복 사용, Launching 제한

(4) Working Yard가 필요

　: 교대 후방 제작장 면적－1경간 상판 면적의 1.5배

7. 설계 시 고려사항

1) 압출 공법의 시공 안정성 검토(압출 시공 시 검토사항)

(1) 부재 단면의 응력 검토

(2) 주형의 안정, 전도, 활동 Moment에 의해 낙교 방지

2) 압출 Nose의 설계 시 고려사항

(1) 시공 중 주형의 응력 검토

　① **교번응력** 검토(시공 중 정·부 Moment 발생)

　② 완성 후 주형의 응력보다 시공 중 주형의 응력이 더 큰 경우 발생하므로 유의

(2) 교번응력에 대한 대책

　① 1차 Tendon으로 주형에 압축력 도입

　② **압출 Nose**으로 **부(－) Moment** 처리, 주형에 작용하는 응력 경감 단면력 저감

(3) 압출 노즈의 길이

　: **경간장의 0.6~0.7배 이상(2/3 정도)**으로 하여 부(-) Moment 감소시킴(보통 경간장 60m, 노즈 35m)

(4) 주형의 압출이 원활하게 될 수 있는 Guide 역할의 검토

3) PS 강선

　(1) **1차 Tendon(Central Tendon)**

　　① 주형의 상부와 하부에 배치, 직선으로 배치

　　② 시공 중 자중(사하중)에 의해 발생하는 교번응력에 대처

　　③ 낙교방지

　(2) **2차 Tendon(Continuity Tendon)**

　　① 압출 완료 후 부가적인 사하중, 활하중 분담

　　② 곡선 배치

　　③ 외부 Prestress 방식과 내부 Prestress 방식이 있다.

　(3) PS 강선 배치도 예시

　　① Central Tendon(strand)의 배치 : 직선 배치

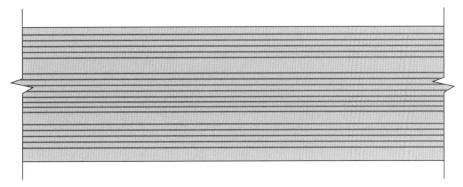

[Central tendon 배치 : Top tendon]

　　② Continuity Tendon의 배치 : 곡선 배치

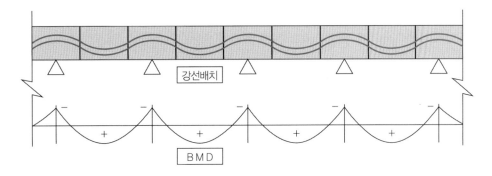

　(4) 주형의 Segment 분할 : 15~25m/1seg(1경간당 2개)

(5) 압출 방식 선정

    ① **분산 압출 방식** : 수직 Jack, 압출 Jack 사용, 압출력을 분산

    ② **집중 압출 방식** : 한 장소에서 압출력을 가하는 방식

        ㉠ Lifting and Pushing 방식

        ㉡ Pulling 방식

        ㉢ Pushing 방식

        ㉣ RS 공법

8. 시공 시 유의사항

1) 제작장 설치

  (1) Mould(거푸집) 기초

    ① H-Pile 등을 박아 기초의 지지력 증가

    ② 콘크리트는 $f_{ck} = 21$MPa$(210$kg/cm$^2)$ 이상

  (2) Temporary pier(가 Bent) 설치

    ① 교대와 Mould 작업장 사이에 콘크리트 또는 강재로 설치

    ② Launching 시 Cantilever 부 Moment 및 처짐 증가에 대처(초기 재령에서 주형에 작용하는 단면력 감소시킴)

  (3) Steel Form : T=5mm 강판 사용, 강재 거푸집 변형에 유의

  (4) Mould Cover 설치

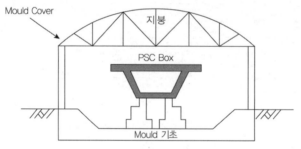

[Mould 기초 및 Mould Cover]

2) 콘크리트 타설

  (1) 유동화제 사용(Lignal SP), Base concrete는 AE 감수제 사용

  (2) 배합 설계

    ① $f_{ck} = 40$MPa$(400$kg/cm$^2)$

    ② Slump=8cm

    ③ 굵은 골재 최대 치수 : 19mm(25mm)

    ④ 공기량 : 4%(3~4%)

    ⑤ S/a : 39.3%(35~40%)

    ⑥ W/c : 35.9%(45% 이하)

⑦ 염화물 함유량 : cl 0.3kg/m³

3) 양생

(1) Mould Cover로 밀폐시킨 후, Boiler System으로 증기 양생

(2) 양생 방법

　① 콘크리트 타설 부위가 외부에 노출된 곳은 비닐과 양생포로 덮고

　② 콘크리트 타설 3시간 후부터 증기 양생 실시

　③ 최대 온도 : 60~70℃

　④ 상승 온도 : 20℃/시간당

　⑤ 하강 온도 : 20℃/시간당

　⑥ 증기 양생 후 : 양생포로 덮어 직사광선 차단

　⑦ 온도계 설치 : 외, 내부 온도 측정(외부 1개, 내부 2개)

(3) 양생 시간

　① 하부 플랜지 : 24시간

　② 상부 플랜지 및 웨브 : 48시간

• 하부 플랜지 Slab
　: 24시간 기준

• 상부 플랜지 Slab
　: 48시간 기준(Web도 동일)

[양생 시간 예시(증기 양생)]

(4) 양생 설비 예시

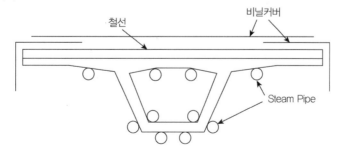

4) 강선인장

(1) Central Tendon 인장 시 콘크리트 강도 : $0.8f_{ck}$(32MPa)

(2) 유압 Jack 이용, 긴장 순서에 따라 긴장시켜, 편심에 의한 응력이 최소가 되게 한다.

(3) 긴장의 확인 : 긴장량 측정으로 확인

(4) 강연선의 시방기준

① Central Strand의 초기 인장 강도 : 14,250k/cm²

② Continuity Strand의 초기 인장 강도 : 14,250kg/cm²

(5) 압출 시공방법(Lifting & Pushing 방식인 경우)

① 압출 순서

㉠ 수직 Jack 사용 : 상승 높이 15mm

㉡ 수평 Jack으로 압출 : 최대 25cm

㉢ 압출 후 수직 Jack 하강, 수평 Jack 후진

② Lateral Guide : PSC Box Girder의 선형 유지, 이탈 방지 목적

③ Sliding Pad

㉠ PTFE(상표명 Teflon) 사용 : Poly tetrafluoro ethylene

㉡ Silicone Grease를 pad면에 칠하여 Sliding을 원활히 할 것

㉢ Permanent Bearing 상부에 인력으로 설치

㉣ Lateral Guide에도 Sliding pad 사용

(6) 헌치의 형상

헌치를 적게 하면 펀칭 전단(Punching Shear)에 의한 균열 발생하므로 크게 한다.

(7) 받침의 설치 : 주형의 복부(Web) 아래쪽에 배치

① 내부 Prestressing 방식

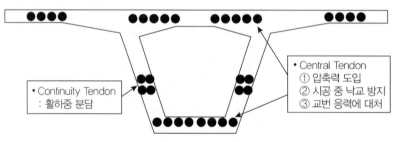

[PS 강선(Tendon)의 배치]

② 외부 Prestressing 방식

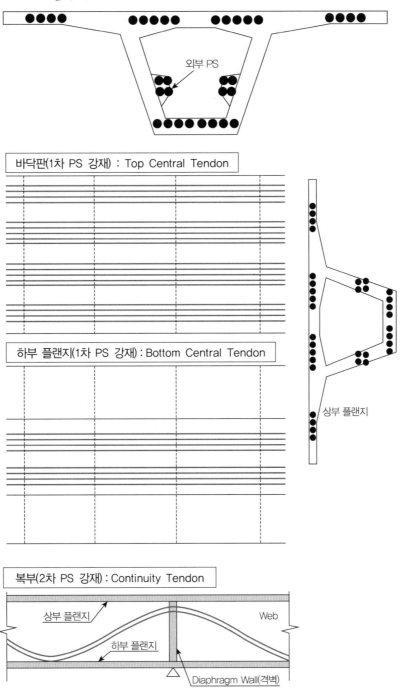

외부 PS

바닥판(1차 PS 강재) : Top Central Tendon

하부 플랜지(1차 PS 강재) : Bottom Central Tendon

상부 플랜지

복부(2차 PS 강재) : Continuity Tendon

상부 플랜지

Web

하부 플랜지

Diaphragm Wall(격벽)

9. 맺음말

1) ILM은 재래식 공법(FSM)에 비해 고가이나, 기술 개발, 장비 개발, 재료의 국산화로 공사비를 저렴하게 해야 하고

2) 향후 기술 개발 및 연구 과제로는

    (1) **변 단면**의 압출

    (2) **교번응력**(압출 시 정, 부 Moment의 응력 변화)에 의해 내구성 저하되므로, 설계 시 유의해야 하고

    (3) **반 지승**과 **영구 지승**(Permenent Bearing)으로 사용할 수 있는 겸용 지승의 개발등을 들 수 있다.

■ 참고문헌 ■

1. 서진수(2006), Powerful 토목시공기술사(1, 2권), 엔지니어즈.
2. 서진수(2009), Powerful 토목시공기술사 단원별 핵심기출문제, 엔지니어즈.
3. 도로교 표준시방서(2012).
4. 도로교 설계기준(2012).
5. 토목시공 고등기술강좌, 대한토목학회.
6. 콘크리트교량 가설 특수공법 설계시공 유지관리지침(1994), 건설교통부.
7. PC 교량 가설 공법 해설.

11-10. 교번응력(應力交替, stress reversal) : 응력 교체

1. 교번응력의 정의
한부재의 전부재력이 **인장력**도 될 수 있고 **압축력**도 되는 현상을 **응력 교체**라 하고, 이때의 응력을 **교번응력**(交番應力)이라 함

2. 트러스의 교번응력(應力交替, stress reversal) : 응력 교체
1) Truss의 중앙 격간 부근에 있는 **사재**(斜材)일수록 **응력 교체**의 **가능성**이 크다.
2) Truss 사재의 교번응력 설계방법
   (1) 소요단면적 : 각 응력에 대해서 소요단면적을 구하고 큰 쪽의 단면적을 사용, 압축응력에 대한 좌굴강도의 검토
   (2) 과거에는 일반적으로 사재가 압축응력을 받지 않는다고 가정했기 때문에 응력 교체가 일어나는 구간에서는 사재와 교차되는 새로운 사재, 즉 대재(對材)를 설치
   (3) 현재 대부분의 교량 트러스에서는 교번응력을 동시에 견디도록 설계 : 對材두지 않음

3. ILM에 의한 PSC Box Girder 시공 시 발생하는 교번응력
1) ILM 개요
   교대 후면 제작장(Working Yard)에서 Concret를 타설하고, 증기 양생 후 소정의 강도에 도달하면, First Segment 전방에 추진코(Launching Nose)를 PS강선으로 연결하고, 상판(Top Flange)과 저판(Bottm Flange)의 PS Tendon(1차 Tendon=CentralTendon)을 긴장시킨 후 Launching Jack(추진 Jack)을 이용, 전방으로 압출하여 가설
2) 시공 시 **PSC Box의 응력 : 교번응력 발생**, 1차 Tendon=CentralTendon 긴장하여 대처함

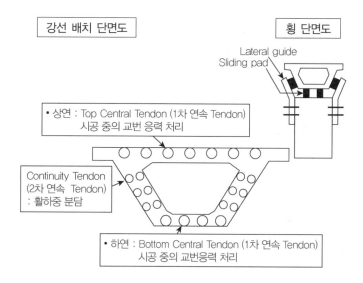

■ 참고문헌 ■

1. 서진수(2006), Powerful 토목시공기술사(1, 2권), 엔지니어즈.
2. 서진수(2009), Powerful 토목시공기술사 단원별 핵심기출문제, 엔지니어즈.
3. 도로교 표준시방서(2012).
4. 도로교 설계기준(2012).
5. 콘크리트교량 가설 특수공법 설계시공 유지관리지침(1994), 건설교통부.

11-11. Precast Segment 공법의 가설 공법의 종류와 시공 시 유의사항(70회)

1. 개요

Segment를 공장에서(별도의 제작장)에서 제작 운반하여 가설하는 PSM(precast segment method) 공법
(Precast Cantilever 공법)

2. PSM 가설 공법의 종류

1) 크레인(트럭크레인, 타워 크레인, 케이블 크레인. 문형 크레인) 가설 방식

2) 가동 인양기에 의한 가설 방식

3) 이동식 가설 Girder에 의한 가설 방식(MSS＝이동식 비계 공법)

4) BCM(Balanced cantilever method＝precast cantilever method)

5) Span by Span method

[캔틸레버 공법의 분류 및 가설 공법]

구분	분류	가설법
Cantilever 공법	현장 타설 캔틸레버 공법(FCM)	이동 작업차(Form Traveller)에 의한 가설
		이동 작업 Girder에 의한 가설
	PSM 중 Precast Cantilever Method＝Balanced cantilever method(BCM)	Truck Crane
		Cable Crane
		타워 크레인
		문형 크레인
		이동(가동) 인양기
		이동 작업(가설) 거더(MSS)
		가설탑
		Span By Span

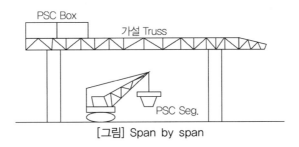

[그림] Span by span

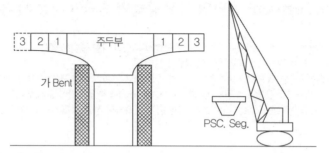

[그림] 가 Bent＝BCM(Balanced Cantilever Method＝평형 캔틸레버)

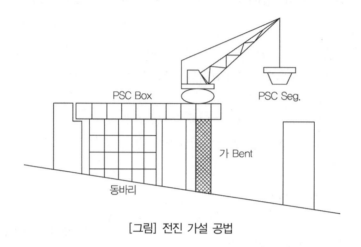

[그림] 전진 가설 공법

■ 참고문헌 ■

서진수(2006), Powerful 토목시공기술사(1, 2권), 엔지니어즈.

11-12. PSM(Precast Segment Method)

문) 교장 2000m, 교폭 30m, 경간 50m의 연속교로서 Prestressed concrete Box Girder 교를 건설하려고 한다. 이 공법에는 Balanced Cantilever Method(BCM), PSM이 있다. 이 경우 Precast Segment의 제작 설비와 야적에 필요한 제작장 계획 기술하라.(59회)

1. 정의

PSM은 일정한 길이로 제작된 교량 상부구조(Segment)를 **제작장**에서 균일한 품질로 제작 후 **가설장소로** 운반하여 **가설장비**를 이용하여 소정의 위치에 거치한 후에 Post-Tension 방식으로 Segment를 **연결**하여 상부구조를 완성시키는 공법

2. 특징(PSM의 특징)

1) 지정된 공장 또는 **제작장**(Casting Yard)에서 Segmen 제작 : 콘크리트 품질관리 용이

2) Segment를 **연속적으로 제작** : 인력관리 및 거푸집 전용성 좋음

3) **경간 길이** : 30~120m까지 가능

4) **곡선 반경** : 150m까지 가능

5) 비교적 경간 길이가 길고 곡선 구간에도 적용 가능

6) 여러 가지 가설 장비 중 최적의 장비 선택 가능

7) **단면 변화 가능**(Box girder 높이 변화 가능)

3. 장단점

장점	• Segment 제작을 교량 하부공정과 병행 : 현장 타설 방식에 비해서 공기를 단축 효과 • 상부구조 가설 시 콘크리트는 상당한 재령에 도달 : 가설 후에 발생하는 Creep, Shrinkage 등에 의한 소성변형이 작게 발생 : Prestress의 감소량이 적어져 유리 • 가설용 거더 등으로 제작된 상부구조물을 가설 : 교량 하부의 지장물에 영향 없이 가설
단점	• Segment의 운반, 가설을 위해 비교적 대형 장비가 필요 • Segment 제작 및 야적을 위한 넓은 장소가 필요 • 현장 타설 방식에 비해 선형관리 복잡, 오차 수정 어려움 • 접합면 처리에 유의 : Epoxy 작업 시 온도 및 기후 영향을 받음 • 접합면에 철근이 연속되지 않음 : 인장응력에 한계가 있음

4. 시공순서(제작장, 상부구조 제작 및 가설 순서)

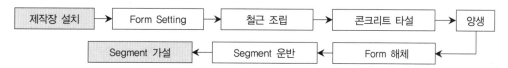

제작장 설치 → Form Setting → 철근 조립 → 콘크리트 타설 → 양생

Segment 가설 ← Segment 운반 ← Form 해체 ←

5. Segment 제작방법에 따른 분류

구분	Long Line 공법	Short Line 공법
공법 개요	• 상부구조 형상 전체의 제작대에(Casting Bed) 설치 후 거푸집을 이동시키면서 각각의 Segment를 제작하는 방법 • 한 개 또는 여러 개의 거푸집을 이동시키면서 제작	• 상부구조 형상을 고정된 제작대에서 한Segment씩 제작하는 방법
장점	• 변단면 교량에 유리 • 거푸집 해체 후 Segment를 이동시킬 필요가 없음 • 제작 및 가설의 정밀도 확보가능 • 공정 단순	• 일정한 등단면 교량에 유리 • Casting Bed에 좁은 공간 가능 • 제작비 저렴함
단점	• Casting Bed에 넓은 공간이 필요 • 제작비가 다소 고가	• 거푸집 해체 후 Segment를 이동시켜야 함 • 제작에 정밀 요함 • 공정 복잡

6. 가설 방식에 따른 분류

구분	캔틸레버 가설법 (Balanced Cantilever Method)	경간 단위 가설법 (Span by Span Method)
공법 개요	• Crane 또는 가동 인양기로 Precast-Segment를 교각을 중심으로 양측에서 순차적으로 연결하여 Cantilever를 조성, 지간 중앙부를 현장 타설로 연결	• 가동식 가설 Truss를 교각과 교각 사이에 설치하고 Precast-Segment를 그 위에 정렬한 후 Stressing을 가하여 인접 지간과 연결
가설장비	• 독립적인 장비에 의한 가설(Crane) • 상부구조에 설치된 장비로 가설(가동 인양기)	• 가설 Truss
장점	• 가설을 위한 별도의 형하 공간 불필요 • 각 교각에서 동시가설로 인한 공기 단축 가능 (가설장비 다수 필요)	• 단경간의 장대교량에 경제적임(가설 Truss 반복 사용) • 경제적인 단면 설치 가능(가설 시 작용 단면력이 작음) • 가설 속도가 빠름
단점	• 시공 중 Free Cantilever 모멘트로 인한 다소의 단면력 증가 • 처짐 관리가 어려움(정확한 Segment 제작, 시공 요구)	• 가설 Truss로 인한 별도의 형하 공간 필요 • 곡선 반경에 지배(R ≥ 300m) • 장경간 가설은 비경제적 • 가설 Truss 장비 고가 • 각 교각부 동시 가설 곤란

7. 제작장 계획(생산 계획)

1) 제작장 주요 설비

   (1) **콘크리트** 생산 운반 타설 설비 : B/P장, 골재야적장, Cement Silo, 용수 및 전력 공급 시설

   (2) **철근** 가공, 조립 설비 : 철근 조립대(Zig.), 커터, 벤딩머신

   (3) **거푸집** 설비 : 바닥거푸집, 외부, 내부 거푸집, 단부(막음벽) 거푸집

   (4) 콘크리트 **양생** 설비

   (5) 자재 **운반** 및 **인양** : Tower Crane

   (6) Segment **운반 야적** : qantry Crane, 야적장은 **넓고 평탄**하게 함

   (7) **측량** 시설

2) 운반 설비

   (1) 제작된 Segment를 현장으로 운반 : **트레일러**

   (2) **운반로 정비** : 운반로 포장, 평탄하게 함, 운반 시 Segment 파손되지 않게 함

3) 품질 관리

    (1) **기하형상** 관리

    (2) **콘크리트 생산** 관리

    (3) **콘크리트 타설** 관리

    (4) **양생** 관리

8. BCM(프리캐스트 캔틸레버 공법)의 개요

1) Precast 공법과 FCM 공법의 복합 공법

2) Segment 지지점(교각) 양쪽으로 균형을 이루는 Cantilever 형식으로 조립

3) 가설 방법

    (1) 독립 크레인

    (2) Launching Girder

    (3) Beam and Winch

    (4) Portal crane

4) 경간 중앙부에 Closure Joint(Cast-in-place Closure) 설치 : 제작 가설 시의 오차 조절

5) 매 2개 Segment마다 균형을 벗어나는 경우가 반복되므로

    (1) 보조 지주 설치

    (2) 기초 부위와 상부 구조를 묶는 일시적인 프리스트레스를 교각 양쪽에 도입

6) 교대 측 경간의 교대 측 Segment는 동바리 설치하여 가설

9. 가설 순서(시공 시 유의사항) : 프리캐스트 캔틸레버 공법(BCM)의 경우

1) 교대부터 경간 중간까지는 동바리 설치 후 가설

2) 교각 위 교각 Segment 설치 교각 양쪽의 불균형 모멘트 처리

    (1) 동바리

    (2) 프리스트레스 도입

3) 교각 양쪽으로 한 개씩 Segment를 운반 교각 Segment에 접합시키고, Post tensioning시킨다.

4) 경간 중앙에서 Closure Joint(Cast-in-Situ joint) 설치

5) 프리캐스트 캔틸레버 공법(BCM) 시공도

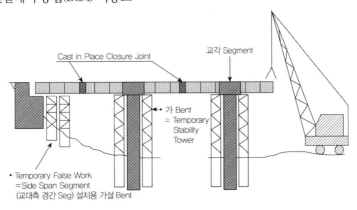

10. 구조 해석 및 캔틸레버 가설 중의 모멘트 변화 : 처짐 관리 관련 내용

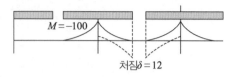

[시공 직후 캔틸레버 구조 및 BMD, 처짐(δ) : 정정 구조물 상태]

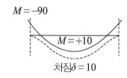

[중앙을 연속화한 후 (Closure Joint 설치) BMD(단면력), 처짐]

1) Segment 한 개씩 가설할 때마다 캔틸레버 모멘트 증가

2) 경간 중앙부에 Closure Joint(Cast-in-Situ joint) 설치 후 하나의 구조물로 이어져 일체화되고 **처짐 값이 줄어든다.**

3) 시공 중, 시공 후 작용하는 모든 하중에 대해 종방향·횡방향 해석이 되어야 한다.

4) Creep 및 처짐 고려

11. 프리캐스트 캔틸레버 공법의 경제성

1) 현장 타설 캔틸레버에 비해 **공기 단축**

2) 공사비, 유지관리비는 비슷함

3) 세그먼트 **제작장 및 야적장 건설비 추가**

4) 규모에 따라 달라진다.

   (1) 상판 면적이 큰 경우 경제성 확보

   (2) 상판 면적 20,000m³ 이하인 경우

      : 경제성이 다른 Type의 교량보다 떨어짐(1987년 플로리다 주 자료)

5) 일본 Precast Block 연구회 결과(지간이 65m + 100m@ 3지간 + 65m인 5경간 연속 라멘교)

   (1) 공기 : 현장 타설 캔틸레버보다 36% 절감

   (2) 공사비 : (직접 공사비 + 특수 가설비) : 현장 타설 캔틸레버보다 다소 증가

   (3) 제작 야드 용지비, 세그먼트 반입로, 일반 간접 공사비, 일반 관리비 추가

   (4) 교량 규모가 커짐에 따라(교장 1km) : 교면 면적당 공사비는 감소

가설 공법		공기	공사비(현장 타설을 1.0으로 봄)
프리캐스트 캔틸레버 공법	이동 작업 거더 사용	11.5개월	1.1
	이동 인양기 사용		1.2
현장 타설 캔틸레버 공법	작업차 이용	18개월	1.0

■ 참고문헌 ■

1. 서진수(2006), Powerful 토목시공기술사(1, 2권), 엔지니어즈.

2. 서진수(2009), Powerful 토목시공기술사 단원별 핵심기출문제, 엔지니어즈.

3. 도로교 표준시방서(2012).

4. 도로교 설계기준(2012).

5. 토목시공 고등기술강좌, 대한토목학회.

6. 콘크리트교량 가설 특수공법 설계시공 유지관리지침(1994), 건설교통부.

7. FCM, 브이에스엘 코리아(주).

8. PC 교량 가설 공법 해설.

11-13. MSS(Movable Scaffolding System)(이동식 비계 공법 : 이동식 동바리 공법)

- 교량 가설 공사에서 가설 이동식 동바리의 적용과 특징에 대하여 설명(67회)

1. MSS 공법의 개요(정의)

교량의 상부구조를 시공할 때 기계화된 거푸집이 부착된 특수한 **이동식 비계**를 이용하여 현장치기로 한 경간씩 시공을 진행하는 공법

1) 가설용 **지지 Girder**를 교각에 지지시켜 **동바리와 거푸집을 지지** 또는 매달아서

2) 1경간마다 철근 조립, Concrete 타설, 거푸집 탈형, 동바리 이동을 기계적으로 시공

[여기서는 하부 이동식에 대해 기술]

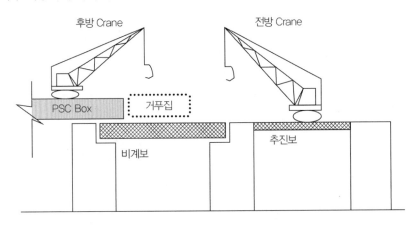

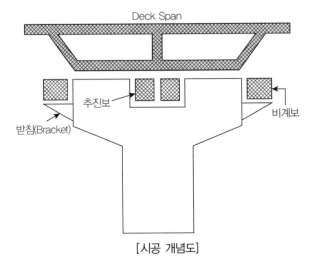

[시공 개념도]

2. 이동식 비계 공법의 분류

1) 상부이동식(이동 Hanger Type) : **가설용 Girder가 구조물 상부에 배치**

2) 하부이동식(가동 동바리 공법)

   (1) 하중을 지지하는 **가설용 Girder가 구조물 하부**(하측)에 배치된 System

   (2) 종류

       Kettiger Hang 공법, Mannesmannrhd법, Rechenstab 공법

3) **접지식** 이동 비계 공법

3. 가동 동바리 공법(하부 이동식)의 특징

1) 신속, 안전, 확실한 시공 : 고도로 기계화된 동바리와 거푸집 사용

2) 형하 공간(교하 공간)의 이용

   (1) 공중에서 시공

   (2) 하천, 도로 횡단, 지반 조건의 영향을 받지 않고 시공 가능

3) Cycle화, Pattern화 : 적은 공간으로 경제적 시공

4) 전천후 작업

4. MSS 공법의 특징(2안)

NO	장점	단점
1	교량 하부의 지형 조건에 무관함	이동식 거푸집이 대형, 중량
2	기계화 시공으로 이동이 용이하며 안정성이 있다.	초기 투자비 큼
3	반복 작업으로 능률의 극대화, 노무비 절감(경제성)	변화되는 단면에서 적용 곤란
4	기상 조건에 다른 영향 적음(전천후 시공)	경간이 적은 교량이나 짧은 교량에는 비경제적
5	공비 절감, 공기 예측, 공정 관리 쉽다.	
6	경간이 많은 다 경간(10Span 이상)에 유리	

5. 특징(3안)

1) 고도의 기계화된 비계, 거푸집 : 급속 시공, 안전 시공

2) 동바리공이 필요 없음

3) 공사용 가도를 만들 필요가 없음

   : 하천, 도로, 계곡 등 교량의 하부조건에 관계없이 시공

4) 반복된 작업 : 소수의 인원, 시공관리 확실함

5) 일기에 영향을 받지 않음

6) 거푸집과 비계의 전용, 노무비 절감

7) 교각의 높이가 높을수록 경제적

8) 단순 연속시공 : 공기단축

9) 장대교일수록 장비 전용성 큼

10) 이동식 비계의 중량이 무거우며 대형 장비 : 장비의 제작비 과다, 감가상각비 많음

11) 단면 변화 시 사용 곤란

6. MSS의 적용 범위

1) 적용 지간장 : 20~60m

2) 표준 Cycle Time : 14일

7. 이동식 동바리의 구조

1) 거푸집을 지지하는 동바리를 전진시키는 방법에 따라 3종류의 구조가 있다.

2) 종류

    (1) 거푸집을 지지하는 동바리 전후에 Nozzle Girder를 가진 구조

    (2) 동바리와 독립된 **이송 Girder** 사용 구조

        ① 전방 : 이송 거더 위를 주행 대차로 이동시킴

        ② 후방 : 기 설치된 Concrete 위에서 동바리공을 매달아 이송

(3) **3개의 동바리** Girder를 사용하는 구조

   : 중앙 Girder를 2경간 이상 겹치게 한 후 양측의 동바리를 이동시키는 구조

8. 이동식 비계지지 Girder 구조

시공 경간에 걸쳐 동바리, 콘크리트의 무게를 지지해주며, 받침대는 교각에 부착되어 비계의 무게와 동바리, 콘크리트의 무게를 지지해주는 구조

9. 하부 이동식의 구조

1) 추진보 1개는 Span의 2배 정도임

2) 비계보 2개는 Span의 1배 정도임

3) 전방 Crane은 추진보 위를 주행한다.

4) 후방 Crane은 기 시공된 상부 구조(Deck Slab) 위를 주행한다.

10. 하부 이동식의 시공순서

1) 비계보 이동 전 준비

    (1) Concrete 타설 → Prestressing → 거푸집 제거

    (2) 후방 Concrete 현수재를 제거

    (3) Bearing Bracket를 제거

    (4) 비계보는 후방 Crane과 전방 Crane이 지지

2) 비계보 이동

    (1) 전방 Crane은 추진보위를 주행

    (2) 후방 Crane은 기시공된 Deck Slab 위를 주행

    (3) Bearing Bracket을 비계보에 부착하여 이동

3) 비계보 이동 후 조치

    (1) Bearing Bracket을 교각에 부착시킨다.

    (2) 후방 Concrete 현수재를 설치한다.

    (3) 비계보는 후방 현수재와 전방 Bearing Bracket에 지지한다.

4) 추진보의 이동 : 교각 위 Jack를 내려서 Roller를 이용하여 이동

5) Concrete 타설 준비

   (1) Concretegustnwo와 추진보를 고정시킨다.

   (2) 비계보와 추진보를 Jack를 이용하여 정위치에 맞춘다.

   (3) 거푸집을 고정시키고 Concrete 타설

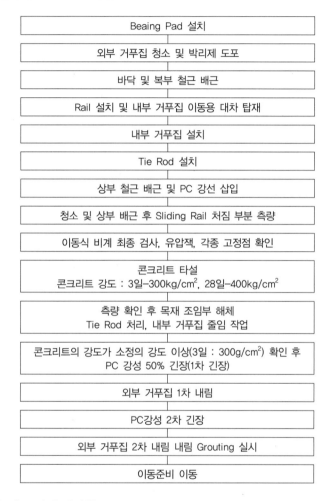

Beaing Pad 설치
외부 거푸집 청소 및 박리제 도포
바닥 및 복부 철근 배근
Rail 설치 및 내부 거푸집 이동용 대차 탑재
내부 거푸집 설치
Tie Rod 설치
상부 철근 배근 및 PC 강선 삽입
청소 및 상부 배근 후 Sliding Rail 처짐 부분 측량
이동식 비계 최종 검사, 유압잭, 각종 고정점 확인
콘크리트 타설 콘크리트 강도 : 3일-300kg/cm², 28일-400kg/cm²
측량 확인 후 목재 조임부 해체 Tie Rod 처리, 내부 거푸집 줄임 작업
콘크리트의 강도가 소정의 강도 이상(3일 : 300g/cm²) 확인 후 PC 강성 50% 긴장(1차 긴장)
외부 거푸집 1차 내림
PC강성 2차 긴장
외부 거푸집 2차 내림 내림 Grouting 실시
이동준비 이동

11. 하부 이동식의 시공 시 유의사항

1) 비계보의 이동 : 비계보 이동은 상부 Deck Slab가 소정의 강도를 가질 때 이동

2) Bearing Bracket의 해체 : 안전에 유의

3) 전방 Bracket의 설치 : 전방 교각에 Bracket을 설치할 때는 상부 하중을 지지할 수 있도록 견고하게 설치

4) 비계보의 이동 : 전, 후방 Crane에 의해 비계보를 이동할 때 흔들림 및 충격에 유의

5) 추진보의 이동 : 교각 위 Jack에 의해 추진보를 이동시킨 다음 소정의 위치에 정확히 고정

6) 기계 작동 : 기계 작동은 숙련자 이외는 조정하면 안 된다.

12. MSS 시공 시 유의사항

1) MSS 이동, 내림 고정상태 유의

2) 외부 거푸집 조정 및 제거

3) Main Girder의 이동 및 위치 조정

4) 후방 현수재의 장치 작동

5) 콘크리트 타설 시 MSS의 조정

6) 시공 시 안전조치에 유의

13. MSS의 PS 강선 배치 및 시공이음 위치

MSS 시공 관리 또는 시공 시 유의사항이라는 출제가 될 때 유용한 내용임

1) Moment가 최소화되게 하기 위해 **지간의 1/5 지점에 시공이음**을 둔다.

2) PS 강선(Tendon) 배치 및 시공이음 예

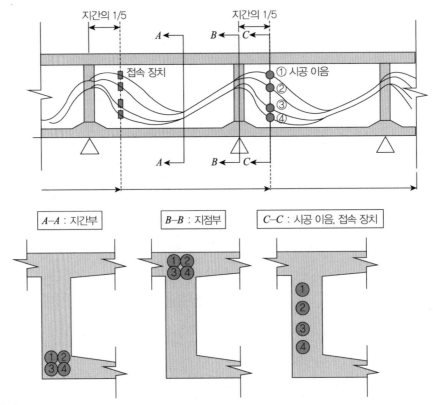

14. 맺음말

1) MSS 공법에 의한 교량 가설 공법은 교하 조건에 무관하며 시공 속도가 빠른 공법이다.

2) 기계화 시공으로 노무비 절감등 경제성이 좋으며

3) 거푸집, 비계 등이 중량물이므로 비계 이동 시 안전에 유의해야 한다.

■ 참고문헌 ■

1. 서진수(2006), Powerful 토목시공기술사(1, 2권), 엔지니어즈.
2. 서진수(2009), Powerful 토목시공기술사 단원별 핵심기출문제, 엔지니어즈.
3. 도로교 표준시방서(2012).
4. 도로교 설계기준(2012).
5. 토목시공 고등기술강좌, 대한토목학회.
6. 콘크리트교량 가설 특수공법 설계시공 유지관리지침(1994), 건설교통부.
7. PC 교량 가설 공법 해설.
8. 장래섭, PC Box Girder 교량 시공성을 감안한 설계 및 시공, 건설기술교육원.

11-14. PFCM(Precast Free Cantilever Method)(인천대교)

1. 개요(정의)

교량상부를 여러 조각으로 **육상에서 사전제작**(대블럭 20m, 소블럭 3~4m)하여 **해상 이동** 후 기시공한 교각 위에 **3,000톤 해상크레인**을 이용해 **대블럭**을 가설하고, 별도의 **인양크레인을 대블럭 위에 설치**하여 **소블럭**을 인양 후 강선으로 붙여나가 상부를 완성하는 공법

2. 특징

1) **육상 제작장**에서 교량상부 제작으로 **품질이 우수**하고
2) **소블럭 분할제작**이 가능해 상부단면의 변화를 주어 콘크리트 **교량의 경간 증가**를 도와주며
3) 해상에 거푸집을 설치하고 콘크리트를 타설하는 일반 공법에 비해 **공사기간 대폭 단축**(일반 공법에 비해 1개소당 1/3 기간 소요)

3. 시공순서

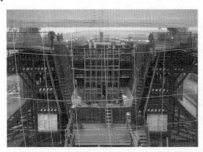

[대블럭 육상제작]

[대블럭 해상가설]

[소블럭 육상제작]

[소블럭 해상가설]

■ 참고문헌 ■

1. 서진수(2006), Powerful 토목시공기술사(1, 2권), 엔지니어즈.
2. 서진수(2009), Powerful 토목시공기술사 단원별 핵심기출문제, 엔지니어즈.

11-15. FSLM(Full Span Launching Method) = PSM 공법(Precast Span Method)

1. 육상의 FSLM(Full Span Launching Method) = PSM 공법(Precast Span Method) 정의

1경간 길이 25m, 폭 14m, 중량 600ton의 교량상부(콘크리트 BOX Girder)를 Precast 제작공장에서 고정된 Mould에 의해 Pretension을 도입하여 제작한 후 특수차량(Straddle Carrier)으로 현장까지 운반하여 교량에 기 설치된 이동식 가설장비(Launching Girder)를 사용하여 설치하는 최신 교량 가설 공법. 이태리의 고속철도 및 고속도로 교량에 적용하여 안전성 및 품질이 입증된 바 있으며, 국내에서는 고속철도현장에서 처음 도입 시공된 공법임

2. 해상의 FSLM(Full Span Launching Method)

교량상부 1경간(교각과 교각 사이로 고가교의 경우 50m)을 한 번에 육상에서 사전제작(50m, 1,350톤, 레미콘 트럭 100대분)하여 바지선으로 해상이동 후, 기시공한 교각 위에 3,000톤 해상크레인을 이용해 일괄 가설하고, 교량상부 위에 특수가설장비를 배치하여 교량상부 1경간씩을 원하는 위치로 이동하여 순차적으로 가설하는 공법으로, 해상에 거푸집을 설치하고 콘크리트를 타설하는 일반 공법에 비해 품질이 우수하고, 공사 기간도 대폭 단축(교량상부 100m의 경우, 일반 공법 60일, FSLM 3일)

3. MSS, FSM 공법과 PSM 공법 비교

구분	MSS 및 FSM	PSM = FSLM
Segment 제작 콘크리트 타설	현장 타설 제작	공장 타설 제작
특징(상대비교)	• 현장에서 모든 작업함 • 하절기 및 동절기 현장 작업 시 기후의 영향을 많이 받음 • 기능공의 숙련도에 따라 작업성능이 달라짐 • 품질 유지가 어려움 • 연장이 긴 교량의 공기 준수 불투명	• 균일한 품질확보 및 공기 준수가 가능 : 동일 작업의 반복으로 최적의 균일 품질확보 • 기계화와 자동화된 공장설비에서 단계별로 분업화하여 작업함 : 정밀 시공 가능 • 공기단축 공장에서 제작함, 기온 및 우천등 기후의 영향을 받지 않음 • 비용 절감 초기 투자비용은 크나 대량생산이 가능하므로 경간수가 많은 긴 교량의 경우 총공사비 절감됨 • 공정의 장비화로 기능 인력 절감 • 지상 공장작업이 대부분: 안전성 확보로 산업재해 감소 • 지장물 등 교량하부 조건에 영향을 받지 않음 • 계속 반복되는 공정으로 정밀도 및 숙련도 향상 • 가설도로, 공사부지 불필요(공사비 절감)
1경간 소요공기	30일~35일	3일

4. FSLM 특징

1) 강선 인장 : Pre stressing 방식

2) 표준화된 규격 시공 가능 : 공장에서 일정 길이의 균일한 품질의 상판 제작

3) 경제적인 단면 설치 가능 : 가설 시 단면력 적음

4) 공기단축 유리 : 가설 속도 빠름

5. 필요시설 및 장비

1) 철근 조립용 ZIG 1조

2) 내·외부 강재 거푸집 1조

3) GANTRY CRANE(45ton) 2대

4) Lifting System 1식(600~1000Ton)

5) 특수대차(Straddle Carrier) 1대

6) LAUNCHING GIRDER 1대(600~1000Ton)

6. 시공순서

1) 교량 상판 제작 : 공장 제작

　(1) ZIG를 이용한 철근 조립

　(2) 완성된 철근망(철근 Cage)을 MOULD장으로 이동

　(3) PRETENSION(Pre stressing), 격벽, 거푸집 설치 기타

　(4) 콘크리트 타설 및 증기양생

　(5) 상판 제작 완료

2) 운반 및 가설

　(1) 상판 LIFTING

　(2) 특수대차를 이용한 상판 이동 : Straddle Carrier

　(3) LAUNCHING GIRDER(이동식 가설 트러스)를 이용한 상판 거치

1. Girder 제작 후 선적	2. Girder 해상운반

3. Carrier에 Girder 상차	4. Carrier를 가설위치 U/B로 진입

5. Girder 인양	6. U/B Self-Launching

7. Girder 가설	8. 고가교 상부 시공 전경

3) LAUNCHING GIRDER(이동식 가설 트러스)를 이용한 상판(Full Span Girder) 거치 순서

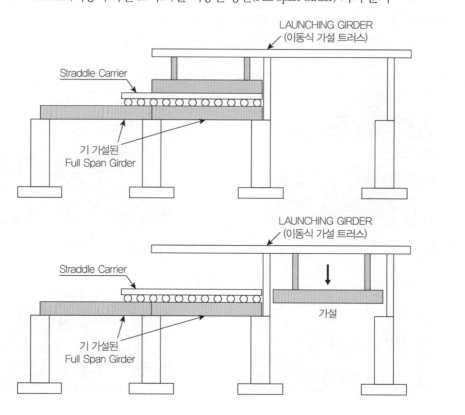

7. Full Span Girder의 양생방법

1) 1단계(Step 1)

    Curing shelter 덮고 4시간 상온 양생

2) 2단계(Step 2)

    (1) **보일러** 작동, 2시간 동안 60℃까지 서서히 온도 상승

    (2) 습도 : 100%

3) 3단계(Step 3)

    6시간 동안 **최대온도** 60℃, 습도 100% 유지

4) 4단계(Step 4)

    습도 100% 유지, 2시간 동안 **온도** 30℃까지 낮춤

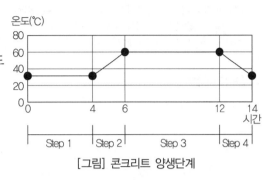

[그림] 콘크리트 양생단계

■ 참고문헌 ■

1. 서진수(2006), Powerful 토목시공기술사(1, 2권), 엔지니어즈.
2. 서진수(2009), Powerful 토목시공기술사 단원별 핵심기출문제, 엔지니어즈.

11-16. 현수교(Suspension Bridge)

- 자정식 현수교(82회 용어) [107회 용어, 2015년 8월]
- 현수교 케이블설치시 단계별 시공순서 설명 [105회, 2015년 2월]
- A.S(Air Spinning) 공법(용어 정의 기출문제)

1. 현수교 정의

1) 조교(弔橋)라고도 하며, 바닥판 부분에 플레이트거더(plate girder) 또는 트러스를 조합해서 강성을 부여하는 공법 사용

2) 주탑(Tower) 및 Anchorage로 **Main Cable**(주 케이블)을 지지하고 주 Cable에 **현수재**(Suspender 또는 Hanger)를 매달아 **보강형**(Stiffening Girder)을 지지하는 형식

2. 현수교의 특징

1) 중앙 경간이 400m 이상일 경우 Truss나 사장교보다 **경제적**

2) **활하중**이나 **풍하중**에 의한 **변형과 진동을 방지**하기 위해 **상판에 보강**이 필요함

3) 수심이 깊거나 하부구조를 설치하기 곤란한 지형에 유리

4) 현수교의 주 케이블 형상은 아치교와 유사하나 인장력만을 받음

3. 현수교 주요 구조요소 : Cable, 주탑, Suspended Structure, Anchorage System

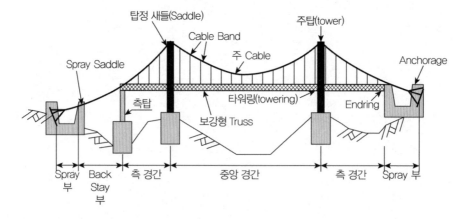

현수교의 주 케이블 역할 : 아치교와 유사하나, 인장력만 받는 점이 다름

1) 주요 인장재 : 주 케이블

2) 앵커 : 주 케이블의 장력을 대지로 이끎

3) 주탑 : 주 케이블의 최고점을 지지하는 강제 또는 철근콘크리트 구조 등의 탑

4) 보강형(플레이트거더 또는 트러스)

5) 현수재(Suspended Structure) : 보강형을 주 케이블에 매다는 현수재

6) Anchorage System

4. 현수교의 주 케이블

1) 휨성이 있는 인장에 강한 재료가 적당

2) 스트랜디드 로프 또는 스파이럴 로프 사용

3) 지간(支間)이 큰 현수교

  (1) 가늘고 강한 철사를 꼬지 않고 단지 한 묶음으로 한 평행선 케이블 공법 채택

4) 현수교의 주 케이블은 인장력을 받음

  : 압축력을 받는 아치교보다도 지간이 긴 교량을 가설하기가 쉽다.

5. 보강형의 기능

1) 플레이트거더 또는 트러스를 보강형(補剛桁)이라고 함

2) 현수교에 작용하는 하중을 보강형을 통해서 널리 분포시켜 재하점(載荷點)만이 심하게 처지지 않게 하고 현수교 전체가 큰 강성을 지니게 함

6. 현수교의 하중 전달 경로

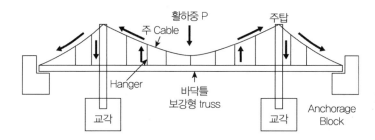

활하중 P → 바닥 틀(보강형 truss) → Hanger → 주 Cable → 교각, Anchorage

1) 자정식을 제외하고는 어떤 형식이라도 주 케이블이 모든 사하중을 지지

2) 사하중 상태에서 보강형에는 응력이 발생하지 않음

3) 활하중과 같이 집중하중 : 일단 바닥 틀에 의해 지지되고, 다시 보강형에 의해 분배되며 이 힘은 행거(hanger)를 통해 주 케이블로 전단되고 최종적으로 앵커리지에 전달

4) 현수교에 활하중 등이 재하되면 보강형과 주 케이블이 이 하중을 분담하여 지지함

5) 이때, 사하중에 의한 주 케이블의 수평장력을 크게 하면 보강형의 휨모멘트를 감소시킬 수 있음

6) 수평장력을 크게 하려면 케이블의 새그(f/l)비를 줄이거나 자중을 늘리면 됨

7) 주 케이블의 수평장력에 관계되는 주요 변수들을 적절히 결정함으로써 보강형의 부담을 효율적으로 줄일 수 있으며 장대 현수교를 가능케 할 수 있음

7. 현수교의 구조 형식 종류

1) 구조 형식(경간수, 보강형의 지지 조건)에 따른 분류

  (1) 단경간 현수교

  (2) 3경간 단순 지지 현수교

  (3) 3경간 연속 지지 현수교

(4) 다경간 현수교

2) 보강형의 형식에 따른 분류

　　(1) **트러스** 형식

　　(2) **박스** 형식

3) 보강형의 종류에 따른 현수교 분류

　　(1) 전형적인 현수교

　　　　: 보강형은 그 양끝이 받쳐져 있지만 이 형의 중앙에 힌지(hinge)를 넣은 것도 있음

　　(2) 보강형을 탑 사이에 단지 하나만 가지고 있는 것

　　(3) 탑의 외측에 각각 보강형을 갖춘 현수교

　　(4) 3개의 보강형을 연속시킨 현수교

　　(5) 이상과 같은 현수교에서는 주 케이블이 대지로 이끌어져서 앵커블록에 연결되어 있는 **타정식**임

　　(6) **자정식(自定式)** : 연속보강형의 양끝에 주 케이블을 연결한 현수교

4) 주 케이블 고정 형식에 따른 분류

　　(1) **타정식**(Earth Anchored) : 주 케이블을 앵커리지에 고정

　　(2) **자정식**(Self Anchored) : 보강형이 주 케이블을 지지

5) 구조 체계(자정식 제외)

　　(1) 주 케이블이 사하중 지지

　　(2) 활하중(집중하중) : 바닥 틀에 의해 지지, 보강형에 분배, 행거를 통해 주 케이블에 전달, 최종적으로 앵커리지에 전달

8. 타정식, 자정식 현수교의 비교

1) **타정식 현수교**(earth-anchored) – **주 케이블을 Anchorage에 고정**

　　(1) 케이블 양끝이 앵커리지 블록이라는 거대한 콘크리트 덩어리에 고정, 즉 본 교량과는 별도로 설치된 앵커블록에 케이블을 정착하는 것

　　(2) 시공 사례 : 광안대교

2) **자정식**(self-anchored) – **주 케이블을 보강형에 고정**

　　(1) 측경간의 보강형 단부(양끝)에 케이블을 정착하는 것

　　　　: 지지케이블이 교량의 몸체인 상판(보강형)에 직접 지지되는 방식

　　(2) 타정식보다 전체적인 외관이 아름답다.

　　(3) 시공 사례

　　　　– 영종대교 : 도로와 철도 병행의 복층 교량, 3차원 케이블 자정식 현수교

　　　　– 소록연육교 : 모노케이블식 자정식 현수교

[그림] 자정식 현수교

타정식 현수교 가설 요령

보강형 트러스를 가설한 후 케이블을 시공하게 되며 케이블은 보강형 트러스 단부에 직접 정착된다.(임시교각 필요)

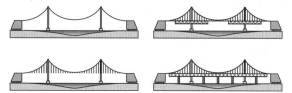

자정식 현수교 가설 요령

보강형 트러스를 가설한 후 케이블을 시공하게 되며 케이블은 보강형 트러스 단부에 직접 정착된다.(임시교각 필요)

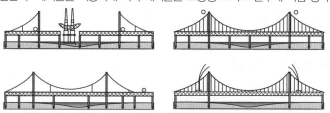

[자정식과 타정식 비교]

구분	자정식	타정식
구조 특징	1. 현수교 단부 보강형 내에 주 케이블 연결 2. 부강형에 축력작용하고, 단부에 부반력 발생	1. 주 케이블을 현수교 단부의 대규모 앵커리지에 정착 2. 보강형에 축력이나 단부 부반력 발생하지 않음
시공 순서	주탑, 보강형, 케이블, 행어를 보강형에 연결하는 순	주탑, 주 케이블, 행어, 보강형을 행어에 연결하는 순
장점	경관성 양호	1. 가 Bent 불필요 2. 구조 상세 비교적 간단(자정식 대비)
단점	1. 시공 시 가 Bent(임시교각) 필요 2. 주형에 상시압축작용 및 단부 부모멘트 발생으로 구조상세 복잡	경관성 불량(앵커리지)
시공 사례	소록대교, 영종대교	광안대교

9. 현수교의 계획 및 설계 시 고려되어야 할 주요 항목

1) 보강형의 연속성

2) 중앙 경간과 측경간의 비

3) 중앙 경간과 새그(sag)의 비

4) 행거(Hanger)의 배치

5) 보강형의 형식

6) 주탑의 형식

7) 강바닥판과 들보의 합성 및 비합성

10. 현수교에 관한 이론

1) 현수교의 **탄성이론** : 현수교의 처짐을 고려하지 않는 이론, 중·소 지간의 현수교 설계에 적용

2) **처짐이론** : 처짐을 고려한 이론, 대지간의 현수교에 적용

11. 현수교 가설 공법

1) 주 Cable : ① P.W.S(Prefabricated Parallel Wire Strand), ② A.S(All Spinning)

2) 주형가설 : ① Traveller Crane, ② Floating Crane, ③ Lifting Crane

3) 주탑 : ① Tower Crane, ② Floating Crane, ③ Clipper Crane, ④ Crawler Crane

12. 케이블 가설 공법의 분류

1) A.S(Air Spinning) 공법(용어 정의 기출 문제)

　　와이어를 현장에 운송 후 현장에서 각각의 와이어를 **공중활차(Spinning Heel)**를 이용하여 **스트랜드**
와 케이블을 인출하여 가설하는 방법

(공중활차)

2) P.S (Prefabricated Paralled Strand) = PPWS(Prefabricated Parallel Wire Strand) 공법

　　와이어(5mm 내외)를 사전에 **공장에서 스트랜드 상태**(와이어 약 127본)로 제작한 후 **현장에서 가설**

[AS와 PPWS 비교]

구분	케이블 단면	Strand 단면	장점	단점
AS	1Cable = 14Strand	1Strand = 480Wire	1. 정착면적 작음 2. 수송단위중량 자유롭게 선택	1. 공기 다소 김 2. 현장 공중 가설이므로 바람영향 큼 3. 다수의 인력 소요
PPWS	1Cable = 290Strand	1Strand = 127Wire	1. 공기 짧음(공장제작) 2. 바람 영향 적음 3. 현장 설비 간단	1. 정착면적 큼 2. 수송단위중량 한계(40ton 이하)

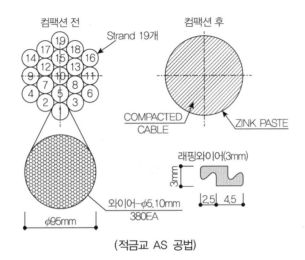

(적금교 AS 공법)

13. 시공순서

1) 자정식 현수교(영종대교)는 주 케이블을 보강형에 정착하므로 주탑, 보강형, 케이블, 행어를 보강형에 연결하는 순

2) 타정식은 주 케이블을 별도의 앵커블록에 고정하는 방식으로 주탑, 주 케이블, 행어, 보강형을 행어에 연결하는 순

[자정식 현수교 시공순서(영종대교 예)]

1) 탑정설비

2) 주탑 SET BACK ROPE 가설

3) 측경간 CAT WALK 가설(Erection of Side Catwalk)

4) 보강형 폐합(Erection of Closing Block)

5) 중앙경간 CAT WALK 가설(Erection of Main Span Catwalk)

6) SET BACK 실시

7) A.S(Air Spinning) 설비 및 케이블 가설

8) 케이블 SQUEEZING

9) 케이블 밴드 가설

10) Hanger Rope(행어로프) 가설

11) 3차원 확장 및 HANGER인입

12) 래핑(WRAPPING)

13) HAND ROPE 설치

14) CABLE 도장 및 코킹공

15) CAT WALK 철거

16) 탑정 화장판 설치

※ 시공 순서

　(1) 측경간 보강형 가설

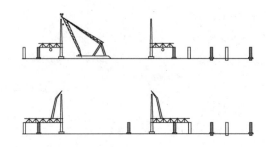

　(2) 주탑 Set Back Rope 가설(Set Back of Tower)

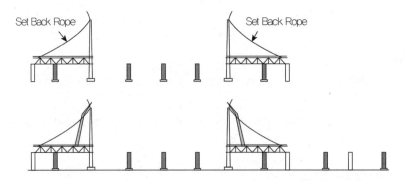

　(3) 측경간 Cat Walk 가설(Erection of Side Cat walk)

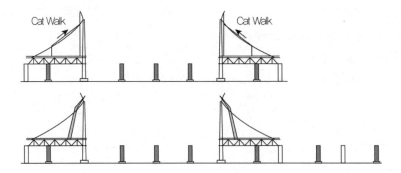

(4) 보강형 폐합(Erection of Closing Block)

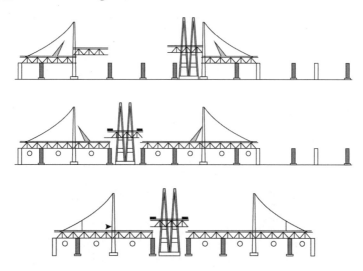

(5) 중앙경간 Cat Walk 가설(Erection of Main Span Cat walk)

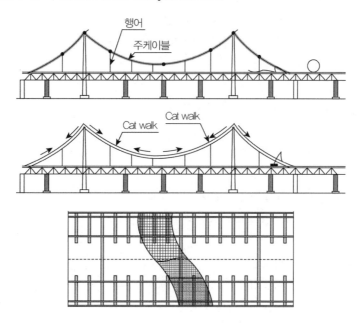

(6) 인입 전(Before Insertion of Hanger Rope)

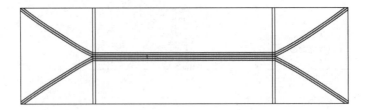

(7) 인입 후(After Insertion of Hanger Rope)

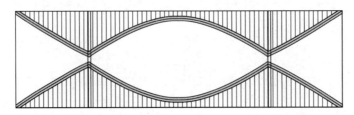

14. 국내 교량 시공 사례

1) 영종대교 : 구조 형식－강합성교＋현수교＋트러스교

2) 압해대교 : 교량 형식－닐센 아치교＋강합성 상형교

3) 북항대교 : 교량 형식－강합성 사장교

4) 삼천포대교 : 교량 형식－강합성 사장교

5) 영흥대교 : 교량 형식－강사장교＋강합성 상형교

6) 동작대교

   (1) 한국 최초의 병용 교량(지하철 4호선＋도로교)

   (2) 교량 형식

      ① 도로교 부분에는 강상판형 및 강판형교, 강상형교

      ② 전철교 부분은 국내 최초의 Langer Arch 및 강판형교

7) 국내 사장교 시공 사례(조사 후 기입할 것)

   (1) 북항대교 : 교량 형식－강합성 사장교

   (2) 삼천포대교 : 교량 형식－강합성 사장교

   (3) 영흥대교 : 교량 형식－강사장교＋강합성 상형교

■ 참고문헌 ■

1. 서진수(2006), Powerful 토목시공기술사(1, 2권), 엔지니어즈.

2. 서진수(2009), Powerful 토목시공기술사 단원별 핵심기출문제, 엔지니어즈.

3. 김선곤, 인천국제공항 연육교 시공사례, 건설기술 호남교육원.

11-17. Cat walk(공중 비계)(72회 용어)

1. 현수교 케이블 설치를 위한 주요 가설 공사의 종류

1) 탑정 설비 : 탑정 Crane, 탑정 Winch

2) Cat walk

3) 교상 Crane 등

2. Cat walk 정의

1) 댐의 하류면이나 높은 구조물의 중턱에 설치한 **좁은 통행로**, **관계자만이 사용**하는 것으로 일반에게 는 공개되지 않는다.

2) Cat walk는 현수교에서 **주 케이블 가설**을 위한 **작업 발판**으로 그 형태상 **구름다리**처럼 생겼음

3. 현수교의 Cat walk(영종대교, 적금교)

1) 발판(상조)

특수 고안된 **철망과 안전net**를 결합한 것으로 네 개의 Cat walk rope(Wire)에 의해 지지된다.

2) Cat walk rope(발판용 로프＝foot bridge rope)

   (1) 현수교에서 케이블을 가설할 때 바로 아래에 설비하는 **작업용 발판을 지지해주는 로프**

   (2) 일반적으로 **스트랜드 로프**를 사용하며 때로는 **행어로프를 겸용**하기도 함

   (3) Cat walk를 만드는 로프

3) 측벽 난간

4) Hand Rope로 구성

[Cat Walk]

[상조 : 작업 발판]

[AS 공법용 활차]

출처 : 다음카페 "기술사 & CM 길라잡이" http://cafe.daum.net/land4lion 적금교 가설공사 전경

4. Cat walk(영종대교) 설치도

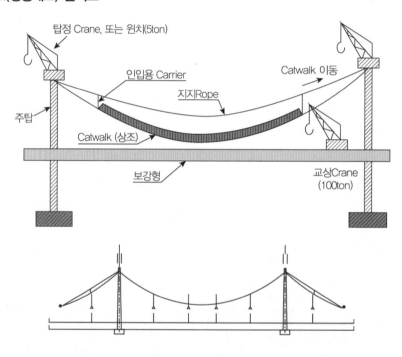

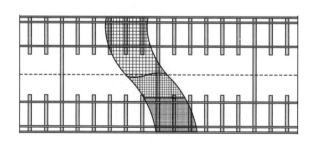

■ 참고문헌 ■

1. 서진수(2006), Powerful 토목시공기술사(1, 2권), 엔지니어즈.

2. 서진수(2009), Powerful 토목시공기술사 단원별 핵심기출문제, 엔지니어즈.

3. 김선곤, 인천국제공항 연육교 시공사례, 건설기술 호남교육원.

4. 다음카페"기술사 & CM 길라잡이"http://cafe.daum.net/land4lion 적금교 가설공사 전경.

11-18. 사장교(Cable stayed Bridge)

1. 사장교의 정의

1) 교각 위에 세운 교탑을 이용 케이블로 주형을 매단 구조, 교통하중이 케이블의 인장력으로 지탱, 주형은 케이블 정착점에서 탄성 지지된 구조물로서 거동

2) 케이블의 장력 조절로 휨모멘트를 현저히 감소시키므로 : 경간이 긴 교량에 적합

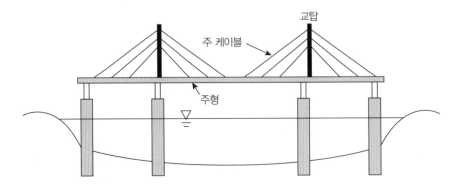

2. 사장교 구조형식

1) 자정식 : Cable을 3경간 연속 주형에 정착함

2) 부정식 : 측경간 또는 중앙경간에 신축이음설치

3) 완정식 : 주형을 3개의 단순 Girder(형)으로 구성

3. 사장교 구조요소

1) 교탑(주탑) : 압축부재

  (1) 기능(역할)

    ① Cable 지지

    ② 장력의 연직성분을 축력으로 지탱함

  (2) 높이

    ① 방사형   높이＝(0.15~0.20)× 중앙 경간 길이

    ② Harp형   높이＝(0.20~0.25)× 중앙 경간 길이

2) Cable : 인장 부재

  (1) 배치형태

    ① 종방향 : 방사형, 하프형, 세미하프, Star형

    ② 횡방향 : 1면 배치, 2면 배치, 3면 배치

  (2) 경사 : ① 경사범위 25~60°, ② 최적경사 45°

3) 주형(Deck)

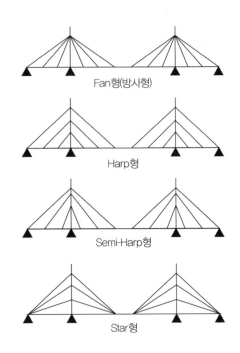

4. 상부구조 가설 공법

1) Staging 공법 : 가 Bentalc 동바리 사용

2) 회전공법

3) 연속압출공법(ILM)

4) Cantilever 가설 공법

5. 사장교 설계 시 고려사항

1) 케이블의 배열 및 장력

2) 케이블 수

3) 주탑 및 보강형에 케이블이 정착되는 위치

4) 탑 기초부의 지지 조건

5) 탑과 케이블의 결합 조건

■ 참고문헌 ■

1. 서진수(2006), Powerful 토목시공기술사(1, 2권), 엔지니어즈.

2. 서진수(2009), Powerful 토목시공기술사 단원별 핵심기출문제, 엔지니어즈.

3. 도로교 표준시방서(2012).

4. 도로교 설계기준(2012).

5. 토목시공 고등기술강좌, 대한토목학회.

6. 콘크리트교량 가설 특수공법 설계시공 유지관리지침(1994), 건설교통부.

11-19. Preflex 합성빔(합성형)(34, 47, 63회 용어, 68회 용어)

1. 정의

1) 강재 I-Beam에 미리 **상향의 캠버**를 주어 하단에 압축응력을 도입하여

2) 사하중 및 활하중에 견디게 한 합성형교

2. 콘크리트(PS 강재)에 인장력 주는 방법

1) 기계적 방법

2) 화학적 방법(콘크리트에 프리스트레스를 도입함)

3) 전기적 방법

4) Preflex 방법

3. Preflex의 원리 및 시공순서 [제작 및 가설]

1) 강형(I-Beam)의 조립, 용접

2) 재하대에 거치

3) **Preflexion : 상향의 캠버** 준다.(Beam, Plate Girder를 캠버를 주어 가공)

4) **Preflex 하중을 설계하중 크기로 위에서 아래로** 가한다.

5) Preflex 상태에서 **하부 Flange 콘크리트 타설**

6) 양생

7) Release : **Preflex 하중 제거**(Release), **Precompression 도입**, 원래 캠버 감소

8) Preflex Beam 가설

   (1) Preflex Beam 현장 거치 후

   (2) Web(복부), Slab 철근 조립, 거푸집

   (3) Web(복부), Slab의 콘크리트 타설

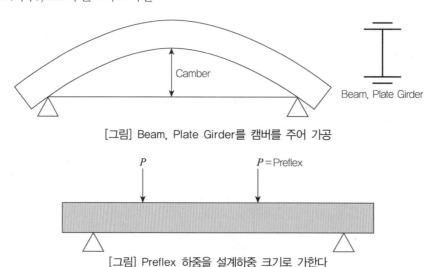

[그림] Beam, Plate Girder를 캠버를 주어 가공

[그림] Preflex 하중을 설계하중 크기로 가한다

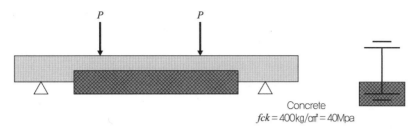

Concrete
$fck = 400\text{kg/cm}^2 = 40\text{Mpa}$

[그림] Preflex 상태에서 하부 Flang에 Con 타설

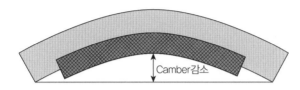

Camber감소

[그림] Preflex 하중 제거(Release) : Precompression 도입, 원래 캠버 감소

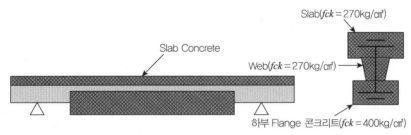

Slab($fck = 270\text{kg/cm}^2$)

Slab Concrete

Web($fck = 270\text{kg/cm}^2$)

하부 Flange 콘크리트($fck = 400\text{kg/cm}^2$)

[그림] 현장 거치 후, 복부, Slab Con 타설, 마감

4. 콘크리트 재료 : 설계기준 강도

1) 하부 Flange 콘크리트 : $f_{ck} = 400\text{kg/cm}^2(40\text{MPa})$

2) 복부 콘크리트 : $f_{ck} = 270\text{kg/cm}^2(27\text{MPa})$

3) Slab Concrete : $f_{ck} = 270\text{kg/cm}^2(27\text{MPa})$

4) Release시의 콘크리트 : $f_{ck} = 350\text{kg/cm}^2(35\text{MPa})$

5. Preflex Beam의 문제점 및 대책

1) Preflex Beam의 문제점

  (1) **하부 Flange에 발생하는 인장 균열**

  (2) 기존의 Preflex Beam의 제작 및 시공법의 단점

    ① **형고비를 작게 하여 형하고의 제한**을 받는 교량에 적합한 교량 개념

    ② 하부 플랜지의 허용 인장 응력

      토목학회의 프리 플렉스 합성형 시방서(허용 인장 응력 : 2.0 f_{ck})

    ③ 플랜지 하부 배력 철근 : 온도, 건조 수축 균열 제어를 위한 최소의 철근량만 사용

2) 대책

  (1) 균열 발생 억제 방법

    ① Beam 하면에 인장 응력이 생기지 않도록 **Full Prestress 개념**으로 설계

② Partial Pre stress 개념으로 설계하는 경우(경제적 이유) 인장 응력을 최대한 억제

　　㉠ 최대 허용 인장 응력＝$1.5f_{ck}$로 규정(도로교시방서)

　　㉡ 여기에 맞는 철근을 Beam 하부에 배근 설계

(2) Web 폭의 변경 : Web 폭이 좁아 시공성 불량, Web 폭을 20cm에서 30cm으로 변경

(3) 지점부 부(－) 모멘트 대책(연속화 공법)

　　① IPC-Girder

　　② RPF 등의 신공법 개발 시공 중임

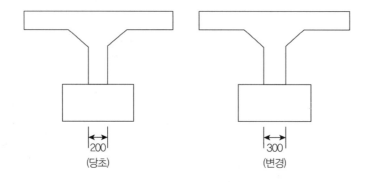

[문제점과 대책]

NO	구분		기존의 방법(문제점)	개선(대책)	비고
1	형고(형고비)		① Beam 간격 2.5m 형고 : 1.0～1.5m ② Beam 간격 3.5m 형고 : 1.4～1.9m	① Beam 간격 2.5m 형고 : 20cm 증가 ② Beam 간격 3.5m 형고 : 삭제	• 강성 증가, 하부 플랜지에 발생하는 인장 응력 감소
2	하부 플랜지 구조	철근의 크기	H16, H22	H19, H25	① 하부 플랜지에 작용하는 인장 응력을 철근이 부담 ② 회전 시 발전하는 크랙 방지 ③ 시공성 제고
		사용 철근량	• 내측 : 900mm • 외측 : 1000～1100mm	• 내외측 구분 없이 1000mm으로 통일	
3	Web 두께		20cm	30cm	시공성 제고
4	균열방지 보완책		－	① 하부 플랜지 하단에 Wire mesh 설치 ② 섬유 보강 콘크리트 사용	• 양생 시 발생하는 미세 균열방지

■ 참고문헌 ■

1. 서진수(2006), Powerful 토목시공기술사(1, 2권), 엔지니어즈.
2. 서진수(2009), Powerful 토목시공기술사 단원별 핵심기출문제, 엔지니어즈.

11-20. 교량 처짐과 Camber

- PSC 장지간 교량의 Camber 확보 방안(106회 용어, 2015년 5월)
- PSC 교량시공 중 형상관리 기법에서 캠버관리를 중심으로 문제점 및 개선대책 설명(109회, 2016년 5월)

1. 강교 처짐의 허용값

충격하중을 포함한 활하중에 의한 강교의 주거더 및 가로보의 최대 처짐

교량 형식			최대 처짐(m)	
	종류	지간	단순지지 거더 및 연속 거더	게르버거더의 캔틸레버부
플레이트 거더 형식	철근콘크리트 슬래브가 있는 플레이트 거더	$L \leq 10m$	$L/2,000$	$L/1,000$
		$10 < L \leq 40m$	$\dfrac{L}{20,000/L}$	$\dfrac{L}{12,000/L}$
		$L > 40m$	$L/500$	$L/300$
	기타의 슬래브가 있는 플레이트 거더		$L/500$	$L/300$
현수교 형식			$L/350$	
사장교 형식			$L/400$	
기타 형식			$L/600$	$L/400$

2. 교량 상부공의 처짐 제어 및 계산

1) 교량 구조물의 **휨부재**는 **사용하중**, 충격에 의한 **처짐**, **변형 방지**를 위해 **충분한 강성으로 설계** [사용하중과 충격으로 구조물의 강도나 실제 사용에 해로운 영향을 주는 처짐 또는 그에 변형이 일어나지 않도록 충분한 강성을 갖게 설계]

2) 처짐과 변형

  (1) 단기 처짐과 변형 : 하중 작용 시에 순간적으로 발생

  (2) 장기 처짐과 변형

     ① 휨부재의 **크리프** 및 **건조수축**에 의해 **장기간, 지속적** 발생

     ② 장기처짐＝총처짐 및 변형－단기 처짐 및 변형

  (3) 단기 및 장기 처짐량 : 허용 처짐량 이하

3. 교량 상부구조물의 두께 제한

1) 상부구조물의 최소 두께 설계기준 권장 값 적용하고 필요시 처짐 계산에 의해 확인

2) 깊이가 일정한 도로교 **상부구조 부재의 최소 두께**

상부구조의 형식	최소 두께(m)	
	단순지간	연속지간
주철근이 차량 진행방향에 평행한 교량 슬래브	1.2(S＋3)/30	(S＋3)/30
T형 거더	0.070S	0.065S
박스 거더	0.060S	0.055S
보행 구조 거더	0.033S	0.033S

* 변단면 부재가 사용되는 경우, 위의 값은 정모멘트 단면과 부모멘트 단면에서의 상대강성의 변화를 고려하기 위해 수정될 수 있다.
* S는 경간 길이를 나타낸다(m).

4. 상부구조물의 처짐 제한(처짐비)

1) 단순 또는 연속 경간을 갖는 부재

   (1) 사용 **활하중**과 **충격**으로 인한 **처짐** : **경간의 1/800** 미만

   (2) 보행자용 **도시지역 교량** : 1/1000 이내

2) 사용 활하중과 충격으로 인한 **캔틸레버의 처짐비**

   (1) 캔틸레버 길이의 **1/300** 미만

   (2) 보행자 용도가 고려된 경우: 1/375 미만

5. 솟음(Camber)

1) 정의

   합성 거더의 강재 주 거더 등 교량 상부구조에서 **고정하중**에 의한 **처짐**을 고려하여 **노면이 소정의 높이에 이를 수 있는 솟음** 설치함

2) Camber 적용 구조물

   (1) **터널 지보공**

   (2) **콘크리트 보의 중앙부**

   (3) **연속교량의 상부공**

   (4) FCM 공법의 **Key Segment**

3) 처짐의 원인

   (1) Creep

   (2) **건조수축**

   (3) 콘크리트 **탄성 변형**

   (4) 강재의 Relaxation(응력이완)

   (5) Prestress 손실

   (6) **작업하중, 사하중**

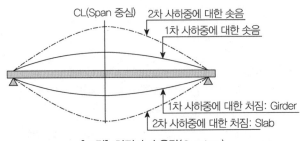

[그림] 처짐과 솟음량(Camber)

4) FCM 공법에서 사용하는 Camber 해석 프로그램

   (1) CEB－Model

   (2) FIP－Model

   (3) ACI－Model

5) Camber(솟음) 적용 시 고려사항

   (1) 지형, 지질

   (2) 지보공의 형식 및 구조

   (3) 사하중

   (4) 작업하중

   (5) 처짐량

■ 참고문헌 ■

1. 서진수(2006), Powerful 토목시공기술사(1, 2권), 엔지니어즈.

2. 서진수(2009), Powerful 토목시공기술사 단원별 핵심기출문제, 엔지니어즈.

3. 도로교 표준시방서(2012).

4. 도로교 설계기준(2012).

11-21. 강교 종류별 특징

1. 강합성교(강합성형교)

1) 합성형교

　　주형(Girder＝주형＝형(桁)＝건축에서 보(Beam)의 개념)에 **콘크리트 상판**을 시공한 교량

2) 합성형교의 종류

　　(1) 강합성교(강합성형교) : 주형이 강(Steel)인 경우

　　(2) PSC Beam＋콘크리트 상판

　　(3) Preflex Beam＋콘크리트 상판

2. 판형교(Plate Girder Bridge) = 강판형교

1) 정의 : 주형(Girder)을 **강판(두께 50mm 정도)**으로 만든 것

　　주형단면이 **상플랜지, 복부, 하플랜지**로 구성

2) I형 판형교인 경우

　　(1) 압연 I형강(기성 제품 : 높이 900mm, 플랜지폭 300mm)

　　(2) 용접 I형강(제작) 이용

3) 판형교의 일반적인 형상 : **판형(Plate Girder)** 위에 **콘크리트 슬래브**(바닥판)를 타설

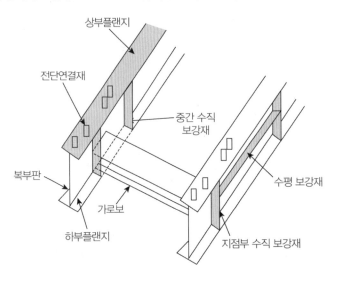

3. 강상판형교

판형(Plate Girder) 위에 **강상판**을 접합하여 주형 작용에 협력시키는 형식

4. 상자형교(상형교)

1) 정의 : **주형(Girder)**이 **상자(Box)** 모양인 것

(1) **강상자형교**(**강상형**교=Steel Box Girder Bridge)

(2) PSC Box Girder(프리스트레스 콘크리트 상자를 말함 : FCM, ILM 등)

2) 강합성 상형교(합성 상자형)

　강상자형(steel Box girder)+**콘크리트 바닥판**이 일체로 거동하는 형식

3) 강상판 상형교(강상판 상자형교)

　Steel Box girder(강상자형)+콘크리트 바닥판 대신 **강상판**을 사용한 강합성교

5. 강상자형교(강상형교)의 내부 구조(단면도 포함) 및 각 부재의 역할

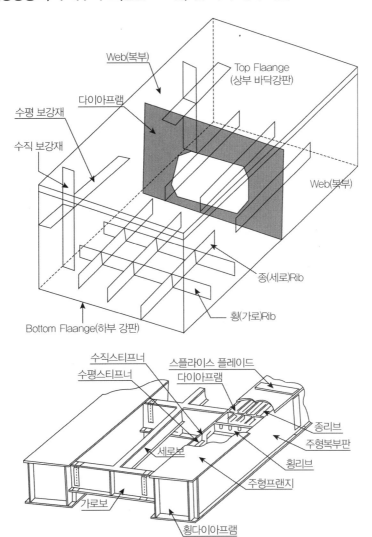

1) 다이아프램(Diaphragm : 격벽)

　박스형 단면 등의 폐단면부재 형상을 유지하기 위하여 내부에 부재 축에 직각으로 배치하는 판, 휨을 받는 상자형 부재의 좌굴현상을 방지하고, 비틀림에 대하여 단면형상을 유지하기 위하여 설치된다.

2) 리브(rib)

   (1) 강상판이나 복부판 등을 보강하기 위한 보강재

   (2) 아치교인 경우 : 아치의 외부곡선을 이루는 주 부재로서 외부하중을 주로 압축력에 의하여 지점
      으로 전달함

3) stiffener

   (1) 보강재라는 의미이며 원래는 Stiffening 이 정확한 용어임

      보통 가설 공사에서 주형보 Web(복부)에 붙여 I(아이) Beam을 보강하는 강재

   (2) 버팀이나 띠장 등에서 버팀이 위치하는 띠장에 스티프너 보강함

■ 참고문헌 ■

1. 서진수(2006), Powerful 토목시공기술사(1, 2권), 엔지니어즈.

2. 서진수(2009), Powerful 토목시공기술사 단원별 핵심기출문제, 엔지니어즈.

3. 경갑수 외(1999), 강구조의 기술(강교량편), 한국강구조학회, 동양문화인쇄사.

4. 도로교 표준시방서(2012).

5. 도로교 설계기준(2012).

11-22. 강교 가조립 공법 분류, 특징, 시공 시 유의사항(59회)

1. 가조립의 목적(정의)

1) 공장 제작의 최종 단계로써

2) 설계도에 나타난 구조물의 전체적, 국부적 치수 형상이 만족하는지를 확인하는 것

3) 가설 작업에서 부재 상호 간의 이상 여부 확인하는 것

4) 공장 내의 야드장에서 가설 현장과 같은 상황에서 부재를 조립해보는 것

2. 가조립 시 유의사항

1) 원칙적으로 강고한 기초 위에서 무응력 상태로 실시

2) 다점 지지 상태로 실시

3. 가조립 공법의 분류와 특징

NO	가조립 공법의 분류		방법	특징
1	가조립 범위에 따른 분류	① 전체 일괄 가조립	분할하지 않는 가조립	① 구조물 전체를 일괄 가조립 ② 실적이 많은 공법
		② 횡단 방향 분할 가조립	교축 직각 방향으로 분할	① 대형 교량에 적용 ② 교량의 분할 제작 시 적용
		③ 측면 방향 분할 가조립	아치교의 아치와 주형과의 분할	③ 공기 단축 ④ 모든 교량 형식에 적용
		④ 단면 방향 분할 가조립	주 트러스와 수직 브레이싱의 분할	⑤ 분할 접합부의 품질 확보에 유의하여, 충분한 정밀도 확보 요함 ⑥ 연결부의 치수 정밀도 높여야 함
		⑤ 복합 분할 가조립	상기의 복합	
2	가조립 방법에 따른 분류	① 정밀 조립	통상의 가조립	일반적인 공법
		② 도립 조립	상, 하 반대로 조립	① 구조물 아래 공간이 많은 경우 ② 장소가 좁아 지지대 설치 곤란한 경우
		③ 횡조립	90도 회전한 가조립	눕혀서 가조립
3	수치 가조립	① 부재 형상을 계측하고, 그 수치를 전산처리하여 시뮬레이션 실시 ② 현재는 단순한 형식 교량에서 실험적으로 실시 ③ 향후 확대 보급하여 실용화시켜야 함		

4. 가조립 검사

1) 부재 검사를 병행하여 실시

2) 제작 각 팀에서 자체 검사 실시

3) 가조립 검사 시에는 부재 전체의 형상, 치수를 중심으로 검사

4) 관계자의 입회하에 실시

5. 가조립의 순서

※ I형교의 경우

1) 조립 위치 선정

2) 가대 배치(다점 지지)

3) 주형 가조립

4) 가로보·수직 브레이싱 설치

5) 가로보(횡형) 설치

6) 부속물 설치

7) 가조립 검사

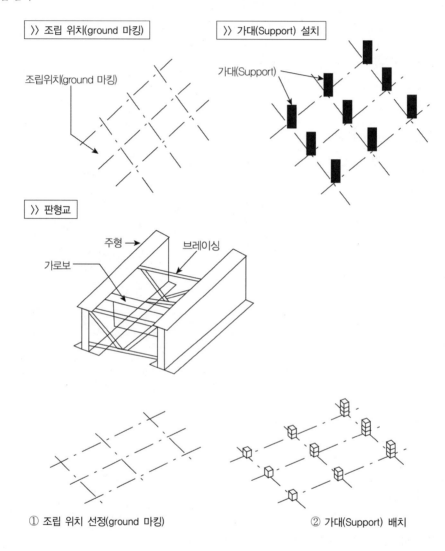

① 조립 위치 선정(ground 마킹)　　　② 가대(Support) 배치

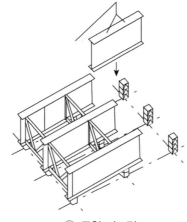

③ 주형 가조립

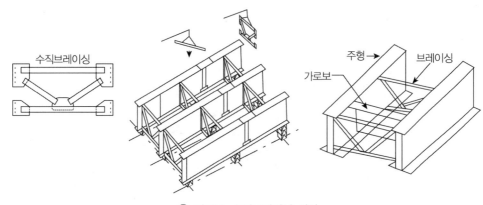

④ 가로보 · 수직브레이싱 설치

※ BOX Girder의 경우(1안)

1) 조립 위치 선정

2) 가대 배치

3) 주형탑재

4) 가로보 · 종형탑재

5) 치수 확인 및 조정

6) 가조립 검사

※ BOX Girder의 경우(2안)

1) Ground 마킹

2) 가조립 Support Setting

3) Box Girder 배열 및 Setting

4) Cross Beam 및 Stringer 조립

5) Splice Bolt 체결 및 Stut Bolt 시공

6) Sole Plate 시공 및 가조립 검사

※ 트러스교의 경우

1) 조립 위치선 표시

2) 가대 배치

3) 하현재 탑재

4) 바닥보·세로보 설치

5) 하횡구 설치

6) 치수 확인 및 조정

7) 단주·사재 삽입

8) 교문구 설치

9) 치수 확인 및 조절

10) 상현재 탑재

11) 상지재·상횡구 설치

12) 치수 확인 및 조절

13) 가조립 검사

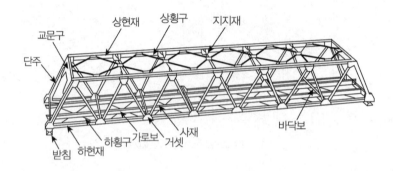

■ 참고문헌 ■

1. 서진수(2006), Powerful 토목시공기술사(1, 2권), 엔지니어즈.

2. 서진수(2009), Powerful 토목시공기술사 단원별 핵심기출문제, 엔지니어즈.

3. 경갑수 외(1999), 강구조의 기술(강교량편), 한국강구조학회, 동양문화인쇄사.

11-23. 경간장 120m의 3연속 연도교의 Steel Box Girder 제작 설치 시 작업과 정을 단계적으로 설명

1. 강교 종류별 특징

1) 판형교(Plate Girder Biidge)＝강판형교

2) 강상판형교

3) 강상판 상형교(강상판 상자형교)

4) 상자형교(상형교)

2. 강상자형교(강상형교＝Steel Box Girder Bridge)

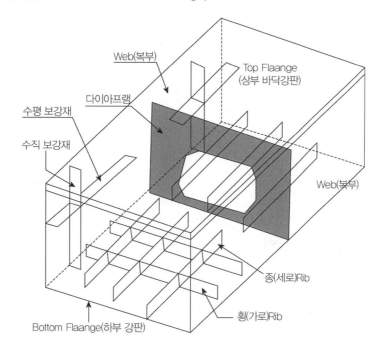

3. Steel Box Girder(강 상자형) 제작 및 설치 작업 과정

1) 제작 과정

  (1) 절단, Drilling, Bending

  (2) 조립

  (3) 용접

  (4) 검사

  (5) 가조립

  (6) 공장 조립

  (7) 검사

  (8) 출하

2) 강교 가설 과정

  (1) 현장 조립

  (2) 가설

  (3) 도장

  (4) 준공

3) 제작 순서

  (1) 마킹

  (2) 절단

  (3) 판계 : 개선, 용접, Back gouging, 후면 용접

  (4) 비파계 검사(UT)

  (5) 종 Rib 조립

  (6) 횡 Rib 조립

  (7) 교정 작업

  (8) Center Line 재마킹

  (9) 주판 Hole 가공

  (10) 다이아프램(Diaphragm) 조립

  (11) Web 조립

  (12) Top Flange 조립

  (13) 제작 검사

4. 가조립 순서 [BOX Girder의 경우]

1) Ground 마킹

2) 가조립 Support Setting

3) Box Girder 배열 및 Setting

4) Cross Beam 및 Stringer 조립

5) Splice Bolt 체결 및 Stut Bolt 시공

6) Sole Plate 시공 및 가조립 검사

5. 강교 설치 순서 [BOX Girder의 경우]

1) Box 반입 및 하역

2) Box 부재 재조립

3) 지조립 Camber 조정 작업

4) 지조립 Bolting 및 1, 2차 조임

5) Box 설치

6) Cross Beam 거치 작업

7) Box 선형 조정 및 하강 작업

8) Sole Plate 및 Shoe 용접 작업

6. 시공 시 주의 사항

1) 가 Bent의 설치

불균형 Moment 처리 : FCM, BCM(평형 켄틸레버) 공법에서 지점부 불균형 모멘트 처리

2) 가 Bent의 재료 : 목, H 형강, 강관

3) Bent의 구조

(1) X-Bracing (2) V-Bracing (3) 수직-Bracing (4) 수평-Bracing

 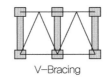 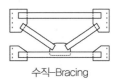

| X–Bracing | V–Bracing | 수직–Bracing |

4) Bracing의 역할, Bracing을 두는 이유(역할과 목적)

(1) 휨강성 EI 크게

(2) 좌굴 방지

(3) 변형 방지

(4) 뒤틀림＝Torsion 방지

■ 참고문헌 ■

1. 서진수(2006), Powerful 토목시공기술사(1, 2권), 엔지니어즈.

2. 서진수(2009), Powerful 토목시공기술사 단원별 핵심기출문제, 엔지니어즈.

3. 경갑수 외(1999), 강구조의 기술(강교량편), 한국강구조학회, 동양문화인쇄사.

11-24. 강교 가설/가설 공법의 종류, 특징 및 주의사항

1. 강교 가설공사를 위한 주요 조사항목

1) **설계도서의 검토** : 교량형식, 설계조건 및 가설도중의 구조계

2) **관련법규** 등의 파악

3) **운반경로의 조사**

4) **현장상황** 조사 : 구조물 조사(하부공, 기설치구조물)/지형

5) **자연현상** 조사

   (1) 기상(강우일수, 기온, 풍향, 태풍, 안개)

   (2) 수문(강우량, 강수량, 수위, 유속, 유량)

   (3) 해상(조위, 조류, 파고, 표사)

6) 현장주변 **환경조사** : 자연환경/역사환경/생활환경

2. 가설계획서 수립 및 기재사항

1) 시공자는 조직, 체제, 시공요령, 주요 설비, 안전설비 등의 공사를 수행하기 위한 계획을 입안하고 요점을 **가설계획서**에 정리하여 제출

2) 가설계획서 기재항목

   (1) 공사 개요

   (2) 조직 체제 : 현장조직 체제/안전관리체제/긴급연락체제

   (3) 시공 요령 : 측량계획/가설요령/가설단계도

   (4) 가설 계산

      ① 건설될 최종 구조물의 안정성 조사

      ② 가설구조물, 가설기자재의 안정성 조사

      ③ 완성형태의 계산 : 주로 **솟음(Camber)**의 계산

   (5) 주요 가설구조물, 건설 기자재

   (6) 안전대책, 대외 협의 관계

   (7) 현장연결 시공 요령 : 고장력 볼트, 현장 용접 시공요령

   (8) 공정표

3. 가설 시의 설계 계산

가설 도중 가설구조물 및 건설될 최종 구조물의 **안정성 조사**를 위한 계산 필요

1) **하중계산** : 기본연직하중, 조사수평하중, 온도변화의 영향, 풍하중, 지진의 영향, 충격하중, 마찰력, 부등분포하중, 특수하중 고려

2) **허용응력 및 안전율**

4. 강교량의 가설 공법 선정조건(선정 시 고려사항)

1) 교량의 형식

2) 현장지형

3) 환경

4) 교통로

5) 가설시기

5. 가설 공법결정 시 고려조건

1) 안정성

2) 경제성

3) 공기

4) 현지조건 : 지형/수심/유속/교통상황/환경/작업시간대

5) 교량구조

6. 강교 가설 공법과 특징, 시공 시(가설 시) 주의사항

가설 공법은 **지지방법**과 현장 내 **운반방법**에 따라 분류되지만, 가설 공법 선정에 따른 제반 조건을 고려하여 2가지 분류를 조합시켜 적용한다.

방법분류	가설 공법	작업조건, 특징	적용 교량
지지방법 (지지조건)	Bent 공법	• 수심 2~3m • 교량 거더 아래쪽에서 지지	
	가설거더 (가설 Truss)	• 수심 깊고 교형 높은 곳 • 교량거더 위쪽에서 지지 • 한 지간에 가설Truss를 미리 만들어놓고, Goliath Crane으로 강교 Truss를 조립하면서 전진하는 공법	도심지 고가교량
	ILM(밀어내기) = 송출공법	• 가설현장 긴근에서 추진코와 교량 거더를 부분 또는 전체 조립하여 순차적으로 밀어내는 방법 • 거더 조립 : 문형 Crane, 자주식 크레인 등을 이용 • 밀어내기 장치 : 윈치, 로울러, 유압 이용	판형교 상자형교
	캔틸레버식 공법	• 가설완료된 측간거더, 인접거더를 앵커 또는 균형유지용(Counter Weight)으로 이용하여, 캔틸레버식으로 부재 조립	판형교, 상자형교, 트러스교
	대블럭 공법	거더의 지지를 필요하지 않는 경우	
	Saddle 공법	수심 얕은 곳, Span by Span	
	동바리 공법	• Full Staging method • 거더가 응력이 받지 않는 상태에서 가설 가능	곡선교 사교
	FCM(BCM)		
	MSS		
현장 내 운반방법 (가설장비)	자주 크레인 (육상)	• 가설 지점 아래까지 자주 크레인이 진입할 수 있을 경우 • 자주 크레인(트럭 크레인)으로 거더를 끌어올려 가설 • 지간 짧고, 거더 지상 조립 가능한 경우: 직접 거더를 교각, 교대 위 가설 • 지간 긴 경우, 지상조립 불가능한 경우: Bent 이용	대부분 교량
	Cable Crane	• 자주 크레인 사용할 수 없는 지역 • 철탑 앵커 등을 설치할 수 있을 경우 • 수직매달기/경사매달기/맞대기	판형교, 상자형교, 트러스교, 랭거교, 아치교
	Floating Crane (부선 크레인)/ 대선(해상)	• 해상, 수상, 선박 출입 가능한 곳 • 직접 플로팅 크레인으로 매달아 운반한 후 플로팅 크레인으로 가설 • 작업장에서 대블럭으로 조립하여 대선에 싣고 가는 방법	
	Traveller Crane	• 가설이 완료된 교량상(Girder)에 궤도 부설하여 주행	
	문형 크레인	• 지상에 궤도 설치 가능한 곳 • 가설 중인 교량을 넘어서 크레인 설치 가능한 경우	
	옆에서 끼워 넣기 설비, 대차	그 외 병용방법에 따를 경우	

7. 강교 가설 공법의 예(조합공법)

1) Bent 공법 : 수심 2~5m

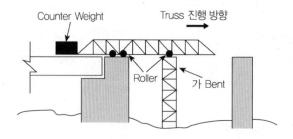

2) 가설 Truss 공법

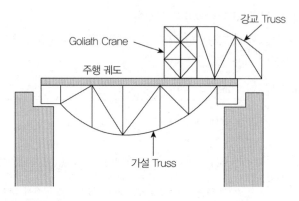

   (1) 수심이 깊고, 교형이 높을 때

   (2) 한 지간에 가설 Truss를 미리 만들어놓고, 골라이어스 크레인(Goliath Crane)으로 강교 Truss를 조립하면서 전진하는 공법

3) Saddle 공법

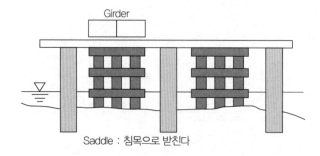

4) 자주 크레인(트럭 크레인)에 의한 Bent식 공법

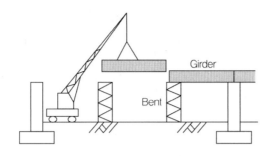

1. 가설조건	1. 육상 교가교등에서 가설 지점까지 자주식 크레인이 진입 가능한 곳 2. 유수부 있는 경우 : 잔교설치 및 우회 가능한 곳 3. 가공 전선 있는 경우 : 방호 및 이설 가능한 곳 4. Girder 아래 Bent 설치 가능한 곳
2. 가설 공법	1. 자주 크레인(트럭 크레인)으로 Girder를 끌어올려 가설 2. 지간 짧고, Girder의 지상 조립 가능 시 : 직접 교대, 교각 위에 설치 3. 지간 긴 경우, 지상조립 불가 시 : Bent 이용하여 가설
3. 특징	1. 가설구조물 공사 적고 2. 크레인의 기동성 여하에 따라 공기 짧다. 3. Girder 아래가 수면인 경우 : 잔교설치 or 우회

5) Floating Crane(부선 크레인) 공법

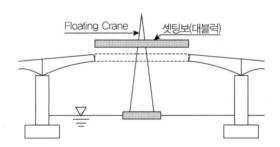

1. 가설조건	1. 해상, 하천상, 유수부 2. 적당한 수심 유지, 흐름 약한 곳 3. 플로팅 크레인 진입 가능한 곳
2. 가설 공법	1. 대블럭 조립(제작) : 공장 안벽 or 현장 근처 2. 운반 : 대선 or 플로팅 크레인이 직접 운반 3. 가설 : 플로팅 크레인으로 매달아 가설
3. 특징	1. 거의 완성에 가까운 대블럭 가설 　∴ 공기 짧고, 고소 작업 적어 안전에 유리 2. 가설 도중 지지조건 완성계와 다름 : 가설응력, 처짐 등 조사 후 보강 등의 충분한 검토 후 계획 수립 필요

6) 대선공법

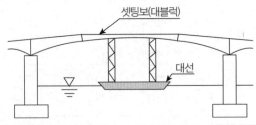

1. 가설조건	1. 해상, 하천상, 유수부 2. 적당한 수심유지, 흐름 약한 곳 3. 대선 진입 가능한 곳
2. 가설 공법	1. 대블럭 조립(제작) : 공장 안벽 or 현장 근처 대선 위에서 조립상 2. 운반 : 대선 3. 가설 　① Jack Up 한다. 　② 간만차에 따른 수위 이용 상승 　③ 대선에 물 주입 및 배수하여 상승, 하강
3. 특징	1. 운반 가설 : 플로팅과 동일 2. 지지상태 : 교량 아래쪽에서 이루어진다. 3. 대선 전체의 안전성, 국부좌굴 검토 필요

7) Cable Crane에 의한 Bent식 공법

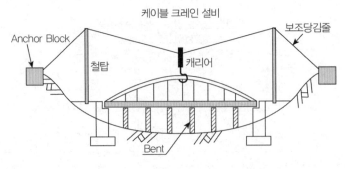

1. 가설조건	1. 해상, 하천상, 유수부(흐르는 물)에 자주식 크레인 진입 불가한 곳 2. 크레인 설비(철탑, 앵커블록) 등의 가설비 설치 가능한 곳 3. Girder 아래에 Bent 설치 가능한 곳
2. 가설 공법	1. Bent 설치 : 격점에 설치 2. 케이블 크레인으로 달아 올려 가설
3. 특징	1. 크레인 설비(철탑, 앵커블록) 등의 가설구조물 설치에 공기 소요 2. 세장한 형상(판형교등) 교량가설에 적당 3. 솟음 조정 용이 　∵ 각 격점에 Bent 설치하므로

8) 케이블 크레인에 의한 수직 들어올리기(수직매달기) : 수직 Cable Erection

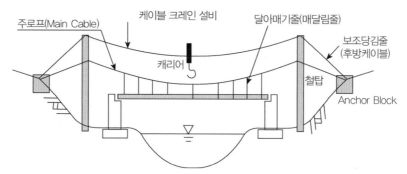

1. 가설조건	1. 해상, 하천상, 유수부에 자주식 크레인 진입 불가한 곳 2. 크레인 설비(철탑, 앵커블록) 등의 가설비 설치 가능한 곳 3. Girder 아래에 Bent 설치 불가능한 곳
2. 가설 공법	1. 운반 : 트럭 밑 트레일러 2. 가설 : 달아서 올려 가설 3. 가설단계마다 솟음량(Camber) 조정하면서 가설
3. 특징	1. 크레인 설비(철탑, 앵커블록) 등의 가설구조물 설치에 공기 소요 2. 케이블 신장에 의한 가설 도중 변형량 커서 솟음량 조정등의 작업이 많다.

9) 케이블 크레인에 의한 경사 들어올리기(경사매달기) : 경사 Cable Erection

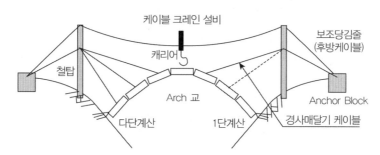

1. 가설조건	1. 해상, 하천상, 유수부에 자주식 크레인 진입 불가한 곳 2. 크레인 설비(철탑, 앵커블록) 등의 가설비 설치 가능한 곳 3. Girder 아래에 Bent 설치 불가능한 곳 4. 지지구조상 경사케이블로 인해 발생하는 수평력을 하부 공간으로 전달
2. 가설 공법	1. 운반 : 트럭 밑 트레일러 2. 가설 : 운반된 부재를 경사케이블로 받아서 폐합 후 수직재, 보강재 가설 3. 가설단계마다 솟음량(Camber) 조정하면서 가설
3. 특징	수직 들어올리기 공법과 동일

10) Traveller Crane에 의한 캔틸레버식 공법

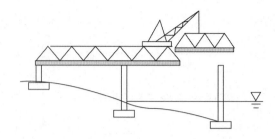

1. 가설조건	1. 해상, 하천상, 유수부에 자주식 크레인 진입 불가한 곳 2. Girder 아래 공간(형하 공간) 사용 불가한 곳
2. 가설 공법	1. 측경간 가설 : Counter Weight로 사용 2. 트레블러 크레인 조립 : 측경간 위 3. 부재 운반 : 바닥판 위에서 대차 사용 4. 가설 : 캔틸레버식
3. 특징	1. 가설 시 응력 큼 2. ∴ 설계계산서 조사 후 각 부재 응력 및 처짐 고려한 가설계획 수립 필요

11) 밀어내기 공법(ILM)

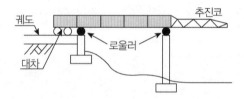

1. 가설조건	1. Girder 아래 공간(형하 공간) 사용 불가한 곳 2. 가설 현장 인접장소(교대 후방)에서 지상조립 가능한 곳
2. 가설 공법	1. 추진코와 Girder 부분 or 전체 조립 후 순차적으로 밀어내는 공법 2. 조립장비 : 자주 크레인, 문형 크레인 사용 3. 밀어내기 장치 : 윈치, 로울러, 유압
3. 특징	도로, 철도 등의 상부 횡단 시 공기 짧고 효율적임

■ 참고문헌 ■

1. 서진수(2006), Powerful 토목시공기술사(1, 2권), 엔지니어즈.

2. 서진수(2009), Powerful 토목시공기술사 단원별 핵심기출문제, 엔지니어즈.

3. 경갑수 외(1999), 강구조의 기술(강교량편), 한국강구조학회, 동양문화인쇄사.

11-25. 풍동실험(92회 용어)

1. 개요
장대교량 상부구조의 **내풍 안정성 확보**를 위한 **내풍 설계 시 축척모형**을 사용한 풍동실험 결과를 이용하여 **동적안정성**을 판단한다.

2. 장대교량의 내풍설계
1) **정적설계**
    (1) 정적으로 평가된 풍하중 및 각종설계하중에 대해 기본 단면을 결정
    (2) 교량건설지의 풍관 측, 기상청 Data 이용하여 **설계풍속** 결정하여 **설계풍하중** 산정

2) **동적설계**
    (1) 동적인 안정성 확보
    (2) 바람에 의한 **발산 진동**, 기타 **공기역학적 진동**이 **설계풍속**을 기본으로 하여 설정된 **조사풍속 이하의 영역**에서 **발생 여부**를 확인 ⇒ **풍동실험**에 의존

3. 교량구조물에 발생하는 공기역학적 현상의 종류
플러터, 거스트 응답, 풍우진동 등

현상	현상의 종류	내용
정적 현상	풍하중에 의한 정적 응답	정적공기력에 의한 정적변형, 전도, 슬라이딩
	Divergence	정상공기력에 의한 정적 불안정 현상
동적 현상 (진동)	와류진동	물체의 와류방출에 동반되는 비정상 공기력의 작용에 의한 조화 강제 진동
	버펫팅(Buffeting)	접근류의 난류성에 동반된 변동공기력의 작용에 의한 강제 진동
	겔로핑(Galloping) = 거스트 응답	− 물체의 운동에 따른 에너지가 유체에 Feed-Back 되어 발생 − 비정상 공기력의 작용에 동반되는 자발진동(Self-Exited) : 부감쇠 효과 ※ 거스트 응답 : 바람의 변동에 의해 구조물에 불규칙적인 변동공기력 작용으로 발생하는 강제진동현상
	비틀림 플러터(Torsion Flutter)	
	연성플러터(Coupling Flutter)	
	Rain Vibration(풍우진동)	사장교 케이블등의 경사진 원주단면에 풍우 시 발생하는 진동
	Wake Galloping	풍향방향으로 배치된 구조물의 상호 간섭에 의한 진동

4. 풍동실험
1) 풍동실험의 정의
    동적 내풍 설계를 행하기 위해 구조물에 발생하는 각종 **공기역학적 응답**을 **예측**하기 위해 실시

2) **공기역학적 거동의 예측방법**
    (1) CFD(= Computational Fluid Dynamics): 수학적 모델링으로 해석적으로 예측
    (2) 연구에서 제안된 **추정식** 이용
    (3) **풍동실험** : **축소모형** 사용하여 풍동 내에 **실제와 유사한 기류** 내에서 **응답측정**을 통하여 예측하는 방법

3) **도로교 설계기준** : **주경간 200m 이상의 교량** 또는 **현수교, 사장교** 등의 **특수형식 교량**에 대해서 **풍동실험** 실시토록 규정됨

4) 풍동실험의 종류와 모형화 방법 : 풍동실험의 종류

구분	측정항목	실험 명	모형화	실험방법
정적실험	공기력 계수 (CD, CL, CM)	정적 공기력 측정시험	교량상판 (강체 부분 모형)	2차원 모형 + Load Cell
	평균압력계수 (CP)	풍압측정실험	교량상판 (강체 부분 모형)	2차원 모형 + 차압센서
동적실험	연직변위, 비틀림 변위, 공기역학적 감쇠 등	Spring 지지모형실험 (2차원 부분모형)	교량상판 (강체 부분 모형)	2차원 모형 + Coil spring
		Taut strip 모형실험	교량상판 (탄성체 모형)	상판외형재 + 피아노선(강봉)
		3차원 전경간 모형실험 (Full Scale Model)	상판 + Cable + 주탑 (탄성체 모형)	상판외형재 + 강봉 + 주탑 + Cable

Taut : 팽팽하게 친

5) 풍동실험의 **상사법칙**

(1) 풍동에서는 축적모형을 이용하여 풍력, 풍압, 정적, 동적 응답실험을 행한다.

(2) 풍동에서 실시된 모형실험결과가 실제현상과 일치(실제현상을 풍동에서 재현)시키기 위해서는 상사법칙을 적용한다.

(3) 상사의 종류

실구조물과 모형의 상사 : 기하학적 상사, 진동모드의 상사, 실제 바람과 풍동기류의 상사, 바람과 구조물의 상호작용에 대한 상사

(4) 상사 파라미터

구분	상사 파라미터
등류실험	관성 파라미터, 탄성 파라미터, 중력 파라미터, 구조 감쇠율
난류실험	난류강도, 환산진동수, 파워스펙트럼, 공간상관, 진동수비, 스케일비

5. 맺음말

바람에 의한 교량 붕괴사례로 미국의 타코마교(Tacoma Narrow)가 유명함. 장대교량 및 고층빌딩 건설 시에는 풍동실험에 의한 바람의 동적거동을 파악하여 내풍설계를 실시하여 동적안정성 확보하는 것이 중요함

■ 참고문헌 ■

김희덕, 장대교량의 내풍설계와 풍동실험, 한국강구조학회지 제12권 4호, 2000년 12월, pp.207~219.

11-26. 강재의 저온균열(취성파괴), 고온균열(78회)

1. 정의

1) 저온균열 정의 : **취성파괴**에 의한 균열

2) 상온균열 정의 : **연성파괴**에 의한 균열

3) 고온균열 정의 : Creep 및 Relaxation에 의한 균열

2. 강재의 파괴형태와 원인

구분	파괴형태	원인
상온균열	연성 파괴	상온에서의 정적인 외력
낮은 응력하에서 파괴 = 강재의 불안정 파괴	피로 파괴	외력의 반복 작용
	취성 파괴(저온균열)	저온 냉각, 저온에서의 충격적인 외력
	지연 파괴	수중, 높은 습기, 산성 환경 속에서 지속적인 하중을 받을 때의 수소 취성에 의한 파괴
	응력 부식	알칼리 환경 속에서의 지속적인 하중
고온균열	Creep 및 Relaxation	고온에서의 지속적인 하중

3. 저온균열 [취성파괴]

1) 정의 및 원인

   (1) 강구조물의 부재는 **응력 집중원**(노치, 리벳 구멍, 용접 결함) 많아

   (2) 저온 냉각, 하중의 충격적 작용 등의 원인이 겹칠 경우

   (3) 인장 강도, 항복 강도 이하에서 **갑자기 파괴**가 일어나는 현상

   (4) 유리가 깨지는 현상

   (5) 벨기에의 핫셀교의 파괴 예가 있음

2) 취성파괴

   (1) 취성 파괴의 전형적 응력 변형률 선도

   (2) 취성파괴의 특성

     ① 소성변형 없음

     ② 파괴 시까지 변형은 아주 작고,

     ③ 불안정 파괴

     ④ 외계로부터 에너지 공급 없이도 파괴

     ⑤ 파괴의 진전이 빨라 예고 없이 대폭음과 함께 순식간 파괴

     ⑥ 아주 위험한 파괴

[그림] 취성파괴

3) 재료의 인성(Toughness)

   (1) 취성 파괴에 저항하는 성질

   (2) 시험법

   ㉠ **아이조드(Izot) 충격** 시험

   ㉡ **샬피(Charpy) 충격** 시험 : 샬피시험기에 의해 파단시켜 파단 전후의 진자의 흔들림 각도차로부터

파단에 필요한 에너지(샬피 흡수 에너지)를 구하고, 취성 파단면율을 구함

취성 파단면율＝취성 파단 면적/(취성 파단 면적＋연성 파단 면적)

4. 연성 파괴와 취성 파괴 비교

구분	연성 파괴	취성 파괴
소성변형	크다	거의 없다
파괴에너지	안정	불안정
파괴면	섬유모양	결정 모양
파괴양식	전단 파괴	Cleavage 파괴
파괴위치	결정입자안	결정입자 계면

5. 강재의 고온 파괴

1) 콘크리트의 Creep 영향

　장기하중(지속하중＝일정한 응력이 장시간 계속해서 작용)에서 응력이 늘지 않았는데도 변형은 계속되는 현상

2) PS 강재의 Relaxation(응력이완)

　PS 강재의 인장응력 감소(Prestress 손실)는 시간의 경과와 더불어 여러 가지 원인에 의해 감소한다. PS 강재의 인장 응력이 감소하면 Con'c에 도입된 Prestress도 감소한다.

6. 강재의 온도특성

1) 고온특성(고온에서 강의 기계적 성질)

　(1) 20~500℃ 범위 : 탄성계수 및 항복점은 온도 상승함에 따라 감소

　(2) 250℃ 부근

　　① 인장강도 극대, 연신, 단면수축은 극소

　　② 상온 시보다 경도가 아주 높고 부서지기 쉽다.

　　③ 탄소강은 산화에 의한 청색을 나타냄 : 청열취성(Blue Brittleeness)

　(3) 250℃보다 고온 : 인장강도, 영계수는 급격히 저하, 연신, 단면수축은 급상승

2) 저온특성(저온상태의 강의특성)

　(1) 인장강도, 항복점, 경도는 증가

　(2) 연신, 단면수축은 급격히 저하

　(3) 충격치

　　① 천이온도에 도달하면 급격히 감소되어 -70℃ 부근에서 거의 0에 가까운 값을 가짐

　　② 저온취성

　　　천이 온도 이하에서 급격히 부서지기 쉬운 현상

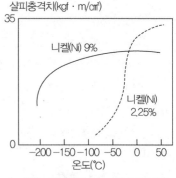

[그림] 저온취성과 Ni 양과의 관계

■ 참고문헌 ■

1. 趙孝男, 韓奉九(1997), 강구조 공학, 구미서관, p.12.
2. 경갑수 외 4인(1999), 강구조의 기술(강교량편), 한국강구조학회, p.24.

11-27. 응력 부식(Stress Corrosion)(57회, 74회 용어)

- 강교량의 품질 및 수명에 영향 미치는 인자
- 낮은 응력하에서 파괴 : 취성 파괴, 피로 파괴, 환경 파괴(응력 부식＝지연 파괴)

1. 개요
응력 부식은 강 교량의 품질 및 수명에 영향 미치는 인자임

2. 강재(강 교량)의 품질 및 수명에 영향 미치는 인자
1) 재료의 인성(Toughness)

2) 응력(Stress)

3) 온도(Temperature)

4) 하중 속도(Loading Rate)

5) 구속 조건(Constraints)

6) 재하 경로의 여유(Redundancy)

7) 잔류응력

8) 판 두께

9) 결함

10) 조사, 진단

11) 응력 부식(Stress Corrosion)

3. 강구조 파괴의 종류(역학적 성질)
낮은 응력하에서 파괴되는 경우

1) **취성** 파괴

2) **피로** 파괴

3) **환경** 파괴 : 응력 부식＝지연 파괴

4. 응력 부식 균열(SCC : Stress Corrosion Cracking)
1) 정의
   (1) 강 교량의 **환경파괴**의 대표적인 것이 응력 부식 균열
   (2) 액체, 기체 환경 하에서 재료, 구조물이 비정상적으로 **낮은 응력하에서 파괴**
   (3) **짧은 수명**에서 파괴되는 현상
2) 환경 파괴의 종류
   (1) 환경 파괴의 정의(개요 : 환경 파괴라는 명칭으로 출제 되었을 때)
      ① 공용중 구조물의 이상한 강도 저하(비정상적), 수명 감소는 구조물이 처한 환경 특유의 균열발
         생 성장과 밀접한 관계가 있다.
      ② 환경 파괴는 금속학 및 전기 화학적 측면이 강하나, 역학적인 관점에서 균열성장을 해명,
         평가 하는 일도 중요하다.
   (2) 응력 부식 균열(SCC : Stress Corrosion Cracking)
      ① **활성 경로 부식**(APC : Active Path Corrosion)(APC형 SCC)

　　　　㉠ 오오스테나이트계 **스테인리스** 강, 고장력 **알루미늄 합금**, **니켈 합금**, **티탄 합금** 등 재료의 **특정 환경하**에서 발생

　　　　㉡ **아노이드 용해**를 수반하는 균열

　　② **수소 취화 균열**(HE : Hydrogen Embrittlement)(HE형 SCC)

　　　　㉠ **지연 파괴**라고도 함

　　　　㉡ **고장력강, 고강도 재료** 등이 **용액 중**이나 **대기 중**의 원자상, 이온상의 수소 **침입 확산**에 의해 수소취화를 일으켜 발생하는 균열

　(3) 부식 피로(CF : Corrosion Fatigue) : **반복하중**하에서 발생

5. 응력 부식의 원인 및 방지 대책

1) 응력 부식을 방지하기 위해서는 응력 부식 균열 관련 인자 제거

2) 응력 부식 균열 관련 인자

　(1) 재료 인자

　　① 조성

　　② 결정 구조

　　③ 편석

　　④ 적층 결함

　　⑤ 열처리

　(2) 역학 인자

　　① 재하 응력

　　② 잔류응력

　　　㉠ 소성 변형의 결과로 구조용 부재에 형성되는 것

　　　㉡ 외부 하중이 가해지기 전 이미 부재 단면 내에 존재하는 응력

　　　㉢ 열연, 용접, 압연, Camber, 제작 과정에서 발생하는 소성 변형이 원인

　　③ 재료의 기계적 성질

　(3) 환경 인자

　　① 용액 조성

　　② 온도

　　③ PH

　　④ 전위

　　⑤ 용존산소

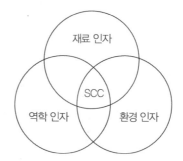

■ 참고문헌 ■

1. 서진수(2006), Powerful 토목시공기술사(1, 2권), 엔지니어즈.

2. 서진수(2009), Powerful 토목시공기술사 단원별 핵심기출문제, 엔지니어즈.

3. 경갑수 외(1999), 강구조의 기술(강교량편), 한국강구조학회, 동양문화인쇄사.

11-28. 환경 파괴, 응력 부식, 지연 파괴

1. 환경 파괴의 정의

1) 공용 중 구조물의 **이상한 강도 저하(비정상적)**, 수명 감소는 구조물이 처한 환경 특유의 균열 발생 성장과 밀접한 관계가 있다.

2) 환경 파괴는 금속학 및 전기 화학적 측면이 강하나, 역학적인 관점에서 균열성장을 해명, 평가하는 일이 중요하다.

3) 환경 파괴 종류로는 **응력 부식균열, 지연 파괴, 부식 피로(피로 부식)**가 있다.

2. 강재의 파괴형태와 원인

구분	파괴형태	원인
상온균열	연성 파괴	상온에서의 정적인 외력
낮은 응력하에서 파괴 = 강재의 불안정 파괴	피로 파괴	외력의 반복 작용
	취성 파괴(저온균열)	저온 냉각, 저온에서의 충격적인 외력
	지연 파괴	수중, 높은 습기, 산성 환경 속에서 지속적인 하중을 받을 때의 수소 취성에 의한 파괴
	응력 부식	알칼리 환경 속에서의 지속적인 하중
고온균열	Creep 및 Relaxation	고온에서의 지속적인 하중

3. 응력 부식 균열(SCC : Stress Corrosion Cracking)

1) 정의
   - (1) 강 교량의 환경파괴의 대표적인 것이 응력 부식 균열
   - (2) 액체, 기체 환경 하에서 재료, 구조물이 비정상적으로 낮은 응력하에서 파괴
   - (3) 짧은 수명에서 파괴되는 현상

2) 응력 부식 균열(SCC : Stress Corrosion Cracking) 종류
   - (1) 활성 경로 부식(APC : Activw Path Corrosion)(APC형 SCC)
     - ① 오오스테나이트계 스테인리스 강, 고장력 알루미늄 합금, 니켈 합금, 티탄 합금 등 재료의 특정 환경하에서 발생
     - ② 아노이드 용해를 수반하는 균열
   - (2) 수소 취화 균열(HE : Hydrogen Embrittlement)(HE 형 SCC)
     - ① 지연 파괴라고도 함
     - ② 고장력강, 고강도 재료 등이 용액 중이나 대기 중의 원자상, 이온상의 수소 침입 확산에 의해 수소취화를 일으켜 발생하는 균열
   - (3) 부식 피로(CF : Corrosion Fatigue) : 반복하중하에서 발생

4. 부식 피로 균열(Corrosion Fatigue Cracking)

1) 정의 : **부식과 반복응력(피로)**이 동시에 작용할 때 피로저항의 감소를 의미함

2) 원인 : **빠르게 반복되는 인장응력과 압축응력의 상호 반복 작용**

3) 대책

　(1) Cathod 방식에 의한 Anode **불활성화**

　(2) 억제제 사용하여 **부동태화** : 크롬산 염

5. 지연 파괴

1) 정의

　(1) **수소 취화 균열**(HE : Hydrogen Embrittlement)(HE형 SCC)이라고도 하며

　(2) **정적인 응력**하에서 재료가 갑자기 **급진적으로 파괴되는 현상**으로 환경 파괴(환경취화)임

　(3) 고장력강, 고강도 재료 등이 용액 중이나 대기 중의 원자상, 이온상의 수소 침입 확산에 의해 **수소**
　　　취화를 일으켜 발생하는 균열

2) 지연 파괴 발생원인

　(1) 응력 : **정적 지속하중**

　(2) 환경 : **수중, 산성, 수소**

3) 지연 파괴 발생 Mechanism

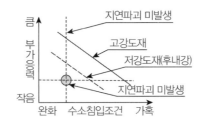

4) 지연 파괴 검토 방법

　(1) 음극수소 부하 정하중 지연파괴 시험

　(2) 전기 화학적 수소 투과법

5) 지연파괴 평가 시 고려사항

　(1) 실제 환경중의 수소 투과 계수 측정

　(2) 수소 투과 계수에 대한 부하응력의 정량화 필요

■ 참고문헌 ■

1. 서진수(2006), Powerful 토목시공기술사(1, 2권), 엔지니어즈.

2. 서진수(2009), Powerful 토목시공기술사 단원별 핵심기출문제, 엔지니어즈.

3. 경갑수 외(1999), 강구조의 기술(강교량편), 한국강구조학회, 동양문화인쇄사.

11-29. 피로 파괴, 피로 강도, 피로 한도 [피로 한계＝내구한계(46, 57, 59회)]

- 강재의 피로 파괴 특성과 용접이음부의 피로강도를 저하시키는 요인 설명(82회)

1. 피로 파괴의 정의(Fatigue Fracture)

1) 강재, 콘크리트(Creep), 암석 등이 **반복하중(계속적인 동적하중), 지속하중**(일정하중 지속적 받음)에서 **정적 파괴하중보다 적은 하중에서 파괴**

2) 즉, 계속적인 동적하중 : 부재 내력이 **극한 강도, 항복 강도 이하에서 파괴**

3) **예고 없이 부재의 파괴**가 오므로 설계 시에는 필히 피로 파괴를 고려하여 피로 한계에 대응하는 구조설계가 필요함

   (1) 표시 예) 200만 회 피로 강도

   (2) 콘크리트의 200만 회의 피로 강도 : 정적 강도의 60%

4) 피로(Fatigue)의 정의

   반복응력을 지속적으로 적용하면 **강도저하가 발생하는 과정**을 피로라 함

   저하된 강도를 피로 강도라 함

2. 피로 파괴의 예

1) 크레인과 크레인을 지지하는 보

2) 기계 기초

3) 강교 : 성수대교

[이하 내용은 피로파괴 특성임]

3. S-N 곡선 : 피로 특성(강도) 곡선 : 피로 강도 곡선

시험편에 가해진 반복응력의 응력수준과 파괴를 유발하는 데 필요한 반복 횟수

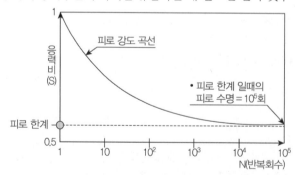

[그림] S-N(피로 강도-반복 횟수 N) 곡선

응력비 S＝최대 반복응력/일축압축강도(동적 or 정적)

응력비(S)＝동적일축압축강도 또는 정적일축압축강도에 대한 시험편에 가해진 최대 반복응력의 크기 비로 **피로강도**라 생각하면 됨

4. 피로 한계(Fatigue limit)(내구 한계:Endurance limit) : $\sigma_D = \sigma_{max}$

시험편에 무한한 횟수의 반복응력을 가해도 파괴가 발생하지 않는 반복응력의 최댓값

> 1) 응력 수준이 어느 한계 이하에서 무한 횟수의 반복에도 파괴되지 않는 한계의 응력
> 2) 즉, 무한대의 반복 횟수에 견딜 수 있는 응력의 한도

※ 반복응력 곡선(피로 수명의 측정) : 그림에서 피로에 의한 파괴강도는 작용하는 응력의 상한치(σ_{max})와 하한치 (σ_{min})에 의해 변한다.

그림에서 피로 한계($\sigma_d = \sigma_{max}$ 또는 $D = \sigma_{max}$)

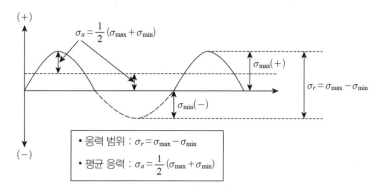

5. 피로 강도(Fatigue strength)(항복 강도, 극한 강도＝피로 강도)

1) 소정의 반복 횟수에 견디는 응력의 한도(N회 때의 파괴 강도 한도)

2) 반복 횟수(N)와 함께 나타낸다.

3) 즉, N회 때의 파괴 강도 한도

  (1) 예) 200만 회 피로 강도

  (2) 콘크리트의 200만 회의 피로 강도 : 정적 강도의 60%

6. 피로 수명(Fatigue life)

1) **피로 한계에 대응하는 반복 횟수(N회)**

2) 어느 응력 수준 이하에서 **일정한 반복 횟수에서 피로 파괴가 올 때의 반복 횟수(N)**

3) 그림에서 피로에 의한 파괴 강도는 작용하는 응력의 상한치(σ_{max})와 하한치(σ_{min})에 의해 변한다.

4) 피로 한계에 대응하는 수명

5) 강재의 **피로 수명** : N＝2×10(200만 회)

6) **피로 응력** : 피로 수명에 대응하는 응력

7. 강구조 부재의 설계

1) 파괴 확률 50%의 S-N 곡선 사용

2) 파괴 확률 5%의 P-S-N 곡선 사용

3) 토목 구조물 설계 시 피로 한계에 대응하는 수명

  (1) 즉, $N＝2×10^6$을 대상으로 하는 시간 강도 : 200만 회

(2) Fatigue Strength at N cycle 채택

※ 피로 현상의 표현 [S-N 곡선＝빌러 곡선(Woler diagram)]

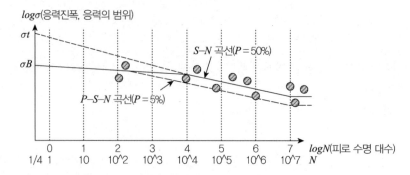

8. 강재의 피로 강도에 영향 주는 요인(부하 응력의 성질)

1) 응력 진폭의 종류

2) 응력 진폭의 형상(Sine, 삼각, 구형 응력파)

3) 응력 진폭의 조합 상태

4) 응력의 부하 속도 및 반복 속도

5) 반복의 정지 시간

6) 응력집중에 관한 요인

   (1) 시험편, 구조 부재의 형상

   (2) 부재의 표면 상태

   (3) 용접 비이드의 형상

   (4) 용접 결함

7) 부재의 소재에 관한 요인

   (1) 재료의 인장 강도

   (2) 현미경 조직

8) 잔류응력

9) 치수 효과

[이하 내용은 용접이음부의 피로강도를 저하시키는 요인임]

9. 잔류응력

1) 잔류응력 정의

   (1) 용접 후의 잔류응력은 강 교량의 품질 및 수명에 영향을 미치는 인자임

   (2) 구조물 수명에 영향을 주는 한 요인

   (3) 소성변형(Plastic Deformation)의 결과로서 구조용 부재에 형성되는 응력

   (4) 외부 하중이 가해지기 전 이미 부재 단면 내에 존재하는 응력

2) 강재(강 교량)의 품질 및 수명에 영향 미치는 인자

   (1) 재료의 인성(Toughness)

   (2) 응력(Stress)

   (3) 온도(Temperature)

   (4) 하중 속도(Loading Rate)

   (5) 구속 조건(Constraints)

   (6) 재하 경로의 여유(Redundancy)

   (7) 잔류응력

   (8) 판 두께

   (9) 결함

   (10) 조사, 진단

   (11) 응력 부식(Stress Corrosion)

3) 소성변형 원인

   (1) 열연

   (2) 용접

   (3) 제작과정(Framing-Cutting)

   (4) Cambering에 의해서 발생

10. 잔류응력 발생원인

1) **고열 압연 후 균일하지 않게 냉각**되어 생김

2) 형강의 경우

   (1) Flange 외부의 끝에 Web(복부)의 중간 부분이 빨리 냉각된 경우

   (2) Flange 와 Web(복부)가 교차하는 곳 : 가장 늦게 냉각

3) 잔류응력의 발생 형태

   (1) **빨리 냉각**된 구역 : **잔류 압축응력** 발생

   (2) **늦게 냉각**된 구역 : **잔류 인장응력** 발생(수축에 저항)

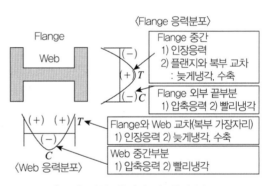

[그림] 압연 I형강의 잔류응력 분포

11. 잔류응력 영향

1) 잔류응력은 강재의 정적강도에는 별 영향을 주지 않음

2) **피로 현상에 큰 영향** 줌

3) 기둥의 강성에 큰 영향 줌

12. 잔류응력 대책

1) 제작과정의 엄격관리 : 가능한 한 적게 발생되도록 함

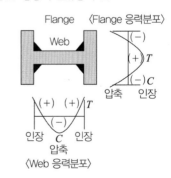

[그림] 용접강형의 잔류응력분포

2) Preheating 실시

3) 용접순서를 잘 적용하여 잔류응력의 양 줄임

4) 교차 용접 피함 : Scallop 처리

Scallop(Scrap) 처리

1. Scallop의 정의

　　교차 용접 시 용접에 의한 잔류응력 등을 방지할 목적으로 모재를 부채꼴 모양으로 오려낸 것을 말함

2. Scallop의 목적(효과)

1) 용접선 교차 방지하여 잔류응력 방지

2) 열 영향으로 인한 취약 방지

3) 용접 결함 방지 : 용접 균열, Slag 혼입

3. Scallop 가공 방법

1) 절삭가공기, 수동 가스 절단기 사용

2) 반지름 : 30mm 정도를 표준으로 함

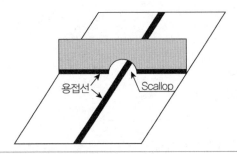

■ 참고문헌 ■

1. 서진수(2006), Powerful 토목시공기술사(1, 2권), 엔지니어즈.

2. 서진수(2009), Powerful 토목시공기술사 단원별 핵심기출문제, 엔지니어즈.

3. 경갑수 외(1999), 강구조의 기술(강교량편), 한국강구조학회, 동양문화인쇄사.

11-30. 강재의 부식(Corrosion) 기구(부식전지)

1. 부식의 정의

1) 금속이 어떠한 환경에서 **화학적 반응**에 의해 **손상되는 현상**

2) 강재가 물과 산소를 접하면 **화학반응**에 의해 **수산화 제2철** 생성하고 **녹(산화철)**이 발생함

3) 녹의 발생 원인은 강재 표면의 **전기화학적 성질의 차**이로 전위차가 발생하고 2점 간에 전류가 흐르는 부식전지를 형성함. 부식 전지의 한쪽 극인 양극에서 **철이 이온화하여 용출**(Fe^{++})하여 다른 이온과 결합하여 녹 발생함

2. 부식의 원인 분류(부식 환경에 따른 부식의 종류)

1) **건식**(Dry Corrosion) : 금속표면에 액체인 물의 작용 없이 부식 발생, 고온가스 200°C 이상

2) **습식**(Wet Corrosion) : 액체인 물 또는 **전해질 용액**에 접하여 발생, 우리 주변의 **대부분 부식**임

3) **전면 부식**(General Corrosion) : **부식 속도로부터 수명 예측이 가능**, 대책이 비교적 용이

4) **국부 부식**(Localized Corrosion) : 예측할 수 없음

3. 부식기구(Mechanism)

1) 부식전지의 정의

   (1) 자연환경하에서 강재의 **전기화학 반응**에 의한 **부식(녹) 발생 기구**를 말하며

   (2) 강재의 표면처리와 환경의 차에 따라 강재면에 **전위차가 발생**하여

   (3) 상대적으로 **전위가 낮은 위치(양극)**에서 **높은 위치(음극)로 부식전류**가 흐르는데, 이를 부식전지라 함

   (4) **양극의 철이 이온화**하여 **용출**하고, 다른 이온과 결합하여 **산화철(녹)** 발생

2) 자연환경에서의 부식반응식(강재부식반응 : 녹 발생 메커니즘)

   (1) **양극(Anode)**에서의 반응

anode 반응(산화반응)(양극)	$Fe \rightarrow Fe^{++} + 2e^-$

   표면의 양극(Anode)에서 금속원자(Fe)가 **전자(2e)**를 잃음

   (2) **자연환경**(pH=4~10 : 중성에서 산성상태)에서의 **음극반응**

cathode 반응(환원반응)(음극)	$2e^- + \frac{1}{2}O_2 + H_2O \rightarrow 2OH^-$

   산소와 물이 자유전자(2e)와 결합, **수산기 이온(OH^-)** 형성

   (3) 수산화 제1철 생성

   $$Fe + H_2O + \frac{1}{2}O_2 \rightarrow Fe(OH)_2$$

   Fe^{++}와 $2(OH^-)$가 결합

(4) 이것은 다시(수산화 제2철 : 붉은 녹) 생성

$$Fe\,(OH)_2 + \frac{1}{2}H_2O + \frac{1}{4}O_2 \;\rightarrow\; Fe\,(OH)_3$$

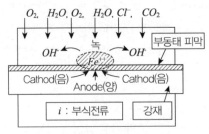

[그림] 강재의 부식전지 작용

4. 강재의 방청

강재의 부식전지는 ① **전해질(물, 흙)**과 접촉, ② **전위차**의 존재, ③ **산소의 공급** 3가지 조건에서 일어나므로 강재의 부식을 방지하는 방법은 **부식조건 중 한 조건 이상을 방지**하여야 함

■ **참고문헌** ■

서진수(2006), Powerful 토목시공기술사(1, 2권), 엔지니어즈.

11-31. 강교(강재) 방식방법(방청방법 = 발청방지법)

1. 강재 방청의 정의

강재는 비교적 저렴하고, 안정된 강도를 가져 상당히 우수한 구조재이나 **부식이 최대 결점**이므로 녹을 방지하여 사용 환경으로부터 **강재(강교량)를 보호**하는 것이 방청임. 강교의 방청에는 **금속 또는 비금속 재료로 도막에 의해 강재 표면을 피복**하는 **도장 방법**이 가장 일반적으로 사용됨

2. 강재 방청방법

분류	방법	자재
표면 피복	도장	일반 도장, 중방식도장
	금속 피복	도금, 용사, 크래드
	라이닝	고무, 플라스틱, 콘크리트
표면재질	플레이팅	이온플레이팅
전기방식	외부전원법	내구성 전극(직류 전원)
	희생(유전) 양극법	희생 전극(아연, 알루미늄, 마그네슘 등의 전위 낮은 비금속체)
강재자체의 개질	내후성강	탄소강에 합금 원소 Cu, P, Cr 첨가
	내해수강	탄소강에 합금 원소 첨가
	스텐레인스강(내식성강)	고합금강 Cr 강, Cr-Mo 강, Ni-Cr 강, Ni-Cr-Mo 강

3. 도장에 의한 강재 방청방법

1) 도료의 방청 메커니즘(방청방법에 따른 전기화학적 인자)

방청방법	메커니즘(방법)	비고
차단(Barrier)	• 도막이 산소, 물, 염류 차단 • 차단효과 큰 전색제(수지) + 안료(알루미늄 또는 MIO) 사용	하도, 중도, 상도
억제(Inhibitor)	• 도막이 전기 저항체가 되어 양극(Anode)과 음극(Cathode) 간의 부식전류 흐름 저지	하도, 중도, 상도
	• 부동태화 : 강재면이 알칼리화되게 함	하도
음극보호방식 (희생양극 작용)	• 철보다 이온화 경향이 큰 안료(아연말) 사용하여 금속 아연이 전지의 양극(Anode)이 되어 철이 이온화 되는 것을 막아줌 • 징크리치 페인트(중방식 도장계, 장기방청형 도장계) 사용	

2) 방청 안료의 종류 및 특징 [상기 내용과 동일한 개념]

안료는 전색제(수)와 함께 섞어 도료를 만듦

방청방법	안료 종류	기능
차단(Barrier) 효과	편상의 알루미늄, MIO(운모상 산화철)	(알루미늄, MIO) + (에폭시, 염화고무계 수지) 배합 : 물, 공기 유입 차단효과(미로효과)로 방청
반응억제 (Inhibitor)	광명단(연단), 징크크로메이트	반응억제 기능으로 방청 : 철을 녹슬게 하는 성분(예 : 산성)을 녹슬지 않게 하는 성분(예 : 알칼리)으로 변하게 하는 안료
음극보호방식 (Cathodic Protection) (희생양극 작용)	아연말(Zinc)	철의 부식을 방지하는 가장 적극적인 방법. 철보다 이온화 경향이 큰 안료(아연말 : Zinc Powder)를 수지와 배합

3) 희생 양극법(음극보호방식)의 원리

(1) **철의 산화반응(녹 발생)**

$$Fe + H_2O + O_2 \rightarrow Fe^{++} + e^-$$
(철) (물) (산소) (녹) (전자)

(2) **아연(Zn)의 산화반응**

$$Zn + H_2O + O_2 \rightarrow Fe^{++} + e^-$$
(아연) (물) (산소) (녹) (전자)

(3) 철과 아연이 동일 조건에 노출될 경우 : **이온화 경향이 큰 아연**이 먼저 **이온화**하고 스스로 **희생**됨. 즉, **아연이 먼저 부식**되고 **철은 보호**받게 되는 방식방법 두 금속이 전해질 속에 공존할 경우 **국부전지**를 형성, 전자가 **아연(양극)**에서 **철(음극)**로 흐름

4) 방청안료의 필요 기능

(1) 수지 바니시의 성분과 반응하여 **치밀한 도막**을 만들어야 함

(2) 물에 약간만 녹아 **알칼리성 환경**을 만들어야 함

(3) 물이 금속면에 닿으면 **부동태화**되어야 함

(4) 반응생성물이 물에 녹아 **방식 성분**이 되어야 함

5) 방청안료의 기능(효과)

(1) 방청안료를 철재 표면에 도장하면 철재의 녹을 막아주는 3가지 기능 발휘함

(2) **차단기능, 반응억제** 기능, **음극보호방식** 기능

6) 중방식 도료

부식환경에 놓여 있는 교량, 해상구조물, 원자력발전소 등의 장기간에 걸쳐 **심한 부식환경**에 견딜 수 있는 방식도장

4. 금속 피복 방법

1) 도료 대신 **화학적, 물리적**으로 **안정된 금속**으로 강재의 표면을 덮는 방법

2) **용융아연 도금법** : 고온 450~480°C에서 녹인 아연 속에 침지(浸漬)하는 방법

3) **금속용사법** : 용사건(溶射Gun) 내에서 순식간에 녹인 **금속(아연·알루미늄)**을 **강재 표면**에 **뿜칠**하여 냉각 건조시키는 방법

4) 특징

(1) 도장방법에 비하여 값이 비쌈

(2) 열에 의한 변형생김

(3) 대면적에는 균질 도막이 얻어지기 힘듦

5. 내식성 재료 사용방법

1) 강교의 일부 또는 전부를 **내식성강**으로 사용하는 방법

2) 신축장치, 받침 : **스테인리스강**(내식성강), **알루미늄 합금** 사용

3) **내후성 강재 사용** : 피복하지 않고 강교용 재료로 사용

참고 **전기방식**

1. 정의

해수 또는 지중의 부식 환경속에 놓인 강재(강말뚝,강널말뚝), 상수도 강관 등은 부식전지가 형성되어 철이 부식하게 되는데, 부식(발청) 반응을 근본적으로 역행시키기 위한 전위가 낮은 비금속체(아연)를 설치하는 희생 양극법(음극 보호방식)과 외부에서 직접 직류전류(방식전류)를 공급하는 외부 전원 방식이 있음

2. 외부 전원법

1) 원리(개념)

외부에서 직류 전류의 음전극을 피방식체(강재,널말뚝,강관말뚝)에 접속하고 지중에 양 전극을 접속하여 강재에 방식 전류 공급 방법

2) 특징

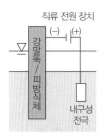

[그림] 외부전원법

장점	• 협소한 장소 설치 가능 • 대규모 구조물에 초기 투입비 저렴 • 시공 후 전류 조절 가능
단점	지속적 전원공급 : 정류기, 배관, 배선 등 유지관리비 필요

3. 희생양극법 : 유전 양극법 = 음극보호방식법(Cathodic Protection)

1) 원리(개념)

(1) 피방식체보다 전위가 낮은 비금속체(아연, 알미늄, 마그네슘) 등의 양극을 피방식체 (강재)에 접속하여 전위차로 발생하는 전류를 방식전류로 사용

(2) 철의 산화반응(녹발생)

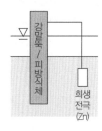

[그림] 희생양극법

$$Fe + H_2O + O_2 \rightarrow Fe^{++} + e^-$$
(철)　　(물)　　(산소)　　(녹)　　(전자)

(3) 아연(Zn)의 산화반응

$$Zn + H_2O + O_2 \rightarrow Fe^{++} + e^-$$
(아연)　(물)　　(산소)　　(녹)　　(전자)

(4) 철과 아연이 동일 조건에 노출될 경우 : 이온화 경향이 큰 아연이 먼저 이온화하고 스스로 희생됨. 즉, 아연이 먼저 부식되고 철은 보호받게 되는 방식방법

두 금속이 전해질속에 공존할 경우 국부 전지를 형성, 전가가 아연(양극)에서 철(음극)로 흐름

2) 특징

장점	• 시공간단, 편리 • 소규모 구조물에서 저렴 • 인위적인 유지관리 필요 없음
단점	• 전류 조절 불가능 • 비저항이 높은 환경에서 비경제적

4 . 전기방식공법의 용도와 특징

1) 잔교, 돌핀식 안벽 하부 강말뚝 방식

2) 강널말뚝 방식

3) 해상 구조물 해저 Pile 방식

4) 수문, 취수구의 Screen

5) 상수도 강관

6) 특징

   (1) 방식효과 확실함

   (2) 타방식보다 면적당 방식비 저렴

   (3) 유지관리비 적음

■ 참고문헌 ■

1. 서진수(2006), Powerful 토목시공기술사(1, 2권), 엔지니어즈.

2. 서진수(2009), Powerful 토목시공기술사 단원별 핵심기출문제, 엔지니어즈.

3. 경갑수 외(1999), 강구조의 기술(강교량편), 한국강구조학회, 동양문화인쇄사.

11-32. 교량 상부구조물의 시공 중 및 준공 후 유지관리를 위한 계측관리 시스템의 구성 및 운영방안에 대하여 설명(94회)

- 교량준공 후 유지관리를 위한 계측관리 시스템의 구성 및 운영방안 설명 [107회, 2015년 8월]

1. 개요
교량의 거동은 교량 전체에 여러 가지 형태의 징후로 나타나기 때문에 몇 가지 매설계기로 전반적인 거동을 파악하기는 불가능함. 교량의 거동과 안정에 영향을 미치는 요인으로 추정되는 몇 가지 현상만을 측정하여 교량 전체 거동의 대표치로 생각하고 설계, 시공관리, 유지관리, 측면에서 이 용하는 것이 일반적인 추세임

2. 교량 계측 계획 시 유의사항
계측치의 분석을 위한 절차와 계측 시스템의 필요조건 등을 정확히 규정하여 시공공간과 구조물의 유효 기간 동안 필요한 정보를 얻을 수 있는 계측 시스템을 계획해야 함

3. 계측의 목적
1) 계측은 정보화 시공의 목적으로 시행
2) 설계치와 실측치의 상호 비교, 관리치의 사전 보유 등의 관리방안으로 신속한 현장조치가 가능
3) 교량 계측목적
  (1) 구조물의 거동, 손상을 자동적, 연속적, 객관적으로 관측하고 관리하는 시스템 구축
  (2) 과학적인 유지관리 기법 제시를 통한 유지관리 비용의 절감과 과학적인 방안을 통한 손상 진행 여부를 확인하면서 구조물의 내구성과 통행 안전성 확보
  (3) 향후 건설되는 교량의 설계 및 해석 기술의 개발, 자료수집 목적

4. 교량 계측의 효과
1) 구조해석·설계 시 적용한 모델링의 타당성 검토
2) 각 시공단계별 유효한 기초자료를 제시하고 부실시공 방지 및 안정성 검토
3) 초기 및 지속적인 계측 특성값의 확보로 내하력 평가 및 유지관리의 효율성 제공
4) 이상 시, 위험 시 자동경보 시스템의 작동으로 안전사고를 미연에 방지
5) 확보된 자료를 바탕으로 향후 교량의 계측시스템 구축 및 설계기준에 대한 보다 나은 정보의 제공

5. 계측관리 시스템의 구성
1) 교량 계측 내용 = 계측관리 시스템의 구성
  (1) 정적계측 부문
    ① 경사 변형각 측정 : 구조물의 불규칙한 거동 및 선회각도 측정
    ② 변형률 측정 : 구조물의 하중에 따른 변형 측정
    ③ 처짐 측정 : 하중에 따른 구조물의 처짐 측정
    ④ 온도 측정 : 온도에 따른 구조물의 거동을 판단하는 기초자료 측정

(2) **동적계측** 부문

　① 진동가속도 측정 : 사하중 및 활하중에 의한 진동 영향으로 인한 **동 특성** 파악

　② 풍향·풍속계 : 구조물에 작용하는 **풍하중**의 크기 측정

　③ **지진 측정** : 지진 시 하부구조와 기반의 응답을 측정

2) 계측기 설치 예

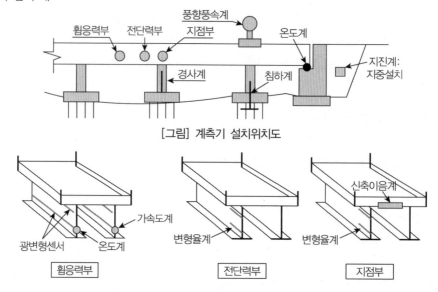

[그림] 계측기 설치위치도

3) 교량 계측항목과 적용 목적, 위치 = 계측관리 시스템의 구성

계측항목	적용목적	적용위치(현황)
변형률 측정	• 콘크리트 수축이나 외부응력 등에 의한 콘크리트 응력 측정 • 주형의 응력상태와 변위 측정 • Box 거더의 응력상태와 변위 측정	• 큰 응력이 발생될 휨응력부와 전단부에 설치
온도 측정	• 콘크리트 자체의 온도와 외부의 온도측정	• 변형률계 주변에 설치하여 측정값 보정
처짐 측정	• 교판의 처짐 측정	• 각 경간의 중앙에 설치
진동 가속도 측정	• 교량의 동적거동 특성(고유진동수, 감쇄모드, 모드형상 등)을 측정	• 각 경간의 중앙에 설치
신축이음부 변위 측정	• 접합부의 변위 측정	• 시공이음부에 설치
교각의 경사 측정	• 교각 및 교대의 기울기 측정	• 교각의 변형이 예상되는 단면 내에 설치
풍향 풍속 측정	• 교량에 미치는 풍압(풍하중)의 영향을 측정	• 교량의 대표 구간

구분	계측장치	설치부위	측정항목
사장교	광파측정기	지상계측실	주탑높이, 주형처짐, 캠버
	케이블 장력계	케이블 정착부	케이블 장력
	변위계	주경간 중앙부	주형의 연직, 수평변위
		신축이음부	교량의 신축량

구분		계측장치	설치부위	측정항목
사장교		온도계	주탑, 주형	주탑, 주형의 온도(온도변형)
			케이블	케이블 온도(길이, 장력변화)
		지진계	지중부, 주탑기부	지반의 3방향 지진가속도
		풍향풍속계	주탑 및 주경간의 중앙	주탑 정부와 주경간 중앙부위, 난류 및 층류의 풍향·풍속
		반력측정계	교좌장치	각 교좌장치의 반력
		가속도계	주탑, 케이블, 주형	각 부재의 3방향 가속도(동적하중, 변위)
		변형도계	주형 및 주탑	각 부재의 주요 부위 응력
현수교		광파측정기	지상계측실	주탑높이, 주형처짐, 케이블 Sag
		케이블 장력계	주탑기부, 케이블 정착부, 주경간 중앙부	케이블 장력, 앵커볼트 축력
		변위계	주탑, 주형	주형의 연직, 수평변위
		온도계	케이블, 지중부, 주탑기부	주탑, 주형의 온도(온도변형) 케이블 온도(길이, 장력변화)
		지진계	주탑 및 주경간의 중앙	지반의 3방향 지진가속도
		풍향풍속계		주탑 정부와 주경간 중앙부위 난류 및 층류의 풍향·풍속
		반력측정계	교좌장치, 주탑, 케이블, 주형	각 교좌장치의 반력
		가속도계	주형 및 주탑	각 부재의 3방향 가속도 (동적하중, 진동, 변위)
		변형도계		각 부재의 주요 부위 응력
장경간 PC 박스 거더 교량	FCM	Load cell	지점부의 강봉	지점부 임시강봉의 장력
		온도계	내측 경간 중앙 및 지점부	콘크리트의 온도(수화열)
		반력측정계	교좌장치	측 경간 교좌장치 반력
		가속도계	내측 경간 중앙부	2방향 가속도(수직, 수평)
		풍향풍속계	내측 경간 중앙부	교상의 풍향, 풍속
		변형도계	중요 단면	콘크리트 및 철근의 응력
		변위계	주경간중앙부, F/T부	주형의 연직변위, F/T 변위
			신축이음부	교량의 신축량
	PSM	온도계	주요 경간 중앙부	콘크리트 내부의 온도
		반력측정계	교좌장치	주요 교좌장치 반력
		가속도계	주요 경간 중앙부	1방향 가속도(수직)
		변형도계	경간 중앙부, 지점부	콘크리트 및 철근의 응력, 주형의 연직변위
		변위계	주경간 중앙부, 신축이음부	교량의 신축량
	ILM	온도계	주요 경간 중앙부	콘크리트 내부의 온도
		반력측정계	교좌장치	주요 교좌장치
		가속도계	주요 경간 중앙부	반력 1방향 가속도(수직)
		변형도계	경간중앙부, 지점부	콘크리트 및 철근의 응력
			임시교각	Jacking시 임시교각의 응력
		변위계	주경간 중앙부	주형의 연직변위
			신축이음부	교량의 신축량

6. 운영방안

1) 교량 계측관리 **계획수립＝운영방안**

    (1) 자동계측 체계의 운영으로 측정된 계측결과의 신속한 분석과 미시공 구간에의 사전예측을 위한 계측관리계획 수립

    (2) 철근콘크리트 부재 및 주형(STEEL)의 설계대비 구조 역학적 적정성 파악

    (3) 관리기준은 절대치 관리와 예측관리를 적용하여 시공속도의 적용

    (4) 시공 중 관리와 완공 후 유지관리 계측으로 자동전환되도록 체계적인 정보화 시공의 완성

2) 교량 **계측관리** 및 **계측결과 활용＝운영방안**

    (1) 계측결과를 이용한 교량 초기 거동 관리와 사전 예측

    (2) 예측관리에 의하여 발생 가능한 위험상황 현장 대처 방안 제시

    (3) 계측결과 분석으로 보강 구역 설정 및 시공

    (4) 초기 계측관리 기준 설정

        기존의 계측관리기준과 수치해석결과를 이용하여 정량적인 절대치 관리와 예측관리를 병행하여 설정

    (5) 계측관리 기준 재조정 : 현장의 초기 시공상황을 Feed back하여 초기관리 기준을 현장상황에 알맞게 조정

    (6) 계측결과의 활용

        ① 교량형식을 고려한 수치해석 결과와 계측치와 비교, 검토하여 교량의 거동특성을 파악

        ② 계측결과 분석을 통한 현장의 시공관리 적용하며 추가 하중 등의 영향에 효과적 대응

■ 참고문헌 ■

1. 서진수(2006), Powerful 토목시공기술사(1, 2권), 엔지니어즈.
2. 서진수(2009), Powerful 토목시공기술사 단원별 핵심기출문제, 엔지니어즈.
3. 도로교 표준시방서(2012).
4. 도로교 설계기준(2012).
5. 토목시공 고등기술강좌, 대한토목학회.

11-33. 교량의 부반력 [106회 용어, 2015년 5월]

1. 하중과 반력의 정의

하중은 크기와 방향이 있는 물리량이며, 물체에 하중이 작용하면 물체가 움직이지 않는 한 힘의 작용방향과 반대방향으로 힘이 작용하는 것을 반력이라 함[작용과 반작용 법칙]

• 하중 : 지구의 중심방향(위에서 아래)으로 향하는 힘
• 반력 : 아래에서 위로 반응하는 힘

[그림] 지렛대의 원리

2. 부반력의 정의

1) 구조물의 기하학적인 조건 때문에 **반력의 방향**이 위에서 아래로 **향하게 되는 반력**
   교량인 경우 **상부 구조물이 위로 들리는 힘이 발생**할 때 부반력 작용함, 곡선반경이 작은 교량에서 **하중이 큰 차량 통과 시** 교량이 전도되는 현상
2) 기하학적인 조건인 **곡선교, 예각을 갖는 교량, 게르버교**에서 부반력 생김
3) 부반력 대책
   (1) 설계 시 **구조해석**으로 미리 방지
   (2) 방지방법 : 반력이 발생하는 위치에서 **받침의 배치**를 적절하게 함

3. 부반력 발생원인

1) 고정하중과 활하중들이 설계하중으로 인한 하중의 작용점이 곡선교에서 곡선반경으로 인해 편심을 가질 경우 받침 장치에서 발생하는 **비틀림 모멘트**로 인해 부반력 발생
2) 부반력 주요 영향 인자
   (1) 도로 선형 계획 시 **무리하게 곡선 반경**을 작게 잡은 경우
   (2) 신설 교량하부에 기존 도로, 지장물을 이유로 **곡선교의 주경간을 지나치게 크게 한 경우**
       : 측경간이 있는 경우 주경간에 대한 비율이 적정치 않을 경우
   (3) 곡선교 단면 계획 시 **횡구배가 매우 커서 곡선 반경 외측 단면이** 상대적으로 비대할 경우
   (4) 부반력 발생에 직접적으로 영향을 미치는 하중이 큰 경우

4. 부반력 발생 시 문제점

1) 곡선교의 부반력은 **원곡선 내측**에 위치한 **교좌장치**에서 주로 발생
2) 모든 곡선교에서 부반력이 발생하는 것은 아님 : 지간장과 곡선반경에 따라 발생할 수 있음
3) 부반력 발생 시 가장 큰 손상
   (1) 교량 상부구조 전도로 **낙교**
   (2) **받침** 장치의 부상 : 받침기능 상실, 받침장치 손상

5. 부반력에 대한 대책

1) 받침에 작용하는 **부의 반력 고려한 반력** [도로교 설계기준 2005년]

다음 두 식 중 **불리한 값**을 **사용**하여 설계

$$R = 2R_{L+I} + R_D \text{ (식1)} \qquad R = R_D + R_W \text{ (식2)}$$

- R : 받침반력(kN)
- R_{L+I} : 충격포함 활하중에 의한 최대 부반력
- R_D : 고정하중에 의한 받침 반력(kN)
- R_W : 풍하중에 의한 최대 부반력(kN)

2) Box Girder 교에서 **사각 및 곡선**으로 인한 **부반력이 클 경우**

(1) 1Box당 1개의 받침 사용

① 각 받침의 반력분포가 명확하도록 배치

② 부반력 받침

: 부반력을 발생시키지 않는 받침 배치

(2) 아우트리거 방식

지점위치를 이동시키거나, 박스의 높이를 조정하는 아우트리거(돌출 지점) 방식

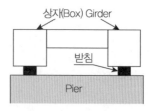

[그림] 1Box 1받침 형식

(3) Counter Weight(카운터 웨이트) 방식

: 하중 균형 방식

(4) 케이블로 상부구조와 하부구조를 연결하여 상부구조 를 하향 긴장하는 방법

(5) 승강식 교좌장치 설치

: 하중 재분배 및 단차 보정

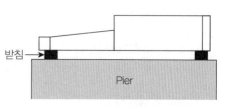

[그림] 아우트리거 방식

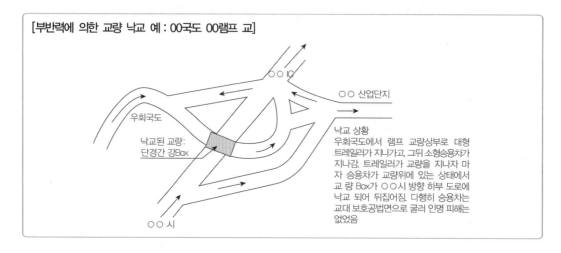

[부반력에 의한 교량 낙교 예 : ○○국도 ○○램프 교]

○○ 산업단지

우회국도

낙교된 교량: 단경간 강Box

낙교 상황
우회국도에서 램프 교량상부로 대형 트레일러가 지나가고, 그뒤 소형승용차가 지나감. 트레일러가 교량을 지나자 마자 승용차가 교량위에 있는 상태에서 교 량 Box가 ○○시 방향 하부 도로에 낙교 되어 뒤집어짐. 다행히 승용차는 교대 보호공법면으로 굴러 인명 피해는 없었음

○○ 시

■ **참고문헌** ■

1. 서진수(2006), Powerful 토목시공기술사(1, 2권), 엔지니어즈.

2. 서진수(2009), Powerful 토목시공기술사 단원별 핵심기출문제, 엔지니어즈.

Chapter **12**

항만 및 어항

항만 및 어항

토목시공기술사 합격바이블_Essence 이론과 공법

12-1. 방파제 종류별 비교

- 방파제의 종류를 원리별 구분, 특징 시공 시 유의사항

1. 개요

1) 방파제는 항만 내곽(안벽) 시설을 보호하는 항만의 **외곽 시설**(구조물)

2) 방파제 설치 목적

   (1) **항내의 정온**(파도가 없이 조용한 정도) 유지

   (2) 선박의 **항행**, **정박의 안전** 및 **항내 시설의 유지**, **하역의 원활화**

3) 방파제 설계 시공 시 고려사항

   지형, 이용 조건, 유지관리, 수심, 수위, 파도, 파고, 파랑, 바람, 항내정온도, 건설유지비

2. 외곽시설

1) 외곽시설의 정의

   (1) 항만시설 중 기본 시설 : 방파제, 방사제, 파제제, 방조제, 도류제, 갑문, 호안 등

   (2) 폭풍 및 지진 해일대책 시설 : 제방, 수문 및 통문 등 침수 및 월파 제어 구조물과 배수 관련 구조물

   (3) 침식 및 매몰 대책 등 표사제어 시설 : 돌제, 잠제

2) 외곽시설 기능성 평가의 주요 내용(기능 평가의 대상 : 설계 시 반영사항)

   (1) 항내의 **정온** 확보

   (2) **수심**의 유지

   (3) **해안 파괴**의 방지

   (4) 폭풍 해일에 의한 항내의 **수위상승 억제**

   (5) 지진해일(쓰나미)에 의한 항내 **침입파의 감쇄**, 항만시설 및 배후지를 **파랑으로부터 방호**하는 기능

   (6) **친수성, 환경성** : 바다의 경관, 시설물 이용자들이 바닷물과 가까이 하는 친수 기능

3) 외곽시설 건설 시 **배치 및 구조형식** 결정 시 고려사항

   (1) 수리현상 및 환경에 미치는 영향고려 : 악영향 개선 및 최소화 대책 강구

     ※ 부근의 수역, 시설, 지형, 해수유동 및 환경 영향

     ① 지형변화 유발

      : 모래 해안, 표사이동이 활발한 해역의 항내 및 주변 해안에 토사의 퇴적, 침식 발생

② 반사파 발생으로 파랑환경의 변화로 주변 해역의 자연환경 및 시설의 이용 기능 악화

③ 항내의 정온도가 악화 : 외곽시설에 의한 다중반사, 항내수역 형상의 변화에 따른 부진동의 유
   발로

④ 국소적인 수질 및 저질 환경의 변화 초래

   주변 해역의 조류, 하천류의 유출 특성 등 해수유동의 특성 변화

(2) 1차적으로 **파랑 제어 기능과 수리 환경 특성**을 평가·고려

(3) 필요시 2차적으로 **어패류, 해조류, 플랑크톤** 등 **해양생물의 생육장 기능**을 부가할 수 있도록 **생물
   서식 환경**을 고려

(4) 자연 공원 구역, 문화시설 등에 접근 시

   : 시설의 본래 기능 외 **경관**(형상, 색채), **친수 기능**(편리성, 이용자의 안전고려)

3. 방파제의 분류

1) 구조형식에 따른 분류

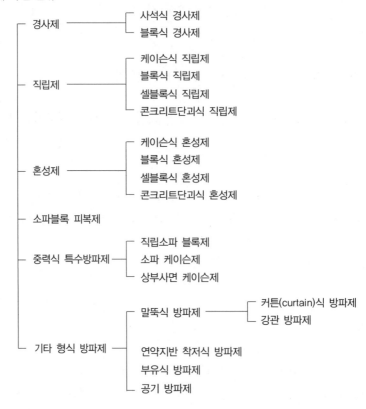

2) 기능에 따른 분류

```
┌─ 일반적인 방파제(기본적인 기능 방파제) 방파제
│
└─ 부가적인 기능 방파제 ─┬─ 친수 기능 방파제
                        │   폭풍해일 방파제
                        │   지진해일 방파제
                        └─ 목재취급시설 방파제
```

4. 설계의 기본방침(설계 시 검토사항)

방파제의 **설계**에 있어서는 필요에 따라 다음 사항을 **검토**한다.

1) 방파제의 배치

2) 주변 지형에 대한 영향

3) 주변 환경과의 조화

4) 설계조건

5) 구조형식

6) 다목적 사용의 유무

7) 설계법

8) 시공법

9) 경제성

5. 방파제의 배치 시 고려사항

1) 항로의 정온도 만족

2) 정박지 정온도 만족

3) 친수성 및 친환경성 등의 기능을 복합적으로 고려

6. 설계조건의 결정 [방파제의 설계조건으로 고려사항]

1) 항내 정온도

2) 바람

3) 조위

4) 파랑

5) 수심 및 지반조건

6) 친수성 및 친환경성 등

7. 구조형식의 선정 시 비교 · 검토 사항

※ 방파제의 구조형식은 각 구조형식의 특성과 다음의 주요 사항을 비교 · 검토하여 선정

1) 자연조건

2) 이용조건

3) 배치조건

4) 시공조건

5) 경제성

6) 공사기간

7) 중요성

8) 재료구입의 난이도

9) 유지관리의 난이도

[요약]

구분	설계 시 기본방침 (검토사항)(검)		평면 배치 시 고려사항(배)		설계 시 설계 조건 결정(조)		구조 형식 선정 시 검토사항(구)		침하 원인(침)	
1	배	방파제 배치	항	항로의 정온도	항	항내정온도	자	자연조건	기	기초지반 압밀침하
2	지	주변지형영향	정	정박지(항내) 정온도	바	바람	이	이용조건	지	지반의 흡출
3	환	주변환경과의 조화	수	친수성	조	조위	배	배치조건	측	측방유동
4	조	설계조건	환	친환경성(자연조 건, 항내수질 등)	파	파랑(파도, 파고)	시	시공조건	중	중량에 의한 함몰
5	구	구조형식	조	조선	수	수심 및 지반조건	경	경제성(공사비)	사	사석 자체의 압축
6	다	다목적 사용의 유무	장	항만의 장래확장	친	친수성	공	공사기간		
6	설	설계법	건	건설비	환	친환경성	중	중요성		
7	시	시공법	유	유지관리비	경	경제성(건설비, 유지관리비)	재	재료구입의 난이도		
8	경	경제성(공사비)					유	유지관리의 난이도		
9										

8. 구조형식 선정 시 고려할 사항 [방파제 종류별 구조와 기능]

1) 경사제

(1) **암석(사석)**이나 콘크리트 **소파블록**[이형블록(Tetrapod)]을 **사다리꼴 형상**으로 쌓아올린 것

(2) 사면상의 **쇄파** 및 **투수성**과 조도에 의하여 **파랑의 에너지를 소산**, 반사시켜 **파랑의 항내 진입을 차단**

2) 직립제

(1) 전면이 연직인 벽체를 수중에 설치한 구조물

(2) **파랑의 에너지를 반사**시켜 **파랑의 항내 진입을 차단**

3) 혼성제

(1) 기초사석부 위에 직립벽을 설치한 것

(2) 파고에 비하여 사석부 마루가 높은 경우에는 경사제에 가깝고 낮은 경우에는 직립제의 기능에 가깝다.

4) 소파블록 피복제

(1) 직립제 또는 혼성제의 전면에 **소파블록**을 설치한 것

(2) 소파블록으로 **파랑의 에너지를 소산**, 직립부는 **파랑의 투과를 억제**하는 기능

5) 방파제의 구조에 따라 반사파가 커서 인근 항행선박의 안전항해에 장애, 소형 선박에 미치는 영향등 항행조건에 영향을 미칠 경우 : **저반사구조**로 한다.

6) 항내 수질의 개선 및 청정 수역환경 확보

: 해수교환을 촉진할 수 있는 통수기능을 가진 구조형식을 채택 시 표사의 유입, 투과파의 증대에 의한 항만 기능의 저하를 고려하여 채택

7) 방파제의 선형이 오목부인 경우 오목부 부근의 파고가 증대 시

: 저반사 구조, 소파 기능을 부가하는 구조형식을 취한다.

9. 방파제의 정의 및 기능(전술 대제목 7의 요약)

종류	특징(정의)
경사제	• 정의 : 암석이나 콘크리트 소파블록을 사다리꼴 형상으로 쌓아올린 것 • 기능 : 주로 사면상의 쇄파 및 투수성과 조도에 의하여 파랑의 에너지를 소산, 반사시켜 파랑의 항내 진입을 차단함
직립제	• 정의 : 전면이 연직인 벽체를 수중에 설치한 구조물 • 기능 : 주로 파랑의 에너지를 반사시켜 파랑의 항내 진입을 차단
혼성제	• 정의 : 기초사석부 위에 직립벽을 설치한 것 • 기능 : ① 파고에 비하여 사석부 마루가 높은 경우 : 경사제에 가깝고 ② 낮은 경우 : 직립제의 기능에 가깝다.

소파블록
피복제
	• 정의 : 직립제 또는 혼성제의 전면에 소파블록을 설치한 것
	• 기능 : ① 소파블록으로 파랑의 에너지를 소산시키며, 직립부는 파랑의 투과를 억제하는 기능을 가짐
	      ② 저반사구조의 방파제 : 항행선박의 안전항해
	      ③ 항내 수질의 개선 및 청정 수역환경을 확보 가능
	      ④ 해수교환 촉진할 수 있는 통수기능을 가지는 방파제 구조형식 채택 가능

10. 원리별 종류와 특징 = 종류별 원리 및 특징

구분	원리별 종류	특징, 원리	
		장점	단점
경사제	사석 경사제 인공사 Block 경사제	① 지지력 큼 ② 연약지반에 적합 ③ 시공법 간단 ④ 유지관리 쉬움	① 파고가 큰 경우 곤란(필요 재료 확보 어렵다) ② 수심이 깊은 곳 : 사석 재료 많이 듦 ③ 소요 크기의 재료 구득 난이
직립제	Caisson식 Concrete Block식 Cell Block식	① 전면이 연직 ② 파력 저항 큼 ③ 사용 재료 적게 듦 ④ 유지 보수비 저렴함 ⑤ 계류시설 이용 가능	① 연약지반에 부적합 : 소요지력 부족(무겁다) ② 대형인 경우 투자비 큼 ③ 수심 깊은 경우 공사비 큼 ④ 연장 짧은 경우 : 비경제적
혼성제	Caisson식 Concrete Block식 Cell Block	① 사석부 기초 + 직립제 ② 경사제, 직립제 장점 ③ 연약지반에 적합, 침하 적음(경사제) ④ 재료 적게 듦(상부 : 직립부) ⑤ 직립부 : 파압에 저항(수심 깊은 곳) ⑥ 사석부(경사부) : 지지력 큼	① 필요한 크기의 재료(사석) 구득 난이 ② 소요시설 및 장비 투입 난이
소파 블록 피복제	① 직립 소파 Block 피복제 ② 소파 Caisson제(직립) : 유공 Caisson	• 소파 효과 큼	

11. 방파제 종류별 시공단면도

1) 경사제

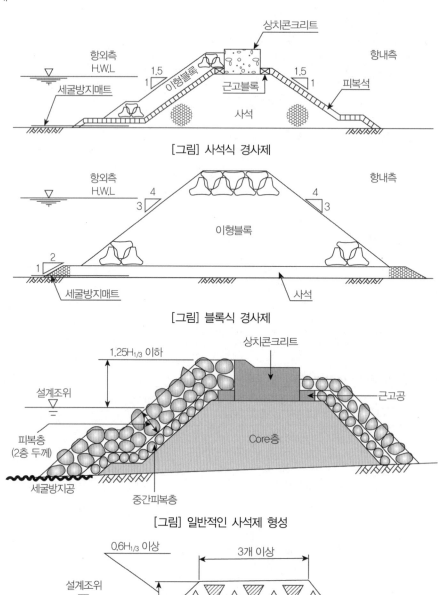

[그림] 사석식 경사제

[그림] 블록식 경사제

[그림] 일반적인 사석제 형성

도중개수는 마루상층의 개수로서
빗금친 것을 나타낸다.

[그림] 사석제의 마루폭

2) 직립제

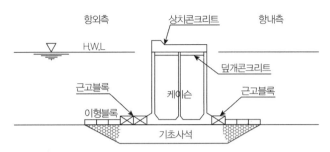

[그림] 케이슨식 직립제

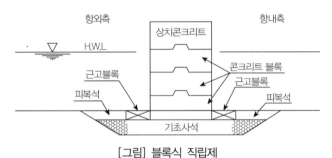

[그림] 블록식 직립제

3) 혼성제

(1) Caisson식 혼성제

　－항내 측 : 피복석 시공

　－항외 측 : 이형 블록 시공(Tetrapod 등)

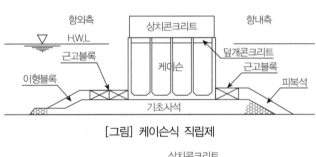

[그림] 케이슨식 직립제

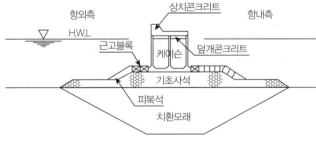

[그림] 케이슨식 혼성제(연약지반)

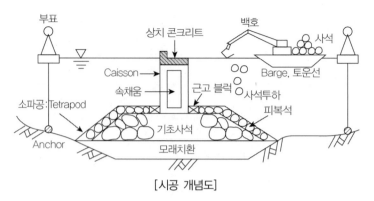

[시공 개념도]

(2) 블록식 혼성제

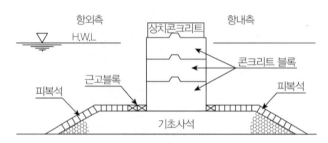

[그림] 블록식 혼성제

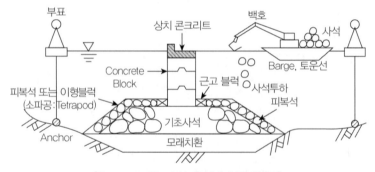

[Concrete Block식 혼성제 시공개념도]

(3) 셀블록식 혼성제

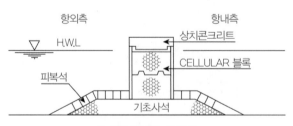

[그림] 셀블록 혼성제

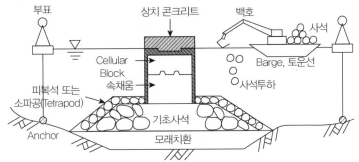

[Cellular Block식 혼성 방파제(Cell Block식) 시공개념도]

4) 소파블록 피복제

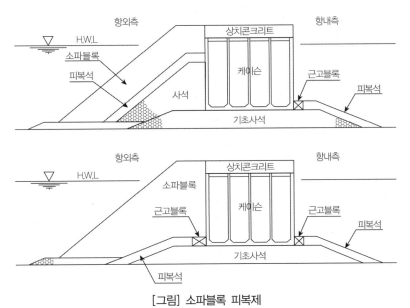

[그림] 소파블록 피복제

5) 중력식 특수 방파제

　(1) 직립 소파블록제

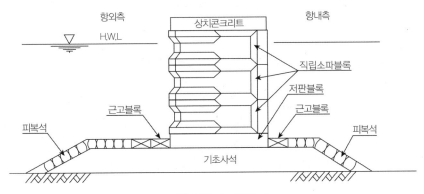

[그림] 직립 소파블록제

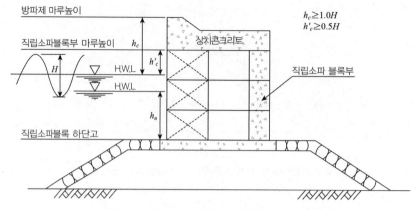

[그림] 직립 소파블록식 방파제의 마루높이(구조요소)

(2) 소파케이슨제

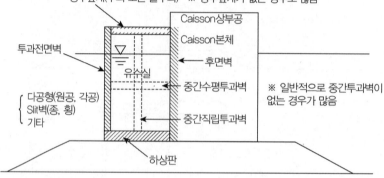

6) 기타 형식 : 커튼식 방파제

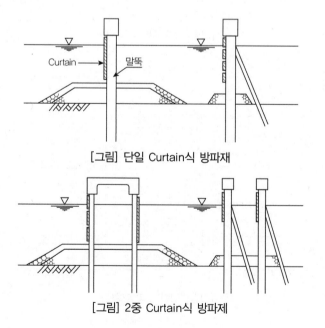

[그림] 단일 Curtain식 방파재

[그림] 2중 Curtain식 방파제

■ 참고문헌 ■

1. 해양수산부(2014), 항만 및 어항 설계기준·해설(상, 하), 해양수산부.
2. 서진수(2006), Powerful 토목시공기술사(1, 2권), 엔지니어즈.
3. 서진수(2009), Powerful 토목시공기술사 단원별 핵심기출문제, 엔지니어즈.

12-2. 방파제 및 안벽 설계 시공 시 검토, 유의사항 = 방파제 시공관리

1. 방파제 및 안벽 설계 시공 시 검토, 유의사항

구분	설계 시 기본방침 (검토사항)(검)		평면 배치 시 고려사항(배)		설계 시 설계 조건 결정(조)		구조 형식 선정 시 검토사항(구)		침하 원인(침)	
1	배	방파제 배치	항	항로의 정온도	항	항내정온도	자	자연조건	기	기초지반 압밀침하
2	지	주변지형영향	정	정박지(항내) 정온도	바	바람	이	이용조건	지	지반의 흡출
3	환	주변환경과의 조화	수	친수성	조	조위	배	배치조건	측	측방유동
4	조	설계조건	환	친환경성 (자연조건, 항내수질 등)	파	파랑 (파도, 파고)	시	시공조건	중	중량에 의한 함몰
5	구	구조형식	조	조선	수	수심 및 지반조건	경	경제성 (공사비)	사	사석 자체의 압축
6	다	다목적 사용의 유무	장	항만의 장래확장	친	친수성	공	공사기간		
6	설	설계법	건	건설비	환	친환경성	중	중요성		
7	시	시공법	유	유지관리비	경	경제성(건설비, 유지관리비)	재	재료구입의 난이도		
8	경	경제성 (공사비)					유	유지관리의 난이도		
9										

2. 방파제 배치 형식

1) 돌제 : 강풍 및 파의 진행 방향이 일방적으로 치우쳐 있는 경우

2) 도제 : 표사 조류에 역습되지 않도록 절구의 바로 앞에 설치

3) 혼합식 : 항구로부터 회절파를 막기 위함

4) 중복식 : 돌제와 도제의 중복형, 파랑을 방지하고 파의 영향을 적게 하기 위함

3. 방파제의 설치 목적

1) 파랑의 방지

2) 표사의 이동 방지

3) 해안선의 토사 유출 방지

4) 하천, 외해로부터 토사 유입 방지

4. 준설선의 조합 : 수중 터파기 및 기초 모래 치환용임〈그림 그릴 것〉

NO		준설선의 종류	부속선	비고
1	퍼	Pump 준설선	끌배 1척, 앵커 바지 1척	송토관, Pontoon 별도
2	그	Grab 준설선	끌배 1척, 앵커 바지 1척, 토운선 2척	작업조건에 따라 수량 조절
3	버	Bucket 준설선		
4	디	Dipper 준설선		
5	호	Hopper 준설선	자항식	
6	쇄	쇄암선(Rock cutter)	끌배 1척, 앵커 바지 1척	쇄암 후 Grab에 준하여 선단 구성 쇄파암 준설 운반
7	토	토운선	예비 토운선 확보 : 준설선 가동률 향상	장비 조합 고려

5. 방파제 시공 관리 주안점 〈맺음말 문구로 활용〉

1) 쇄파 효과(Break Water)

2) 활동, 전도, 침하에 대한 안정 검토

3) 사석 재료 선정에 유의

4) 해양 콘크리트

5) 연약지반 처리 : 혼성제, 경사제 선정, 암버력 치환, 모래 치환

6) 속채움 즉시 실시

7) 사석부 공극을 잘 메우고, 요철 없게

8) 세굴 방지 매트 설치, 사블록으로 보호

9) Interlocking 효과 큰 기초사석 사용

10) 방파제의 침하 방지 : 연약지반 치환(모래), SCP

■ 참고문헌 ■

1. 해양수산부(2014), 항만 및 어항 설계기준·해설(상, 하), 해양수산부.

2. 서진수(2006), Powerful 토목시공기술사(1, 2권), 엔지니어즈.

3. 서진수(2009), Powerful 토목시공기술사 단원별 핵심기출문제, 엔지니어즈.

12-3. 혼성 방파제의 구성요소(61회)

1. 혼성제의 종류(구조형식)

1) 케이슨식 혼성제

2) 블록식

3) 셀블록식

4) 콘크리트 단괴식

2. 혼성제의 구성요소

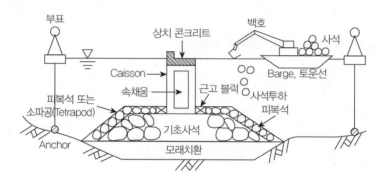

1) 연약지반 개량 : 모래 치환, SCP

2) 경사제 : 사석부 기초

3) 직립제 : (1) 케이슨식, (2) 블록식, (3) 셀블록식, (4) 콘크리트 단괴식

4) 피복재

   (1) 항내 측 : 피복석 시공

   (2) 항외 측 : 이형 블록 시공(Tetrapod 등)

     이형블록의 소요 중량 계산방법 : Hudson 공식과 Van der Meer 공식이 있음

5) 상치 콘크리트

3. 혼성제 특징

1) **경사제**와 **직립제**의 **장점**을 살린 방파제임

2) 석재와 콘크리트용 자재의 구득, 가격 등을 검토하여 사석부와 직립부의 높이 비율을 결정

장점	① 연약지반에 적합 : 침하 적음(경사제) ② 재료 적게 듦(상부 : 직립부) ③ 직립부 : 파압에 저항(수심 깊은 곳) ④ 사석부(경사부) : 지지력 큼
단점	시공 장비, 설비 다양

4. 혼성제(Caisson식 혼성제) 시공순서

1) 연약지반 치환 : 준설선으로 기초 터파기 후 모래 치환, 또는 해성 SCP 공법 적용

2) 기초사석 투하 및 고르기 : Barge 선 + 잠수부

3) 침하 종료(10일) 후 케이슨 제작, 케이슨 진수, Caisson 거치

4) 속채움

5) 상치 콘크리트(Cap concrete) 타설

5. 방파제의 설계조건 고려사항

1) 항내 정온도

2) 바람

3) 조위

4) 파랑

5) 수심 및 지반조건

6) 친수성 및 친환경성

■ 참고문헌 ■

해양수산부(2014), 항만 및 어항 설계기준·해설(상, 하), 해양수산부.

12-4. 계류시설과 안벽(계선안)

1. 계류시설

부두와 안벽 등 항만 내곽시설

2. 부두(Terminal Facilities)

1) 부두시설

   (1) 선박 계류시설

   (2) 화물의 하역시설

   (3) 화물의 조작 처리시설

   (4) 화물 보관시설

   (5) 임항 교통시설

   (6) 여객 이용시설

   (7) 화물유통 판매시설

   (8) 선박 보급시설

   (9) 항만 관제·홍보·보안시설

   (10) 배후 유통시설 등 항만 기능 지원시설

   (11) 후생복지 및 편의 제공시설

   (12) 해양문화·교육시설·해양공원시설 등 항만 친수시설

2) 부두의 분류

배치 형태에 따른 분류	• 돌제부두(Jetty Wharf) : 해안선과 직각 또는 경사지게 돌출되도록 계획된 부두로서 해안선이 짧은 경우에 적합한 부두 • 평행부두 : 해안선과 평행한 부두로서 배후 교통시설의 인입이 용이하고 부두와 육지 사이에 부지면적을 최대화할 수 있는 장점 • 도식(島式) 부두 : 바다에 인공섬과 같은 매립지를 조성하여 축조되는 부두 • 굴입식 또는 박거식(泊渠式) 부두 : 육지나 매립지를 굴착하여 부두를 조성
기능에 의한 분류 (전문부두)	• 석탄부두 • 유류부두 • 광석부두 • 곡물(穀物) 부두 • 시멘트 부두 • 페리부두 : 자동차 또는 객화차를 배에 싣고 내리는 부두이 • 컨테이너 부두 • 여객부두

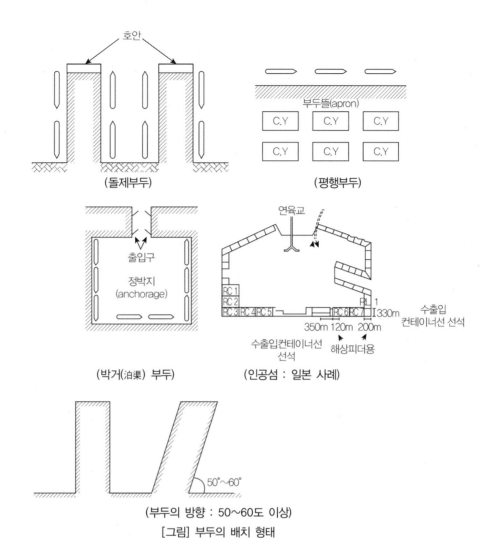

(돌제부두)

(평행부두)

(박거(泊渠) 부두)

(인공섬 : 일본 사례)

(부두의 방향 : 50~60도 이상)

[그림] 부두의 배치 형태

3. 계류시설(계선안) 구조 형식상 분류

분류	종류		
중력식 안벽 (Gravity Type Quaywall)	• 케이슨 • 우물통 • 블록 • L형 블록 • 셀블록 • 현장타설 콘크리트식 • 직립소파식(直立消波式)		
잔교식 안벽 (Landing Pier)	• 형태 : 연직 말뚝식 잔교, 경사 말뚝식 잔교, 원통(각통)식 잔교, 교각식 잔교 • 배치형식 : 횡잔교, 해안선에 직각으로 축조하는 돌제식 잔교		
널말뚝식 안벽 (Sheet Pile Type Quaywall)	자립식 널말뚝		
	버팀(앵커)식 널말뚝	• 타이로드(타이로프)식 널말뚝 • 전면 사항 버팀식 널말뚝	• 사항 버팀식 널말뚝 • 선반식 널말뚝
	셀식 널말뚝	• 이중 널말뚝	• 셀식 널말뚝

분류	종류
강판셀식안벽 (Fabricated Steel Cellular Quaywall)	• 거치식 강판셀 • 근입식 강판셀
디태치드피어 (이안식계선안) (Detached Pier)	• 석탄, 광석 등 단일산 화물을 대량으로 취급할 때 궤도주행식 크레인 등의 기초를 만들어서 안벽으로 사용하는 것 • 구조는 잔교의 슬래브가 없는 것과 동일
부잔교(Floating Pier)	• Pontoon과 육안과의 사이, Pontoon 사이를 도교로 연결한 접안시설 • Pontoon재료 : 철근콘크리트, 강재, Prestress Concrete, 목재, FRP
돌핀(Dolphin)	• 말뚝식 Dolphin • 강널말뚝 Cell식 Dolphin • Caisson식 Dolphin
계선부표(Mooring Buoy)	• 박지 해저에 계류 Anchor된 선박계류용의 부표(浮標) • 구조 : 부체(浮體), 계류환, 부체 Chain, 심추(沈錘) Chain, 계류(繫留) Anchor
선양장(船揚場)	경사로를 이용해 선박을 육상으로 인양하는 시설
Air Cushion정 계류시설	• 사로 • 부두 뜰 • Pontoon • 잔교

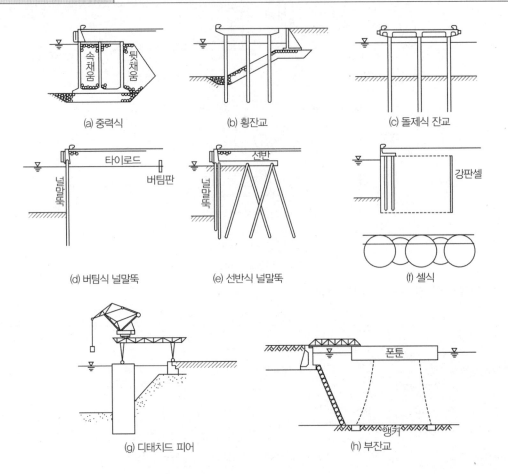

(a) 중력식   (b) 횡잔교   (c) 돌제식 잔교

(d) 버팀식 널말뚝   (e) 선반식 널말뚝   (f) 셀식

(g) 디태치드 피어   (h) 부잔교

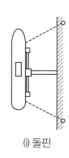

(i) 돌핀

(j) 계선부표

■ 참고문헌 ■

1. 해양수산부(2014), 항만 및 어항 설계기준·해설(상, 하), 해양수산부.
2. 서진수(2006), Powerful 토목시공기술사(1, 2권), 엔지니어즈.
3. 서진수(2009), Powerful 토목시공기술사 단원별 핵심기출문제, 엔지니어즈.

12-5. 접안시설(계류시설 = 계선안 = 안벽)의 종류를 나열하고 특징을 기술

1. 개요

접안시설(안벽) 종류

1) 중력식 : Caisson, Cell Block, Precast concrete 블록식 안벽

2) Sheet Pile(강널말뚝)식 안벽

3) 잔교식 안벽

4) Dolphin

2. 중력식 안벽 및 방파제의 재료별, 공법별 특징(장단점)

NO	공법	장점	단점	적용
1	Caisson	① 육상 제작 ② 해상 공사 공종 적음	① 대규모 육상 제작 설비 필요 ② 해상 진수, 운반 장비 필요	방파제 안벽
2	L형 Block	① 수심 얕은 곳에 경제적 ② 시공 설비 간단	① 수심 깊은 곳 불리 ② 연약 점토 지반에 불리	방파제
3	Solid Block	① 작업 공종 단순 ② 시공 설비 간단, 소규모	① Block 간 일체성 결함 ② 콘크리트 양이 많아 대형 안벽에는 비경제적	안벽
4	Cellular Block	① Caisson에 비해 경제적 ② 시설 설비 간단	① 부등 침하에 취약 ② 연약지반, 지지력 적은 지반에 불리	방파제, 안벽
5	Cell형 널말뚝	① 시공 단순, 공기 빠름 ② 수심 9 ~ 10m인 곳에 경제적	① 지지력 작은곳 불리 ② 속채움 재료 구하기 힘든 곳 불리(대량의 토사 필요)	안벽

3. 중력식 안벽 시공 단면도 예시

1) Cellular Block 안벽(Cell Block식 안벽)

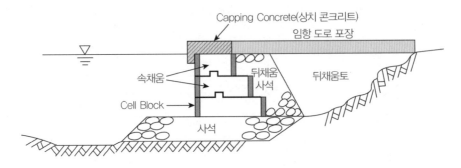

2) Caisson식 안벽

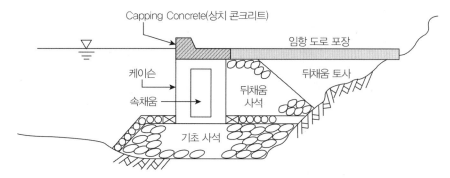

3) L형 Block

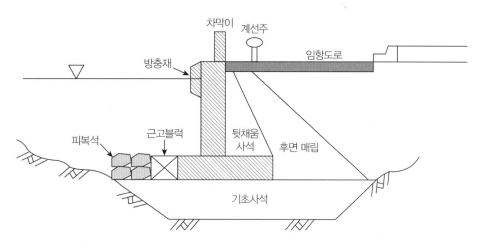

4) Solid Block

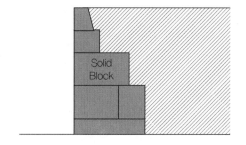

5) 널말뚝 Cell(Cell형 안벽)

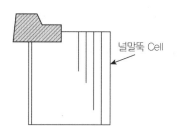

4. Sheet Pile(강널말뚝)식 안벽

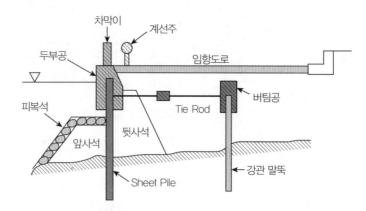

5. 잔교식 안벽의 특징 및 시공단면도

1) 잔교식 안벽의 특징

   (1) 잔교 구조물이란 해상에 **강관파일**을 박고 상부에 **Pile Cap concrete**를 타설한 **계류시설**(안벽)임

   (2) 해상에서 Pile 항타 시는 Pile의 경사, 이동, 좌굴 등에 유의하고 **강말뚝의 부식방지 대책**도 고려해 야 함

2) 강관 Pile 사용한 잔교식 안벽 시공도 예

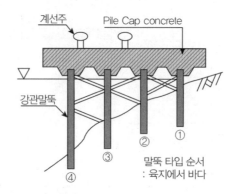

6. 돌핀식 접안시설의 특징 및 시공 단면도

1) 돌핀식 접안시설의 특징

   (1) 선박의 대형화로, 선석의 수심도 깊어짐에 따라

   (2) **가연성 물질(원유, LNG, LPG)**을 다량 운송을 위한 **전문 부두**의 건설을 해안이나 해중에 **시버드 (Sea Berth)** 형태인 돌핀식 구조물을 시공하게 됨

   (3) 초대형 원유선(200,000~250,000D/W급)

      ① 접안시설의 소요 수심 : (−)18~22m 소요

      ② **소요 수심이 충족**되게 하기 위해 **해중에 돌핀식의 접안시설** 설치

2) 돌핀식(Dolphine) 시설의 개요

    (1) Breasting Dolphine : 선박이 접안하는 시설

    (2) Mooring Dolphine : 계류용

    (3) Working Platform : 하역용

    (4) Cat Way : 각 Dolphine의 연결 통로

    (5) Trestle(도교) : 육지와의 연결

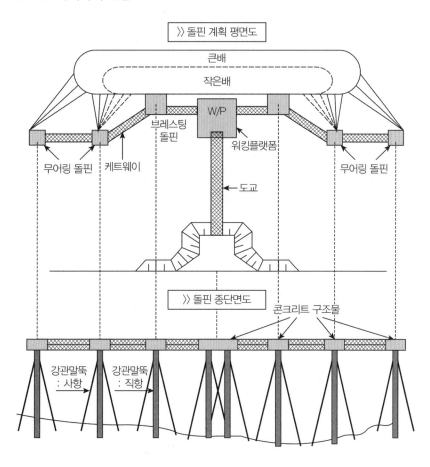

7. 맺음말

1) 항만 접안시설은 각 종류마다 구조물 축조에 사용하는 재료, 시설의 형태 등이 다르며 각각의 특징이
    있다.

2) 또한 접안시설을 이용하는 **선박의 규모, 크기, 수심** 등도 각각 다르므로

3) 시설물과 시설물을 이용하는 선박과의 관계등을 잘 파악하여 계획하여야 하고

4) 향후 유지관리 측면에서 **말뚝(강재)부식** 등에 대한 대책 강구도 하여야 함

■ 참고문헌 ■

1. 해양수산부(2014), 항만 및 어항 설계기준·해설(상, 하), 해양수산부.
2. 서진수(2006), Powerful 토목시공기술사(1, 2권), 엔지니어즈.
3. 서진수(2009), Powerful 토목시공기술사 단원별 핵심기출문제, 엔지니어즈.

12-6. 중력식 안벽

1. 정의

토압, 수압 등 **외력**에 대하여 **자중과 저면의 마찰력**에 의해서 **저항**하는 구조, 주로 **콘크리트 구조물**

2. 특성(특징)

장점	• 주로 콘크리트 구조물이므로 지반이 견고하고 수심이 얕은 경우에 유리 • 프리캐스트 콘크리트 구조 : 육지에서 제작, 품질 보증, 시공 간단
단점	• 케이슨 제작장 등 육상의 제작시설비가 많이 듦 : 시공연장이 긴 경우에는 단가 저렴함

3. 중력식 안벽의 각 형식별 특성

형식	특성

케이슨식 안벽
(Caisson Type)
	• 개요 : 케이슨을 육상 제작하여 해상크레인 등에 의한 인양 진수 후 소정위치에 거치
	• 장점 : ① 큰 배면 토압에 견딤
	        ② 육상에서 제작 : 품질을 믿을 수 있음
	        ③ 속채움 재료 저렴하게 공급
	• 단점 : ① 케이슨 진수시설 및 제작 시설비가 많이 듦
	        연장이 짧을 때는 단가가 비쌈
	        ② 물에 띄워서 거치 : 충분한 수심이 확보 필요

우물통식 (WellType)	• 개요 : 오픈 케이슨을 육상 제작하여 해상크레인 등에 의한 인양 후 소정위치에 거치, 케이슨 내부의 해수 및 연약지반층을 굴착하여 지지지반에 침설한 후 케이슨 내부를 양질의 모래, 사석 등으로 속채움

블록식 안벽
(Block Type)
	• 개요 : 대형 콘크리트 블록을 쌓아서 안벽으로 이용하는 것
	• 장점 : ① 큰 배면 토압에 견딤
	        ② 블록 육상 제작 : 품질 보증
	• 단점 : ① 지반이 약한 곳 : 채택 힘듦
	        ② 설치 시 대형 크레인 등 운반기계 필요

L형 블록식 안벽 (L-Shaped Block Type)	• 개요 : 육상에서 L형 블록을 제작하여 블록 및 블록 저판상의 채움사석 중량과 그 마찰력에 의해서 토압에 저항 • 장점 : ① 철근콘크리트제의 블록배면에 토압에 저항하는 중량으로서 채움사석을 이용할 수 있음 ② 수심이 얕은 경우 경제적임 • 단점 : 지반이 약하면 침하가 발생하므로 L형 블록 부적합
셀블록식 안벽 (Cellular Block Type)	• 개요 : 철근콘크리트로 제작한 상자형 블록내부를 속채움재로 채워서 외력에 저항하도록 한 구조 • 장점 : 블록 내부의 구멍(Hollow) 크기가 상대적으로 작아 벽체의 인장부에 미치는 영향이 적은 경우 무근콘크리트 구조도 가능
현장타설 콘크리트식 (Cast in Place Concrete Type)	• 개요 : 수중 콘크리트 또는 프리팩트 콘크리트 등으로 현장에서 직접 벽체를 축조하는 것
내진 강화형 안벽	• 개요 : 최근 항만구조물의 내진성능 향상을 통한 안정성 확보 차원에서 기존의 일반적인 중력식 단면형상을 부분적으로 변형시킨 '내진강화형 안벽'이 검토 • 종류 : ① 케이슨과 배면에 부벽식을 조합한 안벽형식 ② 저면경사형 케이슨식 안벽

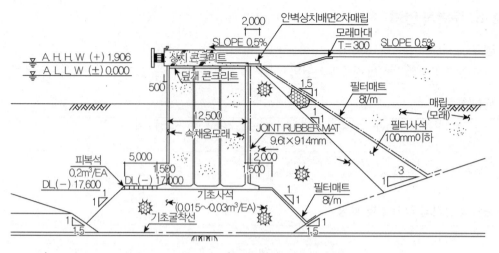

[그림] 중력식 안벽 설계도면 - 케이슨식

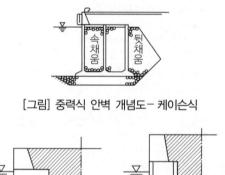

[그림] 중력식 안벽 개념도 - 케이슨식

(a) L형 블록의 경우   (b) 블록의 경우   (c) 셀룰러 블록의 경우   (d) 케이슨의 경우

[그림] 중력식 안벽의 종류

■ 참고문헌 ■

1. 해양수산부(2014), 항만 및 어항 설계기준·해설(상, 하), 해양수산부.
2. 서진수(2006), Powerful 토목시공기술사(1, 2권), 엔지니어즈.
3. 서진수(2009), Powerful 토목시공기술사 단원별 핵심기출문제, 엔지니어즈.

12-7. 케이슨 안벽(99회 용어)

1. 케이슨식 안벽(Caisson Type) 정의

1) 토압, 수압 등 **외력**에 대하여 **자중**과 **저면의 마찰력**에 의해서 **저항**하는 구조인 **중력식 안벽**의 일종으로

2) 케이슨을 육상 제작하여 해상 크레인 등에 의한 **인양, 진수** 후 소정위치에 **거치**하여 만든 안벽

3) 중력식 안벽(Gravity Type Quaywall)의 종류

- 케이슨
- 우물통
- 블록
- L형 블록
- 셀블록
- 현장타설 콘크리트식
- 직립소파식(直立消波式)

2. 케이슨 안벽의 특징

1) 장점

   (1) 큰 배면 **토압**에 견딤

   (2) **육상**에서 제작 : 품질을 믿을 수 있음

   (3) **속채움** 재료 저렴하게 공급

2) 단점

   (1) 케이슨 **진수시설** 및 **제작 시설비**가 많이 듦, 연장이 짧을 때는 단가가 비쌈

   (2) 물에 띄워서 거치 : 충분한 수심이 확보 필요

3. 케이슨 안벽 단면도(모식도)

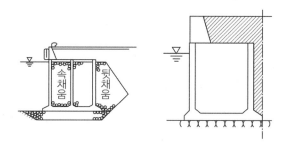

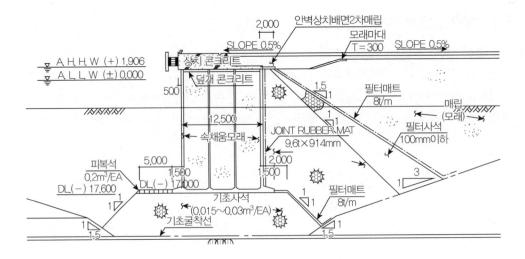

■ 참고문헌 ■

1. 해양수산부(2014), 항만 및 어항 설계기준·해설(상, 하), 해양수산부.

2. 서진수(2006), Powerful 토목시공기술사(1, 2권), 엔지니어즈.

3. 서진수(2009), Powerful 토목시공기술사 단원별 핵심기출문제, 엔지니어즈.

12-8. 널말뚝식 안벽

- 항만계류시설인 널말뚝식 안벽의 종류 및 시공 시 유의사항에 대하여 설명(110회, 2016년 7월)

1. 정의
철제 또는 콘크리트제 **널말뚝**을 박아서 **토압에 저항**하는 구조로서 **자립식, 버팀(앵커)식, 셀식 안벽** 등이 있음

2. 널말뚝 안벽의 각 형식별 특성

형식	특성
자립식 널말뚝	• 개요 : 버팀공(앵커공) 등의 상부 받침이 없는 간단한 구조형식 • 특성 : 외력하중을 널말뚝의 휨강성과 근입부의 횡저항으로 지지 • 적용성 : 벽체가 높지 않은 소규모의 물양장 등에 적당
타이로드(타이로프)식 널말뚝	• 개요 : 타이로드 또는 타이로프로 버팀공을 취하고, 근입부 지반과 버팀공을 받침으로 하여 벽체를 안정시키는 공법 • 특성 : 가장 일반적인 공법
사항(斜抗) 버팀식 널말뚝	• 개요 : 널말뚝 배후에 경사로 말뚝을 타입하고 말뚝머리와 강널말뚝 머리를 결합하여 안정을 유지시키는 구조 • 특성 : 시공이 단순, 공기단축 및 공사비를 절감
선반식 널말뚝	• 개요 : 널말뚝 배후에 말뚝을 타입하고 선반을 설치하여 상재하중 및 상부 토사하중의 일부를 선반말뚝으로 하여금 받게 하여 수평력을 널말뚝 근입부의 수동토압 및 선반말뚝의 수평저항에 의해 지지시키는 구조 • 특성 : 강널말뚝에 작용하는 토압을 경감시킬 수 있는 공법 • 적용성 : 일반적인 널말뚝식 안벽으로는 근입부의 수동토압이 부족해서 적용이 불가능한 연약지반 상에도 축조 가능
이중 널말뚝	• 개요 : 강널말뚝을 2열로 타입 후 그 사이를 타이로드 등으로 연결하고 중간 채움을 하여 벽체를 형성하는 구조형식 • 특성 : 타이로드식과 셀식의 중간 형태 • 적용성 : 수중에 돌출된 구조물 축조에 편리, 양쪽을 안벽으로 사용 가능
셀식 널말뚝	• 개요 : 널말뚝을 원통형으로 타입하고 중간 채움을 하는 구조 • 특성 : 중간 채움재의 전단저항과 널말뚝의 이음 긴장력에 의해 외력에 저항하는 구조형식 • 적용성 : 연약층이 비교적 깊은 곳에도 적합하며 타입 시 정밀한 시공 요구됨

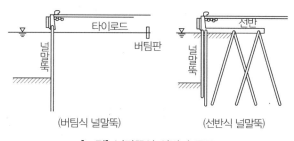

(버팀식 널말뚝)   (선반식 널말뚝)

[그림] 널말뚝식 안벽의 종류

3. 널말뚝식 안벽의 설계단면도

1) 타이로드 널말뚝 안벽의 설계단면 예

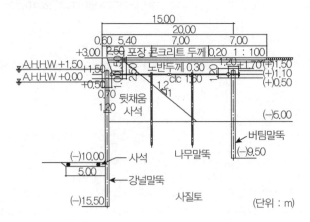

2) 사항버팀식(버팀사항식) 널말뚝 안벽

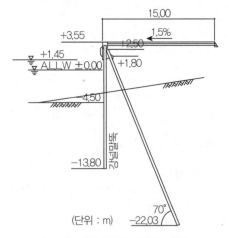

[그림] 버팀사항식 널말뚝 안벽

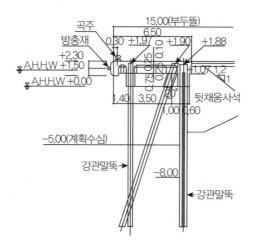

[그림] 전면 버팀사항식 널말뚝 안벽

3) 선반식 안벽

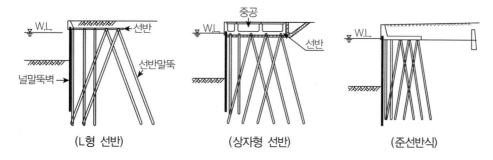

(L형 선반)　　　　(상자형 선반)　　　　(준선반식)

4) 셀식 널말뚝 안벽

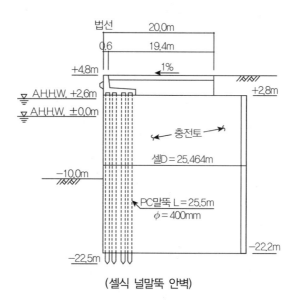

(셀식 널말뚝 안벽)

■ 참고문헌 ■

1. 해양수산부(2014), 항만 및 어항 설계기준·해설(상, 하), 해양수산부.
2. 서진수(2006), Powerful 토목시공기술사(1, 2권), 엔지니어즈.
3. 서진수(2009), Powerful 토목시공기술사 단원별 핵심기출문제, 엔지니어즈.

12-9. 타이로드 널말뚝 안벽 [강널말뚝식 안벽 : Steel Sheet Pile] 시공관리(46회)

- 항만계류시설인 널말뚝식 안벽의 종류 및 시공 시 유의사항에 대하여 설명(110회, 2016년 7월)

1. 개요

안벽의 종류

1) Caisson식 안벽

2) L형 Block식 안벽

3) 강널말뚝식 안벽

2. 강널말뚝 안벽 시공 단면도

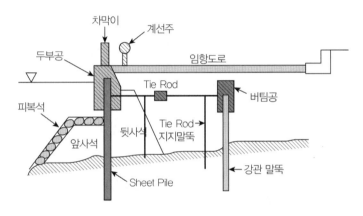

3. 안벽 시공순서별 유의사항(시공관리 항목)

번호	시공순서	유의사항
1	측량기준점	삼각 측량으로 기준점 매설
2	기준틀 설치	Guide Pile, Guide Beam 설치 : 위치 확정
3	항타	항타 기록 유지 : 설계시공에 Feed Back, 연직도 유지, 이음부 처리 유의
4	두부정리	
5	띠장공	Sheet Pile 항타 즉시 Waling 실시 : 변형 방지, 선형 유지
6	버팀공	강말뚝식, RC, PC
7	Tie Rod 공	Tie Rod식, Tie Cable식, 타이로드 지지말뚝설치
	앞사석	본체(Sheet Pile) 손상에 유의
8	뒷사석, 후면매립공	본체 전면에서 후면 방향시공 : SheetPile 손상방지, 전도파괴방지
9	상부공 콘크리트	줄눈시공, 계선주, 차막이용 Anchor 설치
10	포장(임항도로)	침하완료 후 포장
11	방식공	전기방식, 콘크리트 표면 피복 방식
12	기타공	방충재, 전기, 급수전, 계선주

4. 기준틀 및 Guide Beam 상세도

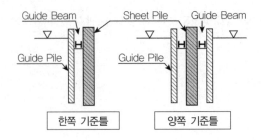

5. 버팀공 시공법

1) 강말뚝식 버팀공

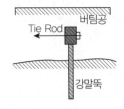

2) RC 버팀판

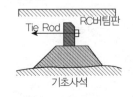

3) PC 버팀판

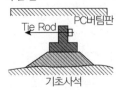

6. Wale(띠장) 시공법

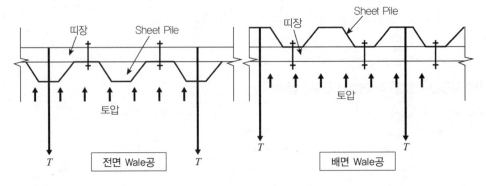

7. Tie Rod 시공법

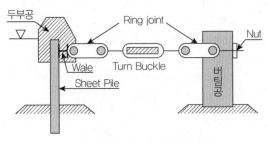

[그림] Tie Rod 시공법

8. 앞사석 및 뒷사석, 후면 매립공

준설선 및 Barge(토운선)으로 조합해서 시공

9. 안벽 설계 시 검토사항

1) 토압
2) 수압
3) 보일링
4) Heaving
5) 잔류수압(후면 매립부)
6) 파도, 파고, 파랑, 수위, 조수간만의 차, 수심

10. 평가(맺음말)

안벽 공법 선정 시 고려사항
1) 안전성
2) 경제성
3) 시공성
4) 공기, 공사비
5) 환경오염, 수질, 해양오염
6) 연약지반, 지질, 지형

■ 참고문헌 ■

1. 해양수산부(2014), 항만 및 어항 설계기준·해설(상, 하), 해양수산부.
2. 서진수(2006), Powerful 토목시공기술사(1, 2권), 엔지니어즈.
3. 서진수(2009), Powerful 토목시공기술사 단원별 핵심기출문제, 엔지니어즈.

12-10. 강판셀식 안벽(Fabricated Steel Cellular Quaywall)

1. 개요(정의)

강판을 셀형으로 만들어 사용

2. 종류와 특징

구조형식	특성
거치식 강판셀	• 강판셀을 토층에 근입시키지 않고 거치하는 형태 • 충분한 지지력을 확보할 수 있는 양호한 기초지반상에 적용 가능한 구조형식
근입식 강판셀	• 강판셀을 소요 지지력이 확보되는 하부 토층까지 근입시킨 형식 • 지지력이 다소 부족한 기초지반의 경우에 적용

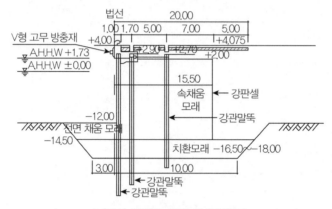

[거치식 강판셀 안벽 설계단면도]

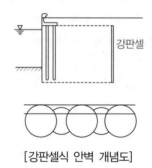

[강판셀식 안벽 개념도]

■ 참고문헌 ■

1. 해양수산부(2014), 항만 및 어항 설계기준·해설(상, 하), 해양수산부.

2. 서진수(2006), Powerful 토목시공기술사(1, 2권), 엔지니어즈.

3. 서진수(2009), Powerful 토목시공기술사 단원별 핵심기출문제, 엔지니어즈.

12-11. 잔교식 안벽

1. 개요(정의)

강관 Pile 또는 콘크리트 파일을 사용하여 상부에 Cap concrete를 타설한 계선안

2. 잔교의 분류와 특성

분류	평면배치	작용토압	구조형식
횡잔교	해안선과 나란하게 축조	토압의 대부분을 토류벽이 받고, 그 일부만 잔교가 받음	• 수평력을 경사말뚝이 분담구조 • 경사말뚝의 머리부에 면진장치(수평력 흡수장치)를 적용 : 내진성능을 강화한 구조형식도 있음
돌제식 잔교	해안선에 직각으로 축조	토압받지 않음	

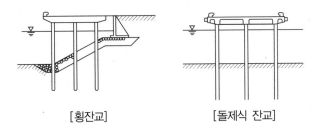

[횡잔교]   [돌제식 잔교]

3. 잔교의 특성

장점	• 지반이 약한 곳에서도 적합 • 기존 호안이 있는 곳 안벽을 축조할 때 횡잔교가 유리
단점	• 횡잔교의 경우 구조적으로 토류사면과 잔교를 조합하는 것 : 공사비가 많아지는 경우 있음 • 잔교는 수평력에 대한 저항력이 비교적 적음

4. 잔교 설계단면도 예

1) 연직 말뚝식 잔교의 설계단면 예

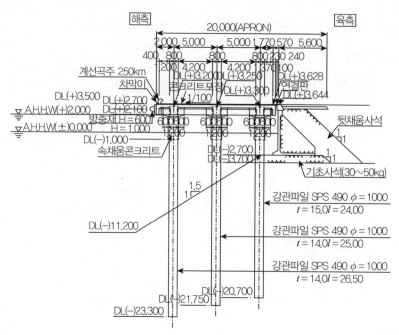

2) 잔교의 배치단면

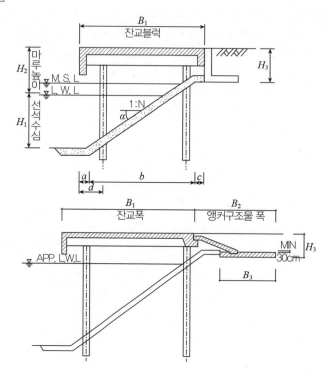

3) 경사 말뚝식 잔교의 설계단면

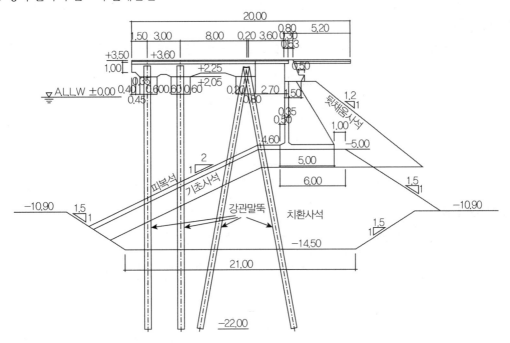

■ 참고문헌 ■

해양수산부(2014), 항만 및 어항 설계기준·해설(상, 하), 해양수산부.

12-12. 부잔교

1. 개요(정의)

Pontoon과 육안과의 사이 또는 Pontoon 사이를 **도교**로 연결한 접안시설

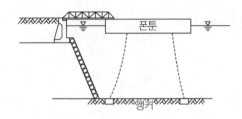

2. 부잔교의 특성

장점	• Pontoon은 수면의 승·하강과 동시에 오르내리고, 부잔교 상면과 수면과의 차가 일정하므로 여객이 주로 이용하는 소형선이나 Ferry Boat를 계류하는 데 편리 • 잔교보다 물의 유동이 원활하므로 표사 등이 심한 곳에서도 종래의 평형상태 유지 가능 • 신설 및 이설이 간단 • 비교적 연약한 지반에도 적합
단점	• 재하력이 적고 하역설비를 설치하기 어렵기 때문에 하역능력은 적음 • 파랑이나 흐름의 영향을 많이 받는 곳에는 적합하지 않음 • 계류 Chain, 계류 Anchor 등에 강재를 쓰기 때문에 부식 발생, 기계적으로도 마모 : 각 부분의 유지관리에 주의

3. Pontoon 제작 재료

1) 철근콘크리트 Pontoon

2) 강 Pontoon

3) Prestress Concrete

4) 목재

5) FRP

4. 부잔교 설계도 예

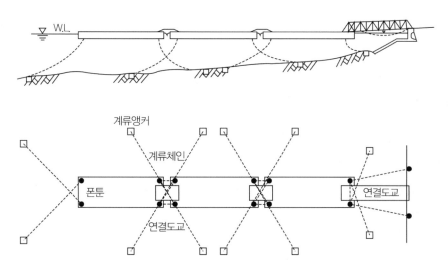

■ 참고문헌 ■

1. 해양수산부(2014), 항만 및 어항 설계기준·해설(상, 하), 해양수산부.
2. 서진수(2006), Powerful 토목시공기술사(1, 2권), 엔지니어즈.
3. 서진수(2009), Powerful 토목시공기술사 단원별 핵심기출문제, 엔지니어즈.

12-13. 돌핀(Dolphin)(돌핀잔교)(69회, 72회 용어)

1. 개요

1) 강말뚝을 사용하는 항만(해상) 구조물

   (1) 잔교식 안벽

   (2) 돌핀(Dolphine)식(돌핀잔교) 안벽

   (3) 해양 구조물

2) 최근에는 대상 **선박의 대형화**, 비축 기지(유류, 가스)의 건설, 해상 **해양 시설**의 건설과 **강관말뚝의 대구경 생산** 등으로 잔교식 및 돌핀 안벽 등에 강말뚝의 시공이 많아졌음

2. 돌핀의 적용성

1) 선박의 대형화로, 선석의 수심도 깊어짐

   ※ 초대형 원유선(200,000~250,000D/W급)

   (1) 접안시설의 소요 수심 : (−)18~22m 소요

   (2) **소요 수심**이 충족되게 하기 위해 해중에 **돌핀식의 접안시설 설치**

2) **가연성 물질(원유, LNG, LPG)을 다량** 운송을 위한 **전문 부두의 건설**을 해안이나, 해중에 **시버드(Sea Berth)** 형태인 돌핀식 구조물을 시공하게 됨

3. 돌핀의 정의

수 개의 독립된 주상구조물로 육안에서 떨어진 곳에 설치하고 안벽으로 이용

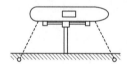

4. 구조형식에 따른 분류

1) 말뚝식 Dolphin

2) 강널말뚝 Cell식(강제셀식) Dolphin

3) Caisson식 Dolphin

5. Dolphin의 특성

1) 소정의 **수심이 확보**되는 곳에 설치하면 **준설, 매립 등이 필요치 않고**

2) 시공이 극히 용이하여 공사비도 저렴하고 급속히 시공된다.

3) 잡화를 취급하는 안벽으로 과거에는 사용되지 않았으나 최근에는 하역기계를 사용해서 **석유, 시멘트 양곡 및 분말**의 화물을 **대량**으로 취급하는 경우에도 사용

4) 다른 구조형식의 안벽 연장을 단축하기 위해 또는 기존 안벽의 연장을 증대하기 위해 그 안벽의 선단에 붙여 설치하는 경우도 있다.

6. 돌핀의 배치

돌핀의 배치는 대상**선박의 제원, 수심, 풍향, 파향 및 조류**를 고려하여 다른 선박의 정박과 항행에 지장이 없도록 적절하게 배치하여야 한다.

7. 강말뚝식 돌핀식(Dolphine) 시설의 개요(구성요소)

1) 해상 교각 : **강말뚝**

2) 상부공 : 강말뚝 상부에 **철근콘크리트** 시공

　철근콘크리트 보(Beam)와 Slab(또는 PC 콘크리트 빔) + 강구조 Truss와 철근콘크리트 Slab 시공

3) Breasting Dolphine(접안용 돌핀) : 선박이 접안하는 시설

　(1) 고무 방충재로 취부

　(2) 자동 접안 속도기 설치(도킹 쏘나 시스템 : Docking Sorna System)

4) Mooring Dolphine(계류용 돌핀) : 계선주 장치(Quick Release Hook) 설치

5) Working Platform(하역용 돌핀)

　(1) 브레스팅 돌핀보다 1.5m 정도 후면에 설치

　(2) 하역용 로딩암(Loading Arm), 연결용 배관, 관리실 등을 설치

6) Cat Way : 각 Dolphine의 연결 통로

7) Trestle(도교)(육지와 연결용 도교) : 배관, 차량 운반로, 통행로 시설

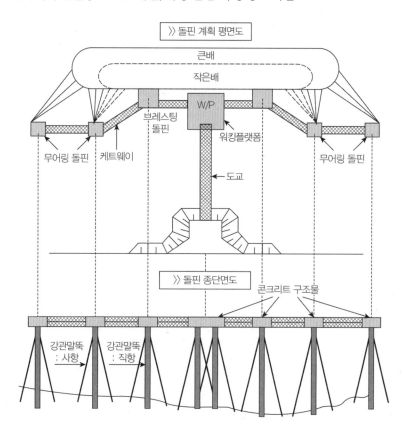

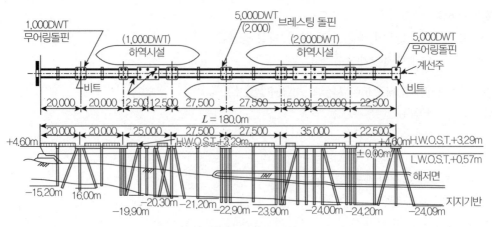

[그림] 말뚝식 돌핀 설계도

8. 돌핀에 작용하는 외력과 하중 설계 시 고려사항

1) 선박의 충격력 : 방충공, 반력

2) 선박의 견인력

3) 자중, 활하중 등에 의한 연직력

4) 하역기계에 작용하는 풍압력

5) 구조물 및 하역기계에 작용하는 지진력

6) 지진 시 동수압

9. 돌핀의 기본 설계 시 검토사항

형식	검토사항
말뚝식	• 말뚝의 응력(수평력, 연직력, 비틀음 응력) • 근입깊이 • 돌핀의 횡방향 처짐
강제셀식	• 전단변형에 대한 환산 벽체폭 • 셀의 근입깊이 • 셀의 인장력 • 벽체 전체의 안정(활동, 지지력, 전도) • 하역기계, 계선주 등의 기초
케이슨식	• 케이슨의 활동 • 케이슨의 전도 • 지반의 지지력 • 케이슨의 회전 • 각 부재의 강도

10. 돌핀 시공 시 강구조물 및 기초말뚝공사 시공 시 고려사항(유의사항)

1) 말뚝 재료 선정 : 강재말뚝

2) 시공계획서 작성 : 시험말뚝 또는 재하시험 보고서, 말뚝이음, 항타장비, 항타기록

3) 말뚝박기 장비 선정 및 준비 : 해머, 항타선(抗打船), 대선, 예선, 양묘선 등 포함

4) 품질관리 : 이음 및 보강(용접), 말뚝 운반 및 보관

5) 말뚝박기 준비 : 기준점 측량, 부표 등으로 공사 구역을 표시

6) 말뚝 세우기 및 박기 : 말뚝의 배열 간격, 수심 및 조류현황, 항타선의 규격 등을 고려

7) 이어박기, 절단 및 두부 정리

8) 항타 기록 : 말뚝의 관입량, 말뚝의 타격횟수, 최종 관입 리바운드(Rebound) 양, 최종 관입 부근의 램 낙하고

9) 말뚝 시공허용오차 범위

   (1) 말뚝머리의 중심위치 : 10cm와 D/4(D는 말뚝 직경) 중 적은 값 이하

   (2) 말뚝의 마루높이 : (±)5cm

   (3) 말뚝의 경사 : 직항 2° 이하, 사항 3° 이하

10) 검사(지지력 확인) : 지지력의 계산 및 재하시험(시험말뚝)

11) 강말뚝 부식방지 대책 시행 : 전기방식, 도장

■ **참고문헌** ■

1. 해양수산부(2014), 항만 및 어항 설계기준·해설(상, 하), 해양수산부.

2. 서진수(2006), Powerful 토목시공기술사(1, 2권), 엔지니어즈.

3. 서진수(2009), Powerful 토목시공기술사 단원별 핵심기출문제, 엔지니어즈.

12-14. 디태치드피어(Detached Pier)(이안식)

1. 개요(정의)
석탄, 광석 등 단일산 **화물을 대량**으로 취급할 때 **궤도주행식 크레인** 등의 기초를 만들어서 안벽으로 사용하는 것, 이 구조는 잔교의 슬래브가 없는 것과 동일함

2. 특성

장점	• 잔교 상판이 없으므로 시공단순, 공기 짧음 • 전용부두에 사용
단점	• 강재를 사용할 경우 부식에 유의

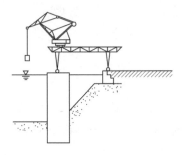

■ 참고문헌 ■

해양수산부(2014), 항만 및 어항 설계기준·해설(상, 하), 해양수산부.

12-15. 선양장

1. 정의

선양장은 **경사로를 이용해 선박을 육상으로 인양**하는 시설, 일반적으로 소형선을 대상으로 함

2. 개념도

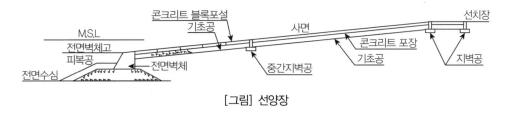

[그림] 선양장

■ 참고문헌 ■

해양수산부(2014), 항만 및 어항 설계기준·해설(상, 하), 해양수산부.

12-16. Air Cushion정 계류시설

1. 정의

Air Cushion 정의 : 공기를 수면 아래쪽으로 분사시켜 선체를 부상시켜서 항행하는 고속정

2. Air Cushion정의 계류시설 종류

1) 사로

2) 부두뜰

3) Pontoon

4) 잔교

3. 특징

선체가 특수한 구조이기 때문에 보통의 계류시설과는 다른 부대설비를 필요로 함

4. 계류시설 선정 시 고려사항

1) Air Cushion 정의 항행은 기상, 해상조건에 크게 좌우되며

2) 굉음, 항주파(航走波) 고려

3) 설치장소에 대해서 고려

■ 참고문헌 ■

해양수산부(2014), 항만 및 어항 설계기준·해설(상, 하), 해양수산부.

12-17. 계선부표

1. 개요(정의)

계선부표는 주로 박지에 있어서 해저에 계류 Anchor된 선박계류용의 부표(浮標)

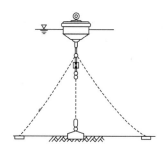

2. 구조 및 종류

1) 부체(浮體)

2) 계류환

3) 부체 Chain

4) 심추(沈錘) Chain

5) 계류(繫留) Anchor

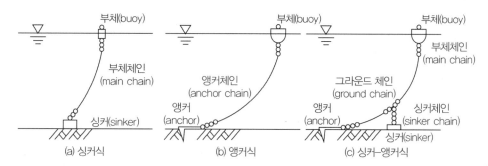

3. 설치 목적(기능)

1) 석유류하역, 목재하역, 거룻배 하역 등에 사용

2) 계류 목적만으로 설치되기도 함

4. 계선 부표 설치 위치 선정 시 고려사항

외해 파랑이 입사하여 반사파가 크게 발생하는 시설물 전면에 위치하는 계선부표 경우

: 반사파에 의한 선박의 계류 한계조건 등을 검토하여 위치 선정

5. 계선부표의 특징

장점	• 묘박(錨泊)의 경우에 비하면 보다 좁은 박지면적으로 계류가 가능 • 해저가 암반이고 묘박이 불가능한 항에서는 이것을 이용해서 정박 • 타 계류시설보다 경제적 • 이설이 용이 • 안벽계류에 비해 보다 큰 파고에 대해서도 계류가 가능
단점	• 일반적으로 하역의 기계화가 곤란하고 안벽하역에 비해 하역작업의 능률 저하 • 일반적으로 안벽계류에 비해 넓은 박지 면적을 필요로 함

■ 참고문헌 ■

1. 해양수산부(2014), 항만 및 어항 설계기준·해설(상, 하), 해양수산부.
2. 서진수(2006), Powerful 토목시공기술사(1, 2권), 엔지니어즈.
3. 서진수(2009), Powerful 토목시공기술사 단원별 핵심기출문제, 엔지니어즈.

12-18. 비말대와 강재부식속도(73회 용어)

- 해양 구조물에 사용되는 강재 방식대책

1. 비말대(飛沫帶＝Splash Zone)의 정의

1) 파도의 비말이 포함되는(海洋 大氣) 영역, 즉 만조 때에도 물에 잠기지는 않지만 파도에 완전히 노출된 물보라 지역을 말함. **평균 간조면**에서 **평균 만조면＋파고**의 범위

2) 정상적인 작업 흘수에서는 최고 5m에서 최하 3m까지를 말함

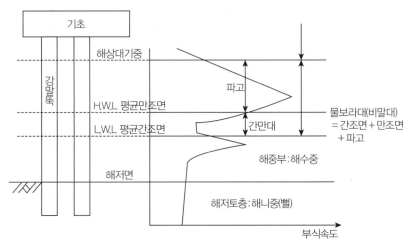

[바다 속 강말뚝의 부식 경향 : Krue-Beach에서 5년간 침적]

2. 비말대의 산정 기준

1) 처오름 높이 및 월파량 산정

　(1) 파의 특성, 해안 및 해저 지형, 해안 구조물의 특성에 따라 달라짐

　(2) 단순 계산식 사용하는 경우

　(3) 수리 모형 시험

2) 비말대의 산정

　(1) 해안선이 아닌 바다 안쪽인 경우

　　① 수리 모형 시험 적용 등의 비용 부담이 큰 방법까지는 필요치 않을 것 같음

　　② 그 해역의 **만조 수위＋최대 파고 및 여유 높이(α)**를 더하면 됨

　(2) 해안 지형의 영향을 크게 받는 해안 인접 구조물인 경우

　　동일 지점의 처오름 높이 및 월파량 계산에 사용된 높이에서 그 특성을 감안하여 가감하여 결정

3. 비말대의 적용

1) 강재의 부식 대책 수립

2) 사람 또는 해상 구조물의 Free board 상의 배수 및 Weather Tight 등에 이용

　※ Free board : 건현(乾舷) [흘수선에서 상갑판까지의 현측(舷側)]

※ Weather Tight : 비바람에 견디는 것

4. 비말대에서의 부식 환경(물보라대의 영향)

1) 끊임없이 해수를 맞음

2) 건습의 반복

3) 염분의 농축 작용

4) 충분한 산소 공급

5) 부유물의 충돌 등의 복합 작용

6) 해양 환경 중에서 **부식성이 가장 큰 곳**

7) 내구성면에서 취약

8) 동해

9) 화학적 침식(염해등)의 손상이 큼

10) 녹층의 산화 환원 반응이 빈번히 일어남 : **부식속도 가장 빠름**

5. 해양(바다 속) 강말뚝의 부식환경(부식속도)

1) 비말대(물보라, 파도 지역) : 고조 수위(HWL 또는 AAHW) 위

  (1) **가장 빠름**(0.3mm/yr)

  (2) 물보라로 산소의 공급 충분 : 부식량이 가장 큼

  (3) 녹층의 산화 환원 반응이 빈번히 일어남

  ※ 양극의 산화반응 : $Fe \rightarrow Fe^{2+} + 2e$ — (1)식

  ※ 음극의 환원반응 : $\frac{1}{2}O_2 + H_2O + 2e^- \rightarrow 2OH$ — (2)식

  ※ 강재의 부식반응 : $Fe + \frac{1}{2}O_2 + H_2O \rightarrow Fe(OH)_2$ — (3)식

  ※ $Fe(OH)_2$는 강재표면에 생성, 다시 산화반응과 탈수반응을 거쳐 수화산화철 [$FeOOH$, Fe_2O_3(적색), Fe_3O_4(흑색)]의 녹이 발생

2) 고조 수위(HWL 또는 AAHW)와 해저 지표면 사이(비말대 포함) : 0.1mm/yr

3) 해중부(상시 물속) : 0.25mm/yr

4) 해저토층(뻘 속) : 0.03mm/yr

  (1) 일반적으로 작다.

  (2) 해저면의 표사 현상에 의한 마모에 따라 말뚝면에 부착물이 제거된 곳 : 부식이 집중

    ① Sand erosion : 유수중의 모래에 의한 금속의 손상

    ② Sand erosion은 corrosion(썩음)과 erosion(녹)의 중첩

    ③ 유속 6m/s 이하에서는 corrosion만 존재

  (3) 오염 해역 : 오니 퇴적, 유산염 환원균에 의한 부식 문제 발생

6. 강재(말뚝)의 부식속도(부식률)(부식기준) = 부식감소두께 = 부식허용량

1) 부식한도(허용량) 구하는 방법

부식한도 = 부식속도 × 설계수명(내구연한)   : 보통 2mm 정도임
---

2) 국내 기준(도로교시방서) : 강관말뚝의 부식감소두께

① 흙, 물이 접하는 면에 대해 고려

ㄱ) 부식 한도(내용연한 = 내용연수 = 내구연한 80년)

ㄴ) 2mm 고려

② 강관 안쪽면 : 고려하지 않음 [장기적으로 산소량이 Zero(0)가 되므로 무시]

7. 해양구조물에 사용되는 강재의 방식법 [부식방지대책]

1) 개요
강재의 방식대책은 강재시설물이 설치되어 있는 곳의 자연 상황에 따라서 **전기방식법** 또는 **피복방식법** 등 적절한 방식공법을 적용

2) 적용범위

(1) A.L.L.W 이하 : **전기방식법**

(2) A.L.L.W(-) 1m 이상의 상부 : **피복방식법**

※ A.L.L.W 이상은 피복방식법에 의한 방식을 실시

　A.L.L.W 직하부는 부식되기 쉬운 부분이기 때문에 A.L.L.W(-) 1m까지는 피복방식을 확대하여 실시

※ 항만 강구조물에서 해수의 침지 시간이 짧은 부분은 전기방식 적용불가, 피복방식법 적용

(3) 간만대 및 해중부

　집중부식 등 심한 부식이 생길 위험이 있으므로 부식(부식을 고려한 여유두께)에 의한 방식은 적용하지 않는다.

(4) 강널말뚝 등의 배면토중부

　: 해측과 비교해서 부식속도가 적기 때문에, 방식법을 달리 할 수 있다.

(5) 간만대 윗부분(해상대기부) : **피복방식법**

(6) 해중부 및 해저토중부 : **전기방식법**

3) 항만강구조물에 적용하는 피복방식법의 종류

(1) 도장

(2) 유기라이닝(有機, lining)

(3) 페트롤레이텀 라이닝(petrolatum lining)

(4) 무기라이닝(無機, lining)

8. 맺음말
해양 구조물의 **방식효과**를 장기간 유지하기 위해서는 사용 중에 적절히 **유지관리**를 해야 한다. 지속적으로 방식을 적용하고 있는 부위에 대한 **방식전위 측정** 및 **육안점검** 실시로 **건전성을 평가**함과 동시,

필요시 추가방식공사 또는 강재의 보수를 실시해야 한다.

각종 조위의 정의

① 평균해면(平均海面, mean sea level, M.S.L)

어떤 기간의 해면의 높이를 그 기간의 평균해면이라 한다. 실용적으로는 1년간의 매시별 조위의 평균값인 연평균해면을 평균해면으로 한다.

② 기본수준면(基本水準面, datum level, D.L)

－약최저저조위(略最低低潮位, approximate lowest low water, A.L.L.W)

한국 연안의 수심 및 조위 측정의 기준인 기본수준면은 약최저저조위로 연평균해면으로부터 주요 4개 분조(分潮)인 M2, S2, K1, O1 분조의 반조차(半潮差)의 합만큼 내려간 면으로 정한다.

③ 약최고고조위(略最高高潮位, approximate highest high water, A.H.H.W)

평균해면에서 4개 주요 분조의 반조차의 합만큼 올라간 해면의 높이

④ 대조평균고조위(大潮平均高潮位, high water ordinary spring tide, H.W.O.S.T)

대조기의 평균고조위로서 평균해면에서 M2와 S2 분조의 반조차의 합만큼 올라간 해면의 높이

⑤ 평균고조위(平均高潮位, high water ordinary mean tide, H.W.O.M.T)

대·소조기의 평균고조위로서 평균해면에서 M2 분조의 반조차만큼 올라간 해면의 높이

⑥ 소조평균고조위(小潮平均高潮位, high water ordinary neap tide, H.W.O.N.T)

소조기의 평균고조위로서 평균해면에서 M2와 S2 분조의 반조차의 차만큼 올라간 해면의 높이

⑦ 소조평균저조위(小潮平均低潮位, low water ordinary neap tide, L.W.O.N.T)

소조기의 평균저조위로서 평균해면에서 M2와 S2 분조의 반조차의 차만큼 내려간 해면의 높이

⑧ 평균저조위(平均低潮位, low water ordinary mean tide, L.W.O.M.T)

대·소조기의 평균저조위로서 평균해면에서 M2 분조의 반조차만큼 내려간 해면의 높이

⑨ 대조평균저조위(大潮平均低潮位, low water ordinary spring tide, L.W.O.S.T)

대조기의 평균저조위로서 평균해면에서 M2와 S2 분조의 반조차의 합만큼 내려간 해면의 높이

■ 참고문헌 ■

1. 해양수산부(2014), 항만 및 어항 설계기준·해설(상, 하), 해양수산부.

2. 서진수(2006), Powerful 토목시공기술사(1, 2권), 엔지니어즈.

3. 서진수(2009), Powerful 토목시공기술사 단원별 핵심기출문제, 엔지니어즈.

12-19. 해안 구조물에 작용하는 잔류수압(잔류수위)

1. 고려해야 할 외력

1) 토압

   (1) 널말뚝벽 **배후**의 토압 : **주동토압**

   (2) 널말뚝 **근입부** 전면의 **반력토압** : **수동토압**, 지반반력계수에 대응한 반력토압

   (3) **크레인** 등 하역기계가 있는 경우, 하역기계의 **자중** 또는 자중 및 **적재하중**에 의한 토압을 고려

2) **잔류수압**

3) 토압에 작용하는 **지진력**

4) 지진 시의 **동수압**

5) 선박의 **견인력**

   (1) 계선주의 기초를 따로 설치하였을 경우는 비 고려

   (2) 계선주를 널말뚝벽의 상부공에 설치하였을 경우 : 상부공, 타이재 및 웨일링의 설계 시에 고려

6) 선박의 **충격력**(방충재의 반력) : 일반적으로 상부공의 설계에만 고려

2. 토압과 잔류수압

1) 사질지반의 경우, 널말뚝벽의 토압계산에 쓰이는 벽면 마찰각

   (1) 주동토압 : $15°$

   (2) 수동토압 : $-15°$

2) 널말뚝의 안정계산 시 P. W. Rowe의 방법(彈性梁解析法) 사용 시 토압 및 잔류수압

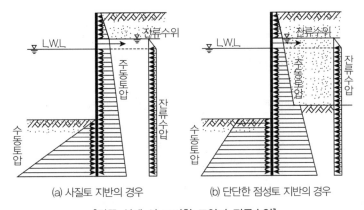

(a) 사질토 지반의 경우   (b) 단단한 점성토 지반의 경우

[말뚝 설계 시 고려할 토압과 잔류수압]

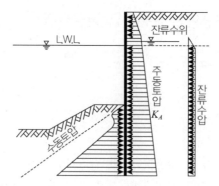

[그림] 사면을 가진 널말뚝 근입부의 수동토압 현상

3. 잔류수위(Residual Water Level)

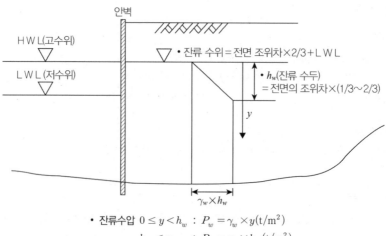

- 잔류수압 $0 \leq y < h_w$: $P_w = \gamma_w \times y (\text{t/m}^2)$

  $\quad\quad\quad\quad\quad h_w \leq y \quad\quad : P_w = \gamma_w \times h_w (\text{t/m}^2)$

1) 계선안의 수밀성이 크고, Back Fill(뒤채움) 재료의 **투수성**이 작은 경우
2) 앞면의 해수의 수위 변화에 대해, **Back Fill(뒤채움)부의 수위 변화는 느리며**, 계선안을 경계로 앞면과 배후의 수위차가 생김
3) **배후 Back Fill(뒤채움)부의 간극에 잔류**되어 있는 **물의 수위**를 잔류수위라 함
4) 잔류수압 계산 시 잔류수위
   : 기초지반의 성질, 널말뚝의 이음부 상황 등에 따라 다름
   (1) 강널말뚝인 경우 : A.L.L.W(L.W.L)에 **고저차의 2/3**를 더한 것으로 본다.
   (2) 점성토 지반 : 잔류수위가 거의 만조면과 일치하는 예도 있음

4. 잔류수압(Residual Water Pressure)

1) 앞면의 수위가 떨어져도 **배면의 수위 저하는 느려서** 수위차에 의해 안벽에 **토압, 수압**이 작용하는 것을 잔류수압이라 함
2) 즉, 잔류수에 의한 정수압을 잔류수압이라 함

5. 잔류수압의 적용

1) 계선안 설계, 시공 시 잔류수압에 의한 **토압 증가**를 고려
2) 대책 : 유공 케이슨식 안벽, 뒤채움 사석 시공 철저

6. Cell식 널말뚝 잔류수압

1) 잔류수위 : L.W.L에 간만차의 2/3를 더하는 것이 표준
2) 후면매립토의 잔류수위 : L.W.L상 조차의 2/3를 표준
3) 단, 투수성이 낮은 재료를 후면매립토로서 쓰는 경우
   잔류수위가 그 이상이 되는 것이 있으므로 이를 설정 시는 유사구조물의 조사결과를 기초로 결정하는
   것이 바람직함
4) 속채움 내의 잔류수위 : 후면매립토 내의 수위와 같게 하여도 좋음

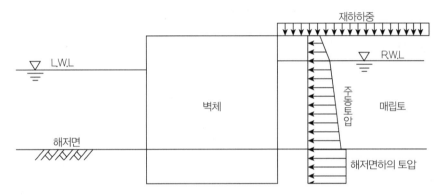

[그림] 벽체에 작용하는 배후의 토압(중력식 벽체로서의 안정검토 시)

■ 참고문헌 ■

1. 해양수산부(2014), 항만 및 어항 설계기준·해설(상, 하), 해양수산부.
2. 서진수(2006), Powerful 토목시공기술사(1, 2권), 엔지니어즈.
3. 서진수(2009), Powerful 토목시공기술사 단원별 핵심기출문제, 엔지니어즈.

12-20. 대안거리(Fetch)＝취송 거리(Fetch Length)(70회 용어)

1. 항만의 대안거리 정의

1) 항만시설(방파제, 안벽)과 풍상 방향에 있는 대안(육지)까지의 거리

2) 항만시설 등의 설계 시 바람에 의해 일어나는 항만 내의 파의 높이를 구하는 계산 자료

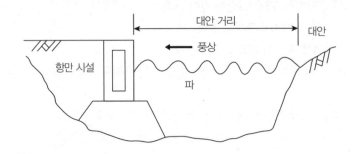

2. 항만시설(방파제, 안벽) 설계 시공 시 고려사항

1) 파도, 파고, 파랑

2) 수심, 수위, 조수 간만의 차

3) 바람

4) 항내정온도

5) 조선

6) 지형, 지질

3. 댐에서의 대안거리 정의

1) 댐 높이는 기준고＋여유고로 결정

2) 여유고는 일반적으로 바람에 의한 파랑고(h_w), 지진에 의한 파랑고(h_e) 이상, 홍수에 의한 수위 상승고(Δ_h), 여수로 조작에 따른 안전고(h_a), 댐 종류와 중요도를 고려한 안전고(h_i) 등을 합하여 구한다.

3) 바람에 의한 파랑고를 구하기 위해서는 대안거리가 필요하며, 바람에 의한 파랑고(h_w)는 대안거리(F)의 함수이다.

4. 댐의 대안거리

1) 바람에 의한 파랑고(h_w) 결정 : h_w는 대안거리 F, 풍속(V)의 함수이다.

   (1) S.M.B법에 의한 유의파고(h_w) 산정식 $h_w = 0.00086 \times V^{1.1} \times F^{0.45}$

   (2) 일본 대댐회 기준에 의한 바람에 의한 파랑고 $h_w = 0.00075 \times V \times \sqrt{F}$

   (3) 풍속 V(m/s) : 10분간의 평균 풍속으로 댐 지점에서의 장기간 관측 자료가 없을 때는 인근 관측 자료를 이용하는 데 일반적으로 20m/s 내지 30m/s를 적용

2) 대안거리 F(m) : **바람**이 불어서 **파랑**이 생길 수 있는 **자유 수평 거리**를 말한다.

   댐에서부터 **최고 풍속의 방향**으로 **측정**한 직선거리

   일반적으로 다음 〈그림〉과 같이 댐의 상류면으로부터 가장 먼 대안까지의 직선거리를 취함

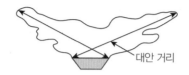

대안 거리

■ 참고문헌 ■

1. 해양수산부(2014), 항만 및 어항 설계기준·해설(상, 하), 해양수산부.

2. 서진수(2006), Powerful 토목시공기술사(1, 2권), 엔지니어즈.

3. 서진수(2009), Powerful 토목시공기술사 단원별 핵심기출문제, 엔지니어즈.

12-21. 항만공사에서 사석공사와 사석 고르기 공사의 품질관리와 시공상 유의할 사항(81회)

1. 항만공사 기초공의 정의
항만 방파제, 안벽 등의 기초는 보통 직립부 하부를 통칭하여 **기초지반**과 **사석기초(Mound)**로 이루어진 2층 구조임

2. 기초사석의 구비조건
1) 편평·세장하지 않은 것
2) 견경, 치밀, 내구적
3) 풍화, 동결융해로 파괴될 염려가 없는 것

3. 사석재료 결정 시 고려사항
1) 사용 석재를 결정할 때는 시험을 통하여 충분히 재질을 파악
2) 구득의 난이
3) 운반능력
4) 경제성(가격)

4. 기초사석의 허용지지력
1) 중력식 안벽 및 중력식 방파제의 **지지력 검토방법**
   (1) **자중, 토압, 지진력** 및 **파력** 등의 **외력**이 작용하고, 합력은 보통 **편심** 또한 **경사**로 작용
   (2) 기초 지지력의 검토 : 편심경사 하중에 대한 지지력을 검토
   (3) 보통 중력식 구조물 : 기초지반 위에 사석 마운드가 있는 이층구조
   (4) 종래의 검토 방법 : 각종 지지력 산정법을 조합해서 검토하는 방법이 채용
   (5) 항만 및 어항 설계기준상의 표준 검토방법
      ① 비숍(Bishop)에 의한 **원호활동법**
      ② **실내모형실험**
         현장실험과 기존의 방파제 및 계선안의 안정성을 종합적으로 해석한 결과 비숍법에 의한 원호활동 계산이 실제 현상을 잘 재현
2) 안전율 : 편심경사하중의 지지력에 대한 안전율(비숍법) : 마운드 및 지반의 안정

구분	안벽 등	방파제
평상시	1.2 이상	1.0 이상 1.2 이상(장기하중에 의한 변형 발생 시)
지진 시	1.0 이상	–
파압 시	–	1.0 이상

5. 기초사석의 강도정수 구하는 방법
1) **대형 삼축압축시험** 실시
2) 대형 삼축압축시험을 행하지 않고 강도정수를 결정하는 경우(사석의 표준적인 강도정수)

: 일축압축강도가 30N/mm 이상이면 전단강도$(C_d) = 0.02 \text{N}/\text{mm}^2\,(20\text{kN}/\text{m}^2)$, 내부마찰각 $(\phi_d) = 35°$ 적용

6. 기초공 시공순서

1) 기초굴착

2) 연약지반 처리 : 모래치환, Sand compaction Pile

3) 기초사석 투하

4) 기초사석 고르기

5) 케이슨 거치

7. 기초 터파기 시공 시 유의사항

1) 기초 터파기 목적

    (1) 연약지반치환 : 소요지지력 확보

    (2) 소요 수심확보

2) 준설장비 선정 시 고려사항

    (1) 토질

    (2) 토량

    (3) 투기장 거리

    (4) 공기

    (5) 수심, 수위, 파도, 파고, 파랑

    (6) 수역 오염

3) 준설 투기 시 주의사항

    (1) 해양(수역)오염 방지 : 관련 환경법 준수 및 인허가

    (2) 오탁방지막 설치

8. 기초사석 투하

1) 방법

    (1) 육상 투하 : 덤프트럭＋백호

    (2) 해상 투하 : 바지선＋백호＋크레인

2) 투하준비 및 유의사항

    (1) 구역 표시 : 대나무 깃발, 부표

    (2) 오탁방지막 설치

    (3) 투하 시 유실방지 및 부유물 확산 방지

9. 사석기초 고르기 유의사항

1) 작업 시 고려사항

    (1) 수심

    (2) 파고, 파랑

    (3) 유속

    (4) 탁도

2) 고르기

    (1) 계획표고 : 수중 표척을 설치하고 육상에서 관측

    (2) 고르기 : 잠수부가 손으로 더듬어 고르고, 기복이 심한 곳 보충 사석 투하함

    (3) 계획고 1m 이내 바닥 고르기

        나무말뚝＋각목＋Rail 이용 **잠수부**가 각목을 밀고 나가면서 잔자갈, 작은 사석을 손으로 채움

3) 기초사석 바닥 높이

    (1) 여성토 20~40cm : 케이슨 거치 후 침하에 대비

    (2) 여성높이 조정 : 침하 관측으로 조정

4) 잠수부 협착사고 유의

    수중과 지상 연락체계 구축하여 안전사고 방지

■ 참고문헌 ■

1. 해양수산부(2014), 항만 및 어항 설계기준·해설(상, 하), 해양수산부.

2. 서진수(2006), Powerful 토목시공기술사(1, 2권), 엔지니어즈.

3. 서진수(2009), Powerful 토목시공기술사 단원별 핵심기출문제, 엔지니어즈.

12-22. 경사방파제의 사면 피복석 또는 블록의 안정질량(소요질량)

1. 소요질량의 정의

경사제의 사면 피복재(사석 또는 TTP 등의 이형블록)는 내부 사석을 보호하는 것으로 그 자체가 산란되지 않도록 안정한 질량(소요질량)을 확보해야 함

2. 피복재 소요질량(안정질량)의 산정(M)

1) 소요질량 산정방법의 종류

    (1) 일반화된 Hudson식

    (2) 반 데 미어(VanderMeer)

    (3) 모형실험(정밀법) : 수리해석, 수치해석

2) 안정계수 사용 허드슨식(일반화된 허드슨식)

    (1) 파력을 받는 경사면의 표면에 피복하는 사석, 인공블록(TTP등의 소파블록)의 **안정질량**

      수리모형실험 or "안정계수를 사용 Hudson 식"으로 산정

      [혼성제의 사석부, 다른 피복재에도 적용될 수 있는 일반적인 식임]

      ■ 안정계수 사용 **허드슨식(일반화된 허드슨식)**

$$M = \rho_r H^3 / N_s^3 (S_r - 1)^3$$

    • M : 사석 또는 블록의 안정에 필요한 최소질량(t)

    • ρ_r : 사석 또는 블록의 밀도(m^3)

    • S_r : 사석 또는 블록의 해수에 대한 비중

    • H : 안정계산에 사용하는 파고(m)(유의파고 사용)

    • N_s : 피복재의 형상, 구배 또는 피해율 등에 의해 결정되는 계수(안정수)

    (2) 안정계수(N_s) 정의

      ① 구조물의 특성, 피복재의 특성, 파의 특성 등의 영향을 나타내는 계수

      ② 파고 H에 대해서 필요한 피복재의 크기(대표 직경)와 직접적인 관계가 있음

      ③ 파고와 대표 직경은 비례함

3) 안정계수(N_s 치)에 영향을 주는 인자

    (1) 구조물의 특성

      ① 구조형식(경사제, 소파블록 피복제, 혼성제 등)

      ② 피복사면의 구배

      ③ 피복위치(제두부, 제간부, 정수면에서의 위치, 비탈어깨(법견) 또는 비탈면, 후면, 소단 등)

      ④ 천단고 또는 폭, 상부공의 형상

      ⑤ 하부피복층(투수계수, 두께, 고르기 정도)

(2) 피복재의 특성

　① 피복재의 형상(피복석의 형상이나 블록의 형상, 피복석의 경우는 입도 분포)

　② 쌓는 방법(층두께, 정적 또는 난적 등)

　③ 피복재의 강도

(3) 파의 특성

　① 파수(작용하는 파의 수)

　② 파형 구배

　③ 해저 형상(해저구배, 리프(reef)의 유무 등)

　④ 수심과 파고의 비(쇄파와 비쇄파, 쇄파형태 등)

　⑤ 파향과 파의 스펙트럼 형상이나 파군성

(4) 피해의 정도(피해율, 피해 레벨 지수, 피해 정도)

　설계에 사용되는 값은 상황에 대응하는 수리실험결과를 바탕으로 적절히 정함

(5) 안정수 N_s와 K_D 값 관계 : $N_s^3 = K_D \cot \alpha$

■ 참고문헌 ■

1. 해양수산부(2014), 항만 및 어항 설계기준·해설(상, 하), 해양수산부.

2. 서진수(2006), Powerful 토목시공기술사(1, 2권), 엔지니어즈.

3. 서진수(2009), Powerful 토목시공기술사 단원별 핵심기출문제, 엔지니어즈.

12-23. 피복석(armor stone)(78회 용어)

1. 개요
석재는 용도와 생김새에 따라 피복석, 견치석, 간사돌 등으로 구분함

1) 견치석(犬齒石, 間知石)

정교하게 다듬어 생산된 석재로서 앞면의 모양이 정사각형에 가깝고, 각뿔형임. 돌의 모양이 송곳니 닮은 데서 견치석이라 부름(송곳니＝견치)

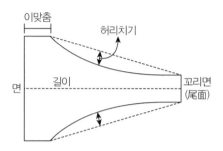

2) 간사돌[Rubble stone, 깬돌, 할석(割石)] : 정교하지 않은 돌

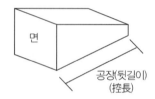

2. 피복석(皮服石) 정의
1) 옷을 입히듯이 **비탈면을 보호**하기 위해 쌓아주는 돌을 통틀어 피복석이라고 함
2) 전석 중에서도 **크기가 아주 큰 돌**을 가리켜 '피복석'이라고 부르는 것이 일반적, 공사현장에 따라 돌의 크기에 관계없이 **비탈면에 시공하는 돌**을 피복석이라고 부르기도 함(돌의 크기가 $0.3m^3$ 정도여도 피복석이라고 부른다는 뜻)
3) 피복석으로 사용되는 돌은 크고, **면이 확실**한 것이 특징
4) 하천과 같이 유속이 빠르지 않은 곳의 피복석은 뒷길이(두께)가 규정치를 만족하기만 하면 납작한 형태로 눕혀서 쌓아도 되지만
5) 해안가 **방조제**나 **방파제** 등의 피복석은 **파도의 힘**을 견뎌야 하기 때문에 크기도 크고 마치 쐐기를 박듯이 세워서 쌓는다.

3. 피복석의 적용성
1) 제방 호안공 : 호박돌, 깬돌 붙임
2) 법면 보호공 : 돌붙임
3) Rock fill Dam : Rip Rap
4) 항만의 방파제 및 방조제

(1) 경사제 및 식 혼성제의 피복재 : 기초사석 외부에 설치

(2) 항외 측 : 이형블록 시공(소파공 : Tetrapod)

(3) 항내 측 : 피복석(사석) 시공

4. 피복석 시공 시 유의사항(방조제공사 경우)

1) 재료 선정 시 **암의 Slaking**에 유의 : 연약화, 풍화, 체적 감소 등으로 안정성 저하

2) 피복석 운반투하 및 고르기 품질관리 기준

   (1) 둑마루 및 비탈면의 고르기 : (±)30cm

   (2) 둑마루 속 고르기 : (+)0cm, (−)20cm

   (3) 피복공의 폭 : (−)20cm

   (4) 피복공의 길이 : (−)20cm

   (5) 피복석의 규격 : 0.1㎥/EA

3) 피복석 고르기

   3면 이상이 인접한 피복석과 맞물리도록 실시, 하부 피복석면의 변형이 없도록 함

4) 잠수 작업 시 안전관리 유의

   (1) 잠수 전, AIR-COMPRESSOR의 작동 상태를 확인

   (2) 1회 잠수 시 규정된 잠수 시간 준수

   (3) 잠수조에 의한 수중 피복석 고르기 작업 시 : BARGE에서 CRANE으로 피복석을 내려줄 때, 수중의 잠수조와 별도의 신호체계를 수립, 잠수조의 협착 사고 방지

5. 피복재 소요질량(안정질량)의 산정(M) [방파제 경우]

1) 소요질량 산정 방법의 종류

   (1) 일반화된 Hudson식

   (2) 반 데 미어(Van der Meer)식

2) 파력을 받는 경사면의 표면에 피복하는 **사석** 또는 **인공블록(TTP 등의 소파블록)**은 내부 사석을 보호하는 것으로 그 자체가 산란되지 않도록 **안정한 질량(소요질량)**을 확보해야 함

3) 안정질량은 적절한 **수리모형실험** 또는 다음의 **일반화된** Hudson식으로 산정하는 것이 표준

$$M = \rho_r H^3 / N_s^3 (S_r - 1)^3$$

[혼성제 사석부, 다른 피복재에도 적용될 수 있는 일반적 식임]

- M : 사석 또는 블록의 안정에 필요한 최소질량(t)
- ρ_r : 사석 또는 블록의 밀도(㎥)
- S_r : 사석 또는 블록의 해수에 대한 비중
- H : 안정계산에 사용하는 파고(m)
- N_s : 피복재의 형상, 구배 또는 피해율 등에 의해 결정되는 계수(안정수)

- K_D : 주로 피복재의 형상 또는 피해율 등에 의해서 결정되어지는 정수

6. 피복석 시공사례

1) 제방 호안공

(1) 호박돌 붙임+콘크리트 기초

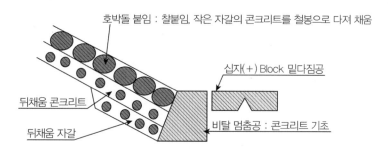

(2) 깬돌 붙임+판바자

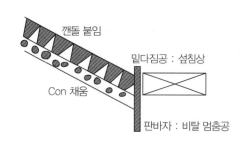

2) 법면 보호공

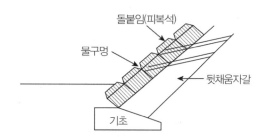

3) Rock fill Dam의 Rip Rap

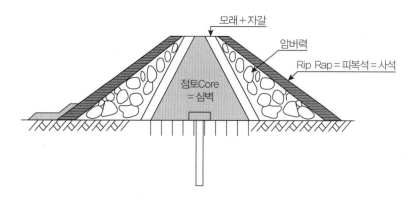

4) 항만의 방파제 및 방조제

(1) Caisson식 혼성제

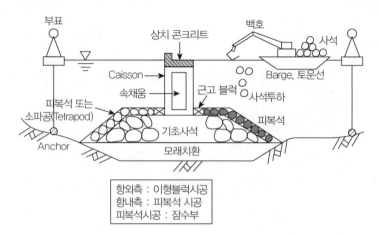

```
항외측 : 이형블럭시공
항내측 : 피복석 시공
피복석시공 : 잠수부
```

(2) 사석 경사제

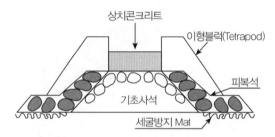

(3) 소파 Block 피복 Caisson

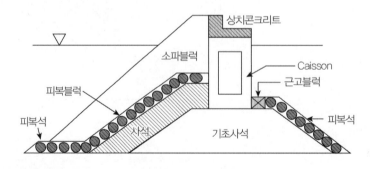

7. 제방 사석(석재) 품질기준

구분	품질기준
비중	2.5 이상
흡수율	5% 이하
압축강도	500kg/cm^2 이상

※ 피복석 재료 선정 시 특히 유의사항

　암의 Slaking 현상에 의한 연약화, 풍화, 체적 감소 등으로 안정성 저하

[이하는 방조제 공사의 경우 내용임]

8. 피복석 시공방법 [시공계획] = 시공 시 유의사항(방조제 공사 예)

1) 휠타매트 및 사면정리

  (1) 중심선 측량하여 위치 표시(20M마다)

  (2) 간조 시 B/HOE를 이용, 기 작업된 휠타석(ϕ300mm) 정리

  (3) 최종적으로 인력을 이용하여 고른다.

2) 피복석 작업방법

  (1) 피복석 시공 전 휠타석 상단부 정리 후 LEVEL 측량

  (2) 40M 간격으로 기준틀을 설치, 제체가 안정된 상태에서 시공

  (3) 장, 단 비율이 3 : 1 피복석을 종축으로 잘 짜면서 시공한다.

  (4) 곡면부 피복석은 가장 큰 돌을 선별하여 세워서 시공

  (5) 피복석 사이에 발생되는 공극

    : 공극보다 큰 돌을 뒷부분에 채워서 사석의 흡출 방지

  (6) 피복석은 세워서 쌓되 인접 피복석과의 물리는 면적이 많도록 하며 상단보다 하단이 넓게 시공
한다.

3) 피복석 시공 시 유의사항

  (1) 상단의 피복석보다 하단의 피복석을 큰 돌로서 시공하여 충분한 안정성 확보

  (2) 피복석 길이가 긴 부분이 사면에 직각되게 시공

  (3) 피복석을 서로 맞물리도록 시공하며 마찰이 최대가 되도록 시공

  (4) 피복석 내부 공극은 최대한 공극 이상의 돌로 내측을 채워 시공

9. 피복석 시공계획 시 고려사항

1) 인원투입계획

2) 장비투입계획

3) 공정관리계획

4) 품질, 안전 및 환경관리계획

10. 환경관리계획

하천, 해양 공사 시 특히 환경관리에 유의해야 함

1) 환경보전계획 수립 : 착공신고서에 첨부

2) 수질

  (1) 지정된 장소에서 중장비의 정비 및 보수 실시, 오일의 누수에 주의

  (2) 폐유 및 오일 무단 방류금지, 수질오염에 주의

3) 지정 폐기물(폐유) 처리

  (1) 장비 가동에 의해 발생되는 폐유 : 폐기물관리법 시행규칙에 의거 관리

(2) 폐유의 보관장소 : 빗물, 지표수 등 물이 유입되지 않게 배수로 설치

(3) 밀폐된 용기에 보관 : 내용물이 휘발 방지

(4) 다른 폐기물과 구분하여 별도 장소 보관, 표시판 설치

(5) 수집된 폐유는 적법처리업자(지정폐기물 처리업자)에 전량 위탁처리

4) 폐기물

발생 폐기물은 분리수거(폐지와 플라스틱류) 후 정해진 장소에서 처리

5) 비산 먼지 발생 대책

(1) 수송 차량 세륜 및 측면 살수 후 운행

(2) 싣거나 내리는 장소에 고정식 또는 이동식 살수 시설 설치

(3) 덮개 설치

(4) 통행 차량속도 제한 : 시속 20km 이하

(6) 공사장 안의 통행 도로 : 1일 1회 이상 살수

(7) 토사의 도로 유출방지 : 청소원 배치 및 세륜세차 시설 설치

6) 주요 억제시설 설치 및 조치사항

(1) 세륜세차 시설 설치

(2) 이동식 살수 시설로 살수차 운영

(3) 청소원을 고정 배치하여 토사 및 적재물이 도로에 유출되지 않도록 청결상태 유지

11. 방조제 공사의 피복석 투하 및 고르기

1) 피복석의 정의

파장으로부터 **사석의 단면을 유지**, 보호하기 위하여 **사석 외측에 사석보다 규격이 큰 돌**을 비탈면 경사에 맞추어 운반, 거치하는 것

2) 피복석 투하 및 고르기

(1) 피복석을 해상 운반하여 제체 단면에 투하한 후 간조시간을 이용하여 See Bed에서부터 비탈면 경사에 맞추어 거치

(2) 투하 전 규준틀을 설치 후 사석 고르기 검측

고르기 검측은 가급적 해수면이 낮아지는 시간에 실시

(3) 최초의 피복석은 제체의 안전성을 고려하여 가급적 큰 돌을 사용하여 고르기를 하고, 뒷돌을 고이지 말 것

(4) 피복석의 공극을 최소화시켜 내부 사석이 빠져나오지 않게 시공

(5) 법선측량을 실시하여 기 완성된 사석 해상 B/H 투하면에서 연직으로 60cm 위쪽으로 각 측점(20m 당 1개소)마다 규준틀을 설치

(6) 피복석 야적장에서 시방규정에 적정한 피복석을 선별, 지점마다 소요량을 운반, 투하

(7) M.S.L을 기준으로 수상작업과 수중작업을 구분하여 수중작업은 잠수조를 투입해 근고사석을 기초로 하부부터 위쪽으로 피복석 고르기를 실시

(8) 피복석 고르기는 3면 이상이 각각 인접한 피복석과 맞물리도록 실시하며, 피복석 간 공극을 최소화

(9) 피복석과 해상 B/H 투하면과의 공간에는 뒤채움 사석을 충분히 채워 넣어 해수의 유수에 의한 피복석 고르기 면의 변형이 없도록 한다.

(10) 피복석 고르기 면을 편평하게 하기 위해 사용하는 고임돌의 사용을 최소화하여 시공 후 고르기 면의 변형이 없도록 한다.

12. 피복공 시공의 허용범위(기준)

1) 둑마루 및 비탈면의 고르기 : (±)30cm

2) 둑마루 속 고르기 : (+)0cm, (−)20cm

3) 피복공의 폭 : (−)20cm

4) 피복공의 길이 : (−)20cm

5) 피복석의 규격 : $0.1m^3$/EA

13. 피복석 해상 운반 시 안전관리

1) 운반선 자체에 균열, 파손 있는 것 사용금지

2) 타이어 휀다를 부착

3) 햇치 커버, 맨홀 커버 등의 수밀성 적절

4) 적재량 표시 및 선박 고정 로프 구비

5) 운반선 선정은 적재량에 따라 선정

6) 적재물이 파고로 인한 선체 요동 시 전도, 탈락되지 않도록 견고하게 고정

7) 예인선의 조타수와 로프 취급자는 신호방법을 정한다.

8) 적재, 적하 시 책임자 지정 및 지휘감독을 받는다.

9) 운반선과 예인선 간의 적절한 예인 간격 유지

10) 야간 예인 시 조명등을 설치한다.

11) 선상에 작업원 승, 하강 시 확인 및 기록 유지

14. 해상 백호우 작업 시 안전관리

1) 안전장치(과부하 방지장치, 권과 방지장치 등) 성능 점검을 철저

2) 후크의 해치장치 부착상태 확인 및 정격하중 표시 철저

3) 기어, 샤프트, 커플링 등 회전 부위에는 덮개 설치

4) 걸기 작업자는 숙련공이 실시, 구명대 착용

5) 작업 장소의 수심을 확인

6) 신호자 배치 및 신호 통일

7) 지브 선호 시 정격하중 준수

8) 짐을 매단채로 운전자 이탈금지 및 옆으로 끌기 등을 금지

9) 매단 짐 위에 탑승금지 및 갑판상에 전도가 없도록 주의

15. 잠수작업 시 안전관리 사항

1) 잠수조 잠수 전, AIR-COMPRESSOR의 작동 상태 확인

원활히 공기 공급 확인, 1회 잠수 시 규정된 잠수시간 준수

2) 잠수조 작업 시 잠수조의 작업 반경 내에 모든 동력선의 접근 차단
공기공급선 이외의 신호선을 설치하여 긴급상황대비

16. 피복석 고르기 작업 시 안전관리 사항

1) 모든 작업은 신호수의 통일된 신호에 의해 진행

2) 안전관리자 및 현장담당자는 상시 CRANE HOOK와 피복석 걸이 CHAIN과의 연결상태를 확인하여 피복석 낙하에 의한 사고 방지

3) 잠수조에 의한 수중 피복석 고르기 작업 시 작업 BARGE에 CRANE으로 피복석을 내려줄 때, 수중의 잠수조와 별도의 신호체계를 수립하여 잠수조의 협착 사고방지

4) 피복석을 HOOK CHAIN에 걸어 운반할 때에는 반드시 2번 이상 CHAIN으로 피복석을 감아 운반 도중 피복석이 낙하 방지

5) 피복석의 사면은 1 : 1.5 구배가 있으므로 작업자가 피복석 사면 위에서 이동하거나 급격한 행동을 하는 것을 금지

■ 참고문헌 ■

1. 해양수산부(2014), 항만 및 어항 설계기준·해설(상, 하), 해양수산부.
2. 서진수(2006), Powerful 토목시공기술사(1, 2권), 엔지니어즈.
3. 서진수(2009), Powerful 토목시공기술사 단원별 핵심기출문제, 엔지니어즈.

12-24. 소파공(62, 77회), 소파블럭(109회 용어, 2016년 5월)

1. 정의

1) 안벽, 방파제 등의 항만 구조물 전면에 충격 파력을 소멸시킬 목적으로 설치

2) 시공 단면도 예시

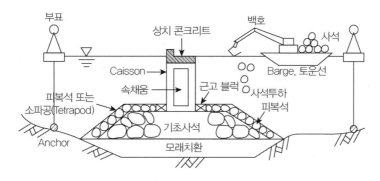

2. 피복재의 설치 위치

1) 항외 측 : 소파블록(TTP)

2) 항내 측 : 피복석(사석)

3. 소파공의 종류

1) 이형블록(소파블록) : 항만 방파제의 피복재임

   (1) Tetra pods(TTP)

   (2) Quadri pods

   (3) Hexa pods

   (4) Tri bar

   (5) Dolos

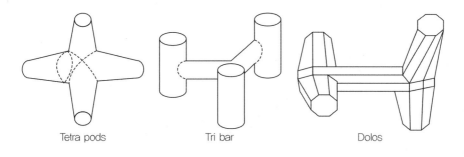

2) 소파 케이슨식 방파제(유공 케이슨식)

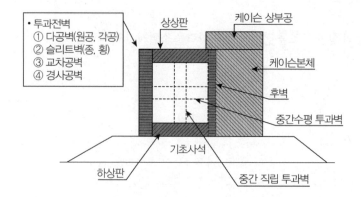

3) 소파블록 피복제(방파제)

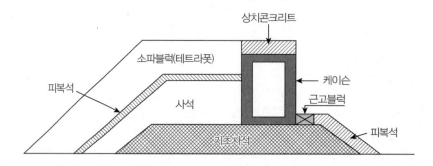

4. 소파공 설계 시공 시 검토 고려할 사항

1) 수심, 수위(조위)

2) 파도, 파고, 파랑

3) 항내정온도

4) 해양오염

5) 건설, 유지비

5. 소파공 시공 시 유의사항

1) 소파공의 높이 : 설계조위 이상 되게

2) 소파공의 폭

   (1) 충분한 폭과 마루높이 유지

   (2) 직립벽의 뚝 마루높이와 같게

3) 소파공의 구조 : 현장 조건과 유사한 모형실험 후 결정하여

4) 파력을 감소시키기 좋은 구조로 설계 시공해야 함

6. 피복재(사석 및 TTP 등의 소파블록)의 소요질량(안정질량) 선정(M)

일반화된 Hudson식

$$M = \rho_r H^3 / N_s^3 (S_r - 1)^3$$

- M : 사석 또는 블록의 안정에 필요한 최소질량(t)
- ρ_r : 사석 또는 블록의 밀도(m^3)
- S_r : 사석 또는 블록의 해수에 대한 비중
- H : 안정계산에 사용하는 파고(m)
- N_s : 피복재의 형상, 구배 또는 피해율 등에 의해 결정되는 계수(안정수)

7. 인공사석과 자연사석 : 소파공 피복석

1) 인공사석 : 인공의 방파제 사면 피복 재료임(소파블록)

    (1) Tetra pods(TTP)

    (2) Quadri pods

    (3) Hexa pods

    (4) Tri bar

    (5) Dolos

2) 자연사석(피복석) : 자연의 피복재료임

구분	인공사석(소파블록)		자연사석(피복석)
목적	• 반사파 방지 • 파력감쇄		기초사석 보호(mound 피복재)
크기	$1m^3$ 이상		$1m^3$ 이하($0.3m^3$ 이상)
형태	• Tetra pods(TTP) • Hexa pods • Dolos	• Quadri pods • Tri bar • Acropod	자연사석
구득	직접 제작으로 쉬움		구득 어려움
장점	다양한 형태제작 재료구득 쉬움		비용 저렴
단점	비용 고가		재료구득 난이함

■ **참고문헌** ■

1. 해양수산부(2014), 항만 및 어항 설계기준 · 해설(상, 하), 해양수산부.

2. 서진수(2006), Powerful 토목시공기술사(1, 2권), 엔지니어즈.

3. 서진수(2009), Powerful 토목시공기술사 단원별 핵심기출문제, 엔지니어즈.

12-25. 방파제의 피해 원인(84회 용어)

1. 개요

1) 방파제는 항만 내곽(안벽) 시설을 보호하는 항만의 외곽 시설(구조물)로서 파도 및 유사의 영향을 많이 받는 구조물

2) 방파제 설치 목적

   (1) 항내의 정온(파도가 없이 조용한 정도) 유지

   (2) 선박의 항행, 정박의 안전 및 항내 시설의 유지, 하역의 원활화

   (3) 방파제는 파도를 막는 기능만이 아니고 폭풍해일이나 지진해일의 세력을 감쇄하는 기능을 갖는다.

3) Caisson식 혼성제

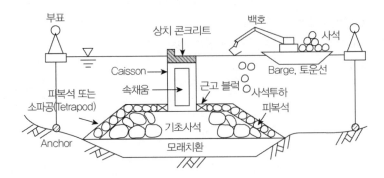

   (1) 항내 측 : 피복석 시공

   (2) 항외 측 : 이형블록(소파블록) 시공(Tetrapod 등)

2. 방파제 피해 원인

1) 조사 잘못 : 지반

2) 계획 잘못

3) 설계 잘못

4) 시공 잘못

5) 유지관리 잘못

3. 방파제 설계 시공 시 검토, 고려사항

구분	설계 시 기본방침 (검토사항)(검)		평면 배치 시 고려사항(배)		설계 시 설계 조건 결정(조)		구조 형식 선정 시 검토사항(구)		침하 원인(침)	
1	배	방파제 배치	항	항로의 정온도	항	항내정온도	자	자연조건	기	기초지반 압밀침하
2	지	주변지형영향	정	정박지(항내) 정온도	바	바람	이	이용조건	지	지반의 흡출
3	환	주변환경과의 조화	수	친수성	조	조위	배	배치조건	측	측방유동

구분	설계 시 기본방침 (검토사항)(검)		평면 배치 시 고려사항(배)		설계 시 설계 조건 결정(조)		구조 형식 선정 시 검토사항(구)		침하 원인(침)	
4	조	설계조건	환	친환경성(자연조건, 항내수질 등)	파	파랑 (파도, 파고)	시	시공조건	중	중량에 의한 함몰
5	구	구조형식	조	조선	수	수심 및 지반조건	경	경제성(공사비)	사	사석 자체의 압축
6	다	다목적 사용의 유무	장	항만의 장래확장	친	친수성	공	공사기간		
6	설	설계법	건	건설비	환	친환경성	중	중요성		
7	시	시공법	유	유지관리비	경	경제성(건설비, 유지관리비)	재	재료구입의 난이도		
8	경	경제성(공사비)					유	유지관리의 난이도		
9										

4. 항만시설(방파제)의 설계조건(설계 적인 피해원인)

1) 시설의 성격, 시설에 주어진 상황에 따라 다음의 설계 여건 중에서 적절하게 선정, 자연조건, 이용 상황, 시공조건, 부재의 특성, 시설에 대한 사회적 요청, 자연환경에의 영향 등을 고려하고 시설들이 안전하게 될 수 있도록 정함

2) 설계 시 고려사항

   (1) 대상 선박의 제원

   (2) 선박에 의하여 발생하는 외력

   (3) 바람과 풍압 등

   (4) 파고와 파력

   (5) 조석과 이상조위

   (6) 흐름과 흐름의 힘

   (7) 부체에 작용하는 외력과 그의 동요

   (8) 하구수리 및 표사

   (9) 지반 : 기초의 침하, 연약지반 개량, 사면안정

   (10) 지진과 지진력

   (11) 지반의 액상화

   (12) 토압 및 수압

   (13) 자중 및 재하하중

   (14) 마찰계수

   (15) 기타 필요한 설계조건 : 재료

5. 시공 시 고려사항

1) 시공방법

2) 시공정밀도

3) 공기

4) 건설비 등

6. 항만시설의 유지관리 및 안전진단

1) 항만시설의 **기능을 양호하게 유지, 시설의 안정성 저하 방지** ⇒ 항만의 특성에 따라 **점검, 평가, 보수** 등의 **종합적인 유지관리**시행

2) 유지관리 및 안전 진단목적

   (1) 점검, 검사, 평가, 보수, 보강 등의 유지관리정보 데이터 수집

   − 일정양식에 따라 기록, 보관, 계통적으로 정리

   ⇒ 시설의 건전도에 대한 적절한 평가 · 유지와 보수용 기초적인 정보

   − 시설의 열화대책수립, 라이프사이클코스트(Life Cycle Cost) 저감 검토 시 사용

   (2) 상시 **열악한 해양환경**에 노출된 **항만 · 어항**, 기타 **해양구조물**

   ⇒ **경년변화와 해양 자연환경의 변화**에 따른 **노후화** 필연적 수반

   (3) 장기적으로 항만 및 어항의 **성능**을 **유지 · 발전** ⇒ 지속적인 **유지관리**와 **안전진단** 수행

3) 유지관리에 관한 용어의 개념

```
           ┌ 점검·안전진단 ── 정기점검, 임시점검 등을 주로 하고 구조물의 상태 손상현황, 잔존기능 등을 조사하는
           │                    행위와 이들의 관리업무
유지관리 ──┼ 평가          ── 점검, 검사에 준하여 건전도를 평가하고 보수 등의 필요성 판단
           ├ 유지          ── 구조물의 물리적 노후화의 진행이나 기능 저하를 허용한계에서 진행되지 않도록 하는 행위
           └ 보수, 보강    ── 물리적, 기능적인 노후된 구조물을 부분적으로 개조, 보수·보강하여 소요의 기능이나
                              구조를 회복할 수 있도록 하는 행위
```

＊ 상세한 유지관리는 항만구조물 안전진단 및 보수·보강 指針書(해양수산부 '97)등 관련 자료 참조

4) 안전진단의 기본적인 수행 과정

   (1) 안전진단 항목

   ① **지반환경**의 진단 : 토질시험, 해상 탄성파탐사

   ② **구조물 상태** 진단 : 관련 계측 시험, 재료실험 및 다중채널 음향측심기(빔수 60개 이상) 등에 의한 구조물의 내구성, 변위 등 진단

   ③ **해양환경**의 진단

   ㉮ 해수의 물리적 특성 진단

   ㉯ 해수의 화학적 특성 진단

   ㉰ 해양 생물상의 특성 진단

   ④ **배후 시설**의 점검

(2) 안전진단 대상시설물

분류	시설 명
1종 시설물	㉮ 갑문시설 ㉯ 20만 톤 이상 선박의 하역시설로서 원유부이(Buoy)식 계류시설 및 그 부대시설인 해저 송유관시설 ㉰ 말뚝구조의 계류시설 ㉱ 안벽 구조물 ㉲ 방파제 구조물
2종 시설물	㉮ 1만 톤급 이상의 계류시설로서 1종 시설물에 해당하지 아니하는 계류시설 ㉯ 안벽 구조물 ㉰ 방파제 구조물

7. 경사방파제의 사면 피복석 또는 블록의 안정질량(소요질량)

12−24강에 수록된 내용으로 기술

■ 참고문헌 ■

1. 해양수산부(2014), 항만 및 어항 설계기준·해설(상, 하), 해양수산부.
2. 서진수(2006), Powerful 토목시공기술사(1, 2권), 엔지니어즈.
3. 서진수(2009), Powerful 토목시공기술사 단원별 핵심기출문제, 엔지니어즈.

12-26. 케이슨 진수 공법(잠함 공법)

- 방파제 공사를 위해 제작된 케이슨 진수 방법 설명 [107회, 2015년 8월]

1. 개요
1) 케이슨은 콘크리트 기성 제품으로 된 Concrete 함선(배)과 같으므로
2) 제작 → 진수 → 운반 과정은 선박의 건조 진수 방법과 공정이 거의 같다.
3) 현장에서는 케이슨 진수 시설을 신설하기보다는 기존의 조선 시설을 이용하는 것이 좋다.

2. 케이슨 시공 순서(케이슨식 항만시설)〈Caisson식 방파제 또는 Caisson식 안벽 그릴 것〉
Caisson 제작 → 진수 → 운반 → 거치 → 속채움 → 상치(cap con) 콘크리트 → 방파제(안벽) 시공

3. 진수 시 고려사항(진수 공법 선정 시 고려사항)
1) 공기
2) 공사비
3) 환경 : 해양 오염
4) 케이슨의 규모(크기)
5) 수량
6) 설치 위치의 지형 및 자연 조건, 시공 조건, 파도, 파고, 파랑, 조위 수질, 수심, 수위, 조수 간만의 차 등
7) 설치 장소까지의 거리
8) 운반 방법

4. 진수 공법의 종류
1) **경사로**에 의한 진수
2) **사상** 진수
3) **가체절**에 의한 진수
4) **기중기선**에 의한 진수
5) **건선거**에 의한 진수
6) **부선거**에 의한 진수
7) Syncro Lift에 의한 진수

5. 시공법 예시(특징)

1) 경사로

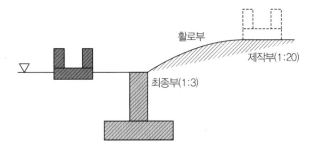

(1) 경사로 각부의 경사도

① 제작부(1 : 20)

② 진수부 : 경사도 급하게 하여 경사로 길이를 짧게

③ 최종부(1 : 3) : 진수 시 안전 유지 가능한 경사도 유지 [1 : 7(1 : 3.5~7)]

(2) 경사로 시공 시 유의사항

① 기초 : 사석 깔고 소요의 경사로 고른다.

② 활로부 : 적절한 두께의 콘크리트 타설

③ 부등 침하 방지 : 이탈 전도에 대비

④ 경사로 선단부 세굴 방지 대책 수립

2) 사상 진수

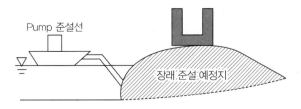

(1) 케이슨 제작장 위치

장래 준설 예정 지역(준설 계획지)인 경우 준설을 겸한 조건

(2) 적용성 : 사질 지반

(3) 방법

① 장래 항로, 박지 등 준설을 하여야 할 모래 위(사상)에서 케이슨 제작

② 준설선(Pump)으로 준설

③ 케이슨을 부상시켜 진수

(4) 문제점

① 침수가 되기 쉽고

② 준설 중에서도 진수가 되어 준설 장비의 대기 시설 필요

(5) 시공 사례

① 포항 신항

② 동해항

3) 가체절

- (1) 적용성
  - ① 제작 수량이 적을 경우(1~2함)
  - ② 제작장 인근에 가체절 가능할 때
- (2) 시공 순서(방법)
  - ① 가체절 시공
  - ② 케이슨 제작
  - ③ 가체절 철거
  - ④ 진수
- (3) 진수 시 유의사항
  - ① 진수 시 유속의 작용에 의한 케이슨 전도 및 침수
  - ② 전도에 대한 안전 대책 수립

4) 기중기선

- (1) 적용성
  - ① 기중기 작업이 가능한 곳 : 수면과 수심 필요
  - ② Cassion 제작장 : 기중기의 권상 작업이 가능한 Boom의 길이가 미치는 범위 내
- (2) 시공 순서(방법)
  - ① 케이슨 제작
  - ② 권상(기중기선) : 국내 설악호의 권상 능력 2,000ton
  - ③ 예인선으로 예인
  - ④ 거치

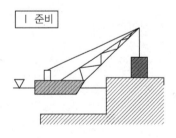

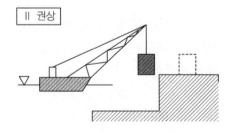

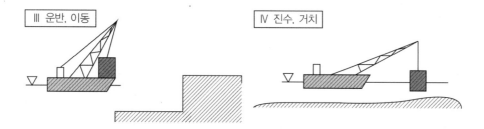

5) **건선거(Dry Dock)에 의한 진수** : 기존의 건선거 이용

    (1) 시설비가 많이 든다.

    (2) 시설 공사 공기가 길다.

    (3) 케이슨 제작 용도에 국한해서 시설할 수 없기 때문에

    (4) Cassion의 제작 거치 현장이 인근에 있고

    (5) 건선거 사정이 Cassion 제작 시기에 선박 건조나 수리 등의 제작 공정이 없을 경우

6) **부선거**

    (1) 부선 위에서 케이슨 제작

    (2) 콘크리트 양생 → 진수

    (3) 진수 방법

       ① 부선을 해상으로 예인(예인선＝Tug Boat) : 수심 12m 정도가 되는 해상

       ② 정박

       ③ Ballast Tank 침수 : 서서히 선체를 가라앉힌다.

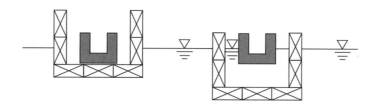

7) **Syncrolift에 의한 진수**

    (1) Syncrolif 에서의 제작장 : 선거 후방에 Rail이 종, 횡방향으로 설치

    (2) Rail 위의 대차에서 Cassion을 제작

    (3) 대차를 끌고, Syncrolift Steel Platform까지 운반되면

    (4) Syncrolift Hoist로 Wire Rope를 서서히 풀면서 일정 수심까지 내리고

    (5) 수중에 들어간 platform 위의 Cassion이 부력을 받아서 진수

    (6) 국내 시공 사례 없다.

6. 맺음말

1) 진수 시 유의사항(고려사항)

    (1) 경제성

(2) 안전 대책(안전성)

(3) 시공성

(4) 품질

(5) 환경(해양오염)

2) 항만 공사 설계 시공 시(케이슨 진수 시) 특히 유의사항

(1) 수심 및 조위

(2) 파도, 파고, 파랑

(3) 바람

(4) 항내정온도

(5) 건설비 및 유지관리비

■ 참고문헌 ■

1. 해양수산부(2014), 항만 및 어항 설계기준·해설(상, 하), 해양수산부.

2. 서진수(2006), Powerful 토목시공기술사(1, 2권), 엔지니어즈.

3. 서진수(2009), Powerful 토목시공기술사 단원별 핵심기출문제, 엔지니어즈.

12-27. 케이슨 거치(제자리 놓기) 공법 종류 및 거치 시 유의사항(36, 57회)

1. 케이슨 방파제 및 안벽의 시공순서

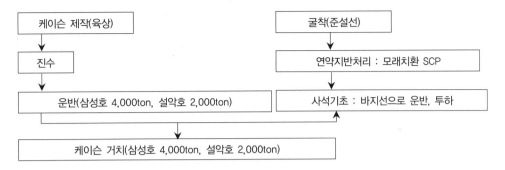

2. 사석기초 고르기 유의사항(기초공) : 케이슨 거치 시 유의사항

1) 작업 시 고려사항

  (1) 수심

  (2) 파고, 파랑

  (3) 유속

  (4) 탁도

2) 고르기

  (1) 계획표고 : 수중 표척을 설치하고 육상에서 관측

  (2) 고르기 : 잠수부가 손으로 더듬어 고르고, 기복이 심한 곳 보충 사석 투하함

  (3) **계획고 1m 이내** 바닥고르기 : **나무말뚝＋각목＋Rail** 이용 **잠수부가 각목을 밀고 나가면서 잔자갈,** 작은 사석을 손으로 채움

3) 기초사석 바닥 높이

  (1) **여성토 20~40cm** : 케이슨 거치 후 침하에 대비

  (2) 여성높이 조정 : 침하관측으로 조정

3. 케이슨 거치 개념도(방파제 경우) 예

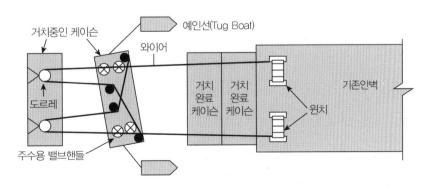

4. 케이슨 거치 허용오차(거치 시 유의사항)

기준항목	허용오차
높이차(Level)	1) 사석기초 고르기 : ±5cm 2) Caisson 제작 허용치 : ±3cm
법선 출입	±10cm
Joint	10cm 이내

■ 참고문헌 ■

1. 해양수산부(2014), 항만 및 어항 설계기준·해설(상, 하), 해양수산부.

2. 서진수(2006), Powerful 토목시공기술사(1, 2권), 엔지니어즈.

3. 서진수(2009), Powerful 토목시공기술사 단원별 핵심기출문제, 엔지니어즈.

12-28. 하이브리드 케이슨(Hybrid Caisson)(82회)

1. 하이브리드 케이슨(Hybrid Caisson) 정의
강판과 콘크리트의 합성구조(강, 콘크리트 복합구조) 형식의 케이슨임

2. 하이브리드 케이슨의 구조형식(종류)
1) 강판을 한쪽에 배치한 합성판 구조
2) H형강을 내부에 매설한 SRC 구조

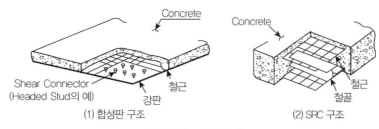

하이브리드 구조부재

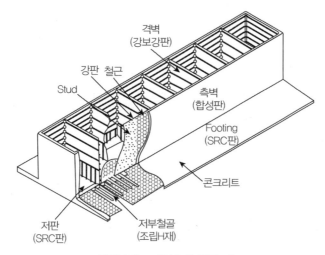

하이브리드 케이슨의 구조 예

3. 하이브리드 케이슨의 적용성(용도)
1) 재래의 철근콘크리트 케이슨등과 같이 **방파제, 안벽, 호안** 등에서 사용
2) **내진안벽** : 높은 강성, 경량화로 구조적 특성 우수하여 **내진성능 우수함**
3) **해수교환형** 케이슨 : 케이슨 내부에 도수관 설치, 유수실 후벽 개구하여 항내 해수 교환 유도
4) **2중 Slit Caisson** : Slit 벽을 2중으로 하여 **단주기**에서 **장주기**까지 **소파** 가능한 **유수실**이 있는 케이슨
5) 상부 사면제 케이슨 : **케이슨 전면벽 경사**로 **파력감소, 경제적**인 케이슨 단면

4. 하이브리드 케이슨의 설계

1) **한계상태 설계법**으로 하는 것을 표준으로 함

2) 하이브리드 케이슨의 설계순서

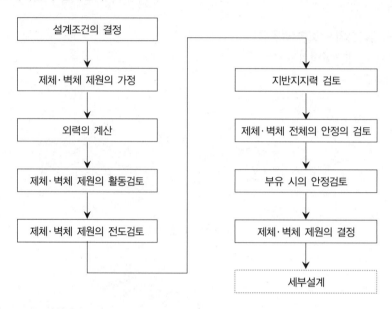

5. 부재 설계 시 고려사항

1) 단면력의 검토 : 확대기초, 저판, 외벽, 격벽, 우각부 등에 대하여 검토

2) 합성판의 설계 시 고려사항

  (1) 휨 모멘트

  (2) 전단력

  (3) 강·콘크리트의 일체화

3) SRC 부재의 설계

  (1) SRC 부재는 철골의 구조형식의 종류에 따른 역학적 특성을 충분히 고려, **휨 모멘트 및 전단** 검토

  (2) SRC 부재 분류 : 철골의 구조형식에 따른 분류

    ① 복부가 충복형인 경우

    ② 복부가 Truss 형식인 경우

4) 격벽의 설계

  격벽에 작용하는 외력에 대하여 안전하고 또 외벽·저판을 지지하는 부재로서 기능을 발휘하도록 설계

5) **피로파괴**에 대한 안정성

6. 하이브리드 케이슨의 구조·기능상의 특징(RC 케이슨과 비교)

구분	RC 케이슨 (재래 케이슨)	하이브리드 케이슨
사용재료	철근콘크리트	• 강판, H형강, Stud(전단연결재), 철근콘크리트 • 철근 대신에 강판이 2차원적으로 배치 : 역학적 성능 향상
단면형상	Footing 설치 : 길이 1.5m 정도 이내임	• 확대기초를 넓혀서 케이슨 저면의 지반반력 발생을 적게 함
케이슨자중	무거움	• 가벼움(경량)
흘수	적음	• 큼
기타		• 강판의 존재 : 콘크리트의 균열 발생 후에도 수밀성 유지 • 공장에서 자동용접의 방법에 의하여 배근 작업이 완화됨 • 강판을 콘크리트 타설 시의 거푸집으로 활용함 • 구조물의 경량화 : 시공성 향상

7. 방식

1) 하이브리드 부재의 **열화** : **강재의 부식**이 주원인
2) 내구성 향상 대책 : 강판에 대한 **방식**
   (1) 부재의 강판이 직접 **해양환경**에 접하는 것을 피하는 구조
   (2) 간조부(간조부) 및 비말부(비말부)는 **방식 도장**
   (3) 해중부 : **전기방식**

■ 참고문헌 ■

1. 해양수산부(2014), 항만 및 어항 설계기준·해설(상, 하), 해양수산부.
2. 서진수(2006), Powerful 토목시공기술사(1, 2권), 엔지니어즈.
3. 서진수(2009), Powerful 토목시공기술사 단원별 핵심기출문제, 엔지니어즈.

12-29. 준설선의 종류, 특성, 토질 조건에 맞는 준설선(Dredger)

1. 개요
임해 공업 단지 조성, 간척지(농지) 조성, 항만 안벽 뒤채움 공사 시에는 수중의 흙을 준설하여 매립 또는 성토한다.

2. 펌프 준설선(Pump Dredger)
1) 자항 펌프 준설선(Trailling suction hopper dredger) = 트레일링 석션 호퍼 준설선
   - (1) 트레일링 형(Trailing type)
     - ① 드래그 헤드(Draghead, Trailing head, suction head)를 준설위치에 내려 서서히 항행하면서 준설
     - ② 흡입관의 선단에 드래그 헤드를 통하여 준설토를 흡입하는 형식
     - ③ 준설작업 시 항행속도 : 보통 1~5노트
     - ④ 흡입관(Suction pipe)은 선체중앙부에 장착된 것과 양현에 장착된 것이 있음
     - ⑤ 준설토는 선체 내의 이창(Hopper)에 싣고 17노트의 속도로 투기장에 도달하여 저개식 문비를 열고 투기, 매립토로 이용 시 송토관으로 압송 투기
   - (2) 무어드 형(Moored type)
     - ① 앵커를 고정시키고 앵커 로프(Anchor rope)를 조정하면서 준설
     - ② 커터(Cutter)가 부착되지 않은 형식이므로 이토 등의 준설에 적합
     - ③ 이창에 준설토를 싣고 자항으로 항행 투기
   - (3) 자항 펌프 준설선의 규격 : 호퍼용량으로 통칭 : 초대형 33,000m³급의 경우 준설심도 80m 가능

2) 비항 펌프 준설선(Cutter suction dredger) = 커터 석션 준설선
   - (1) 개요
     선단부에 커터(Cutter)가 장착된 래더(Ladder)를 계획 준설 위치에 내린 후, 커터모터로 커터를 회전시켜 준설토사를 물과 함께 펌프로 흡입하여 송토관(Discharge pipe line)을 통하여 투기장에 투기하는 방식의 준설선
   - (2) 커터의 종류
     - ① 평면 커터형 : 이토질지반
     - ② 빗살 커터형으로 티즈를 장착 : 단단한 토질, 사력층
   - (3) 커터의 모양
     - ① 개방형(Open type)
     - ② 폐쇄형(Closed type)
   - (4) 특징(적용성)
     - ① 준설량이 대량이고 광범위한 장소에 적합하며
     - ② 특히 매립을 겸한 준설일 때 많이 활용
     - ③ 투기장 거리가 먼 경우에는 중계 펌프(Booster pump station)를 설치하여 연계하여 사용

3) 자항식, 비항식 비교

특징	자항식	비항식
작업방법	Sand pump를 pontoon 위에 장치, 흡입관으로 해저의 토사를 흡상하여 배송관에 의해 선외로 배출	
장점	㉠ 준설지역이 넓고 토량이 많을 때 ㉡ 사토장이 먼 곳에 적합 ㉢ 준설토질이 사질일 때 능률이 좋다.	㉠ 준설과 매립을 동시에 실시 ㉡ 준설 능력이 커서 경제성 유리(시공 단가가 싸다.) ㉢ 준설 토질이 사질일 때 능률이 좋다.
단점	㉠ 경질토에 불리 ㉡ 비항식보다 건조비가 비싸 관리비가 많이 든다. ㉢ 하상의 凹凸이 크며 파다 남은 장소가 생기기 쉽다.	㉠ 관부설에 시일이 필요 ㉡ 기상 조건에 영향 : 풍랑에 의해 피해를 받을 수 있다. ㉢ 암석, 경질토(단단한 토질)에 부적합 ㉣ 배토 거리에 제한
적용성	토사, 모래 지반	

4) Pump Dredger 작업 개념도

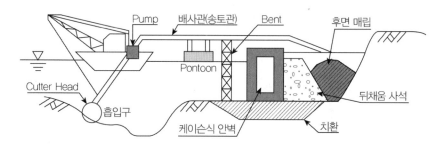

3. Grab Dredger(일명 Pries Man)

1) 그래브 Bucket 종류

(1) 경량 Bucket(Light bucket) : 이토, 점토, 모래층의 준설에 적합

(2) 중량 Bucket(Heavy duty bucket) : 다진 모래, 단단한 점토층의 준설에 적합

(3) 초중량 Bucket(Ultra heavy bucket)

① 다진 모래, 단단한 점토, 부식암층의 준설에 적합

② 사력층, 전석층, 결(절리)이 많은 연암층의 준설용

(4) 초대형 초중량 버키트 : 암반준설 가능, 굴착 깊이가 깊은 대심도 준설 가능

2) 적용성

장소가 협소하거나 소규모 준설, 심도가 깊은 곳 등에 일반적으로 투입, 기초굴착용

3) 규격 표시 : Grab bucket의 용량으로 표시

4) Bucket의 용량

(1) 소형(2.0m³급)

(2) 중형(4~8m³급)

(3) 초대형(25~40m³급)

5) Bucket의 형식

(1) 크람셀형 Bucket : 일반적 형식

(2) 오렌지 필(Orange peel)형 Bucket : 사석 인양 작업

6) 장비조합

  (1) 운반 : 토운선

  (2) 토운선은 끌배에 의하여 투기장에 예인 후 투기

7) 특징

작업방법	Pontoon 위에 장치한 Crane(기중기)에 Grab Bucket을 달아 준설하는 Clamshell의 일종
장점	• 협소한 장소의 소규모 준설에 적합 • 기계가 비교적 간단, 건조비 싸다. • 준설 깊이가 깊어도 가능(약 60m)
단점	• 준설 능력이 적고 굳은 토질에 적당하지 않다. • 준설 표면 마무리가 좋지 않다. • 공사 단가가 비교적 높다.
적용성	• 풍랑에 대해 안전한 소규모 준설에 적합 • 연한 토질 N = 0 ~ 40 • 구조물 기초 터파기, 물막이, 흙의 제거 등에 사용

8) Grab Dredger 작업 개념도

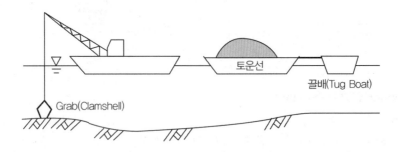

4. Bucket Dredger(Ladder dredger)

1) 개요

  Bucket 라인에 **여러 개의 Bucket**을 연결부착하여 **Bucket 라인**을 준설계획위치 해저지반상에 내려놓고 회전시키면서 준설토사를 연속적으로 준설하는 준설장비

2) Bucket 1개의 용량 : 0.2m^{3}에서 0.5m^{3}급

3) Bucket의 종류

  (1) 평면 커터형 Bucket : 사질토사 준설 시 사용

  (2) 티즈(Teeth)를 붙인 빗살 커터형 Bucket : 단단한 토질준설

4) 장비조합

  Bucket에 굴착되어 담겨진 준설토사는 호퍼에 부착된 슈트를 통하여 토운선에 적재되어 끌배로 투기장에 예인 후 투기

5) Bucket Dredger(Ladder dredger) 특징

작업방법	Bucket 굴착기를 Pontoon 위에 장치 (1) 소형 : 비항식 (2) 대형 : 자항식
장점	• 준설 능력이 크고, 대규모 광범위 공사에 적합 • 준설 단가가 비교적 싸다. • 준설 깊이 : 15m • 하상면(준설 굴착면) : 비교적 평탄(Grab 준설선 대비) • 바람, 파도, 파고, 파랑, 조류에 대한 내력이 강하다. • 대형선은 강력한 능력으로 경지반 굴착도 가능
단점	• 닻줄을 멀리 늘어뜨려야 하므로 넓은 수역 필요 • 가격이 고가(감가 삼각비가 비싸다.) • 위치 이동이 어렵다 : 소규모 현장에 부적당 • Tug Boat(예인선), 토운선 필요
적용성	점토~연암(광범위한 토질에 적합)

6) Bucket Dredger 작업 개념도

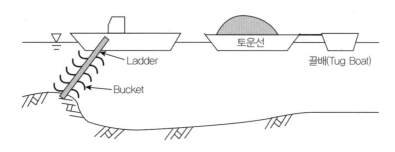

5. 디퍼 준설선(Dipper dredger) 또는 백호 준설선(Backhoe dredger)

1) 디퍼 준설선

  (1) **단단한 토질**, 쇄암선에 의한 **파쇄암** 또는 **발파암 준설**을 하기 위하여 선단부에 Dipper bucket을 장착한 붐을 준설 위치에 내려 바깥으로 밀어 퍼 올리는 방식으로 전진하면서 준설하는 장비

  (2) 토운선에 적재하여 끌배로 투기장까지 운반하여 투기

2) 백호 준설선

  (1) 디퍼 준설선과 유사, 동 종류로 분류됨

  (2) 백호 Bucket의 장착방향이 디퍼준설선과 반대로 작동하여 안쪽으로 끌어당기며 퍼 올리는 방식으로 준설

  (3) 따라서 준설구역을 후진하면서 이동

  (4) 특징

    ① 준설바닥과 비탈면의 마무리 공사에 정밀도가 높고 수심이 얕은 준설에 효율적 경제성이 있음

    ② 수심이 10.0m 이상 준설은 곤란

  (5) Bucket의 종류

    ① 토사용 백호 Bucket

② 쇄석용 리퍼 Bucket

③ 암파쇄용 1개 갈고리 리퍼

(6) 백호 준설선의 규격 : 버키트의 용량으로 구분, 0.7m³급에서 5.0m³급

3) Dipper Dredger 특징

작업방법	육상서 사용하는 shovel식 굴착기를 Pontoon 위에 장치한 것. 비항식임
장점	• 굴착량이 많고 굴착력이 커서 암석이나 굳은 토질에 적합 • 작업 장소가 좁은 곳 유리 • 기계 고장이 적음
단점	• 공사비, 건조비가 비쌈 • 연한 토질일 때 능률이 저하 • 운전자의 숙련이 필요 • Anchor가 없어 풍랑에 약함
적용성	암석, 굳은 토질

4) Dipper Dredger 작업개념도

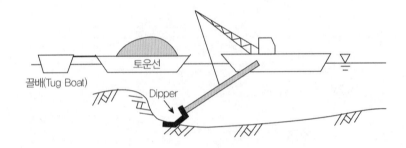

6. Drag Suction Dredger = Suction Dredger(호퍼준설선)(82회 용어)

1) 개요

준설 시 배송거리가 길어서 Pump 준설선 투입이 곤란할 시 토운선 및 홀드바지에 준설토를 적재하여 **해양오염** 없이 **친환경적공법**으로 준설토를 일정거리의 **투기장으로 이송**하는 장비

2) 작업 방법

Drag Arm을 Winch로 해저에 내려 **사수(Water Jet)**에 의해 해저의 **연약토**를 **교란시켜 준설** pump로 흡상 사토장까지 **운반(자항식)** 후 배의 **하부(Hopper)**를 열고 사토

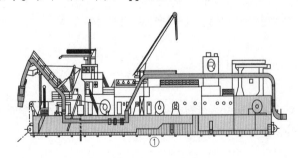

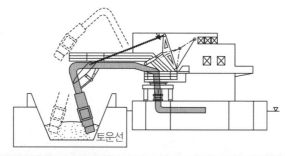

토운선

3) Suction Dredger 특징

　해양오염의 우려가 최소화된 친환경적 공법

4) 적용성

　항행이 많은 항로의 대규모 확폭, 준설 공사에 적용. 연약토에 적용

■ 준설능력

대상토질	이토, 사질토
준설능력	900m³/hr× 500m 360m³/hr× 6,000m
최대능력	9,000m³/hr(Water)× 50m
송출거리	6,000m
송출관 직경	흡입구 D680mm 토출구 D610~710mm

■ 주항목

형식	Suction Dredger
자중	1,300ton
선체부	길이 54.0m× 폭 14.0m× 깊이 3.0m (흘수 2.0m)
주엔진	IHI-PIELSTIC 4,000HP/500rpm
출력	900kva× 3,300V
워터펌프	2,100m³/hr× 10m× 2unit

5) 작업순서

　(1) 준설토를 적재한 **토운선 및 홀드바지**를 본선에 접안

　(2) 본선에 장착된 Water Pump 노즐로 **토운선 및 홀드바지** 내의 준설토와 물을 희석시켜 물과 함께 **준설토를 흡입**

　(3) **배사관**을 이용하여 **투기장**으로 **이송 투기**

6) 작업 흐름도 및 공정사진

준설토 토운선 적재(A)

토운선 해상운반 및 접안(B)

토운선 내 주수 및 흡입(C)

배사관 이용 투기장에 이송 투기(D)

7. 쇄암 준설과 쇄암선(Rock Cutter)

1) 개요

  (1) 준설계획지역의 **지반이 단단**하여 일반 준설선으로 준설을 할 수 없는 경우나 구조물이 인접하여 **발파방법**을 사용할 수 없는 경우 **쇄암선**에 의하여 **암반을 파쇄**한 후 준설

  (2) 쇄암선으로 암반이 파쇄되지 않는 단단한 지반의 준설은 **발파 방법**으로 준설
    발파 준설 시는 관계법규에 따라 **화약의 취급**에 대한 안전조치를 취해야 함

  (3) **쇄암선, 발파공법으로 파쇄한 암반**은 **준설선**(그래브, 디퍼 또는 백호 준설선)으로 준설하여 **토운**선에 싣고 끌배로 예인하여 투기

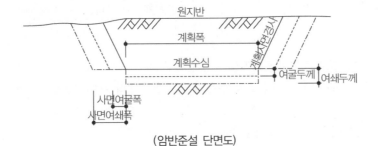
(암반준설 단면도)

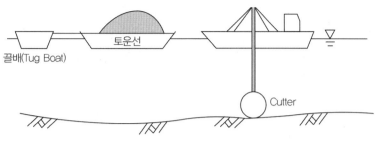

(쇄암선 작업 개념도)

2) 쇄암선 작업 방법(특징) : 암을 파쇄하여 준설, **중추식(타격식)과 충격식**

  (1) 중추식

    쇄암선의 중앙, 선수에 쇄암봉을 매달아 가이드를 따라 2~3m 높이에서 중량 10~30t인 쇄암봉을 준설위치에 자유낙하시켜 그 충격으로 암반을 파쇄

  (2) 충격식

    Rock hammer를 작동시켜 반복 타격으로 암반을 파쇄, 충격해머는 1개 또는 여러 개를 장착하여 동시에 여러 개소의 쇄암 가능

3) 쇄암선의 규격 : 쇄암봉의 중량으로 표시

4) 쇄암봉의 모양 : 일자문형(많이 사용), 환봉형, 십자형

5) 적용 토질 : 견고한 지반, 암반 준설

※ 토질별 준설선

토질			적용선종			
분류	상태	N치	펌프	그래브	디퍼(백호)	쇄암
암반	연질	40~50 미만		↑	↑	↑
	약간 연질	50~60 미만				
	보통질			(G)	D	쇄(쇄)
	경질					
	최경질			↓	↓	↓
자갈	느슨한 것			↑		
	다져진 것			G	↑ D	
				↓	↓	

(주) ① P : 펌프 준설선, G : 그래브 준설선, D : 디퍼 준설선, 쇄 : 쇄암선

    ② (G) : 쇄암 또는 발파 후의 준설적용선종

6) 쇄암선의 선단구성

  (1) 쇄암선(중추식) : 연질에서 최경질까지 모든 암파쇄

  (2) 파쇄암 준설

    ① 그래브 준설선 : 전석층, 결(절리)이 많은 연암층

    ② 초대형 초중량 버키트 장착 그래브 준설선 : 암반준설 가능

(3) 토운선＋끌배

(4) 양묘선(앵커)

쇄암선	끌배	양묘선	표준작업수심	비고
중추식(10t)	60HP(15t)	5t 달기 90HP	7.5m	
	40HP(10t)			
중추식(20t)	60HP(15t)	5t 달기 90HP	15m	
	40HP(10t)			
중추식(30t)	60HP(15t)	5t 달기 90HP	20m	
	40HP(10t)			

(주) ① 암을 파쇄한 후 그래브 준설선이나 디퍼(백호) 준설선이 투입되어 파쇄암을 준설하여 토운선에 싣는 작업이 포함되어야
　　　한다.
　　② 기상, 조류, 파랑 등 조건이 나쁜 경우 끌배로 조합한다.
　　③ 자항 양묘선은 필요에 따라 계상할 수 있다.

7) 발파

(1) 개요

쇄암선으로 파쇄되지 않는 **단단한 지반(암반)**은 **수중발파**로 소요심도까지 암반을 파쇄

(2) 장약방법에 따른 분류

① 표면발파

② 천공발파

(3) 발파 시 유의사항

① 화약류 사용허가, 취급보안책임자 선정 등의 관련 법규 준수

② 표면발파는 지형 및 주변 여건에 따라 시행 여부를 판단

　: 지형지물을 이용한 초기 단계에서는 가능하나 계속되는 경우 천공발파로 암파쇄

③ 천공발파

　－ 천공 방법, 천공 지름, 천공 깊이, 천공 간격, 장약량, 발파시간 등 발파 방법을 확인, 발파 후의
　　현장정리 등에 대한 세심한 주의가 요망

　－ 발파 전후의 안전관리에 유의

8. 준설선의 선단 조합 예

준설선	부속선	비고
Pump 준설선	끌배 1척, 앵커 바지 1척	송토관, Pontoon 별도
Grab 준설선	끌배 1척, 앵커 바지 1척, 토운선 2척	작업조건에 따라 수량 조절
Bucket 준설선		
Dipper 준설선		
Hopper 준설선	자항식	
쇄암선(Rock cutter)	끌배 1척, 앵커 바지 1척	쇄암 후 Grab에 준하여 선단 구성 쇄파암 준설 운반
토운선	예비 토운선 확보 : 준설선 가동률 향상	장비 조합 고려

■ **참고문헌** ■

1. 해양수산부(2014), 항만 및 어항 설계기준·해설(상, 하), 해양수산부.
2. 서진수(2006), Powerful 토목시공기술사(1, 2권), 엔지니어즈.
3. 서진수(2009), Powerful 토목시공기술사 단원별 핵심기출문제, 엔지니어즈.

12-30. 항로에 매몰된 점토질 토사 500,000m³를 공기 약 6개월 내에 준설하고 자 한다. 투기장이 약 3km 거리에 있을 때 준설계획, 준설토의 운반거리 에 따른 준설선의 선정과 준설토의 운반(처분) 방법, 토질별 특성, 준설매 립 시 유의사항

1. 준설의 정의(개요)

1) 준설은 수중굴착을 의미

2) 평균저수위 이하의 굴착을 의미

3) 준설은 **굴착과 매립이 병행**된다.

4) 준설선 선종의 선정은 **토질조건, 준설심도, 운반방법(사토거리)** 등에 따라 달라진다.

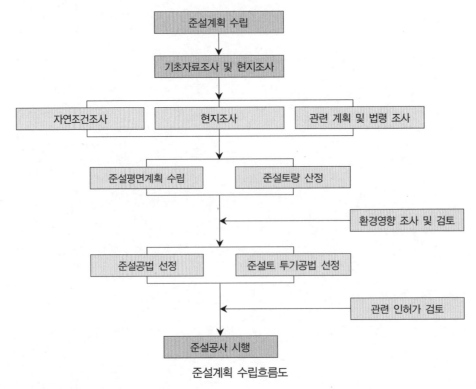

준설계획 수립흐름도

2. 준설선 종류

1) 연속식 : Pump 준설선, Bucket(버킷) 준설선

2) 불연속식 : Grab(그래브) 준설선, Dipper(디퍼) 준설선

3. 운반거리(사토방식)에 따른 준설선의 선정

1) 준설토를 **해양 깊은 곳(먼 곳)**에 운반 사토(투기) 하는 경우와 **매립목적에 이용하는 경우**에 따라 준설 선종이 결정됨

2) 준설토의 사토 방법과 준설선의 선정

준설토의 투기방법(사토방법)		준설선 조합	
먼 곳(외해)에 운반 투기	비항 Pump Dredger 비항 Grab Dredger 비항 Bucket Dredger 비항 Dipper, 백호 Dredger	끌배(Tug boat) + 비항 토운선	
	자항 Pump Dredger 자항 Grab Dredger 자항 Bucket Dredger	자항 토운선	
직접 매립에 이용	비항 Pump Dredger	- 직접 배송 송토 - 중계 Pump선(비항 Pump선 이용 또는 중계 전용 Pump선) - 중계 Pump(정치식) - 대형 모래 운반선(자항, 이창 보유)	
	자항 Pump Dredger	- 직접 배송 송토 - 중계 Pump선(비항, 이창보유) - 중계 Pump(정치식)	
일정 장소에 투기한 뒤 별도의 준설방법으로 매립에 이용 또는 다른 지점에 다시 투기할 때	준설토를 외해에 투기할 때와 같음	- 외해에 운반투기 - 매립에 이용	

4. 투기장이 약 3km 거리에 있을 때 준설계획

3항의 사토방법 중 먼 곳에 사토할 경우는 준설선, 끌배 및 토운선으로 준설선단을 조합함

5. 준설선 종류별 선단 조합

준설선의 종류	부속선	비고
Pump 준설선	끌배 1척, 앵커바지 1척	송토관, Pontoon별도
Grab 준설선	끌배 1척, 앵커바지 1척, 토운선 2척	작업조건에 따라 수량 조절
Bucket 준설선		
Dipper 준설선		
Hopper 준설선	자항식	
쇄암선(Rockcutter)	끌배 1척 앵커바지 1척	쇄암 후 Grab에 준하여 선단구성, 파쇄암 준설운반
토운선	예비 토운선 확보 : 준설선 가동률 향상	장비조합고려

1) Pump 준설선

  (1) 송토관 사용

  (2) 토운선(흙 운반선) : 불필요

2) Hopper(호퍼) 준설선(자항식)

  (1) 자항식 준설선

  (2) 토운선(흙 운반선) : 불필요

3) Grab(그래브), Dipper(디퍼) 준설선 : 토운선(운반용 부속선)과 조합 필요

4) 토운선 : Tug Boat(끌배) + 토운선 조합

5) 기타 부속선 : 양묘선, 연락선, 감독선, 측량선, 급유선, 급수선

6. 준설매립 작업 전 준비사항

1) 조사

    (1) 일반현황조사 : 인구, 산업, 지역 특성

    (2) 기상 및 해양조사 : 바람, 조류, 파고, 파장, 파도, 파랑, 조수 간만의 차

    (3) 지질조사 : 토사종류, 연약층 두께, 지지층 확인

    (4) 환경 : 해양 환경오염 여부, 토질의 입도 등

2) 측량 : 삼각측량, 수준측량, 심천측량

7. 준설선 선정 시 고려사항

1) 공사 관리 5대 요소 고려

    원가(경제성), 공기, 공정(시공성), 품질, 안전, 환경(수질오염)

2) 준설 목적 : 항만공사, 매립

3) 지질, 토질

4) 준설수심

5) 공사 주변 여건

6) 토사장 위치(매립지 위치)

7) 토량

8) 작업선 확보의 용이성

9) 기상 여건 : 바람, 조류, 파고, 파장, 파도, 파랑, 조수 간만의 차

8. 토질에 따른 준설장비 선정 조건

준설선의 능력은 준설방법뿐 아니라 **흙 입자의 크기**와 **토질의 상태**에 따라 크게 다르다. 따라서 **토질조건**은 준설토의 **N값** 및 **압축강도** 등으로 표시하고 있으며 이에 적합한 준설방법을 검토하여야 한다.

1) pump dredger : 토사, 자갈 섞인 토사

2) bucket dredger : 토사, 자갈 섞인 토사, 연암

3) grab dredger : 토사, 자갈 섞인 토사

4) dipper dredger : 경질토사

※ 토질조건과 N값을 고려한 준설선종 결정

토질			적용선종			
분류	상태	N치	펌프	그래브	디퍼(백호)	쇄암
점토질 토사	연니	4 미만	↑	↑		
	연질	4~10 미만		G		
	보통질	10~20 미만	P	↓		
	경질	20~30 미만				
	최경질	30~40 미만		↑(G)↓	↑ D ↓	↑ 쇄(쇄) ↓
	극경질	40~50 미만	↓			
모래질 토사	연질	10 미만	↑	↑		
	보통질	10~20 미만		G		
	경질	20~30 미만	P	↓		
	최경질	30~40 미만		↑(G)↓	↑ D ↓	↑ 쇄(쇄) ↓
	극경질	40~50 미만	↓			
자갈 섞인 점토질 토사	연질	30 미만		↑(G)↓		
	경질	30 이상		↑(G)↓	↑ D ↓	↑ 쇄(쇄) ↓
자갈 섞인 모래질 토사	연질	30 미만		↑(G)↓		
	경질	30 이상		↑ D ↓	↑ D ↓	↑ 쇄(쇄) ↓
암반	연질	40~50 미만		↑	↑	↑
	약간 연질	50~60 미만				
	보통질			(G)	D	쇄(쇄)
	경질					
	최경질			↓	↓	↓
자갈	느슨한 것			↑		
				G		
	다져진 것			↓	↑ D ↓	

(주) ① P : 펌프 준설선, G : 그래브 준설선, D : 디퍼 준설선, 쇄 : 쇄암선
    ② (G) : 쇄암 또는 발파 후의 준설적용선종

9. 준설매립공사 시공 시 유의사항

1) 작업계획	2) 토질조사와 시험	3) 수심측량
4) 준설구역분할	5) 준설선 운전	6) 예비 토운선(흙 운반선)
7) 준설사면	8) 표준경사	9) 사토장 선정
10) 여굴 발생 주의	11) 준설선 시공능력	

1) 준설 작업계획 수립(시공계획)

    (1) 공사기간, 준설토량, 토질, 운반, 배송거리

    (2) 작업장의 상태

    (3) 장비 선정 후 공사 공정계획 수립

2) 토질조사

    (1) Boring 조사 : Core boring과 jet boring 병용

    (2) 매립지대, 호안선상의 경질지반 위치 파악

3) 수심측량

    (1) 수량 수심 측량

    (2) 검수 수심 측량

4) 준설 구역 분할

    (1) 펌프선의 회전 반경, 매립지까지의 거리

    (2) 조류, 항해하는 선박의 영향 고려

    (3) 가장 능률적으로 작업 가능할 수 있게 분할

5) 준설선 운전

    (1) 운전 중 조위 변화에 적극 대처

    (2) 준설선에서 보이는 장소에 조위표(양수표) 세운다.

6) 예비 토운선 흙 운반선)

    준설선은 사용료가 비싸고 가동률이 저하되면 단가가 상승하므로 예비 운반선 확보 필수적

7) 준설사면

    (1) 준설 굴착에 따른 사면 : 시공 후 안전한 사면 유지

    (2) 준설토 두께, 깊이, 조류, 토질, 지형에 특히 유의

    (3) 사면토질별 표준경사 유지

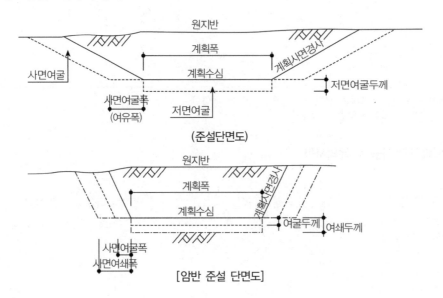

(준설단면도)

[암반 준설 단면도]

8) 사토장 선정 유의사항

    (1) 준설 지역에서 가깝고 해상이 정온, 선박 왕래가 적은 곳

    (2) 충분한 수심과 면적이 보장된 곳

    (3) 투기장의 해상과 기상이 양호한 곳

    (4) 환경오염이 최소인 곳

9) 여굴 발생 주의

    (1) 여굴은 준설바닥과 사면에서 발생

    (2) 여굴 두께와 폭은 준설선의 종류, 수심, 파고 운전기술 등에 따라 달라짐

    (3) 표준 품셈상의 여굴폭(m)

       점토질 : Pump, Grab 준설선 0.3~0.8m

10. 준설토량 산정

준설토량은 자연상태의 해저준설토를 부피로 표시하여 계산, 준설 구역을 적당한 간격의 횡단면도를 작성하여 양단면 평균법으로 계산

1) 계획수심의 결정

    (1) **항로와 박지, 선회장** 및 **선유장의 계획수심**[출입하는 선박에 따라 일반적으로 대상선박의 만재흘수(滿載吃水)에 여유를 더하여 계산

$$H = D + D_s + D_r + D_t + D_w$$

    여기서, H : 계획수심(m)

          D : 선박의 만재흘수

          D_s : 선박 항행 시 선체침하깊이(항행속도 8노트일 때 0.5m)

          D_r : 해저 토질조건에 따른 여유수심(모래 : 0.3m, 암반 : 0.6m)

          D_t : 선박의 선회에 따른 여유수심(선장의 1/1000~1/2000)

          D_w : 파고에 의한 여유수심 [파고(평상파)의 1/2]

    (2) **어항**을 대상으로 하는 항로

$$H = 대상어선의 만재흘수 + 여유수심 1m$$

2) 여굴(餘堀)

    (1) 정의

       수중작업으로 준설토를 굴착하므로 파랑, 조류, 바람, 준설선의 기계 성능상 **계획수심을 굴착**하더라도 **굴착면에 기복**(굴적 : 堀跡) 발생, 계획수심 유지하기 위해 계획수심 밑으로 어느 정도 더 파야 계획수심이 확보됨. **더 파는 깊이**를 여굴이라 함

    (2) 여굴 두께

       토질별, 준설선 종류별로 차이 발생, 여굴량은 준설토량에 가산. **여굴 두께**는 다음의 여건을 고려, 표를 참고한다.

① 준설시공 심도

② 토질별과 단단한 정도

③ 준설선의 형식과 능력

④ 준설토층의 두께

⑤ 해상조건

토질	선종	시공수심별 여굴 두께		
		5.5m 미만	5.5~9.0m 미만	9.0m 이상
보통 토사	펌프 준설선	0.6m	0.7m	1.0m
	그래브 준설선	0.5m		0.6m
암반	그래브 준설선	0.5m		

(주) 시공수심은 평균해면(M.S.L)을 기준으로 한 준설저면(여굴 포함) 수심임

(3) 사면여굴 폭(餘裕 輻)

　　- 해상의 수중작업이므로 작업원이 직접 **육안 확인 곤란**, 계획선대로 시공하기 곤란

　　- 준설위치의 **측량오차** 등으로 준설 시공 기준선은 어느 정도 **굴곡** 발생

　　- 바람, 파랑, 조류 및 준설토의 특성상 예측되지 않는 **사면붕괴**(斜面崩壞) 발생

　　- 계획준설 폭을 확보하기 위해 **사면여굴 폭을 준설토량에 가산**하여 시공

[준설 시 사면 여유폭]

토질	선종	여유폭(양쪽)
보통 토사	펌프 준설선	6.5m
	그래브 준설선	4.0m
암반	그래브 준설선	2.0m

(주) 상기 표의 폭은 양쪽 기준이며, 한쪽 준설 폭 및 유지준설일 경우는 본 표 값의 1/2를 적용

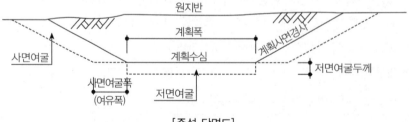

[준설 단면도]

3) 여쇄(餘碎)

(1) 암반 준설 시 계획수심까지 암석을 파쇄 후 준설할 경우 계획수심 확보 외에 추가로 **여쇄 두께**를 확보해야 하며, **준설량 산정**은 **여굴량만 포함**시켜 계상

(2) 여쇄 두께

여굴 두께 및 폭이 포함된 다음의 표를 참고

구분	여쇄 두께	사면 여쇄폭(한쪽)
암반	0.8m (저면 여굴 두께 0.5m 포함)	2.0m (사면 여굴폭 1.0m 포함)

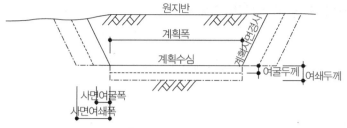

[암반 준설 단면도]

4) 준설 경사면(浚渫傾斜面)

  (1) 토질조건, 준설방법 등에 따른 준설공사 후 사면의 안정적 유지목적

    : 준설 후 재매몰이 예방되게 현지 특성 등을 감안하여 검토

  (2) 토질의 종류에 따른 사면경사

토질	사면경사
점토질 토사	1 : 5 ~ 1 : 1.5
사질토사	1 : 3 ~ 1 : 1.5
자갈 및 암반층	1 : 1.5 ~ 1 : 1

  (3) 사면 안정성 검토 : 원호활동 검토

11. 맺음말

1) 국토의 효율적 이용 측면에서 **매립 공사**는 계속 증가될 전망이지만

2) 매립으로 인한 **해안 변형**과 해양 구조물의 **생태계 파괴 문제** 야기하므로

3) 그러한 영향에 대한 조사, 연구가 필요

4) 준설 매립 작업 시 주의사항

  (1) **해저토**를 이용하는 경우

    ① 매립토와 준설지 등의 토성이 아주 다른 경우가 있다.

    ② 니점토는 매립지 밖으로 배출

  (2) 니점토분이 많은 토사를 사용 : **압밀**에 유의(연약지반 개량)

  (3) 매립지 내의 **배사구**의 위치를 계속 바꾸어 균일한 토량이 되도록 한다.

  (4) 만조면 위 : 사질토로 매립

  (5) 시공 중에는 한지역내 수위가 높지 않도록 배수구의 위치를 바꿔준다.

■ 참고문헌 ■

1. 해양수산부(2014), 항만 및 어항 설계기준·해설(상, 하), 해양수산부.

2. 서진수(2006), Powerful 토목시공기술사(1, 2권), 엔지니어즈.

3. 서진수(2009), Powerful 토목시공기술사 단원별 핵심기출문제, 엔지니어즈.

12-31. 매립공사 관련 Item [암기사항]

1. 매립의 정의
임해 지역에 부지확보를 목적으로 하여 **연안 해면**이나 **하천, 호소(호소)** 및 저습지의 공유 수면상에 용지를 조성하는 것

2. 매립공사 시 사전조사내용
1) 매립 예정지의 토질, 기상, 해상조건
2) 매립토사의 조달방법 : 육상, 해상
3) 매립공법의 검토
4) 매립호안의 설계 및 기 설계된 호안의 안전성
5) 공유수면 매립법등 관련 법령에 따른 인, 허가 절차
6) 매립공사로 인한 민원 발생 요인

3. 매립계획 수립 시 고려사항(시공 계획 시 유의사항) = 매립방식 결정(계획수립) 시 고려사항
1) 매립지, 토취장, 준설위치에 대한 **지반, 해상·기상조건** 파악
2) 매립지의 **사용목적, 사용시기, 매립지반고** 등을 고려, 구조적으로 **안전**하고 **경제적인** 매립방식 결정
3) 공유수면인 경우
   (1) **공유수면매립법** 등 관련법에 따라 매립면허 및 실시계획 인·허가
   (2) 공유수면 내에 **이권(어업권·광업권** 등) 보상 협의
   ※ 공유수면(Public water area)의 정의
      연안해면, 하천 호소, 저습지 등 공용에 제공되는 수면으로 국가에 속하여 국가가 관리하는 수면

4. 환경관리계획
1) 준설토 매립 시 **배출수 농도 최소화**
   : 이수의 이동거리 길어서 침전량 많게(유보율 크게) 할 것
   ∴ 토제, 여수토의 위치는 현장 여건 고려하여 이수 이동거리가 최대가 되게 배치
2) **유해물질 함유 토사 매립 시** : 주변해역의 수질, 매몰상황 감시 시스템 갖출 것
3) **육상 운반 시**
   (1) 소음, 진동, 분진 발생 방지
   (2) 운반로 선정, 운반 시간 규제, 교통사고 방지 대책 수립

5. 안전관리계획
1) 대량의 토사와 장비가 투입되므로 철저한 사전 안전관리 계획수립 및 조업원 교육
2) 해상작업 시 안전 고려사항
   (1) 작업 구역의 수심, 토질, 기상, 해상조건과 준설선의 작업 능력
   (2) 위험물, 장애물, 매설물 등의 유무
   (3) 항로상의 통행 제한, 작업 해역 항행 선박에 대한 대책

(4) 시공상황의 파악 및 작업 선박의 좌초에 대한 안전대책

(5) 야간작업 시의 작업 체계

(6) 삭도(索絢 : 줄이 꼬임) 발생 시 처리대책 및 작업선의 피난장소

6. 매립공사 시공 관리사항

1) 이상침하, 활동 등 예기치 못한 사태 발생 시 즉시 보고 후 대책 수립

2) 매립된 구역에서 분진, 악취발생 시 즉각 대책 수립, 시행

3) 매립지반 : 심한 요철 없게, 허용오차＝±30 cm

4) 매립 구역 정기 순찰 : 야간, 황천 시, 2인 1조, 무전기, 조명기구 휴대

5) 매립 중, 매립 후 연약지반, 위험지역 출입금지, 표지 설치

7. 매립계획 및 매립공사의 주요 항목

1) 매립조건 조사

2) 매립토량 계산

3) 호안구조물

4) 매립토사의 매립방법

5) 물막이 공사의 계획

6) 매립지 지반개량

■ 참고문헌 ■

해양수산부(2014), 항만 및 어항 설계기준·해설(상, 하), 해양수산부.

12-32. 매립계획 및 매립공사의 주요 항목

1. 매립계획 및 매립공사의 주요 항목

1) 매립조건 조사

2) 매립토량 계산

3) 호안구조물

4) 매립토사의 매립방법

5) 물막이 공사의 계획

6) 매립지 지반개량

2. 매립조건 조사

1) 매립지 조사

   (1) 원지반의 토질

   (2) 매립지의 수심 및 지반고

   (3) 매립 계획고

   (4) 매립지의 사용목적과 사용 시기

   (5) 매립토량과 면적

2) 토취장 조사

   (1) 토질

   (2) 토량과 면적

   (3) 위치

   (4) 운반경로와 운반방법

3. 매립토량 계산 : 매립계획 시 시공토량 계산

1) 매립 계획 시 시공토량 :
$$V = \frac{V_o}{P}$$

   여기서, V : 매립 시공토량(m^3)

         V_o : 매립 전체 토량(더 돋기 포함)(m^3)

         P : 펌프 준설선 경우 매립토사의 평균 유보율

2) 매립 계획고(일반적인 매립지반고) 결정 시 고려사항

   (1) **삭망 평균 고조위＋여유높이** 계상, 매립지 내의 배수, 기타 조건을 고려

   (2) 인근의 지반고와의 관계 조사

   (3) 연약지반인 경우

      －매립완료 후의 **예상침하량**을 산정하여 매립고를 높게 시공

      －침하상태를 **계측관리**하여 **장기침하**에 대비

3) 침하량(더 돋기량)

(1) $$침하량=원지반의 침하량+매립토사의 침하량 합산$$

여기서,

  − 원지반의 침하량 : 원지반 토사의 역학적 성질에 따른 침하량

  − 매립토사의 침하량 : 매립지의 이용하중을 고려한 매립토사의 자중압밀, 압밀침하량 고려

(2) 예비조사인 경우 : 매립토사의 두께에 다음의 율 적용

  사질토 : 층 두께의 5% 이하

  점성토 : 층 두께의 20% 이상

  사질토와 점성토의 혼합 : 층 두께의 10~15% 정도

4) **유보율과 유실률** : 펌프 준설선으로 매립 시

[표] 토질별 유보율

토질	유보율(%)
점토 및 점토질 실트	70 이하
모래 및 사질 실트	70~90

[표] 입경별 유실률

입경(mm)	유실률(%)	입경(mm)	유실률(%)
1.2 이상	없음	0.3~0.15	20~27
1.2~0.5	5~8	0.15~0.075	30~35
0.6~0.3	10~15	0.075 이하	30~100

4. 호안구조물(매립호안)

1) 호안구조물 정의

  항만법 및 어촌 · 어항법에서 기본시설인 **외곽시설**에 포함

2) 호안구조물의 설계

  (1) 구조물의 역할, 목적에 맞도록 제반 여건을 충분히 조사, 계획, 검토 후 적절한 기능 가진, 안전한 구조물이 되도록 설계

  (2) 사용목적, 용도에 따라 외곽시설(방파제, 호안 등)의 구조물 설계기준 준수, 계류시설을 겸용 시 계류시설의 설계기준에 준하여 설계

3) **매립공사용 호안구조물**의 분류

  시설위치와 이용목적 등에 따라 용도에 맞는 구조로 설계

  (1) **방파호안** : 외해에 시설, 파랑의 영향을 직접 받으므로 방파제 기능 유지

  (2) 내해, 내만 및 항내에 시설 하는 **매립호안**

    : 단순히 매립지 배후지의 토압을 주로 받는 토류벽 구조물

  (3) **계선호안** : 계류시설 겸용

  (4) **접속호안** : 시설물과의 접속되는 구간

(5) **가호안** : 장차 매몰, 철거될 경우의 임시 구조물

(6) **흙막이용 가토제** : 대단위 매립공사 시 매립지를 부분적으로 분할하여 조기 사용 목적

(7) **임시호안** : 대단위 매립공사 시 매립지를 부분적으로 분할하여 조기 사용 목적

4) 부대시설 설계

(1) **집수정과 여수토(Over flow weir)**

   − 펌프준설선으로 호안내부에 송토하여 매립 시 함니율 10~15%, 물 85~90% 함유

   − 집수정 시설 : 토사를 제외한 물만을 매립지 밖으로 배출

   − 여수토 : 물을 월류(Over flow)시키는 시설

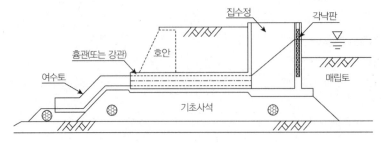

[그림] 집수정과 여수토 단면(예)

① 집수정의 시설위치

   단말부와 충분한 거리에 시설, 가능하면 외해의 영향을 직접 받지 않는 위치

② 집수정 및 여수토의 규격 및 구조

   − 집수정의 규격, 여수토의 배출 용량 결정

     : 준설선의 능력, 투입척수, 토질, 매립 면적을 고려하여 결정

   − 집수정의 구조 : 철근콘크리트 구조

③ 여수토의 규모 및 수량

   펌프 준설선의 능률(㎥/hr)에 의한 준설토의 배출량에 따른 월류량 산정 후 결정

(2) **오·배수 시설**

① 오수시설 : 매립지의 장차 이용계획에 따라 필요한 오수처리 시설계획

② 배수시설 : 매립지내의 우수처리 시설

   매립지 내 강우량과 인근유입 빗물을 합하여 배수계획 수립

(3) **송토관의 배치**

   매립토사가 전 구간에 균질의 토층이 형성되게 하기 위해 매립지 내의 송토관의 배치, 거리를 조정하여 관리에 유의

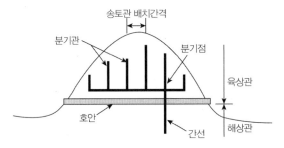

[그림] 송토관의 배치 예

5. 매립 방법 [해저토사 매립 방법]

1) 준설토사를 **매립토사**로 이용 : **항로나 박지**의 준설

  (1) 펌프 준설선으로 매립지로 직접 송토

  (2) Bucket 준설선, 디퍼·백호 준설선, 그래브 준설선 등으로 준설 후

      －토운선 등으로 운반, 매립지 내에 투기

      －일정한 포킷에 사토한 후 펌프 준설선으로 재송토 방법

2) **육상토사**로 매립

  (1) 육상의 토취장

      －부지확보를 위하여 별도의 토취장에서 토사 채취

      －토취장도 정리 후 용지로 이용

  (2) 육상 발생 토사로 매립

※ **해저토사 매립 방법**

1. 수역시설 개발과 발생하는 준설토를 이용하는 방법
2. 별도의 매립용 토사를 해상 토취장에서 채취하여 이용하는 방법
3. 장비별 방법과 유의사항
  1) 운반선(토운선)에 의한 투기 시
    (1) 그래브 준설선, 디퍼·백호 준설선과 운반선(토운선, 대선 등)으로 운반하여 준설토 투기 시
      ① 투기장의 수심에 제한을 받고
      ② 운반선 출입용 개방된 호안 사이로 투기토 외부 유출방지 : 오탁방지막 설치
      ③ 토운선인 경우 선형에 따라 최소 수심을 고려하여 투기계획 수립
      ④ 수심이 얕은 경우 흘수가 적은 대선에 상자형으로 조립하여 준설토를 적재
      ⑤ 투기는 도저나 포클레인 또는 그래브로 투기
  2) 비항 펌프 준설선에 의한 투기
    ① 투기토사의 유출 방지 : 호안축조를 완성한 후, 투기 원칙
    ② 부득이 호안축조 미완성 상태에서 투기 시
      : 유출방지용 오탁방지막 설치, 인근 해안, 어장 피해방지
    ③ 준설 토사의 함니율＝10～15% 정도
      : 남은 물과 부유토에 의한 호안의 기부, 지반 세굴로 항로나 항내에 유입 우려 : 대책공 설치 필요함
  3) 자항펌프 준설선에 의한 투기
    (1) 토창의 준설토사를 준설선에 장착되어 있는 송토관으로 배송하는 방법
    (2) 선상 송토관을 이용하여 직접 매립지에 투기

---

3) 육상토사 매립을 채택하는 경우(이유)

(1) 인근에 양질의 해저토사가 없을 때

(2) 거리가 멀어서 육상의 토취장 이용이 경제적일 때

(3) 준설토로 매립 시 토질조건 불량으로 보토 필요시

(4) 타 공사현장의 굴착토를 무대로 이용할 수 있을 경우

(5) 좋은 토취장의 산을 깎아 매립하여 부지를 조성할 경우, 경제적이고 효율적일 경우

6. 물막이 공사의 계획 [끝물막이 공사]

1) 개요

(1) 매립공사(또는 간척공사)에서는 **물막이 공사(최종체절공사)**가 가장 중요한 공종이므로 면밀한 계획을 수립 후 시행

(2) 물막이 공사 시는 **조류 속이 가장 빠르므로** **빠른 조류 속**에 견딜 수 있는 기초지반조건, 위치, 통수단면, 재료의 규격, 물막이 방법, 제체의 안정성 등을 검토 후 시행

2) 물막이 공사를 원활히 수행하기 위한 검토사항

(1) **위치** 선정

(2) **통수단면**의 산정

(3) **조류속**의 검토(조류 속에 견디는 물막이 재료 규격 계산)

(4) **일정 및 시공계획** 수립(기상, 해상자료 분석, 소조기 조사 검토 등)

(5) **기자재** 확보(중장비 동원계획, 물막이 소요 자재확보 등)

(6) 물막이 공사 **시행**(1차 계획 : 단시간 내 소조 위까지 시공, 2차 계획 : 중조위에서 대조위까지 시공)

(7) **사후점검** 및 유지관리

3) 위치 선정

(1) 빠른 조류 속에 견디는 적절한 **기초지반조건**과 **조류 속**에 의한 **피해 범위, 기자재 운반경로** 및 수단 등의 제반조건을 충분히 검토 후 선정

(2) 좋은 위치

① 빠른 조류 속에 **세굴이 되지 않는 단단한 지반**

② 세굴 지반조건인 경우

세굴이나 세굴된 토사의 이동으로 주변에 미치는 영향을 충분히 고려하여 선정

③ 조류 속에 대한 **바닥 보호공** 축조 조치 필요

4) 통수단면 및 조류 속의 산정

(1) 물막이 구간의 유속 산정

① 물막이 구간의 **내조지 넓이**, 물막이 구간 **개구부**(개구부)의 폭과 길이, 내측 해수위와 조석과의 관계 등을 고려

② **소조, 중조, 대조기별** 물막이 구간의 **시공계획 폭**에 대한 유속을 산정, 유속별 대안 강구

③ 유속의 산정방식 : 도해법과 계산방식, 수치모형실험에 의한 개요 추정

(2) 내·외 수위차에 의한 유속산정

① 물막이 구간은 조석현상에 의한 내·외 수위차가 생기며

② 창조 시에는 외측에서 내조지 방향으로 유속이 있고

③ 낙조 시에는 내조지에서 외측으로 유속이 생김

④ 시화방조제 물막이 공사 시 유속

　－내외 수위차가 약 1.0m일 때 최대 유속 4.0m/sec

　－약 1.5m일 때 4.5m/sec

　－약 2.0m일 때 5.2m/sec

　－최대 수위차가 3.6m일 때 최대 유속이 7.4m/sec를 기록

5) **조류 속에 대한 안정성 검토**

(1) **최대 유속이 4~7m/sec** 정도로 빠르므로 물막이 구간은 유속에 견디는 **중량물**로 시공

(2) 현장 인근에서 생산되는 사석의 개당 중량이 부족할 경우

　콘크리트 블록의 제작, **돌망태 형태로 중량물**을 만들어 사용

(3) **바닥보호공(Sill)**의 표고 및 물막이 폭의 결정

① 원지반 보호용 바닥보호공 높이 : 소·중·대조기의 시공조건 고려 결정

② 시공시기별 조석 조건에 따라 시공속도를 고려한 단면을 순차적으로 산정

③ 바닥보호공의 높이가 높아짐에 따른 세굴 발생 여부에 대한 검토 필요

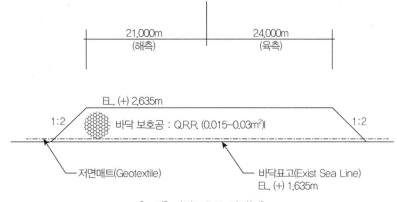

[그림] 바닥보호공 단면(예)

6) 물막이 재료의 규격 산정

(1) 물막이 공사 시 작용하는 유속에 견딜 수 있는 재료의 규격 산정

(2) **소요질량** 산정 공식(유속에 따른 여러 가지 공식)

① **화란**의 간이 공식

② **Isbash식**

③ **Shiedls식**

④ 기타 공식과 도표에 의한 중량결정 방법 등

(3) 재료의 크기와 중량 계산식

① 상고(Apron) 재료의 크기 결정(농지개량사업계획 설계기준)

$$d_m \geq \left(\frac{0.5}{\Delta}\right) \times \left(\frac{V^2}{2g}\right)$$

여기서, d_m : 재료의 평균지름(m)

V : 유속(m/sec)

Δ : 재료의 상대밀도$= (\rho_s - p_w)/\rho_w$

② 점축식에 의한 물막이 재료의 크기 결정 : **미 해안침식국 제안식** 적용

$$W = \frac{\pi \times \gamma_\gamma \times V^6}{48 \times y^6 \times g^3 \times (S_\gamma - 1)^3 \times (\cos\theta - \sin\theta)^3}$$

여기서, W : 재료의 최소중량

S_γ : 재료의 비중(γ_γ/γ_w)

g : 중력가속도(9.8m/sec)

y : Isbash 정수(파묻혀 있는 돌 : 1.2)

γ : 재료의 상대비중(t/m³)

V : 사석 상면에서의 유속(m/sec)

θ : 사면의 기울기(°) → $\cot\theta = 2.0$

7) 일반적인 물막이 공사의 공사방법

(1) **점축**방법(Deep sill-sub critical method)

(2) **점고**방법(High sill-critical flow method)

(3) **점축**과 **점고**의 **복합**방법(사석, 돌망태, 케이슨)

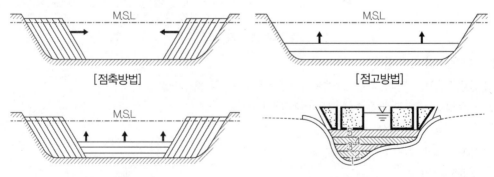

[점축방법]　　　　　　　　　　　　　　　[점고방법]

[점축, 점고 복합방법]　　　　　　[점축, 점고 양자 병용식 : 접촉 부분 케이슨 이용]

8) 물막이 단면 및 호안 단면 제체의 안정성 검토

    (1) 활동 : 원호활동

    (2) 전도

    (3) 파이핑 현상

    (4) 지반세굴에 대한 안정성

7. 매립지 지반개량

1) 구분

    매립지 **원지반의 개량**과 **원지반 상부의 매립토사의 개량**으로 분류

2) 매립지의 지반개량 검토사항

    (1) 이용 시점에서 필요한 **지내력 확보**를 위한 **침하촉진 지반개량공법** 검토

        [토질조건 다양, 매립지의 활용목적, 이용시기에 따라 하중조건이 달라 적용 가능 공법 다양함 : 충분히 검토 후 적절한 공법 적용]

    (2) 매립 후 사용목적, 용도에 따라 필요한 **지내력** 가질 것

        ① 매립토사 불량 : 지반의 침하 발생

        ② 원지반의 침하와 매립토사의 압밀침하 고려

        ③ 준설토사가 연약토사일 경우 : 매립지의 지반처리 대책 검토

    (3) **침하**에 대한 검토

3) 매립지 개량공법

    (1) 이용계획이 수립된 **조기 활용지역** : 사질토, 경질토 매립

    (2) **사용시기가 늦을 경우** : 연질토로 매립 후, 매립토질 개량

    (3) 원지반이 **연약한 이토** 등의 토질

        ① 제거

        ② 매립토사를 한쪽에서부터 투기하여 연악토를 후면으로 밀어 임시 **이토폰드** 형성 후, 별도로 개량

        ③ 불량 매립토층인 경우 : 여성하여 자연상태에서 압밀 유도

    (4) 준설토의 대부분이 **점성토**인 경우의 매립지 **표층(표토층) 처리**

        : 차후 지반처리용 장비(연약지반 개량장비)의 **장비주행성(지지력) 확보**

        ① 우선 처리, 적정 두께를 **양질토로** 매립

        ② 표층의 연약점성토를 적정두께의 양질토사로 환토

        ③ **배수공법** 등의 지반처리공법 시행

    (5) 매립공사 중 매립토사가 구역 외로 유출 염려 시

        : 매립외곽호안에 **차수공**, **필터**공 설치

4) 매립 계획고

    (1) 일반적인 **매립 지반고**

        : **삭망 평균 고조위＋여유높이** 계상, 매립지 내의 배수, 기타 조건을 고려하여 결정

(2) 인근의 지반고와의 관계를 조사하고, 연약지반인 경우 매립완료 후의 예상침하량 산정 후 매립고를 높게 시공, 침하상태를 계측관리하여 장기침하에 대비

5) 구조물 지반처리

호안, 방파호안, 접속호안 및 매립에 수반되는 구조물의 기초지반처리

: 원지반상에 시설하므로 매립지 이용 시의 하중조건 등을 고려하여 적절한 기초지반처리 고려

■ 참고문헌 ■

1. 해양수산부(2014), 항만 및 어항 설계기준·해설(상, 하), 해양수산부.
2. 한국항만협회(2014), 항만 및 어항공사 전문시방서, 해양수산부.
3. 서진수(2006), Powerful 토목시공기술사(1, 2권), 엔지니어즈.
4. 서진수(2009), Powerful 토목시공기술사 단원별 핵심기출문제, 엔지니어즈.
5. 해양수산부(1999), 항만 및 어항설계기준, 해양수산부.
6. 해양수산부(1999), 어항공사시공관리요령, 해양수산부.
7. 한국어항협회(1996), 어항구조물 설계기준, 한국어항협회.

12-33. 항만공사 시 유보율 [106회 용어, 2015년 5월]

1. 유보율의 정의

준설선으로 준설 투기 매립할 때 **흙과 물의 무게 비**는 약 1:6 정도가 되며 물은 여수로로 **빠지고 토립자**는 침강 잔류함

$$유보율 = \frac{잔류토사량}{준설토사량} \times 100\%$$

2. 유실율의 정의 : 여수로를 통해 물과 함께 빠져나간 토립자의 유실량의 비

$$유실률 = 100 - 유보율$$

3. 펌프 준설선으로 송토하여 매립하는 경우의 유보율과 유실률

1) 토질별 유보율

토질	유보율(%)
점토 및 점토질 실트	70 이하
모래 및 사질 실트	70~90

2) 입경별 유보율

입경(mm)	유실률(%)	입경(mm)	유실률(%)
1.2 이상	없음	0.3~0.15	20~27
1.2~0.5	5~8	0.15~0.075	30~35
0.6~0.3	10~15	0.075 이하	30~100

4. 유보율에 영향 미치는 요인

1) 유보율은 매립토사의 입경, 집수정과 여수토의 위치와 높이, 배수구로부터의 거리, 매립면적 등에 따라 차이가 있음
2) **해양환경 보전상** 매립지로부터의 **토사유실**
   인근수역을 오탁시키게 되므로 이는 극력 피하여야 함

5. 유보율 향상 및 유실률 저감방안

1) 매립되는 면적을 적게 함 : 대블록을 소블록으로 분할

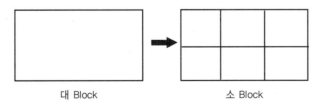

대 Block   소 Block

2) **침전시간 길게 함** : 오래 방치하여 **유보율 크게 함**
3) **적정 방치 시간** : Stokes 법칙으로 추정함

4) 해당 지역 준설토로 **주상시험(Coulomb)** 실시 : 시공사례로 판단

5) 펌프준설선인 경우 : 토사를 제외한 물만을 배출시키기 위한 **집수정**, 물을 **월류(Over flow)**시키는 **여 수토** 설치

6) **유실률**을 최소화하기 위한 **호안구조물**

   (1) 호안제체 후면에 **뒤채움, 필터층, 필터매트**를 부설

   (2) 후면에 토사로 적정한 폭의 **토제(토제)**를 형성 : 준설토사 제체 투과 방지 호안 보강

※ **Stock 법칙(침강속도)**

토립자의 침강속도 : 1개의 구가 정수 중에 침강할 때 속도

1. 속도

$$V = \frac{d^2(\rho_s - \rho_f) \cdot g}{18\eta} = \frac{d^2(\gamma_s - \gamma_w)}{18\eta} \, [\text{cm/sec}] \, R \, d^2$$

여기서, $\gamma_s = \rho_s g =$ 토양입자의 단위중량(비중)

      $\gamma_w = \rho_w g =$ 물의 단위중량(비중)]

      $\eta =$ 물(용액)의 점성계수

2. 속도 영향 인자

1) 속도 : $V \propto d^2$

2) 현탁액의 입자농도, 온도 일정하면 직경에만 관계

3. Stokes 법칙의 가정 이론 및 문제점

가정이론	문제점
1. 입자는 구상체 : 1개 구가 정수 중 침강 시 속도	1. 점토입자는 봉상, 판상 구조임
2. 개개입자는 액체 중에 독립해서 침강 : 현탁액 농도 5% 이하	2. 현탁 농도 규제해도 개개입자가 완전 독립해서 침강 곤란
3. 입경 = 0.2~0.0002mm, Brown 운동 일어나지 않는 범위	
4. 액체 점성(η) 적어야 한다.	
5. 침강하는 동안 입자와 액체 사이 미끄럼 없을 것	

■ **참고문헌** ■

1. 해양수산부(2014), 항만 및 어항 설계기준·해설(상, 하), 해양수산부.

2. 서진수(2006), Powerful 토목시공기술사(1, 2권), 엔지니어즈.

3. 서진수(2009), Powerful 토목시공기술사 단원별 핵심기출문제, 엔지니어즈.

4. 해양수산부(1999), 어항공사시공관리요령, 해양수산부.

5. 한국어항협회(1996), 어항구조물 설계기준, 한국어항협회.

12-34. 방조제 최종 물막이(끝막이)

- 점고식, 점축식 비교

1. 개요

1) 매립공사나 간척 사업 시에는 방조제 공사를 시행하게 되는데

2) 물막이 공사(최종체절공사)가 가장 중요한 시공관리 공종이므로 면밀한 계획을 수립 후 시행

3) 물막이 공사 시는 조류 속이 가장 빠르므로 빠른 조류 속에 견딜 수 있는 기초지반조건, 위치, 통수단면, 재료의 규격, 물막이 방법, 제체의 안정성 등을 검토 후 시행

2. 최종 끝막이 공사 단면도 [최종 끝막이 표준단면도]

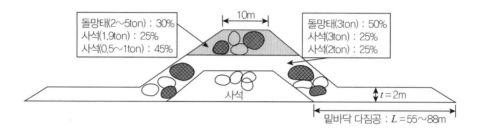

3. 끝물막이 공법의 종류

1) 공사방식에 따른 분류

　(1) **점축**방법(Deep sill-sub critical method) : 육상 작업

　(2) **점고**방법(High sill-critical flow method) : 해상 작업

　(3) **점축**과 **점고**의 **복합**방법(사석, 돌망태, 케이슨)

　(4) VLCC 방식 : 점축식의 일종

2) 재료에 의한 분류

　(1) 흙 가마니 쌓기

　(2) 빈지 공법

　(3) 돌망태 및 사석 공법

　(4) 케이슨 공법

　(5) 콘크리트 Block 공법

　(6) 철제 Frame 공법

3) 공사 기간에 의한 분류

　(1) 단기 끝막이 : 소조를 넘기지 않고 시공완료

　(2) 장기 끝막이 : 수량이 많은 경우 소조를 넘기면서 시공

4. 물막이 공사를 원활히 수행하기 위한 검토사항

　(1) 위치 선정

(2) 통수단면의 산정

(3) 조류속의 검토(조류 속에 견디는 물막이 재료 규격 계산)

(4) 일정 및 시공계획 수립(기상, 해상자료 분석, 소조기 조사 검토 등)

(5) 기자재 확보(중장비 동원계획, 물막이 소요 자재확보 등)

(6) 물막이 공사 시행(1차 계획 : 단시간 내 소조위까지 시공, 2차 계획 : 중조위에서 대조위까지 시공)

(7) 사후점검 및 유지관리

5. 최종 끝물막이 계획 시 고려사항

1) 최종 물막이는 **자연 기상조건, 조수 간만의 차, 조류 속, 수심, 경제성, 시공성, 안정성**을 고려하여 시공계획 수립을 해야 함

2) 공법의 선정 : 과거 경험 사례 고려하여 선정

3) 끝물막이 위치의 선정 검토

    (1) 재료의 구득과 운반

    (2) 지형

    (3) 공사의 량과 조류 및 수리조건

    (4) 기초지반의 토질 조건

4) 바닥다짐의 표고 검토

    (1) 수리조건(조류 속)

    (2) 공사량

    (3) 시공 여건

5) 끝막이 구간의 길이(연장) 검토

    (1) 수리조건(조류 속)

    (2) 공사량

    (3) 공사 기간

6) 끝막이 시기의 검토

    (1) 기상

    (2) 해상 조건

    (3) 타 공정 시공과 관련하여 시공시기 결정 검토

7) 끝막이 공의 구조 및 단면 검토

    (1) 흙 가마니 쌓기

    (2) 빈지 공법

    (3) 돌망태 및 사석 공법

    (4) 케이슨 공법

    (5) 콘크리트 Block 공법

    (6) 철제 Frame 공법

8) 해상 및 조류 속

9) 끝막이 전, 끝막이 기간 중의 조위, 조류 속, 내외의 수위차

10) 몇 가지 안을 검토 후 선택

6. 끝막이 구간 선정 시 고려사항

1) 끝막이 위치 선정 시 고려사항

    (1) 수리조건

        기왕의 조수의 유출입을 그대로 존속시킬 수 있도록 저지대에 설치함이 유리

    (2) 시공 조건

        끝막이 시종점 측에 재료(사석) 채취장이 있고, 육상 및 해상 시공 능력을 최대로 할 수 있는 조건

2) 끝막이 연장(길이) 결정 시 고려사항

    (1) 수리조건

        ① 전 통수 단면의 1/4이 되는 구간(이때부터 유출입 조류속이 급격히 증가함)

        ② 조류 속을 계산하여 개방 연장이 축소됨에 따라 유속이 급격히 증가되는 연장

        ③ 바닥다짐이 낮으면 연장은 짧아짐

        ④ 바닥다짐이 높으면 연장은 길어짐

    (2) 시공조건

        일반 물막이(방조제) 구간의 단면 및 축제 공법으로 더 이상 축제 공사 시공이 어려운 연장

7. 끝막이 시기 결정 시 고려사항

1) 끝막이 공사 시기는 기상, 해상 특성을 고려하여 가장 유리한 시기를 선택해야 함

2) 끝막이 구간의 유출입 **조석량이 적은 시기**

3) 끝막이 후 성토 작업 시 **우기를 만나지 않는 시기**

4) 끝막이 후 고조에 대한 **단면 보강이 가능**해야 함

5) 끝막이는 한번 시작하면 끝날 때까지 멈추지 않고 **연속적**으로 해야 하고, **돌관공사**에 가까우므로 기간 중 **노동쟁의, 어업권 분쟁, 명절, 공휴일** 등에 의한 중단이 되지 않게 함

6) 끝막이 중에 배수갑문의 통수가 가능해야 함

7) 강우, 강설 등 기상조건이 좋을 것

    ※ 최종 물막이 공법 설계, 시공, 시공계획 시 검토(고려)사항[요약]

구분	검토사항
1. 끝막이 위치	암반이 노출되거나 얕은 지역
2. 끝막이 구간	전체 물막이 구간(전 통수 단면) 1/4 정도되는 구간(이때부터 유출입 조류속이 급격히 증가함)
3. 유속	4~5m/s 이하(소조기)
4. 시공 기간(시기)	소조기(1~2월) : 대조기는 피함 = 조금(조수간만의 차가 작을 때)

8. 최종 물막이 공법의 유속에 대한 사석질량의 안정 결정방법(소요질량 = 안정질량 산정공식)

구분	해석방법	
1. 상세법(정밀법)	수리모형실험	
	수치모형실험 : FEM, FDM	
2. 간이법	Isbash	
	Hudson	
	화란의 간이공식	
	Shiedls식	

■ 안정계수 사용 허드슨식(일반화된 허드슨식)

$$M = \rho_r H^3 / N_s^3 (S_r - 1)^3$$

- M : 사석 또는 블록의 안정에 필요한 최소질량(t)
- ρ_r : 사석 또는 블록의 밀도(m^3)
- S_r : 사석 또는 블록의 해수에 대한 비중
- H : 안정계산에 사용하는 파고(m)
- N_s : 피복재의 형상, 구배 또는 피해율 등에 의해 결정되는 계수(안정수)

■ 상고(Apron) 재료의 크기 결정(농지개량사업계획 설계기준)

$$d_m \geq \left(\frac{0.5}{\Delta} \right) \times \left(\frac{V^2}{2g} \right)$$

여기서, d_m : 재료의 평균지름(m)

V : 유속(m/sec)

Δ : 재료의 상대밀도 $= (\rho_s - p_w) / \rho_w$

■ 점축식에 의한 물막이 재료의 크기 결정 : 미 해안침식국 제안식 적용

$$W = \frac{\pi \times \gamma_\gamma \times V^6}{48 \times y^6 \times g^3 \times (S_\gamma - 1)^3 \times (\cos\theta - \sin\theta)^3}$$

여기서, W : 재료의 최소중량

S_γ : 재료의 비중 (γ_γ / γ_w)

g : 중력가속도(9.8m/sec)

y : Isbash 정수(파묻혀 있는 돌 : 1.2)

γ : 재료의 상대비중(t/m^3)

V : 사석 상면에서의 유속(m/sec)

θ : 사면의 기울기(°) → $\cot\theta = 2.0$

9. 최종 물막이 안정조건 : 물막이 단면 및 호안단면 제체의 안정성 검토

1) **외적인 안정** : 활동(원호활동), 전도

2) **내적인 안정**

   (1) 체절 전 : 지반 세굴

   (2) 체절 후 : 누수, 파이핑

10. 시공법

1) 일반적인 방법 : 점고식, 점축식, 점고, 점축 병행식 : 공법의 모식도

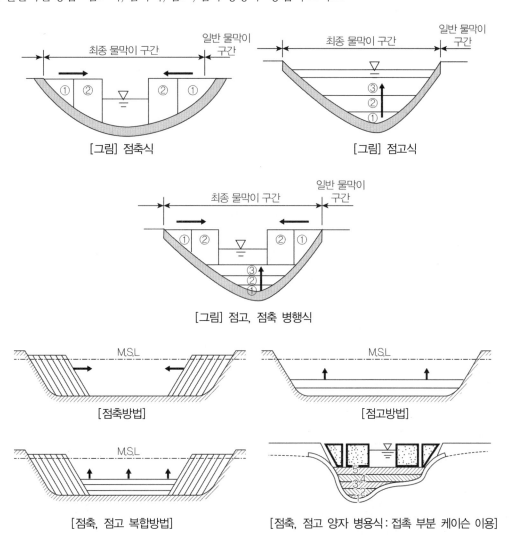

[그림] 점축식   [그림] 점고식

[그림] 점고, 점축 병행식

[점축방법]   [점고방법]

[점축, 점고 복합방법]   [점축, 점고 양자 병용식 : 접촉 부분 케이슨 이용]

2) VLCC(Very Large Crude Carrier(일명 정주영 공법) : 대형 폐유조선 이용

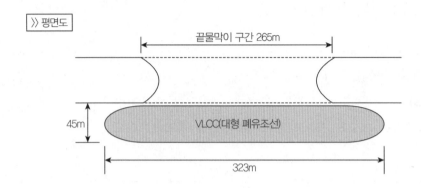

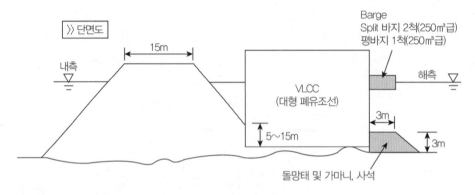

11. 점고식, 점축식, 병행식 특징 비교

구분	점고식	점축식	점고, 점축 병행식
1. 공법 개요	해상에서 Barge 이용	양안(육상)에서 Dump truck 이용	육상 Dump truck + 해상 Barge
2. 체절방향	하부에서 상부	양측에서 중앙	Sill표고까지 점고식
3. 수리조건	내외 수위차 발생	강력한 조류 속 발생	강력한 조류 속 및 내외 수위차 발생
1) 유속(최대 유속)	1. 느림(증가하다 sill 표고 지나면 감소) 2. 조류 속 1.5~2m/s 이하에서 작업 가능	빠름	한계유속 이전까지 점고식 축조, 소조 시 점축식으로 단시일 내에 완료하면 유속 감소시킬 수 있음
2) 내외 수위차	크다	작다	
3) 단위폭당 유량	적다	많다	
4. 사석중량	작다	크다	점고식 이후 점축식 시공
5. 특성	전 구간에 균등한 조류 분포로 사석 크기 작음	육상 및 해상로 이용 가능	대형 방조제에 이용

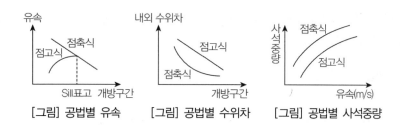

[그림] 공법별 유속   [그림] 공법별 수위차   [그림] 공법별 사석중량

12. 맺음말

1) 최종 물막이 공사는 방조제 공사 중 가장 중요한 공종이며

2) 끝막이 시에는 끝막이 공사의 위치, 연장, 기간 선정이 대단히 중요하다.

3) 끝막이 시공 전에는 해상의 기상조건, 지형, 지질, 조위, 조수 간만의 차, 조류 속 등을 사전에 충분히 검토하여 완벽한 시공계획을 수립하여 시공해야 함

■ 참고문헌 ■

1. 해양수산부(2014), 항만 및 어항 설계기준·해설(상, 하), 해양수산부.

2. 항만 및 어항 표준시방서(2012).

3. 항만 및 어항공사 전문시방서(2014).

4. 서진수(2006), Powerful 토목시공기술사(1, 2권), 엔지니어즈.

5. 서진수(2009), Powerful 토목시공기술사 단원별 핵심기출문제, 엔지니어즈.

12-35. 항만매립공사에 적용하는 지반개량공법의 종류를 열거하고, 그 공법의 내용을 기술(81회)

1. 매립지 지반개량공법의 분류

1) 매립지 원지반의 개량

2) 원지반 상부에 매립하는 매립토사의 개량

2. 매립지 원지반 개량공법의 종류

1) 연약한 이토 제거하는 방법

2) 매립토사를 한쪽에서부터 투기하여 연약토를 후면으로 밀어 임시 이토폰드 형성 후 별도로 개량하는 방법

3) 여성토실시 : 자연상태에서 압밀을 유도하는 방법

3. 매립지 지반처리(매립토사의 지반처리) 대책 공법

1) 매립지는 매립 후 사용목적, 용도에 따라, **침하**에 안정, 필요한 **지내력**을 가져야 함

2) 매립지의 **조기 활용지역** : 사질토나 경질토로 매립

3) **사용시기가 늦을 경우** : 연질토로 매립하고, 매립토질을 개량

4) **초연약 점성토 지반, 준설 매립공사** 현장, 준설토의 대부분이 **점성토(연질토)**인 경우 초기장비 진입(장비주행성 확보)을 위한 표층처리 공법

   [지반처리용 장비의 출입, 작업이 가능한 수준의 지지력 확보를 위해 우선 처리]

   (1) **고화제 혼합** 처리에 의한 **표층 처리 공법**

   (2) 소일 마스터 공법(표층혼합 처리공법)

   (3) 배수공법 : PTM, 수평진공 배수공법

   (4) 연약점성토를 적정 두께의 **양질토사로 환토**

   (5) 매립토사의 구역 외로 유출 방지 : 매립외곽호안에 차수공이나 필터공 설치

4. 매립지 지반 안정

1) 지내력 만족

2) 침하에 대한 안정 검토

5. 침하량의 계산

1) **침하량＝원지반의 침하량＋매립토사의 침하량 합산**

2) 원지반의 침하량 : 원지반 토사의 역학적 성질에 따른 침하량을 산정

3) 매립토사의 침하량

   (1) 매립지의 이용하중을 고려한 매립토사의 자중압밀, 알밀침하량 고려

   (2) 예비조사인 경우는 매립토사의 침하 두께 추정

   ① 사질토 : 층 두께의 5% 이하

   ② 점성토 : 층 두께의 20% 이상

③ 사질토와 점성토의 혼합 : 층 두께의 10~15% 정도

6. 구조물 지반처리

호안, 방파호안, 접속호안 및 매립에 수반되는 구조물은 원지반상에 시설하므로 매립지 이용 시의 하중조건 등을 고려하여 적절한 기초지반 처리

■ 참고문헌 ■

1. 해양수산부(2014), 항만 및 어항 설계기준·해설(상, 하), 해양수산부.
2. 서진수(2006), Powerful 토목시공기술사(1, 2권), 엔지니어즈.
3. 서진수(2009), Powerful 토목시공기술사 단원별 핵심기출문제, 엔지니어즈.

12-36. 고화재 혼합처리공법에 의한 표층처리공법

1. 개요
표층처리공법은 **연약지반의 얕은 부분**(지표하 3m 정도까지)의 토질안정처리 공법을 말함

2. 표층처리공법 분류
1) 처리대상 구조물별 분류
   (1) 연약점성토의 가설 표층처리 : **장비주행성 확보**
   (2) 노상·노반 재료의 영구 안정처리 : 하중의 균등재하로 전단변형 방지

2) 공법별 분류

분류	공법	개요	적용성
배수	① 표층배수(트렌치)	배수로 설치	가격 저렴 점성토 효과 저하 타공법과 병용
	② 자연건조	태양열 건조	공기 길 때 유효 ①과 병용
피복	③ 볏짚 깔기	볏짚, 떼 부설	계절별 재료구입 변수 가공 노무비 고가
	④ 시트 및 네트 깔기	시트 및 네트 부설	재료구입 용이
	⑤ 샌드매트	모래 살포	연직배수공법과 병용 배수층 기능
치환	⑥ 치환	연약토 제거, 양질토 치환	연약토 처분 곤란
혼합처리	⑦ 고화재 처리	고화재 첨가 및 혼합	고화재의 종류에 따라 다양하게 적용

3. 고화재 혼합처리 공법의 설계 및 시공(일반)
1) 처리대상 구조물별 적용
   (1) 연약점성토상의 **가설 표층처리**
       고화재를 슬러리상으로 펌프 압송하여 연약토와 첨가·혼입, 혼합 후 다짐은 미 시행
   (2) 노상·노반 재료의 **영구 안정처리**
       고화재는 분말 건조상태에서 첨가·혼합, 불도저, 타이어 롤러 등으로 다짐 시행

2) 설계법

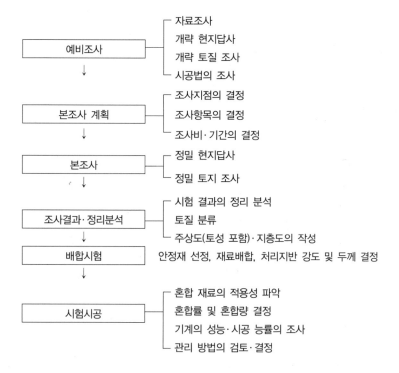

(1) 안정재 선정

① 고화재의 종류는 **생석회**, **보통 포틀랜드 시멘트**, **고로 시멘트**, **토질 개량용 시멘트** 등이 있음

② 고화재의 선정은 처리대상토, 처리 목적, 공사규모, 현지 입지조건 조건 등을 고려

(2) 재료 배합 결정

① 상세한 배합결정은 **실내배합시험**을 통하여 결정

② 실내배합시험을 하지 않을 경우는 과거의 실적이나 실내배합시험 사례를 참고로 추정

[배합설계 순서]

처리토준비 → 고화재선정 → 배합계획 → 재료계량 → 혼합 → 테스트피스 작성 → 양생 → 처리효과 판정시험 → 시험결과의 정리

- 처리토의 성상파악
- 재료배합
- 시험항목
- 소일믹서 사용
- ϕ 5㎝ h 10㎝ 강제몰드
- 20℃
- 1축압축, 휨시험

(3) 고화처리지반의 강도와 두께 결정

① 고화처리지반의 강도(강성)와 두께는 처리 대상토, 시공기계, 상부에 실리는 구조물 등에 따라 결정

② 산정법
    ㉠ 다층계 탄성체 지반에 의한 방법
    ㉡ 지반 반력법에 의한 방법
    ㉢ 지반 내 응력에 의한 방법
    ㉣ Punching Shear에 의한 방법

3) 시공 및 시공관리
(1) 일반적인 시공법 비교

공법	클램셸 버킷 또는 백호우	트렌처 방식	종형 교반날개 부착선
개요도	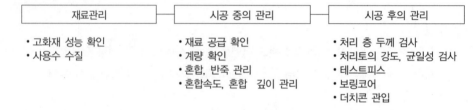		
특징	• 분체 공급 • 혼합 : 중 • 혼합깊이 : 0.5~1.5m • 혼합량 : 100~200m³/일	• 분체 또는 밀크 공급 • 혼합 : 양호 • 혼합깊이 : 최대 1.5m • 혼합량 : 200~300m³/일	• 분체 또는 밀크 공급 • 혼합 : 양호 • 혼합깊이 : 최대 3.0m • 혼합량 : 400~500m³/일

(2) 시공관리 항목

```
┌─────────────┐   ┌─────────────┐   ┌─────────────┐
│   재료관리   │──▶│ 시공 중의 관리 │──▶│ 시공 후의 관리 │
└─────────────┘   └─────────────┘   └─────────────┘
```

재료관리	시공 중의 관리	시공 후의 관리
• 고화재 성능 확인 • 사용수 수질	• 재료 공급 확인 • 계량 확인 • 혼합, 반죽 관리 • 혼합속도, 혼합 깊이 관리	• 처리 층 두께 검사 • 처리토의 강도, 균일성 검사 • 테스트피스 • 보링코어 • 더치콘 관입

4. 고화재별 역학적 특성 검토

1) 지반개량의 원리

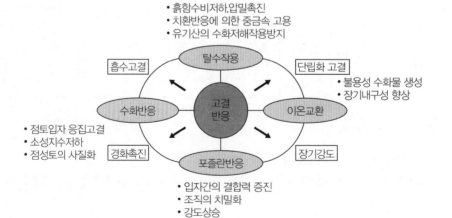

(1) 수화 작용 → 흡수 및 팽창작용 → 토립자 상호 결합, 흙의 강도 증가

(2) 이온교환반응 : 칼슘이온이 점토입자 표면에 흡착 → 응집화 작용 → 단립화

(3) 흙과 석회의 **포졸란 반응** : 토중의 점토광물, 실리카 및 알루미늄이 석회와 반응 → 수화물 생성
→ 혼합토의 강도 증가(가장 유효)

(4) **탄산화** 작용 : $CaCO_3$ 생성 → 강도 증가(장시간, 효과 적음)

2) 첨가제 효과 : 토립자의 결합력 증가

3) 첨가제

(1) 시멘트 : 염화칼슘, 염화나트륨, 플라이애쉬

(2) 석회 : 금속산화물(산화철, 알루미늄), 플라이애쉬

4) **고화재**(첨가제)의 기능(메커니즘)

(1) 시멘트

시멘트 + 물(시멘트 중량의 25%) : 수화작용(토립자 상호 결합, 흙의 강도 증가) → 수산화물 생성
(포졸란 반응) → 수산화석회($Ca(OH)_2$) 유리 → (콜로이드 상에서) 결정상으로 성장(응결과정) →
경화

(2) 석회

흡수 및 팽창작용(수화 작용) : $CaO + H_2O → Ca(OH)_2 + 280Cal/kg$(체적 2배 팽창)

5. 고화재에 의한 개량효과 고찰

1) 시멘트계

(1) 개량효과에 영향을 미치는 주요 인자 : 토질, 고화재 종류, 함수비, 고화재 배합비이다.

(2) 공학적 특성이 우수한 흙일수록 개량효과도 우수하다(특히, 사질토의 경우 점성토에 비해 일축압
축강도 2배정도 크다.)

(3) 고화재별 압축강도의 편차는 거의 없음

(4) 일정 함수비 이상에서 개량효과가 더 커짐(수화 반응에 필요한 물 확보)

(5) 개량지반의 변형계수(E50)는 일축압축강도와 일차원 비례 관계

$$E = \alpha \times q_u \,(\mathrm{kg/cm^2}) \,(\alpha = 50{\sim}200 : 일본 시멘트 협회, 1994)$$

초연약토 개량의 경우, $\alpha = 100{\sim}300$

일반 풍화토 개량의 경우, $\alpha = 50{\sim}250$

보통 점성토 개량의 경우, $\alpha = 50{\sim}250$

(6) 점착력은 초연약토의 경우 증가율에 큰 차이를 나타내나 통상적으로 2배 정도 증가

(7) 내부마찰각은 비압밀 비배수 조건에서 0이어야 하나 고화재에 의한 화학적 결합에 의해 발생하며
함수비가 저하될수록 증가됨

2) 석회

(1) 동일 함수비조건에서 생석회의 배합비가 높을수록 강도는 증가

(2) 수화 반응에 의한 현장 함수비 감소율은 배합 비에 따라 약 15~40%까지 감소

(3) 일축압축강도는 양생일 28일 기준으로 3~5배까지 증가

(4) 현장 시공 시 반응열이 100℃ 이상 발생하므로 작업자의 주의 필요

■ 참고문헌 ■

1. 해양수산부(2014), 항만 및 어항 설계기준·해설(상, 하), 해양수산부.

2. 서진수(2006), Powerful 토목시공기술사(1, 2권), 엔지니어즈.

3. 서진수(2009), Powerful 토목시공기술사 단원별 핵심기출문제, 엔지니어즈.

4. 김교원 외 2인 역(1995), 지반공학 핸드북(Roy E. Hunt 저), 엔지니어즈, pp.366~369.

5. 이송 외 3인(2003), 연약지반의 설계와 시공, 구미서관, pp.241~249.

6. 천병식, 임해식, 전진규(1998), "시멘트계 고화재에 의한 천층개량공법에 관한 연구", 한국지반공학회 1998년 가을 학술발표회 논문집, pp.381~388.

7. 한국건설기술연구원(1988), "연약지반 표층 안정처리 연구", pp.62~70, pp.138~165.

8. 이재성 외 3인(1999), "생석회를 이용한 표층안정처리공법의 시험시공 성과분석에 관한 연구", 대한토목학회 1999년도 학술발표 논문집, pp.205~208.

9. 천병식 외 3인(1997), "생석회에 의한 해성점토지반의 개량에 관한 연구", 대한토목학회 1997년도 학술발표 논문집, pp.317~320.

12-37. 소일 마스터 공법(표층혼합 처리공법)

1. 공법의 개요

Cement 계의 개량재를 Slurry 상태로 만들어 **연약토와 직접교반 혼합**하여 지반개량하는 공법

2. 공법의 원리

Cement의 **수화작용**으로 강도발현, 며칠 만에 1~10kg/cm² 의 **강도 발현**

3. 공법 특징 및 적용성

1) **직접 혼합** 교반 : 시공성 양호, 균질한 개량효과
2) **표층고화에 적용** : 준설매립지의 **초연약지반 표층 고화**, 하천, 운하의 퇴적 헤드로(Head Sludge) **표층 고화**, **산업폐기물 처리장**의 표층고화
3) 적용 토질 : N ≤ 2 의 점성토, 사질토, 유기질토
4) 적용 심도 : 5m 정도

※ 헤드로(head sludge)

- 수면 바닥에 쌓여 있는 부드러운 슬러지
- 가정, 사업장에서 배출하는 폐수의 함유물질이 오랜 시간 대량 하천 바닥에 침적되어 헤드로가 되면 유기성 물질이 물속 산소(용존산소 : DO)를 지나치게 소비하며, 수중 생태계에 피해 유발, 어패류의 사멸
- 퇴적량의 높이가 수면가까이 형성되면 선박 운항에도 지장을 줄 수 있음
- 퇴적된 헤드로가 자체적으로 용출되거나 분해산물이 유해물질을 발생시키는 경우도 있음

4. 시공법

1) 시공 장비 및 시공순서

   Slurry Plant에서 Slurry 제조 → Grout Pump로 압송 → 교반날개 끝에서 분출 → 교반날개를 횡행, 승강, 교반하여 지반개량
2) 장비의 종류

   (1) Float와 윈치를 연결하여 횡행 교반 타입
   (2) 백호 끝에 교반장치 설치하는 자주식

(3) 수륙양용 타입

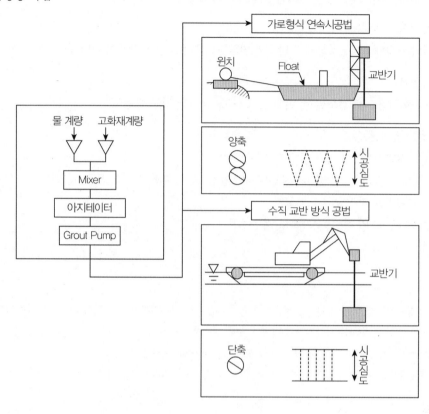

■ 참고문헌 ■

1. 서진수(2006), Powerful 토목시공기술사(1, 2권), 엔지니어즈.
2. 서진수(2009), Powerful 토목시공기술사 단원별 핵심기출문제, 엔지니어즈.
3. 김교원 외 2인 역(1995), 지반공학 핸드북(Roy E. Hunt 저), 엔지니어즈.
4. 이송 외 3인(2003), 연약지반의 설계와 시공, 구미서관.
5. 천병식, 임해식, 전진규(1998), "시멘트계 고화재에 의한 천층개량공법에 관한 연구", 한국지반공학회 1998년 가을 학술발표회 논문집.
6. 한국건설기술연구원(1988), "연약지반 표층 안정처리 연구".

12-38. D.C.M(Deep Cement Method) = CDM(Cement Deep Mixing) 공법 (82회)

1. DCM 공법의 정의(개요)

연약지반(점성토, 사질토, 유기질토) 내에 **시멘트와 물**을 혼합한 **안정처리재**를 저압으로 주입, 연약토와 안정처리재를 특수 교반기의 회전에 의해 **교반혼합**, 시멘트의 **경화반응**을 이용하여 원지반 내에 고화시켜 **원주형** 및 **직사각형**의 말뚝체를 조성하는 공법

2. 목적 및 적용성

1) 목적

   차수공, 토류공, 기초공 지반의 안정강화 등을 목적으로 다양하게 적용

2) 적용성

   (1) 시공심도 2.0~34.0m(ROD 연결 시 50m)까지 시공이 가능

   (2) 시공시 소음, 진동 등의 공해가 적고

   (3) 주변 지반의 교란이 적은 신뢰성이 높은 공법임

3. D.C.M 공법의 특징

구분	특징
적용지반	1. 연약한 사질토, 점성토, 부식토, 이암층, 실트층과 같은 초연약지반 2. 풍화토 등의 N치 40회 미만에서 사용이 가능 3. 육상, 해상, 지반에서 적용
시공심도	1. 표준시공심도는 2.0~34.0m 2. ROD 연결 시공 시 50m까지 시공 가능
특징	1. 시공효과가 빠르며 공기가 짧다. 　1) 시공 후 f_7일 정도에서 목표강도의 60% 이상을 나타냄 　2) 지하수의 유무, 함수비, 입경 등 원지반의 상태에 따라 달라짐 　3) 성토 공사나 압밀공사를 필요치 않으므로 공기 단축 2. 연속벽체의 차수 및 토류의 목적으로 사용 　: 도심지 인접 건물에 완벽한 차수 및 토류벽체로 많이 사용 3. 안정처리재 : Slurry가 아니고 분말을 이용하여 시공이 가능 　1) 함수비가 높은 지반에는 압축공기를 사용하여 지반 내에 안정재를 분체로 그대로 기송하여 원지반과 　　혼합교반 　2) 압축공기의 토출에 의하여 노즐로 흙과 물의 유입을 방지 하면서 실시 4. 2단계 시공 가능 　먼저 천층용 시공기로 지표면을 안전개량한 후 대형기계를 사용하여 소정의 심도까지 개량하는 것도 가능 5. 공해 및 주변 지반에 영향이 적다. 　안정처리재의 주입을 통상 저압(2~3kg/m²)으로 주입하므로 굴삭 교반하는 범위 이내에 안정처리재가 유출 　침투하는 경우는 거의 없다. 　주변지반에 영향을 거의 주지 않음

4. CDM(Cement Deep Mixing) 공법에 의한 지반개량

[부산 - 거제 간 연결도로 침매터널 기초지반개량 사례]

1) 공법 개요

   시멘트 페이스트로 지반을 교반하여 개량하는 공법

2) CDM 설계강도 : 8kg/cm^2

3) CDM 개량체 길이 : 최대 25m

4) CDM 말뚝 직경 : 1.0m

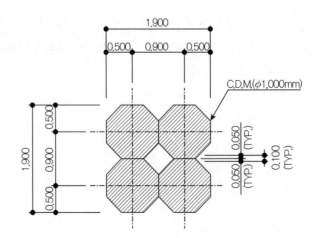

5) 시공단면도

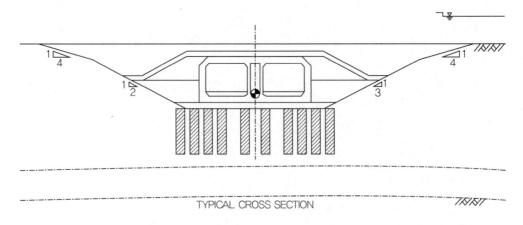

TYPICAL CROSS SECTION

5. 공법의 작업 공정도

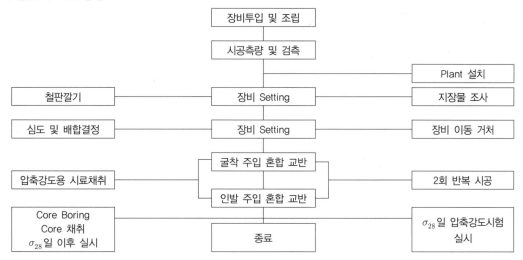

6. 시공 흐름도

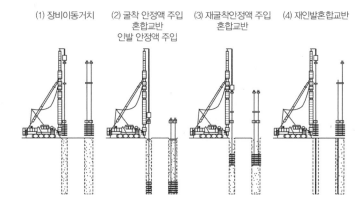

(1) 장비이동거치   (2) 굴착 안정액 주입   (3) 재굴착안정액 주입   (4) 재인발혼합교반
　　　　　　　　　　혼합교반　　　　　　　　혼합교반
　　　　　　　　　　인발 안정액 주입

7. 장비 배치도

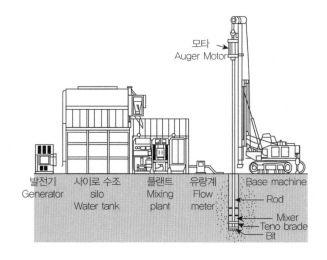

■ 참고문헌 ■

1. 서진수(2006), Powerful 토목시공기술사(1, 2권), 엔지니어즈.
2. 서진수(2009), Powerful 토목시공기술사 용어정의 최신경향, 엔지니어즈.
3. 부산-거제 간 연결도로 침매터널 시공 자료집.

12-39. 초연약 점성토 지반, 준설 매립공사 현장, 초기장비 진입(Trafficability)을 위한 표층처리 공법

1. 표층처리공법의 정의
초연약 점성토 지반의 준설 매립공사 현장의 **초기 장비**(연약지반개량 장비, 맨드렐 등) **진입**(장비 주행성)을 위해 연약지반의 **얕은 부분**(지표하 3m 정도까지)의 **토질안정처리** 공법을 말함

2. 표층처리(표면건조) 공법의 목적
1) 연약지반 처리 사전 준비 : Trafficability 확보
2) 절, 성토공 시공 중 **배수**
3) 연약지반 처리공법 시행 시 지반 개량용 장비의 **주행성**, **시공발판** 확보

3. 표층배수처리 미비 시 발생 문제점
1) 연약층에서 성토층으로 간극수 상승에 의해 성토체 연약화, 활동 파괴
2) 지하수위 상승, 성토체에 부력 작용, 침하 계속 진행
3) 장차 지하수위 저하로 유효응력 증가, 새로운 2차 침하 진행

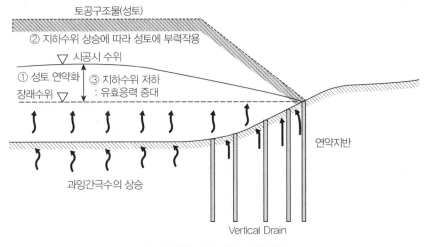

[표층배수처리 미비 시 문제]

4. 표층처리공법의 종류(Trafficability 확보방법)
1) 표층배수 처리공법
   (1) **지하 배수공**(암거)
   (2) PTM : 트랜치 배수 공법
   (3) Sand mat
   (4) **수평 진공 배수** 공법
2) 부설재 공법 : Sheet **공법**(pp-mat 등)(토목섬유)

3) 표층혼합 처리공법

    (1) **표층고결공법**(소석회, 생석회)

    (2) **토질 안정처리공법**

    (3) **고화재 혼합처리공법** : 석회, 보통 포틀랜드 시멘트, 고로 시멘트, 토질 개량용 시멘트

5. 수평 진공 배수 시공단면도

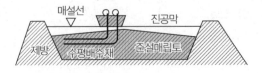

■ 참고문헌 ■

1. 서진수(2006), Powerful 토목시공기술사(1, 2권), 엔지니어즈.
2. 서진수(2009), Powerful 토목시공기술사 용어정의 최신경향, 엔지니어즈.

12-40. 수평 진공배수공법(표층처리공법)

1. 정의(개요)

1) 준설 매립된 초연약 점성토 지반에서

2) 연약지반의 표층을 배수 건조 처리하여

3) 연약지반 개량장비의 초기 Trafficability 확보하기
   위한 공법

4) 국내 사례 : 국가산업단지에서 시험 시공

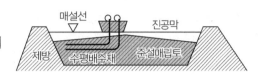

2. 시공 순서(시공 방법)

1) 수평 배수재 설치 : 초연약지반 표층에 매설선 이용 수평 배수재 설치

2) 배수재의 간격, 설치단수 계획 : 진입 장비 하중 감안하여 계획

3) 시공순서 : 진공막 포설(Sheet) → 진공 Pump 사용 → 지반내부 진공상태 → 대기압 이용 → 압밀촉진

3. 특징(장점, 단점)

장점	단점
1) 공기 단축 : 초연약지반의 표층 처리 단기간	1) 깊은 심도 시공 어려움
2) 공사 기간 유연 : 배수재의 간격, 설치단수 조절	2) 진공막의 기밀성 유지에 따라 개량 효율성 변화
3) 경제적 시공 : Sand mat(표층 처리재) 투입량 저감	3) 펌프의 효율에 따라 개량 정도 변화

4. 표층 배수 처리 미비 시 발생 문제점(시공 시 유의사항)

1) 연약층에서 성토층으로 간극수 상승에 의해 성토체 연약화, 활동 파괴

2) 지하수위 상승, 성토체에 부력 작용, 침하 계속 진행

3) 장차 지하수위 저하로, 유효응력 증가, 새로운 2차 침하 진행

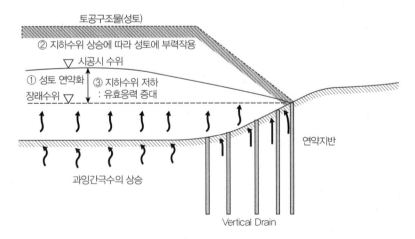

■ 참고문헌 ■

1. 서진수(2006), Powerful 토목시공기술사(1, 2권), 엔지니어즈.

2. 서진수(2009), Powerful 토목시공기술사 용어정의 최신경향, 엔지니어즈.

12-41. P.T.M 공법(Progressive Trenching Method) : 표층처리공법

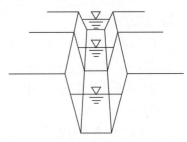

1. 공법의 정의(개요)

1) 초연약지반의 개량공법

2) 표층에 **도랑**(Trench)을 만들어서

3) 표층의 **배수**와 **건조**를 촉진시키는 공법

　: Trench(배수도랑)을 **점진적**(Progressive) 굴착깊이를 증가(건
　　조효과 크게 함) 연약지반 개량 장비 **주행성 확보**

2. 적용성

1) 함수비가 큰 점토질의 **준설매립 시**, 전단 강도가 적어, 장비의 **Trafficability(주행성)**이 아주 나쁜 경우

2) 표층이 건조할 때까지 방치 기간이 길 경우, 우수 등에 의한 배수 곤란 시 PTM 공법 사용하여 전단 강
　도가 큰 **건조 층을 확보**하여 후속의 성토작업 시행

3. 시공 시 검토, 고려사항(전두극, 하안)

1) 필요한 전단강도 검토

2) 필요한 건조 층의 두께, 검토

3) 지반의 극한 지지력 검토

$$q_{ult} = CN_c + rD_z$$

4) 하중(P=부설 중량+장비 접지압) 검토

5) 안전율($F_s = q_{ult}/P$ > 기준 안전율) 검토

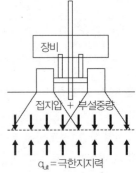

장비

접지압 + 부설중량

q_{ult} =극한지지력

• p = 접지압 + 부설중량

4. PTM 공법 적용 함수비 조건

1) 미공병단 : **함수비** < 1.8 × 액성한계

2) 국내사례 : 율촌공단

　(1) 함수비 > 150%

　(2) 건조층 두께 : 60㎝(자연건조 20㎝)

　(3) 전단강도 : 1.0Ton/㎥(자연건조 0.2Ton/㎥)

5. 표층 배수 처리 미비 시 발생 문제점(시공 시 유의사항)

1) 연약층에서 성토층으로 **간극수 상승**에 의해 **성토체 연약화**, 활동 파괴

2) 지하수위 상승, 성토체에 **부력 작용**, 침하 계속 진행

3) 장차 지하수위 저하로 **유효응력 증가**, 새로운 **2차 침하** 진행

■ 참고문헌 ■

1. 서진수(2006), Powerful 토목시공기술사(1, 2권), 엔지니어즈.

2. 서진수(2009), Powerful 토목시공기술사 용어정의 최신경향, 엔지니어즈.

12-42. 대나무 매트를 이용한 초연약지반 호안 및 가설도로의 기초처리공법

1. 개요
초연약지반에 축조되는 **항만, 해안 및 가설도로 기초처리** 설계 및 시공 시 **대나무의 강성**이 최대한 발휘될 수 있는 형태로 제작된 **대나무 매트를 성토구조물 하부**에 설치하여 성토재와 작업하중을 **하부지반**에 균등하게 분포시켜 최소의 치환심도에서 안정된 성토구조물을 축조하는 초연약지반상의 **뜬 기초**공법

2. 특징
1) 인력과 장비의 진입이 불가능한 초연약지반 조건에서 **대나무 매트의 강성과 부력**에 의한 **지반보강효과**로 조기에 **토공장비의 주행성을 확보**
2) 공사 기간 단축
3) 제체의 치환율 감소에 의한 물공량 절감으로 경제성을 향상시킬 수 있는 공법

3. 적용성
1) 대나무 매트를 이용한 초연약지반 토공구조물의 기초보강
2) 대나무 매트를 이용한 초연약지반 호안 및 가설도로의 시공

4. 원리 및 시공방법
1) 초연약지반에서의 토공구조물 축조 시는 **지반강도 부족**으로 장비 주행성 불량, 불규칙한 지반변형, **침하예측 곤란**으로 성토량의 사전 정량 예측 매우 곤란
2) 강성이 크고 유연성이 좋고, 가벼워 **물위에 쉽게 뜨는 재료**를 이용한 구조체로 **기초지반을 보강**하여 **주행성의 조기 확보 가능, 침하를 안정적으로 유도**, 성토하중에 의한 **변형 극소화**
3) **휨강성(EI)**이 탁월하게 발휘될 수 있도록 **대나무 매트를** 제작·포설하여 **국부적인 지반파괴** 또는 **불규칙한 지반 침하를 최대한 억제**
4) 대나무의 내구성, 가볍고 다루기 쉬운 특성, 중공 재료로 부력을 이용하는 시공방법의 도입으로 기초보강매트의 제작 및 포설의 시공성을 확보

5. 설계방법
1) **판이론, 지반계수법, 지지력 산정법**에 의한 기초침하의 변형해석 실시
2) 설계 침하량 : 판이론 해석결과를 기준으로 다른 방법의 결과와 비교하여 평균값 적용

6. 대나무 매트 시공방법
1) **대나무 매트** : 평균 **직경 4cm 대나무**를 종·횡방향 1.5m 간격으로 #10 소철선을 이용하여 긴결하게 결속하고
2) **시공진행 직각방향**으로 평균 **직경 3cm 대나무**를 발처럼 엮어서 대나무 매트를 완성
3) 성토 구간의 **이격거리는 30m 정도**로 하고 대나무 매트에 **소형 말뚝** 또는 **앵커 로프**(anchor rope)를 설치하여 **매트의 유동을 방지**하여 시공의 안전성을 확보
4) 복토 및 성토는 성토하중이 균형을 이루도록 **중앙부**에서부터 **좌우로 순차적으로 성토**를 시행하여 전

(田)자 형태가 되도록 한 후 전 면적에 골고루 포설하여 토공구조물을 완성

7. 국내·외 건설공사 활용현황(시공사례)
광양항 건설 수토장 호안 축조공사 배수 호안

8. 활용전망(적용성)
1) 초연약지반상의 중기 **주행성 확보**
2) 초연약지반상의 **호안축조**
3) 초연약지반상의 **가설도로 축조**
4) 초연약지반상의 토공구조물 **기초안정처리**

9. 평가
1) 기술적·경제적 파급 효과
　　그동안 경험적으로 실시되어지던 **경험기술**에 대한 **지반공학적 설계기술확보로 합리적인 설계수행**
　　이 가능하게 하고
2) 대나무 등 **환경 친화적인 재료**의 이용, 성토재료의 감소로 **환경피해를 최소화**
3) **경제적 파급 효과**
　　(1) 물량 감소 및 장비의 주행성 조기 개선으로 **건설공기를 25% 정도 단축** 가능
　　(2) 축조 재료의 제한성 해소와 치환물량 감소에 따른 약 **30% 정도의 공사비 절감효과**
　　(3) 국내 생산 자연재료를 이용 : 외화 낭비 방지 및 대나무 재배 독농가의 수입을 증대
4) 공사 기간의 단축으로 부지를 조기 활용 가능

■참고문헌■

1. 서진수(2006), Powerful 토목시공기술사(1, 2권), 엔지니어즈.
2. 서진수(2009), Powerful 토목시공기술사 용어정의 최신경향, 엔지니어즈.

12-43. 연약지반상 케이슨 시공 시 문제점, 해상 구조물의 기초공으로 SCP 공법 (56, 71회)

1. 연약지반상의 Caisson 시공 시 문제점
케이슨은 중력식 구조물이므로
1) 지반의 침하
2) 활동
3) 측방유동
4) 융기 문제 발생

2. 대책
1) Caisson식 방파제인 경우 직립제에서 **연약지반에 유리한 혼성제**로 변경
2) 연약지반처리
   (1) SCP(Sand Comoaction Pile)
   (2) Sand Drain
   (2) 약액주입
   (3) 모래치환
   (4) 사석치환

3. 해상 SCP 시공
1) 공법의 정의
   (1) 연약지반 중에 단단히 **압축된 모래기둥**을 형성하여, (2) 점성토 지반에서는 **복합지반 효과**로 강도 증가, (3) Sand Drain 효과, (4) 해저의 **헤드로지반**에 SCP를 촘촘히 박아 압축된 모래로 **강제치환 효과**
2) 공법의 개요
   (1) 부산 신항만 공사에서 **방파제** 및 **안벽공사** 시 적용
   (2) 연약지반에 **진동** 또는 **충격**으로 **모래를 압입**하여 **직경**
     이 큰 다짐모래 말뚝을 조성

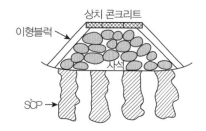

[그림] 해상 SCP 공법 시공단면도

3) 적용성 : 사질, 점성토, 유기질토지반, 매립지, 퇴적지반
4) 시공장비 : 해상 SCP 전용선

4. 부산-거제 간 연결도로 침매터널 기초 지반 개량 사례(SCP)
1) 공법 개요
   (1) **지반을 보강**하고 **배수를 촉진**하여 연약지반을 개량할 목적으로 연약지반 내에 **모래다짐 말뚝**을 조성하는 공법
   (2) 해저면 최대 수심 : 35m
   (3) 모래다짐말뚝의 길이 : 최대 30m
   (4) 모래다짐말뚝의 직경 : 2.0m

2) 시공단면도

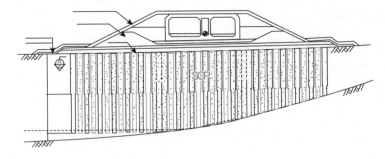

5. 해상 SCP 공법의 효과

1) 진동, 충격에 의해 모래를 지중에 압입시키므로 **사질토지반을 한계공극비 이하로 다짐**

   (1) 지진, 진동 시 **유동화(액상화) 방지**

   (2) **압축침하**를 현저하게 저감

2) 모래말뚝에 의해 **지반의 전단강도, 수평저항** 증대

3) 다짐에 의한 **지반의 균일화**

4) 점토지반인 경우 Drain 작용에 의해 **잔류침하를 조기에 종료**시키고 **복합지반 기능**으로 **부등침하 저감**

6. 공법의 원리

1) 소정의 **강관**(직경 800mm~1200mm)을 지중에 관입

2) 케이싱 내에 **모래 투입 후 인발**하여 소정의 **모래말뚝 조성**(직경 2000mm)

3) 2000mm 모래말뚝인 경우 : **바이브로 햄머**로 진동하며 압축하여 형성

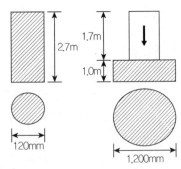

7. 공법의 특징

1) 상부구조의 중량과 형태에 따라 기초의 모래기둥 간격 조정 개량률을 다르게 할 수 있음

2) 지반 내에 모래 기둥 조성으로 N치를 극대화시킴 : 잔류침하 거의 없음

3) 기존의 모래치환 공법에 비해 유리 : **토취장 개발**로 인한 **비용 절감**, **환경피해** 저감, **해역 오탁** 거의 없음, 준설토, 시공 후 **잔류토, 해역오염 없음**

4) 점성토 지반

   (1) 단단히 압축된 모래기둥에 의해 **복합지반** 형성

   (2) **전단 저항력(강도)** 증진, 지지력 증가, **진동방지** 효과

   (3) **압밀 침하 감소, 잔류침하 감소, 지반 안정**이 조기에 이루어짐

5) 사질토 지반

   (1) 모래가 단단히 압축되어 지반을 **한계간극비 이하**로 압축하고, 지진 시 일어나는 **지반의 유동화** 방지

   (2) 모래 기둥과 맞닿는 지반의 **전단저항 증대** : 압밀 침하 거의 없음

8. 해상 SCP 시공 시 유의사항

1) 모래말뚝의 **강제 압입**에 의한 **지반 융기**

2) **해역 오탁**에 유의 : **오탁방지막** 설치

9. 해상 SCP 시공법

1) 케이싱 Pipe 타설 **위치**에 설정

2) 바이브로 함마로 케이싱 Pipe를 소정의 깊이까지 **관입**

3) 케이싱 Pipe 내 **모래투입**

4) 케이싱 Pipe 내에 **압축공기**로 모래 압축하며 케이싱 Pipe를 소정의 높이까지 끌어올린다.

5) 다시 **바이브로 함마**로 케이싱을 소정의 깊이까지 밀어 넣으며 토출된 **모래를 압축**

6) 상기 사이클을 반복

10. 품질관리

품질관리 시스템(컨트롤 시스템)

1) 케이싱 Pipe의 궤적, Pipe 내의 **모래면의 변위치**를 계측

2) 모래기둥의 **오실로 스코프**(Oesiloscope)로 출력

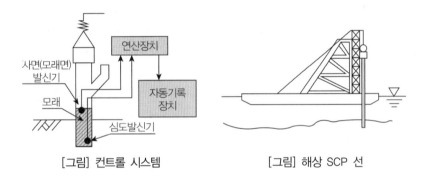

[그림] 컨트롤 시스템   [그림] 해상 SCP 선

■ **참고문헌** ■

1. 서진수(2006), Powerful 토목시공기술사(1, 2권), 엔지니어즈.

2. 서진수(2009), Powerful 토목시공기술사 용어정의 최신경향, 엔지니어즈.

3. 부산-거제 간 연결도로 침매터널 시공 자료집.

12-44. 해저 파이프라인(Pipeline)(82회)

1. 해저 Pipe Line의 정의

1) 해면하에 부설되는 Pipeline 전부를 해저 Pipeline이라 함. 수송하는 물질은 주로 **석유류**임

2) 해저면 또는 해저면 하에 부설하는 **도관** 등 및 기타의 **공작물**과 이들의 **부대설비**

3) 해저면으로부터 해면상 또는 육상에 이르는 **도관** 등에서 해당도관의 최초에 설치되는 밸브까지의 부분(Riser부) 및 기타의 공작물과 이들의 부대설비

2. 해저 Pipe Line 노선 선정 시 고려사항

1) 항만시설 등의 현황과 장래 계획

2) 해상교통과 해면 이용

3) 자연조건 조사

　　해저의 **지형**(수심, 기복, 표사 등), 해저의 **지질**(표층토질, 단층, 물리시험 등), **파랑, 조류, 바람, 해저 장해물, 부설물, 매설물 및 위험물**

4) 해저 Pipeline의 부설 후의 유지, 보수

3. 설계순서

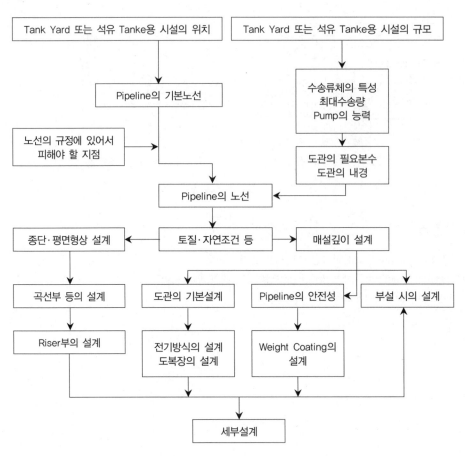

4. 설계외력 및 하중

1) 풍압력

2) 파력

3) 수류력

4) 지진력

5) 토압

6) 수압

7) 자중 및 재하하중

8) 부력

9) 내압

10) 투묘에 의한 충격하중

11) 온도변화의 영향

12) 부설 시의 하중

13) 타 공사에 의한 영향

14) 진동의 영향

5. 해저 Pipe Line의 부설공법 종류 및 특징

1) 도관(導管) 등을 해저에 부설(敷設) 경우에는 매설(埋設)을 원칙으로 함

2) 부설공법 종류 : **해저예항법(海底曳航法), 부유예항법(浮遊曳航法), 부설선법(敷設船法)**

구분	해저예항법	부유예항법	부설선법
1. 작업방법	육상제작장에서 조립한 긴 관을 바다 쪽에서 해상관고정용 대선(台船 : Barge)을 끌거나 또는 건너편 대안에서 윈치로 끌어가면서 해저에 부설하는 방법	육상 또는 해상에 조립한 긴 관을 물에 띄운 상태에서 부설위치까지 예항하고, 관접합용 대선상에서 해저관을 부상(浮上)시켜 해상 용접하여 침설(沈設)하는 방법	작업선상에서 해저관의 단관(單管)을 용접하여 연장하고 그때마다 작업선을 이동시키면서 침설해가는 방법
2. 제작장 (Pipe yard)	관로의 연장선상에서 길이가 긴 관의 제작 및 예항용공간과 기재(器材) 및 진수설비가 필요	관로의 연장선상이 아니라도 길이가 긴 관의 제작 및 예항, 진수를 위한 공간과 기재가 필요	강관저장장 외에 육상제작장은 필요하지 않다.
3. 주변조건	해저조건 이외의 영향은 별로 받지 않는다. 기상변화에 대한 적응성이 좋아 작업 중단 후 계속 작업도 가능	비교적 정온한 기상·해상조건이 요구된다. 기상의 급변(急變)에 대한 적응성이 나빠, 작업 중단 후 계속작업에 있으나 어려움이 있다.	주변조건의 영향은 거의 받지 않는다. 기상변화에 대한 적응성이 좋아 작업 중단 후 계속 작업도 가능
4. 사용기재 (使用器材)	대형 예상시설 필요	용접용 대선 이외의 특수설비는 필요하지 않다. 여러 척의 선박이 필요	특별 장비(裝備)를 장착한 부설선을 필요로 한다. 다른 선박은 별로 필요치 않다.
5. 관중량 조절	해저와의 마찰력을 적게 하여 예항력을 줄이기 위해 관의 수중 중량이 가볍도록 한다.	해면에서 해저로 강관이 유연하게 굽어지도록 관의 수중중량이 가볍도록 조절한다.	부설선에서 해저로 강관이 유연하게 굽어지도록 조절한다.

| 6. 적용범위 | • 제작장, 해저조건이 좋은 곳에서는 어느 정도의 대형 공사까지도 가능
• 관로가 복잡하거나 대규모 공사 시에는 부적절
• 해상조건이 나쁜 곳에서도 적용 가능(풍파, 조류 등) | • 소규모 작업 시 경제성이 있다.
• 복잡한 관로도 가능
• 해상조건이 정온한 곳에 적합
• 약천 후 발생빈도가 많은 경우 작업이 연속되지 않고, 매번 단절되므로 작업일수만 충분하면 비교적 안전 | • 비교적 장대(長大)한 해저관 작업에 적합
• 복잡한 관로에는 부적합 |

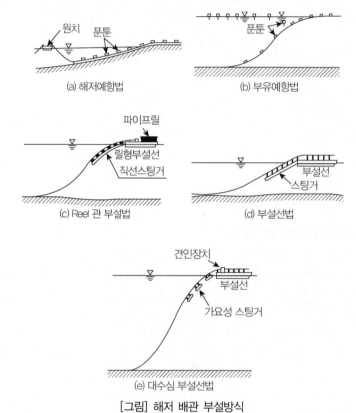

(a) 해저예항법

(b) 부유예항법

(c) Reel 관 부설법

(d) 부설선법

(e) 대수심 부설선법

[그림] 해저 배관 부설방식

6. 부설 시에 있어서 파이프라인의 구조상의 형상과 기능

작업 부설방법	해저부 부설 작업 시	기립(riser)관 거치 시
부설선법	(1) 스팅거(stinger)를 사용하지 않고, 부력조정만으로 파이프 형상 유지 Ⓐ : 연속보 Ⓑ : 중간에 반력을 받는 변형의 큰 보 Ⓒ : 탄성자승상의 보 (2) 직선 스팅거(stinger)를 사용하여 파이프 형상 유지 Ⓐ : 연속보 Ⓑ : 부등지점상의 보 Ⓒ : 경사진 연속보 Ⓓ : 경사진 보 Ⓔ : 탄성지승상의 보 (3) 장력과 한지 스팅거(stinger)로 파이프 형상 유지 Ⓐ : 연속보 Ⓑ : 부등지점상의 보 Ⓒ : 커브지점상의 경사보 Ⓓ : 말린부분(변형이 큰 보) Ⓔ : 탄성지승상의 보	 해저에서 달아올린 경사된 연속보
해저예항법	 Ⓐ : 연속보 Ⓑ : 부등지점상의 보 Ⓒ : 떠있는 받침대 상의 축력을 받는 보	
부유예항법		

■ 참고문헌 ■

1. 해양수산부(2014), 항만 및 어항 설계기준·해설(상, 하), 해양수산부.
2. 서진수(2006), Powerful 토목시공기술사(1, 2권), 엔지니어즈.
3. 서진수(2009), Powerful 토목시공기술사 단원별 핵심기출문제, 엔지니어즈.

Chapter **13**

콘크리트

13-1. 콘크리트 구조물 시공관리(품질관리)

[참고문헌 : 콘크리트 표준시방서]

1. 레디믹스트 콘크리트 관리

1) 레디믹스트 콘크리트 공장의 선정

2) 레디믹스트 콘크리트 품질에 대한 지정

2. 콘크리트의 내구성 및 강도

3. 콘크리트 재료(생콘크리트)

1) 구성 재료

2) 저장

3) 장비

4) 배합

5) 계량 및 비비기

6) 자재 품질관리

7) 제조 품질관리

4. 시공

1) 콘크리트의 시공 성능

2) 운반

3) 타설 및 다지기

4) 양생

5) 이음

6) 표면 마무리

7) 현장 품질관리

5. 철근 작업

1) 재료 : 철근 및 용접철망

2) 시공

　(1) 철근 및 용접철망의 가공

   (2) 철근 및 용접철망의 조립

   (3) 철근 및 용접철망의 이음

6. 거푸집 및 동바리

1) 설계

2) 재료 : 거푸집널, 동바리

3) 시공

   (1) 일반 거푸집 및 동바리

   (2) 특수 거푸집 및 동바리

   (3) 거푸집의 허용 오차

   (4) 거푸집 및 동바리의 해체

■ 참고문헌 ■

1. 콘크리트 표준시방서(2009), 국토해양부.

2. 서진수(2006), Powerful 토목시공기술사(1, 2권), 엔지니어즈.

3. 서진수(2009), Powerful 토목시공기술사 단원별 핵심기출문제, 엔지니어즈.

13-2. 레디믹스트 콘크리트

1. 레디믹스트 콘크리트 공장의 선정

1) 사용재료, 제설비, 품질관리 상태 등을 조사하여 사용목적에 맞는 공장 선정 or 설치

   KS F 4009의 규정 및 심사기준 참고

2) 공장 선정 시 고려사항

  (1) 현장까지의 **운반시간**

  (2) **배출시간**

  (3) 콘크리트의 **제조능력**

  (4) **운반차**의 수

  (5) 공장의 **제조설비**

  (6) **품질관리** 상태

3) 공장 선정 시 유의사항

  (1) **1개 공장** 선정

    ① 단일 구조물, 동일 공구에 타설 콘크리트

    ② ∵ 향후 하자관계가 불분명해 질 우려 있음

  (2) 부득이 **2개 이상의 공장**을 선정 시

    품질관리 계획서에 의해 **동일한 성능 확보** ⇒ 책임기술자가 확인

2. 레디믹스트 콘크리트 품질에 대한 지정

1) 레디믹스트 콘크리트의 종류

  (1) 보통 콘크리트

  (2) 경량골재 콘크리트

  (3) 포장 콘크리트

  (4) 고강도 콘크리트

2) 레디믹스트 콘크리트 **품질 지정(구입자가 지정)**

  (1) KS 기준 적용(레디믹스트 콘크리트 발주 시)

  (2) 굵은 골재의 최대 치수, 슬럼프, 호칭 강도를 조합한 레미콘 종류 지정

  (3) KS F 이외의 기준 및 별도의 기준 정할 때 : 납품자와 협의

3. 레디믹스트 콘크리트 받아들이기 검사

1) 받아들이기 검사 : 현장 콘크리트 품질담당 기술자가 실시

2) 받아들이기 시 준수사항(지켜야 할 사항)

구분	준수사항
타설 전	납품 일시, 콘크리트 종류, 수량, 배출장소, 트럭 에지 데이터의 반입속도 ⇒ 생산자와 협의 : 콘크리트 타설 원활 목적
타설 중	생산자와 긴밀하게 연락 ⇒ 타설 중단 방지 ⇒ Cold Joint 방지
콘크리트 배출 장소	① 운반차가 안전하고 원활하게 출입 가능 ② 배출 작업 쉬운 장소
콘크리트 배출 작업 시	재료 분리발생 방지
콘크리트의 비빔~타설 종료시간	① 외기기온이 25℃ 미만 : 120분 ② 25℃ 이상 : 90분 ③ 이상발생 시 : 책임기술자의 승인받아 변경 가능
기타 검사	KS F 기준준수

4. 슬럼프 및 슬럼프 플로 허용오차

1) 슬럼프의 허용차(mm)(슬럼프로 품질 지정 시)

Slump(mm)	Slump 허용차
25	± 10
50 및 65	± 15
80 이상	± 25

2) 슬럼프 플로의 허용차(mm)(슬럼프 플로로 품질 지정 시)

슬럼프 플로	슬럼프 플로허용차
500	± 75
600	± 100
700 주1)	± 100

주1) 굵은 골재 최대치수 15mm인 경우에 한하여 적용

5. 공기량

1) 보통 콘크리트　　　 : 4.5%

2) 경량골재 콘크리트 : 5.5%

3) 포장 콘크리트　　 : 4.5%

4) 고강도 콘크리트　 : 3.5%

5) 허용오차　　　　 : ± 1.5%

■ 참고문헌 ■

1. 콘크리트 표준시방서(2009), 국토해양부.

2. 서진수(2009), Powerful 토목시공기술사 단원별 핵심기출문제, 엔지니어즈.

13-3. 콘크리트의 내구성 및 강도

1. 염화물 함유량

1) 굳지 않은 콘크리트 중의 염화물 함유량

콘크리트 중에 함유된 염소 이온의 총량으로 표시

(1) 전 염소 이온량 : 원칙적 $0.30kg/m^3$ 이하

(2) 상수도 물을 혼합수로 사용 시[함유된 염소 이온량이 불분명한 경우]

① 혼합수로부터 콘크리트 중에 공급되는 염소 이온량을 $0.04kg/m^3$로 가정

② 시험에 의한 값 사용

(3) 염소 이온량의 허용 상한값 $0.60kg/m^3$ 적용 조건

① 외부로부터 염소 이온의 침입이 우려되지 않는 철근콘크리트

② 포스트텐션 방식의 프리스트레스트 콘크리트

③ 최소 철근비 미만의 철근을 갖는 무근콘크리트 구조물 시공 시

－염소 이온량이 적은 재료 입수 매우 곤란 시

－방청 조치를 취한 후 책임기술자의 승인을 얻은 경우

2) 굳은 콘크리트의 수용성 염화물 이온량   [재령 28일이 경과 후]

[굳은 콘크리트의 최대 수용성 염소 이온 비율(표값 초과금지＝허용상한값)]

부재의 종류		콘크리트 속 최대 수용성 염소 이온량 [시멘트 질량에 대한 비율 %]
프리스트레스트 콘크리트		0.06
철근콘크리트	염화물에 노출	0.15
	건조한 상태, 습기로부터 차단된 상태(주1)	1.00
	기타	0.30
무근콘크리트(철근 비배치)		규정 비적용

(주1) 외부 대기조건에 노출되지 않고 습기로부터 차단된 건조한 상태의 실내 구조체 콘크리트

2. 강도

1) 표준양생, 재령 28일 시험값 기준

2) 콘크리트 구조물의 설계 시 사용하는 콘크리트의 강도 종류

(1) 압축강도 : 콘크리트 구조물은 주로 압축강도를 기준

(2) 인장강도

(3) 휨강도

(4) 전단강도

(5) 지압강도

(6) 강재와의 부착강도

3) 공시체 제작방법, 압축강도시험, 인장강도, 휨강도시험 : KS F 규정 준수

3. 내구성

1) 구조물 사용기간 중 받는 **화학적, 물리적** 작용에 대해 충분한 내구성 가질 것

2) 재료 : 콘크리트의 소요 내구성 손상시키지 않는 것

3) 강재 보호 성능 가질 것 : 내부에 배치된 강재가 사용 기간 중 소정의 기능을 발휘할 것

4) 콘크리트의 W/B(물 – 결합재비) : **원칙적 60%** 이하

5) 원칙적 **공기 연행 콘크리트** 적용

6) 균열폭 : 허용균열폭 이내

[침하균열, 소성수축균열, 건조수축균열, 자기수축균열, 온도균열에 의한 균열폭]

■ 참고문헌 ■

1. 콘크리트 표준시방서(2009), 국토해양부.

2. 서진수(2009), Powerful 토목시공기술사 단원별 핵심기출문제, 엔지니어즈.

13-4. 일반 콘크리트 배합(설계)

1. 배합 일반사항(개요)

1) 배합의 정의

　콘크리트를 만들기 위한 **재료(시멘트, 골재, 혼화재료, 물) 비율** 또는 **사용량**을 결정하는 것

2) 소요의 **강도, 내구성, 수밀성, Workability, 균열저항성, 철근, 강재 보호 성능**을 갖는 범위 내에서 **단위 수량(W)이 최소**가 되게 각 재료의 비율을 **경제적**으로 **결정**하는 것

3) 작업에 적합한 워커빌리티 확보방법

　(1) 1회에 타설 가능한 콘크리트 단면 형상, 치수 및 강재 배치, 다지기 방법 등에 따라
　　거푸집 구석구석까지 콘크리트가 충분히 채워지는 배합결정

　(2) 다짐 작업이 용이하면서 재료 분리 발생하지 않는 배합 결정

2. 배합의 종류

1) 용적배합

2) 중량배합

　(1) 콘크리트 1m³을 만드는 데 필요한 각 재료의 양을 **절대용적**으로 나타낸 배합

　(2) **실제 Batch Plant**에서는 **중량으로 환산**하여 계량

3) 복식배합

3. 배합설계방법

1) 계산에 의한 방법

2) 배합표에 의한 방법

3) 시험배합에 의한 방법이 있는데

4) 시험배합에 의한 방법이 실용적, 합리적임

4. 우리나라 표준시방서의 배합설계 방법

1) W/C 비에 의해 결정하는 방법 채택

2) 중량배합

5. 배합 설계 순서 : 배합 설계의 절차(순서) : 시험배합

국내 KS-Code(배합의 결정방법)

1) 재료시험

No	재료	시험항목
1	Cement	비중, 분말도, 안정성, 응결시간의 차, 수화열, 강도, 화학적 안정성
2	골재	입도, 비중, 안정성, 마모율, 단위중량, 형상, 유해물 함량
3	혼화재료	감수율, Bleeding율, 응결시간의 차, 압축강도의 비, 길이의 비, 상대 동탄성계수, 화학적 안정성
4	물	음용수 기준, d⁻ 이온이 없는 것

2) 굵은 골재 최대치수 결정, W/C 비 고려한 Slump 결정, 공기량 결정 :
   시방기준, 구조물의 단면 크기, 종류, Pump 압송성, 골재생산시설, 콘
   크리트의 종류(댐, 일반, 포장) 고려

3) 배합강도(f_{cr}) 결정 : 표준시방서, 실적 자료, 가정에 의해 구함

4) W/C 비 결정 : 강도, 내구성, 수밀성 고려

5) 단위수량결정, 단위 Cement 결정 : W/C로부터 결정

6) S/a 결정 : Workability 고려, W/C 비 최소되게

7) 단위 골재량 결정(굵은 골재, 잔골재) : S/a로부터

8) 혼화 재료량 결정

   : 콘크리트의 종류(서중, Mass, 한중, 고강도, 유동화, 고성능, 팽창 등)

9) 시방배합 결정 : 표면건조 포화상태, 5mm 체 분석

10) 시방배합의 조정

11) 시방배합표 작성

12) 현장배합(수정배합) : 표면수, 입도보정

13) Batch Plant에서 생산

※ W/B(물결합재비) = W/C(물시멘트비)

[그림] 배합의 순서

■ 참고문헌 ■

1. 콘크리트 표준시방서(2009), 국토해양부.

2. 서진수(2009), Powerful 토목시공기술사 단원별 핵심기출문제, 엔지니어즈.

13-5. 배합강도

1. 배합강도의 정의
1) 현장에서 직접 거푸집에 처넣는 Con'c의 압축강도
2) 배합을 정할 때 목표로 하는 압축강도 : $f_{cr} = \alpha f_{ck}$
3) 콘크리트 배합설계 시 구조물에 사용된 콘크리트 압축강도가 **설계기준압축강도**(f_{ck})보다 **작아지지 않도록** 품질변동(변동계수 V)을 **고려**하여 f_{cr}을 f_{ck}보다 충분히 크게 정하여야 한다.
4) 배합강도의 적용(이용) : 소요의 강도기준으로 W/C 결정 시 배합강도(f_{cr}) 기준으로 함

2. 배합강도 결정법
1) **수식에 의한 방법** [배합설계 이론]
  (1) 배합강도 : $f_{cr} = \alpha f_{ck}$

  (2) 증가계수 : $\alpha = \dfrac{1}{1 - KV}$: 보통 1.15

  (3) 변동계수 : $V = \dfrac{S}{x}$: 양호 10~15%

  (4) 표준편차 : $S = \left[\dfrac{\sum (x_i - \overline{x})^2}{(n-1)} \right]^{1/2}$

  • K : 주위의 확률(임의의 확률)에 해당하는 편차

  • $\overline{x}$: 공시체 압축강도 평균치 $= \dfrac{\sum x}{n}$

  • x_i : 공시체 시험치

  • n : 공시체 개수(30개 정도)

2) **실적 자료 이용** [이론이므로 시방서 변경과 관계없음]
  (1) 시험배치 : 30개의 압축강도 실적
  (2) 인근 유사 현장의 시공실적 참고
  (3) 수식으로 계산 후 증가계수(α), 변동계수(V) 결정

3) **가정**에 의한 방법
  (1) 증가계수(α), 변동계수(V) 가정 : 인근 현장 시공실적 감안
  (2) 시공 중 압축강도 시험자료 이용하여 증가계수(α), 변동계수(V) 수정하여 적용
  (3) 증가계수(α) = 1.15 정도가 표준
  (4) 소규모 공사나 공사초기에 적용하고 실적 자료로 다시 수정

4) 콘크리트 표준시방서 배합강도 기준(2009년)
  (1) **표준편차 알 수 있을 때** [30개의 압축강도 실적 이용] : **2개 식 중 큰 값**
    ① **설계기준압축강도** $f_{ck} \leq 35\mathrm{MPa}$인 경우

$$f_{cr} = f_{ck} + 1.34\,S \,(\mathrm{MPa})$$

$$f_{cr} = (f_{ck} - 3.5) + 2.33\,S \,(\mathrm{MPa})$$

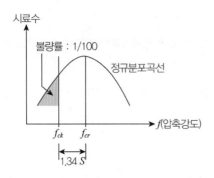 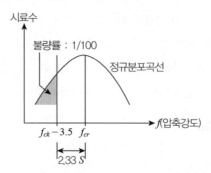

참고

[$f_{cr} = f_{ck} + 1.34S$ (MPa) 수식 풀이]

$$\frac{f_{cr}\,(\text{평균치})}{f_{ck}} \geq \frac{1}{1 - 1.34\,V}$$

(이때 f_{cr} 은 평균값 $\bar{x}$ 의 개념임)

(이때 $\alpha = \dfrac{1}{1 - KV}$ 에서 K값은 1.34가 됨을 의미)

$$f_{cr}\,(1 - 1.34\,V) \geq f_{ck}$$

$$f_{cr} - 1.34\,V \cdot f_{cr} \geq f_{ck}$$

$$\therefore f_{cr} \geq f_{ck} + 1.34\,V \cdot f_{cr}$$

여기서) 변동계수 $V = \dfrac{S}{\bar{x}} = \dfrac{S}{f_{cr}}$

$$\therefore f_{cr} \geq f_{ck} + 1.34S \text{가 됨}$$

② 설계기준압축강도 $f_{ck} > 35\mathrm{MPa}$ 인 경우

$$f_{cr} = f_{ck} + 1.34\,S \,(\mathrm{MPa})$$

$$f_{cr} = 0.9f_{ck} + 2.33\,S \,(\mathrm{MPa})$$

여기서) $S =$ 압축강도의 표준편차(MPa)

③ 콘크리트 압축강도의 표준편차(S)

　㉠ 표준편차(S)는 무한 또는 매우 **많은 회수의 시험을 통하여 얻은 모집단의 값과 같다고** 가정함

　㉡ **100회 이상 시험결과**로부터 추정한 표준편차를 사용하는 것이 바람직하나

　㉢ 표준시방서에는 실제 사용한 콘크리트의 **30회 이상의 시험실적**으로부터 결정하는 것을 **원칙**

ⓔ 압축강도 시험횟수가 15 이상~29 이하 경우

표준편차＝계산 표준편차× 보정계수(시방서 규정 표)

시험횟수	표준편차의 보정계수
15	1.16
20	1.08
25	1.03
30 이상	1.00

(주) 위 표에 명시 되지 않은 시험횟수는 직선 보간

(2) **표준편차 모를 때**(공사 초기 표준편차의 정보가 없을 때＝기록이 없는 경우) 또는 압축강도의 시 **험횟수 14회 이하**

설계기준강도(f_{ck})(MPa)	배합강도(f_{cr})(MPa)
21 미만	$f_{ck}+7$
21 이상 35 이하	$f_{ck}+8.5$
35 초과	$f_{ck}+10$

■ 참고문헌 ■

1. 콘크리트 표준시방서(2009), 국토해양부.
2. 서진수(2009), Powerful 토목시공기술사 단원별 핵심기출문제, 엔지니어즈.

13-6. 설계기준강도(f_{ck})와 배합강도(f_{cr}), 증가계수

- 콘크리트의 배합강도와 설계기준강도(109회 용어, 2016년 5월)

1. 수식

- 배합강도 : $f_{cr} = \alpha f_{ck}$

- 증가계수 : $\alpha = \dfrac{1}{1-KV}$

- 변동계수 : $V = \dfrac{S}{\overline{x}}$

- 표준편차 : $S = \left[\dfrac{\sum (X_i - \overline{x})^2}{(n-1)}\right]^{1/2}$

α	: 증가계수(보통 1.15)
V	: 변동계수(양호 10~15%)
K	: 주위의 확률(임의의 확률)에 해당하는 편차
$\overline{x}$	: 공시체 압축강도 평균치
X_i	: 공시체 시험치
n	: 공시체 개수(30개 정도)

2. 설계기준강도(f_{ck})의 정의

1) 설계 시 구조기술사가 안정검토 시 반영한 Con'c의 압축강도

2) Con'c 부재를 설계할 때 기준으로 한 압축강도

3. 배합강도(f_{cr})의 정의($f_{cr} = \alpha f_{ck}$)

1) 현장에서 직접 거푸집에 처넣는 Con'c의 압축강도

2) 배합을 정할 때 목표로 하는 압축강도

3) 배합강도 $f_{cr} = \alpha f_{ck}$

4. 증가계수(α)의 정의

1) 구조물의 안전을 위해 설계기준강도(f_{ck})에 웃도는(상회하는) Con'c 강도를 얻기 α를 정하고

2) 구조물의 어느 부분에 사용한 Con'c 압축강도가 설계기준강도보다 적지 않게 하기 위해 곱해주는 계수로써 **보통 $\alpha = 1.15$** 정도이다.

$$\alpha = \frac{1}{1-KV}$$

여기에서 K는 임의 확률에 해당하는 편차로 K의 크기에 따라 α값이 달라진다.
V : 변동계수

5. α를 곱하는 이유

Con'c 배합설계 시 구조물의 **안전을 확보**하고 현장에서의 콘크리트 **품질 변화**, 구조물의 **중요성**을 고려하여 f_{ck}에 α를 곱하여 f_{cr}을 결정한다.

> 1) 콘크리트의 압축강도 목표는 설계기준강도이나 콘크리트의 강도에는 변동이 있으므로 **설계기준강도를 밑도는 강도의 콘크리트 비율**(불량률)이 일정한 **허용치 이하가** 되도록 품질의 기준을 정함
> 이를 위해 강도의 목표치(배합강도)는 설계기준강도에 증가계수를 곱하여 정함
> 2) 즉, 구조물의 안전을 위해 설계기준강도(f_{ck})에 웃도는 (상회하는) Con'c 강도를 얻기 위해 구조물의 어느 부분에 사용한 Con'c 압축강도가 설계기준강도보다 적지 않게 하기 위해 곱해주는 계수로서 보통 $\alpha = 1.15$ 정도임

* K의 의미

(1) 배합강도(f_{cr})는 설계기준강도(f_{ck})에 비해서 충분히 커야 한다.

(2) K값은 정규 분포곡선으로 구함

■ 참고문헌 ■

1. 한국콘크리트학회(2005), 최신 콘크리트공학, 기문당, p.267.
2. 콘크리트 표준시방서(2009), 국토해양부.

13-7. 변동계수(콘크리트의 품질관리 방법)

1. 변동계수(V)의 정의

배합강도 결정 시 현장 압축강도 시검치가 변동하는 특성을 나타내는 계수

1) 배합강도 : $f_{cr} = \alpha f_{ck}$

2) 증가계수 : $\alpha = \dfrac{1}{1 - KV}$

3) 변동계수 : $V = \dfrac{S}{\overline{x}}$

4) 표준편차 : $S = \left[\dfrac{\sum (X_i - \overline{x})^2}{(n-1)} \right]^{1/2}$

2. 변동계수(V)의 결정

현장에서 Con'c 품질이 변동하는 특성을 고려해서 결정한다.

3. 콘크리트 품질관리의 정도와 변동과의 관계

[압축강도의 변동]

발표자	구분		관리 정도	시공상태
ACIcommittee	변동계수 (V%)	10% 이하	우수	우수한 B/P에서 잘 관리된 경우
		10~15%	양호	시방서에 의거 관리가 잘된 경우
		15~20%	보통	보통의 감독 상태
		20% 이상	불량	부주의한 시공
I.C.E committee	표준편차S (MPa)	2.4	우수	
		3.0	양호	
		3.6	보통	
		4.8	불량	

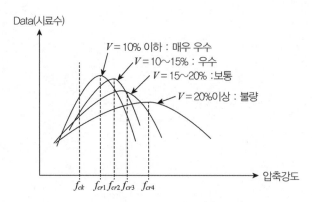

4. 변동계수(V) 특성

1) V가 크면 f_{cr}을 크게 해야 함 : **비경제적**

2) 품질이 잘된 Con'c

　　(1) 압축강도 시검치가 **평균치**에 가깝고, (2) 분포곡선이 **좁고 높다.**

3) 따라서 배합강도(f_{cr})는 설계기준강도(f_{ck})에 비해 **충분히 커야 하므로** → 시방규정에 따라 α의 크기를 결정

5. 현장에서 압축강도가 변하는 이유(변동계수 V가 변하는 이유)(V가 강도에 미치는 영향)

1) 골재의 **입도** 변동

　　(1) 지방마다 **기후** 특성이 다르고 골재상태가 다르다.

　　(2) **입도, 비중, 안정성, 마모율, 단위중량, 형상, 유해물** 함유량이 다르다.

2) Cement **품질**의 변동

　　(1) **공장**마다 다르고 출하시기, 보관 상태에 따라 변동

　　(2) 비중, 분말도, 안정성, 응결시간의 차, 수화열, 강도, 화학적 안정성

3) **시험오차**

4) 계량오차, 비비기, 치기, 다지기, 마무리, 양생 등의 **시공오차**

6. 변동계수(V)의 변동 특성(변동계수가 변하는 이유 = 품질 = 강도 변동 이유)

1) 재료의 품질변동(골재, Cement)

2) **설비**의 영향(B/P 계량 정밀도, 시험기구의 정밀도)

3) **작업원**의 숙련도

4) **경험** 등에 따라 변한다.

7. 변동계수(V)에 영향 미치는 요인 (Con'c의 품질 변동 요인)

1) 강도 특성의 변동

　　(1) W/C 비 변동

　　(2) 단위수량(w) 변동

　　(3) 배합비의 변동

　　(4) 운반, 치기, 다지기, 마무리, 양생 등의 시공 차이

2) **시험**과정의 모순(오차)

　　(1) **시료채취**의 부적합

　　(2) **공시체** 제작기술의 변동

　　(3) **양생상태**의 변동

　　(4) **시험과정**의 부적합

　　(5) 공시체 Capping 등

8. 평가(맺음말)

Con'c 배합의 **경제적인 설계**를 하기 위해서는

1) 현장에서 압축강도의 **변동계수(V)**를 알고, **증가계수(α)**를 정해야 하나

2) 공사 초기에는 품질변동 특성에 대한 **충분한 자료**가 없어 **변동계수(V)**를 예상하기 어렵다.

3) 안전을 위해 V, α값을 **약간 크게 가정**하여 배합설계 후 일단 시공하고

4) Con'c 강도 **시험치**가 나오면 그 **실적 결과**로부터 **실제의 변동계수**(V)가 명확해짐에 따라 **배합을 수정**해나감

■ 참고문헌 ■

1. 한국콘크리트학회(2005), 최신 콘크리트공학, 기문당, p.267.

2. 콘크리트 표준시방서(2009), 국토해양부.

3. 서진수(2009), Powerful 토목시공기술사 단원별 핵심기출문제, 엔지니어즈.

13-8. 물-결합재비(W/B) 결정

1. 개요
물-결합재비는 소요의 **강도, 내구성, 수밀성 및 균열 저항성** 등을 고려하여 **최솟값**으로 결정

2. 결정방법
다음의 방법 중 : 최솟값으로 선정

1) 압축강도 기준

    (1) 압축강도(배합강도 : 재령 28일 공시체 사용)와 B/W [물-결합재비]와의 관계
        시험배합으로 결정 원칙

    (2) W/B를 변화시켜가면서 3~4가지의 콘크리트 제작

    (3) 배합에 사용할 **물-결합재비(W/B) 결정**

        기준 재령의 **결합재-물비(B/W)**와 **압축강도**와의 관계식 ⇒ 배합강도에 해당하는 **결합재-물비 (B/W)** 값의 역수

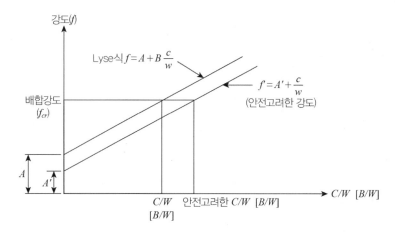

2) 시방서 **내구성 기준**

    (1) 콘크리트의 **내동해성** 기준 W/B : 40~50%

        특수 노출 상태(물, 제빙화학제, 바닷물 등)에 대한 표준시방서 요구값(0.4~0.5 범위) 초과 금지

    (2) 콘크리트의 **황산염**에 대한 내구성 기준 W/B : 45~50%

        황산염 노출 정도에 따른 시방서 요구값(0.45~0.5) 초과 금지

    (3) **제빙화학제** 사용 콘크리트의 W/B(물-결합재비) : 45퍼센트 이하

    (4) 콘크리트의 **수밀성** 기준 W/B : 50퍼센트 이하

    (5) 콘크리트의 **탄산화 저항성(중성화 저항성)** 고려 W/B : 55퍼센트 이하

    (6) **해양**구조물 콘크리트의 W/B : 해양콘크리트 시방서 준수

    (7) 상기사항 모두 고려 후 **최솟값**으로 선정

3) 일반 콘크리트의 물시멘트비 [콘크리트 표준시방서 기준]
    원칙적으로 **최대 60% 이하**로 한다.

4) 특수 콘크리트 물시멘트비 최댓값[콘크리트 표준시방서 기준]

45% 이하	50% 이하	55% 이하	60% 이하
PSC 그라우트	해양 콘크리트 고강도 콘크리트 방사선 차폐용 콘크리트 일반 수중콘크리트	경량골재 콘크리트 수밀 콘크리트 현장타설말뚝 및 지하연속벽에 사용하는 수중콘크리트	한중 콘크리트

5) 미국 콘크리트 시방서(ACI) 방법 : 굵은 골재 최대 치수 40mm 경우

(1) AE제 사용하지 않은 콘크리트		(2) 공기량 4%인 AE 콘크리트	
f28 범위	C/W 산출식	f28 범위	C/W 산출식
① $f_{28}=16\sim23MPa$	$f_{28}=-13.9+23.0C/W$	① $f_{28}=14\sim25MPa$	$f_{28}=-7.4+16.2C/W$
② $f_{28}=23\sim33MPa$	$f_{28}=-7.6+19.0C/W$	② $f_{28}=25.1\sim32MPa$	$f_{28}=-1.8+13.4C/W$
③ $f_{28}=33\sim39MPa$	$f_{28}=2.2+14.4C/W$		

6) 일본 건축학회 건축공사 표준시방서 방법

(1) 시멘트 강도(k) 고려

(2) W/C 비 범위와 산출식 : 시멘트 종류에 따른 물시멘트비 산출식

시멘트 종류		W/C 범위	W/C 비 산출 공식	비고
포틀랜드 시멘트	보통	40~65	$W/C=\dfrac{51}{\dfrac{f_{28}}{k}+0.31}$	f_{28} : 콘크리트 28일 재령강도 k : 시멘트 강도
	조강	40~65	$W/C=\dfrac{41}{\dfrac{f_{28}}{k}+0.17}$	
	중용열	40~65	$W/C=\dfrac{66}{\dfrac{f_{28}}{k}+0.64}$	

■ 참고문헌 ■

1. 콘크리트 표준시방서(2009), 국토해양부.

2. 한국콘크리트학회(2005), 최신 콘크리트공학, 기문당.

3. 서진수(2009), Powerful 토목시공기술사 단원별 핵심기출문제, 엔지니어즈.

13-9. 시방배합을 현장배합으로 수정하는 방법 = 콘크리트의 시방배합과 현장배합을 설명하고, 시방배합으로부터 현장배합으로 보정하는 방법

1. 시방배합

1) 잔골재 : 5mm 체를 전부 통과하는 것

2) 굵은 골재 : 5mm 체에 전부 남는 것

3) 잔골재 및 굵은 골재 : 표면건조 포화상태

2. 시방배합의 결정 및 시방배합의 조정

1) 시험 Batch하여 Slump, 공기량 등을 처음 결정된 것과 일치시키기 위해

2) W 조정 : W/C 비 일정한 상태로 증감

3) C 조정 : W의 변화에 따라 증감

4) S/a의 보정

  (1) W/C 증감에 따라 보정

  (2) 조립률(FM)

  (3) 공기량

  (4) Slump

  (5) 골재의 종류 : 부순 돌, 바순 모래에 따라 보정

  (6) 강도 조정 : w/c 비 최소되게 강도 조정

5) 시방배합표 작성

[배합의 표시 방법(시방배합표)]

굵은 골재 최대 치수	Slump (cm)	공기량 (%)	W/C [W/B]	S/a	W (단위 수량)	단위량(kg/m^3)			혼화재료	
						C(단위 시멘트양)	잔골재 (s)	굵은 골재(g)	혼화제	혼화재

3. 현장배합표 작성

1) 입도 보정

  (1) 시방배합 : 5mm 체 분석

  (2) 현장 : 섞여 있음

굵은 골재와 잔골재의 기준

종류	시방배합	현장배합
굵은 골재	5mm 체에 다 남는 골재	5mm 체에 거의 다 남는 골재
잔골재	5mm 체를 다 통과하고 0.08mm 체에 남는 골재	5mm 체를 거의 다 통과하며, 0.08mm 체에 거의 다 남는 골재

2) 표면수 보정

   (1) 시방배합 : 표건 상태

   (2) 현장 : 함수비 변화

4. 시방배합을 현장 배합으로 고칠 경우 고려사항

1) 골재의 함수 상태

2) 잔골재 중에서 5mm 체에 남는 굵은 골재량

3) 굵은 골재 중에서 5mm 체를 통과하는 잔골재량

4) 혼화제를 희석시킨 희석수량

5. 시방배합과 현장배합 비교

구분	시방배합	현장배합(수정배합)
1. 정의	설계도서, 시방서, 책임기술자가 정한 것	1) 현장에서 골재의 입도 변동, 표면수 변동을 수정한 배합 2) Batch Plant에서 계량하기 위한 배합
2. 골재입도	1) 굵은 골재 : No.4체 남는 양(5mm 이상) 2) 잔골재 : No.4체 통과량 5mm 이하	1) 골재 무더기에서 5mm 이상, 이하가 서로 혼입 되어 있음 2) 굵은 골재 일부 No.4체(5mm) 통과 잔골재 중 일부 No.4체(5mm) 잔류
3. 표면수 [골재의 상태]	표면 건조 포화상태(표건 상태)	습윤 또는, 기건(공기건조) 상태, 강우, 온도, 보관 상태에 따라 함수비 상이, 변화
4. 계량방법	중량 계량	중량 또는 용적
5. 단위량	1m³당	1m³당 또는 Batch당
6. 혼화제	원액 사용	희석해서 사용

6. 현장배합(수정배합) 방법

1) 시방배합의 수정

   시방배합을 현장배합으로 고칠 경우에는 골재의 **함수상태**, 잔골재 중에서 5mm 체(No.4)에 남는 굵은 골재량, 굵은 골재 중에서 NO.4(5mm 체)를 통과하는 잔골재량 및 혼화제를 희석시킨 **희석수량** 등을 고려하여야 한다.

   시방배합의 콘크리트가 되도록 현장의 **재료의 상태**, 즉 골재의 **표면수량**, 잔골재 중의 굵은 골재량, **굵은 골재 중의 잔골재량**을 고려하여 **재료량을 수정**하며 또한 **1배치량으로 환산**한다.

2) 골재의 입도 수정 방법

$$x + y = S + G$$
$$ax + (100 - b)y = 100G$$
$$by + (100 - a)x = 100S$$

위의 방정식을 풀면

$$\bullet \quad x = \frac{100S - b(S+G)}{100 - (a+b)} \qquad \bullet \quad y = \frac{100G - a(S+G)}{100 - (a+b)}$$

여기서, x : 실제 계량할 단위 잔골재량(kg)

y : 실제 계량할 단위 굵은 골재량(kg)

S : 시방배합의 단위 잔골재량(kg)

G : 시방배합의 단위 굵은 골재량(kg)

a : 잔골재 속의 5mm 체에 남은 양(%)

b : 굵은 골재 속의 5mm 체를 통과하는 양(%)

3) 표면수에 대한 보정 방법

$$S' = x\left(1 + \frac{c}{100}\right)$$

$$G' = y\left(1 + \frac{d}{100}\right)$$

$$W' = W - x \cdot \frac{C}{100} - y \cdot \frac{d}{100}$$

여기서, S' : 실제 계량해야 할 단위 잔골재량(kg)

G' : 실제 계량해야 할 단위 굵은 골재량(kg)

W' : 실제 계량해야 할 단위수량(kg)

c : 현장 잔골재의 표면수율(%)

d : 현장 굵은 골재의 표면수율(%)

W : 시방배합의 단위수량(kg)

4) **현장배합 수정 예**

[조건]

S : 시방배합의 단위 잔골재량(kg)＝500

G : 시방배합의 단위 굵은 골재량(kg)＝1500

a : 잔골재 속의 5mm 체에 남은 양(%)＝4%

b : 굵은 골재 속의 5mm 체를 통과하는 양(%)＝3%

야적장의 잔골재 무더기

야적장의 굵은 골재 무더기

c : 현장 잔골재의 표면수율(%)＝5%

d : 현장 굵은 골재의 표면수율(%)＝1%

W : 시방배합의 단위수량(kg)＝100

(1) **표를 이용하는 방법** : 25mm 골재인 경우 예

구분	시방배합 (kg/m³)	입도보정				보정 후 무게 (kg)	표면수보정			혼화제 희석 수량	현장 배합
		체(mm)	%	무게 (kg)	보정무게 (kg)		표면 수량 (%)	보정 무게 (kg)	보정후 무게 (kg)		
혼화제	3.5	－	－	－	－	－	－	－	－	4	4(3.5)
Cement	200	－	－	－	－	－	－	－	－		200
잔골재 (5mm 이하)	500	5 통과	96	480	＋20(추가)	475	5	＋23.75＝24	499		499
		5 잔류	4	20	－45(감) ＝－25						
굵은 골재 5mm 이상	1500	5 통과	3	45	－20(감)	1525	1	＋15.25＝15	1540		1540
		5 잔류	97	1455	＋45(추가) ＝＋25						
물	100	－	－	－	－	－		－39	61	－4	57
계	2300	－	－	－	－	－		－	－		2300

(2) **계산에 의한 방법**

$$x = \frac{100S - b(S+G)}{100 - (a+b)} = \frac{100 \times 500 - 3(500 + 1500)}{100 - (4+3)} = 473$$

$$y = \frac{100G - a(S+G)}{100 - (a+b)} = \frac{100 \times 500 - 4(500 + 1500)}{100(4+3)} = 1,526$$

$$S' = x\left(1 + \frac{c}{100}\right) = \frac{473(100 + 5)}{100} = 497$$

$$G' = y\left(1 + \frac{d}{100}\right) = \frac{1526(100 + 1)}{100} = 1,541$$

$$W' = W - x \cdot \frac{C}{100} - y \cdot \frac{d}{100} = \frac{100\,W - (cx + dy)}{100}$$

$$= \frac{100 \times 100 - (5 \times 473 + 1 \times 1526)}{100} = 61.09$$

■ 참고문헌 ■

1. 콘크리트 표준시방서(2009), 국토해양부.

2. 한국콘크리트학회(2005), 최신 콘크리트공학, 기문당.

3. 서진수(2009), Powerful 토목시공기술사 단원별 핵심기출문제, 엔지니어즈.

13-10. 콘크리트의 받아들이기 품질검사(수입검사)

1. 콘크리트의 운반검사

항목	시험, 검사방법	판정기준	시기 및 횟수
운반설비 및 인원배치	외관 관찰	시공계획서와 일치	타설 전, 운반 중
운반방법	외관 관찰	시공계획서와 일치	
운반량	양 확인	소정의 양	
운반시간	출하/도착 시간 확인	− 외기온도 25℃ 이상 ⇒ 1.5시간 이내 − 25℃ 미만 ⇒ 2시간 이내	

2. 콘크리트의 받아들이기 품질관리(품질검사)

항목		판정기준	시험, 검사방법	시기 및 횟수
굳지 않은 콘크리트	상태	Workability 양호, 품질 ⇒ 균질, 안정	외관관찰	타설 개시, 타설 중 수시
	Slump 허용오차	• 30~80mm 미만 → ± 15mm • 80~180mm → ± 25mm	KSF	공시체 채취 및 타설 중 품질변화 인정 시
	공기량	허용오차 ± 1.5%	KSF	
	온도	정해진 조건 적합	측정	
	단위질량	정해진 조건 적합	KSF	
	염소 이온량	원칙적 0.3kg/m^3	KSF	• 바다 잔골재 사용 → 2회/일 • 그 외 → 1회/주
배합	단위 W	허용값 이내	• 단위수량시험	내릴 때/오전, 오후/각 2회 이상
			• 표면수율과 단위수량 계량치	내릴 때/전 Batch
	단위 C	허용값 이내	시멘트 계량치	내릴 때/전 Batch
	W/B	허용값 이내	• 단위수량과 시멘트 계량치	내릴 때/오전, 오후 각 2회 이상
			• 표면수율과 콘크리트 재료 계량치	내릴 때/전 Batch
	기타 재료 단위량	허용값 이내	콘크리트 재료 계량치	내릴 때/전 Batch
Pumpability		$\dfrac{최대\ 압송부하}{최대\ 이론토출압력} \leq 80\%$	펌프 최대 압송부하 확인	압송 시

3. 워커빌리티의 검사

1) 굵은 골재 최대 치수 및 슬럼프 설정치 만족 여부 확인
2) 재료 분리 저항성을 외관 관찰에 의해 확인

4. 강도검사

1) 콘크리트 배합검사 실시
2) 배합 검사하지 않은 경우
    ① 압축강도 ⇒ 콘크리트의 품질검사 실시
    ② 압축강도검사 불합격 → 구조물 강도검사 실시

[표] 압축강도에 의한 콘크리트의 품질검사기준

종류	판정기준	
	$f_{ck} \leq 35MPa$	$f_{ck} \geq 35MPa$
f_{ck}(설계기준압축강도)로 배합 정한 경우	① 연속 3회 시험값 평균 $\geq f_{ck}$ ② 1회 시험값 $\geq (f_{ck} - 3.5MPa)$	① 연속 3회 시험값 평균 $\geq f_{ck}$ ② 1회 시험값 $\geq 0.9f_{ck}$
그 밖의 경우	압축강도 평균치 $\geq$ 소요 W/B 비에 대응하는 압축강도	

주) 1. 재령 28일 압축강도
  2. 1회 : 공시체 3개
  3. 시험검사법 : KSF
  4. 시기 및 횟수 : 1회/일, 1회/100m³, 배합 변경 시

참고

※ **레미콘의 압축강도 시험빈도 [건설공사 품질관리지침의 품질시험기준 : 2010년12]**

1. 1일 타설량마다, 배합이 다를 때마다 KSF 4009 도는 당해 시방서에 따라 시험을 실시해야 한다.
2. 최대검사 롯트의 크기 : 450m³
3. 공시체 제작개수 : 시험빈도당 최소 9개(시험횟수 1회당 3개)
   1) 1일 타설량이 450m³ 미만일 때
      검사롯트를 1일 타설량 기준 : 공시체 9개 제작
   2) 1일 타설량이 450m³ 이상
      시험빈도(450m³)마다 9개(시험횟수 1회당 3개, 3회시험) 제작
      예) 500m³ 타설
         − 시험빈도 : 2회
         − 시험빈도당 9개×2회＝18개 제작

※ **시험횟수**
1. KSF 4009 규정
   • 1회/150m³
   • **레미콘 공장**의 품질관리 개념
2. 콘크리트 표준시방서(2009년)
   • 1회/100m³
   • **사용자 중심의 현장 품질관리**(받아들이기검사＝수입검사)의 개념

③ 압축강도에 의한 콘크리트의 품질관리
   − 일반적인 경우 조기재령에 있어서의 압축강도로 실시
   − 시험체 : 구조물에 콘크리트를 대표하도록 채취

1) $f_{ck} \leq 35\mathrm{MPa}$의 경우

다음 2식으로 구한 값 중 큰 값으로 한다.

$$f_{cr} = f_{ck} + 1.34S \ (\mathrm{MPa})$$

$$f_{cr} = (f_{ck} - 3.5) + 2.33S \ (\mathrm{MPa})$$

2) $f_{ck} > 35\mathrm{MPa}$의 경우

다음 2식으로 구한 값 중 큰 값으로 한다.

$$f_{cr} = f_{ck} + 1.34S \ (\mathrm{MPa})$$

$$f_{cr} = 0.9f_{ck} + 2.33S \ (\mathrm{MPa})$$

5. 내구성 검사

1) 공기량, 염소 이온량 측정

2) 내구성으로부터 정한 W/B(물-결합재비) 확인 : 배합검사 실시 or 강도 시험으로 확인

6. 검사 결과 불합격 판정된 콘크리트 : 사용 금지

■ 참고문헌 ■

1. 콘크리트 표준시방서(2009), 국토해양부.

2. 한국콘크리트학회(2005), 최신 콘크리트공학, 기문당.

13-11. 좋은 균질의 콘크리트 시공을 위한 완성된 콘크리트의 요구 성질(콘크리트 구조물 열화방지대책 = 콘크리트 시공관리)

1. 개요

1) 완성된 콘크리트(Hardened Concrete = 경화콘크리트 구조물)의 요구 성질(구비조건)로는

    (1) 강도

    (2) 내구성

    (3) 수밀성

    (4) 강재 보호 성능(철근 등의 부식방지) 및 균열 저항성

    (5) 경제성을 확보해야 함

2) 좋은 균질의 콘크리트(Good Uniform Concrete)를 제조하기 위해서는 시공단계에서

    (1) 품질관리

    (2) 배합관리

    (3) 시공관리를 철저히 해야 함

2. 좋은 균질의 콘크리트를 위한 완성된 콘크리트의 요구 성질

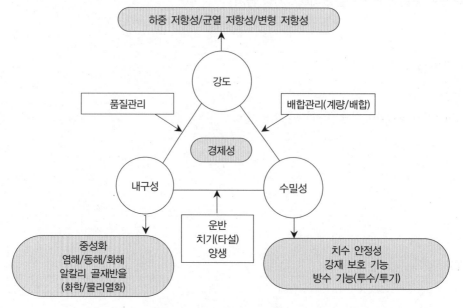

[그림] 좋은 균질의 콘크리트 현장시공관리

항목	요구 성질 및 영향 요소
1. 강도	1. 재령 28일 표준양생 시험값(표준원주형 공시체 시험값) 기준 2. 강도 영향요소 : 품질리/배합/시공관리, 시험방법, 공시체 치수 **3. 배합강도(f_{cr}) ≥ 설계기준강도(f_{ck})**
2. 내구성	1. 주변 환경에 대한 화학적/물리적 저항성 확보 2. 내구성 영향요소 : 화학/물리/생물화학 열화, 복합열화 **3. 내구지수(D_T) ≥ 환경지수(E_T)**
3. 수밀성	1. 방수성/낮은 투기성/낮은 투수계수 확보 2. 치수 안정성 확보 : 자기수축, 건조수축, 탄산수축, 온도신축 3. 수밀성 확보 : 수화조직, 공극분포, 미세균열, 밀도, 시공이음 4. 재료 분리, 타설이음부, Cold Joint 미발생 및 방지
4. 강재 보호 성능 및 균열 저항성	1. 최소 피복 두께 확보 : 철근과 완전 부착 2. 영향요소 : 피복두께/부착 특성/알칼리도/염화물 함유량/균열상태 **3. 최대 균열폭 ≤ 허용 균열폭**
5. 경제성	1. 시공비 2. 유지관리비 : 보수비, 보강비

■ 참고문헌 ■

1. 이상민(2007), 콘크리트 구조물의 시공관리 및 하자대책, 건설기술교육원.

2. 콘크리트 표준시방서(2009), 국토해양부.

3. 한국콘크리트학회(2005), 최신 콘크리트공학, 기문당.

13-12. 콘크리트 구조물 열화원인과 방지대책 = 콘크리트 시공관리 [요약] = 균열의 원인과 대책

1. 열화의 정의

1) 콘크리트 구조물의 품질 저하

  (1) **사용성** : 미관 저하, 사용자 불안

    ① 균열

    ② 처짐

    ③ 진동

  (2) **안전성** : 내구성

2) 콘크리트 구조물의 **요구 성능 저하** : 사용성, 안전성

  (1) 강도

  (2) 내구성

  (3) 수밀성

  (4) 강재 보호 성능

  (5) 균열 저항성

  (6) 경제성

3) **내구성**을 나타내는 용어

  (1) **내후성** : 중성화, 온도, 습도 변화에 견딜 수 있는 성질

  (2) **내화성**

  (3) **내열성**

  (4) **내부식성**

  (5) **내동결 융해성**

  (6) **내화학 약품성**

  (7) **내황산염성**

  (8) **내해수성**

  (9) **내마모성**

  (10) **내충격성**

2. 열화의 증상(형태 = 종류)

1) **균열**

2) **표면 결함** : Cold Joint, 곰보, 혹, 줄, Bleeding, Laitance, 백태, 채널링 현상

3) **박리** : 동해(Pop out), 도로 포장

4) **마모** : 도로 구조물, 수리 구조물(Spill way)

5) **침식** : 캐비테이션(Cavitation : 공동), 수리 구조물

6) **Cold** Joint

7) 공극

3. 열화(균열 = 내구성 저하)의 원인

1) 설계 조건

2) 재료 조건

3) 시공 조건

4) 사용 환경(화학, 기상, 물리)

5) 구조, 외력

4. 균열 형태(원인) : 그림으로 표현하는 연습(각 종류 별로 용어 출제됨)

1) 초기 균열(경화 전 = 시공 중)

　(1) 소성 수축 균열〈73회 용어 문제 기출〉

　(2) 침하 균열〈용어 문제 기출〉

　(3) 거푸집 침하, 진동

　(4) 경미한 재하

2) 후기 균열(경화 후)

　(1) 건조 수축〈용어 문제 기출〉

　(2) 온도 균열

　(3) 화학적 작용 : 염해, 중성화, 알칼리 골재 반응, 산, 염류

　(4) 자연 기상 작용 : 건습 반복, 온도, 염해, 중성화(CO_2), 동결 융해

　(5) 철근 부식 : 염해, 중성화 알칼리 골재 반응, 산소, 습도

　　　Pop Out : 알칼리 골재 반응, 동해에 의한 콘크리트 표면 결함(균열)임

　(6) 시공 불량

　(7) 시공 시 초과 하중

　(8) 설계 외 하중

5. 열화 방지 대책

1) 재료 조건 및 품질 시험

　(1) Cement : 비중, 분말도, 안정성, 응결시간차, 수화열, 강도, 화학적 안정성

　(2) 골재 : 입도, 비중, 안정성, 마모율, 단위중량, 형상, 유기물 함유량

　(3) 혼화재료 : 감수율, 블리딩률, 압축강도의 비, 응결 시간 차, 길이 변화, 상대 동탄성 계수, 화학적 안정성

　(4) 물 : Cl^- 없는 것, 음용수 수질기준 만족

2) 배합

3) 설계

　(1) 거푸집

　(2) 동바리

    (3) 줄눈

    (4) 철근일(구조세목＝상세)

4) 시공적인 측면 : 재료＋배합＋설계＋운반＋치기＋다지기＋마무리＋양생 전반

6. 균열 보수 보강

1) 균열의 평가

    (1) 육안

    (2) 비파괴

    (3) Core 채취 : 압축강도, 반응성 골재 확인, 중성화, 내부 균열 확인

    (4) 설계도서 검토

    (5) 보수 보강 여부 판정 : 균열 허용 제한폭 검토(0.3mm)

2) 보수 보강 공법의 종류

[일반 구조물]	[교량 구조물]
(1) Epoxy 주입	(1) Epoxy 주입
(2) 봉합	(2) 강판 압착
(3) 짜깁기	(3) 종형 증설
(4) 외부 Prestress	(4) 모르타르 뿜칠
(5) 내부 Prestress	(5) Prestress
(6) 강판 압착	(6) FRP 압착
(7) 표면처리	(7) Beam 증설
(8) 충전	(8) 단면 증설
(9) Grouting	
(10) Dry Packing	
(11) Over Lay	
(12) 추가 철근 보강	
(13) 폴리머 함침	

■ 참고문헌 ■

1. 콘크리트 표준시방서(2009), 국토해양부.

2. 한국콘크리트학회(2005), 최신 콘크리트공학, 기문당.

3. 서진수(2009), Powerful 토목시공기술사 단원별 핵심기출문제, 엔지니어즈.

13-13. 콘크리트 구조물 열화(균열) 원인과 방지대책=콘크리트 시공관리 [상세 내용] = 내구성 증진대책=좋은 콘크리트 시공 대책

- 콘크리트 구조물 공사 중 시공 시(경화 전)에 발생하는 균열의 유형과 대책에 대하여 기술(82회)
- 콘크리트 구조물의 성능을 저하시키는 현상과 원인을 기술하고, 보수 및 보강 방법 설명(109회, 2016년 5월)

1. 열화의 정의 및 대책 : 원인 해결하면 대책이 됨

1) 콘크리트 구조물의 품질 저하

(1) **사용성** 저하

(2) **안전성** 저하 : 내구성

  * 내구성을 나타내는 용어

   ① 내후성 : 중성화, 온도, 습도 변화에 견딜 수 있는 성질

   ② 내화성, 내열성

   ③ 내부 식성

   ④ 내동결 융해성

   ⑤ 내화학 약품성

   ⑥ 내황산염성 : 콘크리트 부식 방지

   ⑦ 내해수성

   ⑧ 내마모성

   ⑨ 내충격성

2) 콘크리트 구조물의 **요구 성능 저하(열화)** : 사용성, 안전성 저하

(1) **성능 저하**

(2) **설계 및 시공**(운반, 치기, 다지기, 마무리, 양생) 잘못

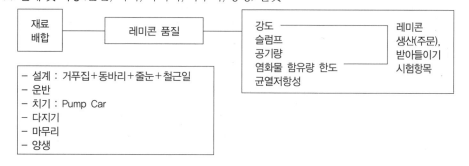

(3) 열화 메커니즘(열화 발생 기구)(1안)

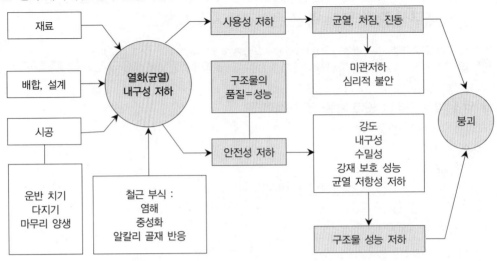

(4) 열화 메커니즘(열화 발생 기구)(2안)

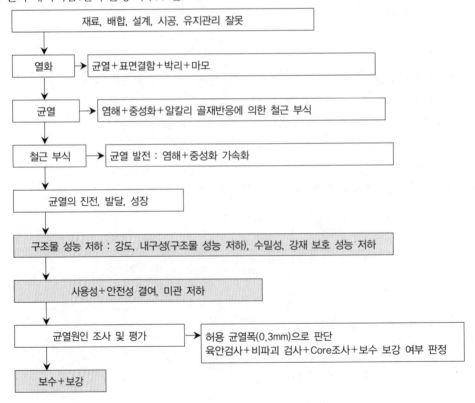

2. 열화(균열 = 내구성 저하)의 원인

NO	원인	세부원인
1	설계 조건	① 설계 기준 미비(하중에 대한 기준) ② 설계자 능력, 이해 부족 ③ 제도상 문제 : 시간, 경제적 ④ 응력 집중부 균열 : 개구부, 코핑부, 단면 변화부 ⑤ 부적절한 철근 배근(헌치부) ⑥ 부등 침하 ⑦ 부피 변화부 : 구조물 귀퉁이
2	재료 조건	① Cement : 풍화 ② 골재 : 비중, 이물질(점토), 반응성 골재 ③ 혼화 재료 : 풍화 ④ 물 ⑤ 염화물
3	시공조건(부주의)	재료, 배합, 설계(거, 동, 줄, 철), 운반, 치기, 다지기, 마무리, 양생
4	사용환경 (화학, 기상, 물리)	1) 온도, 습도(건습의 반복) 2) 동결 융해 3) 마모 4) 침식 : 캐비테이션〈62회 용어 정의 기출문제〉 5) 염해 6) 중성화 7) 철근 부식 8) 부등침하 9) 배면공동 10) 산, 염류
5	구조, 외력	① 과대 하중(초과하중) ② 편토압 ③ 피로 ④ 충격 ⑤ 단면 부족 ⑥ 지진 ⑦ 철근량 부족

3. 열화의 증상 (형태, 종류)

1) **균열** : 가장 대표적 열화 형태

2) **표면** 결함 : Cold Joint, 곰보, 혹, 줄, Bleeding, Laitance, 백태, 채널링(Channeling), Streak 현상

3) **박리** : 동해(Pop out), 도로 포장 〈Pop out 용어 정의 기출〉

4) **마모** : 도로 구조물, 수리 구조물(Spill way = 여수로)

5) **침식** : 캐비테이션(Cavitation : 공동), 수리 구조물

NO	열화증상(형태)	열화원인
1	균열	① 철근 부식 : 염해, 중성화, 알칼리 골재 반응
		② 시공 잘못 : 재료＋배합＋설계(철근일, 철근 구조 세목)＋운반＋치기＋다지기＋마무리＋양생
2	표면 결함	• 물곰보(Honey Comb), 줄, 백태, Bleeding, Laitance, 채널링, Streak
3	마모	① 골재 강도 부족,
		② 수리 구조물에서 Cavitation(공동 현상)<62 용어>에 의한 표면의 침식, 마모, 박리 등
4	박리	③ 알칼리 골재 반응, 동결 융해, 덮개 부족에 의한 피복 탈락(Pop Out), 교통 하중
5	Cold Joint	• 시공 불량 이음
6	공극	① 공기량 과다, AE제 사용 과다 ② 공기량 결정 기준<2009 개정시방서> 　㉠ 보통 콘크리트 4.5%± 1.5%＝3～6% 　㉡ AE 콘크리트의 표준 공기량 : 4～7% ③ 다지기 불량

4. 균열 형태(유형＝분류)와 대책

NO	초기 균열(경화 전＝시공 중)	후기 균열(경화 후)
1	소성수축	온도균열
2	침하균열(콘크리트 침하)	건조수축
3	거푸집 침하, 진동	화학적 작용 : 염해, 중성화, 알칼리 골재 반응, 산, 염류
4	경미한 재하	자연기상 작용 : 건습반복, 온도, 염해, 중성화(CO_2), 동결융해 － Pop Out : 알칼리 골재반응, 동결융해 현상에 의한 콘크리트 표면 결함(균열)임
5		철근부식 : 염해, 중성화 알칼리 골재 반응, 산소, 습도
6		시공 불량
7		시공 시 초과하중
8		설계 외 하중

1) **초기 균열**(굳기 전 균열＝경화 전 균열＝시공 중 균열)

 (1) 소성수축균열(표면 인장균열)

　　• 대책 : W/C↓ → 단위수량 적게 → 유동성(혼화제 : 감수제)

　　 피막양생, Bleeding, Laitance 제거, 직사광선 차단, 바람막이 설치

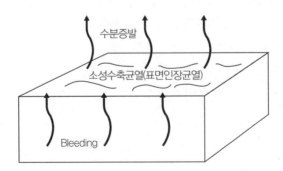

 (2) 침하균열

　　① Bleeding, 침하, 수막(공극)

• 대책 : W/C↓ → 유동성(혼화제 : 감수제), 다짐, 재마무리(Tampping)

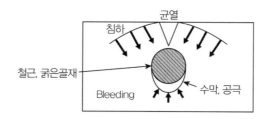

② 거푸집 변형

③ 모르타르 누출에 의한 침하균열

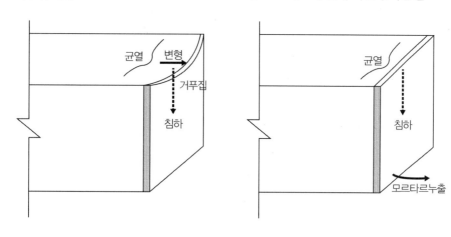

(3) 거푸집, 동바리 침하, 콘크리트 침하

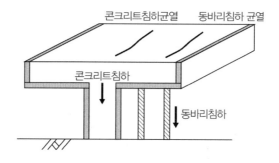

2) 후기 균열(굳은 후, 경화 콘크리트 균열)

(1) 온도응력에 의한 온도균열발생 Mechanism(기구) : 내부 구속 시

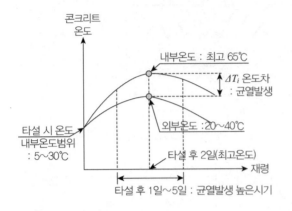

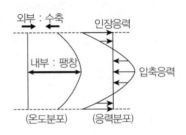

○ 내부 구속 시 온도균열지수 $I_{cr}(t)$

$$I_{cr}(t) = \frac{15}{\Delta T_i}$$

ΔT_i : 내부 온도 최고 시 내부와 표면(외부)과의 온도차

(2) 건조수축 균열 발생 Mechanism(기구) : 외부 구속 시

    * 외부 구속 응력이 큰 경우 : 암반, Massive한 콘크리트 위 타설된 평판구조(Slab)

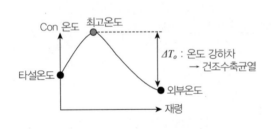

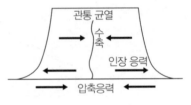

암반, 기 타설된 콘크리트(Massive)

○ 건조수축 균열(외부 구속) : 타설 후 20년까지

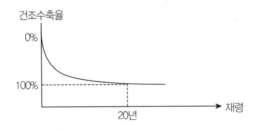

○ 외부 구속 시 온도균열지수

$$I_{cr}(t) = \frac{10}{R\Delta T_o}$$

－ΔT_o : 부재 평균 최고 온도와 외부(외기) 온도와의 균형 시의 온도 차이

－R : 외부 구속 정도 표시계수(0.5~0.8)

㉠ 비교적 연한 암반 위 타설 : 0.5

㉡ 중간 정도의 단단한 암반 위 타설 : 0.65

㉢ 경암 위 타설 : 0.80

㉣ 이미 경화된 콘크리트 위 타설 : 0.6

(3) 철근에 의한 구속

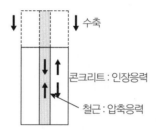

(4) 화학적 반응에 의한 균열

알칼리 골재 반응에 의한 균열 : 거북등 균열

(5) 철근 부식에 의한 균열 : 중성화, 염해

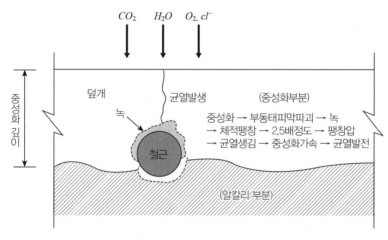

[그림] 중성화에 의한 철근 부식과 균열

(6) 시공 불량에 의한 균열 : Cold Joint, 재료, 배합, 운반 치기 다지기 불량

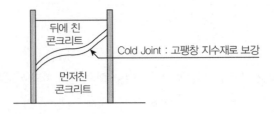

5. 열화(균열) 방지 대책 : 원인 방지

※ 콘크리트 시공 관리(시공 계획) 전반에 대해 기술하면 됨

1) **재료상 대책** : 재료 조건 및 품질 시험

  (1) Cement : 풍화, 오래된 것

   − 비중, 분말도, 안정성, 응결 시간 차, 수화열, 강도, 화학적 안정성 시험 후 사용

  (2) 골재 : 입도, 비중, 안정성, 마모율, 단위 중량, 형상, 유기물 함유량

  (3) 혼화 재료

   감수율, 블리딩률, 압축 강도의 비, 응결 시간 차, 길이 변화, 상대 동탄성 계수, 화학적 안정성

  (4) 물 : cl^- 없는 것, 음용수 수질 기준 만족하는 것 사용

2) **배합**

  W/C↓(혼화제 : 감수제, 유동화제, AE제) → 초기 균열, 건조 수축 균열, 재료 분리 방지 → 온도 균열 방지

3) **설계**

  (1) 거푸집

  (2) 동바리

  (3) 줄눈

  (4) 철근일(구조세목＝상세)

4) **시공적인 측면** : 재료＋배합＋설계＋운반＋치기＋다지기＋마무리＋양생 전반

NO	시공단계	품질관리항목		
1	레미콘 생산, 받아들이기 (재료 배합, 생산)	강도		
		Slump 또는 Flow		
		공기량 결정 기준 : 보통 콘크리트 4.5%± 5%＝3～6% AE 콘크리트의 표준 공기량 : 4～7%		
		염화물 함유량	철근콘크리트	d^- 0.3kg/m³ 이하 원칙
			무근콘크리트 포스트텐션 PSC 염소 이온 비침입 콘크리트	d^- 0.6kg/m³ 이하
			상수도물 사용 시	d^- 0.04kg/m³ 가정

NO	시공단계	품질관리항목		
2	운반 단계	운반 시간	25℃ 이상	1.5시간 이내
			25℃ 미만	2시간 이내
		운반 장비별 운반 시간	Agitator Truck	1.5시간
			Dump Truck	1.0시간
		콜드조인트 방지 이어치기 시간	25℃ 초과 : 2시간 이내	
			25℃ 미만 : 2.5시간 이내	
		재료 분리 방지	빨리 운반, 빨리 쳐서 재료 분리, Cold Joint 방지	
			감수제, 유동화제 사용	
		레미콘 진입로 정비		
3	치기 단계	연속 타설	운반 시간 준수, 빨리 운반해서 빨리 타설, Cold Joint 방지	
		Cold Joint 방지대책 수립	인원 장비, 자재 계획 수립	
			레미콘 도착 지연, 강우, 바람, 동절기 등의 콘크리트 타설 중단 방지	
			비닐, 천막, 예비 장비 준비	
		타설 속도 준수		
		타설 순서 준수		
		타설 낙하 높이 준수		
		타설 장비 계획 수립 : Pump Car 타설 시 유의사항 준수		
		재료 분리 방지		
4	다지기 단계	진동 다지기 원칙		
		벽체 진동기(거푸집 진동기 사용)		
		오래 다질수록 좋다(적절히 충분히 다짐)		
		고무망치로 거푸집 두들겨 표면 결함 방지(곰보, 혹, 줄, 백태, 침하 균열, 소성 수축 균열방지)		
5	마무리	나무흙손 사용해서 Bleeding, Laitance 제거, 초기 균열방지		
		쇠흙손 사용 금지		
		표면 결함 방지		
6	양생	초기 양생에 유의 : 한중에서 초기 동해 방지, 서중에서 소성 수축, 건조 수축 균열방지		
		초기 양생 방법 : 습윤 양생, 피막 양생, 바람막이, 지붕, 덮개, 천막		

5) **철근 부식 방지**(＝균열방지 대책)

(1) **염해 방지**

① **해사 제염 방법** : 강우, 살수, 수중 침적, 주수, 혼합

② **굳지 않은 콘크리트**의 염분의 허용치(전염소 이온량＝염소 이론의 총량으로 표시)

ㄱ 생콘크리트 : 원칙적 $0.30kg/m^3$ 이하

ㄴ 상수도 물을 혼합수로 사용 시 : 콘크리트 중에 공급되는 염소 이온량을 $0.04kg/m^3$로 가정

ㄷ 염소 이온량의 허용 상한값 $0.60kg/m^3$ 적용 조건

  － 염소 이온 침입이 우려되지 않는 철근콘크리트
  － 포스트텐션 방식의 프리스트레스트 콘크리트
  － 최소 철근비 미만의 철근을 갖는 무근콘크리트
  － 염소 이온량이 적은 재료 입수 매우 곤란 시
  － 방청 조치 취한 후 책임기술자의 승인을 얻은 경우

③ **굳은 콘크리트**의 수용성 염화물 이온량[재령 28일이 경과 휘]

부재의 종류		콘크리트 속 최대 수용성 염소 이온량 [시멘트 질량에 대한 비율 %]
프리스트레스트 콘크리트		0.06
철근콘크리트	염화물에 노출	0.15
	건조한 상태, 습기로부터 차단된 상태(주1)	1.00
	기타	0.30
무근콘크리트(철근 비배치)		규정 비적용

(주1) 외부 대기조건에 노출되지 않고 습기로부터 차단된 건조한 상태의 실내 구조체 콘크리트

(2) **중성화 방지**

(3) **알칼리 골재 반응** 방지

(4) **방식 및 피복** : 철근 및 콘크리트 부식 방지

① 전기 방식

② 두께 증가(덮개 확보)

③ 피막(철근에 Epoxy Coating)

④ 도막

6. 균열 보수 보강

1) 균열의 평가

(1) **육안** : 균열 측정기 사용, 도면에 Sketch, 사진으로 평가, 균열 관리 대장 작성

(2) **비파괴** : 초음파(UT), X선, 감마선, 슈미트 햄머로 강도 측정

(3) **Core 채취** : 압축 강도, 반응성 골재 확인, 중성화, 내부 균열 확인

(4) **설계도서 검토 및 시공기록 검토** : 철근의 간격, 덮개, 이음, 표준 갈고리, 개구부 철근 배근, 헌치부 철근 배근 조사

2) 보수 보강 여부 판정 : **균열 허용 제한폭** 검토(보통 0.3mm)

(1) 콘크리트 구조 설계기준

〈허용 균열폭 : Wa〉, tc : 최외단 철근과 콘크리트 표면 사이의 피복 두께(덮개)(mm)

강재의 종류	건조 환경	일반 환경	부식성 환경	극심한 부식성 환경
철근	0.006tc	0.005tc	0.004tc	0.0035tc
PS 강재	0.005tc	0.004tc	–	–

(2) ACI 기준(미국) : 0.1～0.41mm

(3) CEB, FIP 기준(유럽)

　① 철근콘크리트 : 0.3mm

　② PS 콘크리트 : 0.2mm

3) 균열 보수의 목적

(1) 사용성 : 미관, 처짐, 균열, 사용자의 심리적 불안 해소

(2) 안전성 확보

(3) 강도, 내구성, 수밀성, 강재 보호 성능 증대

(4) 구조물의 성능(강도, 내구성, 수밀성, 강재 보호 성능)개선

4) 보수 보강 공법의 종류

　시공 방법 단면(그림)은 연습할 것

[일반 구조물]

(1) Epoxy 주입

(2) 봉합

(3) 짜깁기

(4) 외부 Prestress

(5) 내부 Prestress

(6) 강판 압착

(7) 표면처리

(8) 충전

(9) Grouting

(10) Dry Packing

(11) Over Lay (도로)

(12) 추가 철근 보강

(13) 폴리머 함침 concrete

[교량 구조물]

(1) Epoxy 주입

(2) 강판 압착

(3) 종형 증설

(4) 모르타르 뿜칠

(5) Prestress

(6) FRP 압착

(7) Beam 증설

(8) 단면 증설

7. 보수 보강 방법 예시

1) 일반 콘크리트

(1) Epoxy 주입

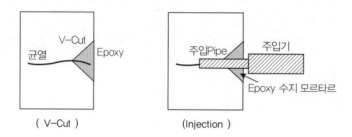

(V-Cut)　　　　　　　　(Injection)

(2) 봉합보수방법(Sealing)

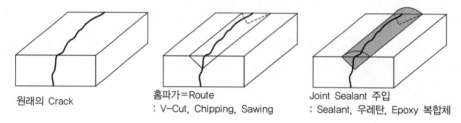

원래의 Crack　　　　홈파가=Route　　　　Joint Sealant 주입
　　　　　　　　　　: V-Cut, Chipping, Sawing　　: Sealant, 우레탄, Epoxy 복합체

(3) 짜깁기

① 균열 방향에 직각으로 꺽쇠(강재 Anchor) 설치

② Epoxy, 무수축 몰탈 주입

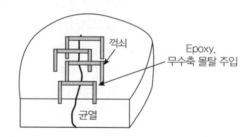

(4) 외부 Prestress(External Prestress)

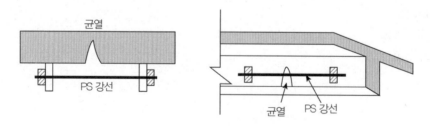

(5) 내부 Prestress(Internal Prestress) : 균열에 직각방향의 PS 배치

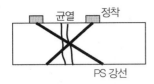

(6) 강판 압착공법

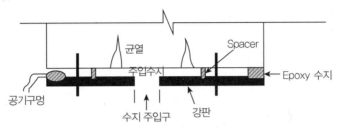

(7) 표면처리

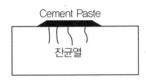

(8) 충전공법 : V-cut, U-Cut

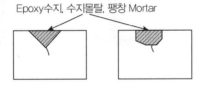

(9) Grouting

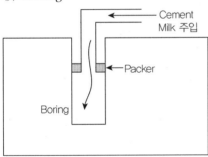

(10) 추가 철근 보강

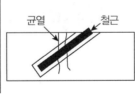

교량, Girder에 구멍을 뚫고
Epoxy 주입후 철근 끼워 넣기

2) 교량에서 주로 하는 보수 보강 공법

　(1) Epoxy 주입법

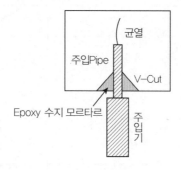

　(2) 종형 증설(종방향 Girder 증설)

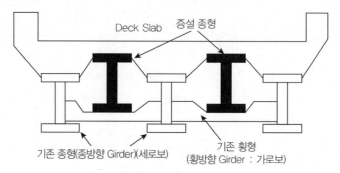

　(3) Morter 뿜칠

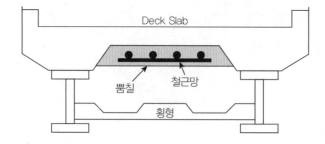

　(4) Prestress 도입

　　－종형의 보강

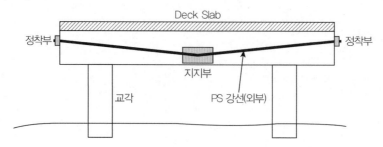

(5) 코핑부 보강 예시

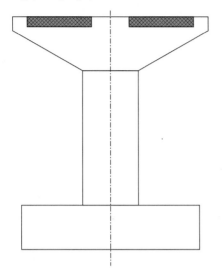

≫ 참고

① 탄소섬유의 성질

    ㉠ 비중 : 철의 1/5배

    ㉡ 강도 : 철의 10배

      • 탄소섬유 1m는 철근(D16)7본에 해당

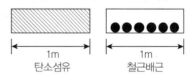

1m   1m
탄소섬유   철근배근

② 시공 순서

  : 하수처리 → 프라이머 도포 → Putty → Resin → 탄소섬유 부착 → 양생

[그림] 탄소 섬유 Sheet 보강공법

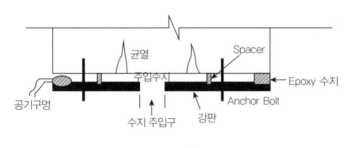

[그림] 강판 압착공법

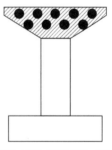

[그림] 강판 압착공법: 코핑 보강

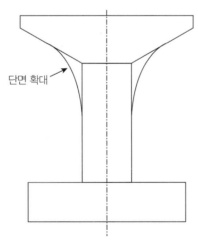

[그림] 단면확대공법

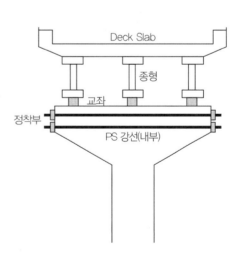

[그림] Prestress 도입(강선으로 보강)

8. 맺음말

1) 균열은 **시공단계**에서 원인을 미리 규명하여 **사전 방지**하는 것이 좋고

2) 균열 발생 시는 충분한 균열의 **조사와 평가**를 거쳐

3) 보수 보강 하여도 **사용성과 안전성**에 문제가 없다고 판단되었을 때 시행하고

4) **안전진단결과** 구조물로써의 **기능**을 **할 수 없다면 해체 후 재시공**하는 것이 좋다.

■ 참고문헌 ■

1. 콘크리트 표준시방서(2009), 국토해양부.

2. 한국콘크리트학회(2005), 최신 콘크리트공학, 기문당.

3. 서진수(2009), Powerful 토목시공기술사 단원별 핵심기출문제, 엔지니어즈.

13-14. 콘크리트 구조물 균열 원인/보수 보강

- 콘크리트 교량의 균열에 대하여 원인별로 분류하고 보수 재료에 대한 평가 기준을 설명(95회)
- 콘크리트의 보수재료 선정기준(97회 용어)

1. 개요

1) 균열의 원인과 형태에 대한 분류는

　(1) 응력과 변형조건

　(2) 재료조건, 시공조건, 사용·환경조건, 구조·외력조건에 기인한 균열과 형태

　(3) 발생 시기에 따라 경화 전후 균열의 원인과 형태로 분류한다.

2) 콘크리트 구조물 균열 : 인장응력(외적조건) > 인장강도(내적 조건) 초과 시 발생

3) ∴ 균열발생원인은

　(1) 외적 요인인 인장 응력 증가

　(2) 내적 요인인 인장강도 저하 요인

4) 균열은 구조물의 안전성, 내구성, 수밀성, 강재 보호 기능을 저하시킴 ⇒ 철저한 방지대책 검토 필요

2. 균열발생 조건(2가지)

구분	발생조건
1. 응력조건	인장응력(외적 요인) > 콘크리트 인장강도(f_t : 내적 요인)
2. 변형조건	인장변형률(외적 요인) > 콘크리트의 극한변형률($\epsilon_t \simeq 0.0001$: 내적 요인)

균열 발생 : 균열 발생 조건 만족 ⇒ 경화 시멘트 풀의 **미세균열**이 서로 연결 ⇒ **균열**로 발전

3. 균열(열화＝내구성 저하)의 원인

NO	원인	세부원인
1	설계 조건	① 설계 기준 미비(하중에 대한 기준) ② 설계자 능력, 이해 부족 ③ 제도상 문제 : 시간, 경제적 ④ 응력 집중부 균열 : 개구부, 코핑부, 단면 변화부 ⑤ 부적절한 철근 배근(헌치부) ⑥ 부등 침하 ⑦ 부피 변화부 : 구조물 귀퉁이
2	재료 조건	① Cement : 풍화 ② 골재 : 비중, 이물질(점토), 반응성 골재 ③ 혼화 재료 : 풍화 ④ 물 ⑤ 염화물
3	시공 조건(부주의)	① 콘크리트 : 재료, 배합, 설계(거, 동, 줄, 철), 운반, 치기, 다지기, 마무리, 양생 ② 철근 배근 : 배근의 이동, 피복두께 부족 ③ 거푸집, 동바리 : 변형, 침하, 누수, 조기 제거

NO	원인	세부원인
4	사용 환경 조건 (화학, 기상, 물리)	1) 온도, 습도(건습의 반복) 2) 동결 융해 3) 마모 4) 침식 : 캐비테이션 5) 염해 6) 중성화 7) 철근 부식 8) 부등침하 9) 배면공동 10) 산, 염류
5	구조, 외력 조건	① 과대 하중(초과 하중) ② 편토압 ③ 피로 ④ 충격 ⑤ 단면 부족 ⑥ 지진 ⑦ 철근량 부족

4. 발생시기와 응력조건에 따른 균열발생 원인 및 형태(균열발생의 내적·외적 요인)

구분	요인(원인)	원인(세 분류)	균열형태(세부 균열 원인)
굳지 않은 콘크리트 (경화 전)	1) 인장응력 증가	내적원인 (내부 구속)	① 소성수축 균열(표면인장균열) : 블리딩/레이턴스 ② 소성침하 균열 : 골재분리 ③ 수화열에 의한 균열 : 온도균열 ④ 시멘트 이상응결과 팽창열
		외적원인 (외부 구속)	① 거푸집 동바리 이동/변형 ② 기초지반 침하 ③ 철근배근(정착, 이음) 오류 ④ 시멘트 이상응결과 팽창 ⑤ 초기 동해(동절기)
	2) 인장강도의 저하	재료원인	① 골재의 유해물 함유량 : 점토, 이탄, 0.08mm 미분 ② 풍화된 시멘트 ③ 혼화제 품질 불량
		시공원인	① Batch Plant 계량 오류 ② 가수 : 운반 및 펌프 압송 시 ③ 다짐 부족 : 곰보현상 ④ 시공이음불량/Cold Joint
굳은 콘크리트 (경화 후)	1) 인장응력 증가	내적원인	① 건조수축 균열 ② 장기변형 균열(Creep) ③ 내부 염해와 철근 부식에 의한 균열 ④ 알칼리 골재 반응(AAR)
		외적원인	① 온도 균열 ② 단면부족에 의한 균열 ③ 과하중(초과 하중) : 휨균열, 전단균열, 할렬균열 ④ 지반침하 : 장기압밀 및 부등침하

구분	요인(원인)	원인(세 분류)	균열형태(세부 균열 원인)
굳은 콘크리트 (경화 후)	2) 인장강도의 저하	시공원인	① 습윤양생 부족 ② 거푸집 조기 탈형 ③ 피복두께 부족
		환경원인	① 중성화, 백태, 동결융해, 누수에 의한 균열 ② 외부염해와 철근 부식 균열 ③ 화재

NO	초기 균열 (경화 전 = 시공 중)	후기 균열(경화 후)
1	소성수축	건조수축
2	침하 균열(콘크리트 침하)	온도 균열
3	거푸집 침하, 진동	화학적 작용 : 염해, 중성화, 알칼리 골재 반응, 산, 염류
4	경미한 재하	자연기상 작용 : 건습반복, 온도, 염해, 중성화(CO_2), 동결융해 – Pop Out : 알칼리 골재반응, 동결융해 현상에 의한 콘크리트 표면 결함(균열)임
5		철근부식 : 염해, 중성화 알칼리 골재 반응, 산소, 습도
6		시공 불량
7		시공 시 초과하중
8		설계 외 하중

5. 콘크리트 교량 균열 원인별 분류

콘크리트 교량의 균열은 **하부공(교대, 교각)**, **상부공(Girder, 바닥판)**, EXP Joint 등의 다양한 부위에서 발생한다.

1) 교대 코벨(Corbel = 돌출부 = 교대 코핑부 = Bracket) 균열(파괴) 형태

   (1) 원인 : 하중에 의해 발생

   (2) 균열형태와 원인

형태	발생원인
1. 휨인장균열	인장철근항복으로 경사부 하부 Con'c의 압축파괴 시 발생
2. 전단균열(Diagonal Splitting)	휨균열 발생 후 전단압축으로 발생, 사방향 압축 Strut를 따라 발전
3. Sliding Shear	1. 기둥과 Bracket 연결부의 짧고, 가파른 사방향 균열의 발전 2. 상호연결되면서 기둥과 분리(Sliding)되려는 파괴
4. Anchorge Spliting	1. 연단거리 비확보, 휨보강 철근 정착 불충분 상태에서 Cantilever 끝단에 하중작용 2. 교좌장치 끝단에 반력작용 or 예기치 않은 편심 작용 시 발생
5. Crushing(할렬균열)(지압파괴)	1. 교좌장치의 지압면이 너무 작거나 연성이 클 때 2. 교각폭이 너무 좁을 때 지압면 하부 콘크리트 파괴
6. 수평력에 의한 파괴	상부구조의 건조수축, Creep, 온도변화로 발생된 수평력 작용

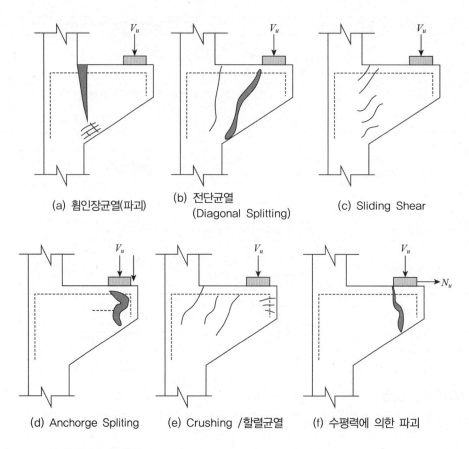

(a) 휨인장균열(파괴)

(b) 전단균열
(Diagonal Splitting)

(c) Sliding Shear

(d) Anchorge Spliting

(e) Crushing /할렬균열

(f) 수평력에 의한 파괴

2) 교각 Coping부 균열(파괴) 형태

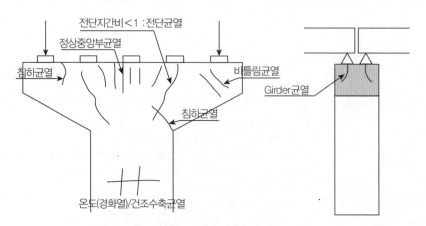

전단지간비<1 :전단균열

정상중앙부균열

침하균열

비틀림균열

Girder균열

침하균열

온도(경화열)/건조수축균열

형태	발생원인
1. 전단균열	1. 전단지간비 < 1 : 돌출부 지간이 높이에 비해 작은 경우 2. 철근량 부족
2. 정상 중앙 부균열	돌출부 끝 쪽에 큰 Girder 반력 작용 시
3. 비틀림 균열	돌출부 끝의 Shoe에 작용하는 수평력
4. Girder 균열	과대한 지압응력과 국부응력
5. 온도(경화열)/건조수축균열	온도응력(인장응력) > 인장강도

3) 전단 지간비(a/d)

(1) Strut & Tie Model

외력(S_u, N_{uc})은 압축 Strut과 인장 Tie에 의해 평형을 이룬다.

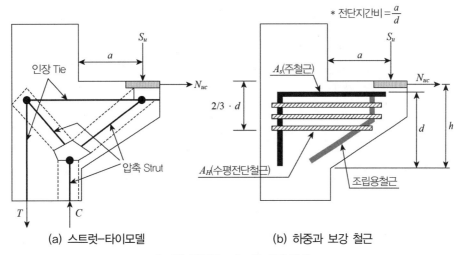

(a) 스트럿–타이모델　　　　(b) 하중과 보강 철근

[그림] 철근콘크리트의 내민 받침

(2) 전단지간비 = $\dfrac{a}{d}$ < 1.0이면

① 내민 받침 구조 or 브라켓 구조 거동을 하고

② 코핑부에 전단균열 발생 우려

4) Girder(연속보)에서의 균열

(1) 휨균열, 전단균열 주로 발생

(2) 주형 지점부 균열 : 지점부 응력집중과 교좌장치 불량 원인

5) 하부공(교대)에서의 균열

(1) 상부구조(Girder) 수평이동에 의한 교대 수평 균열

(2) 건조수축에 의한 수직 균열

(3) 부등침하로 인한 수직 균열

(4) 교대벽면을 통한 백화 : 누수

(5) 신축이음을 통한 백화 : 누수

(6) 연단거리 부족 및 교좌장치 결함에 의한 **두부 콘크리트** 균열

6) 바닥판에서의 균열

    (1) 차량의 윤하중, 충격하중 : 거북등 균열 등

    (2) 외부하중에 의한 휨인장 균열, 사인장 균열

    (3) 다짐 불량에 의한 철근 노출

    (4) 철근 부식에 의한 균열

7) 신축이음에서의 균열 : 차량하중에 의한 신축이음의 후타재 균열 및 파손

8) 교면 포장의 균열

6. 콘크리트 구조물의 보수 보강 공법

1) 개요

    (1) 콘크리트 구조물의 성능은 손상의 응급조치, 적절한 보수 보강 공법으로 **내구 성능, 사용 성능,
내하 성능** 등의 **기능 회복**으로 **성능 유지** 가능

    (2) 보수 보강 공법 선정 시에는 정학한 원인을 파악 후 적절한 보강조치를 실시하고 보강 후 보수 및
보강효과를 확인해야 한다.

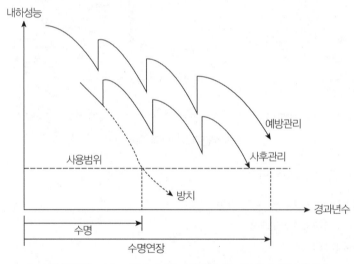

[그림] 적절한 보수 보강으로 유지관리한 구조물의 수명연장개념

    (3) 보수 보강 내용으로는

      ① **응급조치**

        적절한 보수 보강 이전에 구조물의 이용과 안전을 위해 **위해요소를 임시로 제거**하는 것

      ② **보수**

        구조물에 발생한 손상 중에서 **내하력**(내구성과 방수성) **이외의 성능**을 원상 복원시키는 것

      ③ **보강**

        구조물의 **내하력**을 설계 당시의 내하력 이상으로 개선시키는 것

7. 균열의 보수

1) 보수기준 : 보수 여부 판정기준

   (1) 구조 부재인 경우 : 허용균열폭, 강재 부식 환경조건

   (2) 내구성, 방수성

   (3) 균열 진행성 유무

   (4) 전문 기술자의 판단

2) 보수 범위의 선정

   (1) 복원 목표, 수준, 보수 공법 등에 따라서 구조물의 내하력에 영향을 미치지 않도록 설정, 부분적인 보수와 전면적인 보수로 설정

   (2) 부분적인 보수

   ① 부식된 철근 주변의 콘크리트 깎아내기

   ② 열화된 부위의 콘크리트만 깎아내기

   (3) 전면적인 보수

   ① 균열, 박리, 철근 부식 부위는 물론 Test Hammer로 타격하여 콘크리트가 들뜬 부위 전체를 깎아낸다.

   ② 염화물에 기인한 철근 부식 : 염화물 이온량 초과하는 모든 부분을 깎아냄

3) **보수 시기의 결정＝주입 및 충전공법의 적용시기** [열화속도]

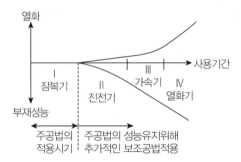

* I(잠복기) : 콘크리트 속으로 외부 염화 물 이온 침입, 철근 근방에서 부식한계량까지 축적되는 단계
  II(진전기) : 물과 산소 공급하에서 계속 부식이 진행되는 단계
  III(가속기) : 축방향 균열 발생 이후 급속한 부식단계
  IV(열화기) : 부식량 증가하고, 부재로서의 내하력에 영향을 미치는 단계

4) 균열 보수 및 보강 대책

공법 구분	적용	공법 종류
1. 균열주입공법	균열 진전 억제	1. 표면처리공법 2. 충전공법 3. 에폭시수지 주입공법
2. 접착공법	균열로 인한 단면 부족 시	1. 강판 접착 2. 섬유 시트(탄소섬유) 접착 3. 섬유판 접착(섬유보강 에폭시 판넬, 섬유보강 플라스틱)
3. 봉합공법	균열로 인한 변형 방지	스티칭 공법(stitching : 바느질 ; 한 가닥이 꿰맨 줄 ; 기움)

8. 보수 공법의 종류(세분화된 내용)

[주] 교재, 참고자료, 시공경험 등에 의한 내용으로 해도 됨, 시공 상세도 추가할 것

1) **균열 크기**에 따른 종류

 (1) **표면처리공법**(Patching)

  ① 미세균열(균열폭 0.2mm 이하)

  ② 도막 형성 ⇒ 방수성, 내구성 향상 목적

  ③ 분류 : 에폭시수지 모르타르 도포공법, 에폭시수지 실링공법

 (2) **주입공법**(Injection)

  ① 중간 정도의 균열폭

  ② 균열에 주입 ⇒ 방수성, 내구성 향상 목적

  ③ 재료별 분류 : 에폭시수지계 주입공법, 시멘트계 주입공법

  ④ 가압 방식 및 압력별 분류 : 인젝터식(저압저속, 중저압), 기계식(고압고속), 유압식(저압)

 (3) **충전공법**(Filling)

  ① 0.5mm 이상 균열 폭

  ② U-Cut 충전공법

 (4) **스티칭**(stitching : 접합용 U형 철근 삽입공법) : 바느질처럼 짜깁기

  ① 비교적 큰 균열

  ② 균열의 추가를 억제하는 공법

2) **단면 복구용** 보수공법

 (1) **재료**에 의한 분류

  ① 수지계 충전공법

  ② 시멘트계 충전공법

 (2) **작업 규모**에 따른 분류

  ① Dry Packing(수작업)

  ② 거푸집 이용 현장치기 콘크리트 이용 단면 복구

 (3) **방청 유무**에 의한 분류

  ① 방청 및 충전공법

  ② 충전공법

3) **내구성 향상**을 위한 보수공법

 ① **중성화** 방지공법

 ② **재알칼리화** 공법

 ③ **부식 방지공법**

9. 보강 공법의 종류(세분화된 내용)

[주] 교재, 참고자료, 시공경험 등에 의한 내용으로 해도 됨, 시공 상세도 추가할 것

1) 휨내력 보강공법

   (1) 외부강선공법

   (2) 지간단축공법

   (3) 강판접착공법

   (4) FRP 접착공법

   (5) 탄소섬유 접착공법

   (6) 유리섬유 접착공법

2) 보의 전단보강

   (1) 부재 내 보강 철근에 의한 전단보강

   (2) 가동힌지에 의한 전단내력 보강

   (3) 강판보강공법

   (4) FRP 접착공법

   (5) 탄소섬유 접착공법

   (6) 유리섬유 접착공법

10. 보수 보강 공법 선정 시 유의사항

보수 공법	보강 공법

(1) 대상 구조물의 종류 및 현황
(2) 주요 손상 원인 : 구조적 요인, 비구조적 요인
(3) 보수범위, 기간, 대기온도, 교통차단 실시 여부
(4) 보수 재료의 재료 특성 : 강도, 강성, 열팽창계수, 연신율, 경화시간, 점도
(5) 부착 특성 : 신, 구 콘크리트 경계면에서
(6) 장기내구성 및 보수 효과
(7) 시공성 및 유지관리 용이성
(8) 경제성
	(1) 대상 구조물의 종류 및 현황
	(2) 대상 부재의 역학적 특성
	   : 정모멘트 영역, 부모멘트 영역, 전단 영역
	(3) 보강 범위, 기간, 대기온도, 교통차단 실시 여부
	(4) 보강 재료의 물리, 화학, 역학적 특성 : 강도, 강성,
	   열팽창계수, 연신율, 경화 시간, 점도, 건조수축 변형률,
	   단위중량
	(5) 보강 위치의 부착 특성 및 피로 저항성
	(6) 내구성 및 사용성 개선효과
	(7) 구속 효과 및 변형에너지 흡수효과
	(8) 시공성 및 유지관리 용이성
	(9) 경제성

11. 균열평가에 의한 보수 보강 판단

1) 균열평가 및 대책 개념도

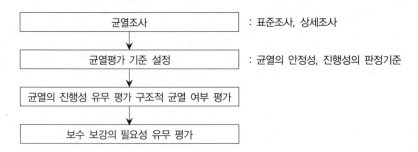

2) 균열조사

콘크리트 균열은 **미관 손상**, **수밀성 저하**, **철근 부식** 등의 **사용성**과 **안정성**을 저하시키므로 조사를 통하여 원인을 추정하여 보수 보강 여부를 판단해야 함

(1) 균열폭
① 0.05mm 단위로 계측
② 균열자, 균열 현미경 이용

(2) 균열 길이
① 균열 범위 0.05mm 이상인 경우에 측정 및 기록
② 균열 발생 범위 확인

(3) 균열 깊이 확인
① 균열 부분을 떼어내어 확인
② Core Boring
③ 초음파 전파속도로 계측

(4) 균열 관통 유무 확인
① 균열 부분을 육안으로 정확하게 확인
② 붉은 액체를 부어 누수 위치, 모양 확인
③ Core Boring
④ 초음파 전파속도로 계측

(5) 균열의 진행성 확인 : 보수 재료 및 보수 시기 선정 근거로 활용
① 측정시기, 간격, 기간
② 구조물에 가해지는 하중조사
③ 구조물의 구조결함조사
④ 구조물의 환경조사
⑤ 사용재료조사

3) 원인별 균열 분류

분류	원인	종류
비구조적 균열	1. 재료, 배합에 기인한 균열	① 소성수축균열　② 소성침하균열　③ 온도균열 ④ 자기수축균열　⑤ 건조수축균열　⑥ 동결융해작용 ⑦ 알칼리 골재반응　⑧ 황산염반응　⑨ 철근 녹
	2. 시공에 기인한 균열	① 현저히 빠른 부어넣기 속도 ② 거푸집 부풀어 오름 ③ 받침기둥(동바리) 침하 ④ 초기 양생불량 ⑤ 거푸집, 받침기둥 조기탈형, 철거 ⑥ 급격한 건조(일조, 바람, 온도), 침하균열 ⑦ 초기재하, 진동, 충격 ⑧ 초조강 콘크리트 사용 ⑨ 조강 콘크리트 사용 ⑩ Cold Joint ⑪ 배관, 배근의 피복부족, 위치 불량 ⑫ 슬래브 상단 철근 처짐(철근 위치, 유지불량) ⑬ 부적절한 유발줄눈 ⑭ Mass concrete의 수화열에 의한 온도응력(열응력)
	3. 환경조건에 기인한 균열	① 외기온도변동 ② 염해 ③ 중성화 ④ 동해
구조적 균열	1. 정적 장기지속하중으로 인한 균열 : Creep 변형 2. 동적반복하중으로 인한 균열 : 피로균열 3. 진동하중 4. 지진하중 5. 부등침하	

4) 보수 보강 여부 판단

허용균열폭 및 진행성 여부, 누수 여부 등으로 보수 보강 여부를 판단하여 보수

12. 보수 재료에 대한 평가 기준 [95회 기출]

1) 보수 재료 선정 흐름도

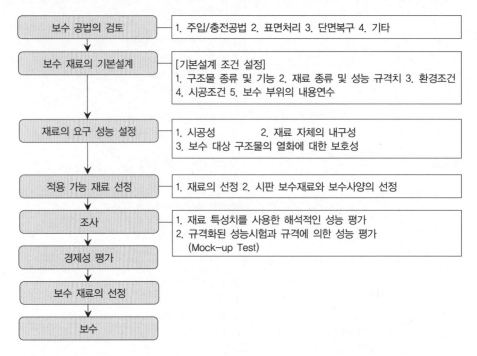

2) 균열 보수 재료의 종류 : 수지계, 시멘트계, 실링계
3) 보수재료 요구 성능 상호 관련도

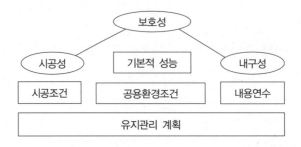

4) 균열 보수 재료의 요구조건 : 각 요구조건에 충족하는지를 Mock Up Test로 확인

   (1) 사용 및 노출조건

   (2) 시공 및 양생조건

   (3) 시공법과 시공 특성

   (4) 재료의 사용자 요구조건

   (5) 내하력 요구조건

   (6) 열화원인

   (7) 보수재료의 내구성

   (8) 보수공사의 허용오차 한계

(9) 보수범위와 기하조건 등

5) 품질기준 예 : 균열 충전용 에폭시수지의 품질기준

항목	기준
1. 비중	표준치 ± 0.1
2. Slump	3mm 이내
3. 가열감량	5% 이하
4. 인장강도	20kgf/cm^2
5. 신장률	20% 이상
6. 인장부착강도	10kgf/cm^2
7. 파단변형률	10% 이상
8. 내수성	소요값 이상

6) **보수 재료의 평가**

(1) 보수 재료 특성 분류

영향을 미치는 조건	보수 재료의 특성 (구체적인 특성치가 설정 가능한 성능)	특성 평가의 주된 요인
1. 구조물의 기본 성능	1) 건조수축, creep 2) 압축강도, 부착력, 열팽창계수, 탄성계수 3) 마모 특성, 충격 특성	1) 특성치 2) 보수 부위의 콘크리트 3) 동적하중의 작용
2. 사용조건 및 환경조건	1) 내후성, 내약품성, 균열 저항성, 동결융해 저항성, 내오염성 2) 내투수성, 내투습성, 내염화물 침투성 3) 열팽창계수	1) 경년에 대한 안정성 2) 초기의 특성치 3) 보수 부위의 콘크리트
3. 작업조건	저건조 수축성, 유동성, 점착력, 접착력, 조강성, 사용 가능 시간, 사용 가능 두께	작업성의 우열
4. 경제적인 조건	가격	유지관리 계획

(2) 보수 재료 평가에 관한한 고려방법

특성 평가 주된 요인(우열 결정 기준)		요구조건
1. 특성치만으로 우열을 결정하는 것	⇒	체적변화량 적은 것 요구됨(건조수축, Creep)
2. 보수 부위의 콘크리트 품질기준으로 결정	⇒	보수 부위 특성과 동등한 재료 특성 요구됨
3. 경년에 대한 안성에 의해 결정되는 것	⇒	구조물 내구 기한 중에 충분한 특성 유지 요구
4. 경년변화의 초기치에 의해 결정되는 것	⇒	초기치가 요구수준 이상, 내구성이 매우 양호한 것 요구
5. 작업성의 우열에 의해 결정되는 것	⇒	시공결함 및 균열 등이 발생하지 않도록 작업성 우수한 것 요구

13. 보수 재료의 적합성 평가기준 [보수 재료 선정 기준(97 용어)]

1) **평가기준**(선정 시 고려사항)

(1) 콘크리트 보수 재료들은 모재와 첨가재의 결합구조에 따라 다양한 성질들을 가지고 있고, 그 성

질들은 보수 작업에 영향을 주므로 다음 사항을 고려하여 선정한다.

　① 시공성

　② 사용성(작업 안정성)

　③ 물리, 화학적 특성

　④ 경제성

(2) 적합성 평가 항목은

　① 부착 특성

　② 체적 변화 특성 : 건조수축 및 Creep 특성, 열팽창계수, 탄성계수, 내구성, 종류별 선정기준

2) 보수 재료 **선정과정(Flow)** : 발주자의 요구, 적용조건, 사용조건 고려하여 선정

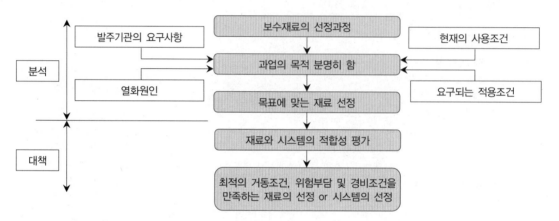

3) **부착 특성**에 따른 적합성 평가

(1) 부착 강도의 중요성

　① 가장 중요한 인자임

　② 기존 구조물 표면처리 적당하면 만족스러운 시공 가능

　③ 부착이 파괴되는 경우는 서로 다른 열적 특성, 건조수축 등이 다르기 때문

(2) **부착강도 시험법 3가지**

　① **직접 인장**시험

　② **직접 전단**시험

　③ **경사 전단**시험

4) **체적변화 특성**에 따른 적합성

(1) 보수재료의 건조수축률에 따른 적합성

　① 극한 건조수축 변형률 낮은 재료 선정이 가장 중요함

　② 영향인자

　　㉠ 부재의 체적(클수록 시간 오래 걸림)

　　㉡ 보수 재료의 투수성

　　㉢ 상대습도(건조할수록 짧아짐)

② 콘크리트의 W/C 비

③ 보수 재료의 건조수축에 따른 분류

건조수축 크기(ϵ_{sh})	분류
$\epsilon_{sh} < 0.025$	대단히 작음
$\epsilon_{sh} = 0.025 \sim 0.05$	작음
$\epsilon_{sh} = 0.05 \sim 0.10$	보통
$\epsilon_{sh} > 0.10$	큼

(2) 보수 재료의 **열팽창계수**

① 모든 재료는 **온도에 따라 신축** ∴ 열팽창계수 검토 필요

② 콘크리트의 경우 : 보통 $10 \times 10^{-6} / ^\circ C$

③ Cement 계열 보수 재료 : 콘크리트와 동일값

④ 내부 응력변화

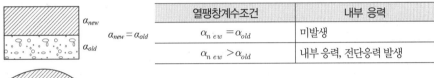

열팽창계수조건	내부 응력
$\alpha_{new} = \alpha_{old}$	미발생
$\alpha_{new} > \alpha_{old}$	내부 응력, 전단응력 발생

[그림] 보수 후 거동

(3) **탄성계수**

① 클수록 동일하중에서 변형 작음

② 취성재료인 경우 : 과응력 발생

③ 기존 콘크리트와 유사할수록 하중전달 및 변형저항성 우수

④ 내부 응력변화

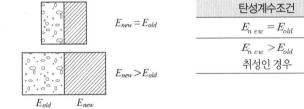

탄성계수조건	내부 응력
$E_{new} = E_{old}$	미발생
$E_{new} > E_{old}$ 취성인 경우	1. 전단응력 발생 2. 취성재료 : 과응력 발생

[그림] 보수 후 거동

(4) **Creep 특성**(휨 및 압축 Creep)

① 기본 Creep : 수분 이동 없이 발생하는 creep

② 건조 Creep : 건조 시 발생

③ 건조수축과 동시에 진행됨

④ 건조수축의 영향인자와 동일하나 작용하중의 크기가 영향미침

⑤ 내부 응력변화

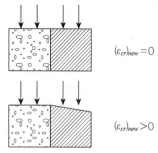

Creep 계수조건	내부 응력
$(\epsilon_{cr})_{new} = 0$	미발생
$(\epsilon_{cr})_{new} > 0$	기존 구조물에 하중 부담 증가

$(\varepsilon_{cr})_{new} = 0$

$(\varepsilon_{cr})_{new} > 0$

[그림] 보수후 거동

(5) 보수 재료의 **내구성 검토항목**

　① **투기성**(Water Vapor Transmission)

　② **투수성**

　③ **내마모성**

　④ **표면마모** 저항성

　⑤ **알칼리 골재** 반응

　⑥ **동결융해** 저항성

　⑦ **내화학성**의 검토

(6) 종류별 선정 시 품질기준

　: 표면보호재 적용, 방청 및 단면 복구재 적용, 단면 복구 및 보강재 적용

　① **표면보호재**

항목		기준	주요 고려사항
균열 진행에 따른 추종성 (휨변형이 없는 경우)	RC 구조	1. 균열 진행 중 : 연신율 100% 이상 2. 균열 가능성 : 연신율 100% 이상 3. 균열 종국 : 연신율 고려 제외	균열 증가 시 파단 억제 고려
	PSC 구조	1. 균열 진행 중 : 연신율 50% 이상 2. 균열 가능성 : 연신율 50% 이상 3. 균열 종국 : 연신율 고려 제외	
균열 진행에 따른 도막투수율의 감소		1. 균열 진행 중 : 투수율 20ml/m²/일 이하 2. 균열 가능성 : 투수율 20ml/m²/일 이하 3. 균열 종국 : 투수율 30ml/m²/일 이하	균열 증가 시 투수량 억제
염소 이온 투과성		1. 부식성 환경 : 1×10^{-3}(mg/cm²/일) 2. 일반 환경 : 1×10^{-2}(mg/cm²/일)	환경요인이 지배
내알칼리 반응성		수산화칼슘 포화용액 내 30일 침지 후 이상 무	
휨하중을 받는 경우 (휨시험에 의한 균열 추종성 확인)		1. RC 구조 : 균열폭 0.2mm까지 파단 없을 것 2. PSC 구조 : 균열폭 0.1mm까지 파단 없을 것	휨변형이 지배하는 경우(부착시험하지 않음)

② 주입보수재

항목		기준	주요 고려사항
균열 진행에 따른 추종성 (휨변형이 없는 경우)	RC 구조	1. 균열 진행 중 : 연신율 100% 이상 2. 균열 가능성 : 연신율 100% 이상 3. 균열 종국 : 연신율 고려 제외	균열 증가 시 부착파괴 억제 고려
	PSC 구조	1. 균열 진행 중 : 연신율 50% 이상 2. 균열 가능성 : 연신율 50% 이상 3. 균열 종국 : 연신율 고려 제외	
계절적 요인 및 온도 특성		1. 동계 : 15℃ 기준으로 5mm 이상 2. 하계 : 30℃ 기준으로 5mm 이상	시공성 확보 : 온도저하 시 점도증가 반영
경화 수축률		3% 이하	자기수축에 의한 균열증가 억제
균열폭에 의한 점도산정		1. 0.2mm 이하 : 저점도 2,000cP 이하 2. 0.5mm 이하 : 중점도 5,000cP 이하 3. 0.5mm 이상 : 고점도 10,000cP 이하	모관 흡착 고려
시공성 조건		1. 0.2mm 이하 : 60분 이상 2. 0.5mm 이하 : 30분 이상 3. 0.5mm 이상 : 30분 이상	모관 흡착 고려

③ 단면복구재

항목	기준	주요 고려사항
압축강도	모재의 85% 이상	모재설계강도 반영
균열 진행에 따른 부착강도	1. 균열 진행 중 : 폴리머 시멘트계 2. 균열 종국 or 진행 중 : 실런트계	균열 증가 시 일부 추종성 부여
건조 수축률	50×10^{-2} 이하	타설 후 분리방지
초기 팽창률	2% 이하	부풀림 방지

■ 참고문헌 ■

1. 변근주(2000), 콘크리트 구조의 균열예방설계 및 시공, 연세대학교 토목공학과/농업기반공사 교육원, pp.26~55.
2. 콘크리트 구조물의 균열(제7회 기술강좌)(1997), 한국콘크리트학회.
3. 이상민(2007), 콘크리트 구조물의 시공관리 및 하자대책, 건설기술교육원.
4. 시설물별 안전취약 요소발굴 및 대책 방안(교량, 터널, 사면)(2006), 건교부/한국시설안전기술공단, pp.44~49.
5. 김수삼 외 27인(2007), 건설시공학, 구미서관, pp.260~264.
6. 한국콘크리트학회(1997), 콘크리트 구조물의 균열.
7. 콘크리트 균열과 대책(1996), 건설도서.

Chapter 14

총 론
[공정 관리, 공사 관리, 계약]

14-1. 총론(공정 관리/공사 관리/계약)에서 필수적으로 관리해야 할 내용(문제)

1. 공정 관리(공사 관리 = 시공관리)의 내용(기능, 목표, 목적)

2. 공정표의 종류/특징

3. 공사의 진도 관리 지수

4. 바나나 곡선(공정 관리 곡선 = 곡선식 공정표)에 의한 진도 관리

5. Cost slope(비용 구배) [진도 관리 및 공기 단축(MCX) 관련]

6. 시공 속도, 경제 속도

7. CP(최장 경로 = 주 공정선 = Critical Path)

8. 공정 관리에서 여유(자유, 독립, 간섭 여유)

9. 건설 사업 관리 중 Life Cycle Cost(생애 주기 비용) 개념 [LCC]

10. CM 관련 문제

11. VE/CALS

12. 현장의 안전 관리/환경 관리/건설 공해(소음/진동)/부실시공 방지 관련 문제
    [즉, 공사 관리 5대 요소에 대한 관리 = 시공관리 = 공사 관리 = 공정 관리]

13. 계약 관련 법 및 제도

14. 계약 금액 변경, 설계 변경

15. 실적 공사비

16. 건설 사업 관리 기술자 [구, 감리] 업무

　　※ 상기 12, 13, 14, 15는 최근 관련법이 개정된 경우가 있으므로 관련법을 찾아 정리할 필요 있음

■ 참고문헌 ■

1. 서진수(2006), Powerful 토목시공기술사(1, 2권), 엔지니어즈.

2. 서진수(2009), Powerful 토목시공기술사 단원별 핵심기출문제, 엔지니어즈.

14-2. 공사(시공, 공정) 관리(시공 계획)(전체 요약)

시공 계획, 공사 관리 항목
: 공사(공정) 관리 5대(6대) 요소로 시공 계획 수립하고 시공 계획을 잘 이행하는 것이 공사 관리 임

- 1. 원가 관리(＝공사비＝경제성) ┐
- 2. 공기(공정)(시공성)   ├ 3대 요소
- 3. 품질 관리 ─────────┤
- 4. 안전 관리   ├ 4대 요소
- 5. 환경 관리 : 진동, 소음, 공해 ─┤ 5대 요소
- 6. 기상 관리 ──────────┘ 6대 요소

2. 시공 계획

- 1. 시공 계획 항목(시공 계획서 기재 사항)
  - 1) 원가 관리 계획
  - 2) 공기(공정) 관리 계획
  - 3) 품질 관리 계획
  - 4) 안전 관리 계획
  - 5) 환경 관리 계획
  - 6) 기상 관리 계획
  - 7) 조사와 시험 계획
  - 8) 세부 공종별 시공 계획
- 2. 시공 계획 시(계획서 작성 시) 고려사항
  - 1) 인원 동원
  - 2) 장비 동원
  - 3) 자재, 자금 조달
  - 4) 가설 공사
  - 5) 공기, 공정, 공사비
  - 6) 품질
  - 7) 교통 영향
  - 8) 환경
  - 9) 안전

■ 참고문헌 ■

1. 서진수(2006), Powerful 토목시공기술사(1, 2권), 엔지니어즈.
2. 서진수(2009), Powerful 토목시공기술사 단원별 핵심기출문제, 엔지니어즈.

14-3. 공사 관리 중 : 공정 관리 기법

1. 공정 관리 기법

── 1. 공정표(공정 관리 기법)의 종류

    ┌ 1) Gantt Chart(Bar Chart)＝횡선식 공정표＝막대그래프
      2) Mile Stone Chart(이정 계획)
    ├ 3) Net Work 공정표
         ┌ (1) PERT(Program Evaluation and Reviw Technique)
         ├ (2) CPM(Critical Path Method)
         ├ (3) ADM(Arrow Diagramming Method＝IJ식 공정표)
            : PERT, CPM 공정표를 말함
         ├ (4) PDM 공정표(Procedence Diagramming Method)
            (연관 도표＝마디 도표)(프로시던스 식)
              ＝AON Diagramming(Activity on Node)〈Node＝ ☐ 〉
         └ (5) Over Lapping
    ├ 4) 사선식 공정표
    └ 5) 곡선식 공정표(바나나 곡선＝공정 관리 곡선)

└ 2. 공정표 작성 방법(순서)(공정 관리 방법)
    ├ 1) 자료 수집 및 분석
        : 설계도서, 내역서, 인원, 장비, 자재 단가 검토
    ├ 2) WBS(작업 분해도) 작성 : 내역서, 도면, 공법 참고
    ├ 3) WBS(작업 분해도) 체계하에서 Activity(단위 작업) 결정
        (1) Activity의 분할, 통합
          ① WBS(작업 분해도) 체계하에서
          ② 내역서 기준
          ③ 작업의 선, 후행 관계 고려
          ④ 작업의 연속성 고려
        (2) 공정 관리가 편하도록 Activity 정함
    ├ 4) 각 Activity의 선, 후행 연결〈공정표 작성 단계〉
    ├ 5) 각 Activity의 예상 소요공기 산정, 비용 산정
        (1) 경험
        (2) 내역 산출 근거 : 장비 효율 고려
        (3) 실적 참고
    ├ 6) 일정 계산
    ├ 7) 공기 조정 : 휴지일 고려 : 명절, 기상, 기후 조건
    ├ 8) 초기 계획 공정표 작성 완료
    └ 9) 공정 관리 목표치 설정 : 원가, 공정, 품질 고려

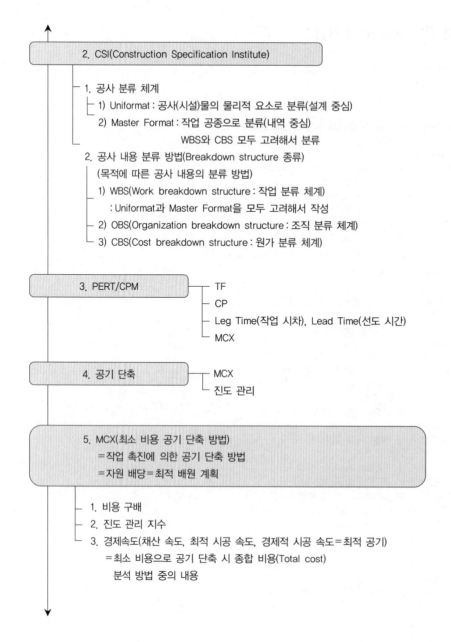

2. CSI(Construction Specification Institute)

　　1. 공사 분류 체계
　　　　1) Uniformat : 공사(시설)물의 물리적 요소로 분류(설계 중심)
　　　　2) Master Format : 작업 공종으로 분류(내역 중심)
　　　　　　　　　　　　WBS와 CBS 모두 고려해서 분류
　　2. 공사 내용 분류 방법(Breakdown structure 종류)
　　　(목적에 따른 공사 내용의 분류 방법)
　　　　1) WBS(Work breakdown structure : 작업 분류 체계)
　　　　　: Uniformat과 Master Format을 모두 고려해서 작성
　　　　2) OBS(Organization breakdown structure : 조직 분류 체계)
　　　　3) CBS(Cost breakdown structure : 원가 분류 체계)

3. PERT/CPM
　　　　TF
　　　　CP
　　　　Leg Time(작업 시차), Lead Time(선도 시간)
　　　　MCX

4. 공기 단축
　　　　MCX
　　　　진도 관리

5. MCX(최소 비용 공기 단축 방법)
　　=작업 촉진에 의한 공기 단축 방법
　　=자원 배당=최적 배원 계획

　　1. 비용 구배
　　2. 진도 관리 지수
　　3. 경제속도(채산 속도, 최적 시공 속도, 경제적 시공 속도=최적 공기)
　　　　=최소 비용으로 공기 단축 시 종합 비용(Total cost)
　　　　　분석 방법 중의 내용

```
┌─────────────────────────────────────────────────┐
│  6. 공사의 진도 관리 지수(진도 관리＝Follow Up)   │
└─────────────────────────────────────────────────┘
```

├─ 1. 진도 관리의 정의
│   : 예정(계획) 공정표와 실적이 반영된 실시 공정표를 대비하여 전체
│   공기를 준수할 목적으로 공정 관리하는 것

├─ 2. 진도 관리 주기
│   ├─ 1) 통상적인 실시 공정표 작성, 관리 주기 : 2주 또는 4주
│   └─ 2) 진도 관리 주기는 너무 길면 실제 공정과 계획 공정이 너무 차이
│   : 최대 30일 이내

└─ 3. 진도 관리 방법
    ├─ 1) 진도 관리 단계
    │   (1) 작업 감시 : 작업 진도 보고
    │   ├─ (2) 실적 비교 : 실제 수행 작업과 계획 비교
    │   ├─ (3) 시정 조치 : 일정 차질에 대한 시정 조치
    │   └─ (4) 일정 경신 : 잔여 공사에 대한 일정 수정
    ├─ 2) 진도 측정

$$완성비율(\%) = \frac{완성작업량 \times 100}{총작업량}$$

    ├─ 3) 진도 관리 지수
    │   ├─ (1) 진도지수(PI) $= \dfrac{실제진도}{예상(계획)진도}$
    │   ├─ (2) 비용지수(CI) $= \dfrac{예상비용}{현재까지\ 실제\ 투입비용}$
    │   └─ (3) 현황지수(SI) $= PI \times CI$
    └─ 4) 진도 관리 방법
        ├─ (1) 막대 공정표(Gantt : 간트)에 의한 진도 관리
        ├─ (2) 좌표식 공정표
        ├─ (3) 네트워크 공정표(PERT/CPM)
        ├─ (4) 곡선식 공정표(공정 관리 곡선＝바나나 곡선)
        ├─ (5) MCX(최소 비용 공기 단축 공법)에 의한 진도 관리
        └─ (6) 바나나 곡선에 의한 진도 관리

■ 참고문헌 ■

1. 서진수(2006), Powerful 토목시공기술사(1, 2권), 엔지니어즈.
2. 서진수(2009), Powerful 토목시공기술사 단원별 핵심기출문제, 엔지니어즈.

14-4. 공사 관리 중 : 품질, 원가, 환경, 정보화(부실 방지), 기타

1. 품질 관리

- 1. 통계적 품질 관리
  - 1) 통계적 품질 관리 발전 단계
    - (1) 근대적 품질 관리(MQC : Morden Quality Control)
    - (2) 통계적 품질 관리(SQC)
    - (3) 종합적 품질 관리(TQC : Total Quality Control)
    - (4) 종합적 품질 경영(TQM)
    - (5) CM 단계＝관리 4순환 Cycle
  - 2) 통계적 품질 관리 Cycle의 4단계 : 품질 관리 절차, 방법
    - (1) 통제 기능 ┬ Plan
      └ Do
    - (2) 개선 기능 ┬ Check
      └ Action
- 2. 품질 관리(QC)와 품질 경영(QM)
- 3. 품질 관리 방법, 기법, 관리도의 종류, $\overline{X} - R$ 관리도

2. 원가 관리

- 1. 원가 관리 기법
- 2. 공사 원가 관리를 위한 공사비 내역 체계의 통일
- 3. EVMS＝공정·공사비(비용, 일정) 통합 관리 체계
- 4. MBO(Management by Objective) 기법(목표 관리)으로 원가 관리

3. 환경 관리

- 1. 건설 공해의 종류와 대책 : 토공, 기초 공사, 구조물 해체, 도로 공사, 터널 공사
- 2. 진동 소음 환경 규제법 적용 특정 건설 작업

NO	규제 항목	특정 건설 작업	규제 기준치
1	소음 규제	1) 말뚝 박기 인발 2) Rivet 3) 착암기 4) 공기 압축기 5) Batch Plant 6) Asphalt Plant	• 주간 : 55~70dB
2	진동 규제	1) 말뚝 박기 인발 2) 강구 사용 해체 공법 3) 포장 파괴기 4) Breaker	① 주간 65~70dB 이하 ② 터널 발파 : 0.3Kine(0.3cm/Sec)
3	오탁수 (수질)	1) Slurry Wall 2) 수상 공사	PH 중성처리
4	비산먼지	1) 토공 2) 구조물 해체 3) 기타	환경청 기준 : $300\mu g/m^3$

- 3. 순환 골재(재생 골재) : 폐기물 재활용

[생활 진동 규제 기준(2009년 1월 1일) : 환경부]

단위 : dB(V)

대상 지역	주간(06~22)	야간(22~06)
주거, 녹지, 취락, 관광, 휴양, 자연환경보전, 그 밖의 지역의 학교, 병원, 도서관	65	60
그 밖의 지역	70	65
* 발파진동 : 주간에만 규제 기준치 + 10dB		

※ 발파진동에 의한 피해기준은 0.3cm/sec 기준, 적용 추세 [대법원 판례]

[생활 소음 규제 기준(2009년 1월 1일) : 환경부]

단위 : dB(A)

대상 지역	시간대 / 소음원	조석 (05~08, 18~22)	주간 (08~18)	야간 (22~05)
주거, 녹지, 취락, 관광, 휴양, 자연환경보전, 그 밖의 지역의 학교, 병원, 도서관	공장/사업장	50	55	45
	공사장	60	65	50
그 밖의 지역	공장/사업장	60	65	55
	공사장	65	70	50
* 발파소음 : 주간에만 규제 기준치 + 10dB				

4. 안전 관리

- 1. 안전 관리 Check List 작성 요령
- 2. 구조물 안전사고 방지 대책
- 3. 안전 관리를 위한 주요 고려사항
- 4. 공사 중 재해 방지 대책 (22, 24, 37회)
- 5. 수방 대책
  - 1) 장마철 공사장의 중점 점검 사항
  - 2) 집중 호우 시 재해 대비 요령

5. 부실 공사 방지+정보화 시공

- 1. 부실 공사 방지 시공적인 측면, 제도적인 측면
  - 1) 기획 단계의 대책(제도적 대책) : 정보화 시공
  - 2) 설계 단계의 대책(시공적 측면)
    - (1) 설계 용역의 입찰, 계약 등 발주 단계의 개선
    - (2) 설계 내실화 및 적정 설계비 확보
    - (3) 설계 기술력 제고 : 신기술, 신공법 교육
  - 3) 시공 및 건설 관리(감리) 단계의 대책
    - (1) 시공 입찰, 계약 등 발주 단계의 대책(개선 방안)
    - (2) 기능공 능력 향상 및 품질 관리
    - (3) 공정한 하도급 관행 정착
    - (4) 감리 기술력 제고
    - (5) 적정 감리 비용 및 기간 확보
  - 4) 유지관리 단계에서의 대책
    - : 시설물 안전 진단, 시설물 유지관리

- 2. 정보화 시공 : CALS 위주로 논술
  - 1) LCC : Life Cycle 전 과정에 걸쳐 부실 방지, 정보화
  - 2) CALS(Continuous Acquisition & Life-cycle Support)
    - (1) 건설 정보 통합 관리 공유 체제
    - (2) 지속적인 정보 취득과 생애 주기 지원
  - 3) EC(Engineering Constructor)
    - : Project 발굴, 조사, 계획, 설계, 시공, 유지관리
  - 4) VE : 계획, 설계, 시공, 유지관리
  - 5) CM : 기획, 조사, 계획, 설계, 시공, 유지관리
  - 6) CIC(Computer Integrated Construction)
    - : 건설 정보 통합 시스템

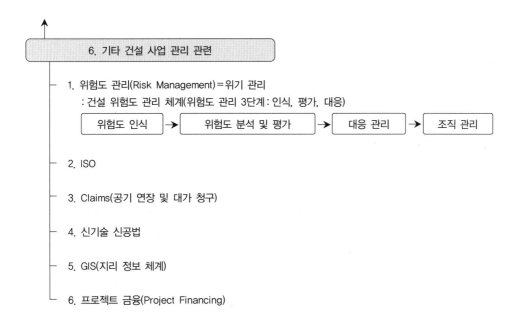

6. 기타 건설 사업 관리 관련

1. 위험도 관리(Risk Management)=위기 관리
    : 건설 위험도 관리 체계(위험도 관리 3단계 : 인식, 평가, 대응)

| 위험도 인식 | → | 위험도 분석 및 평가 | → | 대응 관리 | → | 조직 관리 |

2. ISO

3. Claims(공기 연장 및 대가 청구)

4. 신기술 신공법

5. GIS(지리 정보 체계)

6. 프로젝트 금융(Project Financing)

■ 참고문헌 ■

1. 서진수(2006), Powerful 토목시공기술사(1, 2권), 엔지니어즈.
2. 서진수(2009), Powerful 토목시공기술사 단원별 핵심기출문제, 엔지니어즈.

14-5. 입찰, 계약, 도급

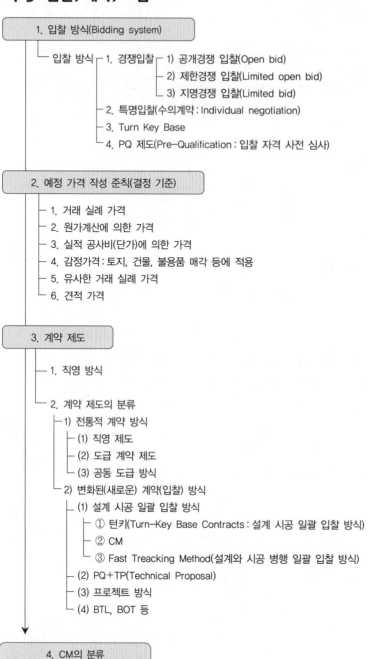

1. 입찰 방식(Bidding system)

입찰 방식 ─ 1. 경쟁입찰 ─ 1) 공개경쟁 입찰(Open bid)
                      ├ 2) 제한경쟁 입찰(Limited open bid)
                      └ 3) 지명경쟁 입찰(Limited bid)
        ├ 2. 특명입찰(수의계약 : Individual negotiation)
        ├ 3. Turn Key Base
        └ 4. PQ 제도(Pre-Qualification : 입찰 자격 사전 심사)

2. 예정 가격 작성 준칙(결정 기준)

├ 1. 거래 실례 가격
├ 2. 원가계산에 의한 가격
├ 3. 실적 공사비(단가)에 의한 가격
├ 4. 감정가격 : 토지, 건물, 불용품 매각 등에 적용
├ 5. 유사한 거래 실례 가격
└ 6. 견적 가격

3. 계약 제도

├ 1. 직영 방식
│
└ 2. 계약 제도의 분류
   ├ 1) 전통적 계약 방식
   │ ├ (1) 직영 제도
   │ ├ (2) 도급 계약 제도
   │ └ (3) 공동 도급 방식
   └ 2) 변화된(새로운) 계약(입찰) 방식
      ├ (1) 설계 시공 일괄 입찰 방식
      │ ├ ① 턴키(Turn-Key Base Contracts : 설계 시공 일괄 입찰 방식)
      │ ├ ② CM
      │ └ ③ Fast Treacking Method(설계와 시공 병행 일괄 입찰 방식)
      ├ (2) PQ+TP(Technical Proposal)
      ├ (3) 프로젝트 방식
      └ (4) BTL, BOT 등

4. CM의 분류

1. 시공형 CM과 Turn-Key형 CM

1) 시공형 CM

  (1) 시공 부분에 중점을 둔 CM

  (2) 설계가 끝난 후 시공 업체 선정 및 입찰 계약 업무＋시공 업무 제공

(3) 영종도 신공항(인천국제공항)

2) Turn-Key형 CM

(1) 설계 시공 일괄 방식 CM으로 EC화 추구

(2) 설계 단계부터 시공까지 적용

(3) 장점(효과)

① 건설업의 EC화 추진

② VE 적용으로 품질, 공기 단축, 비용 절감 도모

2. CM for fee와 CM at risk 차이점

1) CM for fee

(1) CM for fee의 기능

① CM이 발주자의 대리인 또는 자문 역할만 수행

② 시공자, 설계자와 직접적 계약 관계없음

③ 발주자 상대로 해당 공사를 관리, 운영에 대한 서비스 제공하고 용역비(fee)를 받음

(2) CM for fee 계약자의 책임 시공 결과에 대한 책임

① 발주자의 의사 결정에 따름

② CM 계약자는 책임 없음

시공자(계약자 : Contractor)

2) CM at risk(시공을 포함하는 위험형 건설 사업 관리)

(1) CM at risk의 기능

① CM의 기존 수행 업무

② 하도급 업자, 전문 시공 업자를 직접 고용

③ 일부 공사를 직접 시공 하면서 공사를 수행

(2) CM 계약자의 책임

① 해당 공사 시공에 대한 책임을 짐

② 위험(Risk) 부담이 있음

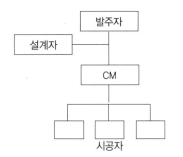

5. 설계 변경

1. 설계 변경의 사유와 공사 계약 금액의 조정

2. 물가 변동에 의한 공사비 조정 방법

1) 품목 조정률에 의한 조정

2) 지수 조정률(K)에 의한 조정 방법

■ 참고문헌 ■

1. 서진수(2006), Powerful 토목시공기술사(1, 2권), 엔지니어즈.

2. 서진수(2009), Powerful 토목시공기술사 단원별 핵심기출문제, 엔지니어즈.

14-6. 공정 관리(공사 관리 = 시공 관리)의 내용(기능, 목표, 목적)

1. 공정 관리(schedule control) 개요

건설 구조물 생산에 필요한 **자원(5M)**을 경제적으로 운영하여 주어진 **공기** 내에 좋고, 싸고, 빠르고, 안전하게 구조물을 완성하는 관리 기법

2. 공정 관리(= 공사 관리)의 정의(뜻)

1) **공정 관리(광의)** : 공사 관리(공사 관리 5대 요소의 중심이 되어 공사 관리를 주도)

   (1) 공사 관리(공정 관리) 5대 요소

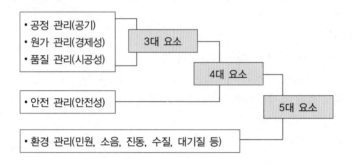

   (2) 공사(공정) 관리 내용

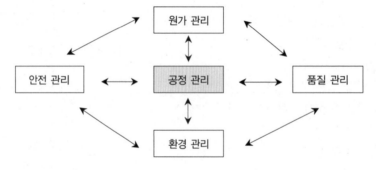

2) **공정 관리(협의)** : 공사 관리 5대 요소 중의 하나로서 공정 관리

   (1) 공정 관리 = 진도 관리(Follow Up)

   (2) 공정 관리 기법(진도 관리 기법)

     ① 막대 Graph 공정표(Gantt Chart = Bar Chart)

     ② PERT/CPM

3. 공사(공정) 관리의 역할

공사 관리 5대 요소의 중심이 되어 공사 관리를 주도

4. 공사 관리의 목표, 내용 – 공정 관리(schedule control)의 목적

공사 관리 5대 요소 기술하면 됨

1) 구조물(건축물)을 지정된 공사 기간 내에 완성

2) 정밀도가 높은 양질 시공

3) 공사 예산 범위 내에서 경제적으로 완료

4) 작업의 안전성 확보

5) 상세한 계획 수립으로 변화 및 변경에 대처

6) 계획 공정과 실시 공정을 비교·분석하여 대책 강구

5. 대상(수단)(5M)

1) Man(노무)

2) Material(자재)

3) Machine(장비)

4) Money(자금)

5) Method(공법)

6. 원가, 품질, 공기의 연관성

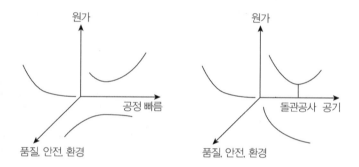

7. 공정 관리의 기능

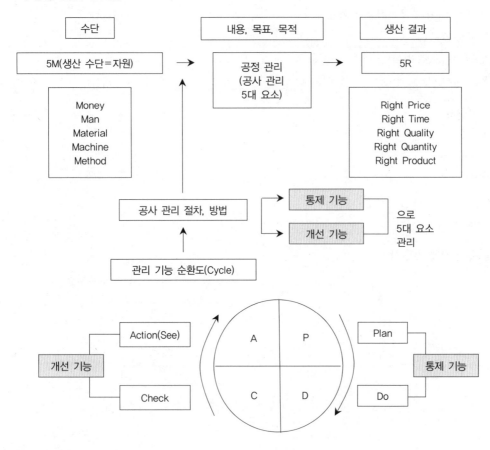

■ 참고문헌 ■

1. 서진수(2006), Powerful 토목시공기술사(1, 2권), 엔지니어즈.
2. 서진수(2009), Powerful 토목시공기술사 단원별 핵심기출문제, 엔지니어즈.

14-7. 공사(공정) 관리 단계와 주요 내용 – 통제 기능과 개선 기능

1. 개요

1) 공정 관리의 정의

  (1) 정해진 공기 내에서 그 공기를 중심으로 관리하는 것

  (2) 협의 : 공사 관리 5대 요소 중의 하나

  (3) 광의

    ① 공정 관리를 중심으로 공기, 공사비, 품질, 환경, 안전 관리를 행함

    ② 즉, 공정 관리＝공사 관리임

2) 공정 관리의 기능

  (1) 시공 계획을 통해 가장 합리적, 경제적인 최적 공기 결정

  (2) 계획, 실시, 검토, 시정 단계의 Cycle로 효율적인 관리가 되게 한다.

2. 공정 관리 단계

※ 공사 관리 5대 요소 각 항목을 관리할 때 관리 순환 단계(Plan, Do, Check, Action 관리 순환도)로 관리함

1) 통제 기능

  (1) Plan(계획) 단계

    ① 공정 계획

      공기 내에 각 공사가 잘 진행되도록 일정 계획에 의한 공정표 작성, 공기 조정

    ② 사용 계획

      재료, 노무, 장비(설비), 자금에 대한 자원 배당 계획

  (2) Do(실시)

    • 수배 관리 : 재료 노무 기계 자금을 공사에 지장이 없도록 수배

2) 개선 기능

  (1) Check(검토) 단계

    • 진도 관리(Follow up) : 실적 자료를 정리하여 계획과 실시를 비교

  (2) Action(시정) 단계

3. 공정표 작성(주로 PERT/CPM을 말함)

1) 작성 순서

  (1) 요소 작업의 분해

  (2) 계획 공정표의 구성 요소 결정

  (3) 계획 공정표의 골조 결정

  (4) 계획 공정표 작성

  (5) 여유 공정 및 CP(주 공정) 산정

  (6) 공기 및 비용 산정

  (7) 총공기 및 총비용 산출

2) 작성 원칙

    (1) 공정 원칙

    (2) 단계 원칙

    (3) 활동 계획

    (4) 연결 계획

3) 고려사항

    (1) 선행 작업

    (2) 후속 작업

    (3) 병렬 작업

4. 공기 조정(진도 관리 및 공기 단축)

1) 계획 공정표의 소요 공기가 지정 공기보다 긴 경우, 공사가 지연되었을 경우

    일정 조정이 불가피, 조정 작업을 공기 조정

2) 공기 단축 내용

    (1) 계획 공정표 상의 공기가 지정 공기와 차이가 생겼을 경우 단축

        ① 작업 일수 단축에 의한 방법 → 공사비 증가

        ② 작업 변경에 의한 방법 → 공사비 동일

    (2) 공사비를 증가시켜 단축하되 직접비와 간접비의 합이 최소가 되도록 단축, 최적 공기를 얻기 위한 단축

    (3) 진도 관리(팔로우업)에 의한 공기 지연에 대한 단축

3) 공기 단축 방법

    (1) **공사비를 증가시키지 않고 단축**

        ① Activity(활동) 기간의 재검토

        ② CP 상의 활동의 병행화

        ③ CP 상의 활동의 세분화

        ④ 경로의 변경

    (2) **공사비를 증가시키되 최소 비용**으로 단축

        ① MCX법(최소 비용에 의한 공기 단축)

        ② SAM법

        ③ LP법(Linear programming)

4) 공기 단축 요령

    (1) 계획 공정표 상의 **CP(주 공정)** 활동을 대상으로 단축

    (2) CP(주 공정) 중에서 **비용 구배가 최소인 활동** 또는 활동조를 발견

    (3) **CP(주 공정)** 상에서 **단축**을 진행

    (4) **주 공정선은 유지**되어야 하며 Sub Path가 주 공정이 될 수 있으나 다시 Subpath가 될 수 없다.

    (5) '(4)'항이 된 경우 병렬 단축하여 소정의 공기까지 단축

(6) 단축 Network를 그려서 단축 여부를 확인

5. 진도 관리(공정 관리)

1) 전체 공기를 준수할 목적으로 공정을 관리하는 것
2) 정확한 실제의 공정표를 작성하여 계획 공정표와 비교해야 함
3) 진도 관리 방법(공정표의 종류)

    (1) 막대식 공정표＝Bar chart(Gantt Chart)에 의한 방법

    (2) 공정 관리 곡선(바나나 곡선)

    (3) 사선식 공정표에 의한 진도 관리

        ① 실시 공정표의 실적 보고를 사선식 공정표에 기록하여 진도를 관리하는 방법

        ② 전체 진도 경향 파악이 용이

        ③ 세부 작업의 진도 파악에는 불합리

    (4) 네트워크식 공정표(PERT/CPM)를 이용한 진도 관리

        ① 세부 작업에 대한 진척도를 알 수 있다.

        ② 예정 공정표와 실시 공정표를 비교, 신속한 조치를 취할 수 있다.

6. 맺음말

공정 관리는 계획 공정표를 작성하여 **계획과 실시를 비교**, **효율적인 공기 조정**, **자원 배당**, **진도 관리**를 하는 것을 말하며 공정 관리를 중심으로 하여 **공사 관리 5대 요소**(원가 관리, 품질, 환경, 안전 관리) 등의 공사 전반의 관리와 연관하여 관리해야 한다.

■ 참고문헌 ■

1. 서진수(2006), Powerful 토목시공기술사(1, 2권), 엔지니어즈.
2. 서진수(2009), Powerful 토목시공기술사 단원별 핵심기출문제, 엔지니어즈.

14-8. 공사의 진도 관리

- 현장 작업 시 진도 관리(follow-up, up-dating)를 위한 시공 단계별의 중점 관리 항목에 대하여 설명(76회)

1. 개요
1) 진도 관리는 **공정의 중간**에서 **공정 관리**를 말하며 진도가 늦을 경우 **돌관 작업**을 실시하게 되고 돌관 작업을 위해서는 **비용의 증가**가 문제가 되므로
2) **비용 구배**를 고려한 MCX(minimum cost expediting : 최소 비용 계획＝최소 비용에 의한 공기 단축) 기법으로 진도 관리를 해야 함

2. 진도 관리의 정의
예정(계획) 공정표와 실적이 반영된 실시 공정표를 대비하여 전체 공기를 준수할 목적으로 공정 관리하는 것

3. 진도 관리 주기
1) 공사의 종류, 난이도, 현장 여건에 따라 다름
2) 통상적인 실시 공정표 작성, 관리 주기 : 2주 또는 4주
3) 진도 관리 주기는 너무 길면 실제 공정과 계획 공정이 너무 차이가 나므로(유리됨) 최대 30일 이내

4. 진도 관리 방법
1) 진도 관리 단계
   (1) 작업 감시 : 작업 진도 보고
   (2) 실적 비교 : 실제 수행 작업과 계획 비교
   (3) 시정 조치 : 일정 차질에 대한 시정 조치
   (4) 일정 경신 : 잔여 공사에 대한 일정 수정

2) 진도 측정

$$완성비율(\%) = \frac{완성작업량}{총작업량} \times 100\%$$

3) 진도 관리 지수

(1)
$$진도지수(PI) = \frac{실제진도}{예상(계획)진도}$$

(2)
$$비용지수(CI) = \frac{예상비용}{현재까지\ 실제\ 투입비용}$$

(3)
$$현황지수(SI) = PI \times CI$$

4) 진도 관리 방법

   (1) **공정표**에 의한 진도 관리

      ① 횡선식 공정표(Bar chart＝Gantt chart＝막대그래프)

      ② 네트워크 공정표(PERT/CPM)

      ③ 좌표식 공정표

   (2) **곡선식 공정표**

      ① Graph 공정표

      ② 바나나 곡선

   (3) **MCX**(최소 비용 공기 단축 공법)에 의한 진도 관리

5. 공기 단축 기법의 종류

1) 계산 공기가 지정 공기보다 긴 경우

   (1) 비용 구배(cost slope)가 있을 시 : MCX 이론에 의한 공기 단축

   (2) 비용 구배(cost slope)가 없을 시 : 지정 공기에 의한 공기 단축

2) 공사 진행 도중 공기가 지연되었을 때 : 진도 관리(follow up)에 의한 공기 단축

   (1) Bar chart [막대 공정표(Gantt : 간트)]에 의한 방법

   (2) Banana 곡선(S-curve)에 의한 방법(공정 관리 곡선＝바나나 곡선)

   (3) Network 기법에 의한 방법(PERT/CPM)

6. 진도 관리를 위한 공사 관리 항목

공사(공정) 관리 5대 요소

1) 공정 관리(공기)

2) 원가 관리(경제성) : 인원, 장비, 자재

3) 품질 관리(시공성)

4) 안전 관리(안전성)

5) 환경 관리

7. 시공단계별 관리 항목

1) 구조물(건축물)을 지정된 공사 기간 내에 완성

2) 정밀도가 높은 양질 시공

3) 공사 예산 범위 내에서 경제적으로 완료

4) 작업의 안전성 확보

5) 상세한 계획 수립으로 변화 및 변경에 대처

6) 계획 공정과 실시 공정을 비교, 분석하여 대책 강구

■ 참고문헌 ■

1. 서진수(2006), Powerful 토목시공기술사(1, 2권), 엔지니어즈.

2. 서진수(2009), Powerful 토목시공기술사 단원별 핵심기출문제, 엔지니어즈.

14-9. 공사의 진도 관리 지수 [진도 관리 = Follow Up]와 공정 관리 곡선(바나나 곡선)(70회 1교시)

1. 진도 관리 지수

(1)
$$진도지수(PI) = \frac{실제진도}{예상(계획)진도}$$

(2)
$$비용지수(CI) = \frac{예상비용}{현재까지\ 실제\ 투입비용}$$

(3)
$$현황지수(SI) = PI \times CI$$

2. 바나나 곡선(공정 관리 곡선)에 의한 진도 관리

1) 예정 공정과 실시 공정 곡선을 비교 대조하여 공정을 적절히 관리할 수 있다.

2) 시간의 경과와 출래고 공정의 상하 변역을 고려한 곡선

3) 도로 공사의 공정 관리에 유효

3. 바나나 곡선

1) 미국 캘리포니아 주의 대표적인 도로 공사 45건에 대한 **공정 곡선**을 작성하여

2) 시간의 경과와 더불어 출래고의 관계를 조사 연구한 결과로

3) **도로 공사**의 공정 관리 곡선을 작성한 것이 바나나 곡선

4) 이 곡선은 **시간의 경과**에 대해서 **출래고**(出來 = 안에서 밖으로 나옴) 공정의 **상하 변역**을 고려한 곡선

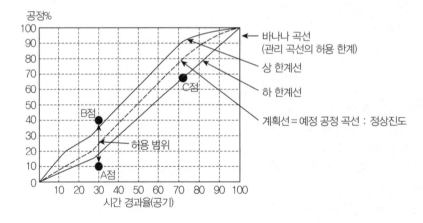

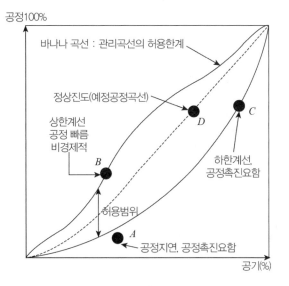

(1) 시간 경과율 30%인 경우 : 공사 진척율의 허용 안전 구역 : 16~30%

(2) 시간 경과율 30%인 경우에서 실시 공정 곡선이 그 시간의 **진척률 16% 이하인 경우(하한계선 아래 :
A점)**

① 공정 지연

② 공정 진척은 위기

③ 긴급 대책 필요

(3) 시간 경과율 30%인 경우에서 실시 공정 곡선이 그 시간의 **진척률 35%인 경우(상한계선 위 : B점)**

① 계획 잘못

② 공정이 예정보다 빠름

③ 비경제적(공사비 과다)

(4) **하한계선(C점)** : 더욱 공정 추진 필요

4. 공정 관리 곡선의 기능, 적용성

1) 예정 공정 곡선에 대한 Check 기능

2) 도로 공사 및 이에 준하는 기계화(장비) 공사의 공정 관리 곡선으로 이용

5. 공정 곡선의 계획 및 관리의 합리적인 방법

1) **횡선식 공정표**에 의거 **예정 공정 곡선** 작성하여

2) 관리 곡선의 **허용 한계 내**(바나나 곡선 내)에 들어오는지 여부 검토

3) 예정 곡선이 허용 한계 내에서 벗어날 때

(1) 불합리한 공정 계획이므로 재검토하여

(2) 횡선식 공정표의 주 공사 위치를 변경하여

(3) 예정 공정 곡선이 바나나 곡선의 허용 한계 내에 들게 조정 계획

4) 예정 곡선이 허용 한계 내에 들어 있을 때
  (1) S형 곡선의 중앙 부분(공정의 중기)의 구배가 완만하게 되도록
  (2) 초기 및 중기의 공정을 합리적인 계획으로 조정
5) 실시 공정 곡선이 상한계를 초과 시
  (1) 공정이 지나침
  (2) 필요 이상의 대형 장비 등 비경제적인 시공이므로 조정
6) 실시 공정 곡선이 하한계를 벗어났을 때
  (1) 공정 지연
  (2) 돌관 공사가 예상되므로
  (3) 가장 경제적인 돌관 공사 시공 대책 필요
    ① MCX 기법 등에 의한 최소 비용 공기 단축 검토
    ② 비용 구배 고려

■ 참고문헌 ■

1. 서진수(2006), Powerful 토목시공기술사(1, 2권), 엔지니어즈.
2. 서진수(2009), Powerful 토목시공기술사 단원별 핵심기출문제, 엔지니어즈.

14-10. 자원 배당(79회 기출)

- 건설 공사 공정 계획에서 자원 배분(resource allocation)의 의의 및 인력 평준화(leveling) 방법(요령)에 대해서 설명(79회 3교시)
- 공정관리의 자원배당 이유와 방법에 대하여 설명(109회, 2016년 5월)

1. 자원 배당(배분)의 정의(개요)(자원배당이유)

계획 공사를 완성시키는 데 필요한 **인력, 장비, 자재, 자금** 등을 요소 작업의 **이용 가능 시간**(EST : 최조 개시 시각~LST : 최지 개시 시각) 내에서 논리적 순서에 따라 적절히 자원을 배당하는 것

1) 자원의 소요량과 투입 가능량을 상호 조정하며 자원의 비효율성을 제거하여 **비용의 증가를 최소화**하는 것
2) 여유 시간을 이용하여 논리적 순서에 따라 작업을 조절하여 **자원 배당**함으로써 **자원 수요를 평준화**(leveling)하는 것
3) MCX에 의해 **공기 단축 시 전 단계**로 수행하는 작업

2. 자원 배당 시 고려사항

1) 인력의 변동을 최소, 고정 인원 확보
2) 한정된 자원을 사용한다.
3) 자원의 고정 수준을 이용한다.
4) 자원의 일정 계획을 효율적으로 세워야 한다.

3. 목적(의의)

1) 자원 변동의 최소화
2) 자원의 효율화
3) 공사비 증가 최소화
4) 시간 낭비 제거

4. 자원 배당의 범위

1) 공기를 조정(제한)하는 경우(Fixed Time)
2) 자원을 제한시키는 경우(Fixed Resource)

5. 자원 배당 대상

1) 노무(man)
2) 자재(material)
3) 장비(machine)
4) 자금(money)

6. 자원 배당 순서 flow chart

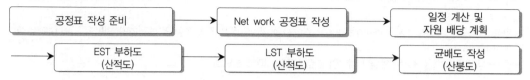

7. 노동력 이용 효율(E)

$$E = \frac{총동원\ 인원\ 수}{C.P일수 \times 최대\ 동원\ 인원\ 수} \times 100\%$$

8. Leveling(자원 평준화 작업)

1) 정의

Network상의 선후 관계를 유지하면서 **필요 자원을 효과적으로 평균 분배하여 작업이 최단 시일 내에 완성되도록 자원의 일정 계획을 수립**하는 작업

2) 분류

  (1) 자원 배당(resource allocation)

  (2) 인력 부하도와 균배도

9. 인력 부하도(人力負荷度)와 균배도(均配度)

1) 개요

균배도는 부하가 걸리는 작업들을 **공정표상의 여유 시간을 이용하여 논리적 순서에 따라 작업을 조절**하므로 **인력을 균배**하여 인력 **이용의 loss를 줄이고 인력수요를 평준화**하는 것

2) 인력 부하도

  (1) EST에 의한 부하도

    ① 공정표상의 EST에 의해 인력을 배당할 때 발생되는 부하도

    ② 인력 배당 시 **C.P 작업**에 우선 배당

  (2) LST에 의한 부하도

    ① 공정표상의 LST에 의해 인력을 배당할 때 발생되는 부하도

    ② 일정 계산에서 **LST**에서 작성

3) 균배도(산봉도=Leveling)

  (1) 산봉도 라고도 하며 자원 배당으로 효율화 유도

  (2) C.P 작업 우선 배당

  (3) 작업 순서 유지

  (4) 작업 분리 불가능

■ 참고문헌 ■

1. 서진수(2006), Powerful 토목시공기술사(1, 2권), 엔지니어즈.

2. 서진수(2009), Powerful 토목시공기술사 단원별 핵심기출문제, 엔지니어즈.

14-11. 자원 배당 계산 문제

다음 Net Work에서 공정표, 일정 계산, EST와 LST에 의한 인력 산적표를 작성하고 가장 적합한 인력 배당을 실시하라 [( ) 내는 1일당 인원]

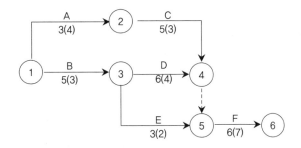

[일정 계산 방법]

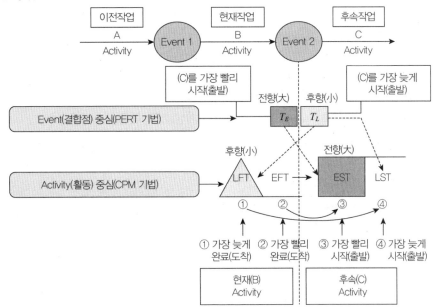

1. Event(결합점) 중심(PERT 기법)

1) T_E(Earlist Event Time)

   – 최조 시간(가장 빠른 시간)

   [Event 2에서 다음 Activity를 가장 빨리 시작하는 시간

   – 전향 계산, 가장 큰 값

2) T_L(Latest Event Time)

   – 최지 시간(가장 늦은 시간)

   [Event 2에서 다음 Activity를 가장 늦게 시작하는 시간

   – 후향 계산, 가장 작은 값

2. Activity(활동) 중심(CPM 기법)

1) LFT(Latest Finish Time)＝①

: 최지 완료 시간

(1) 현재(B) Activity를 가장 늦게 마치는 시간 [Event 2에 가장 늦게 도착]

(2) 후속(C) Activity의 LST(가장 늦게 출발)의 값이 된다.

(3) Event 2에서 T_L(Latest Event Time)과 같은 값＝후향 계산, 가장 작은 값

2) EFT(Earlist Finish Time)＝②

: 최조 완료 시간

(1) 현재(B) Activity를 가장 빨리 마치는 시간 [Event 2에 가장 빨리 도착]

(2) 후속(C) Activity의 EST(가장 빨리 시작) 값이 된다. ＝③

(3) Event에서 T_E(Earlist Event Time)와 같은 값＝전향 계산, 가장 큰 값

※ 현재 Activity(B)의 EFT＝이전 Activity(A)의 EST＋현재 Activity(B) 공기

---

3) EST(Earlist Start Time)＝③

: 최조 개시 시간

(1) 후속(C) Activity를 가장 빨리 시작하는 시간

(2) 현재(B) Activity의 EFT(가장 빨리 마친)와 같은 값＝②

(3) Event에서 T_E(Earlist Event Time)와 같은 값＝전향 계산, 가장 큰 값

4) LST(Latest Start Time)＝④

: 최지 개시 시간

(1) 후속(C) Activity를 가장 늦게 시작하는 시간

(2) 현재(B) Activity의 LFT(가장 늦게 마친)와 같은 값＝ ①

(3) Event에서 T_L(Latest Event Time)과 같은 값＝후향 계산, 가장 작은 값

※ 현재 Activity(B)의 LST＝현재 Activity(B)의 LFT - 현재 Activity(B) 공기

[해답]

1. 공정표 작성 : Event(결합점) 중심(PERT 기법) : 전향, 후향

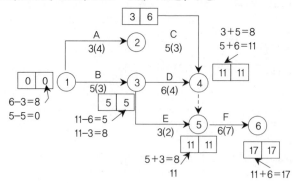

2. EST 부하도(산적도) : 전향 계산 : T_E

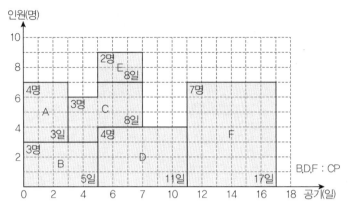

1) 최대 동원 인원수 : 9명/일

2) 최소 동원 인원수 : 4명/일

3. LST 부하도(산적도) : 후향 계산 : T_L

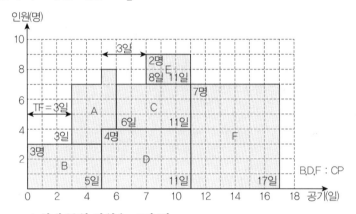

1) 최대 동원 인원수 : 9명/일

2) 최소 동원 인원수 : 3명/일

[참고]

1) A 작업(Activity)

공기 3일, 전향 3일, 후향(LST)=6일이므로 TF=3일이 있음

따라서 **공기가 3일 정도 뒤로 밀려도 됨**

2) C 작업

선행 작업인 A에서 **여유 3일 있음**

필요한 공기=3+5일=8일, 후향(LST)=11일이므로 **공기가 3일(11-8=3) 밀려도 된다.**

3) E 작업

필요한 공기=5+3=8일, 후향(LST)=11일이므로 **공기가 3일(11-8=3) 밀려도 된다.**

4. 균배도(산봉도 : 평준화)

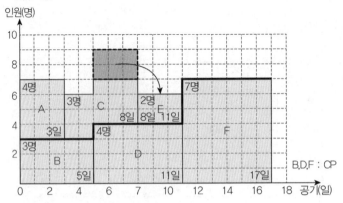

1) 최대 동원 인원수 : 7명/일

2) 최소 동원 인원수 : 6명/일

3) 총동원 인원수 : 114명 [균배도의 면적]

[참고]

* E 작업에서

1) Event ③ → ⑤의 경로에서 소요일수 = 5 + 3 = 8일

2) D 작업의 Event ③ → ④ → ⑤의 경로에서 소요일수 = 11일

   따라서 11-8 = 3일의 여유가 있으므로 3일을 밀어도 된다.

■ 참고문헌 ■

1. 서진수(2006), Powerful 토목시공기술사(1, 2권), 엔지니어즈.

2. 서진수(2009), Powerful 토목시공기술사 단원별 핵심기출문제, 엔지니어즈.

14-12. CP(최장 경로 = 주 공정선 = Critical Path)(52, 60, 38회)

1. 정의(개요)

1) PERT/CPM 공정표에 의한 공정 관리 Net Work상에서 **TF가 Zero(0)**이 되는 **Activity(작업)**가 **형성**하는 **경로(Path)** [작업을 완성시키는 데 여유 시간을 전혀 포함하지 않는 최장 경로, 공정 관리상 가장 중요한 것으로 주 공정선이라 함]

2) 여러 개의 path 중, **가장 긴 path**의 공기

3) 공정 관리 시 **중점 관리 대상**으로서 대단히 중요함

4) 공기 단축 기법인 MCX(최소 비용 공기 단축 기법) 적용 시 점검 시점에서 CP를 구하여 **CP를 대상으로 공기를 단축**해 나감

5) **CP**는 PERT/CPM 공정표(Net Work 공정표)가 갖는 **최대의 장점**임

2. CP의 특징(성질)

1) 여유 시간이 전혀 없음(TF=0)

[CP상의 Activity의 Float(TF=Total Float, FF=Free Float, IF=Interfering Float=간섭 여유)는 Zero(영)가 됨]

2) 최초 개시에서 최종 종료에 이르는 여러 가지 path 중 가장 김

: CP는 모든 경로 중에서 가장 시간이 긴 경로로서 **CP 경로가 공정을 지배함**

3) C.P는 1개만 있는 것이 아니고 **2개 이상** 있을 수도 있음

4) **Dummy**도 C.P가 될 수 있음

5) C.P에 의하여 **공기가 결정**

6) C.P는 **일정 계획을 수립하는 기준**이 됨

7) C.P상의 activity는 **중심적 관리의 대상**이 됨

8) **공정 단축의 수단**은 **CP 경로**에서 착안하여 실시함(MCX 등의 적용 시)

9) 작업 중 CP 이외의 Activity도 Float를 소화해 버리면 CP가 되어버림

10) CP가 아니더라도 **Float가 작은 것**은 **CP처럼 취급**하여 공정 관리 시 **중점 관리 대상**으로 관리해야 함

3. Sub Critical Path(Semi CP)

1) Sub Critical Path란 Network 공정표에 **CP 다음으로 긴 경로**의 Path를 말함

2) 특징

  (1) Total Float(TF)가 CP 다음으로 적은 경로

  (2) 공기 단축 시 CP 다음으로 Sub CP가 검토 대상

  (3) CP화되기 가장 쉬운 경로

4. 실례

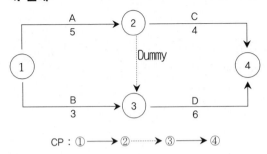

CP : ① ⟶ ② ┈┈⟶ ③ ⟶ ④

5. CP 계산 예

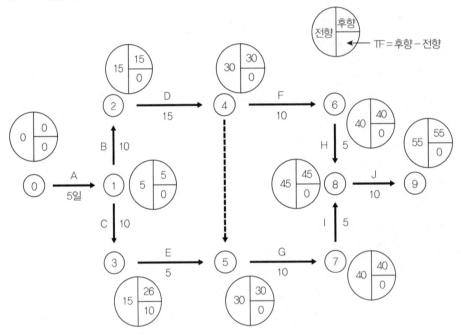

1) CP 경로(2개) : TF=0인 경로
   (1) 0⟹2⟹4⟹6⟹8⟹9
   (2) 0⟹2⟹4⟹5⟹7⟹8⟹9

2) CP 경로(2개) : TF=0인 경로
   (1) 0⟹1⟹2⟹4⟹6⟹8⟹9
   (2) 0⟹1⟹2⟹4⟹5⟹7⟹8⟹9

■ 참고문헌 ■

1. 서진수(2006), Powerful 토목시공기술사(1, 2권), 엔지니어즈.
2. 서진수(2009), Powerful 토목시공기술사 단원별 핵심기출문제, 엔지니어즈.

14-13. 공정 관리에서 자유 여유(free float) [105회 용어, 2015년 2월]

1. 여유(Float)의 정의
공기에 영향을 미치지 않고 작업의 착수 또는 완료를 늦게 할 수 있는 시간으로 CPM 기법에서 activity에서 발생하는 여유 시간

2. 여유의 종류
1) TF(total float : 총여유)

　EST(가장 빠른 개시 시각)로 시작하고, LFT(가장 늦은 종료 시간)로 완료하려 하는 때에 생기는 여유 시간

2) FF(free float : 자유 여유)

　EST(가장 빠른 개시 시각)로 시작하고, 후속 작업도 EST(가장 빠른 개시 시각)로 시작하여도 생기는 여유 시간

3) DF(dependent float : 독립 여유) : 후속 작업에 영향을 미치는 여유 시간

3. 계산 방법
1) TF(total float : 총여유)
- 그 작업의 LFT : 그 작업의 EFT
- 그 작업의 LST : 그 작업의 LFT

2) FF(free float : 자유 여유)
- 후속 작업의 EST : 그 작업의 EFT
- 후속 작업의 EST : EST＋D

3) DF(dependent float : 독립 여유) : TF(total float)-FF(free float)

4. 일정 계산 방법

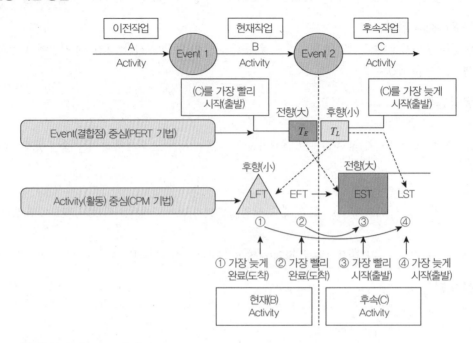

1) Event(결합점) 중심(PERT 기법)

(1) T_E(Earlist Event Time)

－최조 시간(가장 빠른 시간)

[Event 2에서 다음 Activity를 가장 빨리 시작하는 시간]

－전향 계산, 가장 큰 값

(2) T_L(Latest Event Time)

－최지 시간(가장 늦은 시간)

[Event 2에서 다음 Activity를 가장 늦게 시작하는 시간]

－후향 계산, 가장 작은 값

2) Activity(활동) 중심(CPM 기법)

(1) LFT(Latest Finish Time)＝①

최지 완료 시간

－현재(B) Activity를 가장 늦게 마치는 시간 [Event 2에 가장 늦게 도착]

－후속(C) Activity의 LST(가장 늦게 출발)의 값이 된다.

－Event 2에서 T_L(Latest Event Time)과 같은 값＝후향 계산, 가장 작은 값

(2) EFT(Earlist Finish Time)＝②

최조 완료 시간

－현재(B) Activity를 가장 빨리 마치는 시간 [Event 2에 가장 빨리 도착]

－후속(C) Activity의 EST(가장 빨리 시작) 값이 된다. ＝③

- Event에서 T_E(Earlist Event Time)와 같은 값=전향 계산, 가장 큰 값

　　※ 현재 Activity(B)의 EFT=이전 Activity(A)의 EST+현재 Activity(B) 공기

(3) EST(Earlist Start Time)=③

　: 최초 개시 시간

　- 후속(C) Activity를 가장 빨리 시작하는 시간

　- 현재(B) Activity의 EFT(가장 빨리 마친)와 같은 값=②

　- Event에서 T_E(Earlist Event Time)와 같은 값=전향 계산, 가장 큰 값

(4) LST(Latest Start Time)=④

　: 최지 개시 시간

　- 후속(C) Activity를 가장 늦게 시작하는 시간

　- 현재(B) Activity 의 LFT(가장 늦게 마친)와 같은 값=①

　- Event에서 T_L(Latest Event Time)과 같은 값=후향 계산, 가장 작은 값

　　※ 현재 Activity(B)의 LST=현재 Activity(B)의 LFT-현재 Activity(B) 공기

5. 여유 계산방법

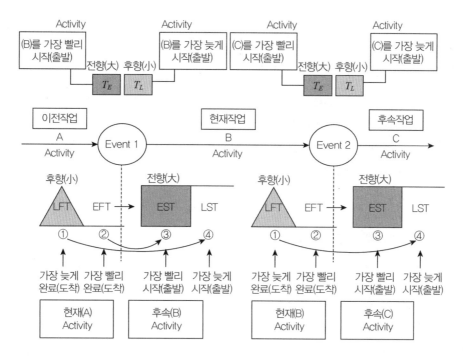

1) TF(전여유)

　(1) Event 중심 [PERT 기법] : 결합점(Event)에 여유 계산

　　TF(전여유)=후향(T_L)－전향(T_E)

　(2) Activity 중심 [CPM 기법] : 각 작업 경로(Activity)의 여유 계산

　　① TF(전여유)=LST [Event 2에서 다음 Activity C]－EST [Event 2에서 다음 Activity C]

* [참고] 다음 Activity(C)의 출발을 의미함

=LFT [Event 2]-EST [Event 1]-공기 [Activity B]

* [참고] 현재 Activity(B)를 중심으로 생각하는 개념임

=다음 Event(2)에서 후향(T_L)-이전 Event(1)에서 전향(T_E)-공기 [Activity B]

* [참고] 다음 Event(2)에서 후향(T_L)=LFT [Event 2]

이전 Event(1)에서 전향(T_E)=EST [Event 1]

2) 자유 여유(FF)=후속 작업(C)의 EST-현재 작업(B)의 EST-현재 작업(B)의 공기

=다음 Event(2)에서 전향(T_E)-이전Event(1)에서 전향(T_E)-공기

* [참고] 후속 작업(C)의 EST=다음 Event(2)에서 전향(T_E)

현재 작업(B)의 EST=이전Event(1)에서 전향(T_E)

3) 간섭 여유=독립 여유(DF)=TF-FF

6. 공정표 작성 후 일정표 작성 방법

작업 명	소요 일수 (공기)(D)	T_E		T_L		TF	FF	DF
		EST	EFT	LST	LFT			
A	5							
B	6							
C	4							

[Activity B의 경우]

1) EST=현재 Activity(B)의 시작점 [Event 1]의 EST

=Activity(B) 이전 Event 1의 전향(T_E) 값

2) LFT=현재 Activity(B)의 도착점(완료점 : Event 2)의 LFT

=Activity(B) 이후 Event 2의 후향(T_L) 값

3) EFT=표의 EST+공기

4) LST=표의 LFT-공기

5) TF : 표에서 계산된 값을 그대로 이용하여

TF=LFT-EST-공기

=LST-EST

=LFT-EFT

6) FF : 표의 계산된 값 이용하면 안 되고 공정표를 보고 각 Activity에 대해서 계산

(1) Evrnt 중심(PERT)의 T_E, T_E인 경우

자유 여유(FF)=다음 Event(2)에서 전향(T_E)-이전 Event(1)에서 전향(T_E)-현재 Activity(B) 공기

(2) Activity 중심(CPM)의 공정표인 경우

자유 여유(FF)=후속 작업(C)의 EST-현재 작업(B)의 EST-현재 작업(B)의 공기

7) DF-TF-FF

[계산 예]

전향: $T_{E2} = T_{E1}($이전의 공기$) + D($공기$)$로 계산해서 가장 큰 값 선택

후향: $T_{L1} = T_{L2}($이후의 공기$) - D($공기$)$로 계산해서 가장 작은 값 선택

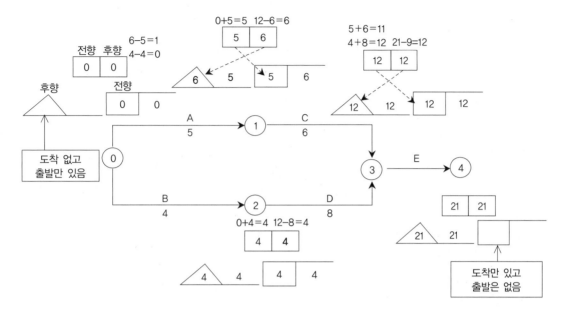

* 여유 [암기법 : L−E]

총여유(TF) = 후향(T_L) − 전향(T_E)

= LFT − EFT

= LST − EST

* CP = TF = 0인 ⓪②③④인 BDE 경로

■ 참고문헌 ■

1. 서진수(2006), Powerful 토목시공기술사(1, 2권), 엔지니어즈.
2. 서진수(2009), Powerful 토목시공기술사 단원별 핵심기출문제, 엔지니어즈.

14-14. MCX(Minimum Cost Expediting) : 최소 비용에 의한 공기 단축 공법

1. 개요
각 요소 작업의 공기 대 비용의 관계를 조사하여 **최소의 비용**으로 공기를 단축

2. 방법
1) CP상의 요소 작업 중 **비용 구배**(Cost Slope)가 **가장 작은 요소 작업**부터 단위 시간씩 단축
2) 이로 인해 변경되는 주 공정(CP)이 발생하면 변경된 경로의 단축해야 할 요소 작업 결정
3) 공기 단축 시 주의 사항
    변경된 CP를 확인 후 **돌관 공사 계획(Crash Plan)** 공기 이하로는 공기를 단축할 수 없다.

3. 직접비(Direct Cost) 분석
1) 노무비, 자재비, 장비비 및 운송비 등이 포함, **노무비의 경우 공기 단축과 더불어 증가**
2) 야간작업에 의한 공기 단축 시에 MCX 방법에서는 **직접 노무비만**을 대상으로 하여 정상 계획과 특급 계획(야간작업)으로 구분
3) 특급 계획 : 교대 작업, 잔업
4) 특급 계획 시 **비용 증가 요인**
    (1) 작업 능률 저하 : 시간 및 능률
    (2) 야간작업 촉진비 : 야식대등
    (3) 야간작업으로 인한 노임률 추가 및 전용 자재 등의 추가
    (4) 야간작업으로 인한 재작업비
5) **비용 구배**(CS : Cost Slope) 산출

4. 공기 단축 기법 및 순서
1) CP(주공정)상의 요소 작업의 소요 시간을 단축하되 Semi-CP의 전 여유(TF) 내에서 단축
2) 비용 구배(Cost Slope)가 적은 요소 작업부터 순차적으로 단축
3) CP가 복수화(2개 이상)되면 복수화된 Activity들을 가능한 조합 방법으로 편성하여 각각의 비용 구배(Cost Slope)의 합산을 비교하여 적은 것부터 단축
4) 상기 작업을 반복, **직접비의 증가가 최소**가 되도록 소요의 공기까지 단축

5. 간접비(Indirect Cost) 분석
1) 공기가 지연 : 간접비 증가는 비례하여 증가
2) 간접비 분석
    (1) 고정적 간접비 : 세금, 공과금, 산재 보험료 등
    (2) 유동적 간접비

6. 기회 손실 비용(Opportunity Cost) 분석
1) 정상 공기를 기점으로 하여 **공기가 단축됨**으로써 **얻는 이익**
2) 자체 보상금, 시장 이익, 이익 금리 등

7. 종합 비용(Total Cost) 분석

1) 직접비와 간접비의 합

2) 공기 단축 시에는 단축에 소요되는 **추가 비용**(extra cost)을 포함한 비용

3) Total cost 구성

   (1) 직접비 : 재료비, 노무비, 외주비, 경비

   (2) 간접비 : 현장 경비, 일반 관리비

4) Total cost 비용 곡선

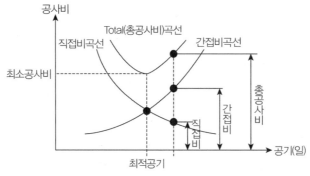

[그림] 최적 공기 곡선

[직접비와 간접비와의 관계]

1) 공기를 **단축**하면 **직접비(노무비)는** 증가하고 **간접비는** 감소

2) 공기가 **연장**되면 **직접비는** 감소되고 **간접비는** 증가

3) 직접비와 간접비 간의 균형을 이루는 어느 기간에서 total cost는 **최소**가 되며, 이때의 공기가 **최적 공기가** 됨

■ **참고문헌** ■

1. 서진수(2006), Powerful 토목시공기술사(1, 2권), 엔지니어즈.

2. 서진수(2009), Powerful 토목시공기술사 단원별 핵심기출문제, 엔지니어즈.

14-15. Cost slope(비용 구배) [진도 관리 및 공기 단축(MCX) 관련]

1. 비용 구배 정의(개요)

1) 공기 1일을 단축하는 데 추가되는 비용

2) 정상점과 급속점을 연결한 기울기(구배)를 cost slope라 함

3) 최소 비용에 의한 공기 단축 기법(MCX) 적용 시 비용 구배 고려해야 함

2. Cost slope(비용 구배) 산정식

$$비용 구배(Cost Slope) = \frac{급속비용(Crash\ Cost) - 정상비용(Normal\ Cost)}{정상공기(Normaltime) - 급속공기(Crashtime)} = \frac{\Delta Cost}{\Delta Time}$$

3. 공기와 비용(직접 비용)과의 관계

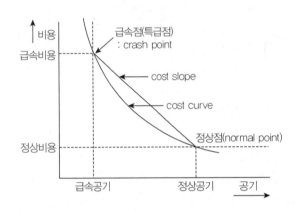

- 정상 공기(표준 공기) : normal time
- 급속 공기(특급 공기) : crash time
- 정상 비용(표준 비용) : normal cost
- 급속 비용(특급 비용) : crash cost
- 정상점(표준점) : normal point
- 급속점(특급점) : crash point

4. Extra cost(추가 공사비)

1) 공기 단축 시 발생하는 비용 증가액의 합계

2) $\quad$ Extra cost = 각 작업 단축일수 × cost slope

5. Crash Point(급속점, 특급점)

: 진도 관리 및 공기 단축(MCX) 관련

1) 개요

MCX 기법에서 급속 공기와 급속 비용이 만나는 point로 소요 공기를 더 이상 단축할 수 없는 단축 한계점

2) 급속 계획(crash plan) 시 직접 비용 증가 요인

(1) 야간작업 수당

(2) 시간 외 근무 수당(잔업수당)

(3) 기타 경비

(4) 공기 단축 일수와 비례하여 비용 증가

■ 참고문헌 ■

1. 서진수(2006), Powerful 토목시공기술사(1, 2권), 엔지니어즈.
2. 서진수(2009), Powerful 토목시공기술사 단원별 핵심기출문제, 엔지니어즈.

14-16. 최소 비용에 의한 공기 단축 계산 문제

- 다음 작업 리스트로 Net work(화살선도)를 작성하고 공사 완료 기간을 27일로 지정했을 때 추가 투입되는 직접비의 최소 금액 [Extra Cost(여분출비)]을 구하라.(19회)

작업 명 (Activity)	선행 작업	후행 작업	표준 일수	특급 일수	(단축 일수)	비용 경사(만원/일)
A	–	B,C	4	3	1	5
B	A	D	8	7	1	3
C	A	F	10	9	1	7
D	B	E	10	8	2	6
E	D	G	5	3	2	8
F	C	G	13	11	2	10
G	E, F	–	6	4	2	10

답)

1. 공정표 작성 : Event 중심 방법으로 구한다. : 전향(T_E), 후향(T_L) 방법

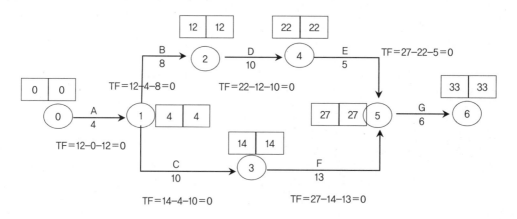

1) Event 중심의 전여유 구하는 방법

$$TF = \text{Event의 } T_L(\text{후향}) - \text{Event의 } T_E(\text{전향})$$

2) Activity 중심(CPM 기법)의 전여유(TF) 구하는 방법

$$TF = \text{다음 Event의 } T_L - \text{이전 Event의 } T_E - \text{공기}$$

3) CP(주 공정) : 여기서는 **주 공정선이 2개**임

ABDEG, ACFG

4) 공정 일수 : 33일 : 단축 일수 = 33 - 지정 공기 27 = 6일

2. 공기 단축 및 최소 비용 계산

1) 각 작업별 단축 가능 일수(표준일수-특급일수)를 구한다.

2) 공기 단축 및 최소 비용

단축 단계	작업 명	단축 일수	단축 일수 계	추가 비용
1단계	B(Cs 최소 : 3만)	1(가능 일수)	1일	$3 \times 1 = 3$
	C(7만)(B의 병행 작업)	1		$7 \times 1 = 7$
2단계	A(Cs 다음 작은 것 : 5만)	1(가능 일수)	1일	$5 \times 1 = 5$
2단계	D(Cs 다음 작은 것 : 6만)	2(가능 일수)	2일	$6 \times 2 = 12$
	F(10만)(D의 병행 작업)	2		$10 \times 2 = 20$
4단계	E(CS = 8)	2(가능 일수) E를 단축하면 병행작업인 C, F 중에서 CS 적은 것을 단축해야 하지만 이미 가능 일수를 모두 단축했으므로 불가	0일	0
5단계	G(CS = 10만)	2(가능 일수)	2일	$10 \times 2 = 20$
	계(추가 비용)		6일	67만 원

■ 참고문헌 ■

1. 서진수(2006), Powerful 토목시공기술사(1, 2권), 엔지니어즈.
2. 서진수(2009), Powerful 토목시공기술사 단원별 핵심기출문제, 엔지니어즈.

14-17. 최적 공기, 최적 시공 속도, 시공(공정)의 경제적(시공) 속도(채산 속도) (67회 용어) [진도 관리 및 공기 단축(MCX) 관련]

1. 시공 속도

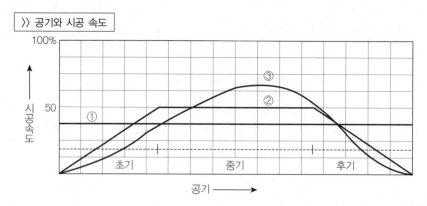

>> 공기와 시공 속도

1) 단일 공사를 매일 동일한 시공 속도로 공사를 완수할 때 : **직선(그림 ①)**

2) 초기에는 느리고 중간에는 일정, 후기에 서서히 감소 : **사다리꼴(그림 ②)**

3) 실제로는 여러 가지 이유로 초기에는 더디고, 중기에는 활발, 후기에 감퇴하는 것이 일반적 : **山形(그림 ③)**

4) ①, ②, ③ 선의 **하부 면적**은 **전체 공사량**이며 모두 동일한 면적임

5) 상기 도표를 **누계 기성고**로 나타내면 다음과 같음

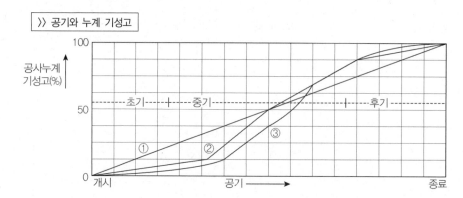

>> 공기와 누계 기성고

6) 시공 속도를 2배로 하면 공기는 1/2로 단축

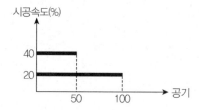

2. 최적 공기의 결정 요소

1) 표준 비용(normal cost) : 각 작업의 직접비가 최소가 되는 공사의 총비용

2) 표준 공기(normal time) : 표준 비용이 될 때 요하는 공기

3. 최적 공기(최적 시공 속도 = 경제적 시공 속도)

1) 최소 비용으로 공기 단축 시 종합 비용(Total cost) 분석 방법에서

$$총공사비 = 간접비 + 직접비로 구성$$

---

2) 최적 시공 속도(경제적 시공 속도 = 최적 공기)

(1) 최적 공기란 **직접비**와 **간접비**를 합한 total cost(**총공사비**)가 **최소**가 되는 **가장 경제적인 공기**

(2) 전 작업을 표준 작업 시간으로 시행 시 공기는 최대, 직접비는 최소

① 공기 단축하면 직접비는 증가, 간접비는 감소

② 최적 공기 : **총공사비(직접비와 간접비의 합)가 최소**가 되는 시점

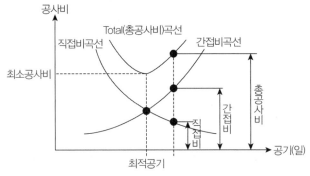

[그림] 최적 공기 곡선

4. 최적 시공 속도 비교

시공 속도를 빠르게 하면 **간접비는 감소**, **직접비**(노무, 자재, 장비비)는 **증가**

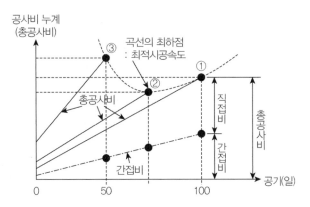

예

- 공기 ③(50일 공사) 경우 : 간접비는 절감되지만 직접비가 증대
- 공기 ①(100일 공사)보다 총공사비 증대됨
- **최적 시공 속도(②)** : 총공사비 곡선이 **최하점**에 위치할 때의 시공 속도

5. 채산 속도(채산 시공 속도)

1) 손익의 분기점은 **수입과 직접비가 일치**하는 곳
2) 시공 속도(매일의 기성고)를 **손익분기점** 이상 되게 하여 **채산성**이 있을 경우를 **채산 시공 속도**라 함
3) 시공 속도가 너무 크면 직접비 곡선이 2차 곡선 : 이익 발생이 비례하지 않음

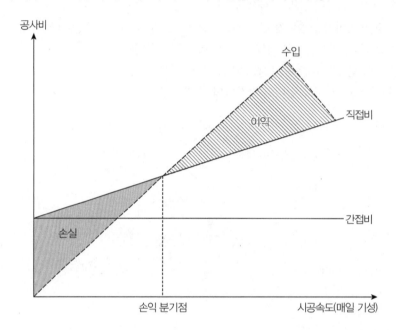

■ **참고문헌** ■

1. 서진수(2006), Powerful 토목시공기술사(1, 2권), 엔지니어즈.
2. 서진수(2009), Powerful 토목시공기술사 단원별 핵심기출문제, 엔지니어즈.

14-18. 공정표의 종류와 특징, 공정표 작성 순서(방법) 설명
공정 관리 기법의 종류별 활용 효과를 얻을 수 있는 적정 사업의 유형을 각 기법의 특성과 연계하여 설명(79회 3교시)

1. 개요
공정표(progress chart of works)는 공정 계획에 따라 예정된 각 공종별 **작업 활동**을 **도표화**한 것, 각 시점에 있어서의 공사의 **진척도**를 검토하는 척도

2. 공정표의 기능, 목적
1) 건설 구조물을 공사 관리 5대 요소를 지정된 **공사 기간 내**(공기)에 공사 **예산**(공사비)에 맞추어 **정밀**도가 높은 **우수한 질**(품질)의 시공을 만족시키기 위해 작성
2) 공사 관리 5대 요소(우수하게, 값싸게, 빨리, 안전하게, 환경문제 없게)를 만족시킬 수 있도록 구조물의 세부 계획에 필요한 **시간, 순서, 자재, 노무, 기계 설비**를 관리하는 목적

3. 공정표(공정 관리 기법)의 종류
1) Gantt Chart(Bar Chart)
   전체를 쉽게 파악할 수 있는 공정표로 작성 및 이해하기가 쉬움, 종류로는 (1) 횡선식 공정표 (2) 사선식 공정표
2) Mile Stone Chart(이정 계획)
3) Net Work 공정표
   (1) PERT(Program Evaluation and Reviw Technique)
   (2) CPM(Critical Path Method)
   (3) ADM(Arrow Diagramming Method＝IJ식 공정표) : PERT, CPM 공정표를 말함
   (4) PDM 공정표(Procedence Diagramming Method)(연관 도표＝마디 도표)
      (프로시던스식)＝AON Diagramming(Activity on Node)〈Node＝ □ 〉
4) 곡선식 공정표(바나나 곡선＝공정 관리 곡선)

4. Gantt Chart의 특징 : 횡선식 공정표(Gantt Chart)＝Bar Chart＝막대그래프
1920년에 미 육군 병기국 Henry L. Gantt가 예정과 실행과의 비교를 표시하는 방법을 고안
1) 종류
   (1) **횡선식** 공정표 : 공정별 공사를 종축에 순서대로 나열하고, 횡축에 날짜를 표기하여 시간 경과에 따른 공정을 횡선으로 표시한 공정표
   (2) **사선식** 공정표 : 횡선식 공정표와 같이 작업의 관련성은 나타낼 수 없으나 공사의 기성고를 표시하는 데 편리한 공정표
2) 특징
   (1) 계획 실적 대비 편리
   (2) 단기간 계획 시 유리

(3) 시작과 끝이 확실

(4) 공종 간 연관 관계 표시 어렵다.(대책 : Linked Bar Chart)

장점	(1) 작업의 시작과 완료가 명확 (2) 쉽다 : 초 경험자도 이용 가능
단점	(1) 세밀한 일정 계획을 수립할 수 없다. (2) CP가 없다 : 일정 관리의 중점을 어느 작업에 두어야 할지 알 수 없다. (3) 작업 상호간의 유기적인 관련성과 종속 관계를 파악할 수 없다. (4) 작업 상황이 변동되었을 경우 탄력성이 없다. (5) 사전 예측 및 사후 통제가 곤란하다. (6) 한 작업이 다른 작업 및 Project에 미치는 영향을 파악할 수 없다.

5. Mile Stone Chart(이정 계획)의 특징

1) 중간 관리 일정 수립 : 중점적 관리 대상 공종을 집중 관리

2) Bar Chart(Gantt) 도표 위에 공사의 공종, 개시, 종료, 계획 기간 표시, 즉 **이정표**를 세운다는 뜻

6. 네트워크 공정표(Network Progress Chart)

1) 개요

   (1) 작업의 상호 관계를 event와 activity에 의하여 망상형을 표시하고, 그 작업의 **명칭·작업량·소요 시간** 등 공정상 계획 및 관리에 필요한 정보를 기입하여 project(대상 공사) 수행을 진도관리하는 공정표

   (2) 네트워크 공정표는 작업의 상호 관계를 ○표와 화살표(→)로 표시한 망상도(그물망)

   (3) 각 화살표, ○ 표에 그 작업의 **명칭, 작업량, 소요 시간, 투입 자재,** 코스트 등 공정상 계획 및 관리 상 필요한 정보를 기입

   (4) Project 수행과 관련, 발생하는 공정상의 제문제를 도해나 수리적 모델로 해명하고 진도 관리하는 것

2) Network식 공정표의 종류

   (1) PERT(program evaluation & review technique)

      − 신규· 경험 없는 사업, 공기 단축

      − 목표 기일에 작업을 완성하기 위한 시간, 자원, 기능을 조정하는 방법으로 project의 일정과 cost의 관리를 위한 기법

   (2) CPM(critical path method)

      − 반복· 경험이 있는 사업, 공비 절감

      − 작업 시간에 비용을 결부시켜 MCX(minimum cost expediting) 공사의 비용 곡선을 구하여 **급속 계획의 비용 증가를 최소화**한 것으로 공비 절감을 목적으로 하는 기법

   (3) PDM(precedence diagraming method)

      PDM 기법은 반복적이고 많은 작업이 동시에 일어날 때에 network 작성에 더욱 효율적이고 node 안에 작업과 소요일수 등 공사의 관련 사항이 표기

(4) Overlapping

- 각 공정 간의 overlap 부분을 간단하게 표기
- PDM을 응용·발전시킨 것으로 선후 작업 간의 overlap 관계를 간단하게 표시하는 데 이용

장점	(1) 진도 관리가 정확하고, 관리 통제를 강화할 수 있다. (2) 사전 예측과 사후 대처가 가능 (3) 불필요한 야간작업을 배제할 수가 있다. (4) 작업 상호간의 관련성을 파악 (5) 책임 소재가 명확 (6) 효과적인 예산 통제 가능 (7) 과학적인 자료의 제시 가능 (8) 경영진의 과학적인 의사 결정 가능 (9) 작업 상호간의 관련성 명확 (10) 최소 비용으로 공기 단축 가능 (11) 공사 인원의 참여 의식이 높아진다. (12) 공정 계획 관리 면에서 신뢰도가 높으며 전자계산기 이용이 가능
단점	(1) 공정표 작성 작업 시간 필요 (2) 공정표 작성 및 검사에 기능 필요 (3) 네트워크 기법의 표시상 제약으로 작업의 세분화 정도에는 한계가 있다. (4) 공정표의 표시법, 공정표를 수정하기가 어렵다.

7. Network 공정표의 작성 순서와 기본 원칙

1) Network 작성 순서 flow chart

2) 작성 시 유의사항

(1) 공사 자료에 따라 공사 내용 분석할 것

(2) 관리 목적을 명확히 하고 시공 순서에 맞게 배열할 것

(3) 작업은 세분화·집약화할 것

(4) 공정의 기술적 순서, 상호 관계를 network에 표시할 것

(5) 소요 일수, 인원, 자재 수량, 작업량 등의 계산 및 검토할 것

(6) 알기 쉽고 보기 좋은 network 작성할 것

3) Network 공정표 작성 시 기본 원칙

[4가지 작성 기본 원칙]

(1) 공정 원칙

① 모든 작업은 작업의 순서에 따라 배열되도록 작성

② 모든 공정은 반드시 수행·완료되어야 함

(2) 단계 원칙

① 작업의 개시점과 종료점은 event로 연결되어야 함

② 작업이 완료되기 전에는 후속 작업 개시 안 됨

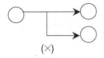 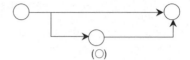

(3) 활동 원칙

① Event와 event 사이에 반드시 1개 activity 존재

② 논리적 관계와 유기적 관계 확보 위해 numbering dummy 도입

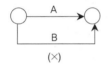 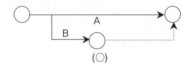

(4) 연결 원칙

① 각 작업은 화살표를 한쪽 방향으로만 표시하며 되돌아갈 수 없음

② 오른쪽으로 일방통행 원칙

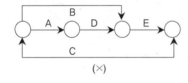 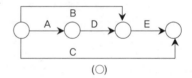

8. Pert와 CPM 비교

[PERT와 CPM의 차이점]

NO	구분	PERT	CPM
1	개발 배경	• 1958년 美 海軍 핵 잠수함 건조 계획	• 1956년 美 Dupont 社 개발
2	주 목적	• 공기 단축	• 공비 절감
3	사업 대상	• 신규 사업, 비 반복, 미경험 사업	• 반복 사업, 경험 사업
4	일정 계산	• Node(단계) 중심의 일정 계산 ① 최초 시간(TE)(ET : earliest time) ② 최지 시간(TL)(LT : latest time)	• Activity(활동) 중심의 일정 계산 ① 최초 개시 시간 　: EST(earliest start time) ② 최지 개시 시간 　: LST(latest start time) ③ 최조 완료 시간 　: EFT(earliest finish time) ④ 최지 완료 시간 　: LFT(latest finish time)

NO	구분	PERT	CPM
5	여유 시간	• Slack(event에서 발생) ① 정 여유 : PS(positive slack) ② 영 여유 : ZS(zero slack) ③ 부 여유 : NS(negative slack)	• Float(activity에서 발생) ① 총여유 : TF(total float) ② 자유 여유 : FF(free float) ③ 독립 여유 : DF(dependent float)
6	M.C.X	• 이론이 없다.(×)	• C.P.M의 핵심 이론이다.
7	공기 추정	• 3점 시간 추정(to, tm, tp) • 가중 평균치 사용 $$t_e = \left(\frac{t_0 + 4t_m + t_p}{6} \right)$$	• 1점 시간 추정(t_m) • t_m이 곧 te가 된다.
8	주 공정	• TL − TE = 0(굵은 선)	• TF = FF = 0(굵은 선)
9	일정 계획	• 일정 계산이 복잡하다. • 단계 중심의 이완도 산출	• 일정 계산이 자세하고 작업 간 조정 이 가능 • 활동 재개에 대한 이완도 산출

1) **PERT**(화살 도표식＝Activity on arrow) : ADM 공정표

(1) 다소 복잡

(2) 공정 간의 선후 관계를 표현할 수 있다.

(3) 공정 명을 화살표상에 기입

(4) 각절점 : 해당 공정의 시작과 종료를 의미

(5) 공정 간의 연관 관계는 FS(Finish to Start)로 표현

(6) 공정별 소요 공기 : **3점 시간 견적**

(7) 주 공정 : 여유 기간이 최소인 경로

(8) 시공 경험이 없는 신규 공사에 유리함

(9) 공사의 지정 공기 내 완료 확률 제공 가능

※ PERT의 특징

1) 통계, 확률적 기법 적용

2) 3점 시간 추정 : 가장 빠른 시간, 가장 늦은 시간, 보통 시간 추정

3) 불확실한 사업에 적용 : 건설업에는 적용이 불편함

4) 일정 중심 관리 : 장비, 자재, 인원 등의 자원 조달이 완벽하다고 보고 관리함

2) **CPM**(화살 도표식＝Activity on arrow) : ADM 공정표

(1) 다소 복잡

(2) 공정 간의 선후 관계를 표현할 수 있다.

(3) 공정 명을 화살표상에 기입

(4) 각절점 : 해당 공정의 시작과 종료를 의미

(5) 공정 간의 연관 관계는 FS(Finish to Start)로 표현

(6) 공정별 소요 공기 : **일점 시간 견적**

(7) 주 공정 : 여유 기간이 최소인 경로

(8) 시공 경험이 있는 공사에 유리함

※ CPM의 특징

1) 경험이 많은 Project에 적용

2) 확실한 사업에 적용 : 건설업에 적합

3) 일점 시간 추정(확정적 시간)

4) 일정 중심 관리 : 장비, 자재, 인원 등의 자원 조달이 완벽하다고 보고 관리함

9. Gantt식 공정표와 network식 공정표의 차이

구분	Gantt식 공정표	Network식 공정표
형태		
작성 시간	짧다	길다
작성자	일반 경험자 가능	특별 기능 요구
선후 관계	불분명	분명
공정 변경	어렵다	용이
통제 기능	어렵다	용이
사전 예측	어렵다	가능

10. 사선식 공정표〈현장에서는 Bar Chart와 병용하는 경향 있음〉

1) 특징

   (1) 작업의 연관성을 나타낼 수 없으나 공사의 기성고를 표시하는 데는 편리

   (2) 공사 지연에 대한 조속한 대처가 가능

2) 장점

   (1) 전체 경향을 파악할 수 있다.

   (2) 예정과 실적의 차이를 파악하기 쉽다.

   (3) 시공 속도를 파악

3) 단점

   (1) 세부 사항을 알 수 없다.

   (2) 개개 작업의 조정을 할 수가 없다.

   (3) 보조적 수단에만 사용

11. 공정 관리 곡선＝바나나 곡선의 특징＝곡선식 공정표

1) 예정 공정과 실시 공정 곡선을 비교 대조하여 공정을 적절히 관리할 수 있다.

2) 시간의 경과와 출래고 공정의 상하 변역을 고려한 곡선

3) 도로공사의 공정 관리에 유효

4) 바나나 곡선에 의한 진도 관리

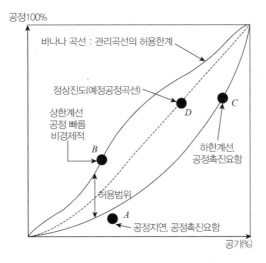

12. PDM 공정표

1) 특징

  (1) Activity 수를 줄일 수 있다.

  (2) 즉, 가상 활동(Dummy Activity)이 없음(제거 가능)

  (3) 표현이 정확하다.

    − 공정 명을 마디 내에 기입

    − 공정 간의 연관 관계는 FS(Finish to Start), SS(Start to start), FF(Finish to Finish), SF(Start to Finish)로 표현

    − 총공정 및 주 공정은 PERT/CPM과 같으나, 개별 활동별 조기 시작(ES), 조기 완료(EF), 만기 시작 (LS), 만기 완료(LF) 시간이 명확히 마디 내에 표현할 수 있다.

  (4) 연속적, 반복적 작업 공정일 때 유리 : 반복 공정이 많은 공정표의 단순 표기 가능

  (5) 공정별 소요 공기 : CPM 또는 PERT 방식으로 산출

  (6) 주 공정 : 여유 기간이 최소인 경로

2) PDM 계산 예

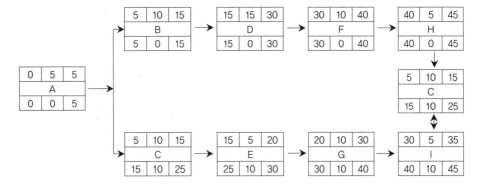

• PDM 계산법 쉬운 이해 : Network와 쉽게 비교해 보면

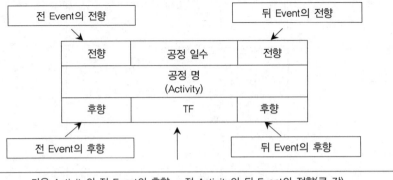

3) ADM과 PDM 비교(표현이 정확한 이유)

(1) ADM

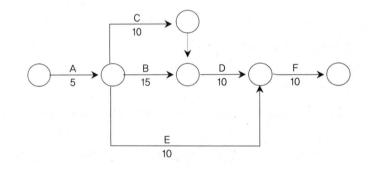

(2) PDM

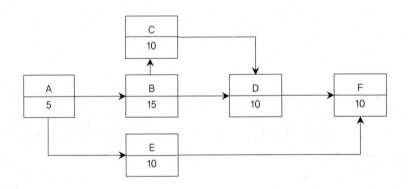

■ 참고문헌 ■

1. 서진수(2006), Powerful 토목시공기술사(1, 2권), 엔지니어즈.

2. 서진수(2009), Powerful 토목시공기술사 단원별 핵심기출문제, 엔지니어즈.

14-19. WBS(Work Breakdown Structure : 작업분류 체계)(75회 용어)
[106회 용어, 2015년 5월]

1. 개요
1) 공사 내용의 분류 방법에는 **목적**에 따라 WBS · OBS · CBS 방법 등이 있으며, 5M 활용을 통하여 **경제적 인 최상의 시공 관리함**
2) WBS는 공사 내용을 **작업에 주안점**을 둔 것으로 공종별로 분류할 수 있으며, 관리가 용이하고 합리적 인 분류체계가 되어야 함

2. 공정표 작성 방법(순서)(공정 관리 방법)
: 모든 공정 관리 문제에 적용되는 문구임
1) **자료 수집 및 분석** : 설계도서, 내역서, 인원, 장비, 자재 단가 검토
2) **WBS(작업 분해도)** 작성 : 내역서, 도면, 공법 참고
3) WBS(작업 분해도) 체계하에서 **Activity(단위 작업)** 결정
   (1) Activity의 분할, 통합
      ① WBS(작업 분해도) 체계하에서
      ② 내역서 기준
      ③ 작업의 선, 후행 관계 고려
      ④ 작업의 연속성 고려
   (2) 공정 관리가 편하도록 Activity 정함
4) 각 Actoivity의 **선, 후행 연결** 〈공정표 작성 단계〉
5) 각 Actoivity의 예상 **소요 공기** 산정, **비용** 산정
   (1) 경험
   (2) 내역 산출 근거 : 장비 효율 고려
   (3) 실적 참고
6) **일정 계산**
7) **공기 조정** : 휴지일 고려(명절, 기상, 기후 조건)
8) **초기 계획 공정표** 작성 완료
9) **공정 관리 목표치 설정** : 원가, 공정, 품질 고려

3. WBS 적용성(용도)
PERT/CPM 등의 공정표를 작성하여 공정 관리 시 **Activity**를 결정하기 위해 **작업 공종을 분류**할 때 적용 할 수 있음

4. Breakdown structure 종류
1) WBS(work breakdown structure : 작업 분류 체계)
2) OBS(organization breakdown structure : 조직 분류 체계)

3) CBS(cost breakdown structure : 원가 분류 체계)

5. WBS(작업 분류 체계) 예

일반적으로 4단계까지의 분류를 많이 사용

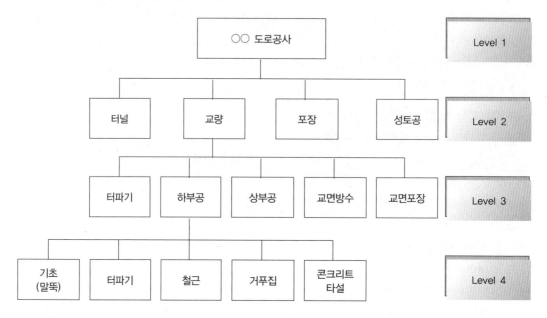

6. 유의사항

1) 공사 내용의 중복이나 누락이 없을 것

2) 분류 체계는 관리가 용이할 것

3) 실 작업 물량과 투입 인력을 관리할 수 있을 것

4) 분류 체계가 합리적일 것

■ 참고문헌 ■

1. 서진수(2006), Powerful 토목시공기술사(1, 2권), 엔지니어즈.

2. 서진수(2009), Powerful 토목시공기술사 단원별 핵심기출문제, 엔지니어즈.

14-20. 건설 사업 관리 중 Life Cycle Cost(생애 주기 비용) 개념

- LCC 분석법 [106회 용어, 2015년 5월]

1. 개요
1) 건설 공사의 초기 투자 단계를 거쳐 유지관리·철거 단계로 이어지는 일련의 과정을 건축물의 life cycle이라 하며, 여기에 필요한 재비용을 합친 것을 L.C.C(life cycle cost)라 함
2) L.C.C(life cycle cost) 기법이란 종합적인 관리 차원의 total cost로 경제성을 평가하는 기법

2. 생애 주기 비용(LCC) 분석의 정의
건설 공사비 외에 시설물의 내용연한 전체에 걸친 유지관리 비용까지 포함한 포괄적 비용 정보를 분석하여 가장 경제적인 대안을 제시하는 것

3. LCC의 활용(적용)
1) 건설 공사 타당성 조사
2) 부실 공사의 제도적 측면의 방지 대책 수립 시
3) 건설업의 VE 활동 시
4) CALS 적용 시, 정보의 수집 정리 시
5) CM에 의한 건설 사업 관리 시

4. 부실 공사 방지와 LCC의 관계
1) LCC에 의해 건설 공사비 포함한 내용연한 동안의 유지관리 비용에 관한 정보를 분석하여 경제적인 부실 공사 방지 대안 선정
2) 현실정
   (1) LCC 분석 절차 기법에 관한 세부지침 부족
   (2) 전문 인력 부족
   (3) 기존 시설물의 LCC 실적 자료 수집, 자료 축적을 위한 체계적 분류 미흡

5. CALS와 LCC의 관계
※ CALS(Continuous Acquisition & Life-cycle Support) 정의
   [건설 정보 통합 관리 공유 체제의 정의(지속적인 정보 취득과 생애 주기 지원)]
   건설 사업의 설계 입찰 시공 유지관리 등 전 과정에서 발생하는 정보를 발주청, 설계 시공 업체 등 관련 주체가 정보 통신망을 활용하여 교환 공유하기 위한 전략

6. 건설 관리(CM)와 LCC
1) 생애 주기 단계
   (1) 기획 단계
   (2) 설계 단계
   (3) 계약 구매 단계

(4) 시공 단계

(5) 시운전 단계

(6) 유지 보수 단계

2) CM 관리

  (1) **생애 주기 6단계의 전 단계에 걸쳐 사전 계획 수립, 각 단계별 유기적인 연계성 고려한 사업 전략** 수립, 계획하여 CM 관리하여 Project를 성공시켜야 함

  (2) **최소의 LCC로 발주자의 대리인 역할을 하여 사업을 성공적으로 수행**하는 것이 CM 목표

7. VE와 LCC

1) VE의 정의(목적)

  (1) **최저의 Life Cycle Cost로(최저의 총 Cost) 필요한 기능을 달성**하는 것

  (2) 기능을 유지 하면서도 Cost가 싸지게 하는 것

  (3) 발주자, 사용자가 요구하는 기능을 최저의 LCC Cost로써 달성하는 것

2) VE 활동의 가치

  (1) 작업, 물건에 대한 만족도(가치)는 요구하는 것(기능)에 대한 지불하는 금액의 비율

  (2)

$$V(\text{Value : 가치}) = \frac{F(\text{Function : 기능})}{C(\text{Cost : 코스트})}$$

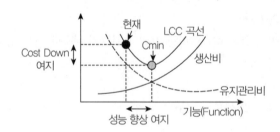

8. LCC 분석 절차

1) LCC 분석 목표의 확인

2) LCC 구성비목(항목) 조사

3) LCC 분석을 위한 기본 가정

4) 구성 항목별 비용 산정

5) 전체 비용의 종합 Cost

9. LCC 곡선 및 LCC의 구성

$$\text{L. C. C(life cycle cost)} = \text{생산비}(C_1) + \text{유지관리비}(C_2)$$

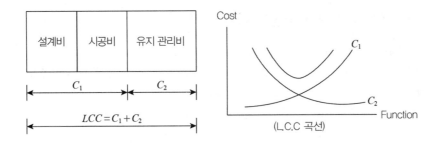

(L.C.C 곡선)

■ 참고문헌 ■

1. 서진수(2006), Powerful 토목시공기술사(1, 2권), 엔지니어즈.
2. 서진수(2009), Powerful 토목시공기술사 단원별 핵심기출문제, 엔지니어즈.

14-21. VE(Value Engineering)(84회 용어)

1. VE(Value Engineering) 정의

1) 건설 VE(Value Engineering)란 건설공사 및 설계 등에 대하여 시설물의 **생애 주기 비용**(LCC＝Life Cycle Cost) 관점에서 **경제성** 등을 분석, 검토하여 **대안을 제시**하는 것

2) 시설물의 필요한 **기능을 확보하면서 가장 경제적**으로 시설물의 **가치를 향상**시키는 기법

3) 건설 공사에서 설계 및 시공의 운영 체계를 종합 분석하고 개선하여 공사비 절감과 품질 향상 기법

2. VECP의 정의

1) VE 제안 제도로서 공사 계약 후 **시공자가 시공단계에서 공사비 절감 대체 방안을** 발주자에게 **제안**하고, 발주자가 제안을 받아들여 공사비를 절감했을 경우 시공자에게 VE에 대한 장려금이나 보상금을 절감액의 일정 부분을 지급하는 제도

2) 최저의 총 Cost로 필요한 기능을 확실히 달성하기 위해 제품이나 서비스의 기능 연구를 위한 조직적인 노력

3) 즉, **기능을 유지하면서도 Cost가 싸지게 하는 것**

4) 발주자, 사용자가 요구하는 기능을 **최저의 LCC Cost로써 달성**하는 것

5) 최저의 LCC(Life Cycle Cost) 되게 제품 생산 또는 건설 공사 수행하기 위해 필요한 기능을 확실히 달성 (제품의 생산부터 폐기될 때 까지 신뢰성, 보전성, 안전성, 디자인 등의 기능을 가장 싸고 확실하게 달성 하는 것)

3. VE 제안제도의 분류(비교)

분류	내용
VEP (Value Engineering Proposal)	• 설계단계에서 제안된 VE 대체안 • 설계변경 수반하지 않음
VECP (Value Engineering Change Proposal)	• 시공단계에서 시공자가 제안한 VE 대체안 • 설계변경 수반

4. 가치의 정의 및 가치 향상

1) 가치란 사물 자체에 대한 것이 아니고 기능과 Cost 관계에서 결정됨

$$V(\,Value\,) = \frac{Function}{Cost}$$

• Function(기능) : 필요한 기능의 크기
• Cost(비용) : 투입된 비용의 달성도

2) 가치 향상 4단계(VE의 기본 원리)

$V = \dfrac{F}{C}$	절감형(비용 절감)	복합형(성능 혁신형)	기능(성능) 향상형	성장형(성능 강조형)
	기능(성능) 유지, 비용 절감	기능(성능) 향상, 비용 절감	기능(성능) 향상, 비용 유지	Cost를 추가하지만, 기능도 그 이상 향상

5. VE 활동 목적

1) VE는 불필요한 기능을 100% 제거하여 **최저의 비용**으로 **필요한 기능**만을 달성하기 위한 활동

2) **필요한 기능 파악, 부족 기능 보완, 새로운 기능의 창출**

6. 현장의 VE 활동 활성화 방안

1) QC 활동과 병행하여 VE 운동 장려

2) 도면과 시방서 검토, VE의 대상, 가능성을 찾는다.

7. VE 활동 주의사항 : 비용절감을 위해 기능(Function)을 절대로 떨어뜨려서는 안 됨

8. 평가

VE 검토 제도의 활성화 방안이 2006년 상반기에 건설기술관리법령을 개정하여 하반기부터는 건설공사에 적용, 건설공사의 생산성향상, 효율성이 제고될 것으로 기대 됨

■ 참고문헌 ■

1. 서진수(2006), Powerful 토목시공기술사(1, 2권), 엔지니어즈.

2. 서진수(2009), Powerful 토목시공기술사 단원별 핵심기출문제, 엔지니어즈.

14-22. CM

- CM의 주요 기본 업무 중 공사 단계별 원가 관리에 대해서 설명 [106회 2015년 5월]
- 건설 사업 관리(CM=Construction Management) 업무 내용 단계별 설명(70회)
- CM 형태, 계약 방식 및 업무 수행 절차와 기능

1. CM의 정의(개요)

건설 공사의 **기획·타당성 조사·설계·계약·시공 관리·유지관리 단계**까지의 **전 과정**을 **효율적, 경제적**으로 통합된 업무로써 수행하기 위한 관리 기법

> 건설 사업 관리 업무(기획, 타당성 조사, 분석, 조달, 계약, 시공 관리, 감리, 평가 및 사후 관리) 전부 또는 일부를 수행하여 공사비(Cost), 공기(Time), 품질(Quality)를 최적화시킨 구조물을 산출하여 고객의 권익을 극대화하는 전문 관리 기법

2. 건설 관리(CM)의 목적(목표)

Project에 참여하는 **발주자, 설계자, 시공자, 관리자** 간의 **협조 체제의 구축**으로 Project 완성물의 **품질, 공기, 비용**을 만족시키는 것

3. CM의 분류

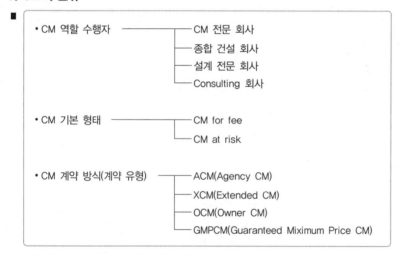

- CM 역할 수행자 ────── CM 전문 회사
  - 종합 건설 회사
  - 설계 전문 회사
  - Consulting 회사

- CM 기본 형태 ────── CM for fee
  - CM at risk

- CM 계약 방식(계약 유형) ────── ACM(Agency CM)
  - XCM(Extended CM)
  - OCM(Owner CM)
  - GMPCM(Guaranteed Miximum Price CM)

1) 기본 형태

  (1) **CM for fee** 방식(대리자형 CM)

    ① 발주자의 대리인 역할

    ② 시공 리스크 회피

    ③ 발주자 하도급 업체 직접 계약

    ④ 참여자 계약 조정

    ※ 발주자와 하도급 업체는 직접 계약을 체결하며 CM은 발주자의 대리인 역할을 수행

    ※ CM은 공사 전반에 관한 전문가적인 관리 업무의 수행으로 약정된 보수만을 발주자에게 수령

(2) **CM at risk** 방식(시공자형 CM)

　① 발주자와 CM은 독립적 계약 관계

　② 시공 리스크 부담

　③ CM(원도급자)과 하도급 업체 계약

　④ 공정, 품질, 원가, 안전 관리를 적정 관리하여 CM 자신 이익 추구

　※ CM이 발주자의 직접 계약을 체결하며 하도급 업체와의 계약을 CM이 원도급자의 입장으로 체결

　※ 공사의 품질·공정·원가 등을 직접 관리하여 CM 자신의 이익을 추구

2) CM 계약의 유형별 특징

(1) **ACM**(Agency Construction Management)

　① CM의 기본 형태

　② 공사의 설계 단계에서부터 발주자에게 고용되어 본래의 CM 업무를 수행

　※ 발주자와 설계자, 시공자 사이에 CM이 발주자 대리인 역할 수행

(2) **XCM**(Extended Construction Management)

　CM의 본래의 업무와 계획에서 **설계·시공 및 유지관리**까지의 건설 산업 **전 과정**을 관리

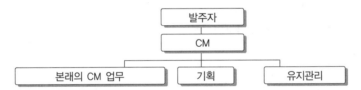

　※ 발주자 대리인 역할(기획, 유지관리 단계) 수행 + CM 고유 업무 수행(시공 단계)

(3) **OCM**(Owner Construction Management)

　발주자 자체가 CM 업무를 수행하는 방식 : 전문적 수준의 자체 조직 보유

　※ 발주자가 직접 CM 업무를 수행하여 하도급자와 직접 계약을 체결, 자체 설계 및 시공을 수행

(4) **GMPCM**(Guaranteed Maximum Price Construction Management)
　　① 계약 시 산정된 공사 금액이 공사 완료 후 초과되지 않기 위한 조치
　　② 예상 금액의 절감 또는 초과 시 CM이 일정 비율을 부담하는 형식
　　③ CM이 하도급 업체와 직접 계약을 체결하며 자신의 이익 추구

4. 도급 계약 제도의 분류

1) **전통적 계약** 방식
　(1) 직영 제도
　(2) 도급 계약 제도
　(3) 공동 도급 방식
2) **변화된 계약** 방식
　(1) CM
　(2) 턴키
　(3) 프로젝트 방식
　(4) BOT 방식

5. Turn-Key Base Contracts

1) Turn-Key Base Contracts의 종류
　(1) Design Build 방식
　(2) Design Manage 방식
2) Turn-Key Base Contracts의 특징
　(1) 설계 시공 일괄 입찰 방식으로
　(2) 설계와 시공이 동일 조직에 의해 이루어지므로
　(3) 신공법의 적용, 용이
　(4) 하자 발생 시 설계의 Feed Back(반영) 가능
　(5) 공사의 내실화 기할 수 있다.

6. CM 적용의 분류 [감리형 CM, 시공형 CM, Turn-Key형 CM]

1) 감리형 CM : 설계 단계에서 시공 단계를 조정, 통제
2) 시공형 CM
　(1) 시공 부분(단계)에 중점을 둔 CM
　(2) 영종도 신공항(인천국제공항)
　(3) 설계가 끝난 후 시공 업체 선정 및 입찰 계약 업무＋시공 업무 제공
3) Turn-Key형 CM
　(1) 설계 시공 일괄 방식 CM으로 EC화 추구
　(2) 설계 단계부터 시공까지 적용
　(3) 장점(효과)

① 건설업의 EC화 추진

② VE 적용으로 품질, 공기 단축, 비용 절감 도모

4) LC(생애 주기) 전 과정에 걸친 CM

(1) CM 원래의 의도

(2) Project의 타당성 조사, 설계, 시공, 유지관리 전 과정 수행

7. CM의 필요성 및 적용 효과

1) 기존 건설 방식의 문제점

(1) 사업 타당성 검토 미비로 인한 공기 지연, 사업비 증대, 품질 부실 우려

(2) 인·허가 관련 법규의 분산 및 복잡화로 인한 항목 및 절차의 처리 미흡

(3) 계약 행정 관리 미비로 인한 클레임 발생 우려

(4) 설계 검토의 미흡으로 인한 사업비 증가 및 품질 부실 우려

(5) 설계·시공 등 각 참여자 간의 의사소통 단절 및 조정의 어려움

2) **CM 적용 효과(필요성)**

(1) 사업 타당성 검토를 통한 사업 구상 지원 및 사업성 검토

(2) Total Service로 사업 관련 업무 최소화

(3) 전문적인 건설 계약 관리를 통한 클레임 발생 최소화

(4) 설계 단계에서의 **VE**(Value Engineering : 가치 공학)와 **시공성** 검토(Constructability)를 통한 사업비의 절감

(5) **Fast Track**(설계/시공 병행)을 통한 총 사업 기간의 단축 효과

(6) 단계별 전문 분야의 관리로 인한 부실시공 방지 및 품질 확보

(7) 전문적인 지식과 경험을 바탕으로 사업 참여자 간의 이해 충돌을 사전에 예방

(8) 부실 공사 방지 : 시공 단계뿐만 아니라 프로젝트의 기획, 설계 등 사전에 부실 방지

8. CM의 장단점

1) 장점

(1) 사업 기간의 단축 : 설계와 시공이 동시 진행

(2) 의사 교환 및 가치 분석 기법(VE)의 적용 : 우수한 품질, 낮은 공사비

* VE : 불필요한 비용 요소를 없애고 각 요소를 효율적으로 관리하는 기법

(3) 성공적인 사업 수행

2) 단점

(1) 단계적 시공 시 총공사비 예측 어렵다. : 공사비 증가 위험

(2) 공기 단축 효과에 비해 공사비 상승 염려

(3) 건설 사업 관리 능력의 편차, 잘못된 적용 시 사업 자체를 망칠 수 있다.

(4) CM, CMr의 선택 시 고려사항

① 사업 전반에 대한 경험

②CM 회사(사업 관리 회사)의 재정 상태

③ 조직의 구성

④ 가격 및 보상에 대한 내용

⑤ 프로젝트 요구 조건의 이해

⑥ 작업 수행을 위한 초기 계획의 적합성

(5) 소규모 사업일 경우 불리 : 기존 방식이 유리

9. 사업 단계별 주요 업무(단계별 업무) [업무 수행 절차의 5단계 6기능]

1) 5단계
   (1) 계획 단계(Pre-Design Phase)
   (2) 설계 단계(Design Phase)
   (3) 구매 조달(계약) 단계(Procurement Phase)
   (4) 시공 단계(Construction Phase)
   (5) 시공 후 단계(Post-Construction Phase)
2) 6기능
   (1) Project Management
   (2) Cost Management
   (3) Time Management
   (4) Quality Management
   (5) Project/Contract Administration
   (6) Safety Management

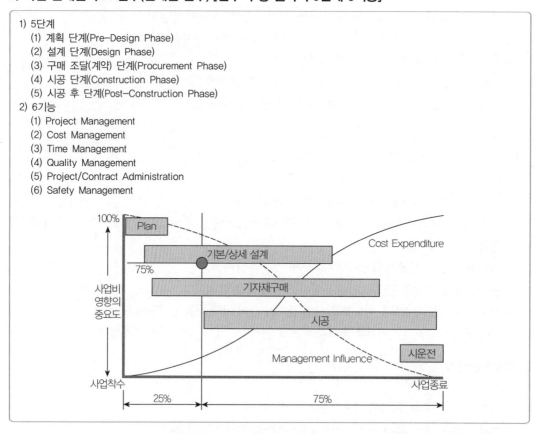

1) **기획 단계**(Concept Phase) 및 **계획 단계**(Pre-Design Phase)

(1) 사업의 발굴 및 구상

(2) 건설 사업 목표 구체화 : 사업 계획 수립, 기본 계획 수립

(3) 사업 계획 분석 : 타당성 분석, 평가, 대안 제시, 투자 의사 결정, 최적 설계를 위한 기획 및 자문

(4) 사업 타당성 검토 : 타당성 조사 및 시장 조사

(5) 사업 시행 계획 수립 : 사업(Project)의 총괄 계획 및 일정 계획

(6) 사업 계획 공고

(7) 사업 관리 계획 수립

(8) 사업 시행 현황 전달 체계의 개발

(9) 사업 추진 방향 수립

(10) 자금 조달 계획 수립 : 총사업비 산정

2) 설계 단계(Design Phase)

※ 발주자 및 설계자에게 기술적, 경영적 측면을 종합적으로 고려하여 최적의 설계가 이루어지도록 조정 또는 자문

(1) 설계 일정 및 진척 상황 관리

(2) 건축물의 기획 입안

(3) 발주자의 의향 반영

(4) 설계도서 검토 : 설계도서에 대한 전반적인 검토

(5) VE(Value Engineering : 가치 공학)를 통한 원가 절감 : VE 적용 개선 및 대안 제시

(6) LCC(Life Cycle Costing : 생애 주기 분석) 분석

(7) **시공성** 검토(Constructability) : 시공 계획에 대한 사전 검토

(8) **공사비** 산정 : 설계안에 대한 개산 사업비 산출

(9) 공사 일정 및 기자재 구매 일정 작성

(10) 사업비 보고서 작성

(11) 기타

　① 계약 방침 및 시방 작성

　② 공사 발주

　　㉠ 입찰 공고 및 관리

　　㉡ PQ 심사 및 평가

　　㉢ 계약 검토 및 계약 관리

　　㉣ 하도급 심사

　③ 기타

　　㉠ 자재 수급 계획

　　㉡ 용지 매수

　　㉢ 위험 관리 대책 수립(Risk Management)

　　㉣ 구매 관리

　　㉤ 문서 관리 계획 수립

　　㉥ 예산 확보 계획 수립 및 절차 이행

3) **발주 단계** : 구매 조달(계약) 단계(Procurement Phase), 입찰단계

※ 발주자와 도급자 사이에 합리적인 계약의 체결 조언, 시행

(1) 입찰 및 계약 절차 지침 마련 : 입찰 패키지의 작성 및 검토

(2) 입찰서의 검토 및 분석, 입찰자 추천

　－ 입찰 공고 및 입찰 서류 배포

　－ 입찰 참가자 안내 및 설명회

－사전 자격 심사 수행

－입찰서 검토 및 분석

－낙찰자 관련된 업무 : 낙찰자 선정 협조

(3) 계약 조건 설정 및 계약성 검토

(4) 전문 공종별 업체 선정 및 계약 체결

(5) 공정 계획 및 자금 계획 수립

4) 시공 단계(Construction Phase) : 건설 단계

※ 공정·원가·품질 및 안전 관리, 자금 및 기성 관리, 설계 변경 및 Claim 관리

(1) 현장 사무소 설치 및 조직 편성

(2) 기성고 작성 및 승인

(3) 보고서 및 계획서 승인

(4) 공사 계약, 공정, 비용, 품질 관리

(5) 노무, 안전 관리, 하도급 관리

(6) 조정 및 감독, 공사 관리

5) 시공 후 단계(Post-Construction Phase) 및 유지관리 단계(Operation & Maintenance Phase)

(1) 각종 문서 정리

(2) 사용 계획 및 최종 인허가

(2) 시설물 유지관리 매뉴얼 작성 : 시설물의 유지관리 계획 준비 유지관리 지침서 작성

(3) 사후 평가

(4) 하자 보수 관련 사항 : 하자 보수 리스트 작성, 하자 보수 계획 수립

(5) 준공, 인도 단계 : 평가 및 사후 관리 방안 검토

10. CM 적용 대상, 적용 가능 사업

1) 대규모 복잡한 프로젝트

2) 발주자의 경험이 적고, 변경 가능성이 많은 사업(프로젝트)

3) 신기술, 신공법 적용 사업

4) 기타 전문 관리 기법이 요구되는 프로젝트

11. 국내 CM 도입 사례

1) 경부고속철도 : 백텔(Bechtel), KOPEC

2) 영종도 신공항 : KOPEC

3) CM 회사 및 CMr의 기술 개발(기술력 향상)

4) CM 도입에 앞서 EC화가 전제되어야 함

12. 건설 관리(CM)와 LCC 관계

1) 생애 주기 단계

(1) 기획 단계

(2) 설계 단계

(3) 계약 구매 단계

(4) 시공 단계

(5) 시운전 단계

(6) 유지 보수 단계

2) CM 관리

(1) **생애 주기 6단계의 전 단계**에 걸쳐 사전 계획 수립, 각 단계별 유기적인 연계성 고려한 사업 전략 수립, 계획하여 CM 관리하여 **Project를 성공**시켜야 함

(2) **최소의 LCC로 발주자의 대리인 역할**을 하여 사업을 성공적으로 수행하는 것이 CM의 목표임

■ 참고문헌 ■

1. 서진수(2006), Powerful 토목시공기술사(1, 2권), 엔지니어즈.
2. 서진수(2009), Powerful 토목시공기술사 단원별 핵심기출문제, 엔지니어즈.

저자 소개

서진우

前   한국수자원공사 근무

     댐, 상하수도, 수자원 ,공업단지 조성 분야

     ○○ 건설 (전문건설업체) 소장

     대구 지하철, 1호선, 2호선 현장 근무

現   (주) 진명엔지니어링건축사 사무소 이사

     토목, 건축 현장 감리업무 15년

     경상북도 지방공무원 교육원 강사

     인터넷 학원 '올리고'(www.iolligo.com/www.iolligo.co.kr)

     토목시공기술사 전임강사

     인터넷 학원 '강남토목건축학원'(www.gneng.com)

     토목시공기술사 전임강사

     인터넷 학원 '주경야독'(www.yadoc.co.kr)

     토목기사/산업기사 전임강사

     건축설비기사/산업기사 전임강사

저서

『Powerful 토목시공기술사』(1, 2권), 엔지니어즈.

『Powerful 토목시공기술사 핵심 Key Word』, 엔지니어즈.

『Powerful 토목시공기술사 용어정의 기출문제 해설』, 엔지니어즈.

『Powerful 토목시공기술사 용어정의 최신경향』, 엔지니어즈.

『Powerful 토목시공기술사 핵심기출문제 특론』, 엔지니어즈.

『건축설비기사·산업기사 합격바이블(실기편)』, 도서출판 씨아이알.

이메일

jinsoo590@hanmail.net

토목시공기술사 합격바이블 2권

초판인쇄 2016년 12월 5일
초판발행 2016년 12월 12일

저　　자 서진우
펴　낸　이 김성배
펴　낸　곳 도서출판 씨아이알

책임편집 박영지, 김동희
디　자　인 윤지환, 윤미경
제작책임 이헌상

등록번호 제2-3285호
등　록　일 2001년 3월 19일
주　　　소 (04626) 서울특별시 중구 필동로8길 43(예장동 1-151)
전화번호 02-2275-8603(대표)
팩스번호 02-2275-8604
홈페이지 www.circom.co.kr

ISBN 979-11-5610-272-4 94530
　　　　　979-11-5610-270-0 (세트)
정　　　가 42,000원